现代装载机构造与使用维修

张育益　张小锋　主编

化学工业出版社
·北京·

本书以ZL50系列轮式装载机为主线，按照了解基本知识，掌握使用方法，知道构造原理，熟悉维修工艺，学会故障排除的思路，首先概要说明了现代轮式装载机的用途、分类、型号编制、主要性能参数及总体构造，并给出了现代轮式装载机驾驶、作业及安全操作注意事项等；其次运用图解的形式，系统地介绍了现代装载机电控柴油喷射系统、传动系统、转向系统、制动系统、行走系统、工作装置、电气系统和液压系统的结构原理、维修工艺及常见故障诊断与排除等内容。

本书内容系统、资料翔实、图文并茂、实用性强，可供装载机管理、操作、维修人员使用，也可供大中专院校工程机械及相关专业的师生参考。

图书在版编目（CIP）数据

现代装载机构造与使用维修/张育益，张小锋主编.
北京：化学工业出版社，2015.11（2018.6重印）
ISBN 978-7-122-25123-7

Ⅰ.①现… Ⅱ.①张… ②张… Ⅲ.①装载机-构造
②装载机-使用方法③装载机-维修 Ⅳ.①TH243

中国版本图书馆CIP数据核字（2015）第212562号（2018.6重印）

责任编辑：张兴辉　　文字编辑：张燕文
责任校对：王素芹　　装帧设计：王晓宇

出版发行：化学工业出版社（北京市东城区青年湖南街13号　邮政编码100011）
印　　装：北京虎彩文化传播有限公司
787mm×1092mm　1/16　印张20¾　字数483千字　2018年6月北京第1版第2次印刷

购书咨询：010-64518888　　售后服务：010-64519661
网　　址：http://www.cip.com.cn
凡购买本书，如有缺损质量问题，本社销售中心负责调换。

定　　价：89.00元

前言

装载机是工程机械行业最具代表性的产品之一。据统计，目前我国工程机械保有量已经超过 200 万台，其中装载机械 45 万台，从业人员高达十几万。目前，我国装载机械企业的产品可靠性还需不断完善，核心配套件仍依赖进口，对装载机的使用操作、维护修理还存在薄弱环节。为了适应装载机行业发展的要求，满足广大装载机驾驶和维修技术人员的培训和自学需要，不断提高装载机的使用水平和维修能力，我们组织行业内的专家学者，系统梳理归纳几十年的专业教学和维修经验，编著成书，奉献给现代装载机械的管理者和使用者。

本书以 ZL50 系列轮式装载机为主线，按照了解基本知识，掌握使用方法，知道构造原理，熟悉维修工艺，学会故障排除的思路，首先概要说明了现代轮式装载机的用途、分类、型号编制、主要性能参数及总体构造，并给出了现代轮式装载机驾驶、作业及安全操作注意事项等；其次运用图解的形式，系统地介绍了现代装载机电控柴油喷射系统、传动系统、转向系统、制动系统、行走系统、工作装置、电气系统和液压系统的结构原理、维修工艺及常见故障诊断与排除等内容。

本书内容通俗易懂、图文并茂、实用性强，可供装载机管理、操作、维修人员使用，也可供大中专院校工程机械及相关专业的师生参考。

本书由张育益、张小锋担任主编，张珩、张晓勇、张晓宏、胡亚奇担任副主编，党茹琴担任主审。参加编著和资料收集、整理及绘图工作的还有张艳玲、张晓燕、武建平、张扬、李莉、张茜、张晨、张皓、张妍、张泽晟、郝振洁、刘文开、马雅丽、孙小刚。

本书之所以能付梓，首先，要感谢天津桂柳工程机械贸易有限公司王希明经理，他为作者进一步了解、掌握新型装载机的技术性能给予了诸多方便；其次，要感谢天津工程机械研究院节能技术研究所传动技术研究室主任崔国敏工程师等，他们在百忙中不但慷慨提供技术资料，而且提出了许多宝贵的、建设性的意见和建议，这对作者顺利完成书稿的撰写奠定了良好的基础；最后，作者在编写此书时，参考了相关的专业书籍和有关技术资料，装载机生产厂家的使用维护说明书、零件图册等作者、编著者的劳动成果和经验总结（详见参考文献），在此表示十分的感谢。

由于作者水平所限，书中难免存在疏漏之处，恳请读者批评指正。

编　者

CONTENTS

现代装载机构造与使用维修

目录

第4章 轮式装载机转向系统 138

第5章 轮式装载机制动系统 170

第6章 轮式装载机行走系统 200

第7章 轮式装载机电气系统 213

第1章 轮式装载机使用与维护

1.1 轮式装载机用途及组成

1.1.1 轮式装载机用途及特点

（1）轮式装载机的用途

轮式装载机是铲土运输机械类的一种，广泛应用于建筑、公路、铁路、水电、港口、矿山、料场及国防等各个行业和部门，用于装卸散状物料、清理场地和物料的短距离搬运，也可进行轻度的土方挖掘工作。它的作业对象是各种土壤、沙石料、灰料及其他筑路用散状物料等，主要完成铲装、搬运、卸载、平整散状物料等作业，也可对岩石、硬土进行轻度铲掘作业，如果换装不同作业装置，还可用来吊装、叉装物体和装卸原木等，完成推土、起重、装卸等工作（图 1-1）。

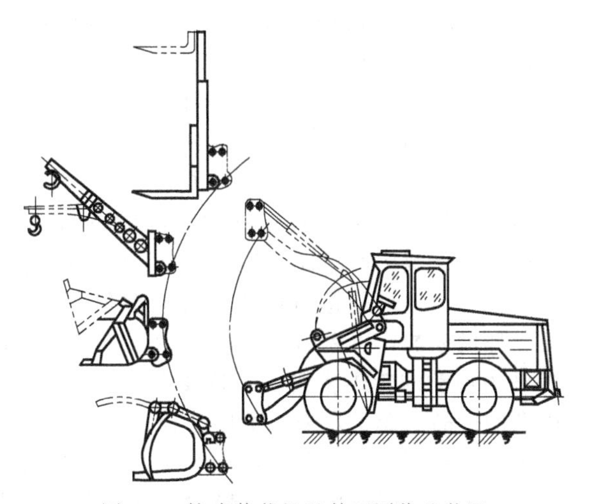

图 1-1　轮式装载机及其不同作业装置

（2）轮式装载机的工作特点

轮式装载机具有自重轻、行走速度快、机动性好、作业循环时间短、作业效率高和操作轻便等特点。轮式装载机不损伤路面，可以自行转移工地，并能够在较短的运输距离内当作运输设备用。所以在工程量不大，作业点不集中，转移较频繁的情况下，轮式装载机的生产率大大高于履带式装载机。因而轮式装载机在国内外得到迅速发展，成为土石方工程施工的主要机种之一，是现代化施工中不可缺少的装备。随着轮式装载机向大型化的发展，已开始越来越多地与自卸汽车相配合，用于装卸爆破后的矿石等。

1.1.2 轮式装载机类型及型号

（1）轮式装载机的类型

根据不同的使用要求，装载机发展形成了不同的类型。通常装载机按发动机功率分为小型、中型、大型和特大型四种，按行走方式分为轮胎式和履带式，按机架结构形式的不同分为整体式和铰接式，按使用场合的不同分为露天用装载机和地下用装载机等。

(2) 轮式装载机的型号

根据JB 1603—75的规定，国产轮式装载机产品型号含义如下：

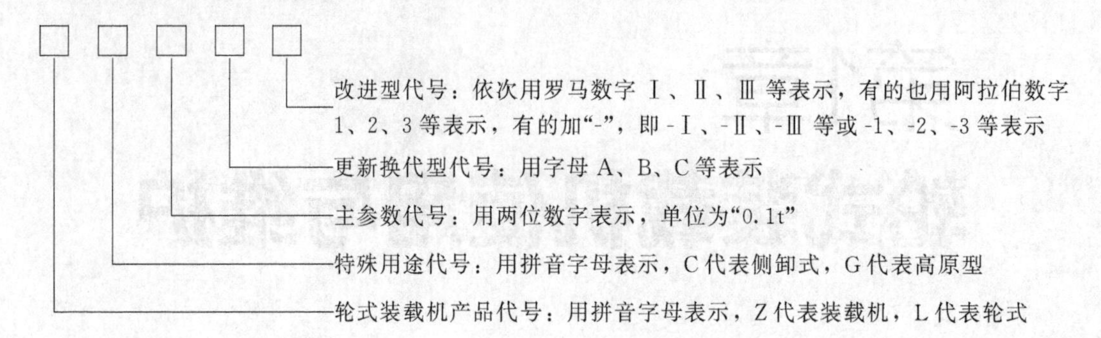

标记示例：

ZL50——额定装载质量为5t的第一代轮式装载机；

ZL50Ⅱ——额定装载质量为5t的第一代轮式装载机，第二次改进型产品；

ZL50-3——额定装载质量为5t的第一代轮式装载机，第三次改进型产品；

ZL50C——额定装载质量为5t的第二代产品；

ZLC50C——额定装载质量为5t的侧卸式第二代产品；

ZLG50G——额定装载质量为5t的高原型改进型产品；

ZLM50E——额定装载质量为5t的木材型改进型产品。

从20世纪末到21世纪初，国内主要装载机制造企业都制定了具有个性化编号的企业标准。柳工用“CLG”作为本企业所有产品的代号，后面紧跟的数字分别表示产品类别、主参数及序列号。例如CLG856，“CLG”是中国柳工主机产品的代号，“8”是柳工轮式装载机类型产品代号，“5”表示额定装载质量为5t的轮式装载机，后面的“6”为第6序列号等。徐工的装载机产品代号为“LW”加上后面的数字表示，“LW”为徐工轮胎式液力机械装载机代号，如果是轮胎式全液压装载机则用“LQ”表示，后面的数字分别代表主参数、等级、环境参数，再后面的字母表示改进后的产品等。例如LW560G表示额定装载质量为5t的液力传动的轮式装载机，等级为6级（最高级别），“0”表示正常工作环境，“G”表示改进型的产品。龙工及临工都用“LG”加上后面的数字表示，厦工用“XG”加上后面的数字表示，各有其含义，但都代表本企业个性化的装载机产品，为广大用户选择、购置性能更好、质量更优、服务更好、价格合理的装载机提供了方便条件。

1.1.3 轮式装载机主要技术参数及组成

1.1.3.1 轮式装载机的性能参数

标志轮式装载机性能的主要技术规格有铲斗斗容量、额定装载质量、发动机的功率和转速、整机质量、行驶速度、轮胎规格、整机外形尺寸、最大牵引力、最大掘起力、轴距、轮距、最小离地间隙、最小转弯半径、最大卸载高度、最大卸载距离、动臂升降时间、转斗时间、工作装置动作三项和以及各主要部件的型号、规格等。

① 铲斗斗容量　分为几何斗容量和额定斗容量两种。几何斗容量是指铲斗的平装容积，即由铲斗切削刃与挡板（无挡板者为斗后壁）最上边的连线，沿斗宽方向刮平后留在斗中的物料的容积。额定斗容量是指铲斗在平装的基础上，在铲斗四周以1∶2的坡度加以堆尖时的物料容量。在产品说明书中，一般未注明时，均指额定斗容量，通常用m^3表示。

② 额定装载质量　是指在保证装载机稳定工作的前提下，铲斗的最大承载能力，通常以kg为单位。它反映了装载机的生产能力。

③ 发动机功率 是表明装载机作业能力的一项重要参数，分为有效功率与总功率。有效功率是指在 29℃和 9.9×10^5Pa 情况下，在发动机飞轮上实有的功率（也称飞轮功率）。国产装载机上所标的功率一般是指总功率，即包括发动机有效功率和风扇、燃油泵、润滑油泵、滤清器等辅助设备所消耗的功率。用总功率（即发动机的额定功率或标定功率）乘以 0.9～0.95 的系数，可求得有效功率的值，单位为 kW。

此外，内燃机的标定功率又根据不同的使用情况，可选用 1h 功率、12h 功率或持续功率。多数装载机一般采用 12h 功率为标定功率值。

④ 整机质量（工作质量） 是指装载机装备应有的工作装置和随车工具，加足燃油，润滑系统、液压系统和冷却系统加足液体，并且带有规定形式和尺寸的空载铲斗及司机标定质量（75±3)kg 时的主机质量。它关系到装载机使用的经济性、可靠性和附着性能，单位为 kg。

⑤ 最大行驶速度 是指铲斗空载，装载机行驶在坚硬的水平路面上，前进和后退各挡能达到的最大速度，它影响装载机的生产率和安排施工方案，单位为 km/h。

⑥ 最小转弯半径 是指自后轮外侧（或中心）或铲斗外侧所构成的弧线至回转中心的距离，单位为 mm。

⑦ 最大牵引力 是指装载机驱动轮缘上所产生的推动车轮前进的作用力。装载机的附着重量越大，则可能产生的最大牵引力越大，单位为 kN。

⑧ 最大掘起力 是指铲斗切削刃的底面水平并高于底部基准平面 20mm 时，操纵提升液压缸或转斗液压缸在铲斗切削刃最前面一点向后 100mm 处产生的最大向上铅垂力，单位为 kN。

⑨ 最大卸载高度 是指铲斗倾斜角在 45°～60°之间，最大举升高度时，斗尖到地面的垂直距离，单位为 mm。

⑩ 最大卸载距离 是指在最大卸载高度时，斗尖到前轮前缘的水平距离，单位为 mm。

⑪ 倾翻载荷 是指装载机停在硬的、较平整的水平路面上，带基本型铲斗为操作质量，动臂处于最大平伸位置，铲斗后倾，铰接式装载机处于最大偏转位置的条件下，使装载机后轮离开地面绕前轮与地面接触点向前倾翻时，在铲斗中装载物料的最小质量。通常以 kg 为单位。

⑫ 工作装置动作三项和 是指铲斗提升、下降、卸载三项时间的总和，单位为 s。

⑬ 外形尺寸 装载机的外形尺寸用其长度、宽度、高度表示。长度是指铲斗尖至车体末端的水平距离。宽度是指装载机横向左右最外侧之间的距离。高度是指装载机铲斗落地时，装载机最高点到地面之间的垂直距离，如图 1-2 所示。

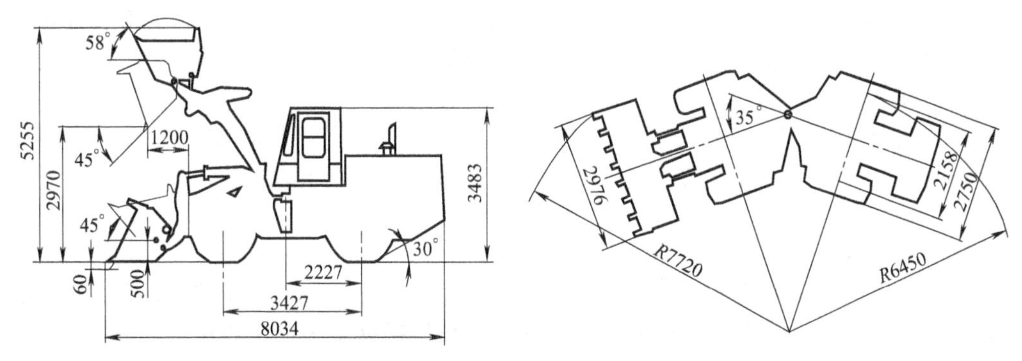

图 1-2 ZL50C 型装载机外形尺寸示意图

1.1.3.2 轮式装载机的组成

轮式装载机主要由动力装置（发动机）、底盘、工作装置、液压系统、电气系统五大部分组成。

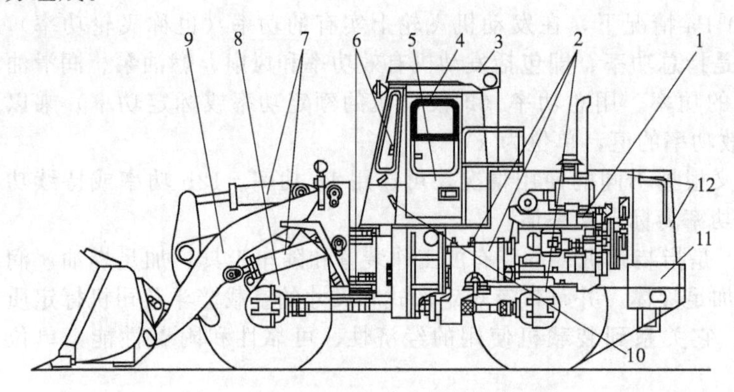

图 1-3 ZL50C 型轮式装载机总体结构

1—柴油机系统；2—传动系统；3—防滚翻及落物保护装置；4—驾驶室；5—空调系统；6—转向系统；7—液压系统；8—车架；9—工作装置；10—制动系统；11—电气仪表系统；12—覆盖件

图 1-3 所示为我国目前最具代表性的 ZL50C 型轮式装载机的总体结构。它由柴油机系统、传动系统、防滚翻及落物保护装置、驾驶室、空调系统、转向系统、液压系统、车架、工作装置、制动系统、电气仪表系统、覆盖件和操纵系统等组成。

(1) 动力装置

轮式装载机采用的动力装置主要是柴油发动机。它布置在后部，驾驶室在中间，这样整机的重心位置比较合理，驾驶员视野较好，有利于提高作业质量和生产率。动力从柴油发动机传递到液力变矩器，再经过万向联轴器，传递到变速箱。通过变速箱，动力分别传递到前、后桥驱动车轮行走。

(2) 底盘

轮式装载机底盘包括传动系统、行走系统、转向系统和制动系统四大部分。

① 传动系统 装载机的传动系统有机械式、液力机械式、液压式和电传动四种，小型装载机多为机械式，由于作业工况适应性太差，已淘汰；大、中型装载机广泛采用液力机械式；中型装载机多采用液压式；大型装载机多采用电传动式。

② 行走系统 是轮式装载机底盘的重要组成部分之一，主要由车架、车桥和车轮等组成，它使装载机各总成、部件连接成一个整体；支承全部重量，吸收振动，缓和冲击，并传递各种力和力矩。车架有整体式与折腰式之分。轮式装载机多为铰接式（也称折腰式）车架。

③ 转向系统 轮式装载机的转向系统有机械式转向、液压助力式转向和全液压式转向等多种。目前轮式装载机大都采用液压助力式和全液压式，实现行驶和作业中经常改变其行驶方向或保持直线行驶方向。

④ 制动系统 是轮式装载机的重要部件，通常设有行车制动系统、紧急和停车制动系统，用来使行驶的装载机减速或停车，以提高装载机的作业速度和作业生产率。

(3) 工作装置

轮式装载机工作装置由油泵、动臂、铲斗、杠杆系统、动臂油缸和转斗油缸等构成。油泵的动力来自发动机。动臂铰接在前车架上，动臂的升降和铲斗的翻转，都是通过相应液压油缸的运动来实现的。

(4) 液压系统

轮式装载机的液压系统随动力传动系统的不同而异。对于液力机械传动的装载机除工作装置和转向采用液压传动外，其动力换挡变速器的换挡操纵系统也采用液压控制；通常由油泵、油缸、换向阀、分流阀、油液和油箱等组成。通过油液把动力传给工作装置，实现装卸散状物料、清理场地和物料短距离搬运的目的。

(5) 电气系统

轮式装载机电气系统的功用是启动发动机，以及向照明信号设备、仪表检测设备、电控设备和其他辅助设备供电，以保证装载机的行车、作业安全。它包括电源系统、启动系统、照明信号系统、监测显示系统和辅助系统等。

1.2 轮式装载机使用

轮式装载机是一种以实施装载作业为主的工程机械，要想最大限度地发挥其技术性能，就必须了解它、熟悉它，只有正确把握轮式装载机的操作要点，做到合理使用，及时维护，才能提高装载机使用的可靠性，延长其使用寿命，提高作业效率，提高经济效益，节约维修成本。

1.2.1 操作装置及仪表识别与运用

1.2.1.1 ZL50G 型装载机操纵装置及仪表的识别与运用

（1）ZL50G 型装载机操纵系统和仪表识别

ZL50G 型装载机操纵系统和仪表均设置在驾驶室内，其位置如图 1-4 所示。

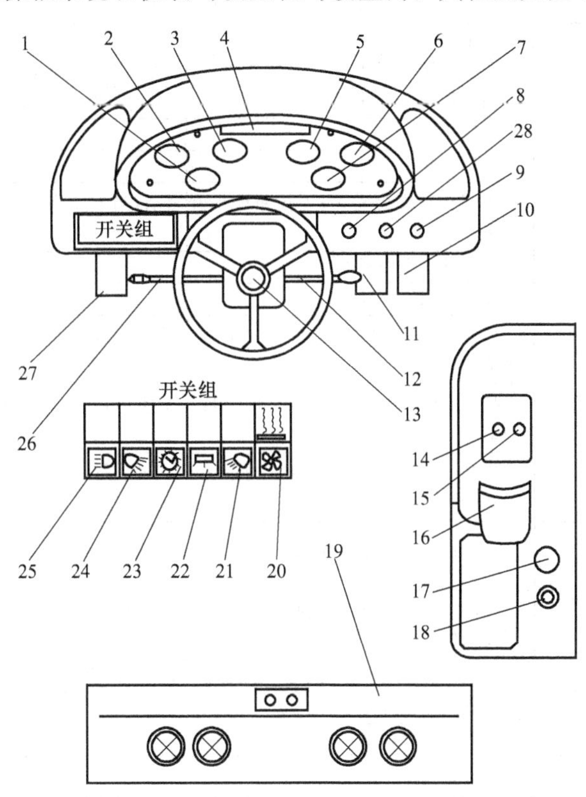

图 1-4　ZL50G 型装载机操纵系统和仪表

1—发动机油压表；2—计时表；3—发动机水温表；4—指示灯组；5—制动气压表；6—燃油表；7—变矩器油温表；8—启动、熄火开关；9—雨刮器开关；10—油门踏板；11—制动踏板（切断动力）；12—转向灯开关；13—喇叭按钮；14—铲斗操纵手柄；15—动臂操纵手柄；16—手枕；17—茶杯座；18—手制动按钮；19—空调；20—风扇、暖风开关（备用）；21—工作灯开关；22—室内灯开关；23—仪表灯开关；24—后大灯开关；25—前大灯开关；26—变速操纵手柄；27—制动踏板（不切断动力）；28—乙醚冷启动按钮（选配）

（2）ZL50G 型装载机操纵机构动作与功能

ZL50G 型装载机操纵机构动作与功能说明见表 1-1 和图 1-5。

表 1-1　ZL50G 型装载机操纵机构动作与功能说明

序号	名称	动作与功能
1	发动机油压表	指示发动机机油压力高低，196～392kPa 为正常
2	计时表	指示整机工作总时间，最大量程 99999.9h，溢出后自动复零。只要柴油机运转，计时器就工作
3	发动机水温表	指示发动机冷却水温度，正常工作温度在 45～90℃之间，超过 100℃需停车
4	指示灯组	适时进行左右转向、充电、低气压、低油压等的报警
5	制动气压表	指示制动系统的气压值，正常气压在 0.5～0.7MPa 之间
6	燃油表	指示燃油箱内储存燃油量的多少
7	变矩器油温表	指示变矩器压力油温度值，正常温度在 80～95℃之间。当温度指示值超过 110℃时，应将变速手柄换到较低挡，并降低发动机转速，直至油温降到正常范围内，否则应停车检查并排除故障
8	启动、熄火开关	将钥匙插入，顺时针旋转接通全车电源，再转动启动发动机，熄火则相反
9	雨刮器开关	控制雨刮电路的通、断。向下按一下为高速挡，再按一下为低速挡。向上按一下开关回位，雨刮器电路断开
10	油门踏板	控制发动机供油量
11	制动踏板（切断动力）	踩下踏板即刹车
12	转向灯开关	控制转向灯电路的通、断。向前拔左转向灯闪光；向后拔右转向灯闪光
13	喇叭按钮	按下按钮鸣笛
14	铲斗操纵手柄	向前推铲斗倾翻，向后拉铲斗收斗，中间位置铲斗不动
15	动臂操纵手柄	向后拉动臂上升，向前推动臂下降，再向前推为浮动，中间位置动臂不动
16	手枕	靠扶手臂
17	茶杯座	放置茶杯
18	手制动按钮	拔起按钮即制动，按下按钮即松开制动，当气压小于 0.45MPa 时，按钮处于拔起状态
19	空调	调节驾驶室内温度
20	风扇、暖风开关	控制暖风机的开关
21	工作灯开关	控制工作灯电路的通、断。向下按一下工作灯亮；向上按一下开关回位，工作灯电路断开
22	室内灯开关	控制室内灯电路的通、断。向下按一下室内灯亮；向上按一下开关回位，室内灯电路断开
23	仪表灯开关	控制仪表灯电路的通、断。向下按一下仪表灯亮；向上按一下开关回位，仪表灯电路断开
24	后大灯开关	控制后大灯电路的通、断。向下按一下后大灯亮；向上按一下后大灯灭
25	前大灯开关	控制前大灯电路的通、断。向下按一下为近光挡，再按一下为远光挡；向上按一下开关回位，前大灯电路断开
26	变速操纵手柄	向前推接前进一、二挡，向后拉为倒挡，中间位置为空挡
27	制动踏板（不切断动力）	踩下踏板即刹车
28	乙醚冷启动按钮	喷射乙醚启动液

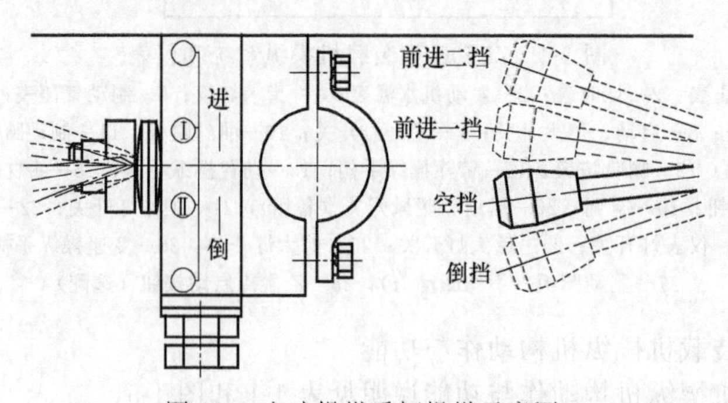

图 1-5　变速操纵手柄操纵示意图

1.2.1.2　CLG856 型装载机操纵装置及仪表的识别与运用

（1）操纵装置（见表 1-2）

表 1-2　CLG856 型装载机操纵装置

<table>
<tr><th>序号</th><th>名称</th><th colspan="2">示　意　图</th><th>特点及位置</th><th>备注</th></tr>
<tr><td>1</td><td>转向盘</td><td colspan="2"> </td><td>转向盘转过的角度和装载机转向的角度并不相等，连续转动转向盘，则装载机转向角度加大，直至所需转向位置。
转向盘转动后不会自动回位，装载机的转向角度保持不变。因此当装载机转向完成后，应当反向转动转向盘，以使装载机在平直的方向行驶</td><td></td></tr>
<tr><td rowspan="3">2</td><td rowspan="3">蓄电池负极开关</td><td colspan="2"> </td><td>打开装载机发动机罩的后门，蓄电池负极开关安装在后车架的右后方</td><td rowspan="3">关断负极开关，即关闭整车电气系统。关掉启动开关时，蓄电池仍然与整车电气系统相连，部分电气部件仍可工作</td></tr>
<tr><td>负极开关关断状态</td><td> </td><td>要关断整车电气系统的电源需要将负极开关手柄逆时针方向转换到关断状态。负极开关处于关断状态时，开关的手柄指向开关面板的“OFF”位置</td></tr>
<tr><td>负极开关接通状态</td><td> </td><td>在装载机发动之前，必须要把负极开关的手柄顺时针方向转到接通的状态。当负极开关处于接通状态时，开关的手柄指向开关面板的“ON”位置</td></tr>
<tr><td>3</td><td>停车制动按钮</td><td colspan="2"> 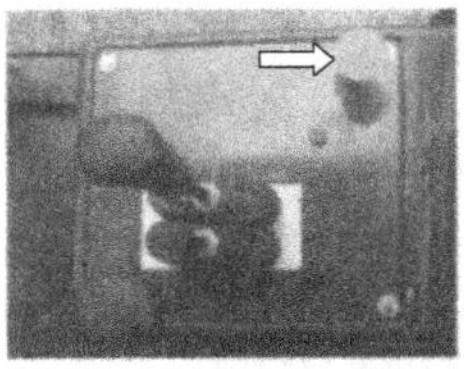</td><td>向上拉起时，停车制动器闭合，按下时松开停车制动器
停车制动器也用作紧急制动器。在装载机工作时，若出现紧急情况，手动拔起停车制动器按钮，即可实施紧急制动
当行车制动系统出现故障，行车制动回路中的蓄能器内油压低于 0.4MPa 时，停车制动器自动实施制动，装载机紧急停车，以确保行车安全</td><td></td></tr>
<tr><td>4</td><td>行车制动踏板</td><td colspan="2"> </td><td>行车制动踏板在驾驶室地板左前方。该机为单踏板双回路系统，当其中一个回路发生故障时，不影响另一回路的正常使用，使装载机保持部分制动能力，以保证行车安全
踩下行车制动踏板，前、后驱动桥实施制动，同时接通制动灯开关，制动灯变亮。松开行车制动踏板即可释放行车制动器</td><td></td></tr>
<tr><td>5</td><td>加速踏板</td><td colspan="2"> </td><td>油门踏板在驾驶室地板的右前方。在自然位置时发动机处在怠速状态，踩下油门，则增加柴油机的燃油供油量，提高柴油机的功率输出</td><td></td></tr>
</table>

续表

序号	名称	示意图	特点及位置	备注
6	启动开关	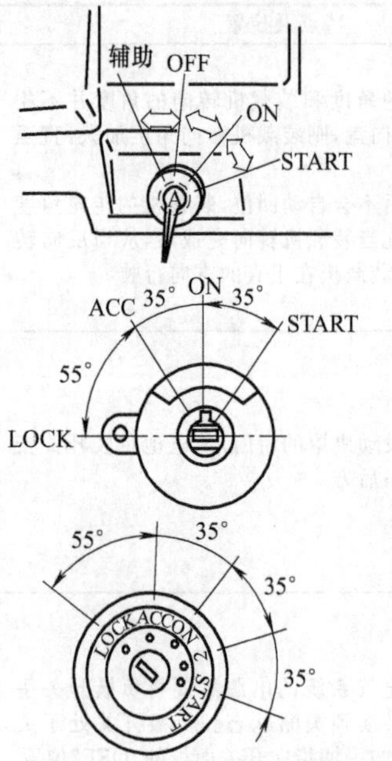	启动开关(也称电锁)在驾驶室操纵箱面板上,沿顺时针方向分四个挡位: 辅助——插入启动开关钥匙后逆时针转动的一个挡位,该挡位是自动复位的 OFF——在这个挡位时,发动机油路被切断而熄火,整机的电源控制电路被切断,所有用电设备的电路均被切断 ON——插入启动开关钥匙后顺时针转动的第一个挡位,整车电气系统得电而正常工作 START——插入启动开关钥匙后顺时针转动的第二个挡位。在此挡位启动电机得电从而启动发动机,在发动机启动成功后,立即松开启动开关钥匙,该挡位不能自保持,松手后启动开关钥匙即自动回转到启动开关的"ON"挡位	如果发动机启动失败,必须把启动开关转到"OFF"位置才可以再次启动,否则会损坏启动开关
7	变速操纵手柄		变速操纵手柄位于转向盘下方 前后拨动手柄,可以分别操作装载机前进一挡(手柄在"1"的位置)、前进二挡(手柄在"2"的位置)、后退挡以及空挡	
		空挡锁止器 	在空挡状态下,按下变速操纵空挡锁止器将空挡锁定,手柄将不能前后拨动而被锁定在空挡位置。将其拔出如图示位置时,解除空挡锁定	利用该开关可防止误操作
8	先导操纵手柄	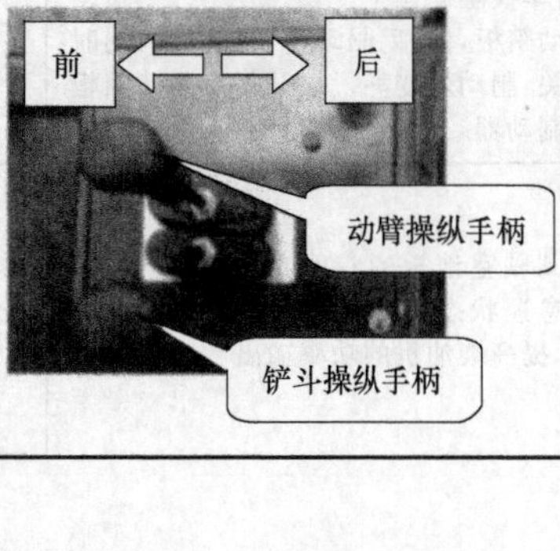	先导操纵手柄用于控制工作装置进行作业,内侧的铲斗操纵手柄用于控制铲斗的运动,外侧的动臂操纵手柄用于控制动臂的运动,这两个手柄在自然状态为保持位置,即中位。发动机运转时,把铲斗操纵手柄往前推,则铲斗向前翻转;把铲斗操纵手柄往后拉,则铲斗向后翻转。动臂操纵手柄往前推,则动臂下降;动臂操纵手柄往后拉,则动臂上升。若两个手柄向前或向后小幅度移动,可以控制主阀阀口的开度,配合柴油机的油门开度,则可以控制工作装置的运动位置和运动速度	

续表

序号	名称	示　意　图	特点及位置	备注
9	手垫		在先导操纵手柄的后面有一个手垫，驾驶员工作时，可将右手前小臂搁在手垫上，减轻疲劳程度。手垫可上下进行调节，以便适应不同驾驶员的需要	

(2) 灯具及其开关

CLG856型装载机的灯具分为前组合灯、后组合灯、室内灯、工作灯、后大灯（左右各一只）。其中，前组合灯包括前大灯、前小灯、前转向灯，后组合灯包括后转向灯、刹车灯、后小灯，转向灯由仪表板上的组合开关控制（见表1-3）。

表1-3　CLG856型装载机灯具及其开关

序号	名称	示　意　图	功 能 作 用
1	前大灯开关		翘板开关向前按到底，前大灯开关处于关断位置
		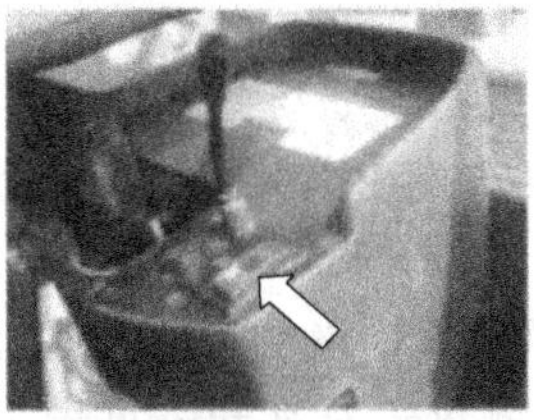	翘板开关向后拨动一挡，前大灯开关处于近光位置
		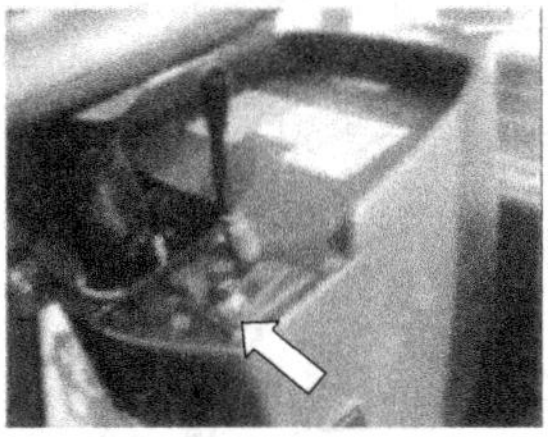	翘板开关向后按到底，前大灯开关处于远光位置
2	后大灯开关	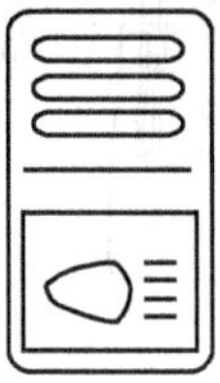	后大灯开关控制左、右后大灯同时亮或灭
3	驻车灯开关		闭合驻车灯开关后，前、后转向灯同时闪亮，在危急状态紧急停车时起警示作用，闭合驻车灯开关后，左、右转向灯开关不再起作用

续表

序号	名称	示意图	功能作用
4	小灯开关		小灯开关除了控制前、后小灯同时亮或灭之外，还控制所有翘板开关指示灯。每个翘板开关上都有一个开关指示灯。当小灯开关处于闭合状态时，开关指示灯亮；反之，在小灯开关处于断开状态时，开关指示灯不亮
5	工作灯开关		工作灯开关控制驾驶室顶上的两个工作灯同时亮或灭
6	旋转信号灯开关		旋转信号灯开关控制驾驶室顶部左后方的旋转信号灯亮或灭
7	除霜开关		除霜开关控制除霜装置启动或关闭

(3) 监测仪表及其开关

CLG856 型装载机仪表、开关安装在驾驶室仪表板上，其名称和安装位置如图 1-6 所示。

CLG856 型装载机的绝大部分监控仪表和报警、转向指示系统集成在方向盘下的仪表总成中；另外还有制动气压表、工作小时计两个独立仪表安装在座椅右侧的控制箱盖板上。仪表系统对变速油温、冷却水温、变速油压、燃油油位、发动机油压、电源电压、油污报警、紧急制动报警、行车制动低压报警、集中润滑系统故障报警、液压马达故障报警、整机工作小时计、左右转向灯等进行显示。CLG856 型装载机监测仪表及其开关见表 1-4。

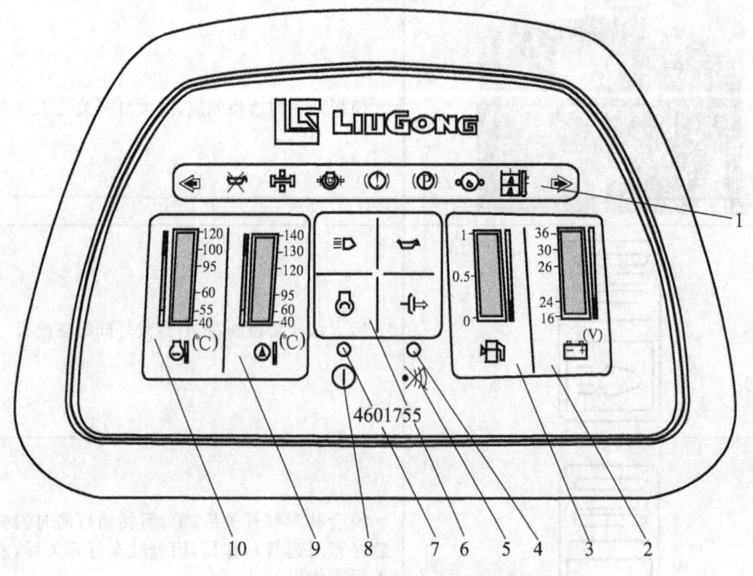

图 1-6 CLG856 型装载机仪表盘

1—组合报警项目灯；2—电压表；3—燃油油位表；4—报警消声指示灯；5—蜂鸣器报警消声开关；6—组合指示灯；7—仪表总成电源指示灯；8—电源指示灯开关；9—变矩器油温表；10—发动机水温表

表 1-4　CLG856 型装载机监测仪表及其开关

序号	名　称	示　意　图	功 能 作 用
1	发动机水温表		指示发动机冷却水的温度，正常工作范围应在 65～100℃间；当水温高于 100℃时，发动机水温显示液晶段闪烁报警，此时，应检查发动机散热风扇和皮带以及水箱水位
2	变矩器油温表		指示变矩器的工作油温度，正常工作范围应在 55～127℃之间；当油温高于 127℃时，变矩器油温显示液晶段闪烁报警，此时，应检查变速箱及变速箱油位
3	燃油油位表		指示整机的燃油油位，仪表指示到“1”时油位最高，仪表指示到“0”时油位最低。燃油油位指示低到“0.2”时，应及时添加燃油
4	电压表	− +	指示整机的电源电压状态，正常的电源电压约为 26V；当电压低于 24V 或高于 30V 时，电压显示液晶段闪烁报警，此时，应将装载机停泊在安全地方进行检查
5	行车制动气压表		指示制动气路中的空气压力值，正常工作压力范围为 0.4～0.8MPa，当气压低于 0.4MPa 或高于 0.8MPa 时，制动气压项目指示灯闪烁报警，同时蜂鸣器鸣叫报警
6	工作小时计		指示整机的工作时间，以小时为单位。小时计的计时范围为 0～9999.99h。当开电锁，仪表总成得电工作时，工作小时计也同时开始计时
7	集中润滑故障指示		用于各活动铰接点的间歇润滑，维持各活动铰接点的正常工作，延长整车寿命，对整车起着维护保养的作用。当红色指示灯闪烁报警时，表示集中润滑系统有故障
8	驱动桥油压低压报警		当驱动桥内油压力过低时，压力指示灯闪烁报警，同时蜂鸣器鸣叫报警
9	机油压力报警		当机油压力过低时，机油压力指示灯闪烁报警，同时蜂鸣器鸣叫报警
10	行车制动低压报警		当行车制动气压过低时，该指示灯闪烁报警，同时蜂鸣器鸣叫报警
11	紧急制动低压报警	P	当行车制动气压低于安全气压 0.28MPa 时，该系统自动使装载机紧急停车，确保整机及人员安全，同时指示灯闪烁、蜂鸣器鸣叫报警
12	变速油压报警		当变速油压过低时，该指示灯闪烁报警，同时蜂鸣器鸣叫报警
13	液压油温报警		当液压油温过高时，该指示灯闪烁报警，同时蜂鸣器鸣叫报警
14	转向指示		当把组合开关向上拨动时，左转向指示灯闪亮，同时前、后左转向灯也同时闪亮
			当把组合开关向下拨动时，右转向指示灯闪亮，同时前、后右转向灯也同时闪亮
15	喇叭开关		有两个喇叭开关，一个在转向盘的中央，一个在转向组合手柄的尾端。两个开关的作用是一样的，随便按下其中的一个喇叭开关喇叭都会响

续表

序号	名 称	示 意 图	功 能 作 用
16	组合指示灯		① 前大灯远光指示：绿色指示灯亮时，表示前大灯工作在远光状态 ② 集中润滑工作指示：当油路中的杂质过多发生堵塞，油脂滤油器的报警装置向外顶出，发生报警，绿色指示灯亮时，表示集中润滑系统正在工作 ③ 动力切断指示：当黄色指示灯点亮时，表示变速器电子控制盒检测到动力切断信号 ④ 启动电机工作指示：黄色指示灯亮时，表示启动电机线路已接通 在发动机启动过程中，当开关钥匙从启动挡“START”回转到启动开关的“ON”挡位，此时启动电机工作指示灯应熄灭，如果指示灯继续发亮，说明启动电机触点粘着或者线路有故障

1.2.2 装载机操作准备

(1) 启动前的检查

① 检查柴油机燃油、润滑油和冷却水是否充足。

② 检查油管、水管、气管、导线和各连接件是否连接固定牢靠。

③ 检查柴油机风扇皮带和发电机皮带张紧度是否正常。

④ 检查蓄电池电解液液面高度是否符合规定，桩柱是否牢固，导线连接是否可靠。

⑤ 检查有无松动的固定件，特别是轮辋螺栓、传动轴螺栓。

⑥ 检查各操纵杆件是否连接良好、扳动灵活。

⑦ 检查轮胎气压是否正常。

⑧ 各种操纵杆是否置于空挡位置。拉紧手制动器。

⑨ 查看装载机周围，柴油机罩上是否有工具或其他物品。

(2) 常规启动

① ZL50C 型装载机启动　接通电源总开关，将电源钥匙插入电锁内并顺时针转动。将油门踏板踩到中速供油位置。按下启动按钮，使柴油机启动。柴油机启动后立即松开启动按钮。如果一次启动未成功，必须在 30s 后进行第二次启动，每次启动时间不得超过 10s。

② CLG856 型装载机启动（见表 1-5）

表 1-5　CLG856 型装载机启动

序号	内 容	示 意 图
1	清理装载机周围的人员，清除行驶方向上的障碍物；注意车底下是否有修理人员存在；除驾驶员可以坐在驾驶室内进行操作外，不允许任何人站在装载机的任何部位或坐在驾驶室内	

续表

序号	内　容	示 意 图
2	接通负极开关	
3	调整后视镜到合适的位置，使操作人员有良好的视野	
4	关好驾驶室左、右门、不可自由敞开驾驶室的门扇	
5	上机或下机之前要检查扶手或阶梯，如果有油迹或污泥等，应立刻将它们擦干净，预防上、下机时滑倒 绝不可跳上或跳下装载机。绝不允许在装载机移动时上机或下机 上机或下机时要面对装载机，手拉扶手，脚踩阶梯，保持两脚一手或两手一脚接触，以确保身体稳当 上机或下机时绝对不能抓住任何操纵杆。不能从装载机后面的阶梯上到驾驶室或从驾驶室旁边的轮胎下机	
6	检查安全带是否正常并系好安全带	
7	检查变速操纵手柄是否处在空挡位置；如果不是，将变速操纵手柄拨到空挡位置	

续表

序号	内　容	示 意 图
8	检查变速操纵空挡锁止器是否处在锁止位置，如果处在锁止状态，将其拔出(如图示位置)	
9	检查先导操纵手柄是否处在中位。如果不是，应将其扳到中位	
10	检查空调系统的风量开关是否处在“自然风”位置及转换开关是否处在“OFF”位置，如果不是，将其拨到相应的位置	
11	将钥匙插入电锁并顺时针旋转一格，接通整车电源，鸣响喇叭，声明本装载机即将启动，其他人员不得靠近装载机	
12	检查燃油油量，不足时应及时加注燃油	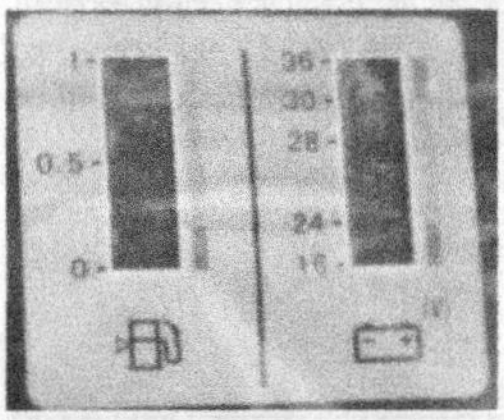
13	稍微踩下油门踏板，再将钥匙继续沿顺时针方向旋转一格将会接通柴油机启动电机。正常情况下发动机会在10s之内发动工作，此时应立即松手让启动电锁回位	 油门踏板
14	启动后应在怠速下(600～750r/min)进行暖机，待发动机的冷却水温度达到55℃、机油温度达到45℃后才允许全负荷运转	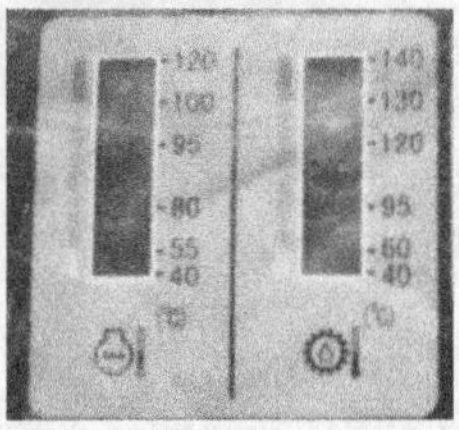

续表

序号	内容	示意图
15	低速运转中倾听发动机工作是否正常，变速箱是否有异响	
16	检查各仪表是否运行良好，各照明设备、指示灯、喇叭、雨刮器、制动灯是否能正常工作 要特别注意发动机机油压力的指示值，不应低于0.07MPa（在怠速状态），如低于此值，应停车检查发动机是否存在故障	
17	严寒季节，应对液压油进行预热。将先导阀铲斗操纵手柄向后扳并保持4～5min，同时加大油门，使铲斗限位块靠在动臂上，使液压油溢流，这样液压油油温将上升得较快	液压油箱
18	检查行车制动、停车制动系统工作是否正常，观察装载机是否有左右转向动作	

（3）拖启动

拖启动是装载机启动的应急方式，只有在启动电路有故障和紧急情况下，才可采用拖启动。而且，装载机只有在前进时才能有效拖启动，倒车牵引时不能拖启动。ZL50C型装载机不能拖启动。拖启动方法如下。

① 将变矩器锁紧及拖启动手柄置于拖启动位置。

② 进退操纵杆向前推，变速杆挂3挡，松开手制动器。

③ 油门控制在中速位置。

④ 将钢丝绳挂在装载机牵引钩上，牵引车与装载机的距离不得少于5m。还可用机械从后面推动。

⑤ 牵引车徐徐起步，带动柴油机启动。

⑥ 装载机启动后，立即将变速杆置于空挡，将变矩器锁紧及拖启动手柄置于中位，并向牵引车发出信号，以示启动完毕。

（4）启动后的检查

柴油机启动后，应以低、中速预热，并在预热过程中进行如下检查。

① 仪表指示是否正常。

② 照明设备、指示灯、喇叭、刮水器、制动灯、转向灯是否完好。

③ 低速和高速运转下的柴油机工作是否平稳可靠、有无异常响声。

④ 转向及各操纵杆件工作是否灵活可靠。

⑤ 有无漏水、漏油和漏气现象。

(5) 装载机熄火

ZL50C 型装载机熄火时，松开油门踏板，使柴油机低速空转几分钟，然后将熄火拉钮拉出，使柴油机熄火。熄火后将拉钮送回原位，断开电源总开关。

CLG856 型装载机发动机熄火是通过启动开关的"OFF"位实现的。在发动机运转时，将启动开关的启动钥匙逆时针转动一格，到达启动开关的"OFF"位，发动机熄火。

除紧急情况外，柴油机不得在高速运转时突然熄火。

1.2.3 装载机基础驾驶

1.2.3.1 ZL50C 型装载机驾驶步骤及操作要领

(1) 起步

① 升动臂，上转铲斗，使动臂下铰点离地面约 400mm。

② 右手握转向盘，左手将变速操纵杆置于所需挡位。

③ 打开左转向灯开关。

④ 观察周围情况，鸣喇叭，放松手制动器操纵杆。

⑤ 逐渐踩下油门踏板，使装载机平稳起步，然后关闭转向灯。

⑥ 起步时要倾听柴油机声音，如果转速下降，油门踏板要继续下踩，提高柴油机转速，以利于起步。

(2) 停机

① 打开右转向灯开关，放松油门踏板，使装载机减速。

② 根据停车距离踩下制动踏板，使装载机停在预定地点。

③ 将变速操纵杆置于空挡。

④ 将手制动器操纵杆拉到制动位置。

⑤ 降动臂，使铲斗置于地面，关闭转向灯。

(3) 换挡

① 加挡。

a. 逐渐加大油门，使车速提高到一定程度。

b. 在迅速放松油门踏板的同时，将变速操纵杆置于高挡位置。

c. 踩下油门踏板，高挡行驶。

② 减挡。

a. 放松油门踏板，使行驶速度降低。

b. 将变速操纵杆置于低挡位置，同时踩下油门踏板。

注意：装载机前进挡和倒退挡互换应在停车时进行。

③操作要领：加挡前一定要冲速，放松油门踏板后，换挡动作要迅速。减挡前除将柴油机减速外，还可用脚制动器配合减速。加、减挡时两眼应注视前方，保持正确驾驶姿势，不得低头看变速操纵杆；同时，要掌握好转向盘，不能因换挡而使装载机跑偏，以防发生事故。

(4) 转向

① 打开左（右）转向灯开关。

② 两手握转向盘，根据行驶需要，按照前述转向盘的操纵方法修正行驶方向。

③ 转向后关闭转向灯。

④ 操作要领如下。

a. 转向前，视道路情况降低行驶速度，必要时换入低速挡。

b. 在直线行驶修正行驶方向时，要少打少回，及时打及时回，切忌猛打猛回，造成装载机“画龙”行驶。转弯时，要根据道路弯度，快速转动转向盘，使前轮按弯道行驶。当前轮接近新方向时，即开始回轮。回轮的速度要适合弯道需要。

c. 转向灯开关使用要正确，防止只开不关。

(5) 制动

制动方法可分为预见性制动和紧急制动。在行驶中，驾驶员应正确选用，保证行驶安全。尽量避免使用紧急制动。

(6) 倒退

倒退必须在装载机完全停驶后进行，起步、转向、制动的操作方法与前进时相同。

① 倒退时及时观察车后的情况，可用以下姿势。

a. 从后窗注视倒机。左手握转向盘上缘控制方向，上身向右侧转，下身微斜，右臂依托在靠背上端，头转向后窗，两眼视后方目标。

b. 注视后视镜倒机。这是一种间接看目标的方法，即从后视镜内观察车尾与目标的距离来确定转向盘转动多少。在后视观察不便时一般采用此法。

② 目标选择。后窗注视倒机时，可选择机库门、场地和停机位置附近的建筑物或树木为目标，看机尾中央或两角，进行后倒。

③ 操作要领如下。

a. 倒退时，应首先观察周围地形、机械、行人，必要时下机观察，发出倒机信号，鸣喇叭警示，然后挂入倒挡，按照前述倒机姿势，行驶速度不要过快，要稳住油门踏板，不可忽快忽慢，防止倒退过猛造成事故。

b. 倒退转弯时，要使机尾向左转弯，转向盘也向左转动；反之，向右转动。弯急多转快转，弯缓少转慢转。要掌握“慢行驶、快转向”的操纵要领。由于倒退转弯时，外侧前轮轮迹的行驶半径大于后轮，因此在照顾方向的前提下，还要特别注意前外车轮以及工作装置是否刮碰其他物体或障碍物。

1.2.3.2 CLG856型装载机驾驶步骤及操作要领

(1) CLG856型装载机行驶操作(见表1-6)

表1-6 CLG856型装载机行驶操作

序号	内容及方法	示意图
1	操作先导操纵阀手柄，将铲斗向后转到限位状态 将动臂提高到运输位置，即动臂下铰点离地面距离为500mm左右	500mm
2	踩下行车制动踏板，同时按下停车制动器的按钮，解除停车制动。慢慢松开行车制动踏板，观察装载机是否会移动，如果装载机发生移动，马上踩下行车制动踏板，并拉起停车制动器按钮，实施制动。然后检查变速控制系统是否存在故障	

续表

序号	内容及方法	示 意 图
3	检查变速操纵空挡锁止器是否处在锁止位置，如果处在锁止位置，应将其拔出	
4	将变速操纵手柄往前推挂到前进1挡或往后推挂到后退挡，同时适当地踩下油门踏板，装载机即可前进或后退	
5	将装载机开到空旷平坦的场地，转动转向盘，检查装载机是否能进行左右原地转向 检查各挡位的接合情况。将装载机开到空旷平坦的场地上，分别接合各挡位，检查装载机的换挡反应情况	
6	检查行车制动性能。在空旷平坦的场地上，装载机以前进1挡或前进2挡速度行走，先松开油门踏板，再平缓地踩下行车制动踏板，装载机应明显地减速并停下来 如果在踩下行车制动踏板后，感觉不到装载机在明显地减速，应立即拔起停车制动器的按钮，实施紧急制动。同时操作先导操纵手柄，将动臂下降到最低位置，并向前翻转铲斗，使铲斗斗齿或斗刃插入或顶住地面，迫使装载机停下来，确保安全	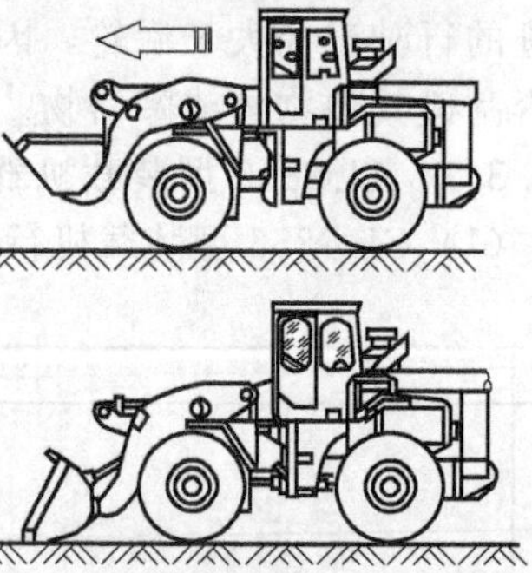
7	转向灯开关向前按（拨）为左转弯，向后按（拨）为右转弯，装载机前后的相应一侧的转向灯和仪表总成上的相应转向指示灯会亮，提示前后相邻的机械和行人	

(2) CLG856型装载机电液换挡定轴式变速器特殊功能操作

① 组成　4WG200变速器总成的变速操纵系统见图1-7（a），操纵手柄位置见图1-7（b）。从图1-7（a）可以看出，4WG200变速器总成的变速操纵系统由EST-17T变速器换挡电控盒1、4WG200变速器2、DW-2换挡选择器3、电液变速操纵阀7及一些电线电缆等零

部件组成。

② 特点 该变速器的变速操纵为电脑-液压半自动控制，因此在变速操纵方面有许多特点。一是变速操纵冲击力很小，换挡十分平稳。因换挡相当于接通或断开一个电源开关，因此操纵非常灵活、方便，操纵力很小。二是换挡操纵非常简便［见图1-7（b）］，只需轻轻前后转动DW-2上换挡转套，即可获得前进1～4挡或后退1～3挡。只需将换向操纵杆轻轻向前或向后扳动，即可实现前进或后退。

③ 特殊功能操作 该变速操纵有三项特殊功能，即“KD”功能、换挡锁定功能及空挡启动功能。

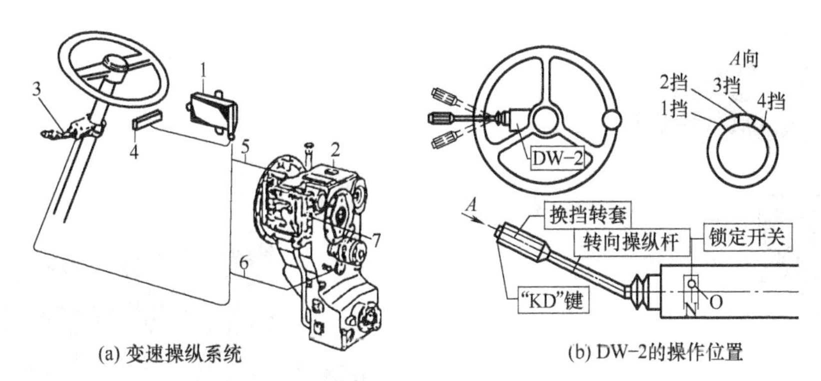

图1-7 4WG200变速器变速控制系统

1—变速器换挡电控盒（内装EST-17T电脑控制板）；2—4WG200变速器；3—DW-2换挡选择器；4—整车电路；5—变速器控制换挡操纵电缆；6—输出转速传感器电缆；7—电液变速操纵阀

a. “KD”功能 铲装作用时，为提高作业效率，一般情况下装载机以2挡起步，然后挂3挡前进，当装载机接近沙、石料堆时挂2挡，即按2R→2F→3F→2F过程变速。铲掘物料，用手指轻轻按一下DW-2端部的“KD”键（并不用转动换挡手柄），这时变速器挡位自动从前进2挡降至前进1挡。铲装作业完后，将操纵杆置于后退位置，这时变速器又自动将挡位从前进1挡直接转换为后退2挡（“KD”功能在拨动换挡手柄后，会被解除，ZF变速器允许装载机换挡从前进1挡直接到倒退1挡，前进2挡直接到倒退2挡，换挡时不需停车）。再推上前进挡时变为前进2挡，即整个1、2挡切换过程中只要用手指按一次“KD”键就完成了，即按2F（按KD）→1F（向后拨至倒退挡）→2R（向前拨至前进挡）→2F过程操作，轮式装载机使用KD功能的工作循环如图1-8所示。这样，既减少了驾驶员的换挡次数，又可获得较高的作业速度，在很大程度上降低了驾驶员的劳动强度，同时大大提高了作业效率。

b. 换挡锁定功能 锁定开关在“O”位置为开启状态，在“N”位置为锁定状态。为保证安全，当装载机停机时，将变速操纵杆置于空挡位置即可利用锁定开关将其锁定。同时，如因转移工作场地等情况下需要，也可利用锁定开关锁定在某一个挡位上。

c. 空挡启动功能 为保证启动时的安全性，装有启动保护功能，即只有挂上空挡才能启动发动机。

（3）CLG856型装载机的停放

① 将装载机开到平坦的场地上，那里应该没有落石、滑坡或遭遇洪水的危险。

② 使用行车制动将装载机停下来。

③ 将变速操纵手柄拨到空挡位置。

④ 拉起停车制动器的按钮，实施停车制动。

⑤ 操纵先导阀操纵手柄，将动臂下降并使铲斗平放在地面上，然后将铲斗轻微地向

下压。

⑥ 让发动机怠速运转 5min，以便各零件均匀散热。

⑦ 将电锁钥匙沿逆时针方向转到“OFF”位置，发动机熄火，切断整机电源，然后拔出钥匙。

⑧ 将各开关扳到中位或“OFF”位。

⑨ 将左、右门关好，按相关规定下扶梯。

⑩ 若装载机要长时间停放（如过夜等），则打开发动机罩后门，将电源负极开关扳到关断状态，如图 1-9 所示。

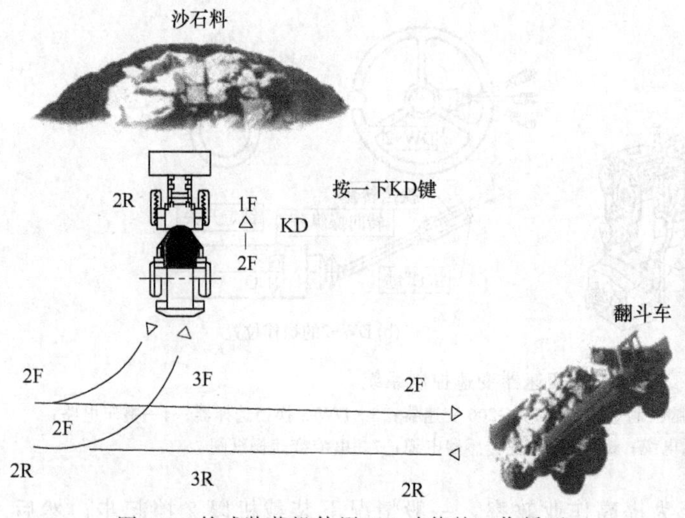

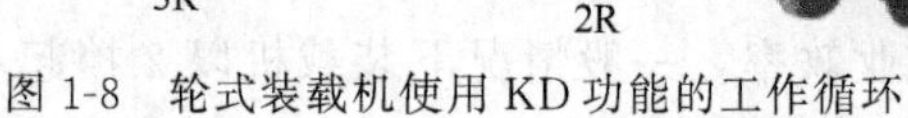

图 1-8　轮式装载机使用 KD 功能的工作循环

图 1-9　负极开关处在关断状态

⑪ 装载机出厂时，若没有加防冻液，则冬季停车后应及时打开发动机所有放水阀，放完冷却系统和空调系统蒸发器中的全部冷却液，防止机件冻裂。

⑫ 把所有的设备锁好，取下钥匙随身携带。

注意：应将装载机停放在平地上。如果必须将装载机停放在斜坡上，则应用楔块顶住车轮，防止装载机移动。

1.3 轮式装载机驾驶作业

1.3.1 轮式装载机基本作业

1.3.1.1 作业前的准备

① 检查液压油箱内的油位，不足时应加注。

② 检查工作装置各销轴是否连接可靠。

③ 在工作装置各润滑点加注润滑脂。

④ 观察周围环境及条件，根据作业量的大小，制定施工方案及作业路线。

⑤ 清理作业现场，削除凸起，填平凹坑，铲除湿滑的地面表层，清理场地上大的以及尖锐的石块，以免划伤轮胎和妨碍作业。

⑥ 当使用 CLG856 型装载机对运输车或料斗进行装卸物料时，应根据运输车或料斗的高度，使装载机的铲斗能安全地进出运输车或料斗，又不至于因为卸料高度太高，物料的冲击造成运输车或料斗的损坏。

1.3.1.2　基本作业过程

当装载机用于将货物从料堆装入运输机械或将货物由一地转移至另一地时，其工作过程大体包括：空斗运行、铲取货物、铲斗提升、满斗运行、卸货五个循环作业过程，如表 1-7 所示。

表 1-7　装载机基本作业过程

序号	作业过程	示意图	作业特点与要求
1	空斗运行		装载机铲装货物时，需空斗驶向料堆，在卸货后，后退、落斗并驶向料堆。运行中，铲斗处于运输位置，使铲斗底面与前轮的公切线和地面成 15°运行，以保证必要的离地间隙
2	铲取货物		当装载机驶近堆料前 1～1.3m 处时，换入低挡，并下降动臂使铲斗底面贴地，以全力切进料堆。在铲取货物时，一般采用两种方法，即一次切入铲装法和复合铲装法。前者是铲斗一次切进料堆达一定深度，随后铲斗上转，再提升动臂完成铲取作业；而后者是利用多次边切进边上转铲斗的复合动作，来完成铲装物料。复合铲装法能缩短作业循环时间约 10%
3	铲斗提升		完成铲装作业后，为保证装载机移动和不使货物散落，铲斗应提升到某一高度，该动作通过液压系统完成，由动臂操纵杆予以控制
4	满斗运行		装载机完成上述动作后，后退一定距离，并转向驶向运输机械或卸载点，并再度举升铲斗
5	卸货		动臂举升至卸料位置（以铲斗前翻时不致碰到车厢边缘为限），对正车厢后，使铲斗前翻将货物卸入运输机械，随后返回料堆，进行循环作业

注：作业过程中，熟练的操作手通常是在驶向料堆的过程中放平铲斗和变速，铲斗插入一定深度时边上转铲斗、边升动臂使铲斗装满，后退调头；在驶往卸载点的过程中提升动臂至卸载高度，并把物料卸入运输车内或料场。

（1）铲装

铲装是将松散物料从料堆中装入铲斗的过程。铲装物料时，装载机要对准料堆，不要以高速向物料冲击。轮胎出现打滑时，不要强行操纵。

① 一次铲装　作业时，铲斗不经翻转或提升，即能使铲斗装满物料的作业方法，如图 1-10 所示。装载机对正料堆以 1 挡前进，使斗底与地面平行，待铲斗距料堆约 1m 时，边降动臂边加速，使铲斗底紧贴地面插入料堆。当铲斗装满物料时，卷收铲斗并停止前进。然后提升动臂，在动臂下铰点离地面约 400mm 时，驶离料堆。此作业适于铲装堆积高度 1.3m 以上的砂、煤炭等松散物料。

② 配合铲装　作业时，铲斗卷收和动臂提升配合进行使铲斗装满物料的作业方法，如图 1-11 所示。装载机 1 挡前进，待铲斗插入料堆深度为斗底纵长的 1/3～1/2 时，便间断地

适度提升动臂和卷收铲斗，使料堆上部物料滑落装满铲斗。斗齿的运动轨迹基本与料堆的坡面平行。此作业适于铲装堆积高度大于2m的碎石、土等松散物料。

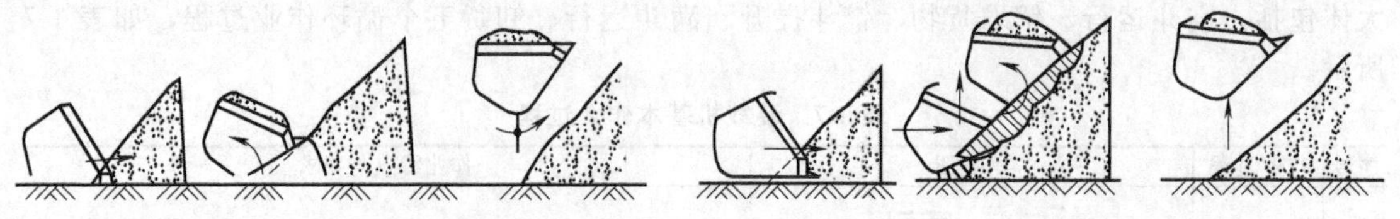

图1-10　一次铲装示意图　　图1-11　配合铲装示意图

（2）转运

转运是指装载机将装入铲斗的物料运送到卸载点的作业过程。转运物料时，动臂下铰点距离地面约400mm，以保证稳定行驶。按其运行路线可分为“V”式、“I”式、“L”式和“T”式四种转运方法。

①“V”式转运　装载机从铲装物料结束至倾卸物料开始，其运动路线近似于“V”形的作业方法，如图1-12所示。作业时，运输机械停放在与作业面约成60°的位置上。装载机满载后，以机尾远离运输机械方向约30°的转向角，倒车驶离作业面，待铲斗对正运输机械与作业面夹角的顶点后，再前进并转向，至垂直于运输机械时卸载。“V”式转运具有行程短、工作效率高的特点，适于在作业正面较宽而纵深较短的地段上装车作业。

②“I”式转运　装载机和运输车垂直放置，两者通过交替前进和后退，完成铲装、卸载的作业方法，如图1-13所示。作业时，装载机满载后倒退6～8m等待卸载。待运输车驶至装载机与料堆之间的适当位置，装载机即举斗前行，将物料卸于车内。当运输车装载后离开5～8m时，装载机又前行铲取物料，重复前述作业过程。当运输车载重量与一部装载机铲斗装载量相匹配时，可采用单机多车作业法。当运输车载重量与两部或三部装载机铲斗装载总量相匹配时，可采取多机多车的并排作业法。在高大料堆面前，采取多机多车按一定顺序作业的方法，铲装时间最短，作业效率最高，适于在作业量大或作业场地狭窄、机械不便转向和调头的地方应用。

③“L”式转运　装载机从铲装物料结束至开始倾卸物料，其运行路线近似于“L”形的作业方法，如图1-14所示。作业时，运输车停放在与作业面约成直角的位置上，装载机满载后倒退至适当位置，然后前进并进行90°转弯，至垂直于车厢时卸载。这种方法适于在作业正面狭窄、机械出入受场地限制时应用。

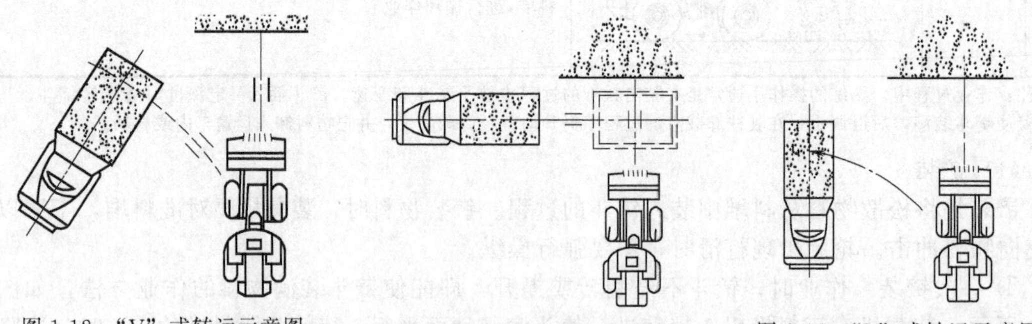

图1-12　“V”式转运示意图　　图1-13　“I”式转运示意图　　图1-14　“L”式转运示意图

④“T”式转运　装载机从铲装物料结束至倾卸物料开始，其运行路线近似于“T”形的作业方法，如图1-15所示。作业时，运输车、装载机与作业面平行放置，装载机转向90°行驶至作业面，铲装物料，装载后倒回原位，然后再向相反方向转向90°行驶，至垂直于运输车时卸载，最后倒回原位。这种方法适于在作业正面较宽，机械出入受场地限制时应用。

（3）卸载

卸载是将铲斗内的物料倒出的作业过程。装车卸载时，装载机应垂直于车厢，缓慢前进，在行进中扳动动臂操纵杆，将铲斗提升，使铲斗前倾不碰到车厢，高度超过车厢 200～500mm，对准卸料位置，注意机械与机械保持一定的安全距离，慢推铲斗操纵杆，使物料呈“流沙状”卸入车厢内，做到不间断、不过猛、不偏载、不超载。当弃料、卸载填塞较大的弹坑或壕沟时，在土肩前 500mm 处卸载，待堆积物料较多后，再用铲斗将物料推至坡下，但铲斗不能伸出坡缘。

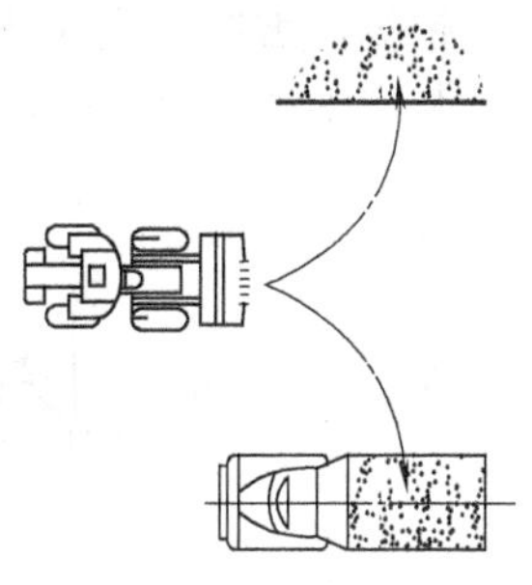

图 1-15　“T”式转运示意图

（4）回程

卸载后的装载机返回铲装点的驾驶过程称为回程。装载机回程行驶路线与转运路线相同，但其方向相反。行驶中需顺便铲高填低，平整机械运行道路。

1.3.2　轮式装载机应用作业

（1）铲运作业

铲运作业是指铲斗装满物料并转运到较远的地方卸载的作业过程，通常在运距不超过 500m、用其他运输机械不经济或不适于机械运输时采用。

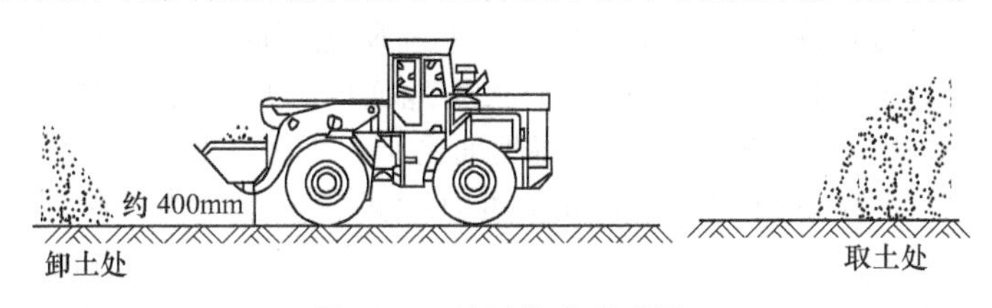

图 1-16　铲运作业示意图

运料时，动臂下铰点应距地面约 400mm，并将铲斗上转至极限位置，如图 1-16 所示。行驶速度应根据运距和路面条件决定。如路面较软或凹凸不平，则低速行驶，防止行驶速度过快引起过大的颠簸冲击而损坏机件。在回程中，对行驶路线可进行必要的平整。运距较长而地面又较平整时，可用中速行驶，以提高作业效率。

铲斗满载越过土坡时，要低速缓行。上坡时，适当踩下油门踏板。当其到达坡顶、重心开始转移时，适当放松油门踏板，使装载机缓慢地通过，以减小颠簸振动。

（2）铲掘作业

铲掘作业是指装载机铲斗直接开挖未经疏松的土体或路面的作业过程。铲掘路面或有砂、卵石夹杂物的场地时，应先将动臂略微升起，使铲斗前倾 10°～15°，如图 1-17 所示。然后，一边前进一边下降动臂，使斗齿尖着地。这时，前轮可能浮起，但仍可继续前进，并及时上转铲斗使物料装满。

图 1-17　铲掘松软地面示意图

铲掘沥青等硬质地面时，应从破口处开始，将铲斗斗齿插入沥青面层与地基之间，在前进的同时上卷铲斗，使沥青面层破裂，脱离地基，然后提升动臂，使其大面积掀起，如图 1-18 所示。

图 1-18　铲掘硬质地面示意图

铲掘土坡时，应先放平铲斗，对准物料，用低速铲装，上转铲斗约10°，然后升动臂逐渐铲装，如图1-19所示。铲装时不得快速向物料冲击，以免损坏机件。

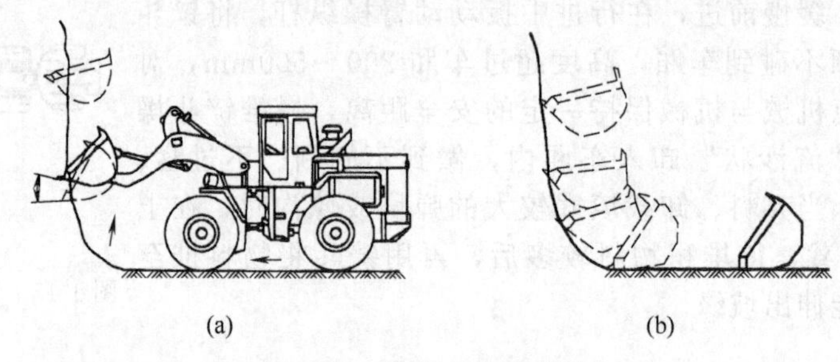

图1-19 铲掘土坡示意图

（3）其他作业

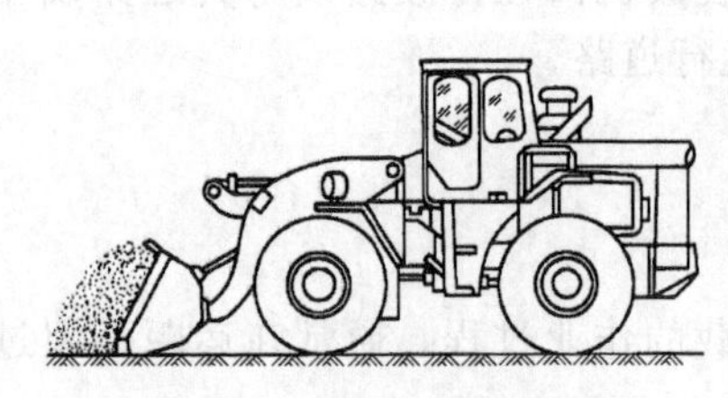
图1-20 推运作业示意图

① 推运作业　推运作业是将铲斗前面的土堆或物料直接推运至前方的卸载点。推运时，动臂下降使铲斗平贴地面，柴油机中速运转，向前推进，如图1-20所示。

② 刮平作业　刮平作业是指装载机后退时，利用铲斗将路面刮平的作业方法。作业时，将铲斗前倾到底，使刀板或斗齿触及地面。刮平硬质地面时，应将动臂操纵杆放在浮动位置；刮平软质地面时，应将动臂操纵杆放在中间位置，用铲斗将地面刮平，如图1-21所示。

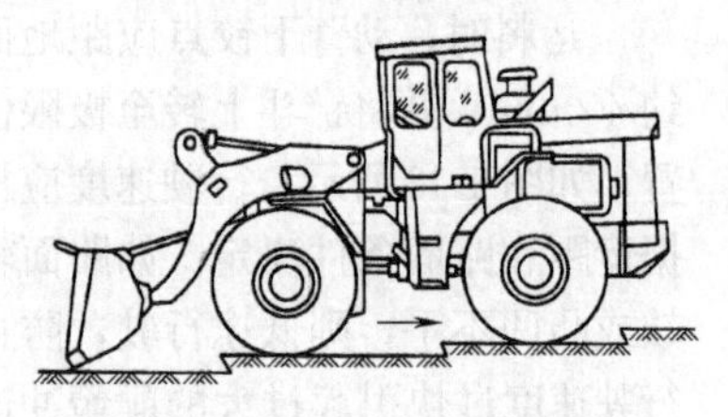
图1-21 刮平作业示意图

③ 牵引作业　装载机可以配置载重量适当的拖平车进行牵引运输。运输时，装载机工作装置置于运输状态，被牵引的拖平车要有良好的制动性能。此外，装载机还可完成起重作业。

④ 接换四合一铲斗进行作业　将装载机动臂两边钢管上的快换接头的堵塞拔下，四合一铲斗通过管路连到快换接头上，用辅助操纵杆控制整体式多路阀的辅助阀杆，即可控制抓具油缸，实现斗门闭合和斗门翻开。

四合一铲斗具有装载、推土、平整、抓取四大功能。其作业状况如图1-22所示。

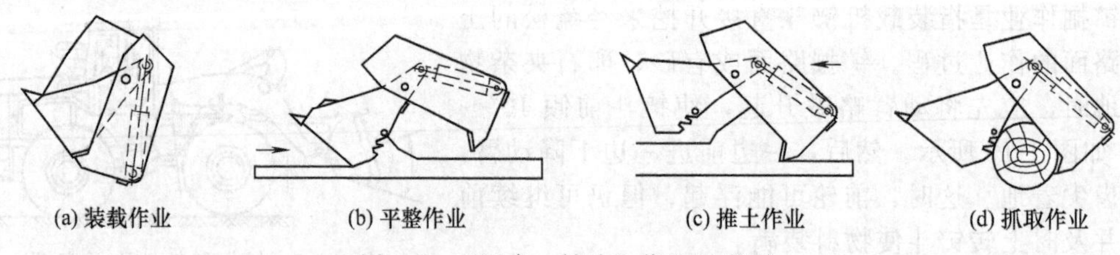

图1-22 "四合一铲斗"作业示意图

如换装液压镐或其他附件，方法与换装四合一铲斗相同。

注意：辅助操纵杆只有在装四合一铲斗、液压镐等附加装置时方可使用；将四合一铲斗换装装载机标准斗时，应反复操纵辅助操纵杆，使抓具油缸和油路里的油压降为零，方可更换。

（4）夜间作业

装载机夜间作业前必须检查全车电气设备、作业用照明灯等工作情况，燃油、润滑油质量以及工作装置易损件是否完好，备好工作灯以便急需。

当作业场地光照不良时，可下机勘察，全面了解周围环境及特点，做到心中有数。

作业中对沟边、坑边或其他障碍物应适当加大安全距离，起步前、行驶中注意观察，作业一段时间后可停机检查，确认无隐患后继续作业。

1.4 轮式装载机维护

轮式装载机在使用中，由于受各种因素的影响，其零部件必然会产生不同程度的松动、磨损、损伤和锈蚀。为保证装载机在使用中运行正常可靠，发挥其潜在能力，并保持良好的技术状况和较长的使用寿命，必须采取经常性的维修、养护措施，以保持装载机外观整洁，降低零部件磨损速度，防止不应有的损坏，及时查明故障隐患并予以消除。

轮式装载机维护分为走合维护（又称初驶维护）、换季维护和定时维护（包括每天维护、每周维护、每月维护、每季维护等）。

1.4.1 轮式装载机走合及换季维护

1.4.1.1 走合维护

新装载机或大修后的装载机在规定的作业时间内的使用磨合，称为装载机走合（初驶）。它对于延长装载机的使用寿命，消除故障隐患，避免重大故障的发生具有重要的作用。

(1) 走合要求

① 新车走合期：开始使用100h为走合（初驶）期。

② 减载：走合期间以装载松散物料为宜，在走合期内，装载量不得超过额定装载质量的70%。

③ 减速：发动机不得高速运转，限速装置不得任意调整或拆除，行驶速度不得超过最高车速的70%。

④ 按规定正确选用燃油和润滑剂。

⑤ 正确操作。正确启动，空转5min，发动机预热到40℃以上，以平稳低速小油门起步，逐步提高速度；走合期间，各种挡位应均匀安排走合，适时换挡，避免猛烈撞击；作业不得过猛过急，应避免突然启动、突然加速、突然减速和突然转向；使用过程中密切注意变速箱、变矩器、前后桥、轮毂、停车制动器、中间支承轴以及液压油、发动机冷却液、发动机机油的温度，在装卸作业时，严格遵守操作规程。

(2) 走合（初驶）前维护

轮式装载机走合（初驶）前维护应按表1-8所列步骤和内容完成。

表1-8 轮式装载机走合（初驶）前维护作业项目

步骤	项目	方法	注意事项
1	检查、紧固全车各总成外部的螺栓、螺母、管路接头、卡箍及安全锁止装置	目测、检查、紧固	用力均匀，防止碰手
2	检查全车油、水、液的液面高度	目测、添加、紧固	容器要干净，严禁不同牌号的油混合使用
3	检查轮胎气压	气压表对准轮胎气门芯测量，目测压力值	
4	检查、调整制动踏板自由行程和手制动器操纵杆行程	用钢板尺测量各行程。若不符合要求，通过调整螺钉进行调整	发动机处于熄火状态
5	检查、调整风扇皮带松紧度	当手压皮带挠度超15mm时应紧皮带，当挠度小于8mm时应放松皮带，通过发电机支架导轨固定螺栓进行调整	发动机熄火，皮带松紧适中

续表

步骤	项 目	方 法	注意事项
6	检查蓄电池电解液液面高度、密度和负荷电压	目测液面高度,用密度计测量电解液的密度,用高率放电计测量蓄电池负荷电压	防止电解液溅到身上
7	检查各仪表、照明、信号、开关按钮及随车附属设备工作情况	启动发动机或用万用表检查各仪表、照明、信号、开关等的可靠性	必须关闭发动机,切断蓄电池电源
8	检查液压装置工作情况,必要时调整分配阀操纵杆行程	用钢板尺测量各操纵杆行程距离,操纵杆自由行程标准值为7mm左右,若不符合要求,通过调整螺钉进行调整,达到标准值	调整时发动机必须熄火,工作装置降至最低

(3) 走合(初驶)后维护

轮式装载机走合(初驶)后维护应按表1-9所列步骤和内容完成。

表1-9 轮式装载机走合(初驶)后维护作业项目

步骤	项 目	方 法	注意事项
1	清洁全车	由外至内进行擦拭、清洁灰尘	
2	更换发动机机油和机油滤清器	启动发动机运转5min,热车放出机油,拆下机油滤清器,用清洁的煤油或柴油清洗发动机油底壳,控干后拧紧油底壳放油堵,装上新的滤清器,按规定的牌号加入新油	
3	清洁空气滤清器	打开空气滤清器外罩,取出滤芯,用气泵吹扫干净	发动机处于熄火状态
4	清洗高压泵进油口滤网,更换燃油滤清器,放出燃油箱沉淀物	拧开高压泵进油口处的过油螺栓,取出滤网,用清洁煤油或柴油进行清洗,按原位置装好拧紧,然后用链条扳手或皮带扳手更换新的滤清器	滤网和滤清器油管接头必须要装好拧紧,防止发动机启动时有空气进入不易发动
5	更换变速箱、驱动桥的用油	打开变速箱、驱动桥的放油堵,放出旧油,用清洁的煤油或柴油从变速箱、驱动桥的加油口处加入进行冲洗,控干后拧紧放油堵,然后加入规定牌号的油	加油容器应干净
6	检查轮边减速器轴承松紧度	将驱动桥支起,检查轮边减速器轴承的松紧度,轴承的间隙量以无轴向旷量为宜	驱动桥支架应平稳,防止倒塌,发动机处于熄火状态
7	检查紧固全车各总成外部的螺栓、螺母及安全锁止装置	目测、检查、紧固	
8	检查制动装置技术状况	测量制动踏板行程;目测制动液的液面高度,目测制动摩擦片的损坏程度,摩擦片损坏超过2/3时应更换	必须在发动机熄火状态下进行
9	检查、调整风扇皮带松紧度	当手压皮带挠度超15mm时应紧皮带,当挠度小于8mm时应放松皮带,通过发电机支架导轨固定螺栓进行调整	发动机熄火,皮带松紧适中
10	检查蓄电池电解液液面高度、密度和负荷电压	目测液面高度,用密度计测量电解液的密度,用高率放电计测量蓄电池负荷电压	防止电解液溅到身上
11	检查工作装置的工作性能	启动发动机,检查各操纵杆自由行程,若不符合要求,通过调整螺钉进行调整,达到标准值	调整时发动机必须熄火,工作装置降到最低点
12	润滑全车各润滑点	用黄油枪按顺序,依次加注润滑脂	将各润滑点的旧油脂压出来为止

1.4.1.2　换季维护

全年最低气温在−5℃以下地区，轮式装载机在入夏和入冬前要进行换季维护。轮式装载机换季维护应按表 1-10 所列步骤和内容完成。

表 1-10　轮式装载机换季维护作业项目

步骤	项　目	方　法	注意事项
1	按地区、季节要求更换燃油，清洗燃油箱	用活动扳手将燃油箱放油堵打开，放出油箱的燃油，清洗后加入新油	按规定牌号加入新油，防止雨雪及污物进入燃油系统以免堵塞油路；根据不同的环境温度选用不同牌号的轻柴油，参见表 1-11
2	按地区、季节要求更换液压油、润滑油	用活动扳手将液压油箱和润滑油箱放油堵打开，放出油箱内的液压油和润滑油，清洗后加入新油	按规定牌号加入新油，更换液压油、润滑油必须经过滤油器滤过以后才能使用，加油口必须清洗干净。根据不同的环境温度选用不同牌号的油，参见表 1-12
3	按地区、季节要求清洁蓄电池，调整电解液密度并进行充电	用吸出器将旧的电解液吸出，然后将蓄电池用棉纱擦拭干净	寒冷地区使用密度较高的电解液，冬季的电解液密度应比夏季高 0.02～0.04g/cm³
4	检查发动机冷启动装置	启动发动机前应检查润滑油的油位、水位，确认无误后，安装蓄电池连接电源，启动发动机	冬季未使防冻液进行冷启动，应先用 60～70℃后用 90～100℃的热水灌入水箱，直到机体放水开关流出温水为止。然后，用热水加满水箱方可启动

表 1-11　不同环境温度所用柴油牌号

环境温度	≥4℃	−5～4℃	−5～−14℃
柴油牌号	0	−10	−20

表 1-12　不同环境温度、不同地区所用不同等级、牌号的润滑油

<table>
<tr><th colspan="2" rowspan="2">种类</th><th rowspan="2">使用地区</th><th colspan="2">名　称</th><th rowspan="2">应用部位</th></tr>
<tr><th>夏季用油</th><th>冬季用油</th></tr>
<tr><td colspan="2" rowspan="2">润滑脂</td><td>平原地区</td><td colspan="2">3 号二硫化钼锂基润滑脂</td><td rowspan="2">各滚动轴承、滑动轴承、工作装置销轴、转向缸销轴、车架销轴、后桥摆动架、传动轴花键、万向节、水泵轴等处</td></tr>
<tr><td>高原、高寒地区</td><td colspan="2">2 号二硫化钼锂基润滑脂</td></tr>
<tr><td colspan="2" rowspan="2">变矩器油</td><td>平原地区</td><td colspan="2">AF8 液力传动油</td><td rowspan="2">变矩器、动力换挡变速箱用</td></tr>
<tr><td>高原、高寒地区</td><td colspan="2">C3/SAE10W</td></tr>
<tr><td colspan="2" rowspan="2">液压油</td><td>平原地区</td><td>HM46 抗磨液压油</td><td>HV46 低温抗磨液压油</td><td rowspan="2">工作装置液压系统、转向液压系统用</td></tr>
<tr><td>高原、高寒地区</td><td colspan="2">HV46 低温抗磨液压油</td></tr>
<tr><td rowspan="2">发动机机油</td><td rowspan="2">增压</td><td>平原地区</td><td>SAE/CF15W-40</td><td>SAE/CF5W-40</td><td rowspan="2">柴油机用</td></tr>
<tr><td>高原、高寒地区</td><td colspan="2">SAE/CF5W-40 美孚多威力 1 号</td></tr>
<tr><td colspan="2">齿轮油</td><td>平原、高原、高寒地区</td><td colspan="2">SAE80W-90(API GL-5)重负荷机械齿轮油</td><td>桥内主传动及轮边减速用</td></tr>
<tr><td colspan="2">制动液</td><td>平原、高原、高寒地区</td><td colspan="2">美孚 DOT3</td><td>制动系统加力器用</td></tr>
</table>

1.4.2　轮式装载机日常维护

日常维护是指每工作 10h 或每天的维护，包括使用前检查、作业中检查和回场后维护。

(1) 使用前检查

轮式装载机使用前检查应按表 1-13 所列步骤和内容完成。

表 1-13　轮式装载机使用前检查项目

步骤	项　目	方　法	注意事项
1	检查全车有无渗漏现象和燃油、液压油、润滑油、冷却液、制动液是否加足	目测、添加、紧固	需要补充的油料、冷却液必须与原油料、冷却液的牌号相同，所用的油料、冷却液和器具要干净清洁
2	检查蓄电池电解液的液面高度、密度及电压是否符合规定，外接线接头是否牢固	目测液面高度，用密度计测量电解液的密度，用高率放电计测量蓄电池负荷电压	测量电解液时防止电解液溅到身上
3	检查各仪表、照明、开关、按钮及其他附属设备工作是否正常	用万用表检查各仪表、照明、信号、开关等的可靠性	关掉总电源
4	检查发动机有无异响，工作是否正常	安装蓄电池，接通电源，启动发动机至怠速倾听；检查润滑油的油位、水位是否达到标准	启动前应检查润滑油的油位、水箱水位，确认无误后方可启动。柴油机运转时，操作人员不允许靠近转动部位，进行必要的检查、调整时，必须关闭发动机
5	检查转向、制动、轮胎和牵引装置的技术状况及紧固情况	启动发动机。转动转向盘，转向盘左、右的操纵力应均匀，不允许存在卡滞现象	前、后轮胎的标准气压均为 0.28～0.33MPa。牵引装置要紧固可靠不得松动
6	检查各工作装置的技术状况及紧固情况	启动发动机，检查各操纵杆自由行程，若不符合要求，通过调整螺钉进行调整，达到标准值	检查、调整时工作装置降到最低点，关闭发动机，各操纵杆销轴要牢固可靠，各操纵杆灵敏可靠，技术性能参数达标
7	检查随车工具及附件是否齐全		常用的呆扳手、活动扳手、旋具、密封件应配备齐全

(2) 作业中检查

轮式装载机作业中检查应按表 1-14 所列步骤和内容完成。

表 1-14　轮式装载机作业中检查项目

步骤	项　目	方　法	注意事项
1	检查发动机、底盘、工作装置、液压系统、电气系统的工作情况	启动发动机前应检查润滑油的油位、水箱的水位，确认无误后连接电源方可启动，启动后观察发动机、液压系统、电气系统的工作情况	工作装置降到最低点；检修调整时关闭发动机
2	检查机油、润滑油、液压油的温度是否正常，全车有无油、水渗漏现象	目测、添加、紧固	油温超过 110℃、水温超过 100℃时，应立即使发动机怠速运转，待温度降低后再工作，排除渗、漏现象
3	检查制动装置的状态、转向系统的灵敏度和渗、漏现象	接通电源，启动发动机。转动转向盘时，转向盘左、右的操纵力应均匀，不允许存在卡滞现象。用钢板尺测量，制动踏板自由行程标准值应为 100mm 左右；目测制动液的液面高度和制动片磨损情况，制动片磨损超过 2/3 时应更换	如果制动盘温度过高，应停止工作，等温度降下后再进行工作

(3) 回场后维护

轮式装载机回场后维护应按表 1-15 所列步骤和内容完成。

表 1-15　轮式装载机回场后维护项目

步骤	项　目	方　法	注意事项
1	清洁全车	关闭发动机，切断电源，由外至内进行冲洗	
2	添加燃油，检查润滑油、冷却液、液压油、液力油、制动液	目测、添加	需要补充的油料、冷却液必须与原来的牌号相同，所用的油料、冷却液和容器要干净清洁
3	检查风扇皮带的完好情况和松紧度	手压检查，当手压皮带挠度超 15mm 时应紧皮带，当挠度小于 8mm 时应放松皮带，通过发电机支架导轨固定螺栓进行调整	发动机熄火，皮带松紧适中
4	检查并紧固各部位螺栓、螺母	目测、检查、紧固	
5	检查液压系统各管路接头有无渗漏现象	将发动机启动后，工作油泵正常工作。目测、检查、紧固	更换液压密封件时，关闭发动机，管接头处应擦拭干净，应按原规格型号更换密封件，拧紧时扭力不应过大，以不渗、漏为宜
6	检查电气线路，接头要牢固，接触要良好	用万用表检查电气线路各接头接触情况	调整、检修时必须关闭发动机，切断电源，防止短路
7	排除工作中发现的故障	首先按部位故障进行分析，由外至内顺序进行清洗排除或更换损坏的部件	维修时发动机必须在熄火状态下进行，工作装置降到最低点
8	检查、整理随车工具及附件	目测检查、擦拭干净	将随车工具及附件擦拭干净，按工具箱内的位置摆放整齐
9	北方冬季未用防冻液或没有置于暖库的应放尽冷却水	发动机处于怠速状态，水温降至 50～60℃时熄火，打开水箱盖，将机体的放水开关和水箱的放水开关打开，将水放净；再启动发动机，怠速 2～3min，将水泵里的水排出，发动机熄火，关闭电源	

1.4.3 轮式装载机每周维护

装载机每周维护（或每工作 50h），是在完成日常维护的基础上，按表 1-16 所列内容和步骤完成。

表 1-16　轮式装载机每月维护作业项目

步骤	项　目	方　法	注意事项
1	检查并紧固的连接螺栓	目测、检查、紧固	切记，传动轴紧固螺栓必须连接牢固
2	检查变速箱油位	检查变速箱冷车油位。在发动机怠速运行、油温不超过 40℃状态下检查。沿逆时针方向转动油尺使其松动，取出变速箱油尺，用布擦干净上面的油迹，再伸进加油管中直至尽头，然后拔出油尺，此时，变速箱油位应位于油尺的“COLD”冷油位区。若不够，需补油，直到达到油尺的冷油位区 检查变速箱热车油位（在冷油位区达到要求后进行）。在变速箱油温达到工作油温（80～90℃）时，取出变速箱油尺，用布擦干净上面的油迹，再伸进加油管中直至尽头，然后拔出油尺，此时，变速箱油位应位于油尺的“HOT”热油位区。若不够，需补油，直到达到油尺的热油位区 检查完毕，将油尺插入变速箱加油管，然后沿顺时针方向旋转便可拧紧油尺	变速箱加油口位于后车架左侧，检查油位时，必须分别检查冷车油位和热车油位。变速箱油位偏高或偏低，都会造成变速箱损坏，必须保持在正确的位置

续表

步骤	项目	方法	注意事项
3	检查制动系统制动油杯油位	检视制动液液面高度。液面至油口高度为15～20mm,不足时,应及时补给	不同牌号制动液不得混用。不允许使用矿物油充当制动液
4	检查变速器操纵、工作装置及驻车制动手柄是否灵活	目测、检查、紧固、调整、润滑	
5	润滑风扇轴、前后车架铰接点、传动轴、副车架等	目测、检查、紧固	应保证润滑脂品种合适、补充及时

1.4.4 轮式装载机每月维护

装载机每月维护（或每工作250h），在完成每周维护的基础上，按表1-17所列内容和步骤完成。

表1-17 轮式装载机每月维护作业项目

步骤	项目	方法	注意事项
1	清洁全车	由外至内进行擦拭、清洁灰尘	
2	清洁空气滤清器	打开空气滤清器外罩,取出滤芯,用气泵吹扫干净	发动机处于熄火状态
3	更换机油滤清器和燃油滤清器	用链条扳手或皮带扳手将机体上旧的滤清器拆下,然后装上新的滤清器	将密封圈装好、拧紧,防止发动机启动后漏油
4	清洁发电机内部,润滑轴承,检查炭刷与滑环的接触情况	将发电机用工具从柴油机上拆下,进行解体清洁检查	把发电机与线束连接的线路做好标记;清洁检查后的发电机轴承应更换润滑油脂
5	检查调整制动踏板自由行程和手制动操纵杆行程	用钢板尺测量各行程,制动踏板自由行程标准值为100mm左右,手制动操纵杆行程标准值为150mm左右,若不符合要求,通过调整螺钉进行调整,达到标准值	调整时发动机处于熄火状态
6	检查轮边减速器轴承松紧度	检查轴承松紧度	工作装置降到最低点,关闭发动机;轴承的间隙量调到无旷量为宜;间隙量调好后,将止退垫圈锁紧
7	检查分配阀操纵杆的灵活性及行程	按分配阀操纵杆的顺序,用钢板尺测量各行程,操纵杆自由行程标准值为7mm左右,若不符合要求,通过调整螺钉进行调整,达到标准值	调整时工作装置降至最低点,发动机必须熄火
8	检查管路接头的连接及漏油状况	按液压系统管路的排列顺序进行检查	更换密封件时工作装置降至最低点,关闭发动机;将管路接头处擦拭干净,拧紧时扭力适中,以不渗、漏为宜
9	检查全车各总成外部螺栓、螺母紧固及安全锁止状况	目测、检查、紧固	
10	清洁蓄电池外部,检查蓄电池技术状况	目测液面高度,用密度计测量电解液的密度	防止电解液溅到身上

续表

步骤	项目	方法	注意事项
11	检查各仪表、照明、信号的工作状况并紧固各电线接头	打开启动钥匙用万用表检查各仪表、照明、信号、开关的可靠性	关闭电源，防止短路
12	润滑全车各润滑点	用黄油枪按顺序加注润滑脂	将各润滑点的旧油脂压出为止

1.4.5 轮式装载机每季维护

轮式装载机每季维护（或每工作1000h），在完成每月维护的基础上，按表1-18所列内容和步骤完成。

表1-18 轮式装载机每季维护作业项目

步骤	项目	方法	注意事项
1	更换"三滤"	用工具将空气滤清器滤芯拆下，然后用链条扳手、皮带扳手将燃油滤清器和机油滤清器总成拆下，装上新的"三滤"	发动机处于熄火状态
2	清洗发动机润滑系统，更换润滑油	拧开发动机油底壳放油堵，放出旧油，用清洁的煤油或柴油清洗，控干后拧紧油底壳放油堵，加入新油	换油时严禁新油旧油、不同牌号的油混合使用
3	检查喷油器喷油压力和喷雾质量，清理喷油头积炭并调整压力	从发动机机体上拆下喷油器后，在柴油机喷油泵试验台进行打压试验	经过打压试验后的部件应保持干净整洁
4	调整进、排气门间隙，检查气门密封情况	将气门室盖打开，按发火顺序进行调整，按规定标准用塞尺调整间隙量，调整气门间隙后，应再检查一遍，然后将紧固螺母拧紧	
5	按规定检查螺栓、螺母的拧紧情况	将发动机总成全部螺栓用扭力扳手按顺序进行检查紧固	按对角线顺序紧固
6	检查水泵并更换水泵轴承的润滑脂	用工具将水泵从发动机上拆下解体	清除水泵中的水垢，更换水封，清除水泵轴承的润滑脂，加入新油脂
7	检查变速箱的技术状况，更换润滑油	用工具、起重机将变速箱拆下放油，进行解体检查	检查齿轮的啮合情况和轴承的磨损情况，更换新油时箱内要清洗干净，按季节更换所需牌号用油
8	检查驱动桥的技术状况，更换润滑油	用工具、起重机将驱动桥拆下放油，进行解体检查	检查齿轮的啮合情况和轴承的磨损情况及半轴的磨损情况，换季时更换所需牌号用油
9	检查制动管路连接和制动片的磨损情况，补充制动液	用钢板尺测量制动踏板行程，目测制动液液面的高度和制动摩擦片的磨损情况，当摩擦片的磨损程度达到2/3时必须更换新片	磨损严重的摩擦片应更换，制动液应按原规格牌号补充，制动管路接头应紧固，防止制动时管路内进入空气
10	检查转向系统的渗漏和操纵情况	接通电源，启动发动机。当转动转向盘时，转向盘左、右的操纵力应均匀，不允许存在卡滞现象	
11	检查轮胎、轮辋	用轮胎气压表对准轮胎气门芯测量，目测压力值	前、后轮胎的气压值均为0.28～0.33MPa，轮辋如果有漆脱落现象，应及时进行除锈处理，涂漆防护

续表

步骤	项目	方法	注意事项
12	检查分配阀操纵杆的灵活性及行程	用钢板尺测量各操纵杆的行程，操纵杆自由行程标准值为7mm左右，若不符合要求，通过调整螺钉进行调整，达到标准值	调整时发动机处于熄火状态，工作装置降至最低点
13	检查油缸的工作情况和渗漏情况	接通电源，启动发动机，原地操纵多路阀，使油缸进行工作，目测油缸的工作情况和渗漏情况	
14	检查铲斗、动臂、摇臂、拉杆的裂纹、变形、损伤情况	检查时工作装置降至最低点，发动机处于熄火状态	如果需要铲斗起升检查，将铲斗升到一定高度，用支架支好无误后，关闭发动机再进行工作；需要焊接时，应切断电源
15	检查全车各总成外部螺栓、螺母紧固及安全锁止状况	目测、检查、紧固	
16	检查各仪表、照明、开关的工作情况，各紧固点线接头的可靠性	接通电源，打开启动钥匙，用万用表检查各仪表、照明、信号、开关和各紧固点线接头的可靠性	维修时应关闭电源，防止短路

1.4.6 轮式装载机润滑

定期（维修后）润滑，对轮式装载机正常使用，延长使用寿命具有重要意义，在润滑作业中，应注意做到：润滑油的品种要合适，即根据工作条件、所在地区、气候、季节等因素来确定，不能随意替代；润滑油的用量要适当，即加注量不得过少，否则不能保证正常润滑，会加速机件的磨损，加注量也不得过多，否则将会增加运转阻力，消耗功率，甚至造成漏油；润滑油的添加要及时，由于会有局部渗漏、蒸发、消耗等，而且长时间使用会变质。

郑工955A型装载机整车润滑图和加油种类及润滑点见图1-23，图1-24是徐工ZL50G型轮式装载机润滑示意图。

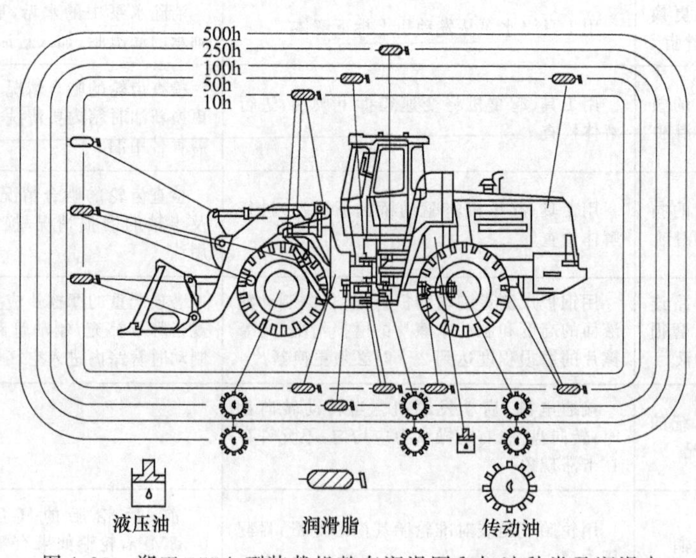

图1-23 郑工955A型装载机整车润滑图和加油种类及润滑点

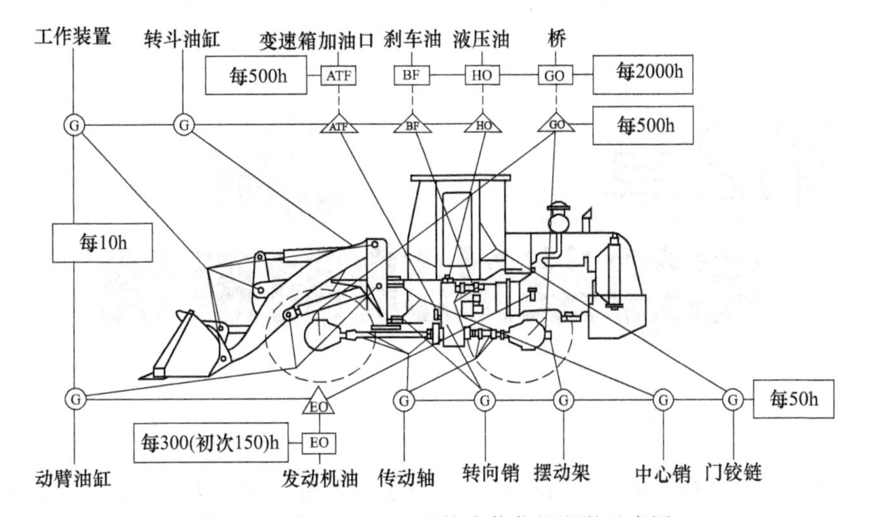

图 1-24　徐工 ZL50G 型轮式装载机润滑示意图

○—润滑；△—检查、注油；□—更换；G—多用途润滑脂；GO—齿轮油；
EO—发动机机油；HO—液压油；ATF—液力传动油；BF—制动液

第2章 电控柴油喷射系统

随着排放标准的日益严格，装载机动力系统逐步采用达到欧Ⅱ、欧Ⅲ、欧Ⅳ排放标准的柴油机，如ZL50G装载机选用的柴油机型号有D9-22（上柴动力）、QSB6.7（重庆康明斯）、6CTAA8.3-C（东风康明斯）、WP7G158E201（维柴动力）等。本章介绍电控燃油喷射系统及检修。

2.1 电控柴油喷射系统的结构及原理

2.1.1 电控共轨式燃油喷射系统的基本组成

如图2-1所示，电控共轨式燃油喷射系统由电子控制系统和燃油供给系统两部分组成。

(1) 电子控制系统

电子控制系统由ECU、各种传感器和执行器组成。执行器主要有喷油器（电磁阀）、燃油压力控制阀、电加热器等。电子控制系统的功能是ECU根据各种传感器的输入信号，由ECU经过比较、运算、处理后，计算得出最佳喷油时间和喷油量，向喷油器（电磁阀）发

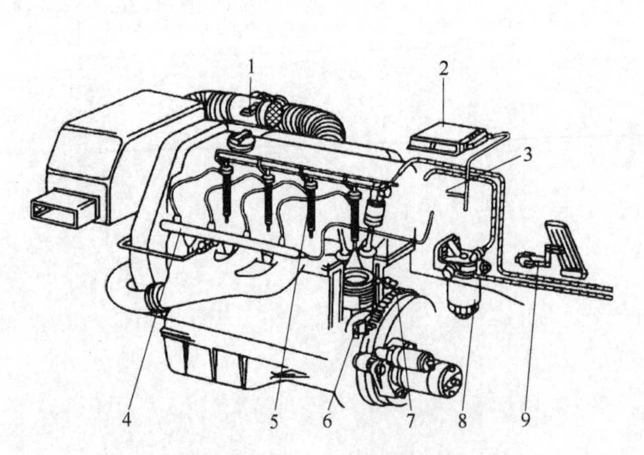

图2-1 电控共轨式燃油喷射系统的基本组成

1—空气流量传感器；2—ECU（电控单元）；3—高压燃油泵；4—共轨；5—喷油器；6—曲轴位置传感器；7—冷却液温度传感器；8—柴油滤清器；9—加速踏板位置传感器

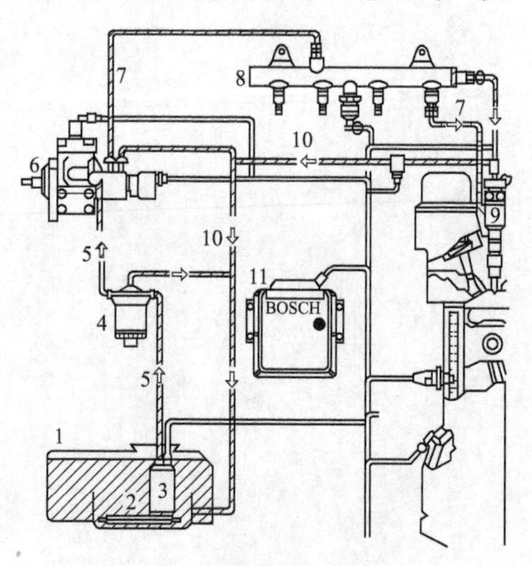

图2-2 燃油供给系统的组成

1—燃油箱；2—燃油滤清器（粗）；3—电动输油泵；4—燃油滤清器（细）；5—低压燃油管；6—高压燃油泵；7—高压燃油管；8—共轨；9—喷油器；10—回油管；11—ECU

出开启或关闭指令，从而精确控制发动机的工作过程。

（2）燃油供给系统

燃油供给系统由燃油箱、燃油滤清器、电动输油泵、高压燃油泵、高/低压燃油管、共轨、喷油器和回油管等组成，如图2-2所示。燃油供给部分又分低压部分和高压部分，低压部分如图2-3所示，高压部分如图2-4所示。

低压燃油由电动输油泵从燃油箱中吸出后，经燃油滤清器输送到分配式高压燃油泵。柴油经高压燃油泵加压后输送到共轨中，由限压阀调整压力。喷油器控制阀即电磁阀的开启和关闭，由ECU根据各种传感器和开关输入的信号进行控制。

2.1.2 电控共轨式燃油喷射系统的工作原理

燃油从燃油箱中由电动输油泵吸出后，经过油水分离器、燃油滤清器滤清后，被输送到高压燃油泵，这时燃油压力为0.2MPa。进入高压燃油泵的燃油一部分通过高压燃油泵上的安全阀进入燃油泵的润滑和冷却路后，流回燃油箱；一部分进入高压燃油泵中，燃油被加压到160MPa后被输送到共轨。在共轨上有一个压力传感器和一个压力控制阀。用压力控制阀来调节ECU设定的油轨压力。高压柴油从共轨、流量限制阀经高压油管进入喷油器。进入喷油器的燃油，一路直接喷入燃烧室，而另一路在喷油期间从针阀导向部分泄出和从控制套筒与柱塞的缝隙处泄漏出的多余燃油一起流回燃油箱。

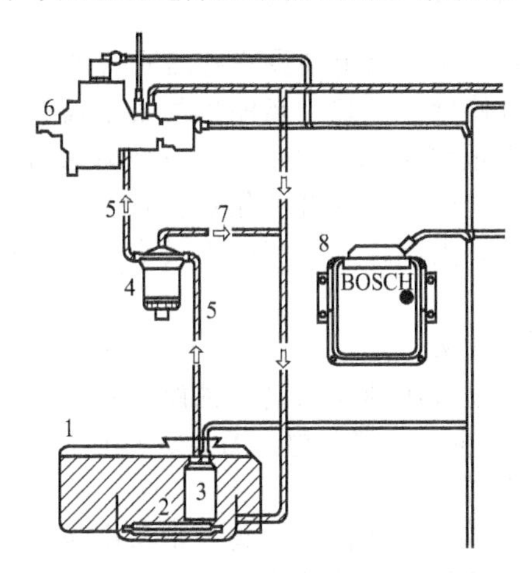

图2-3 燃油供给系统的低压部分

1—燃油箱；2—燃油滤清器（粗）；3—电动输油泵；4—燃油滤清器（细）；5—低压燃油管；6—高压燃油泵低压端；7—回油管；8—ECU

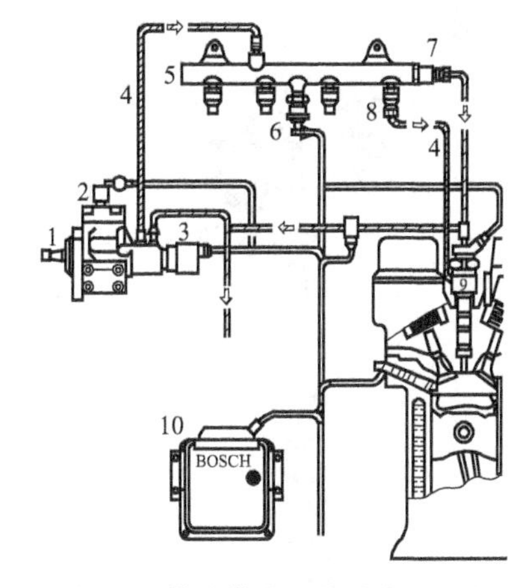

图2-4 燃油供给系统的高压部分

1—高压燃油泵；2—切断阀；3—燃油压力控制阀（调压阀）；4—高压油管；5—共轨；6—燃油压力传感器；7—限压阀；8—流量限制阀；9—喷油器；10—ECU

图2-5为BOSCH公司高压共轨系统的传感器和燃油系统部件的连接关系。

2.1.3 电控共轨式燃油喷射系统的构造

（1）燃油粗滤器

如图2-6所示，带手油泵的燃油粗滤器同时带有油水分离器。滤清器在过滤燃油的同时，将水分聚集在集水器7内，在日常保养时应及时地将分离出的水从排污螺堵8处排空。粗滤器5是旋装在滤清器壳体上的，保养时需定期更换。在粗滤器的过滤器盖2上安装有一个手油泵，当初次装配或保养更换滤清器或系统中存有空气时，需用手油泵排除低压回路中的空气。在滤清器连接法兰3的壳体上，有一只放空气螺堵，旋松放空气螺堵，反复压动手油泵1，伴有空气的燃油将从放空气螺堵处向外排出，直到流出没有空气的燃油为止，将放

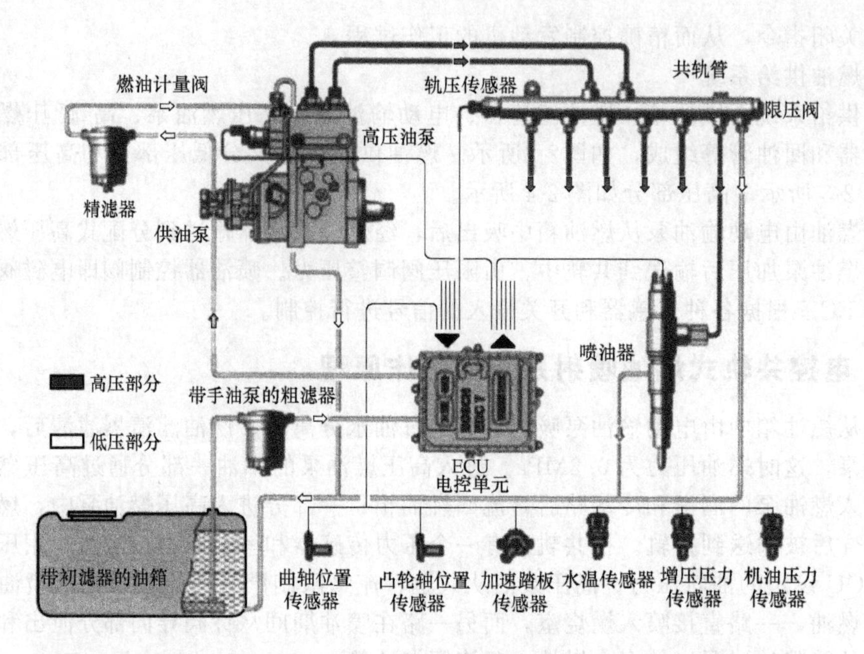

图 2-5 BOSCH 公司高压共轨系统的传感器和燃油系统部件的连接关系

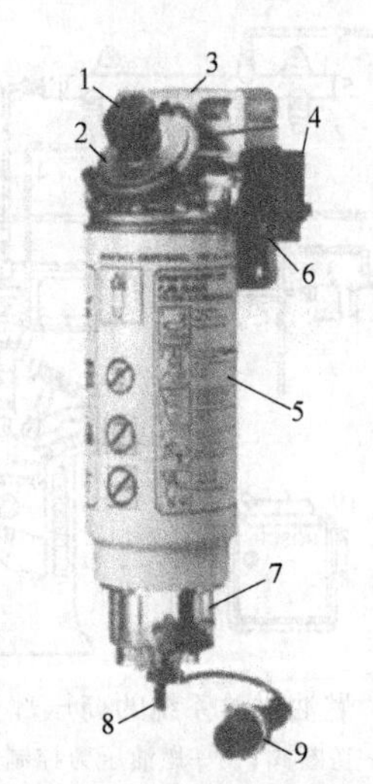

图 2-6 带手油泵的燃油粗滤器

1—手油泵；2—过滤器盖；3—滤清器连接法兰；4—加热器；5—旋装滤清器（粗滤器）；6—出油口；7—集水器；8—排污螺堵；9—污水报警指示灯开关

空气螺堵旋紧。粗滤器上还设置有燃油加热器 4，在严寒季节可使燃油预热。粗滤器的集水器 7 上还安置有污水报警指示灯开关 9，一旦集水器内污水集攒到一定位置，此开关接通，驾驶室仪表盘的污水报警灯点亮，提示驾驶人员应及时清理排水。

（2）高压油泵

高压油泵集低压油路与高压油路为一体。图 2-7示出了高压油泵外部结构，图 2-8 示出了高压油泵内部结构。

高压油泵完成两项任务：其一是与高压油泵联体的齿轮泵是低压油路的供油泵，它负责从油箱经燃油粗滤器和 ECU 抽油；经燃油细滤器向高压油泵供油；其二是由两组柱塞或高压油泵向高压共轨提供高达 160MPa 的高压燃油。在低压油路中，燃油流经 ECU 内腔起到冷却 ECU 的作用。

供油泵是一只齿轮式油泵，由图 2-9 可见，齿轮泵是由两个与高压泵凸轮轴一体的内齿圈带动一个小齿轮来驱动的，它将来自油箱的燃油输送到高压油泵。

高压油泵的高压部分由两凸轮式的凸轮轴、滚轮式挺杆、柱塞、出油接头和燃油计量阀组成。凸轮轴上有相交错的两排三面凸轮，凸轮轴在旋转的同时，两组柱塞往复泵油六次。在高压油泵的两出油接头内安置有两体出油阀，可向共轨管提供高达 160MPa 压力的高压燃油。

在高压油泵的进油回路上安装有一只燃油压力控制（计量）阀，它的功用是接收 ECU 的指令，随机改变进入高压泵的油量，从而改变高压泵的高压供油压力，亦即改变了共轨压力。

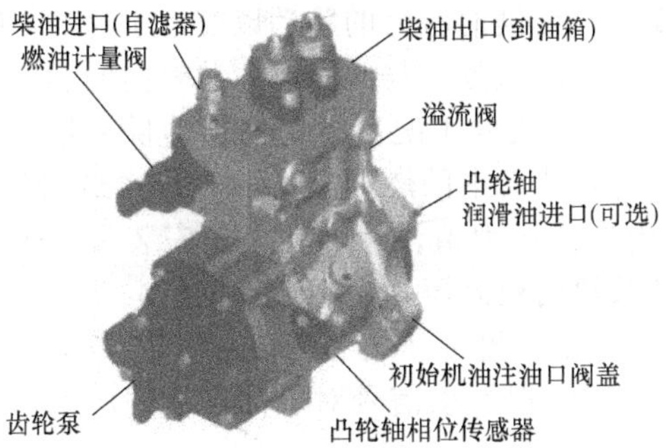

图 2-7　CPN2.2 型高压油泵外部结构

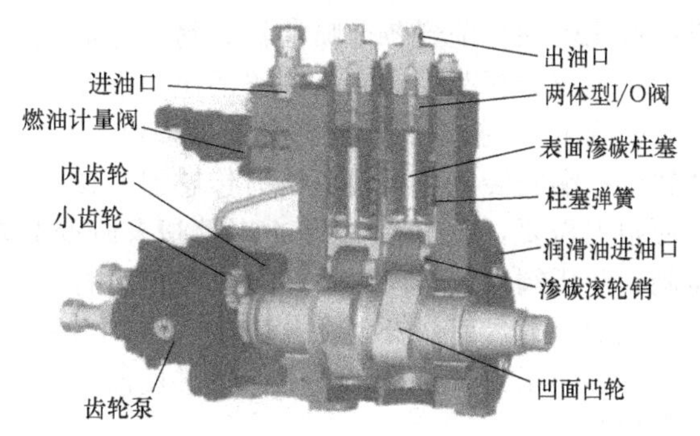

图 2-8　CPN2.2 型高压油泵内部结构

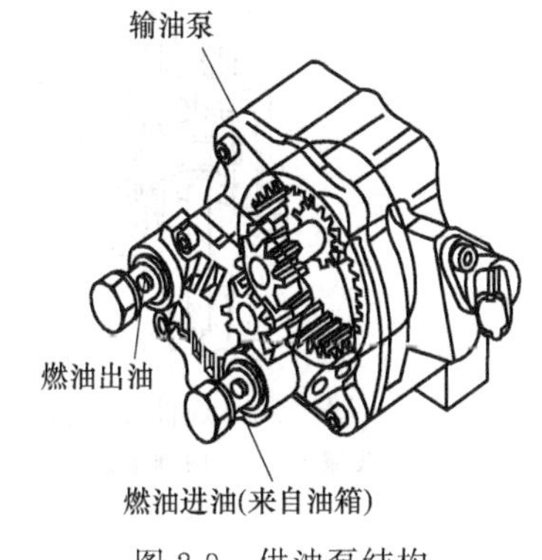

图 2-9　供油泵结构

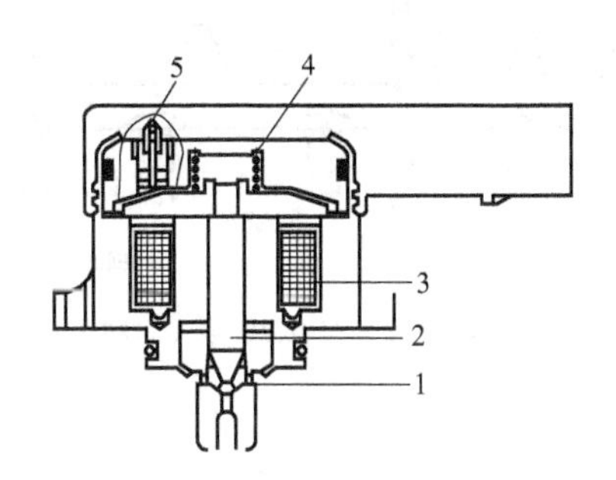

图 2-10　燃油压力控制阀

1—球阀；2—活动铁芯；3—线圈；4—弹簧；5—接线端子的皮膜

燃油压力控制（计量）阀安装在高压燃油泵上，其结构如图 2-10 所示。燃油压力控制阀是电磁控制的球形阀，压力控制阀与分配泵连接处有 O 形密封圈保持密封。球阀承受着油轨中燃油的高压作用，高压燃油作用力由弹簧力和电磁力共同抵消，电磁力大小由通过电磁线圈的电流大小决定，电磁线圈的电流又由 ECU 进行控制。所以，通过电磁阀电流大小将决定油轨中燃油压力的高低。当油轨中的压力超过发动机运转状态下的期望值时，球阀将会开启，允许油轨中的压力燃油通过回油管流回燃油箱；如果油轨中燃油压力过低，球阀将关闭，允许高压燃油泵增大油轨中的燃油压力。

在高压油泵的低压供油侧，与燃油控制（计量）阀进油并联安装了一个回油阀，如图 2-11 所示。该阀使低压油路保持恒定的供油压力，高压油泵的回油管线就是从该回油阀接出的。

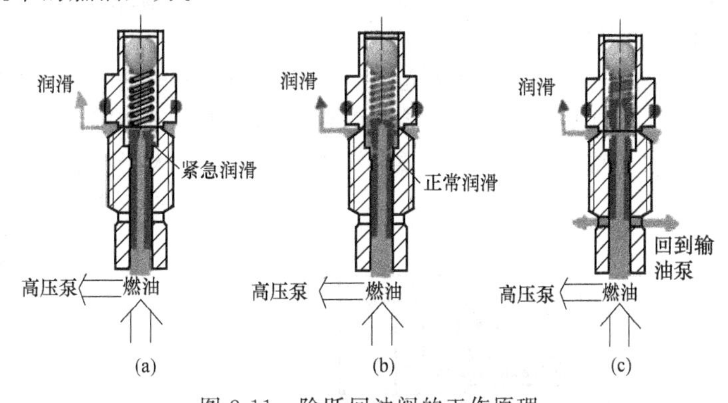

图 2-11　阶跃回油阀的工作原理

在高压油泵壳体对应凸轮轴齿盘的位置，安置了一个凸轮轴相位传感器，它将凸轮轴的随机位置传输给 ECU，以便 ECU 识别柴油机各缸的运转位置。

(3) 高压共轨

图 2-12 所示为高压共轨，即油轨。共轨是一个燃油储压装置，一方面它将高压油泵提

供的高压燃油分配到各个喷油器，另一方面减弱高压油泵供油压力的脉动以及由于喷油器喷油产生的压力振荡，使高压油路的压力波动控制在一定的范围。与此同时，共轨内的燃油压力还受到ECU控制的燃油计量阀的操纵，从而根据柴油机的工况决定喷油器的供油量。在共轨的一端安装有一只共轨压力传感器，该传感器将共轨管中的燃油压力随时传输给ECU，以便根据需要，ECU调整燃油流量阀来改变共轨内燃油压力值。在共轨上还安装了一个限压阀，限压阀在共轨内压力超过设定值时打开，使共轨内最高压力不超过设定值。

燃油压力传感器安装在共轨上，结构如图2-13所示。燃油压力传感器的作用是检测油轨内的燃油压力，并将燃油压力信号反馈给ECU，ECU根据该信号对燃油系统的压力进行闭环控制。

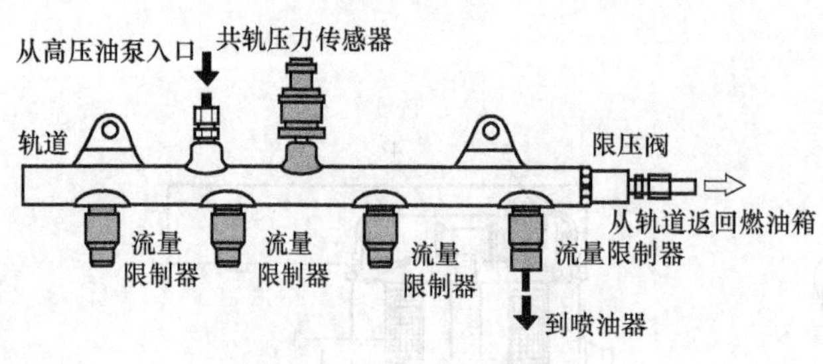

图2-12 高压共轨（油轨）

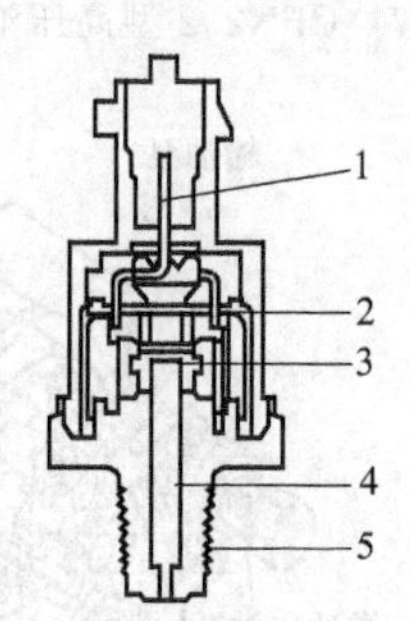

图2-13 燃油压力传感器

1—接线端子；2—内部电路；3—传感装置；4—高压接头；5—固定螺纹

限压阀的功用是：当油轨内的油压超过限定值时，限压阀通过打开溢流口来限制油轨中的压力。限压阀安装在共轨上，其结构如图2-14所示。在正常工作压力下，弹簧使柱塞紧紧压在密封座上，保持关闭状态。当压力超过限定压力值时，弹簧被压缩，柱塞被顶起，高压燃油溢出，流回燃油箱。流量限制阀的功用是：当油轨输出的油量超过规定值时，流量限制阀关闭通往喷油器的油路。流量限制阀安装在共轨上，其结构如图2-15所示。

(4) 电磁喷油器

如图2-16 (a) 所示，当喷油器电磁阀未被触发时，喷油器关闭，泄油孔也关闭，小弹簧将电枢的球阀压向回油节流孔上，在阀控制腔内形成共轨高压。

当电磁阀被触发时，电枢将泄油孔打开，燃油从阀控制腔流到上方的空腔中，并从空腔通过回油通道返回燃油箱，使阀控制腔中的压力降低，减小了作用在控制柱塞上的力，这时喷油器针阀被打开，喷油器开始喷油，如图2-16 (b) 所示。

电磁阀一旦断电，不被触发，小弹簧力会使电磁阀电枢下压，阀球将泄油孔关闭。泄油孔关闭后，燃油从进油孔进入控制腔建立起油压，这个压力与共轨燃油压力相同，该燃油压力作用在控制柱塞端面上。由于燃油压力加上弹簧力大于喷油器腔中的压力，使喷油器针阀关闭。

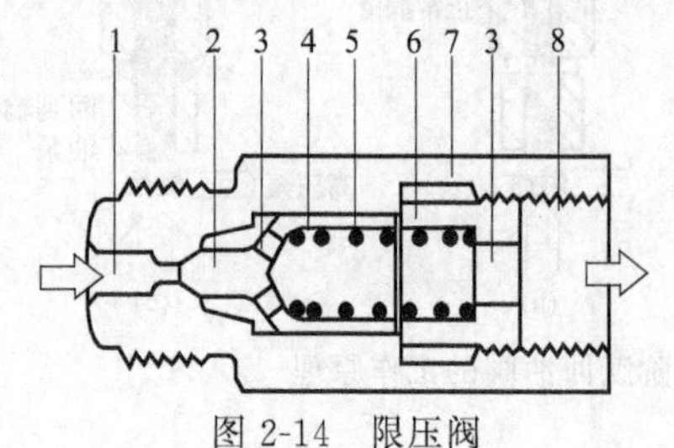

图2-14 限压阀

1—高压接头；2—阀门；3—通道；4—柱塞；5—弹簧；6—限位件；7—阀体；8—回油口

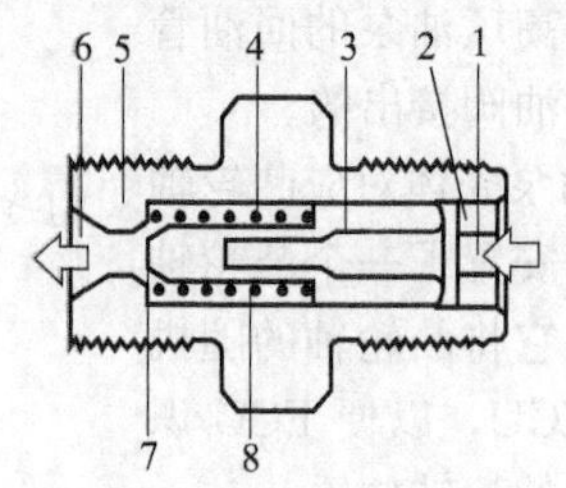

图2-15 流量限制阀

1—油轨端接头；2—锁紧垫圈；3—柱塞；4—压力弹簧；5—外壳；6—喷油器端接头；7—阀座面；8—节流孔

(5) ECU(中央处理器)

ECU 是电控燃油喷射系统的神经中枢，它将柴油机运行的各种状态信息通过传感器汇总，同时接受驾驶人员通过油门踏板传感器传输过来的指令，通过简单迅速的运算决定燃油系统的喷油量、喷油正时和喷油次数(ECU 可以控制喷油器在每一循环时喷油 5 次)，使柴油机在任何工况都运行在最佳状态。图 2-17 是 EDC7 型 ECU 外形。

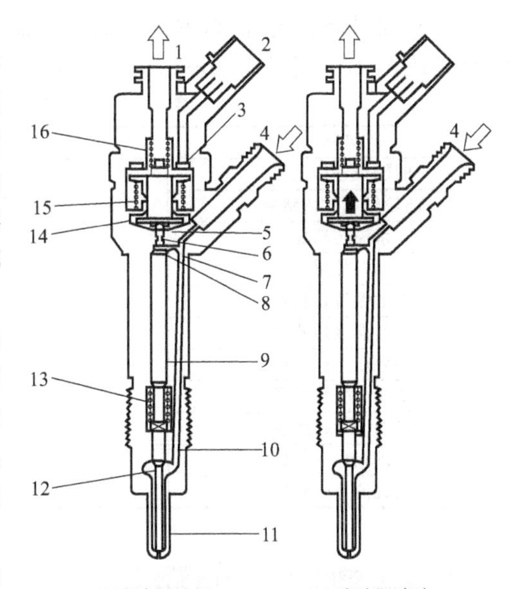

图 2-16 电磁喷油器结构

1—回油管；2—接线端子；3—电磁阀；4—高压燃油进口；5—单向阀；6—泄油孔；7—进油孔；8—阀控制腔；9—柱塞；10—油道；11—针阀；12—喷油器腔；13—喷油器弹簧；14—阀控制室；15—大弹簧；16—小弹簧

ECU 的另外一个作用是实现可靠性自控操作。例如为保证启动发动机时的安全，变速箱上安装有一个空挡开关，该空挡开关以及启动机的控制线路是经 ECU 控制的，在启动发动机时，如果变速箱挂合任何一个挡位，发动机启动线路均断路，使发动机不能启动。

ECU 具有故障自诊断能力，它将电控燃油喷射系统造成柴油机运转的故障以故障闪码的形式反映出来，更能将故障存储，以便直观或通过故障诊断仪将故障查到，为快速准确地处理故障提供了方便。

ECU 还有一个功能称“跛行行走”功能，即当柴油机发生一种影响工作可靠性、安全性故障而没有排除之前，ECU 可以对各执行元件输出一个“默认值”,“默认值”就是预先设置好的在不影响故障扩展的情况下，发动机仅能维持一般运转的指令，此时发动机转速不会超过 1500r/min，也不会发挥全功率，驾驶员只能操纵机械勉强行走回家或至维修网点。待故障排除才能恢复原状。

如图 2-18 所示，ECU 有三个插接口，一个是 36 针脚的插接口，它是连接传感器线束的插接口，一个是 16 针脚插接口，它是连接喷油器等执行元件线束的插接口，最大的是 89 针脚插接口，它是连接整车线束的插接口。在整车线束上除连接整车各传感器(如变速箱空挡开关、离合器总泵开关、气压传感器等)线束之外，还有一个 CAN 通信总线和 K 线。CAN 总线是连接整车其他电脑装置 ECU 的通信总线，K 线是连接电控喷射诊断仪的故障查找连接线。

ECU 一般安装在柴油机进气管侧，同时需用燃油进行冷却散热。

(6) 传感器

电控高压共轨燃油喷射系统传感器以及其类型见表 2-1。

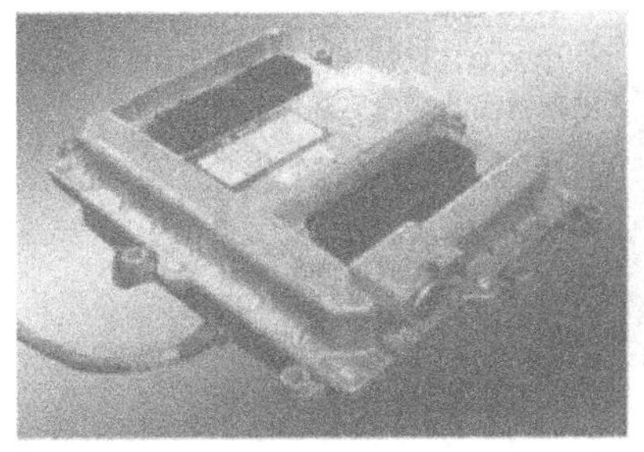

图 2-17 EDCT 型 ECU 外形

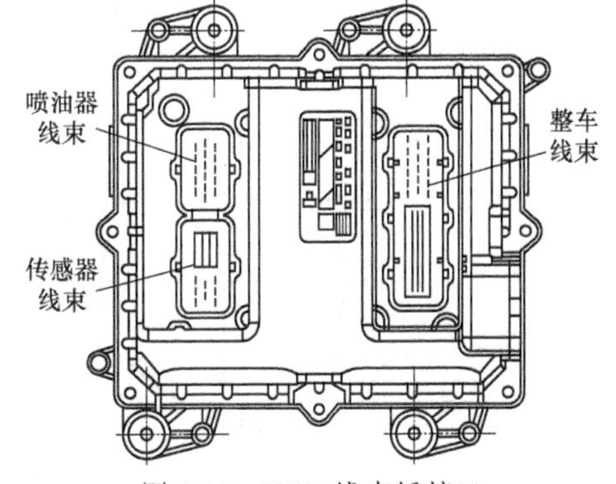

图 2-18 ECU 线束插接口

① 曲轴位置传感器（CRS） 该传感器安装在发动机飞轮壳的右上侧面（从飞轮端看），如图 2-19 所示，其工作原理如图 2-20 所示。

表 2-1 电控高压共轨燃油喷射系统传感器

名称	类别	传输性质
曲轴位置传感器	磁电式	数字量
凸轮轴相位传感器		
水温传感器	热敏电阻式	模拟量
油温传感器		
燃油温度传感器		
进气温度传感器		
共轨压力传感器	应变片变阻式	
增压压力传感器		
机油压力传感器		
油门踏板位置传感器	滑线变阻式	
进气流量传感器	热线式	

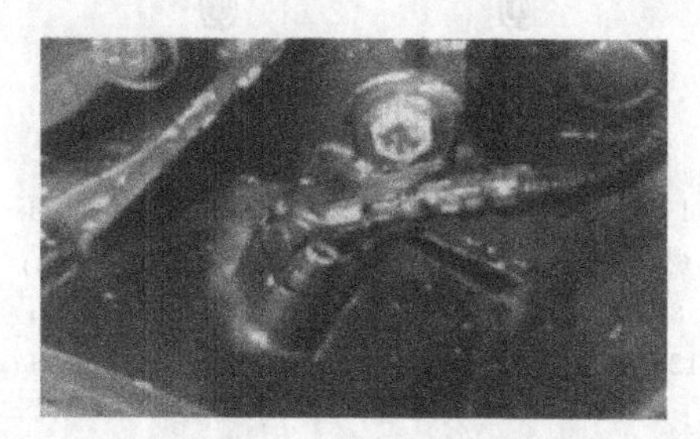

图 2-19 曲轴位置传感器

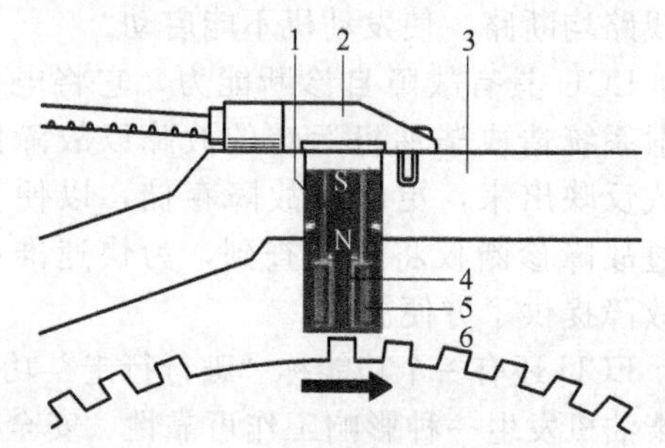

图 2-20 曲轴位置传感器工作原理

1—永久磁铁；2—传感器壳体；3—发动机飞轮壳；4—软铁芯；5—线圈；6—齿圈

曲轴位置传感器是一个磁电式的传感器。如图 2-20 所示，在发动机飞轮上开有 58 个等距的孔或齿槽，每 6°曲轴转角一个孔或齿，但在一缸压缩上止点前某个角度位置缺两个孔或齿，当发动机旋转后在传感器的线圈上则感应出脉冲信号。每当发动机旋转一周时，传感器就向 ECU 输出 58 个短脉冲和一个长脉冲，该脉冲信号与凸轮轴相位传感器输入的信号叠加，ECU 就可以判断出此时各缸都在什么工作位置从而为喷油正时提供依据。

曲轴位置传感器与飞轮间隙为（1±0.5）mm，间隙越大脉冲信号越弱，因此必须保证标准间隙的准确。

② 凸轮轴相位传感器（CAS） 又称凸轮轴转速传感器，如图 2-21 所示。该传感器安装在高压油泵凸轮轴齿盘对应位置的泵壳体上。该传感器也是霍尔磁电式传感器。在传感器对应位置的凸轮轴上，有一个七个齿的齿盘，其中六个齿是等角度均布的，在对应于一缸压缩上止点某个角度位置上又增加了一个齿，因此每当高压泵凸轮轴旋转一周（发动机曲轴旋

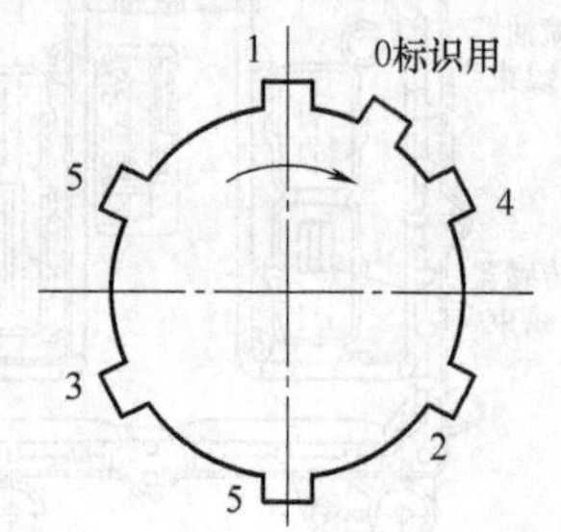

图 2-21 凸轮相位传感器

转两周）时，该传感器向 ECU 输出七个脉冲信号，其中有六个等距脉冲，而有一个是不等距脉冲。ECU 将曲轴位置传感器输入的脉冲信号和凸轮轴相位传感器输入的脉冲信号叠加，就可以判断出各缸（特别是一缸）的工作位置，为 ECU 控制喷油正时提供依据。

③ 加速踏板（油门踏板）位置传感器　加速踏板，也就是驾驶人员操纵的油门踏板。为了反映驾驶人员的操纵意图，电控发动机安装了俗称电子油门的加速踏板位置传感器，如图 2-22 所示，该传感器是一个滑线变阻式传感器，它向 ECU 输出两套电压信号，其输出电压与踏板行程成正比，即踏板行程越大，输出电压信号越高。而且为确保传感器输出信号的正常，传感器输出的两套电压信号，其中一套信号值是另一套信号值的一倍。

④ 共轨压力传感器（RPS）　是应变片变阻式传感器，它随时将共轨管的压力变成电压信号输入 ECU，通过 ECU 与当前工况设定值进行比较，控制高压油泵的燃油计量阀（油量计量单元），以改变轨压，适应柴油机对喷油量的需要。共轨压力传感器安装在共轨管的左端头部。图 2-23 给出了共轨压力传感器的原理结构。

⑤ 进气压力温度传感器（LDFT）　该传感器集温度与压力信号为一体，随时向 ECU 提供进气温度与压力信号。该传感器如图 2-24 所示，安装在发动机进气管上。

图 2-22　加速踏板位置传感器

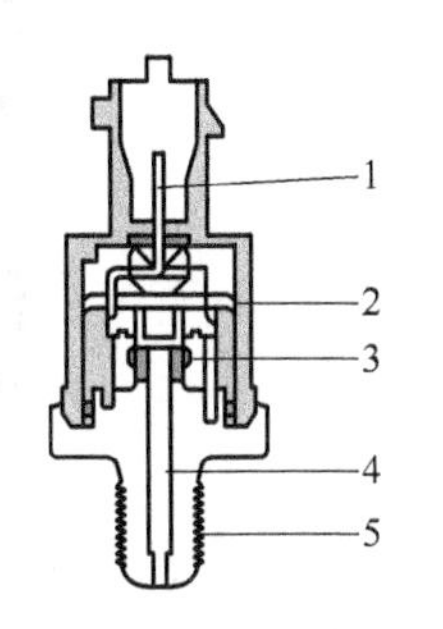

图 2-23　共轨压力传感器

1—电路接头；2—测试电路；
3—带传感器装置的膜片；
4—高压接头；5—螺纹

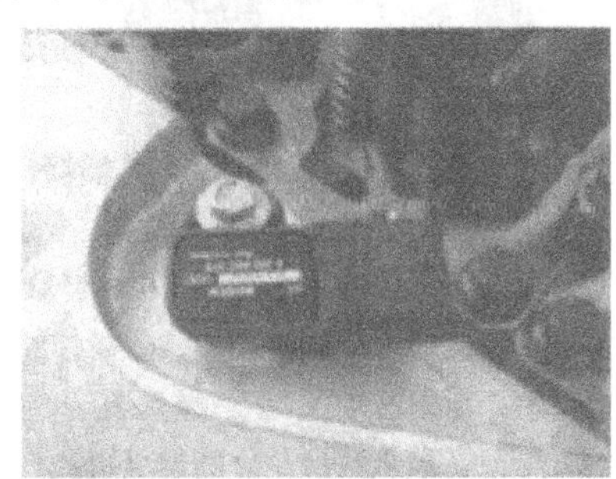

图 2-24　进气压力温度传感器

⑥ 水温传感器（CTS）　采用负温度系数的热敏电阻，即随温度下降其电阻增大，随时向 ECU 输入水温信号。该传感器安装在节温器前的进水管上，如图 2-25 所示。

⑦ 机油压力与温度传感器（ODFT）　该传感器集机油压力与温度为一体，随时向 ECU 输入发动机机油温度与压力信号。该传感器安装在发动机右侧（由自由端看）主油道上，如图 2-26 所示。

图 2-25　水温传感器

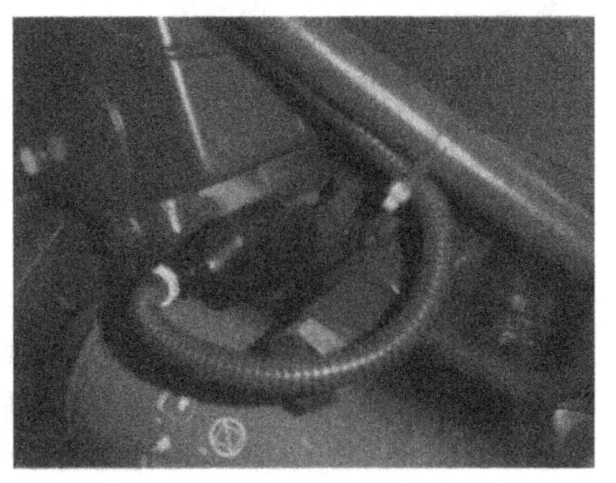

图 2-26　机油压力与温度传感器

2.2 电控柴油喷射系统的检修

2.2.1 共轨部件的拆装

2.2.1.1 高压油泵拆装

在保养和维修过程中，对部件安装扭矩的控制，对部件清洁度要求的把握，都会对共轨系统机械的维修产生很大的影响。所以，掌握合理的拆装规范，就显得尤为重要。现以CPN2.2型高压油泵为例介绍拆装的规范和技术要求。

(1) CPN2.2型高压油泵安装步骤

① 如图2-27所示检查高压泵总成外观，安装油泵O形圈。

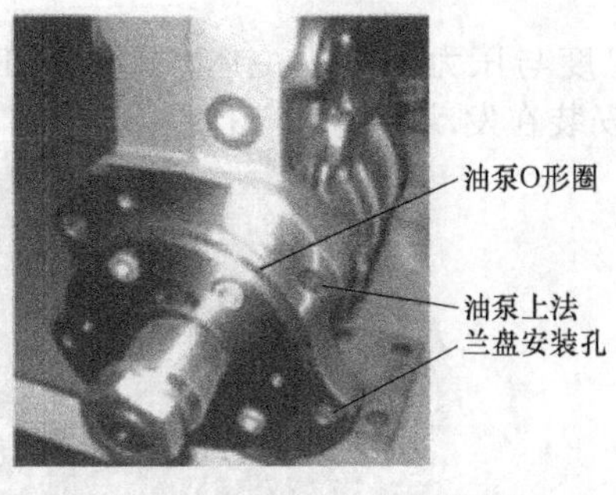

图2-27 安装油泵O形圈

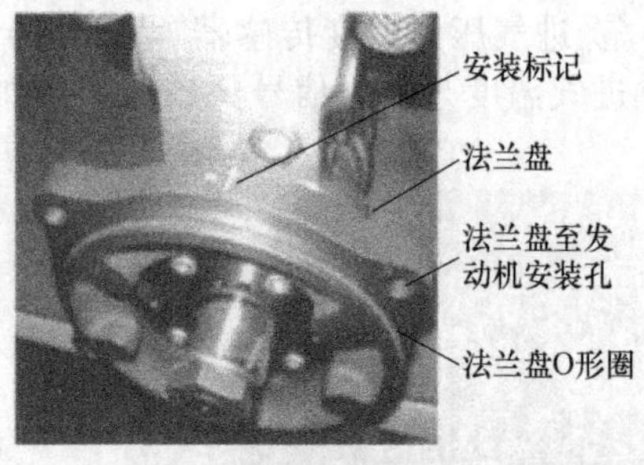

图2-28 安装与泵结合的法兰盘

② 安装与泵结合的法兰盘，如图2-28所示，并紧固法兰盘，安装法兰盘O形圈。

③ 安装传动齿轮到泵轴，如图2-29所示，将传动齿轮上的标记与法兰上的标记对正，插入定位销，固定轴端螺母（60N·m）。

④ 如图2-30所示，盘车至发动机一缸上止点（安装传动齿轮前应先除去油泵锥形轴面上的防锈油渍）。

⑤ 安装共轨泵，如图2-31所示，将法兰盘上的标记（图2-28）与连接板上的标记（图2-30）对正，拧紧紧固螺栓。

⑥ 如图2-32所示，将共轨泵组件紧固后拔出销子，并用涂有密封胶的螺母封堵。

⑦ 将进、回油管装上高压泵。

图2-29 安装传动齿轮到泵轴

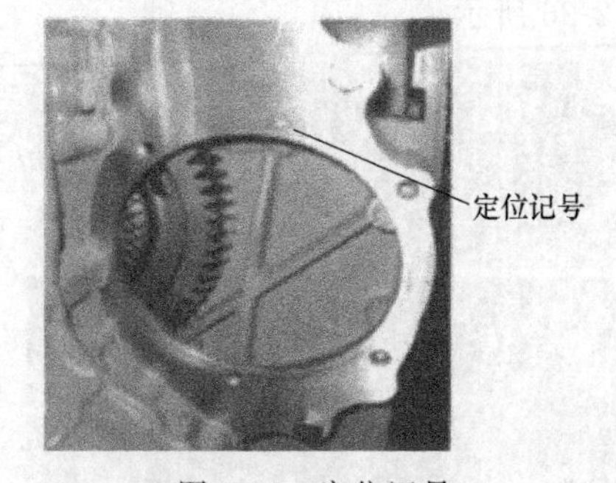

图2-30 定位记号

⑧ 安装高压油管，拧紧扭矩参照接口扭矩要求。

⑨ 连接燃油计量单元和相位传感器插接头。

⑩ 油泵不允许干运转，运转之前必须充入200mL机油，并将燃油系统排气。

⑪ 读取和清除故障码后启动发动机。

⑫ 检查所有管道、接头和转接头是否存在泄漏。

⑬ 在顺利排除故障或修理之后，进行试车确认。

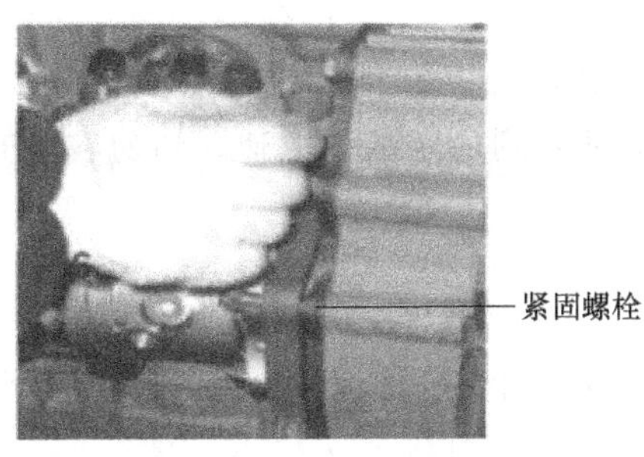

图 2-31 安装共轨泵

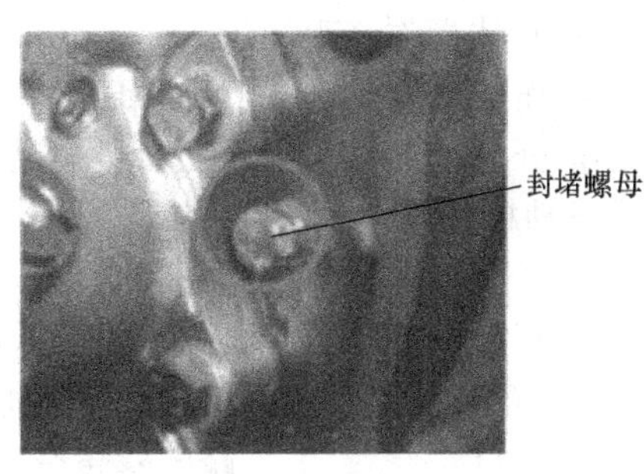

图 2-32 安装封堵螺母

（2） CPN2.2 型高压油泵拆卸步骤

① 关闭钥匙开关。因共轨系统内有非常高的压力，所以不要在发动机运转时检修共轨系统，仅可在发动机关闭 2min 后进行检修。

② 拔出燃油计量阀和相位传感器线束插接头。

③ 转动曲轴直到要求的位置。

④ 拆卸高压泵的进、回油管，相应接头必须立刻套上保护帽。

⑤ 松开高压泵和油轨之间的高压油管。

⑥ 拆下高压油管并用保护帽密封相应接头。

⑦ 松开并移去高压泵法兰端的四个固定螺栓。

⑧ 将高压泵谨慎拉出。

（3） 低压油路的排气与充油

① 如果低压油路内存在空气，会造成柴油机启动困难甚至无法启动。油泵初次运行时可利用外接辅助输油泵（如电动、手动油泵）的方式对系统进行排气和充油，CPN2.2 型高压油泵低压油路的排气路径如图 2-33 所示。

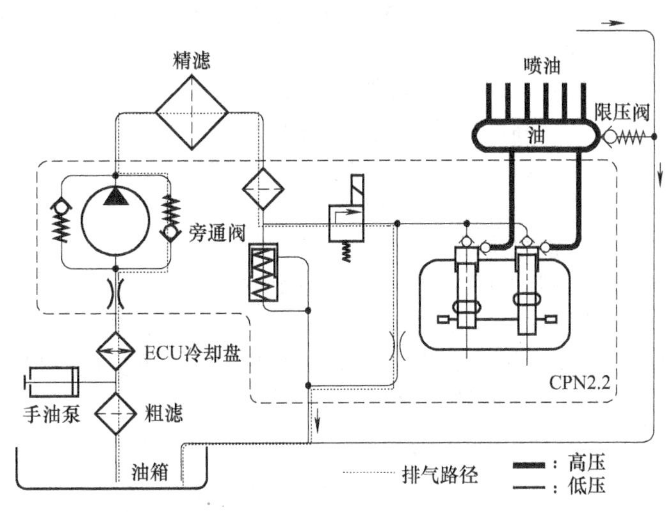

图 2-33 CPN2.2 型高压油泵低压油路排气路径

外接辅助输油泵的位置在粗滤前或齿轮泵前。

② 当使用外接辅助输油泵时，其充油压力必须控制在许用范围内，CPN2.2 型高压油泵最大压力不超过 0.4MPa 相对压力。其发动机转速也应控制在最大允许转速下，一般不超

过低怠速值，转速最大允许值可达1000r/min。

③ 为保证燃油能充入压缩柱塞腔，其充油压力不能低于0.2MPa绝对压力。

④ 具体操作流程如下。

a. 连接外接辅助电子输油泵，其结构原理如图2-34所示。

b. 开启辅助输油泵和发动机启动电机，直到发动机进入到稳定的低怠速，切勿在此时提升发动机转速。

c. 将发动机熄火。

d. 移出外接辅助输油泵，恢复低压油路。

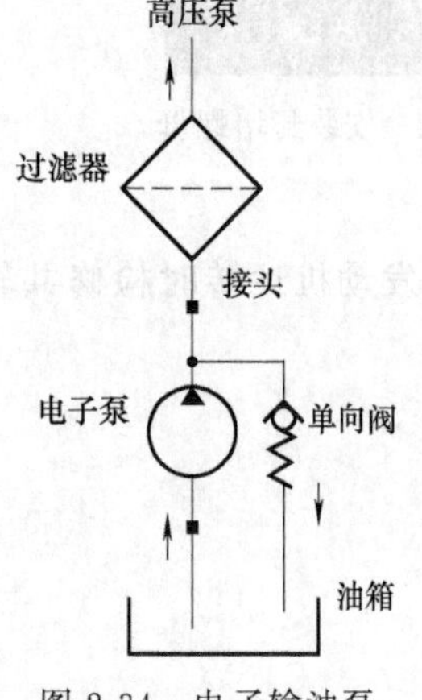

图2-34 电子输油泵

e. 重新启动发动机并保持稳定运行一段时间，直至排尽低压管路中残留空气。

若需要对滤清器进行提前充油，必须是从滤清器的进油端充入，以防止未经过滤的燃油进入油泵中。

(4) 注意事项

对于更换滤清器或油箱跑空，有空气进入低压油路后的情况，重新启动发动机时，注意做到以下几点。

① 为使发动机的启动更容易，启动前使用手动油泵对低压油路进行排气与充油，手动油泵一般自带粗滤，原理如图2-35所示。

② 具体操作流程如下。

a. 拧松排气螺钉，一般滤清器自带。

b. 持续按压手动油泵，直到有持续无气泡燃油从排气螺母处排出。

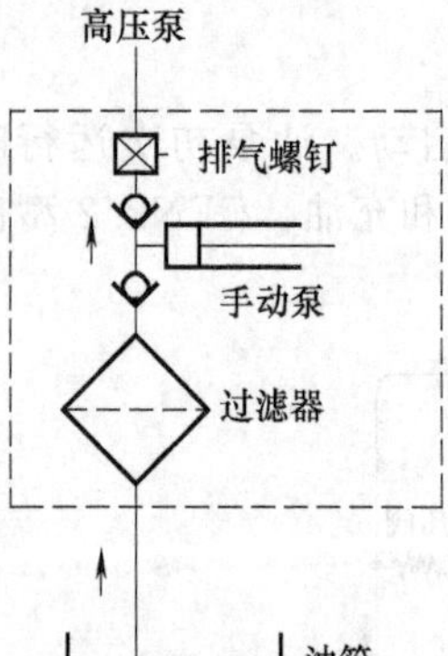

c. 拧紧排气螺母，松开油泵回油接头。

d. 继续按压手动油泵，保证更多燃油持续进入高压油泵内，直到高压油泵回油处有无气泡燃油流出。

e. 拧紧油泵回油接头。

f. 启动发动机并保持稳定运行一段时间，直至排尽低压管路中残留空气。

高压泵
排气螺钉
手动泵
过滤器
油箱

图2-35 手动油泵

2.2.1.2 高压共轨管拆装

高压共轨管接口扭矩要求如图2-36所示。

(1) 共轨管的安装（图2-37）

① 首先将压块螺栓施加最终扭矩将喷油器固定到发动机上，将油轨手动旋紧到发动机上[(3±1)N·m]。

② 分别手动旋紧高压油管的喷油器端和油轨端的螺母[(3±1)N·m]。

③ 用最终扭矩将喷油器端的高压油管螺母旋紧，推荐值为25～33N·m。

④ 最终把油轨拧紧到发动机上，最终扭矩大小根据固定螺栓的几何参数来计算（螺栓直径、螺纹类型、螺母接触表面摩擦因数等）。

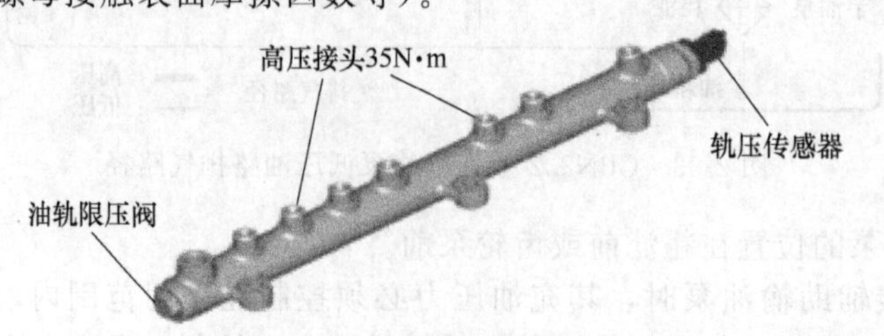

图2-36 高压共轨管接口扭矩

⑤ 将高压油管用最终扭矩拧到油轨上，拧紧力矩推荐最大 35N・m。

⑥ 拧紧油泵和油轨之间的高压油管。

⑦ 连接油轨回油管及 RDS 线束插接头。

⑧ 读取和清除故障码后启动发动机。

⑨ 检查所有管路、接头和转接头是否存在泄漏。

⑩ 在顺利排除故障或修理后，进行试车确认。

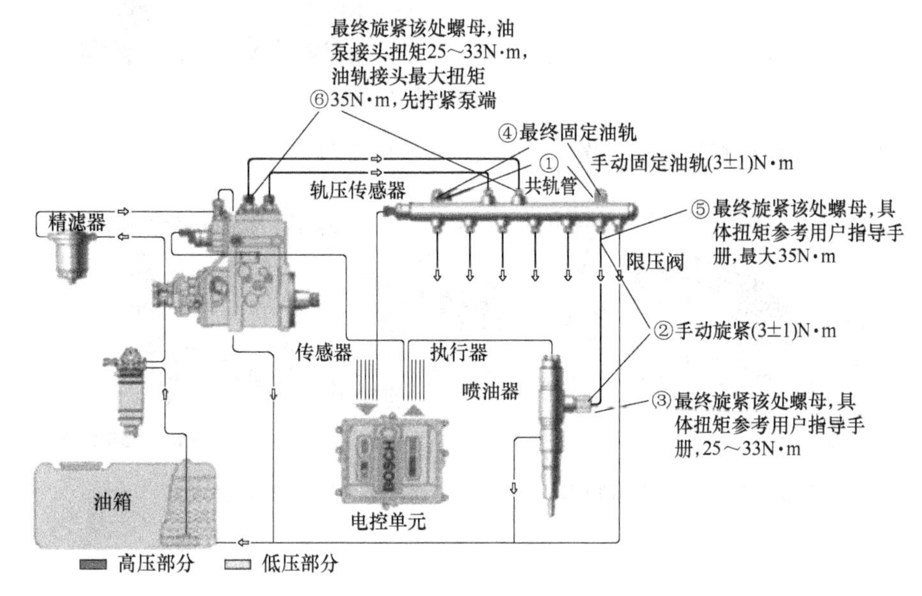

图 2-37　共轨管安装顺序

（2）共轨管的拆卸

① 关闭钥匙开关。因共轨系统内有非常高的压力，所以不要在发动机运转时检修共轨系统，仅可在发动机关闭 2min 后进行检修。

② 断开轨压传感器线束插接头。

③ 松开高压泵和油轨间高压油管油泵端的螺母，再松开油轨端螺母。

④ 松开喷油器和油轨间高压油管油轨端的螺母，再松开高压油管在喷油器端的螺母，取下高压连接头上的高压油管。

⑤ 松开固定油轨的吊耳，取下高压油管。

⑥ 装上油轨高压连接头的保护帽。

（3）共轨管安装与拆卸注意事项

① 只有在油轨安装时才能拿下相应保护帽，在所有机械连接完成后方可进行电气连接。

② 油轨和发动机之间要用适当的连接螺栓和拧紧力矩紧固到位。

③ 不允许在喷油系统运行过程中进行拆卸。

④ 拆卸后必须立即换上新的密封件和中间部件，同时装上相应保护帽。

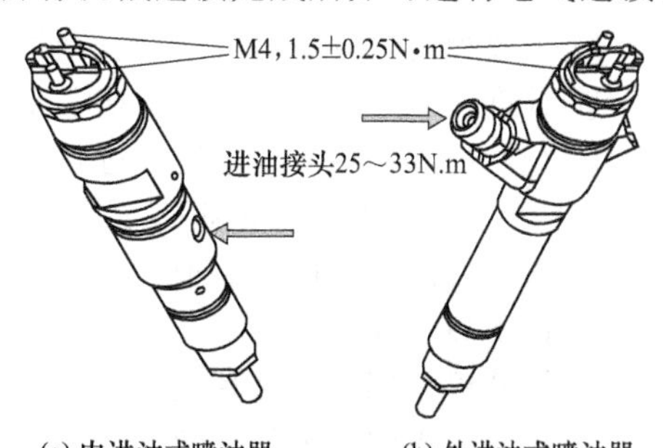

图 2-38　喷油器接口扭矩要求

2.2.1.3　喷油器拆装

喷油器接口扭矩要求如图 2-38 所示。

（1）内进油式喷油器的安装

首先，喷油器对杂质是比较敏感的，必须保证清洁度要求，所用防护套仅在装配前才可以去掉，如图 2-39 所示。

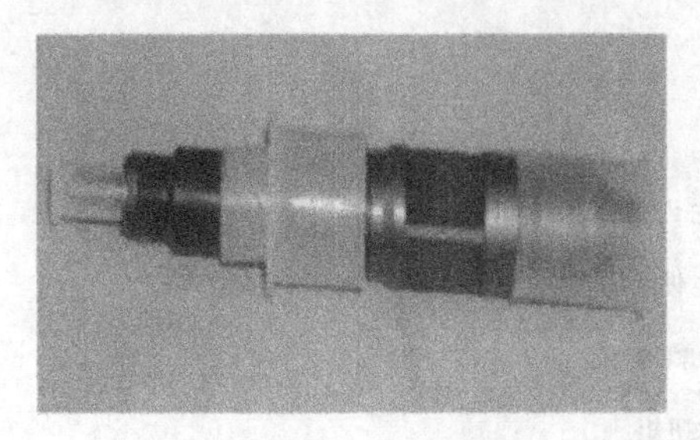
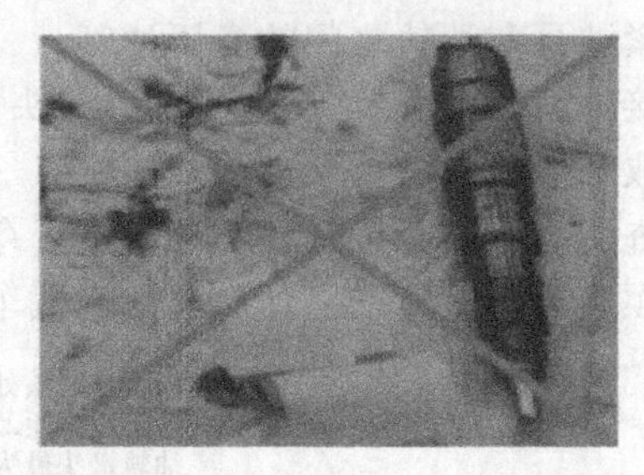

图 2-39 喷油器清洁度要求

① 清理汽缸盖孔和密封面使用图 2-40（a）所示的工具。

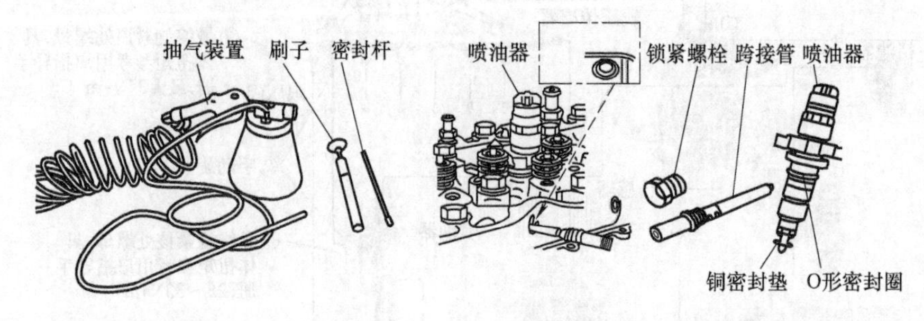

(a) 清理汽缸盖孔和密封面使用的工具

(b) 检查安装喷油器使用的工具

图 2-40 工具

a. 抽气装置。

b. 刷子，清洁喷油器安装孔的侧面和前面。

c. 密封杆，在清洁安装孔时，密封燃烧室。

② 必须注意喷油器相对于跨接管的安装位置。

③ 安装时要注意：跨接管的定位球体应在汽缸盖槽孔中

④ 针对图 2-40（b），检查锁紧螺栓是否有损伤、是否灵活。

⑤ 更换新喷油器则需更换跨接管。

⑥ 用套筒更换新 O 形密封圈（注意在安装时涂抹润滑脂）。

⑦ 安装喷油器的铜密封垫。

⑧ 内进油式喷油器五步法安装示意如图 2-41 所示。

⑨ 检查高压油管上的两个连接螺母是否灵活，检查高压油管的圆锥接头是否有压痕。

⑩ 安装高压油管，然后用 20～33N・m 的扭矩将其拧紧。

⑪ 安装喷油器接线端子，螺母的拧紧扭矩为（1.5±0.25）N・m。

⑫ 读取和清除故障码后启动发动机。

⑬ 检查所有管路、接头和转接头是否存在泄漏。

⑭ 顺利排除故障或修理后，进行试车确认。

(2) 内进油式喷油器的拆卸（图 2-42）

① 松开喷油器的接线端子。

② 拆下高压油管。

③ 松开锁紧螺栓并将其旋出。

④ 从汽缸盖中取出跨接管。

⑤ 松开并移去喷油器的压板螺栓。

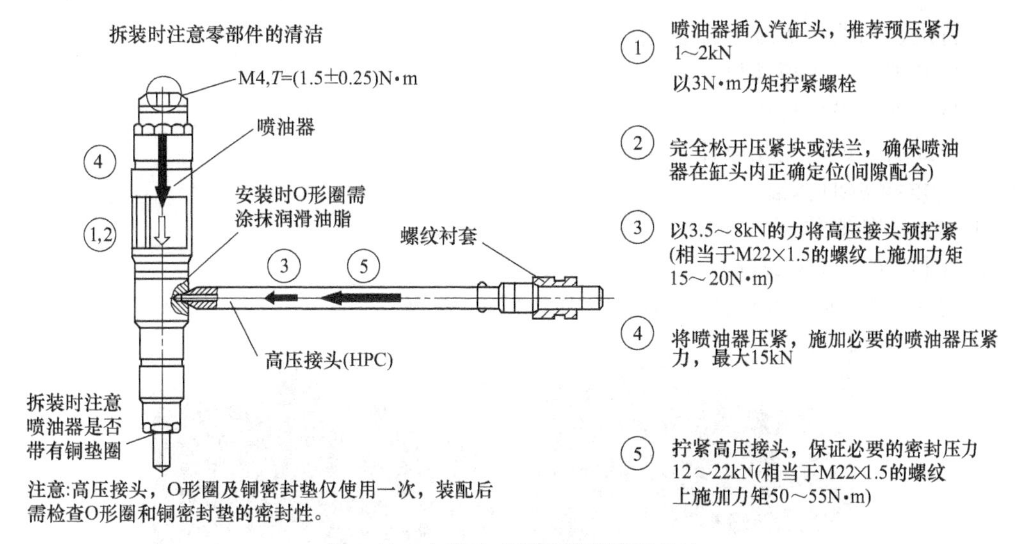

图 2-41 内进油式喷油器安装五步法

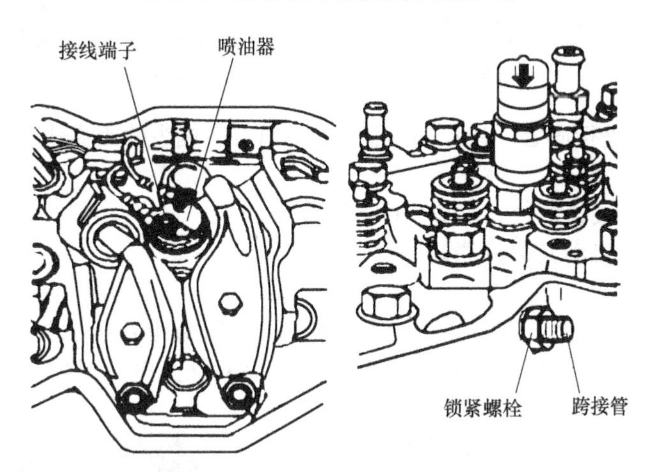

图 2-42 内进油式喷油器的拆卸

⑥ 使用敲打式拉拔器将顶出工具。

(3) 外进油式喷油器的安装

① 检查喷油器外观质量。

② 在喷油器油嘴处安装正确厚度的新的密封铜垫圈。

③ 在喷油器上装入 O 形圈，然后将喷油器总成装入汽缸盖总成。

④ 在喷油器上装紧固压板，拧紧喷油器紧固螺栓，按规定拧紧力矩拧紧。

⑤ 检查高压油管上的两个连接螺母是否灵活，检查高压油管的圆锥接头是否有压痕。

⑥ 安装高压油管，拧紧扭矩为 20～33N・m。

⑦ 安装喷油器的接线端子，螺母的拧紧扭矩为（1.5±0.25)N・m。

⑧ 清除故障码，启动发动机，使发动机处于怠速运转中，并检查燃油系统的密封性。

⑨ 在顺利排除故障或修理后，进行试车确认。

(4) 外进油式喷油器的拆卸

① 松开喷油器的接线端子。

② 松开油轨和喷油器上的高压进油管（要使用双扳手防止高压接头跟转)。

③ 松开喷油器回油接头。

④ 将进、回油接头装上保护帽。

⑤ 松开喷油器压板螺栓。

⑥ 将喷油器谨慎拉出。

⑦ 拆卸后立即套上相应保护帽。

2.2.1.4 电控ECU拆装

(1) ECU的安装

① 安装ECU支架螺栓。

② 按图2-43所示插上ECU插头，固定ECU锁扣。

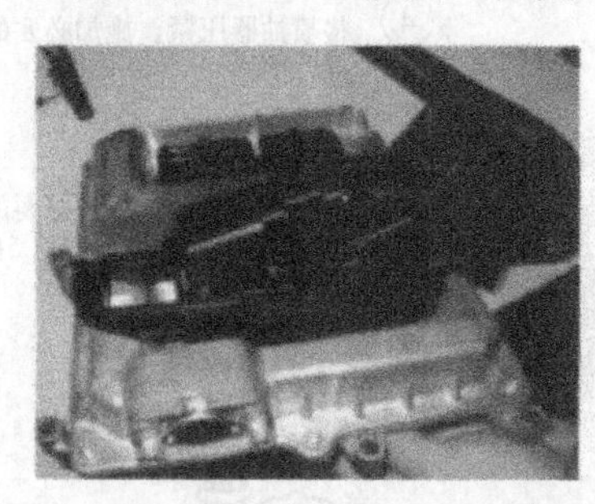
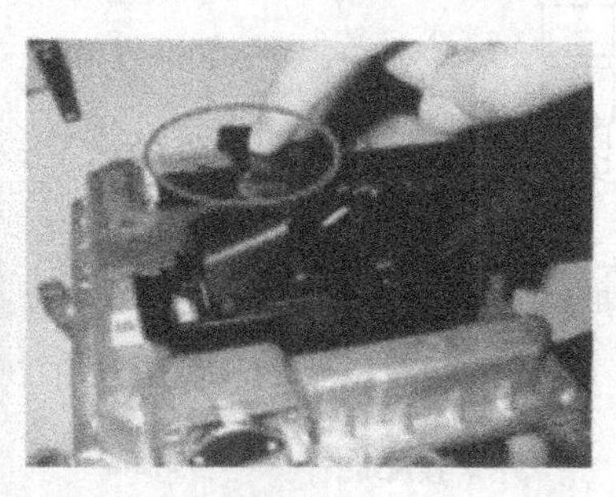

图2-43 安装线束插头并固定锁扣

③ 对ECU线束进行固定，线束第一固定点和ECU接头的距离应在100～150mm之间，并防止线束张紧。

④ 钥匙上电，连接诊断仪，检查ECU数据。

⑤ 读错清错，并启动发动机测试。

(2) ECU的拆卸

① 关闭钥匙开关（注意，关闭钥匙后必须等待ECU完全断电后方可进行拆卸，应等待1min）。

② 按图2-44所示松开锁扣，拔下ECU插头，并对插头有效保护。

③ 拆卸ECU安装支架螺栓，取下ECU。

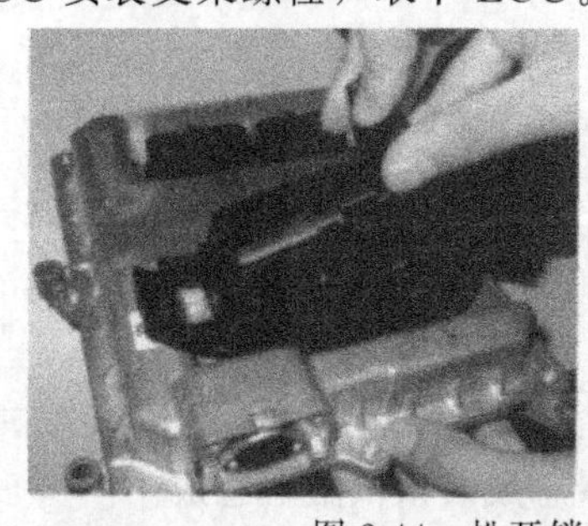
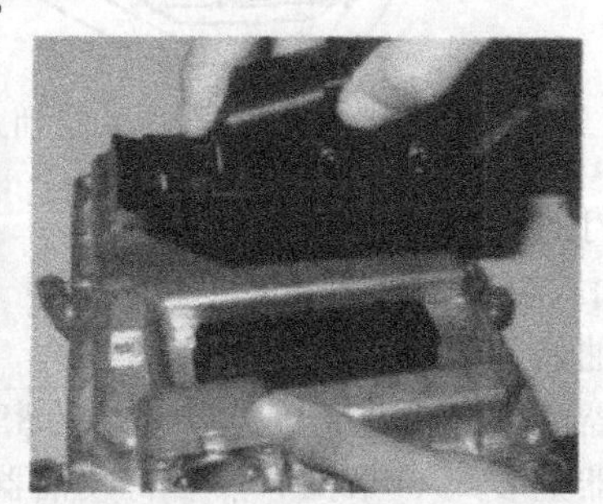

图2-44 松开锁扣并拔下线束插头

2.2.2 传感器的检修

2.2.2.1 加速踏板位置传感器的检修

加速踏板位置传感器的功能是将驾驶员的加速指令传送给ECM，其主要由油门位置传感器和怠速开关组成，安装在驾驶室内驾驶员右脚加速踏板上。当踩下加速踏板时，油门位置传感器将油门位置信号传输给ECM。加速踏板位置传感器的电路如图2-45所示，当传感器出现故障时，ECM将点亮仪表板上的红色“STOP”指示灯。

(1) 油门位置传感器的检修

油门位置传感器上有三个接线端子（见图2-45），其中接线端子C与发动机电控模块

ECM 的接线端子 55 连通，并给该传感器提供 5V 的电源；接线端子 A 与 ECM 的接线端子 81 连通；接线端子 B 与 ECM 的接线端子 83 连通，并将该传感器产生的信号送给发动机电控模块 ECM。

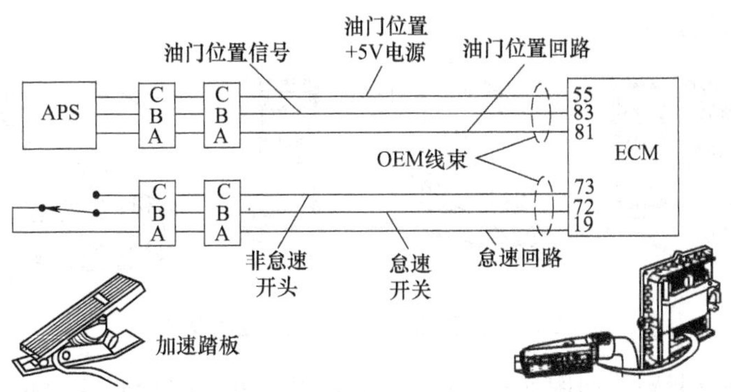

图 2-45　加速踏板位置传感器的电路

① 检测油门位置传感器的电阻　如图 2-46 所示，拆开油门位置传感器的插接器，将测试线束的 3 针插接器安装到油门位置传感器上。

如图 2-47 所示，用万用表电阻挡检测油门位置传感器端子 A 与端子 C 之间的电阻，其阻值应为 2000～3000Ω（无论加速踏板是否踩下）。

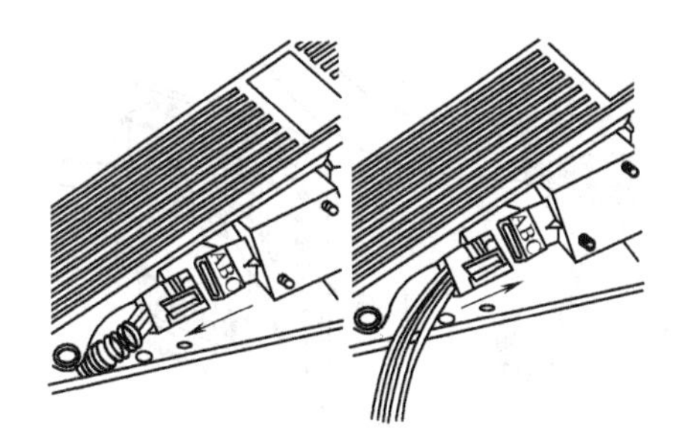

图 2-46　安装油门位置传感器的测试线束

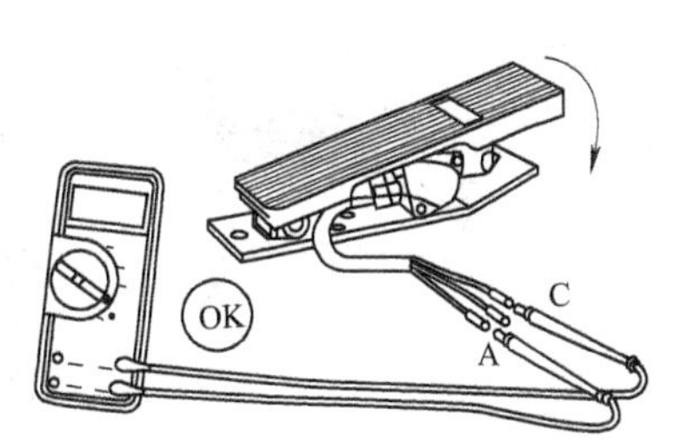

图 2-47　检测油门位置传感器端子 A 与端子 C 之间的电阻

如图 2-48 所示，检测油门位置传感器端子 B 与端子 C 之间的电阻，踩下加速踏板时，其阻值应为 250～1500Ω；释放加速踏板时，其阻值应为 1500～3000Ω。如果测量阻值不在规定范围内，则应更换传感器。

② 检测油门位置传感器的电源电压　拆开油门位置传感器的插接器，将钥匙开关置于“ON”，发动机不运转。如图 2-49 所示，用万用表电压挡检测线束侧油门位置传感器端子 A 与端子 C 之间的电压，其电压值应为 2.75～5.25V。否则应检查传感器与 ECM 之间的导线

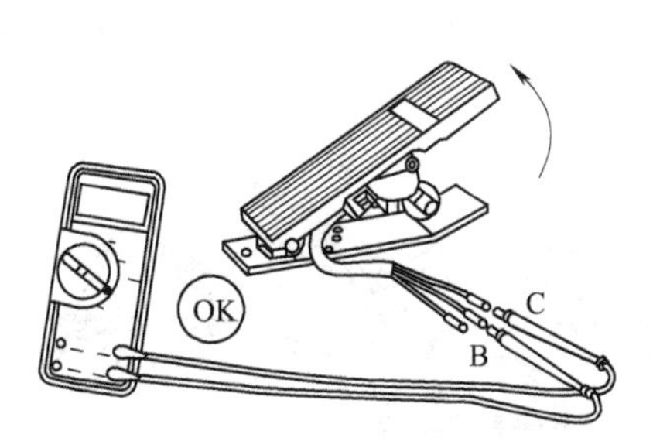

图 2-48　检测油门位置传感器端子 B 与端子 C 之间的电阻

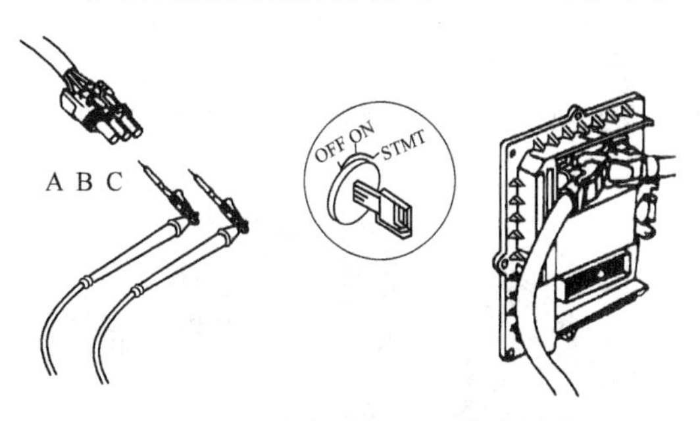

图 2-49　检测线束侧油门位置传感器端子 A 与端子 C 之间的电压

或 ECM 的电源电路。

③ 检测油门位置传感器是否搭铁　如图 2-50 所示，用万用表电阻挡检测油门位置传感器端子 A、端子 B、端子 C 与车身之间的电阻，其阻值应大于 100kΩ。如果测量阻值不在规定范围内，则应更换传感器。

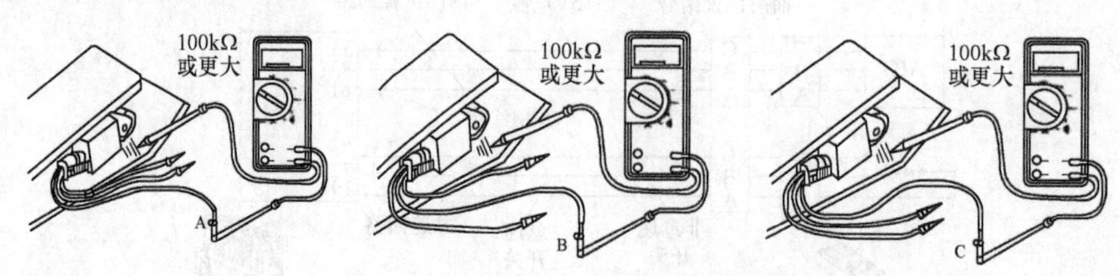

图 2-50　检测油门位置传感器是否搭铁

④ 检测线束是否断路　如图 2-51 所示，用万用表电阻挡检测油门位置传感器端子 A、端子 B、端子 C 与 ECM 插接器端子 81、端子 83、端子 55 之间的电阻，其阻值应小于 10Ω。如果测量阻值不在规定范围内，则应检修导线。

⑤ 检测线束是否短路　如图 2-52 所示，用万用表电阻挡检测 ECM 插接器端子 81、端子 83、端子 55 与其他端子之间的电阻，其阻值应大于 100kΩ。如果测量阻值不在规定范围内，则应检修有关导线。

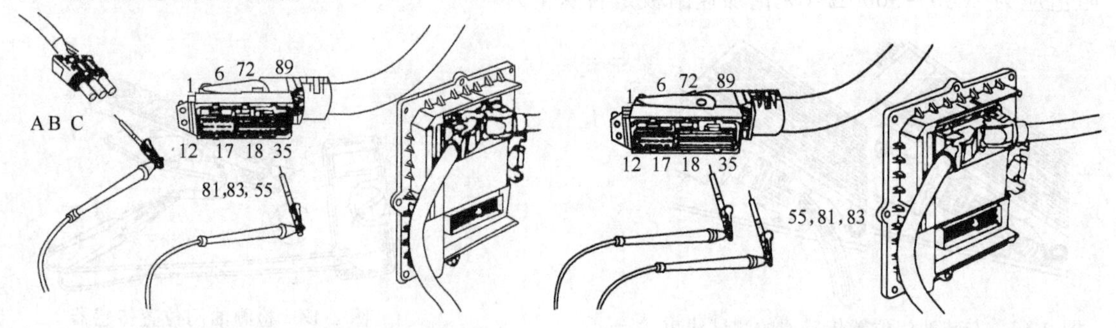

图 2-51　检测油门位置传感器的线束是否断路　　图 2-52　检测油门位置传感器的线束是否短路

(2) 怠速开关的检修

怠速开关上有三个接线端子，其中接线端子 C 与发动机电控模块 ECM 的接线端子 73 连通；接线端子 A 与 ECM 的接线端子 19 连通；接线端子 B 与 ECM 的接线端子 72 连通。

① 检查怠速开关导通情况　如图 2-53 所示，拆开怠速开关的插接器，用万用表电阻挡检测怠速开关端子 A 与端子 B 之间的电阻。释放加速踏板时，其阻值应小于 10Ω；踩下加速踏板时，其阻值应大于 100kΩ。如果测量阻值不在规定范围内，则应更换怠速开关。

② 检查非怠速开关导通情况　如图 2-54 所示，用万用表电阻挡检测非怠速开关端子 A 与端子 C 之间的电阻。释放加速踏板时，其阻值应小于 10Ω；踩下加速踏板时，其阻值应大于 100kΩ。如果测量阻值不在规定范围内，则应更换怠速开关。

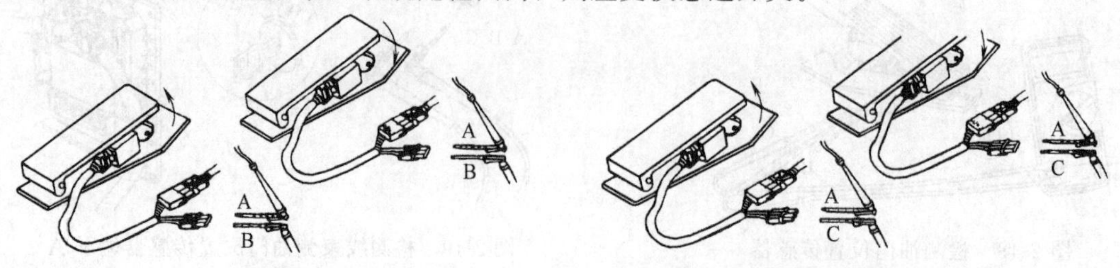

图 2-53　检查怠速开关导通情况　　图 2-54　检查非怠速开关导通情况

2.2.2.2 进气歧管压力/温度传感器的检修

如图2-55所示，进气歧管压力/温度传感器安装在发动机的进气歧管内，其功能是监测进气歧管内空气的压力和温度，是ECM确定喷油量的重要信号之一。当传感器出现故障时，ECM将点亮仪表板上的黄色“WARNING”指示灯。

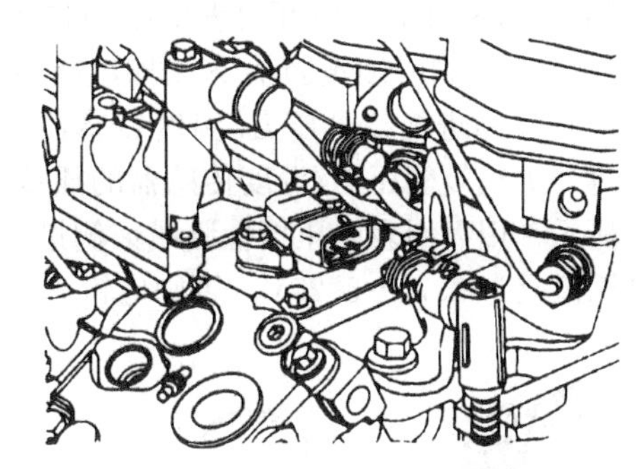

图2-55 进气歧管压力/温度传感器安装位置

进气歧管压力/温度传感器的电路如图2-56所示，传感器上有四个接线端子，其中接线端子3与发动机电控模块ECM的接线端子10连通，并给该传感器提供5V的电源；接线端子1与ECM的接线端子21连通；接线端子4与ECM的接线端子28连通，给ECM提供进气歧管压力信号；接线端子2与ECM的接线端子29连通，给ECM提供进气歧管温度信号。

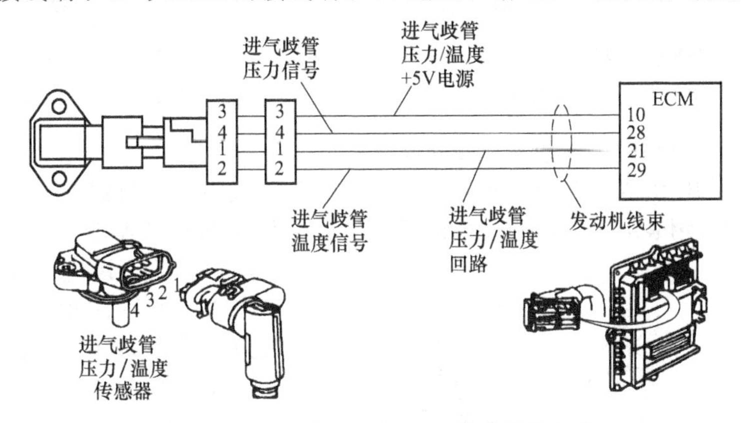

图2-56 进气歧管压力/温度传感器的电路

(1) 检测进气歧管压力/温度传感器的电阻

拆开进气歧管压力/温度传感器的插接器，如图2-57所示，在不同温度环境下，用万用表电阻挡检测传感器端子1与端子2之间的电阻，其阻值应符合表2-2。

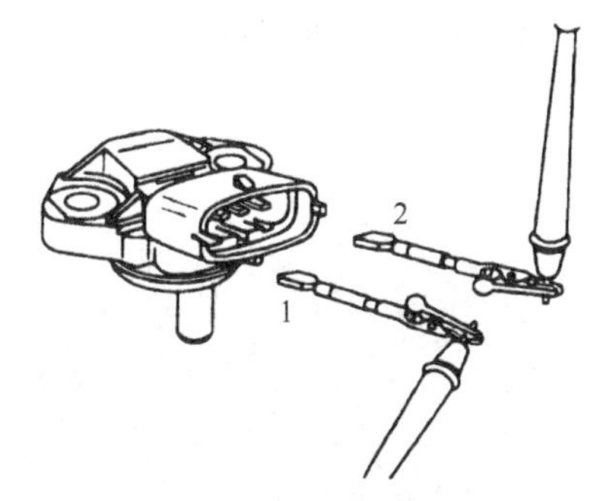

图2-57 检测进气歧管压力/温度传感器端子1与端子2之间的电阻

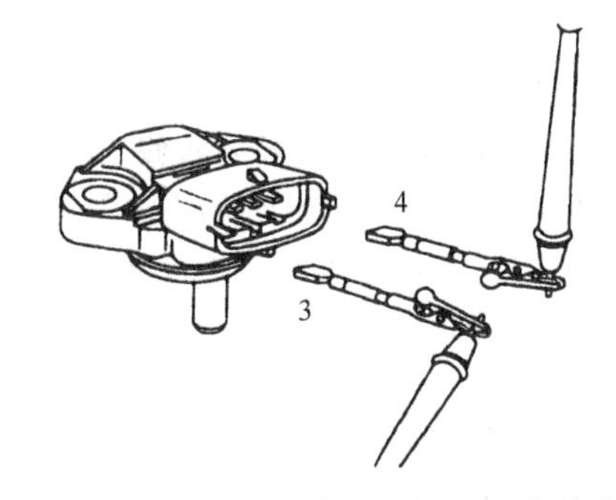

图2-58 检测进气歧管压力/温度传感器端子3与端子4之间的电阻

表2-2 进气歧管压力/温度传感器温度与电阻对应关系

温度/℃	电阻值/Ω	温度/℃	电阻值/Ω
0	5000～7000	75	300～450
25	1700～2500	100	150～220
50	700～1000		

如图 2-58 所示，用万用表电阻挡检测传感器端子 3 与端子 4 之间的电阻，其阻值应为 10～100MΩ。如果测量阻值不在规定范围内，则应更换传感器。

(2) 检测进气歧管压力/温度传感器的电源电压

拆开进气歧管压力/温度传感器的插接器，将钥匙开关置于“ON”，发动机不运转。如图 2-59 所示，用万用表电压挡检测线束侧进气歧管压力/温度传感器端子 3 与端子 1 之间的电压，其电压值应为 2.75～5.25V。否则应检查传感器与 ECM 之间的导线或 ECM 的电源电路。

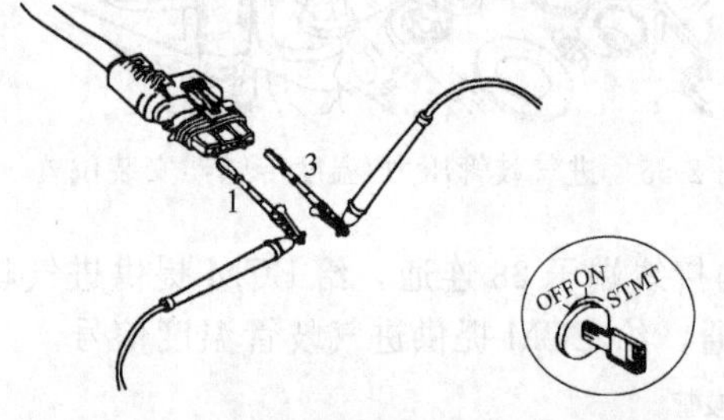

图 2-59 检测线束侧进气歧管压力/温度传感器端子 3 与端子 1 之间的电压

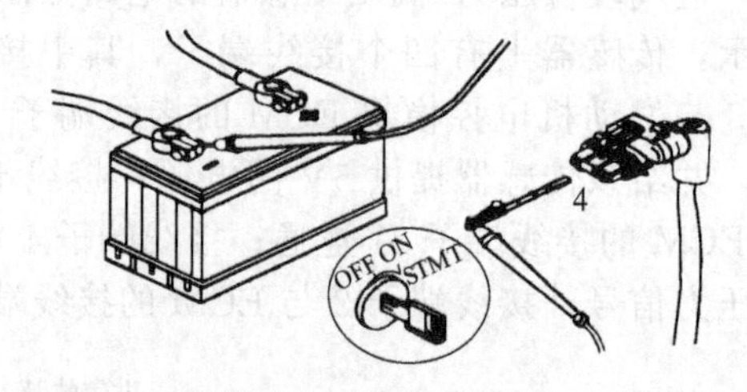

图 2-60 检测线束侧进气歧管压力/温度传感器端子 4 与蓄电池负极之间的电压

(3) 检测进气歧管压力/温度传感器的信号电压

拆开进气歧管压力/温度传感器的插接器，将钥匙开关置于“ON”，发动机不运转。如图 2-60 所示，用万用表电压挡检测线束侧进气歧管压力/温度传感器端子 4 与蓄电池负极之间的电压，其电压值应为 0.1～0.25V。否则应检查传感器与 ECM 之间的导线或 ECM 的电源电路。

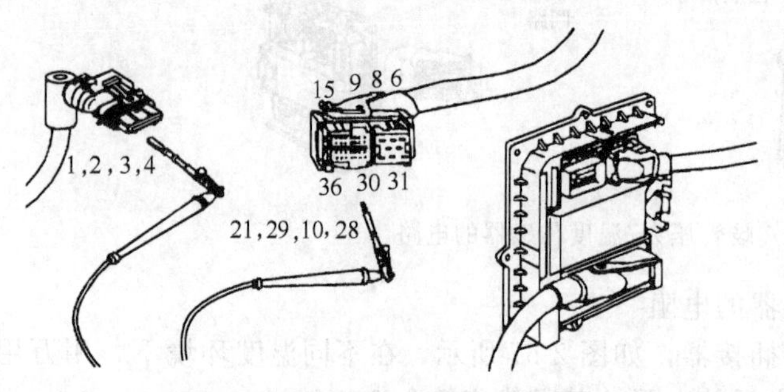

图 2-61 检测进气歧管压力/温度传感器的线束是否断路

(4) 检测线束是否断路

如图 2-61 所示，用万用表电阻挡检测进气歧管压力/温度传感器端子 1、端子 2、端子 3、端子 4 与 ECM 插接器端子 21、端子 29、端子 10、端子 28 之间的电阻，其阻值应小于 10Ω。如果测量阻值不在规定范围内，则应检修导线。

2.2.2.3 燃油压力传感器的检修

如图 2-62 所示，燃油压力传感器安装在发动机的共轨管上，其功能是监测共轨管内燃油的压力，以便 ECM 准确控制喷油量。当传感器出现故障时，ECM 将点亮仪表板上的黄色“WARNING”指示灯。

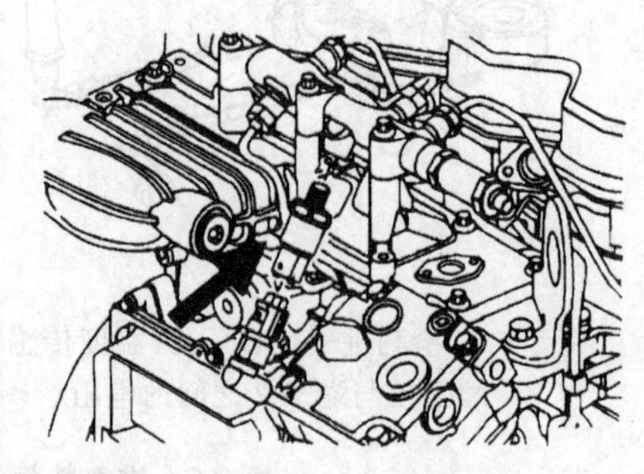

图 2-62 燃油压力传感器安装位置

燃油压力传感器的电路如图 2-63 所示，传感器上有三个接线端子，其中接线端子 3 与发动机电控模块 ECM 的接线端子 12 连通，并给该传感器提供 5V 的电源；接线端子 1 与 ECM 的接线端子 30 连通；接线端子 2 与 ECM 的接线端子 27 连通，给 ECM 提供燃油压力信号。

(1) 检查燃油压力传感器外观

拆下燃油压力传感器插接器，如图 2-64 所示，检查插接器是否有裂纹；插接器密封件

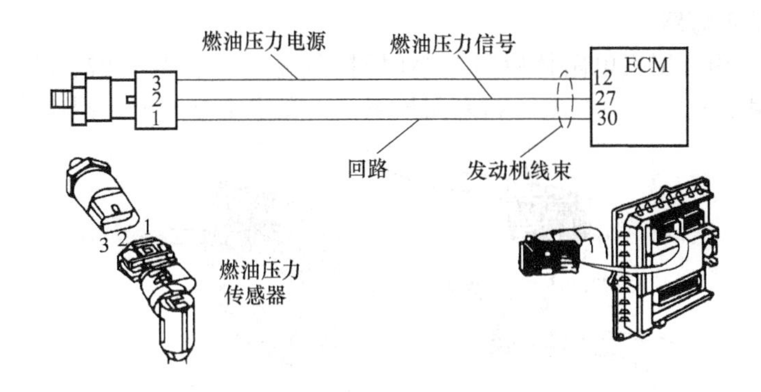

图 2-63　燃油压力传感器的电路

是否有损坏；触针（接线端子）内是否有灰尘、碎屑或湿气；触针是否有腐蚀、弯曲、断裂、缩进或伸出。如存在上述故障，则应检修或更换传感器。

如图 2-65 所示，检查燃油压力传感器的密封件是否损坏；密封件内部或表面是否有裂纹；传感器端部有无灰尘或碎屑。如存在上述故障，则应检修或更换传感器。

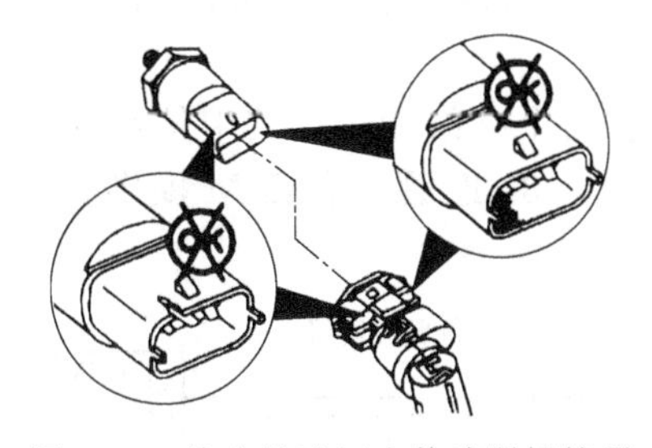

图 2-64　检查燃油压力传感器插接器

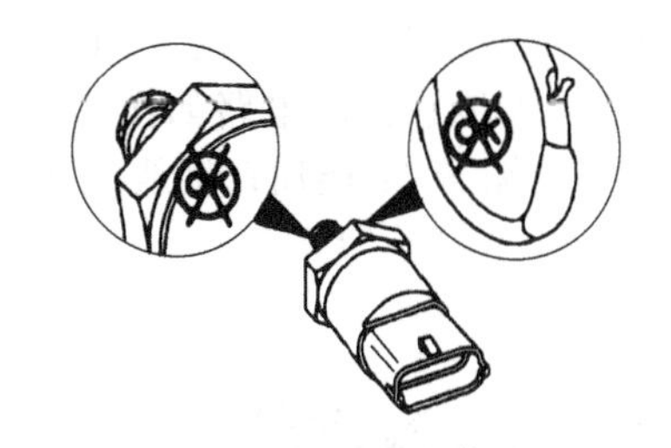

图 2-65　检查燃油压力传感器外观

（2）检测燃油压力传感器的电源电压

拆开燃油压力传感器的插接器，将钥匙开关置于“ON”，发动机不运转。如图 2-66 所示，用万用表电压挡检测线束侧燃油压力传感器端子 3 与端子 1 之间的电压，其电压值应为 2.75～5.25V。否则应检查传感器与 ECM 之间的导线或 ECM 的电源电路。

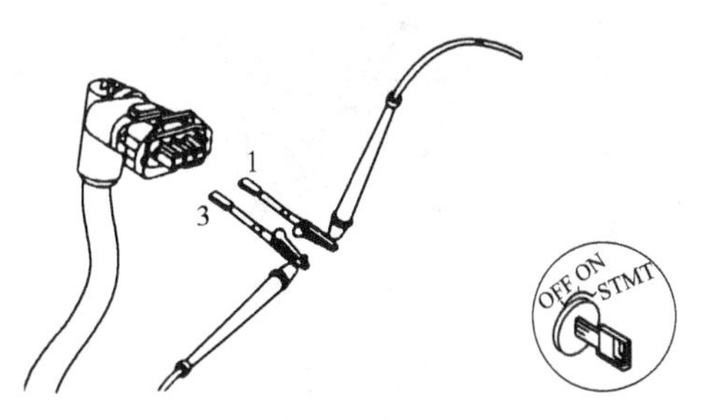

图 2-66　检测线束侧燃油压力传感器端子 3 与端子 1 之间的电压

（3）检测线束是否断路

如图 2-67 所示，用万用表电阻挡检测燃油压力传感器端子 1、端子 2、端子 3 与 ECM 插接器端子 30、端子 27、端子 12 之间的电阻，其阻值应小于 10Ω。如果测量阻值不在规定范围内，则应检修导线。

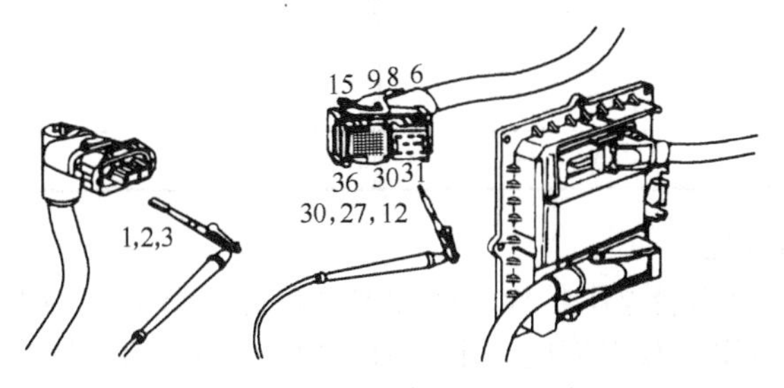

图 2-67　检测燃油压力传感器的线束是否断路

(4) 检测线束是否短路

如图 2-68 所示，用万用表电阻挡检测 ECM 插接器端子 12、端子 27、端子 30 与其他端子之间的电阻，其阻值应大于 100kΩ。如果测量阻值不在规定范围内，则应检修有关导线。

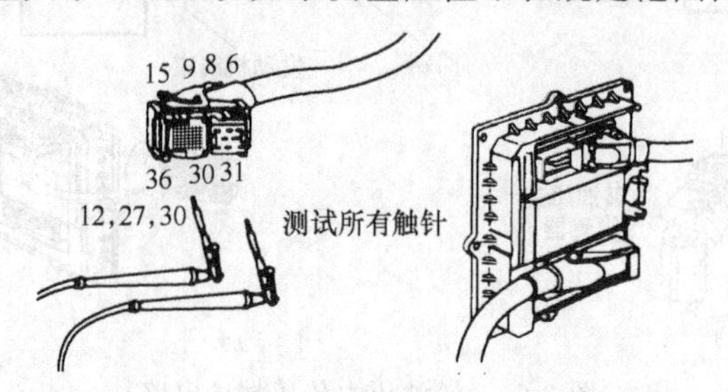

图 2-68 检测燃油压力传感器的线束是否短路

2.2.2.4 燃油温度传感器的检修

如图 2-69 所示，燃油温度传感器安装在发动机上燃油滤清器附近，其功能是监测共轨管内燃油的温度，以便 ECM 准确控制喷油量或对发动机进行保护。当传感器出现一般故障时，ECM 将点亮仪表板上的黄色“WARNING”指示灯；当传感器发出过高温度信号时，ECM 将点亮仪表板上的红色“STOP”指示灯。

燃油温度传感器的电路如图 2-70 所示，传感器上有两个接线端子，其中接线端子 1 与 ECM 的接线端子 17 连通；接线端子 2 与 ECM 的接线端子 34 连通，给 ECM 提供燃油温度信号。

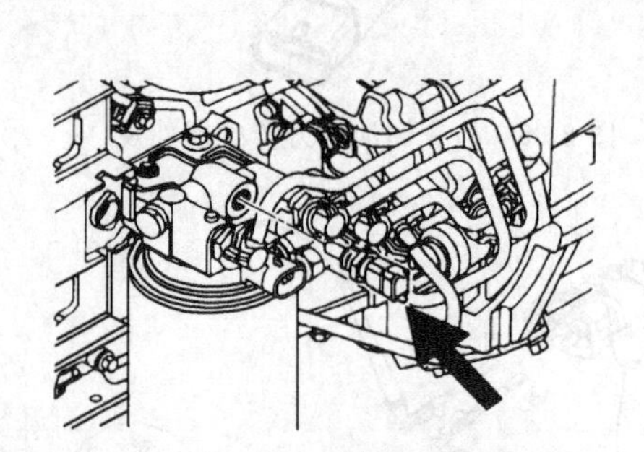

图 2-69 燃油温度传感器安装位置

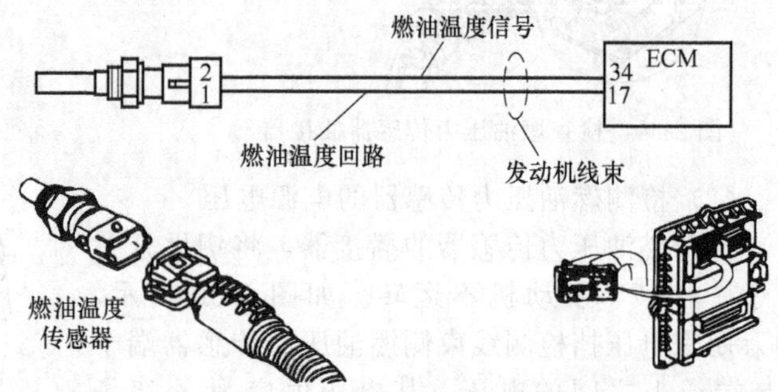

图 2-70 燃油温度传感器的电路

(1) 检查燃油温度传感器的电阻

拆开燃油温度传感器的插接器，如图 2-71 所示，在不同温度环境下，用万用表电阻挡检测传感器端子 1 与端子 2 之间的电阻，其阻值应符合表 2-3。如果测量阻值不在规定范围内，则应更换传感器。

表 2-3 燃油温度传感器温度与电阻对应关系

温度/℃	电阻值/Ω	温度/℃	电阻值/Ω
0	5000～7000	75	300～450
25	1700～2500	100	150～220
50	700～1000		

(2) 检测线束是否断路

如图 2-72 所示，用万用表电阻挡检测燃油温度传感器端子 1、端子 2 与 ECM 插接器端子 17、端子 34 之间的电阻，其阻值应小于 10Ω。如果测量阻值不在规定范围内，则应检修导线。

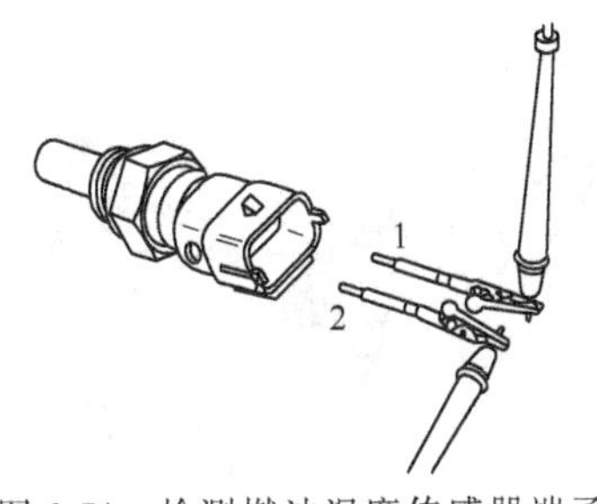

图 2-71　检测燃油温度传感器端子 1 与端子 2 之间的电阻

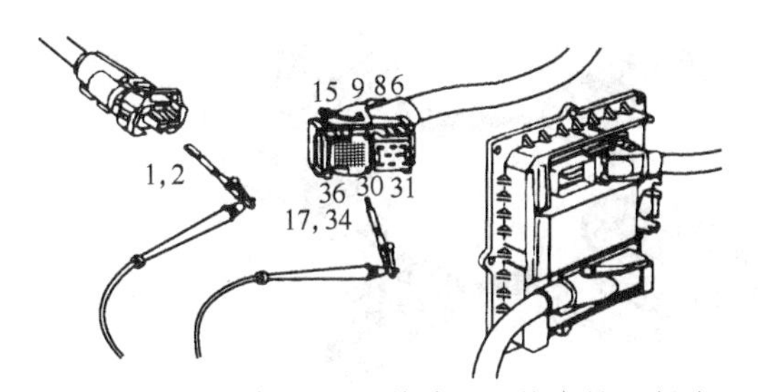

图 2-72　检测燃油温度传感器的线束是否断路

（3）检测线束是否短路

如图 2-73 所示，用万用表电阻挡检测 ECM 插接器端子 17、端子 34 与其他端子之间的电阻，其阻值应大于 100kΩ。如果测量阻值不在规定范围，则应检修有关导线。

2.2.2.5　曲轴位置传感器的检修

如图 2-74 所示，曲轴位置传感器安装在发动机的飞轮壳体上，其功能是监测曲轴转角位移，给 ECM 提供发动机转速和曲轴转角信号，作为喷油正时的主控信号。当传感器出现故障时，ECM 将点亮仪表板上的黄色“WARNING”指示灯。

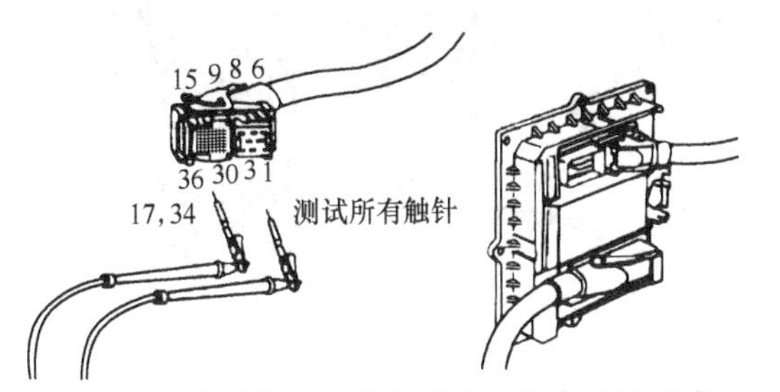

图 2-73　检测燃油温度传感器的线束是否短路

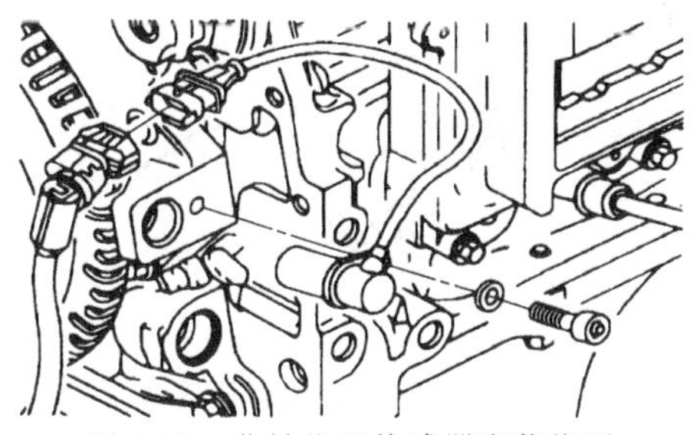

图 2-74　曲轴位置传感器安装位置

曲轴位置传感器的电路如图 2-75 所示，传感器上有三个接线端子，其中接线端子 1 与发动机电控模块 ECM 的接线端子 24 连通；接线端子 2 与 ECM 的接线端子 25 连通；接线端子 3 是一屏蔽线，与 ECM 的接线端子 24 连通。

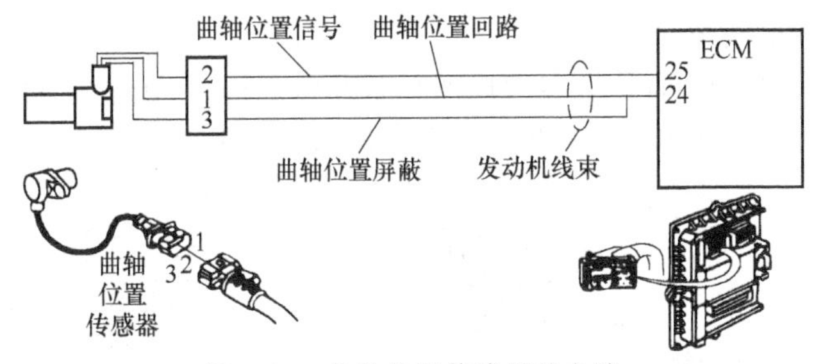

图 2-75　曲轴位置传感器的电路

（1）检查曲轴位置传感器外观

拆下曲轴位置传感器插接器，如图 2-76 所示，检查插接器壳体是否有损坏；插接器密封件是否有损坏；触针（接线端子）内是否有灰尘、碎屑或湿气；触针是否有腐蚀、弯曲、断裂、缩进或伸出。如存在上述故障，则应检修或更换传感器。

如图 2-77 所示，检查曲轴位置传感器的 O 形圈是否已变形；O 形圈内部或表面是否有裂纹；与曲轴信号转子相对的一面是否有灰尘、碎屑或损坏。如存在上述故障，则应检修或更换传感器。

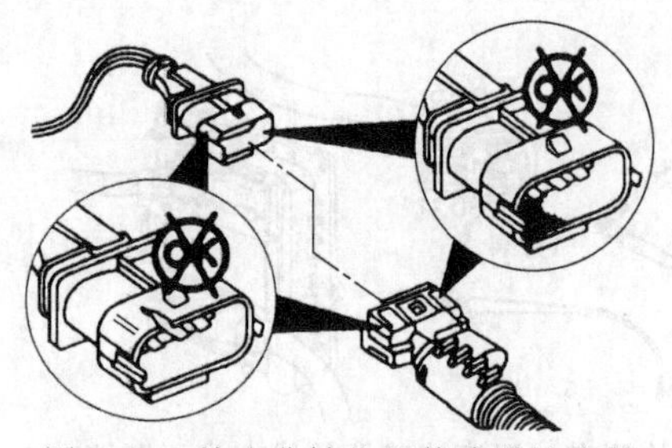

图 2-76 检查曲轴位置传感器插接器

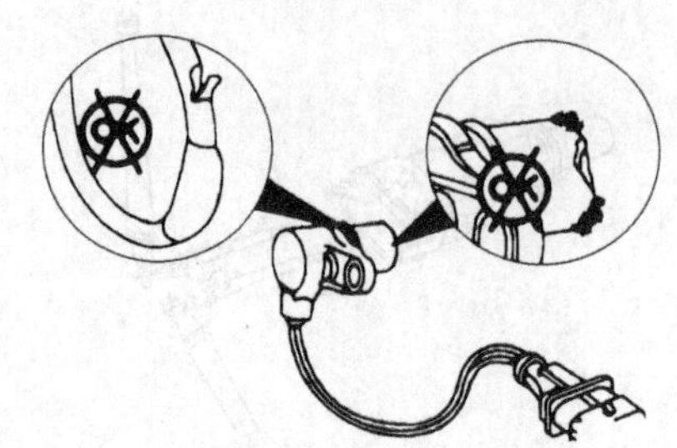

图 2-77 检查曲轴位置传感器外观

(2) 检测曲轴位置传感器的电阻

取下曲轴位置传感器的插接器，如图 2-78 所示，用万用表电阻挡检测传感器端子 1 与端子 2 之间的电阻，其阻值应为 650～1000Ω。若阻值不符，更换曲轴位置传感器。

(3) 检测线束是否断路

如图 2-79 所示，用万用表电阻挡检测曲轴位置传感器端子 2 与 ECM 插接器端子 25 及曲轴位置传感器端子 1、端子 3 与 ECM 插接器端子 24 之间的电阻，其阻值应小于 10Ω。如果测量阻值不在规定范围内，则应检修导线。

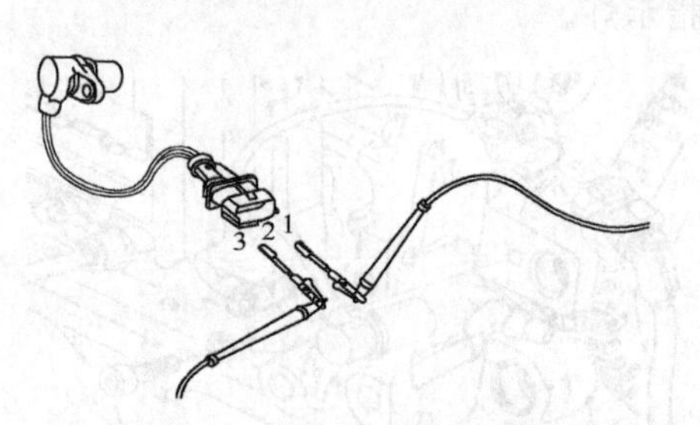

图 2-78 检测曲轴位置传感器端子 1 与端子 2 之间的电阻

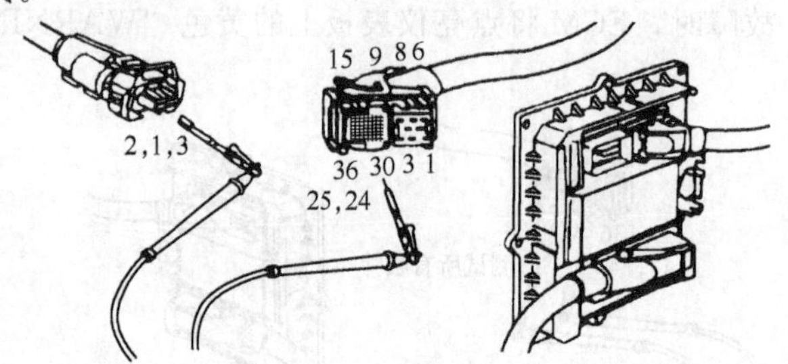

图 2-79 检测曲轴位置传感器的线束是否断路

(4) 检测线束是否短路

如图 2-80 所示，用万用表电阻挡检测 ECM 插接器端子 24、端子 25 与其他端子之间的电阻，其阻值应大于 100kΩ。如果测量阻值不在规定范围内，则应检修有关导线。

(5) 检测传感器的间隙

如图 2-81 所示，曲轴位置传感器的标准间隙为 0.8～1.5mm。若间隙不在规定范围内，应重新安装传感器，通过调整垫片厚度，使其间隙符合标准。

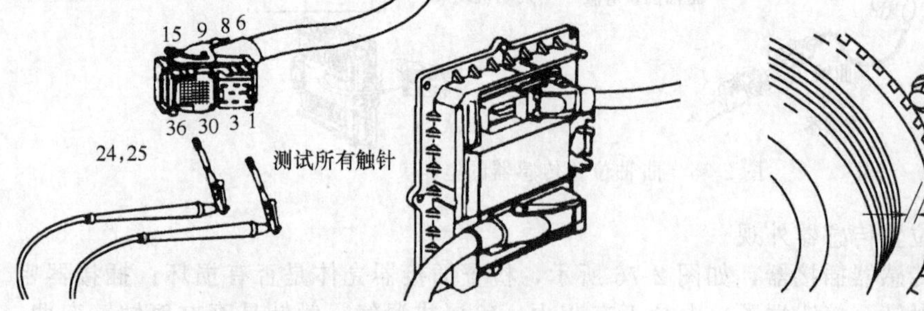

图 2-80 检测曲轴位置传感器的线束是否短路

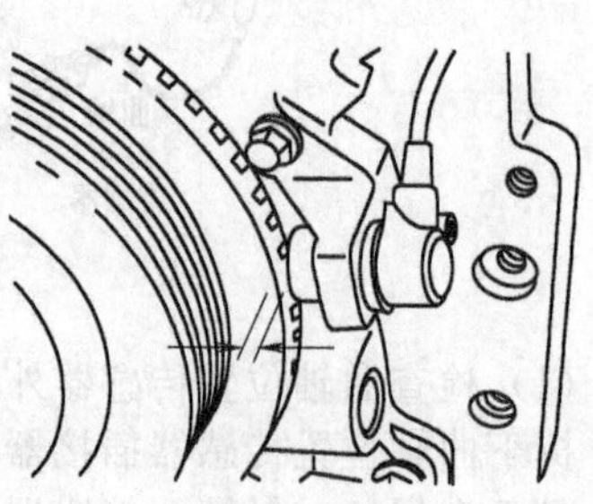

图 2-81 测量曲轴位置传感器的间隙

2.2.2.6 凸轮轴位置传感器的检修

如图 2-82 所示，凸轮轴位置传感器安装在发动机凸轮轴的前端，其功能是给 ECM 提供发动机曲轴转角基准位置信号（又称为判缸信号），作为喷油正时的主控信号。当传感器出现故障时，ECM 将点亮仪表板上的黄色“WARNING”指示灯。

磁感应式凸轮轴位置传感器电路如图 2-83 所示，传感器上有三个接线端子，其中接线端子 1 与发动机电控模块 ECM 的接线端子 30 连通；接线端子 2 与 ECM 的接线端子 23 连通；接线端子 3 是一屏蔽线，与 ECM 的接线端子 30 连通。

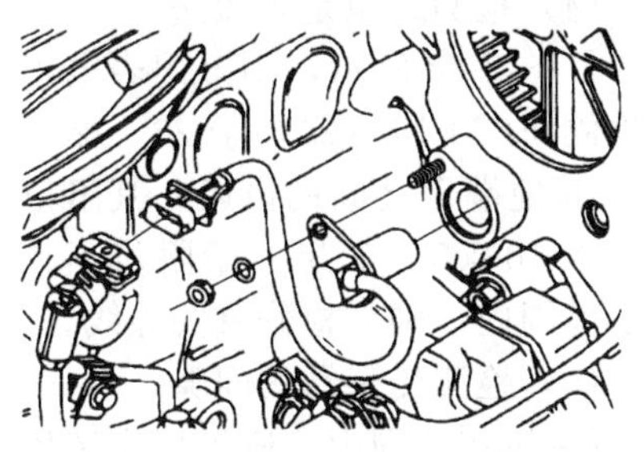

图 2-82 凸轮轴位置传感器安装位置

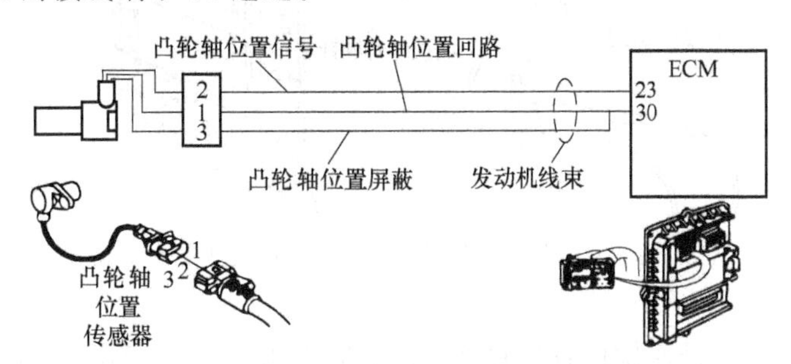

图 2-83 凸轮轴位置传感器的电路

（1）检查凸轮轴位置传感器外观

拆下凸轮轴位置传感器插接器，如图 2-84 所示，检查插接器壳体是否有损坏；插接器密封件是否有损坏；触针（接线端子）内是否有灰尘、碎屑或湿气；触针是否有腐蚀、弯曲、断裂、缩进或伸出。如存在上述故障，则应检修或更换传感器。

如图 2-85 所示，检查凸轮轴位置传感器的 O 形圈是否已变形；O 形圈内部或表面是否有裂纹；与凸轮轴信号转子相对的一面是否有灰尘、碎屑或损坏。如存在上述故障，则应检修或更换传感器。

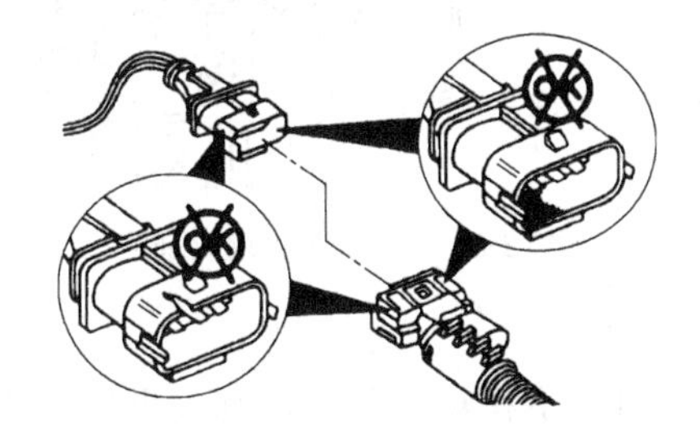

图 2-84 检查凸轮轴位置传感器插接器

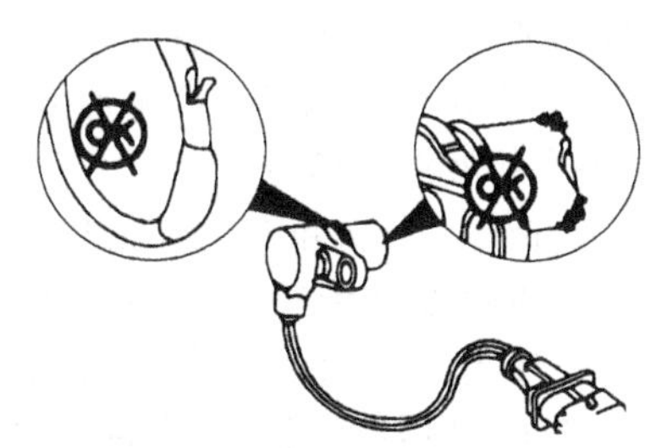

图 2-85 检查凸轮轴位置传感器外观

（2）检测凸轮轴位置传感器的电阻

取下凸轮轴位置传感器的插接器，如图 2-86 所示，用万用表电阻挡检测传感器端子 1 与端子 2 之间的电阻，其阻值应为 650～1000Ω。若阻值不符，更换凸轮轴位置传感器。

（3）检测线束是否断路

如图 2-87 所示，用万用表电阻挡检测凸轮轴位置传感器端子 2 与 ECM 插接器端子 23 及

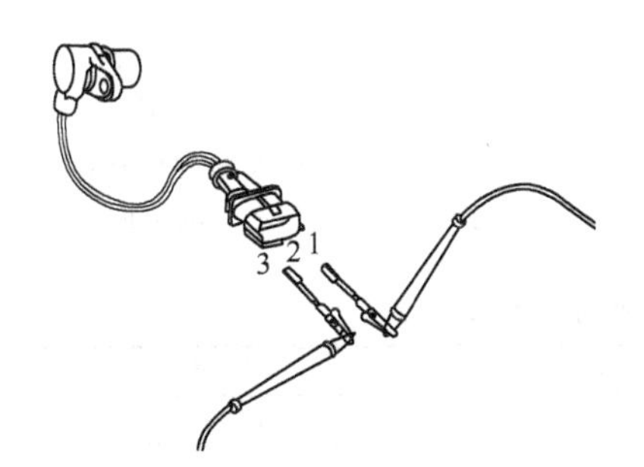

图 2-86 检测凸轮轴位置传感器端子 1 与端子 2 之间的电阻

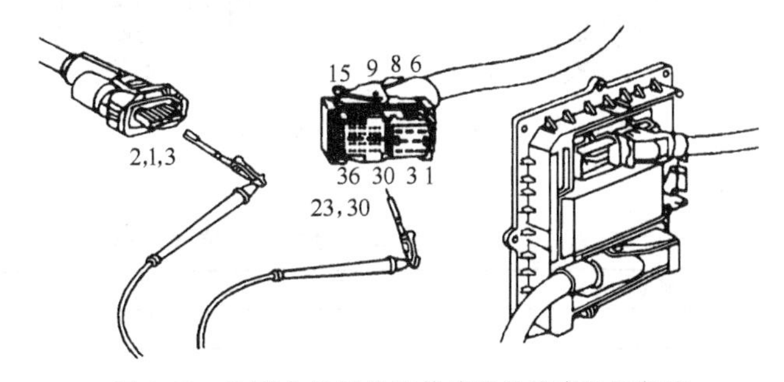

图 2-87 检测凸轮轴位置传感器的线束是否断路

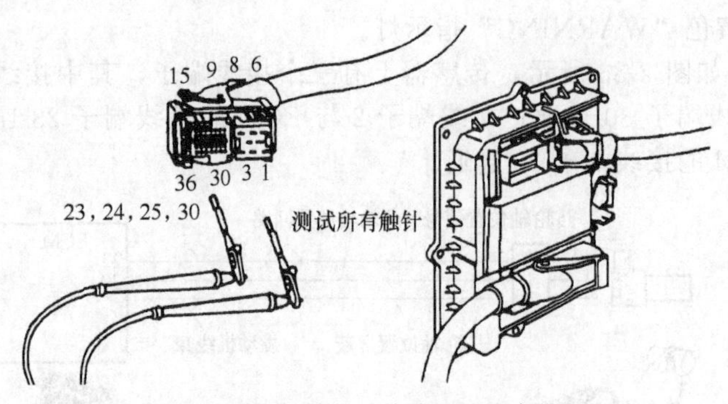

图 2-88 检测凸轮轴位置传感器的线束是否短路

凸轮轴位置传感器端子 1、端子 3 与 ECM 插接器端子 30 之间的电阻，其阻值应小于 10Ω。如果测量阻值不在规定范围内，则应检修导线。

(4) 检测线束是否短路

如图 2-88 所示，用万用表电阻挡检测 ECM 插接器端子 23、端子 30 与其他端子之间的电阻，其阻值应大于 100kΩ。如果测量阻值不在规定范围内，则应检修有关导线。

(5) 检测传感器的间隙

凸轮轴位置传感器的标准间隙为 0.8～1.5mm。若间隙不在规定范围内，应重新安装传感器，通过调整垫片厚度，使其间隙符合标准。

2.2.2.7 冷却液温度传感器的检修

如图 2-89 所示，冷却液温度传感器安装在发动机的节温器上，用于监测发动机冷却液的温度，以便 ECM 准确控制喷油量或对发动机进行保护。当传感器出现一般故障时，ECM 将点亮仪表板上的黄色“WARNING”指示灯；当传感器发出过高温度信号时，ECM 将点亮仪表板上的红色“STOP”指示灯。

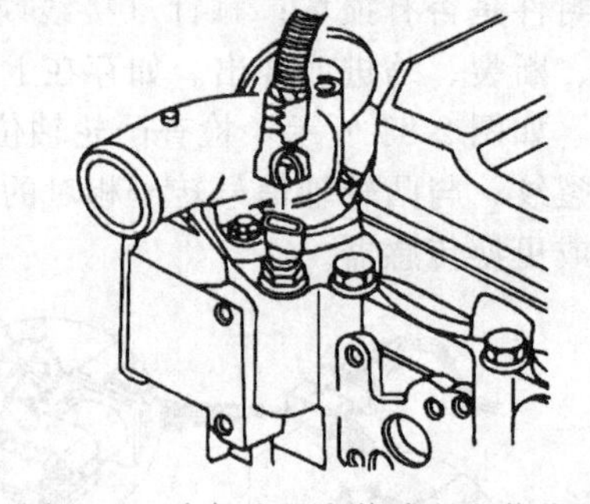

图 2-89 冷却液温度传感器安装位置

冷却液温度传感器的电路如图 2-90 所示，传感器上有两个接线端子，其中接线端子 1 与 ECM 的接线端子 18 连通；接线端子 2 与 ECM 的接线端子 36 连通，给 ECM 提供冷却液温度信号。

(1) 检查冷却液温度传感器的电阻

拆开冷却液温度传感器的插接器，如图 2-91 所示，在不同温度环境下，用万用表电阻挡检测传感器端子 1 与端子 2 之间的电阻，其阻值应符合表 2-4。如果测量阻值不在规定范围，则应更换传感器。

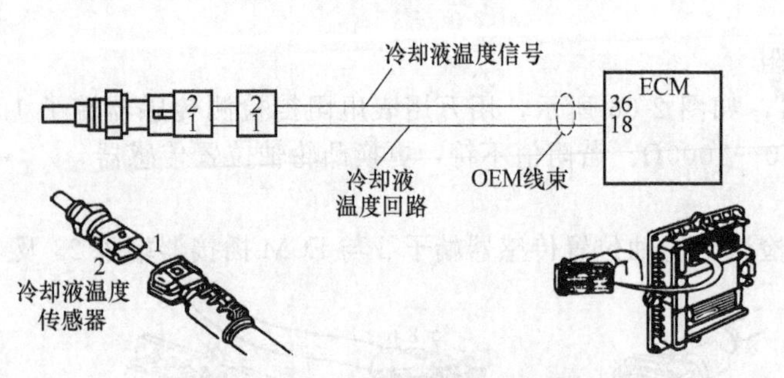

图 2-90 冷却液温度传感器的电路

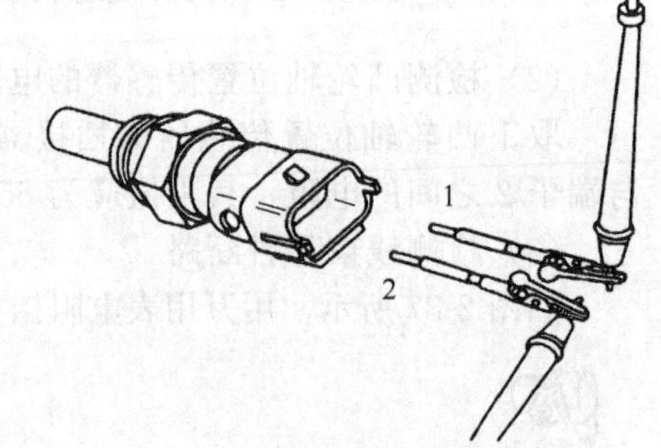

图 2-91 检测冷却液温度传感器端子 1 与端子 2 之间的电阻

表 2-4 冷却液温度传感器温度与电阻对应关系

温度/℃	电阻值/Ω	温度/℃	电阻值/Ω
0	5000～7000	75	300～450
25	1700～2500	100	150～220
50	700～1000		

(2) 检测线束是否断路

如图 2-92 所示，用万用表电阻挡检测冷却液温度传感器端子 1、端子 2 与 ECM 插接器端子 18、端子 36 之间的电阻，其阻值应小于 10Ω。如果测量阻值不在规定范围内，则应检修导线。

(3) 检测线束是否短路

如图 2-93 所示，用万用表电阻挡检测 ECM 插接器端子 18、端子 36 与其他端子之间的电阻，其阻值应大于 100kΩ。如果测量阻值不在规定范围内，则应检修有关导线。

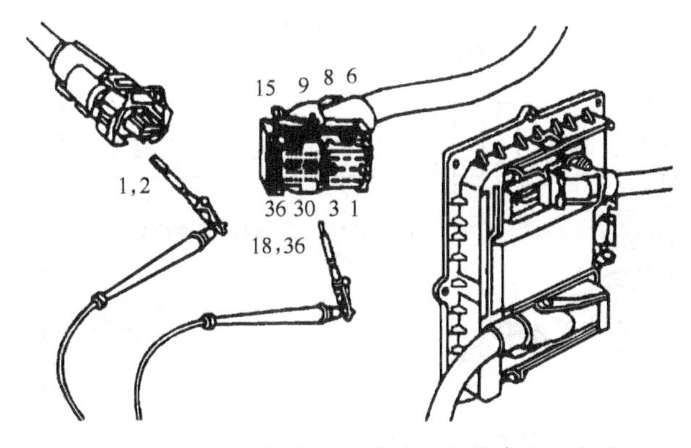

图 2-92　检测冷却液温度传感器的线束是否断路

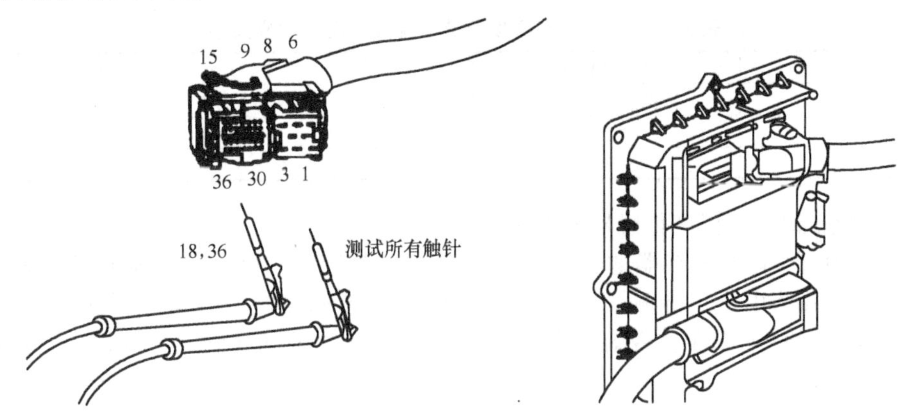

图 2-93　检测冷却液温度传感器的线束是否短路

2.2.2.8　机油压力/温度传感器的检修

如图 2-94 所示，机油压力/温度传感器安装在发动机上机油滤清器附近，其功能是监测发动机的机油压力和温度，ECM 将机油压力/温度用于发动机保护系统。当传感器出现故障时，ECM 将点亮仪表板上的黄色"WARNING"指示灯；当传感器输出机油压力过低信号时，ECM 将点亮仪表板上的红色"STOP"指示灯。

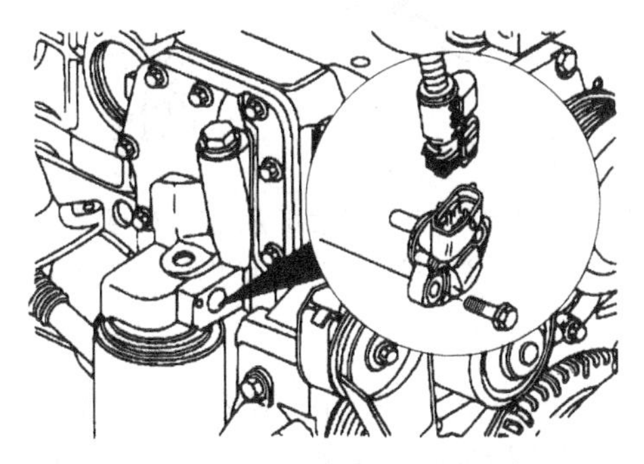

图 2-94　机油压力/温度传感器安装位置

机油压力/温度传感器的电路如图 2-95 所示，传感器上有四个接线端子，其中接线端子 3 与发动机电控模块 ECM 的接线端子 09 连通，并给该传感器提供 5V 的电源；接线端子 1 与 ECM 的接线端子 19 连通；接线端子 4 与 ECM 的接线端子 33 连通，给 ECM 提供机油压力信号；接线端子 2 与 ECM 的接线端子 35 连通，给 ECM 提供机油温度信号。

(1) 检测机油压力/温度传感器的电阻

拆开机油压力/温度传感器的插接器，如图 2-96 所示，在不同温度环境下，用万用表电阻挡检测传感器端子 1 与端子 2 之间的电阻，其阻值应符合表 2-5。

如图 2-97 所示，用万用表电阻挡检测传感器端子 3 与端子 4 之间的电阻，其阻值应为 10～100MΩ。如果测量阻值不在规定范围，则应更换传感器。

机油压力信号
机油压力/温度 +5V电源
发动机线束
ECM
09 33 35 19
3 4 2 1
机油压力/温度传感器
机油压力/温度回路
机油温度信号

图 2-95 机油压力/温度传感器的电路

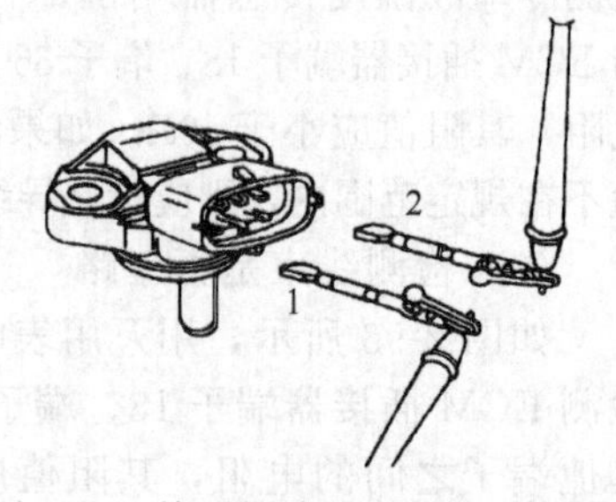

图 2-96 检测机油压力/温度传感器端子 1 与端子 2 之间的电阻

表 2-5 机油压力/温度传感器温度与电阻对应关系

温度/℃	电阻值/Ω	温度/℃	电阻值/Ω
0	5000～7000	75	300～450
25	1700～2500	100	150～220
50	700～1000		

(2) 检测机油压力/温度传感器的电源电压

拆开机油压力/温度传感器的插接器，将钥匙开关置于“ON”，发动机不运转。如图 2-98所示，用万用表电压挡检测线束侧机油压力/温度传感器端子 3 与端子 1 之间的电压，其电压值应为 2.75～5.25V。否则应检查传感器与 ECM 之间的导线或 ECM 的电源电路。

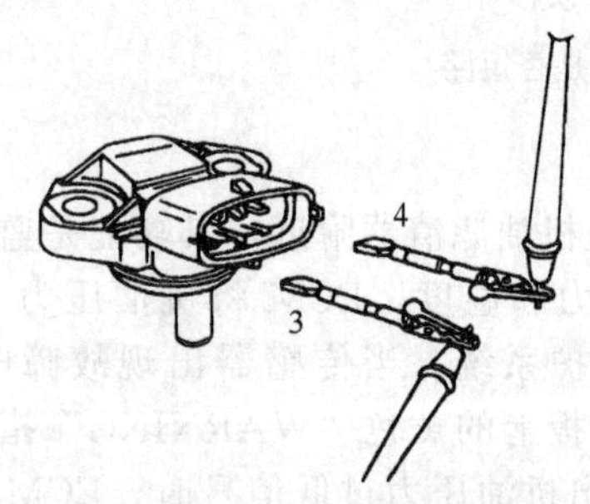

图 2-97 检测机油压力/温度传感器端子 3 与端子 4 之间的电阻

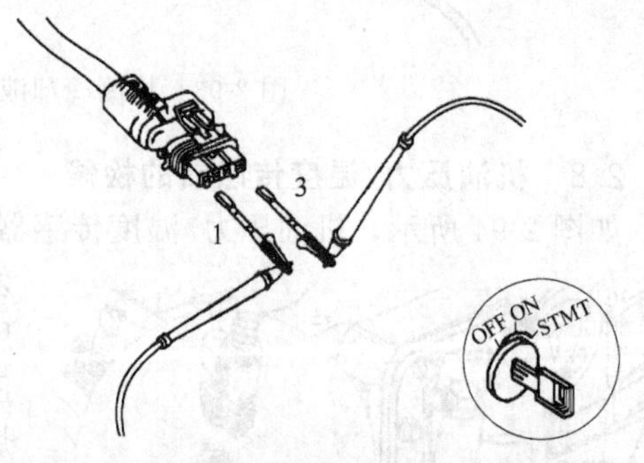

图 2-98 检测线束侧机油压力/温度传感器端子 3 与端子 1 之间的电压

(3) 检测机油压力/温度传感器的信号电压

拆开机油压力/温度传感器的插接器，将钥匙开关置于“ON”，发动机不运转。如图 2-99 所示，用万用表电压挡检测线束侧机油压力/温度传感器端子 4 与蓄电池负极之间的电压，其电压值应为 0.1～0.25V。否则应检查传感器与 ECM 之间的导线或 ECM 的电源电路。

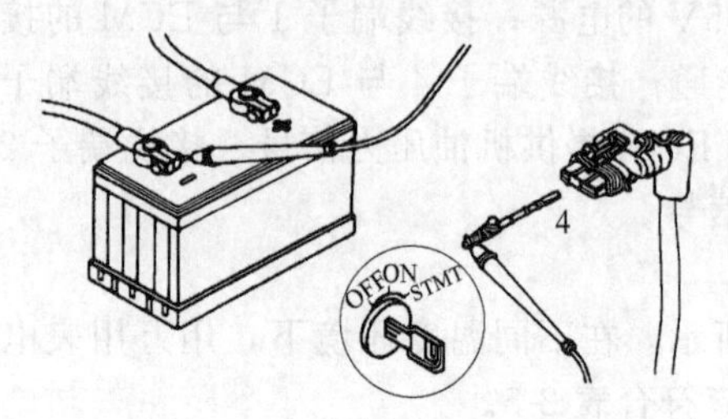

图 2-99 检测机油压力/温度传感器端子的信号电压

(4) 检测线束是否断路

如图 2-100 所示，用万用表电阻挡检测机油压力/温度传感器端子 1、端子 2、端子 3、端子 4 与 ECM 插接器端子 19、端子 35、端子 09、端子 33 之间的电阻，其阻值应小于 10Ω。如果测量阻值不在规定范围

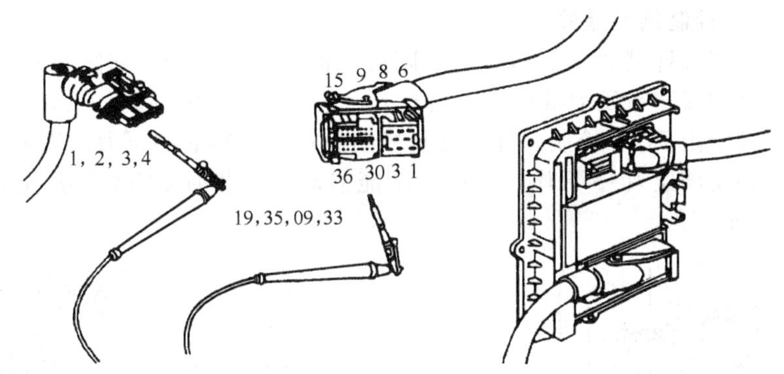

图 2-100 检测机油压力/温度传感器的线束是否断路

内，则应检修导线。

(5) 检测线束是否短路

如图 2-101 所示，用万用表电阻挡检测 ECM 插接器端子 19、端子 35、端子 09、端子 33 与其他端子之间的电阻，其阻值应大于 100kΩ。如果测量阻值不在规定范围内，则应检修有关导线。

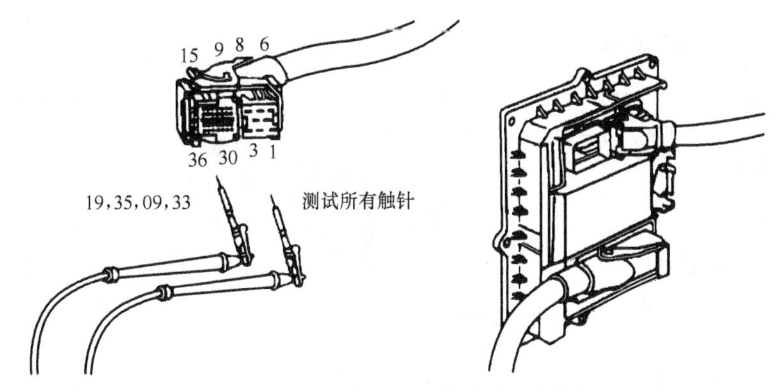

图 2-101 检测机油压力/温度传感器的线束是否短路

2.2.2.9 大气压力传感器的检修

如图 2-102 所示，大气压力传感器安装在发动机电子控制模块 ECM 上，其功能是监测大气的压力，以便 ECM 对喷油量进行精确控制。当传感器出现故障时，发动机的功率下降，排气管可能冒黑烟，同时 ECM 将点亮仪表板上的黄色“WARNING”指示灯。

使用 INSITETM 专用故障检测仪监测大气压力。将钥匙开关置于“ON”，比较使用 INSITETM 专用故障检测仪测得的大气压力值和本地气压表的读数。差值小于 3.4kPa 为合格，若不合格，则应更换 ECM。

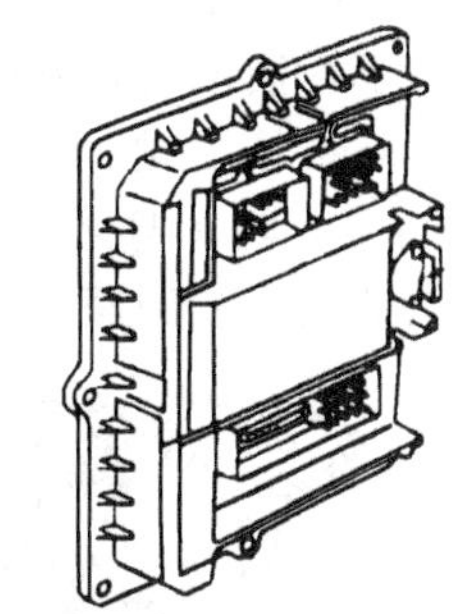

图 2-102 大气压力传感器在 ECM 上的安装位置

2.2.3 执行器的检修

康明斯 ISBe 发动机电子控制共轨式燃油喷射系统采用的主要执行器有燃油压力控制阀、电磁喷油器、风扇离合器、排气制动电磁阀、燃油加热器、电热塞、EGR 阀等。

当电子控制共轨式燃油喷射系统出现故障，通过自诊断测试，指明某执行器有故障或怀疑某执行器有故障时，应对执行器及其电路进行检修。

2.2.3.1 燃油压力控制阀的检修

燃油压力控制阀又称燃油压力调节电磁阀或燃油计量比例阀。如图 2-103、图 2-104 所示，燃油压力控制阀安装在发动机高压燃油泵上，是一个常开电磁阀，只有当电流通过时才闭合，其电流的大小由 ECM 控制，其功能是控制共轨管内燃油的压力。当燃油压力控制阀出现故障时，发动机将会功率下降、熄火或不能启动等，此时 ECM 点亮仪表板上的黄色“WARNING”指示灯。

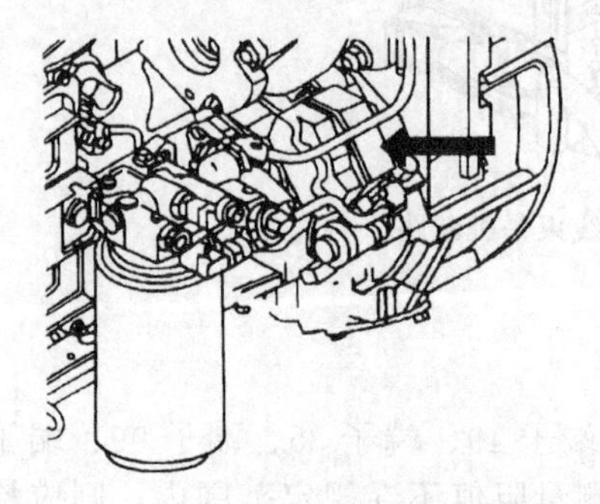

图 2-103　高压燃油泵在发动机上的位置

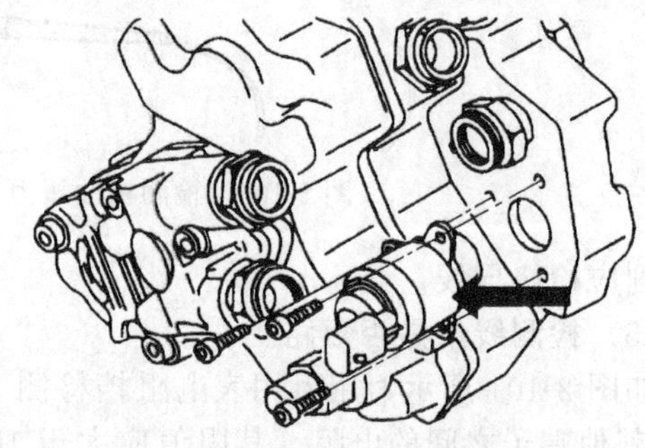

图 2-104　燃油压力控制阀在高压燃油泵上的安装位置

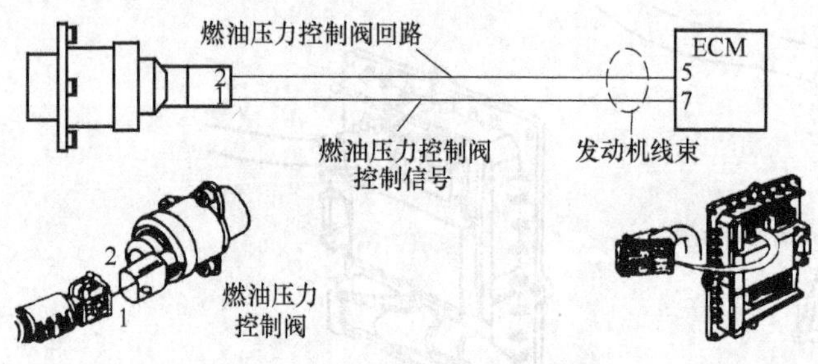

图 2-105　燃油压力控制阀的电路

康明斯 ISBe 发动机采用的燃油压力控制阀的电路如图 2-105 所示，燃油压力控制阀与 ECM 通过两根导线连通，其中控制阀接线端子 1 与发动机电控模块 ECM 的接线端子 7 连通；控制阀接线端子 2 与 ECM 的接线端子 5 连通。

(1) 检查燃油压力控制阀的工作情况

如图 2-106 所示，将钥匙开关置于“ON”5s 后，再将钥匙开关置于“OFF”，此时倾听燃油压力控制阀的声音。如能听到“咔嗒”声，说明燃油压力控制阀的工作正常；如听不到“咔嗒”声，说明燃油压力控制阀的工作不正常，需要检修燃油压力控制阀及其电路。

(2) 检测燃油压力控制阀的电阻

取下燃油压力控制阀的插接器，如图 2-107 所示，用万用表电阻挡检测燃油压力控制阀端子 1 与端子 2 之间的电阻，其阻值应为 1.0～2.2Ω。用万用表电阻挡检测传感器端子 1 (或端子 2) 与车身之间的电阻，其阻值应大于 100kΩ。如果测量阻值不在规定范围内，则更换燃油压力控制阀。

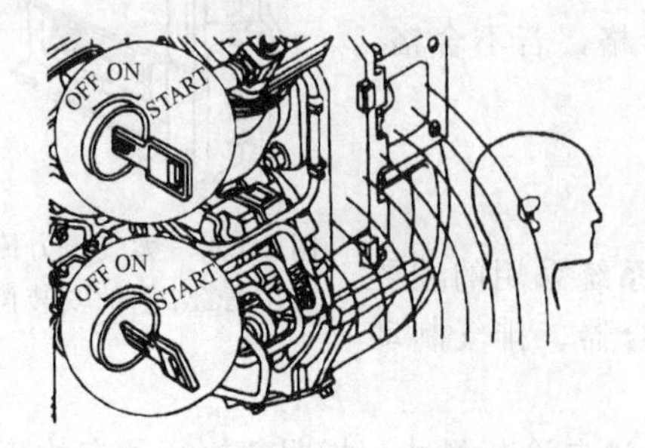

图 2-106　检查燃油压力控制阀的工作情况

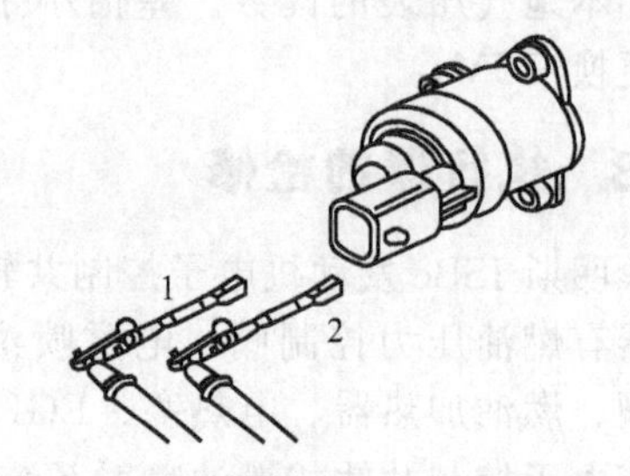

图 2-107　检测燃油压力控制阀端子 1 与端子 2 之间的电阻

（3）检测线束是否断路

如图2-108所示，用万用表电阻挡检测燃油压力控制阀端子1与ECM插接器端子7及燃油压力控制阀端子2与ECM插接器端子5之间的电阻，其阻值应小于10Ω。如果测量阻值不在规定范围内，则应检修导线。

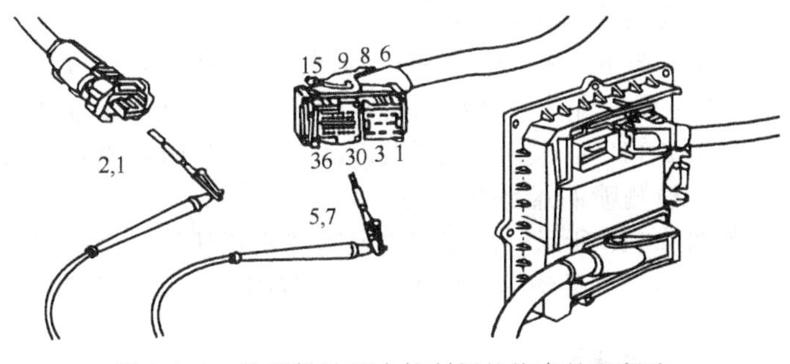

图2-108 检测燃油压力控制阀的线束是否断路

（4）检测线束是否短路

如图2-109所示，用万用表电阻挡检测ECM插接器端子5、端子7与其他端子之间的电阻，其阻值应大于100kΩ。如果测量阻值不在规定范围内，则应检修有关导线。

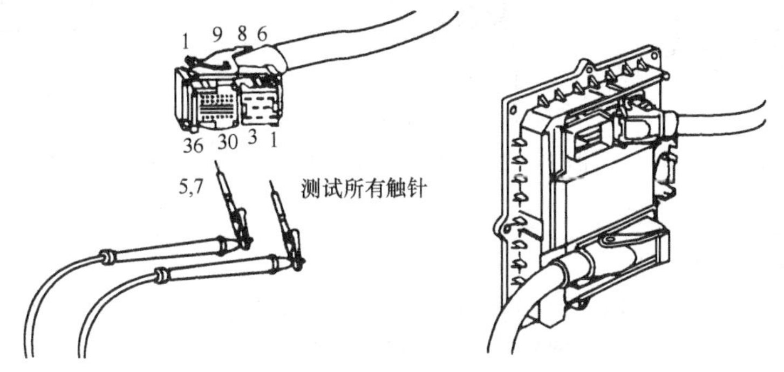

图2-109 检测燃油压力控制阀的线束是否短路

（5）检测燃油压力

使用INSITETM专用故障检测仪监测燃油压力和燃油压力控制阀的电流，比较是否符合技术规范。如不符合技术规范，更换燃油压力控制阀。

2.2.3.2 电磁喷油器的检修

喷油器的电路如图2-110所示，每个喷油器与ECM通过两根导线连通。下面以一缸喷油器为例讲述其检修方法，其他缸喷油器的检修方法与之基本相同。

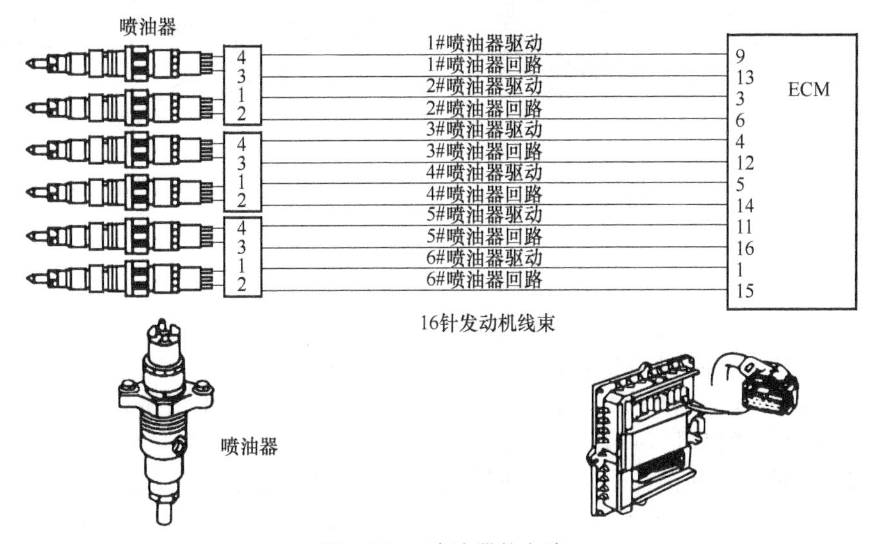

图2-110 喷油器的电路

（1）检测喷油器的电阻

取下一缸和二缸的插接器，如图 2-111 所示，用万用表电阻挡检测喷油器端子 3 与端子 4 之间的电阻，即为一缸喷油器电磁线圈的电阻，或直接检测喷油器两个接线端子之间的电阻（见图 2-112），其阻值应为 0.5Ω 左右。如阻值不符合要求，说明喷油器损坏，应更换。

（2）检测喷油器是否搭铁

如图 2-113 所示，用万用表电阻挡检测任何一个接线端子与车身之间的电阻，其阻值应大于 100kΩ。如果测量阻值不在规定范围内，则更换喷油器。

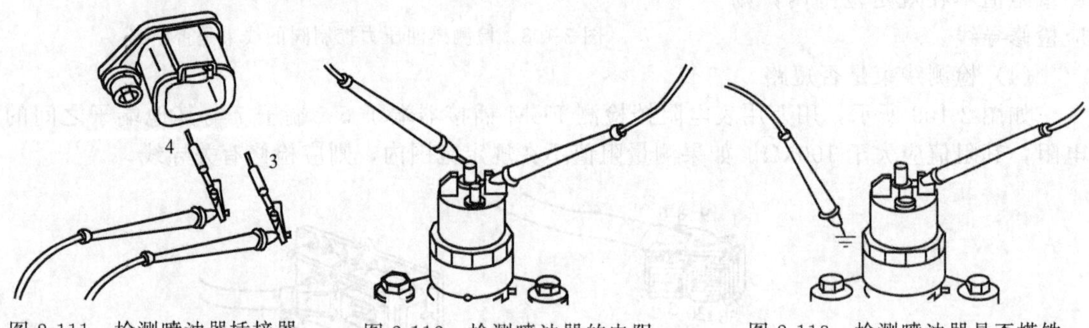

图 2-111 检测喷油器插接器端子 3 与端子 4 之间的电阻　　图 2-112 检测喷油器的电阻　　图 2-113 检测喷油器是否搭铁

（3）检测线束是否断路

如图 2-114 所示，用万用表电阻挡检测喷油器插接器端子 3 与 ECM 插接器端子 13 及喷油器插接器端子 4 与 ECM 插接器端子 9 之间的电阻，其阻值应小于 10Ω。如果测量阻值不在规定范围内，则应检修导线。

（4）检测线束是否短路

如图 2-115 所示，用万用表电阻挡检测 ECM 插接器端子 9、端子 13 与其他端子之间的电阻，其阻值应大于 100kΩ。如果测量阻值不在规定范围内，则应检修有关导线。

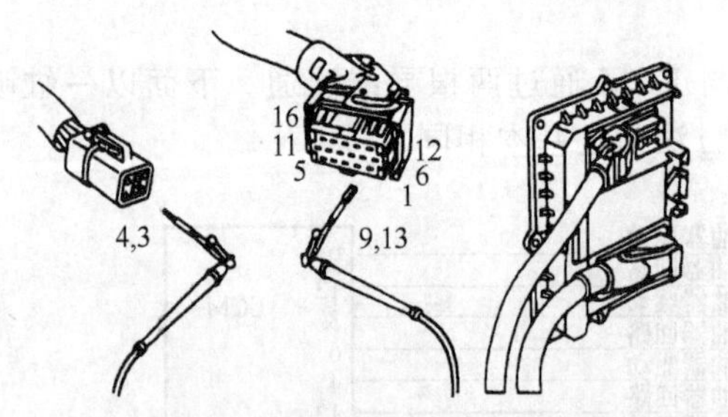

图 2-114 检测喷油器的线束是否断路

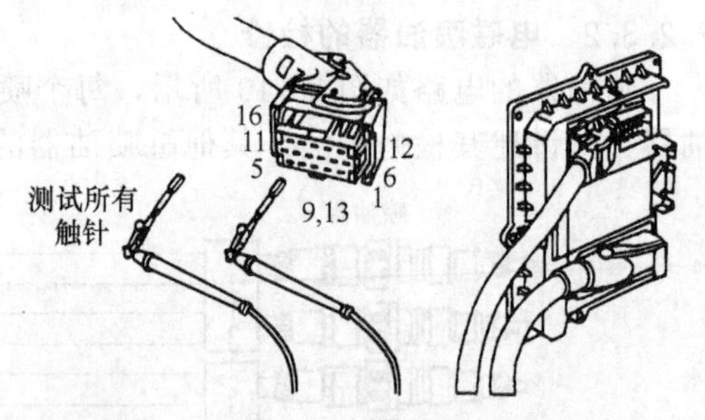

图 2-115 检测喷油器的线束是否短路

（5）喷油器拆卸和检查

① 如图 2-116 所示，拆下喷油器的导线。

② 如图 2-117 所示，拆下 8mm 的喷油器压板螺栓。

③ 如图 2-118 所示，使用喷油器拆卸工具拆下喷油器。

④ 清洁。如图 2-119 所示，用溶剂和清洁软布清洁喷油器端部和喷油器体。

⑤ 检查能否继续使用。如图 2-120 所示，检查喷油器端部是否存在积炭或腐蚀，接线端子是否损坏。检查喷油器进油口、高压燃油连接件端部和出油口是否损坏。

⑥ 测量。如图 2-121 所示，检测喷油器密封垫圈的厚度，其标准值为 3mm。

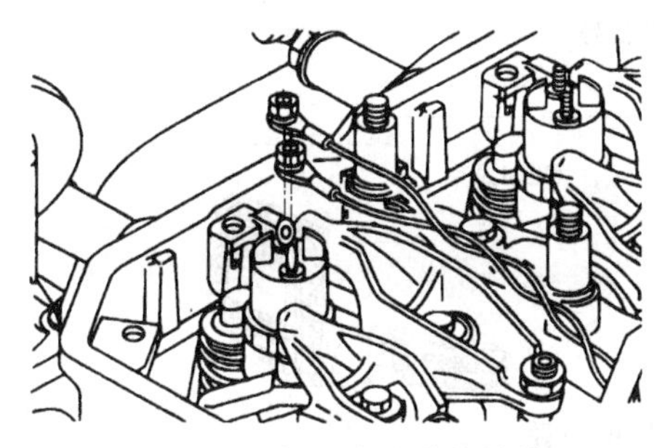

图 2-116　拆下喷油器的导线

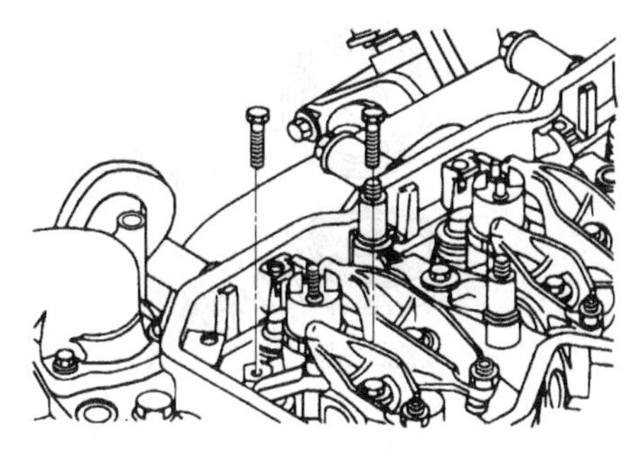

图 2-117　拆下喷油器的压板螺栓

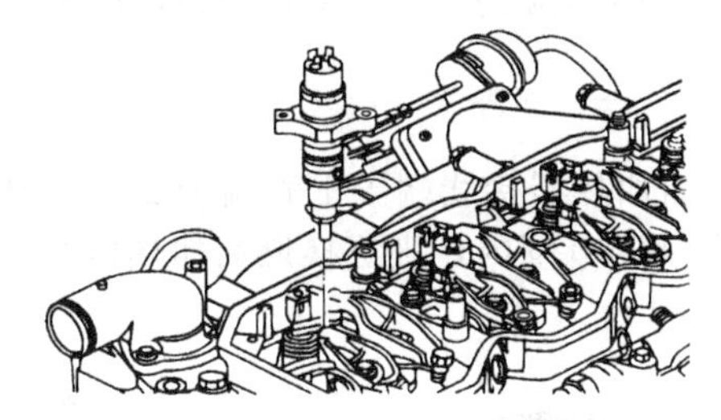

图 2-118　拆下喷油器

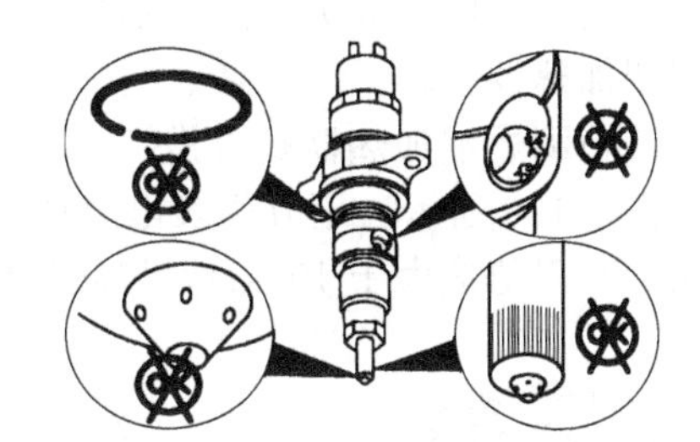

图 2-119　清洁喷油器

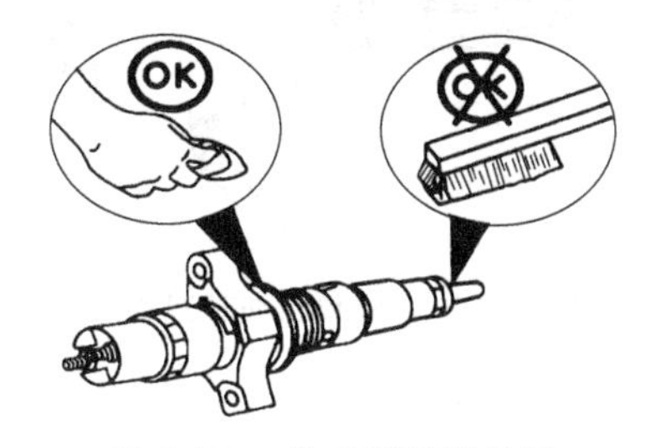

图 2-120　检查喷油器外观

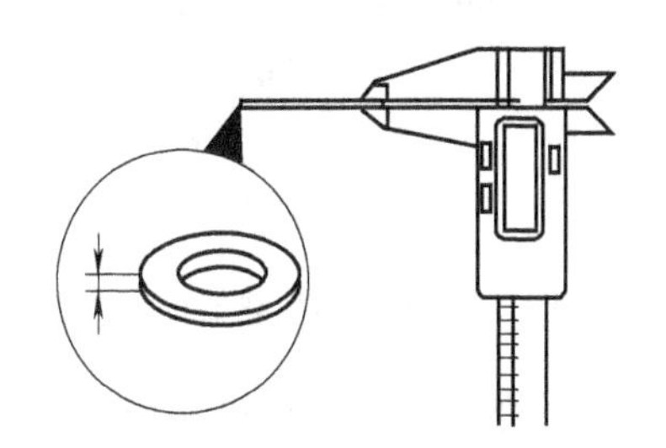

图 2-121　检测喷油器密封垫圈的厚度

2.2.3.3　燃油加热器的检修

在低温环境下，燃油加热器将燃油预热，以降低燃油黏度，改善发动机冷启动性能。如图 2-122、图 2-123 所示，燃油加热器安装在燃油滤清器上。当燃油加热器出现故障时，ECM 将点亮仪表板上的黄色“WARNING”指示灯。

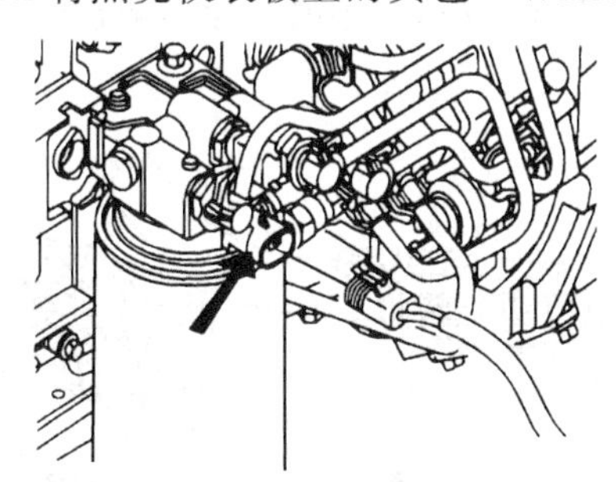

图 2-122　燃油加热器的插接器

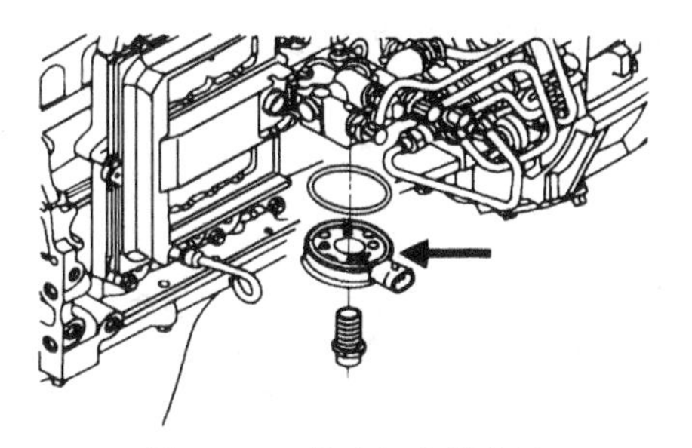

图 2-123　燃油加热器位置

燃油加热器的电路如图 2-124 所示。燃油加热器有两个接线端子，其中燃油加热器接线端子 1 与 ECM 的接线端子 18 连通；燃油加热器接线端子 2 与 ECM 的接线端子 2 连通。

(1) 检测燃油加热器的电阻

取下燃油加热器的插接器，如图 2-125 所示，用万用表电阻挡检测燃油加热器端子 1 与

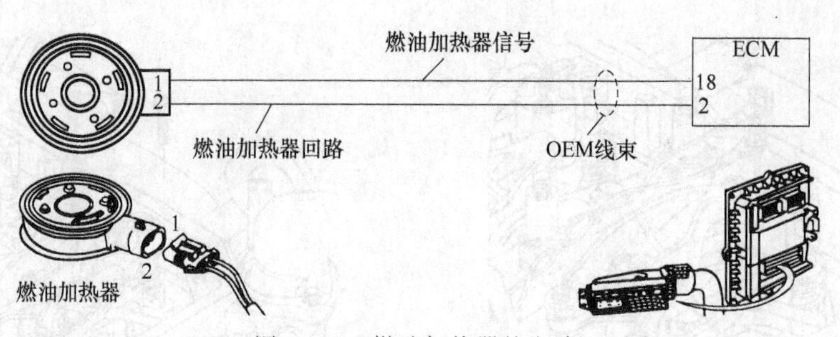

图 2-124 燃油加热器的电路

端子 2 之间的电阻，即为加热器加热线圈的电阻，其阻值应为 2.5Ω 左右。如阻值不符合要求，说明加热器损坏，应更换。

(2) 检测燃油加热器是否搭铁

如图 2-126 所示，用万用表电阻挡分别检测燃油加热器接线端子 1 和端子 2 与车身之间的电阻，其阻值应大于 100kΩ。如果测量阻值不在规定范围内，则更换燃油加热器。

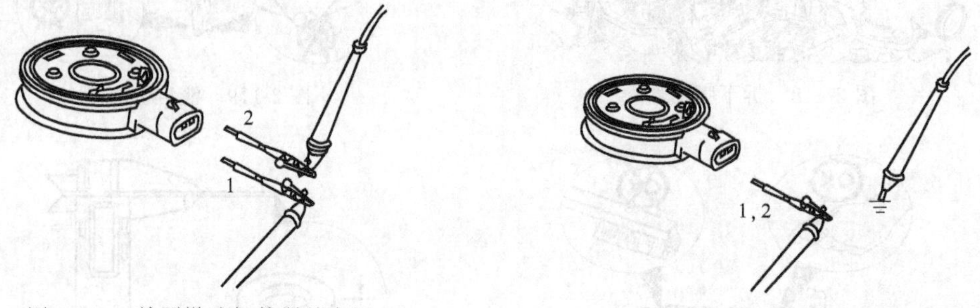

图 2-125 检测燃油加热器的电阻 图 2-126 检测燃油加热器是否搭铁

(3) 检测燃油加热器的电源电压

拆开燃油加热器的插接器，将钥匙开关置于“ON”，发动机不运转。如图 2-127 所示，用万用表电压挡检测线束侧燃油加热器端子 1 与车身之间的电压，其电压值应为 21～27V (12V 系统为 9～15V)。否则应检查燃油加热器与 ECM 之间的导线或 ECM 的电源电路。

(4) 检测线束是否断路

如图 2-128 所示，用万用表电阻挡检测加热器插接器端子 1 与 ECM 插接器端子 18 及加热器插接器端子 2 与 ECM 插接器端子 2 之间的电阻，其阻值应小于 10Ω。如果测量阻值不在规定范围内，则应检修导线。

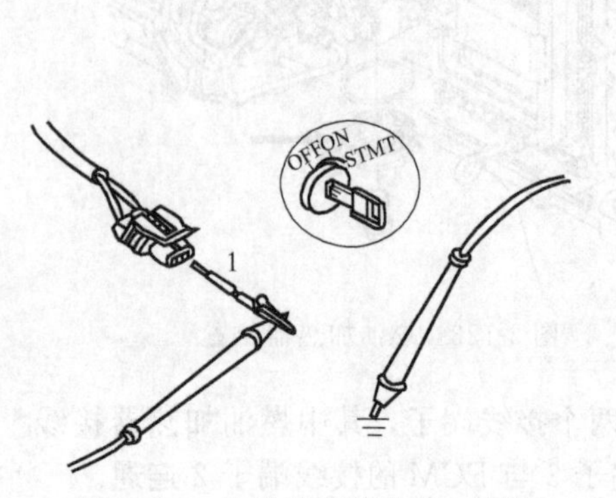

图 2-127 检测线束侧燃油加热器端子 1 与车身之间的电压

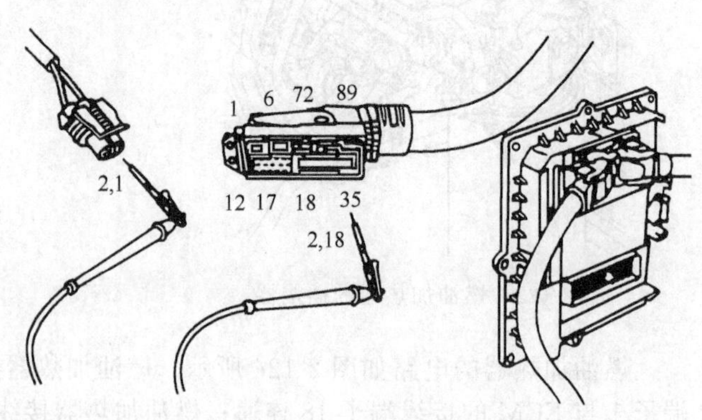

图 2-128 检测燃油加热器的线束是否断路

（5）检测线束是否短路

如图 2-129 所示，用万用表电阻挡检测 ECM 插接器端子 2、端子 18 与其他端子之间的电阻，其阻值应大于 100kΩ。如果测量阻值不在规定范围内，则应检修有关导线。

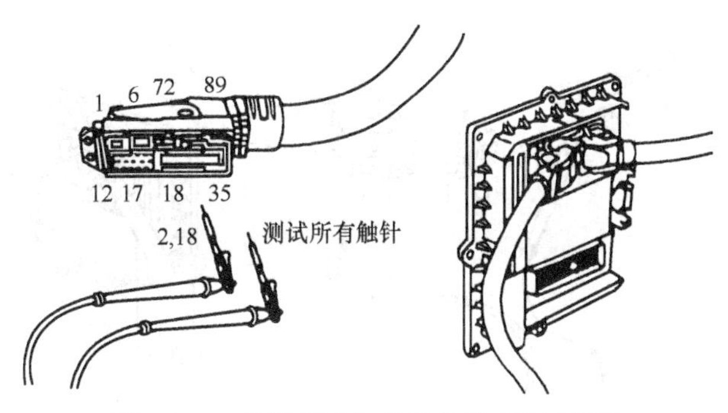

图 2-129　检测燃油加热器的线束是否短路

2.2.3.4　进气加热器的检修

为改善发动机的低温启动性能，康明斯 ISBe 发动机采用两个进气加热器，安装在进气歧管的进气接头处，由 ECM 分别控制。当加热器出现故障时，ECM 将点亮仪表板上的黄色“WARNING”指示灯。下面以 1 号加热器为例讲述其检修方法。

1 号进气加热器的电路如图 2-130 所示。进气加热器有两个接线端子，其中进气加热器接线端子 1 与 ECM 的接线端子 16 连通；进气加热器接线端子 2 与 ECM 的接线端子 4 连通。

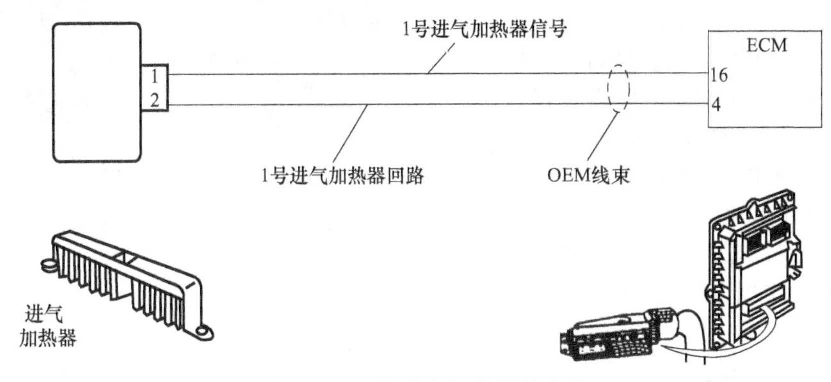

图 2-130　1 号进气加热器的电路

（1）检测进气加热器的电阻

取下进气加热器的插接器，如图 2-131 所示，用万用表电阻挡检测进气加热器端子 1 与端子 2 之间的电阻，即为加热器加热线圈的电阻，其阻值应为 1.0Ω 左右。如阻值不符合要求，说明加热器损坏，应更换。

（2）检测进气加热器是否搭铁

如图 2-132 所示，用万用表电阻挡分别检测进气加热器接线端子 1 和端子 2 与车身之间的电阻，其阻值应大于 100kΩ。如果测量阻值不在规定范围内，则更换进气加热器。

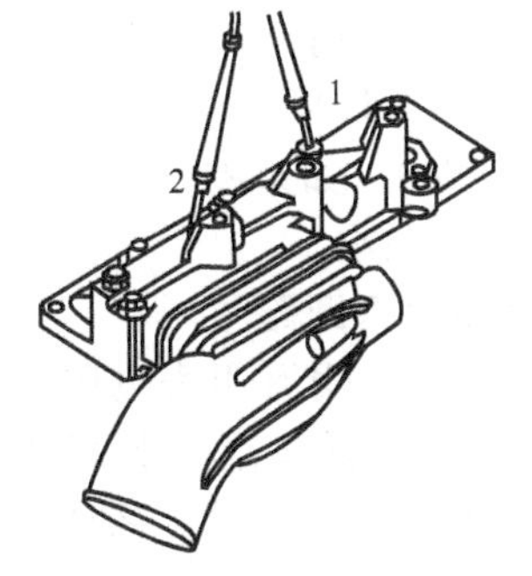

图 2-131　检测进气加热器的电阻

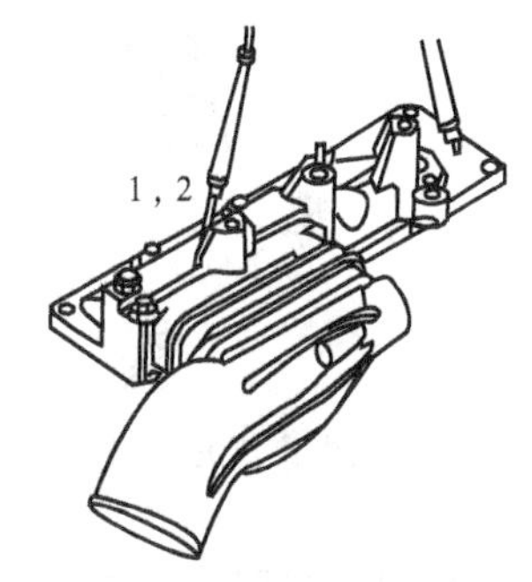

图 2-132　检测进气加热器是否搭铁

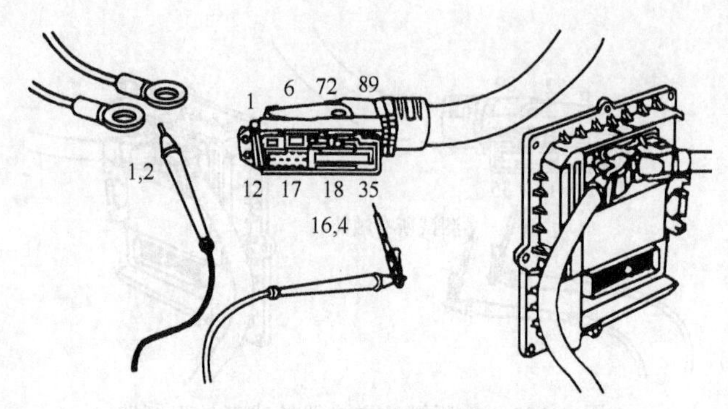

图 2-133　检测进气加热器的线束是否断路

（3）检测线束是否断路

如图 2-133 所示，用万用表电阻挡检测加热器插接器端子 1 与 ECM 插接器端子 16 及加热器插接器端子 2 与 ECM 插接器端子 4 之间的电阻，其阻值应小于 10Ω。如果测量阻值不在规定范围内，则应检修导线。

（4）检测线束是否短路

如图 2-134 所示，用万用表电阻挡检测 ECM 插接器端子 4、端子 16 与其他端子之间的电阻，其阻值应大于 100kΩ。如果测量阻值不在规定范围内，则应检修有关导线。

2.2.3.5　排气制动电磁阀的检修

排气制动阀安装在发动机排气管上，其功用是关闭发动机排气通道，使车速下降。排气制动阀主要由排气电磁阀控制，排气电磁阀又由 ECM 控制。当排气电磁阀出现故障时，ECM 将点亮仪表板上的黄色“WARNING”指示灯。

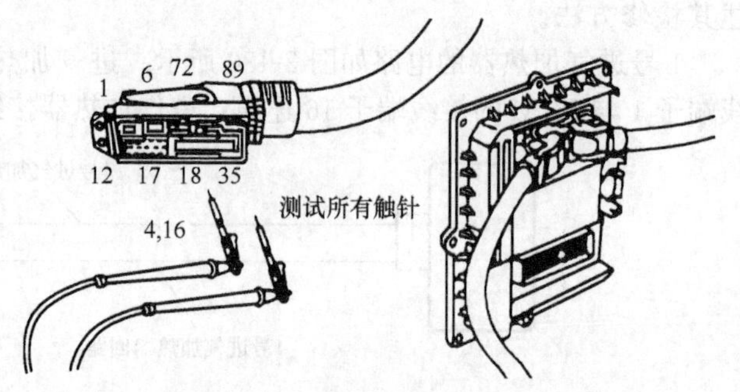

图 2-134　检测进气加热器的线束是否短路

排气电磁阀的电路如图 2-135 所示。排气电磁阀有两个接线端子，其中排气电磁阀接线端子 1 与 ECM 的接线端子 11 连通；排气电磁阀接线端子 2 与 ECM 的接线端子 4 连通。

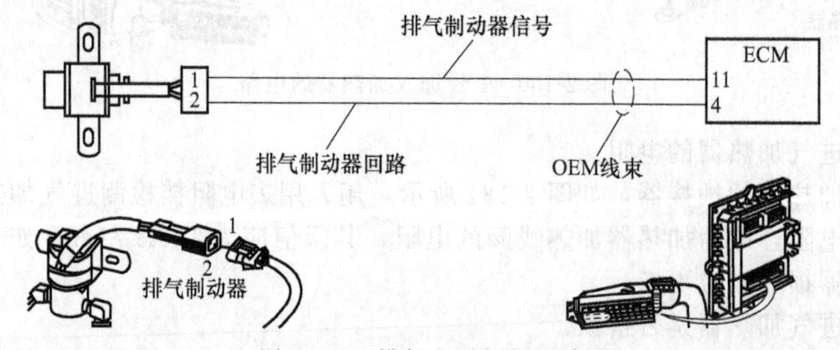

图 2-135　排气电磁阀的电路

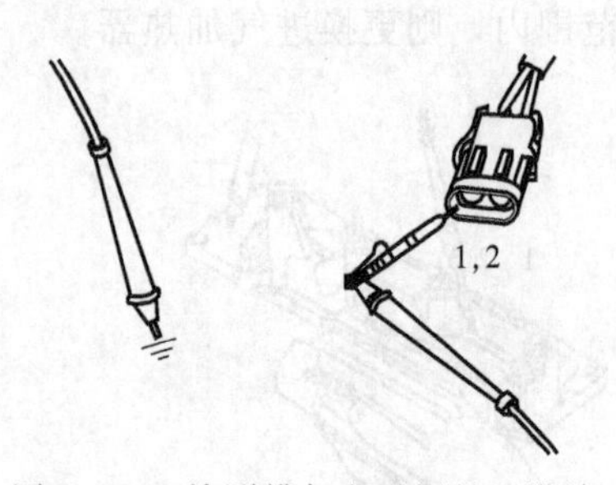

图 2-136　检测排气电磁阀是否搭铁

（1）检测排气电磁阀是否搭铁

如图 2-136 所示，用万用表电阻挡分别检测排气电磁阀接线端子 1 和端子 2 与车身之间的电阻，其阻值应大于 100kΩ。如果测量阻值不在规定范围内，则更换排气电磁阀。

（2）检测线束是否断路

如图 2-137 所示，用万用表电阻挡检测电磁阀插接器端子 1 与 ECM 插接器端子 11 及电磁阀插接器端子 2 与 ECM 插接器端子 4 之间的电阻，其阻值应小于 10Ω。如果测量阻值不在规定范围内，则应检修导线。

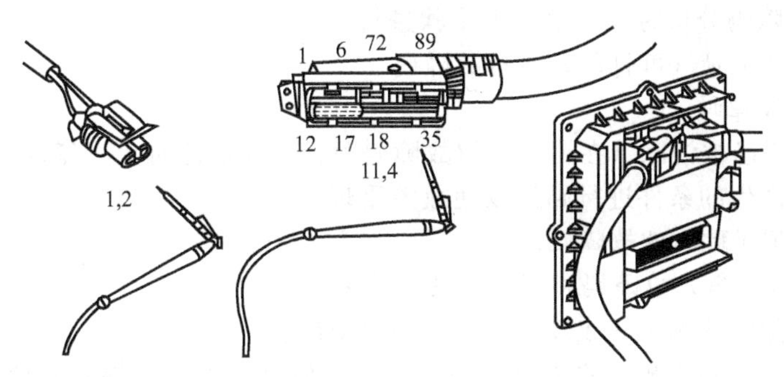

图 2-137　检测排气电磁阀的线束是否断路

（3）检测线束是否短路

如图 2-138 所示，用万用表电阻挡检测 ECM 插接器端子 4、端子 11 与其他端子之间的电阻，其阻值应大于 100kΩ。如果测量阻值不在规定范围内，则应检修有关导线。

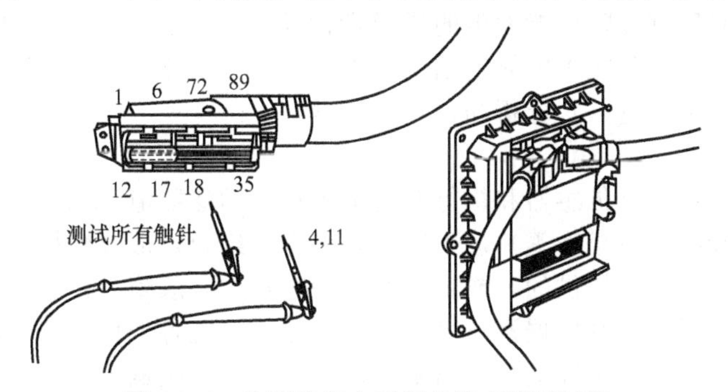

图 2-138　检测排气电磁阀的线束是否短路

2.3 电控燃油喷射系统常见故障诊断与排除

2.3.1　电控柴油喷射系统故障检测诊断方法

2.3.1.1　电控柴油喷射系统故障诊断检修的基本方法

在诊断检修故障时，除传统方法外，还可采用如下方法。

（1）比较法

① 工作比较法　通过判断系统（或元器件）是否工作，来判定该系统（或元器件）是否损坏。例如断缸法，通过断开某汽缸的喷油器插接器，使该缸不工作，这样来判定该缸是否工作良好。

② 保护功能法　利用机械电子控制系统的失效保护功能，把传感器信号断开（钥匙开关关闭的情况下拔开连接插头），让电控系统利用失效保护功能来工作，这样来判定传感器是否异常。

（2）排除法

电控系统故障可能是由多种原因造成的。因此在排除故障时，可按传统方法，把这些影响因素一一列出来，按步骤逐步进入问题的实际部位的方法，称为排除法。

（3）读取故障码法

故障码的读取方法有两种：一种是手工读取故障码；另一种是利用故障诊断仪来读取故障码。目前维修时绝大多数是利用故障诊断仪来读取故障码。

① 在进行故障码分析时，按照以下步骤进行。

a. 首先读取并记录（可打印）所有故障码。

b. 清除所有故障码。

c. 确认故障码已被清除（在再次读取故障码时，应显示此时无故障码）。

d. 模拟故障产生的条件进行路试以使故障重现。

e. 再读取并记录此时的故障码。

f. 区分间歇性（软）故障码和当前（硬）故障码。

g. 区分与故障症状相关的故障码和无关的故障码。

h. 区分诸多故障码或相关故障码中的主要故障码（它可能是导致其他故障码产生的原因）。

按照上述分析，进一步精确地检查测量故障码所代表的传感器、执行器或控制单元及相关的电路状态，以便确定故障点发生的准确位置。

② 故障码指示的是 ECU 所控制的电气部分，而无法兼顾（监测）机械部分。通过解读故障码，大多能正确区别故障可能发生的原因和部位。有时也会出现判断失误，造成误导。实际上，故障码仅是一个是或否的界定结论，不可能指出故障的具体原因；如要判定故障部位，还需根据故障现象，进一步分析和检查才能做到。

（4）读取数据流法

将电控系统的一些主要传感器和执行器正常工作时的参数值（如转速、蓄电池电压、空气流量、喷油时间和冷却液温度等）按不同的要求进行组合，形成数据流或是数据块。

这些标准数据流是厂方提供的，或者是在行驶过程中，故障自诊断系统把各种有关数据资料记录下来。使用时，这些数据资料可通过故障诊断，把各种传感器和执行器输入或输出的瞬时值以数据的方式在显示屏上显示出来，这样可以根据机械工作过程各种数据变化与正常行驶时的数据（或标准数据流）对比，即可诊断出电控系统的故障原因。

（5）波形分析法

电控系统发生的故障，有时属于间歇故障，时有时无，很难用数据流分析和判断。同时在电控系统中，很多传感器和执行器的信号采用电压、频率或其他数字形式表示。在机械运行过程中，由于信号变化很快，很难从这些不断变化的数字中发现问题所在。但用示波器显示的波形却能捕捉到故障中细小的、间断的变化。它利用电控系统正常工作时各种传感器信号所描述的波形图与有故障时的波形图相比较，若有异常之处，则表示该信号的控制线路或部件本身出了问题。读取电子部件的信号必须采用示波器，有些解码器也带有示波功能。

故障电路从损坏状态到被修复状态，在示波器上显示的波形几乎总是在它的幅值、频率、形状、脉宽、阵列上发生变化。示波器用电压随时间变化的图形来反映一个电信号，它显示的电信号准确、形象。电子设备的信号有些变化速率非常快，变化周期达到千分之一秒。通常测试设备的扫描速度应该是被测信号的 5～10 倍，许多故障信号是间歇的，时有时无，这就需要仪器的测试速度高于故障信号的速度。示波器不仅可以快速捕捉电路信号，还可以以较慢的速度来显示这些波形。示波器可以显示出所有信号部件电压的波形。知道如何去分析部件信号电压的波形，判定这个信号部件电压的波形是否正常，就可以进一步检查出电路中传感器、执行器以及电路和控制单元等各部分的故障，也可以进行修理后的结果分析。

2.3.1.2 电控柴油喷射系统故障诊断检修的基本步骤

① 根据机械的故障现象及反应，初步判断是什么方面的问题。一般初步确认是机械、电气、零部件方面问题，但不可以开始就更换疑似部件，除非确认，如蓄电池没电等。

② 察看发动机故障，读取故障代码。电控系统与老的机械系统有较大差别，电控方面

的大部分故障，包括传感器、执行器以及线束的故障很多都会记录在ECU里面，通过诊断设备可以读取故障代码及其解释。

③ 根据故障代码及其解释进行故障处理。

a. 不确认故障原因之前，不要更换任何零部件。有些故障代码表示某块系统有问题，而不能精确到某个部件，如P1011表示轨压正偏差超上限，这表示的是系统轨压不够，可能涉及低压部分（油箱没油、管路漏气、滤清器堵塞等），也有可能涉及高压部分（高压零部件磨损等），需具体问题具体分析。

b. 油路方面。检测低压油路，从油箱至高压泵进油的所有部件，同时包括泵和喷油器的回油；检测高压油路（禁止在发动机运行情况下检测或拆装高压油路），看油泵高压出油是否有异常，高压管路是否有泄漏，喷油器是否有泄漏或堵塞等现象。

c. 电气方面。检查相关联的线束，包括插接件、导线、供电、接地等；在确认线束无误后，检查相对应的部件（依据不同部件的特性进行相应的检测，如输出电压、信号波形、电阻等）；简单检查ECU（外观是否损坏，针脚是否弯折或腐蚀等）。

d. 其他：参看错误描述，有针对性地处理。

④ 如果无法读取故障代码，则检查诊断设备是否正常（包括设备硬件及数据是否更新）；诊断接口到ECU的通信线束是否正常；ECU是否正常工作（ECU供电及ECU本身）。

⑤ 如果没有故障代码：根据经验及数据流进行分析判断。

2.3.2 故障自诊断系统及故障显示读取与清除

(1) 故障自诊断系统

自诊断就是电子控制共轨式燃油喷射系统自己诊断系统本身有无故障。在机械运行过程中，ECM根据不同传感器和控制开关输入的信号，按照预先设定的控制程序进行数学计算和逻辑判断，并向各种执行器发出相应的控制指令完成不同的控制功能。如果某传感器或控制开关出现故障，就不能向ECM输送正常信号，机械性能就会变坏甚至无法运行。如果执行机构出现故障，那么，其监测电路反馈给ECU的信号就会出现异常，机械性能也会变坏甚至无法运行。因此，在使用机械时，一旦接通钥匙开关，自诊断系统就会投入工作。

当自诊断系统监测到某传感器或执行器出现故障时，电子控制模块ECM将监测到的故障内容以故障代码的形式存储在随机存储器中，并且依据故障的类型和严重程度，点亮仪表板上不同的故障指示灯。故障指示灯有“WARNING”报警指示灯、“STOP”停机指示灯、“WAIT-TO-START”等待启动指示灯和“MAINTENANCE”保养指示灯。

(2) 故障显示

当钥匙开关转到“ON”，同时诊断开关在“OFF”时，四种指示灯（报警、停机、等待启动和保养指示灯）将依次点亮约2s，然后熄灭，以进行自检。如果黄色“WARNING”指示灯或红色“STOP”指示灯点亮，说明系统工作不正常，存储有故障代码。黄色“WARNING”指示灯点亮时，机械还可以行驶，但需要尽快修理；红色“STOP”指示灯点亮，机械必须尽快、安全停驶，并立即进行检修，以便保护发动机。

(3) 故障代码的读取

读取故障代码来诊断电控系统故障是最常用的自诊断测试方法。将故障代码从ECM中读出，即可知道故障部位或故障原因，为诊断与排除控制系统故障提供可靠依据。读取故障代码的方法有两种：一种是利用仪表板上故障指示灯读取；另一种是利用故障检测仪读取。

① 利用仪表板上故障指示灯读取故障代码

a. 如图2-139所示，将钥匙开关置于“OFF”，诊断开关转到“ON”后，再将钥匙开关置于“ON”，发动机不运转。如果未记录下现行故障代码，红色和黄色指示灯将依次点

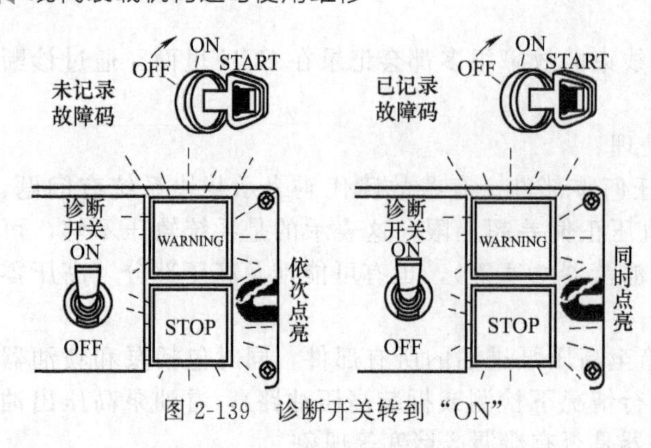

图 2-139 诊断开关转到“ON”

亮，然后熄灭并且保持熄灭状态。如果记录有现行故障码，两个指示灯都将瞬间点亮，然后开始闪烁出已记录的现行故障代码。

b. 故障代码闪烁情况如图 2-140 所示，首先黄色“WARNING”指示灯点亮，熄灭 1s 或 2s 后，红色“STOP”指示灯开始闪烁已记录的故障代码，各号码间会有 1s 或 2s 的停顿。在红色指示灯闪烁完故障码之后，黄色指示灯再次闪亮。三位数（或四位数）的故障代码将以相同的顺序重复闪烁。

c. 如图 2-141 所示，将巡航控制“SET/RESUME”开关扳到（+）位置，此时会显示下一个故障代码。若将“SET/RESUME”开关扳到（－）位置，便可回到上一个故障代码。如果只记录了一个现行故障代码，则无论将此开关扳到（+）位置还是（－）位置，总是显示同一个故障代码。故障代码诊断完毕，应关闭诊断开关。

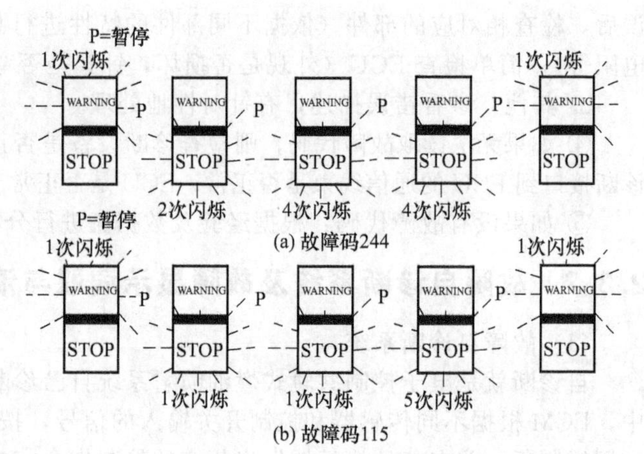

图 2-140 故障代码“244”和“115”闪烁情况

② 利用故障检测仪读取故障代码 利用通用故障检测仪或厂商提供的 INSITETM 专用故障检测仪，不仅可读取故障代码，还可以得到附加的故障代码信息，如故障发生时传感器和开关的数值或状态。

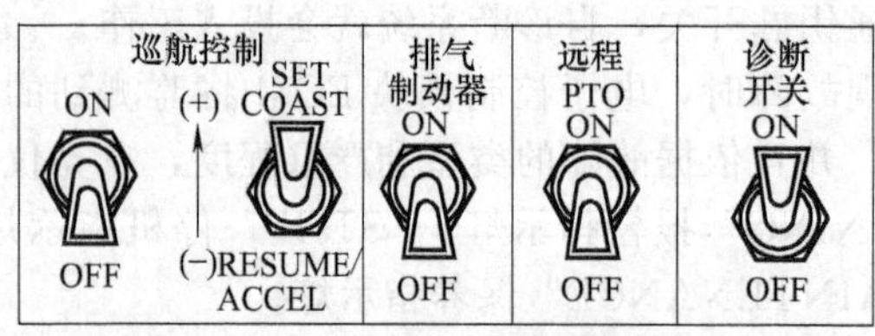

(a) 显示下一个故障代码

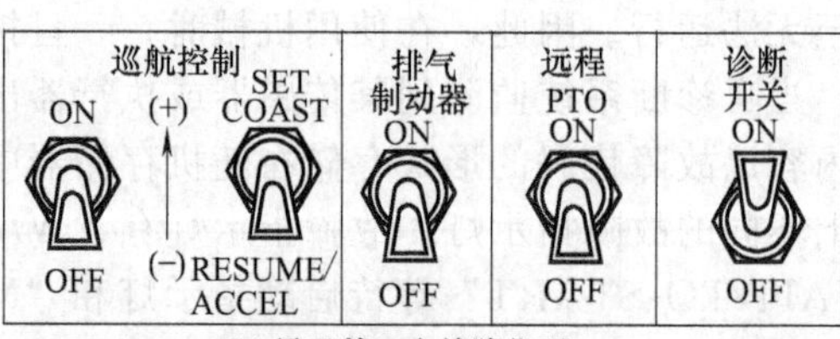

(b) 显示前一个故障代码

图 2-141 巡航控制“SET/RESUME”开关操作方法

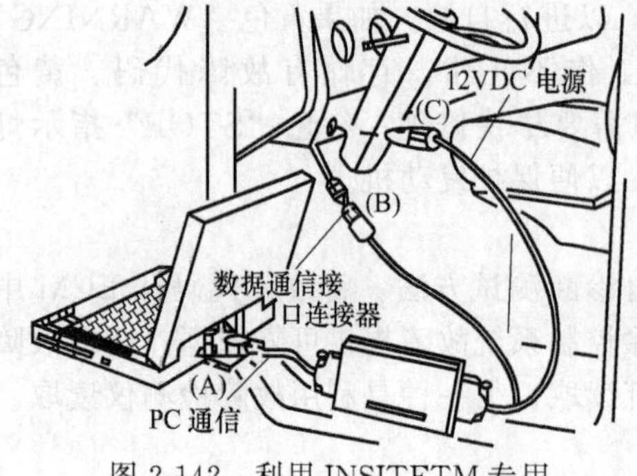

图 2-142 利用 INSITETM 专用故障检测仪读取故障代码

如图 2-142 所示，读取故障代码时，首先将 INSITETM 专用故障检测仪与 J1708 数据通信接口相连，并连接好所有部件，将钥匙开关转到“ON”，参考检测仪使用手册操作，开始读取故障代码。

利用厂商提供 INSITETM 专用故障检测仪能够显示现行和非现行故障代码。

(4) 故障代码的清除

只有经过维修，排除了故障，发动机运转 1min 后，用 INSITETM 专用故障检测仪确认现行故障代码不再起作用，并且已转变成非现行故障代码时，才能用 INSITETM 专用故障检测仪清除掉非现行故障代码和相关故障信息。

2.3.3　常见故障的排查

一般来说，主要从两方面入手对整车进行故障排查，一是通过自诊断系统对共轨系统进行实时监控，使其报出故障代码，二是根据机械的故障现象，结合故障代码和故障现象来快速、方便、准确地定位故障、排除故障。故障排查路径如图 2-143 所示。

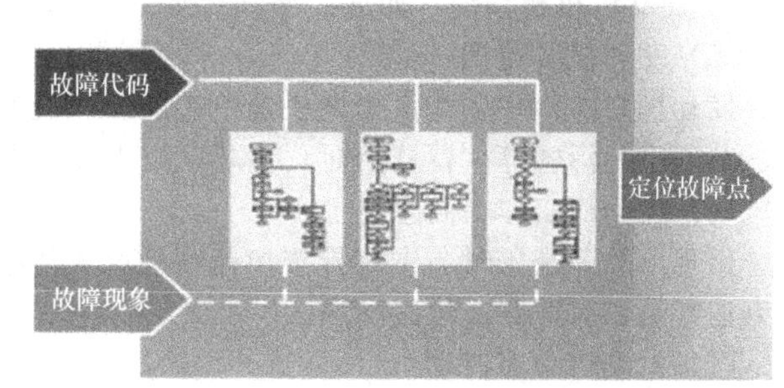

图 2-143　故障排查路径示意图

(1) 发动机不能启动/启动困难

发动机在不同环境及不同工况下，出现不能启动或启动困难问题，具体可从以下几个方面入手考虑故障原因。

① 蓄电池电压不足、启动电机故障。

② 保险丝、继电器、线束及接口问题。

③ 轨压无法建立（如无供油、油路堵塞、油路漏气、喷油器磨损、回油量过大等）。

④ 同步不好（曲轴、相位传感器及线束故障，机械原因如飞轮安装等）。

⑤ 预热不好（冬天常见，包括冷却液传感器等）。

⑥ 发动机机械部分故障。

(2) 发动机动力不足

发动机产生动力不足现象较为普遍，其故障原因也是多方面的，一般可以根据以下几点去排查。

① 空气滤清器或进气管路堵塞、增压器后管路漏气。

② 涡轮增压器失效。

③ 油门踏板输入信号问题。

④ 冷却液温度、增压压力传感器故障等。

⑤ 轨压传感器故障。

⑥ 燃油质量问题。

⑦ 轨压不够（高压油泵问题、油路堵塞或漏气）。

⑧ 喷油器积炭问题。

⑨ 控制功能方面，过热保护、系统降级等。

⑩ 发动机机械部分故障。

(3) 发动机冒黑烟

发动机出现冒黑烟的现象，表明在其汽缸中有部分柴油雾化微粒未燃烧即被排出，即一部分燃油燃烧不充分被排出。造成的原因一般有三种：一是进气不足造成相对供油量过多，柴油机超负荷运转；二是喷油器喷油压力低，柴油雾化程度差；三是供油过晚，发动机的温度较低。主要考虑以下几个方面的原因。

① 进气系统问题，如空气滤清器堵塞，涡轮增压器故障等造成进气不足。

② 喷油器相关问题（喷油器喷油不精确，雾化不良）。

③ 发动机机械系统问题。

(4) 发动机冒白烟

发动机冒白烟表明喷入汽缸中的雾化柴油未能燃烧就被排出。造成的主要原因也有三种：一是喷油嘴卡死，压力不足，柴油雾化不良；二是柴油中含水量过多；三是供油过晚。可主要从以下几个方面进行排查。

① 冷却液温度传感器。

② 预热系统。

③ 油里含水过多。

④ 发动机机械系统（如气门漏气等）。

（5）发动机冒蓝烟

发动机冒蓝烟主要是由于烧机油引起的。而机油过多，主要来自涡轮增压器、曲轴通风管、节气门、活塞等。冒蓝烟时，主要从以上几个方面进行排查。

（6）发动机工作在高怠速

出现该故障现象时，主要排查加速踏板位置传感器，排查包括传感器本身是否有故障，线束连接是否有开路或短路问题。

（7）发动机怠速抖动

出现怠速抖动主要从以下几个方面进行排查。

① 燃油本身问题，燃油系统中进入了空气。

② 高压油泵故障。

③ 低压油路堵塞或压力过低。

④ 喷油器工作不良。

⑤ 轨压传感器故障。

⑥ 发动机机械部分故障。

第3章 轮式装载机传动系统

装载机动力装置和驱动轮之间的所有传动部件总称为传动系统。它的功用是将动力装置

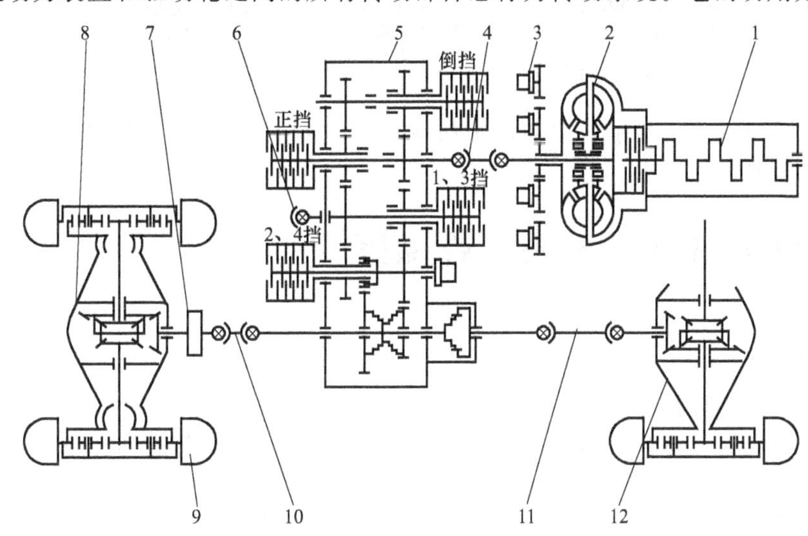

图 3-1　液力机械式动力传动系统布置示意图

1—柴油机；2—变矩器；3—齿轮箱；4—第一传动轴；5—变速器；6—辅助泵；7—主传动器；8—前桥；9—车轮；10—前传动轴；11—后传动轴；12—后桥

输出的动力按需要传给驱动轮和其他操纵机构，实现降低转速，增大转矩，装载机倒退行驶，必要时中断传动，并起差速作用。

装载机常见的传动系统一般分为机械式动力传动系统（已淘汰）、液力机械式动力传动系统（简称液力传动系统，见图3-1）、全液压式动力传动系统（见图3-2）和电力传动系统（见图3-3）四种。

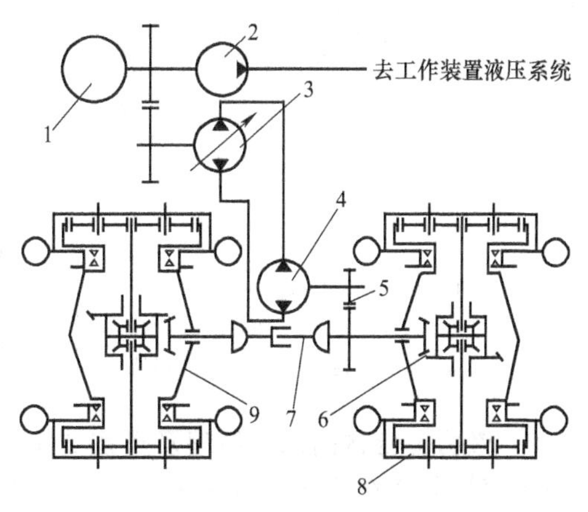

图 3-2　全液压式动力传动系统布置示意图

1—发动机；2—定量泵；3—变量泵；4—定量马达；5—齿轮；6—前桥；7—传动轴；8—轮边减速器；9—后桥

轮式装载机的动力传递方式主要有两大类型：一类是采用双涡轮变矩器和行星式动力换挡变速器传递动力；另一类是采用双导轮（或单导轮）变矩器和定轴式动

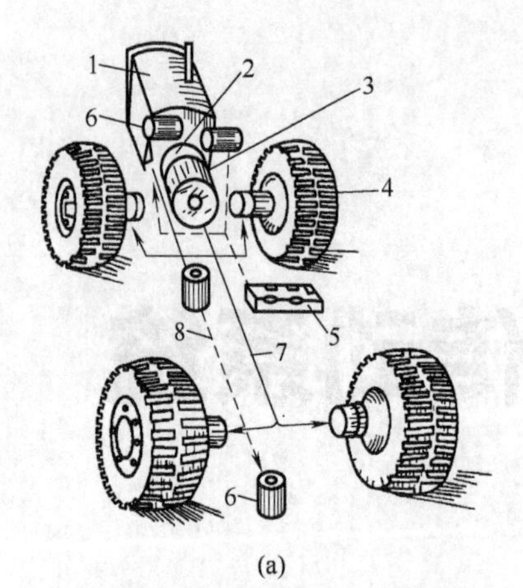

(a)

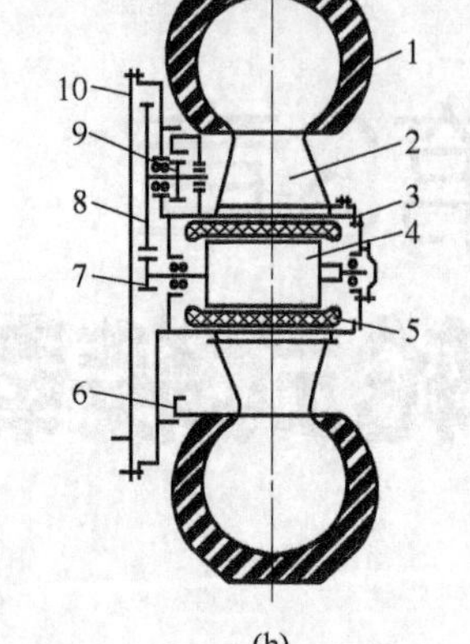

(b)

1—柴油机;2—交流发电机;3—直流发电机;
4—电动轮;5—操纵机构;6—辅助机构电动机;
7—直流线路;8—交流线路

1—轮胎;2—轮辋;3—定子支架;4—电动机转子;
5—电动机定子;6—轮边减速器内齿圈;7—第一级驱动齿轮;
8—第一级从动齿轮;9—第二级驱动齿轮;10—车架

图 3-3 电力传动系统布置示意图

力换挡变速器传递动力。目前，采用液力机械传动的占主导地位，它主要由变矩器、变速器、传动轴和驱动桥等组成。

3.1 传动系统的组成及工作原理

3.1.1 变矩器

3.1.1.1 液力变矩器的简单原理

液力传动是通过液体在循环流动过程中，液体动能的变化来传递动力的传动方法。

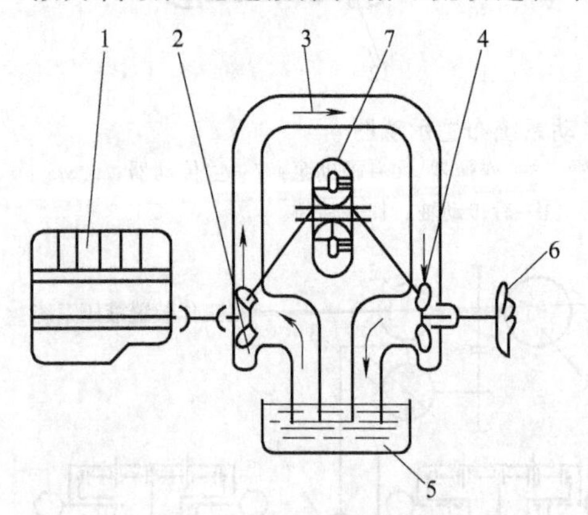

图 3-4 液力传动原理简图

1—内燃机；2—离心泵叶轮；3—管道；4—水轮机叶轮；5—水槽；6—螺旋桨；7—液力变矩器

图 3-4 所示为液力传动原理简图。离心泵叶轮 2 在内燃机驱动下旋转，使工作液体的速度和压力都得到提高。具有动能的液体经过管道 3 冲向水轮机叶轮 4，使叶轮 4 带动螺旋桨旋转，这时工作液体的动能就转变为机械能。工作液体将动能传给叶轮后，沿管道流回水槽 5 中，再由离心泵吸入继续传递动力，工作液体就这样作为一种传递能量的介质，周而复始，循环不断。

但是，由于传动装置中的离心泵叶轮与水轮机叶轮相距较远，传动中的损失很大，效率低，人们创制了新的结构形式，如图 3-4 中 7 所示的液力变矩器，由工作轮（泵轮、涡轮和导轮）代替离心泵和水轮机，如图 3-5 所示。

3.1.1.2 液力变矩器的工作原理及典型结构

液力变矩器装在发动机与变速箱之间，它的主要功用是改变发动机供给的转矩值，改善装载机的动力性能，并使传动平稳。

基本型液力变矩器通常由泵轮、涡轮以及与液力变矩器壳体相连的导轮三个基本元件组

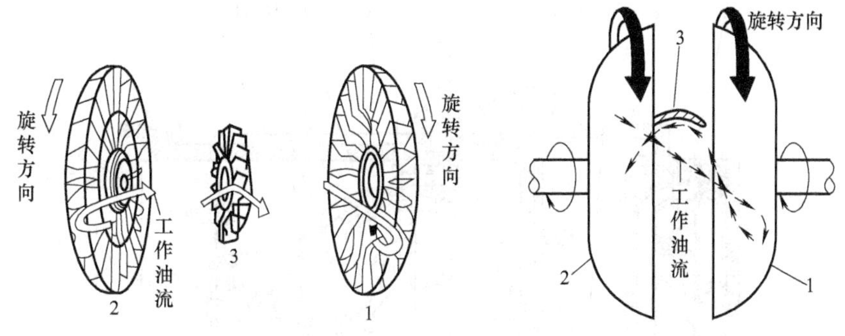

图 3-5 液力变矩器的三个工作轮

1—泵轮；2—涡轮；3—导轮

成（图 3-6）。泵轮、涡轮和导轮上都有均匀分布在圆周上的叶片。这三个工作轮组成一个封闭的环形空间，通常把轴面内所形成的内环与外环间的面积称为变矩器的循环圆，循环圆内充满了工作液体。

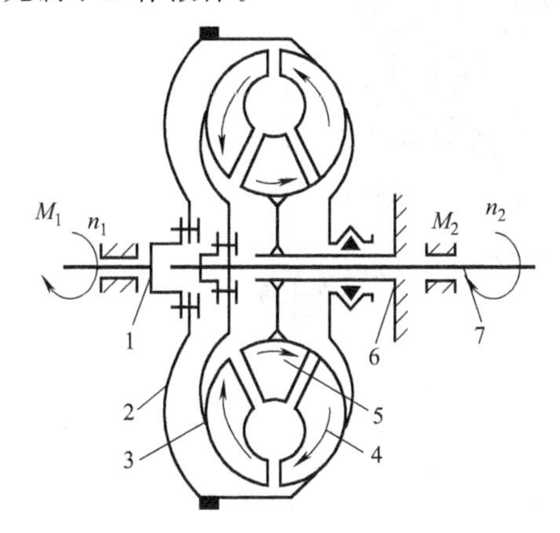

图 3-6 液力变矩器简图

1—发动机曲轴；2—变矩器壳体；3—涡轮；4—泵轮；5—导轮；6—导轮固定导管；7—变速器输入轴

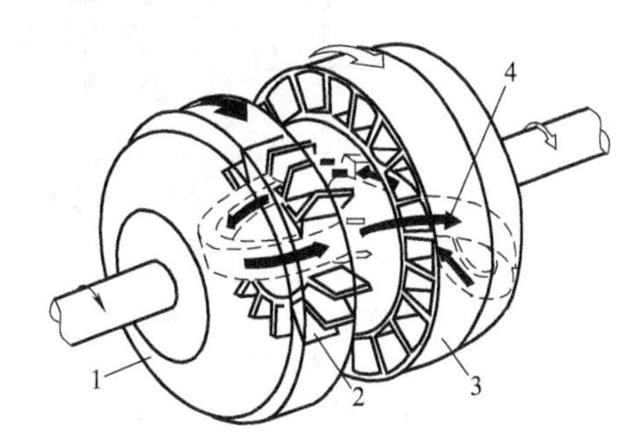

图 3-7 液力变矩器内工作液循环流动的路线

1—泵轮；2—导轮；3—涡轮；4—工作液流动路线

当发动机带动泵轮 4 旋转时，油液从泵轮一端进入泵轮叶片间的通道，自另一端流出，冲向涡轮 3 的叶片，使涡轮转动，液体由涡轮流出后，经导轮 5 再进入泵轮，如此循环不已，从而实现动力的传递。液力变矩器内工作液循环流动的路线如图 3-7 所示。

（1）郑工 955A 型装载机变矩器的构造与工作原理

郑工 955A 型装载机变矩器是单级三相双导轮变矩器，只有一个涡轮，故称单级，各工作轮有三种不同的组合方式，故称三相变矩器。三种工况中既具有变矩器工况，又有耦合器工况。

① 结构 郑工 955A 型装载机变矩器如图 3-8 所示，主要由泵轮 5、涡轮 9、第一导轮 8 和第二导轮 6 组成，其结构简图如图 3-9 所示。

泵轮的叶轮和支承部分是分体的。叶轮用铝合金精密铸造而成，支承部分用钢材制成，两者铆接在一起，以增加其整体强度。泵轮通过螺钉与变矩器盖 11 连接，两者之间用 O 形橡胶圈密封。在变矩器盖上通过螺钉固定着定位接盘 24，变矩器借此支承在柴油机飞轮后端的中心孔上。变矩器盖上用螺钉连接着弹性盘 14。弹性盘通过螺钉与柴油机飞轮连接。柴油机飞轮转动时，将带动弹性盘、变矩器盖、泵轮一起旋转。泵轮旋转后，叶片带动油液

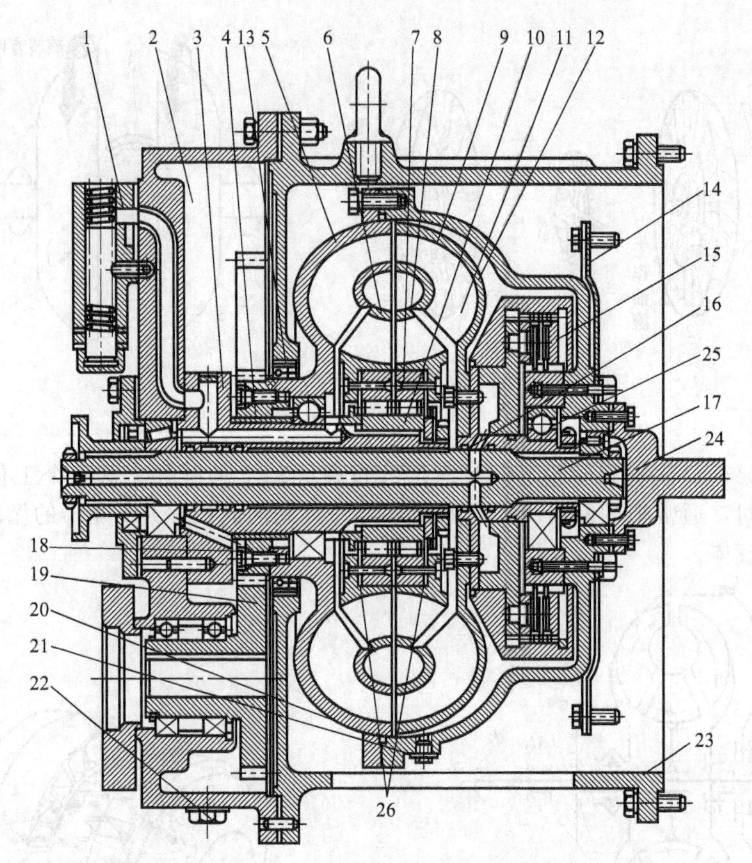

图 3-8　郑工 955A 型装载机变矩器（有锁紧离合器）

1—三联阀；2—齿轮箱部分；3—配油盘；4,16—O 形橡胶圈；5—泵轮；6—第二导轮；7—单向离合器外圈；8—第一导轮；9,12—涡轮；10—单向离合器内圈；11—变矩器盖；13—油封；14—弹性盘；15—锁紧离合器；17—涡轮轴；18—主动齿轮；19—从动齿轮；20—橡胶圈；21,22—放油塞；23—壳体；24—定位接盘；25—传动套；26—挡板

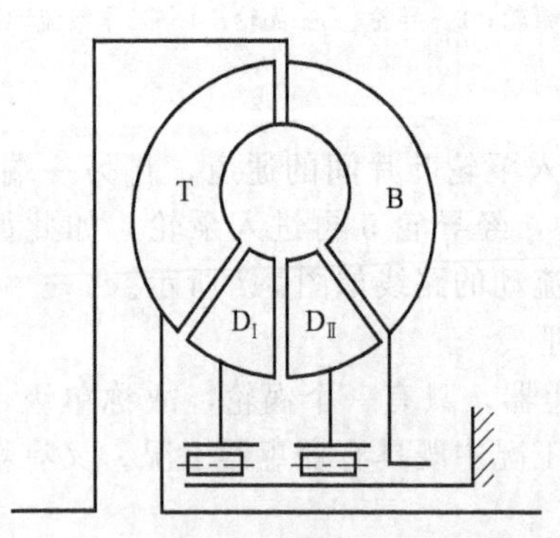

图 3-9　郑工 955A 型装载机变矩器结构简图

T—涡轮；B—泵轮；D_I—第一导轮；D_{II}—第二导轮

旋转，离心力将叶片间的油液由里向外抛出，冲击涡轮旋转。

涡轮为向心式，通过螺钉固定在传动套 25 上。传动套通过花键与涡轮轴 17 连接。传动套上有孔与涡轮轴中心油道相通，以便高压油进入锁紧离合器 15 活塞室。涡轮轴中间直径较小，与配油盘 3 留有间隙，以使变矩器内油液由此经三联阀到散热器散热。涡轮轴后端通过花键和锁紧螺母固定动力输出接盘。涡轮在来自泵轮的工作油液冲击下旋转，通过涡轮轴将动力传给变速器。

在第一导轮 8 和第二导轮 6 上分别铆有单向离合器外圈 7。单向离合器内圈 10 是共用的。内圈靠内花键套装在配油盘上。由于配油盘通过螺栓固定在机体上，因而内圈不能转动。

单向离合器是完成变矩器工作轮不同组合相互转换的关键部件，其作用是限制导轮的转动，使导轮可以和泵轮、涡轮在相同的方向上自由转动，但不能反向转动。

单向离合器由滚柱、滑销、弹簧、外圈、内圈、空心轴（导轮座）等组成，如图 3-10 所示。其中，滚柱为楔紧元件，在弹簧和滑销的作用下，夹在内、外圈之间。内圈用花键套装在导轮座上固定不动，内圈与滚柱接触的表面有一定的斜度。当外圈（与导轮相连接）具有顺时针转动趋势时，滚柱在弹簧力和摩擦力的作用下，卡在内、外圈组成的楔形滚道上，利用摩擦力来保证滚柱处在楔紧、锁定状态。而当外圈逆时针转动时，滚柱则处于松动状态，允许外圈逆时针单向转动。

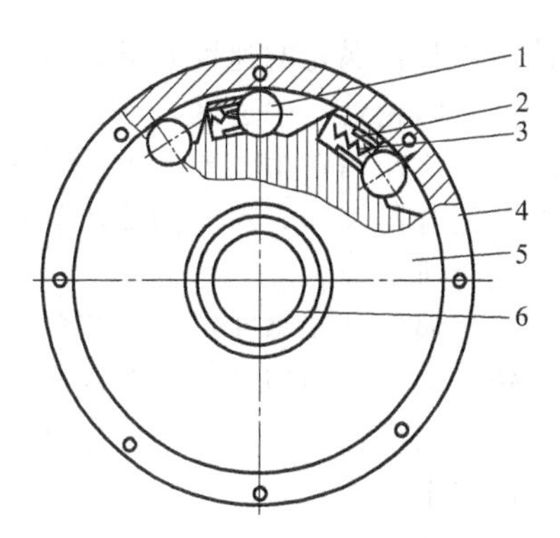

图 3-10　单向离合器

1—滚柱；2—滑销；3—弹簧；4—外圈；5—内圈；6—空心轴

导轮和单向离合器应保证安装正确，使导轮的旋转方向与柴油机曲轴旋转方向相同，而向另一方向旋转导轮时，则不能转动。为使第一和第二导轮的位置不装错，应使单向离合器的内圈及第一、第二导轮的箭头指向柴油机一方。如无箭头标记，则应把叶片多的第一导轮装在靠涡轮一侧。

② 工作原理　变矩器的泵轮、涡轮、导轮安装在一个密闭空腔内。空腔内充满油液。当柴油机转动时，通过弹性盘和后盖带动泵轮旋转。油液从泵轮流出，经涡轮、导轮再返回泵轮。油液经过的这个环形路线称为循环圆（图 3-7、图 3-9、图 3-11）。

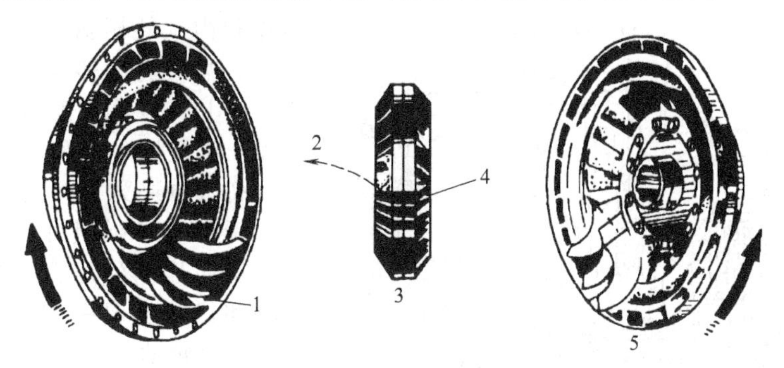

图 3-11　郑工 955A 型装载机变矩器工作轮

1—泵轮；2—第二导轮；3—导轮；4—第一导轮；5—涡轮

泵轮内的油液一方面随泵轮作圆周运动，一方面在离心力作用下，沿叶片的切线方向甩出，冲击涡轮叶片，使涡轮旋转。冲击涡轮后的油液冲向第一、第二导轮。冲击的绝对速度（方向和大小）取决于相对速度（主要受泵轮即柴油机转速的影响）和牵连速度（主要受涡轮的转速即负荷大小的影响）。绝对速度发生变化，直接导致涡轮液流冲击导轮叶片角度的变化，从涡轮低速时的正面（凹面）逐渐变化为反面（凸面）。

导轮叶片正面或反面受液流冲击时所形成的冲击力矩的方向不同：正面时，冲击力矩的方向与泵轮、涡轮的旋转方向相反；反面时，冲击力矩的方向与泵轮、涡轮的旋转方向相同。由于导轮是通过单向离合器与机体连接，只能限制其一个方向的转动。当冲击力矩的方向与泵轮、涡轮的旋转方向相反时，单向离合器锁紧，通过油液给涡轮一个反力矩，导轮发挥正常作用；当冲击力矩的方向与泵轮、涡轮的旋转方向相同时，单向离合器放松，导轮丧失正常作用。单级三相变矩器正是利用液流冲击导轮叶片方向的改变，从而改变单向离合器的工作状态，实现变矩器工作状态的转换，以适应装载机不同工况对动力的需要。

郑工 955A 型装载机变矩器在三个不同工况下呈现出不同的特点。

当涡轮处于低速区，从涡轮流出的油液冲击第一、第二导轮叶片的正面，液流作用在两导轮上的冲击力矩使两个单向离合器锁紧，涡轮的输出转矩等于泵轮转矩和第一、第二导轮转矩之和，涡轮的速度越低，输出的力矩越大，有利于装载机起步及大负荷工况。

当涡轮处于中速区，从涡轮流出的油液冲击第一导轮叶片的反面、第二导轮叶片的正面，液流作用在第一导轮上的冲击力矩使单向离合器放松、作用在第二导轮上的冲击力矩使单向离合器锁紧，涡轮的输出转矩等于泵轮转矩和第二导轮转矩之和，涡轮输出转矩较低速工况有所下降。

当涡轮处于高速区，从涡轮流出的油液冲击第一、第二导轮叶片的反面，液流作用在两导轮上的冲击力矩使两个单向离合器放松，此时，工作轮只有泵轮和涡轮，变矩器变为耦合器，涡轮的输出转矩等于泵轮转矩。这是变矩器的一个特殊情况，有利于装载机在负荷较小的情况下工作。

由此可知：郑工 955A 型装载机变矩器工作轮有三种组合方式：一是低速工况，泵轮、涡轮旋转，第一、第二导轮均被锁紧；二是中速工况，泵轮、涡轮旋转，第一导轮放松、第二导轮锁紧；三是高速工况，泵轮、涡轮旋转，第一、第二导轮均被放松。变矩器工作状态的转换随涡轮转速的变化自动进行，其输出转矩自动适应外负荷的变化需要。

③ 锁紧离合器　可将液力传动变为机械传动，以提高传动效率和行驶速度。在特殊情况下柴油机难以启动时，锁紧离合器锁紧后，可以拖启动柴油机。

锁紧离合器主要由主动毂、从动毂、主动片、从动片、碟形弹簧和活塞等组成。主动毂通过螺钉固定在变矩器后盖上，从动毂焊接在传动套上；在两毂内、外齿间交替装有主、从动片和内、外压盘，由活塞和挡圈限位。活塞滑套在传动套上可以前、后移动，上面的导向销用来给压盘导向，以保证压盘随活塞平移。

高压油进入活塞室，推动活塞右移，压平碟形弹簧并将内压盘、主动片、从动片和外压盘紧压在一起，使泵轮和涡轮变成一体，柴油机动力直接传给涡轮轴。

解除油压时，在碟形弹簧作用下，活塞左移，主动片和从动片分离，切断动力，离合器分离。

(2) 厦工 ZL50 型装载机变矩器的构造与工作原理

厦工 ZL50 型装载机变矩器是单级双相双涡轮变矩器，两个涡轮单独工作或共同工作，可使重载低速时效率提高，减少变速器的挡位设置，简化了变速器的结构。其特性比较适合装载机的作业需要。目前，国产 ZL 系列装载机大多采用这种形式的变矩器。

① 结构。双涡轮变矩器主要由一个泵轮 10、第一涡轮 6 和第二涡轮 8 及一个导轮 9 组成，如图 3-12 所示。由于两个涡轮相邻而置，所以该变矩器仍为单级。

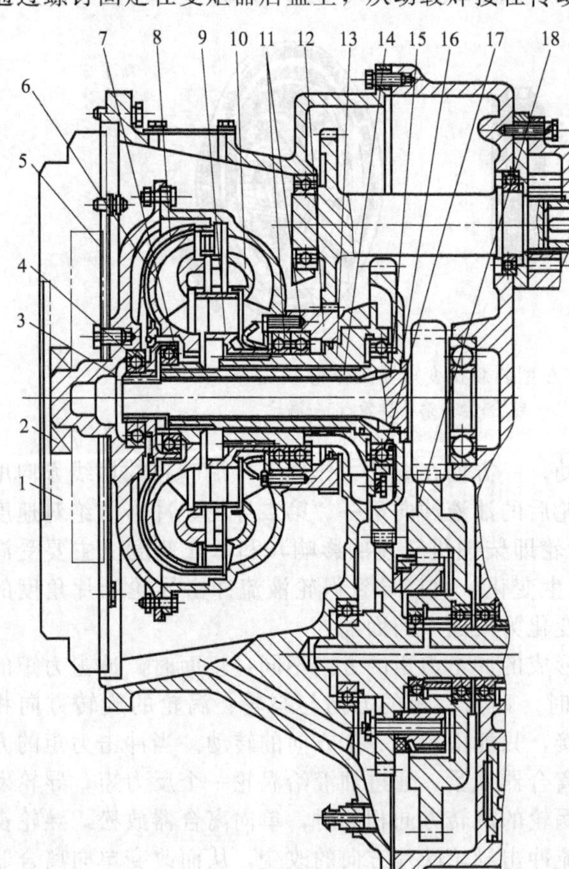

图 3-12　ZL50 型装载机变矩器

1—飞轮；2,4,7,11,17—轴承；3—罩盖；5—弹性盘；6—第一涡轮；8—第二涡轮；9—导轮；10—泵轮；12—驱动齿轮；13—导轮座；14—第二涡轮轴；15—第一涡轮轴；16—密封环；18—超越离合器外环齿轮壳体左端与柴油机飞轮壳相连接，右端与变速器箱体固定。泵轮与罩盖用螺栓固定，罩盖 3 轴端支承在飞轮中心孔内，通过弹性盘 5 与飞轮 1 连接成一体，与柴油机一起转动。液压泵驱动齿轮 12 与泵轮固定，用以驱动各个液压泵。

第一涡轮用弹性销与涡轮罩铆接固定，并以花键套装在第一涡轮轴 15 上。轴的左右两端分别支承在循环圆外壳内和变速器中。轴的右端制有齿轮，并与超越离合器的外环齿轮啮合，通过超越离合器有选择地将第一涡轮轴上的动力输入变速器。

超越离合器的结构和工作原理与郑工 955A 型装载机变矩器中支承导轮的单向离合器基本相同。弹簧一端支承在压盖上，另一端顶住并通过隔离环施压力给滚柱，使其与外环齿轮和内环凸轮以滚道接触。外环齿轮和内环凸轮同向旋转。若前者转速高于后者，离合器接合，第一涡轮轴上的动力输入变速器；反之，离合器分离，第一涡轮失去了与负荷（变速器）的连接，涡轮也就丧失了工作轮的作用。

第二涡轮以花键套装在第二涡轮套管轴上。套管轴上制有齿轮，可将第二涡轮上的动力输入变速器，轴的左、右两端分别支承在第一涡轮轮毂和导轮套管轴内。

导轮通过花键与导轮座 13 相连。导轮座与变矩器壳体相固定，并作为泵轮的右端支承，其花键部位还装有导油环，并用弹簧挡圈限位。

② 工作原理　厦工 ZL50 型装载机变矩器工作原理如图 3-13 所示。由四个工作轮组成的变矩器工作腔内充满液压油。泵轮 B 通过弹性连接盘、罩盖与柴油机飞轮一起以 n_B 速度转动，接受柴油机飞轮输出的机械能并将其转换为油液的动能。高速运动的油液按图示方向冲击涡轮，第一涡轮 T_1、第二涡轮 T_2 吸收液流的动能并还原为机械能，分别以 n_{T1} 和 n_{T2} 的速度旋转。第一涡轮的动力通过齿轮 z_1 和 z_2 的啮合传送给超越离合器；第二涡轮的动力通过齿轮 z_3、z_4 的啮合直接传给变速器。导轮 D 与壳体相连固定不动。液流冲击导轮叶片时，在叶片的导向作用下，液流方向回偏，使涡轮输出的力矩值改变。当装载机处于高速轻载工况时，齿轮 z_4 亦即内环凸轮的转速 n_2 高于外环齿轮 z_2 的转速 n_1，滚柱沿 A 向旋转，外环齿轮 z_2 空转，涡轮 T_1 丧失了工作轮的作用，无动力输出。此时，仅涡轮 T_2 单独工作。

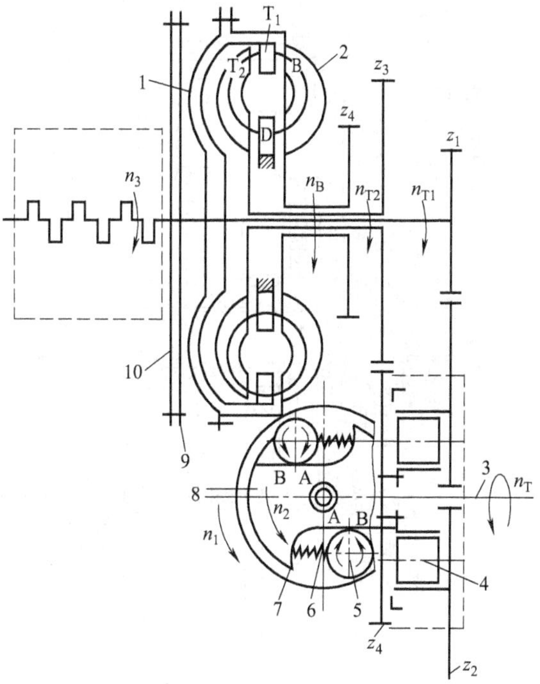

图 3-13　ZL50 型装载机变矩器工作原理

1—罩盖；2—工作腔；3—输出轴；4—超越离合器；5—滚柱；6—弹簧；7—外环齿轮；8—内环凸板；9—弹性盘；10—飞轮

当装载机处于低速重载工况时，外载荷迫使齿轮 z_4 的转速 n_2 下降，低于外环齿轮 z_2 的转速 n_1，滚柱沿 B 向旋转而被楔紧，两个齿轮 z_2 和 z_4 成为一体旋转，将来自涡轮 T_1 和 T_2 动力汇集输出。此时，两个涡轮 T_1 和 T_2 共同工作。

超越离合器的这种结合和分离随外载荷的变化而自动进行，不需要人为控制。

3.1.2 变速器

变速器的功用是改变动力装置与车轮之间的传动比，满足装载机行驶速度和牵引力的要求，以适应装载机作业和行驶的需要。实现倒挡，以改变行驶方向。实现空挡，可以切断传给行走系统的动力，能使动力装置在运转的情况下，不将动力传给行走系统，以利于发动机的启动和停车安全。

轮式装载机变速器常见的形式分为定轴式变速器和行星式变速器两种。变速器中所有的齿轮都是固定的旋转轴线。这种轴线均固定的变速器称为定轴式变速器。变速器中有的齿轮的轴线在空间旋转（即没有固定的轴线），这种轴线旋转的齿轮称为行星轮。装有这种行星轮的变速器称为行星式变速器。目前，两种形式的变速器在装载机上均有采用。

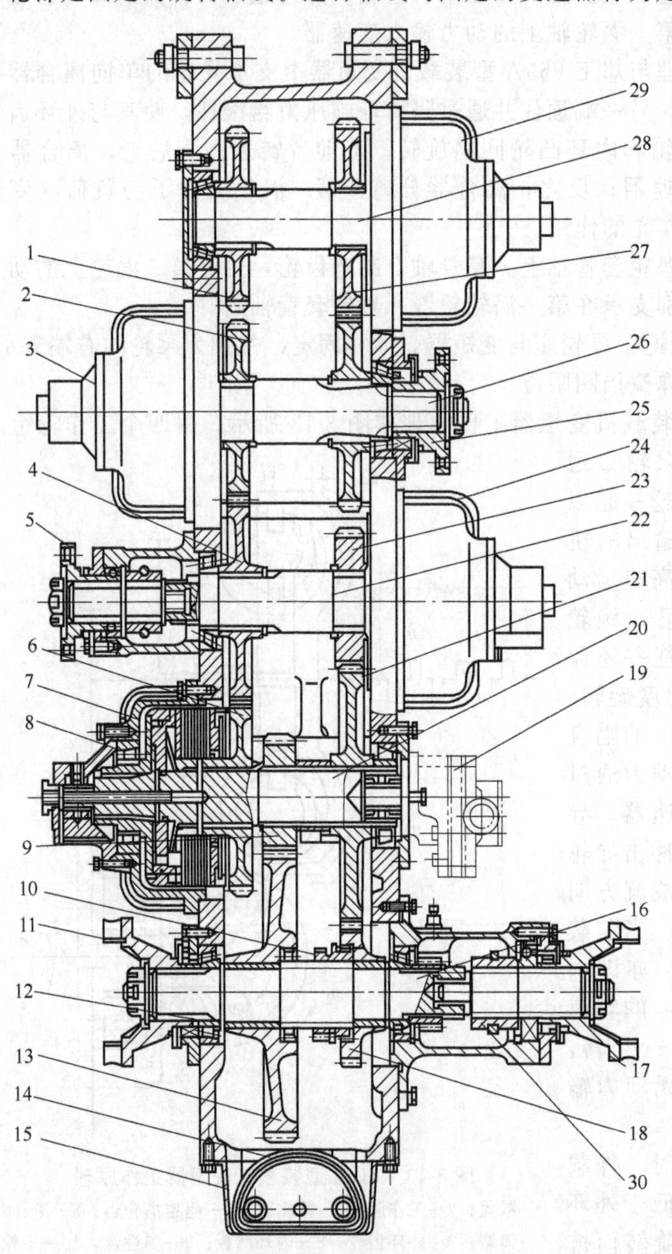

图 3-14 郑工 955A 型装载机变速器

1—倒挡齿轮；2—正挡联齿轮；3—正挡离合器；4—1、3 挡齿轮；5—绞盘输出接盘；6—2、4 挡联齿轮；7—壳体；8—2、4 挡离合器；9—低挡主动齿轮；10—高低速啮合套；11—前桥接盘；12—滑动轴承；13—低挡从动齿轮；14—滤网；15—油底壳；16—输出轴；17—后桥接盘；18—高挡从动齿轮；19—转向辅助油泵；20—2、4 挡轴；21—高挡主动齿轮；22—1、3 挡轴；23—1、3 挡联齿轮；24—1、3 挡离合器；25—输入法兰；26—输入轴；27—倒挡联齿轮；28—倒挡轴；29—倒挡离合器；30—后桥输出滑套

3.1.2.1 定轴式变速器

（1）郑工 955A 型装载机动力换挡定轴式变速器

郑工 955A 型装载机变速器采用动力换挡，与变矩器配合使用，变速器传动机构由壳体、传动齿轮、传动轴和换挡离合器组成，如图 3-14 所示。

① 壳体　变速器壳体 7 通过两个吊钩固定在车架上，壳体的盖上固定着变速操纵阀及其杠杆。油底壳又作变矩器、变速器储油池。

② 传动部分　传动部分主要有轴、齿轮和啮合套组成。

如图 3-14、图 3-15 所示，变速器中共配置了六根轴，即输入轴Ⅰ26，倒挡轴Ⅱ28，1、3 挡驱动轴Ⅲ22，2、4 挡驱动轴Ⅳ20，前桥输出轴Ⅴ16，后桥输出轴Ⅵ。

输入轴Ⅰ右侧固装着倒挡驱动齿轮，左侧空套着正挡联齿轮。它与轴的连接关系由正挡离合器控制。

倒挡轴Ⅱ上固装着倒挡轴动力输出齿轮——倒挡齿轮，空套着动力输入齿轮——倒挡联齿轮，由倒挡离合器控制倒挡联齿轮。

1、3 挡轴Ⅲ上固装着 1、3 挡齿轮（过桥齿轮）4，空套着

1、3 挡联齿轮 23，齿轮 23 由 1、3 挡离合器 24 操纵控制。

2、4 挡轴Ⅳ上固装着低挡（1、2 挡）主动齿轮 9 及高挡（3、4 挡）主动齿轮 2、1，空套着 2、4 挡联齿轮 6，齿轮 6 由 2、4 挡离合器 8 操纵控制。

前桥输出轴Ⅴ上空套着低挡从动齿轮 13 和高挡从动齿轮 18，经高低速啮合套 10 将动力传到轴Ⅴ上。轴Ⅴ中部（齿轮 13 和 18 之间）滑装有高低速啮合套 10，与轴Ⅴ用花键连接。啮合套由拨叉控制实现高低挡动力传递。

后桥输出轴Ⅵ可用滑套使动力接入或切断。

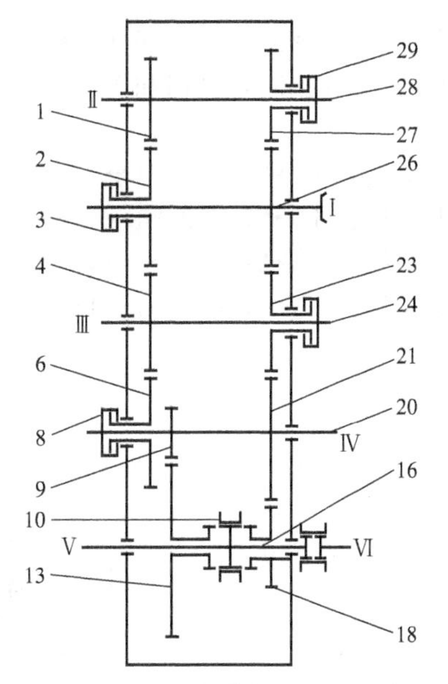

图 3-15 郑工 955A 型装载机变速器传动简图
（图中序号同图 3-14）

③ 换挡离合器 郑工 955A 型装载机变速器中设有四个结构完全相同的换挡离合器，两个用于变速，两个用于进退换向。其作用是在选择相应挡位时，将联齿轮与传动轴连接在一起。换挡离合器采用多片湿式离合器，由高压油提供压紧力。

如图 3-16 所示，换挡离合器主要由内毂、外毂 3、内压盘 6、外压盘 2、内摩擦片 4、外摩擦片 5、活塞 22 和碟形弹簧 23 等组成。

2、4 挡和倒挡换挡离合器的从动毂（外毂）经花键连接，由螺母轴向定位固装在轴上。主动毂（齿轮部分与毂制为一体）通过轴套空套在轴上。内、外摩擦片各自经内、外齿与内、外毂啮合并间隔套装。摩擦片两侧装有内、外压盘，内压盘紧靠活塞，活塞滑装在外毂内，并由定位销与内压盘连接，只能轴向位移。当通入压力油后推动活塞右移，使主、从动摩擦片接合，动力从齿轮经离合器摩擦片传到传动轴上。1、3 挡离合器和前进挡离合器的动力则由传动轴经离合器摩擦片传给齿轮。当油压解除后，碟形弹簧使活塞退至原位。活塞受高压油和碟形弹簧的控制。不通油时，活塞在碟形弹簧张力的推动下，靠于外毂内端面。

当变速操纵阀挂上某一挡时，高压油便进入相应换挡离合器的活塞室，活塞在高压油的作用下克服碟形弹簧的弹力而向右移动，使内、外摩擦片紧压在内、外压盘之间，从而把内、外毂（即传动轴和联齿轮）连成一体，离合器接合。

将变速操纵阀置于空挡时，解除活塞室高压油压力，活塞在碟形弹簧作用下恢复原位，内、外摩擦片之间的压力消失，离合器分离。

为使离合器分离迅速，在外毂上装有快速泄油阀（图 3-16 中 7、8）。

郑工 955A 型装载机变速器设有四个前进挡和 4 个倒退挡。每个挡位都是由正挡或倒挡离合器和一个变速离合器同时工作，并在高低挡啮合套的配合下而得到的，三者缺一不可。各挡动力传递途径如图 3-14、图 3-15 所示。

挂前进 1、3 挡时，正挡和 1、3 挡离合器接合；挂前进 2、4 挡时；正挡和 2、4 挡离合器接合。

前进 1 挡：Ⅰ→3→2→4→Ⅲ→24→23→21→Ⅳ→9→13→10→Ⅴ。

前进 2 挡：Ⅰ→3→2→4→6→8→Ⅳ→9→13→10→Ⅴ。

前进 3 挡：1→3→2→4→Ⅲ→24→23→21→16→10→Ⅴ。

前进 4 挡：1→3→2→4→6→8→Ⅳ→21→16→10→Ⅴ。

挂倒退 1、3 挡时，倒挡和 1、3 挡离合器接合；挂倒退 2、4 挡时，倒挡和 2、4 挡离合器接合。

倒退 1 挡：Ⅰ→27→29→1→4→Ⅲ→24→23→Ⅳ→9→13→10→Ⅴ。

倒退 2 挡：Ⅰ→27→29→1→4→6→8→Ⅳ→9→13→10→Ⅴ。

倒退 3 挡：Ⅰ→27→29→1→4→Ⅲ→24→23→21→16→10→Ⅴ。

倒退 4 挡：Ⅰ→27→29→1→4→6→8→Ⅳ→21→16→10→Ⅴ。

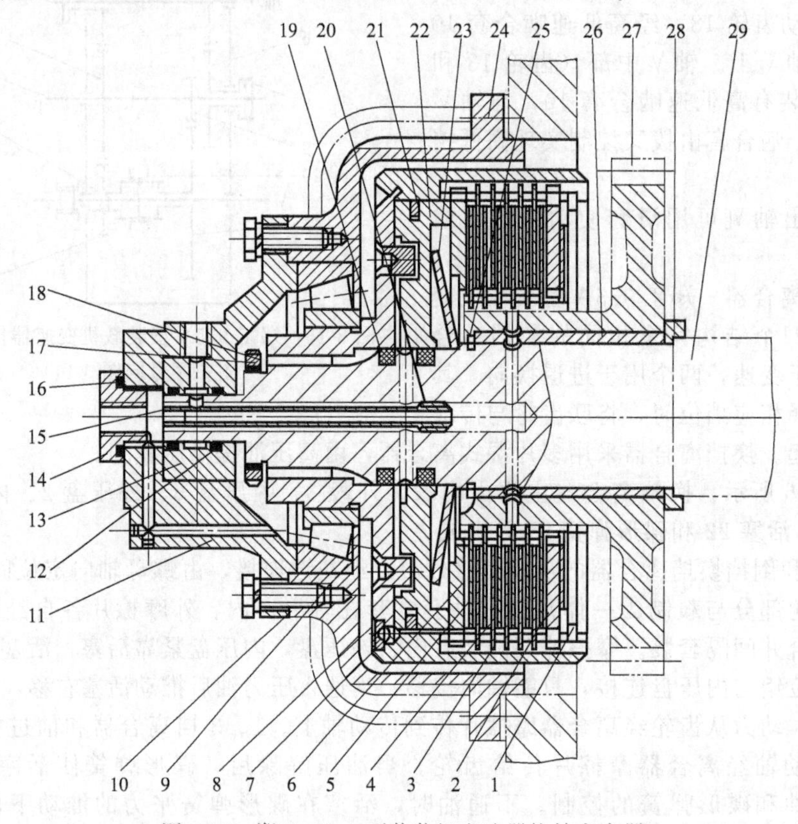

图 3-16　郑工 955A 型装载机变速器换挡离合器

1,25—挡圈；2—外压盘；3—外毂；4—内摩擦片；5—外摩擦片；6—内压盘；7—泄油阀；8—阀座；9—轴承；10—垫片；11—端盖；12,16,19—O 形密封圈；13—铜套；14—油堵；15—油管；17—螺母；18—锁片；20—密封填料；21—活塞环；22—活塞；23—碟形弹簧；24—离合器罩；26—大铜套；27—联齿轮；28—挡环；29—轴

(2) CLG856 型装载机电液换挡定轴式变速器

① 概况　4WG200 变速器外形及其内部结构如图 3-17 所示，传动系统如图 3-18 所示。

从图 3-17 及图 3-18 中可以看出，该变速器总成由三元件简单变矩器与四个前进挡、三个后退挡组成的定轴式变速器组成，其结构及工作原理与动力换挡定轴式变速器没有根本区别，只是在安装布置上稍有不同。动力换挡定轴式变速器的变速器与变矩器是分置的，其间用主传动轴连接，而 4WG200 变速器的变速器与变矩器是直接连接为一个整体的。另外，4WG200 变速器内部所有的齿轮采用的是鼓形齿，且都经过磨齿，因此其承载能力更强，噪声更小，整个总成的体积比动力换挡定轴式变速器的体积要小得多，更加紧凑。

② 4WG200 变速器电液控制系统　4WG200 变速器的变速操纵为微电脑集成控制的电液换挡，驾驶员完成变速器操作相当于按电钮，同时，操纵的合理性可由电脑安排完成。

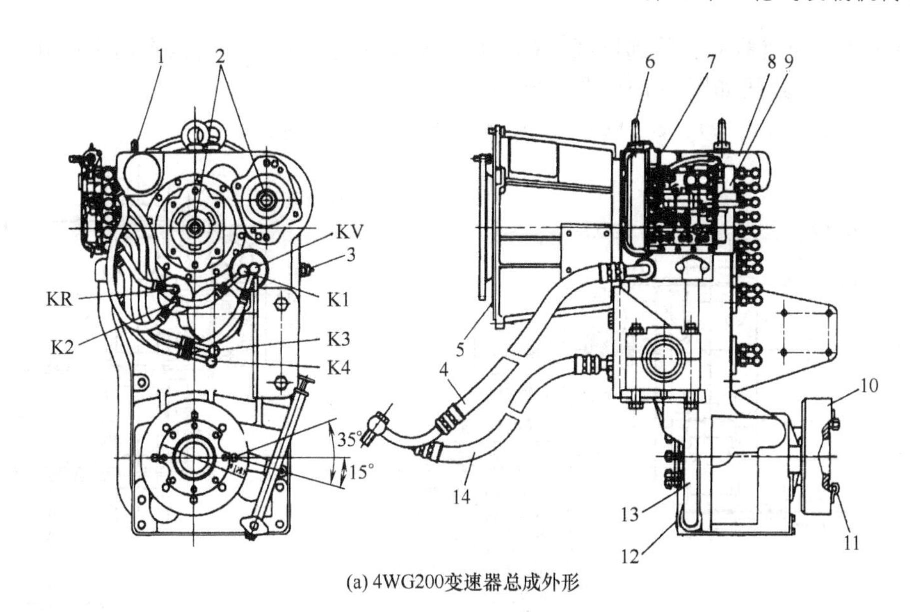

(a) 4WG200变速器总成外形

1—透气塞；2—油泵接口；3—涡轮转速传感器；4,14—接冷却器出油口；5—SAE J617C（N02）；6—吊耳；7—连接插座；8—滤油器；9—电液操纵阀；10—鼓式停车制动器；11—螺栓（拧紧力矩为 150N・m）；12—放油塞；13—吸油管

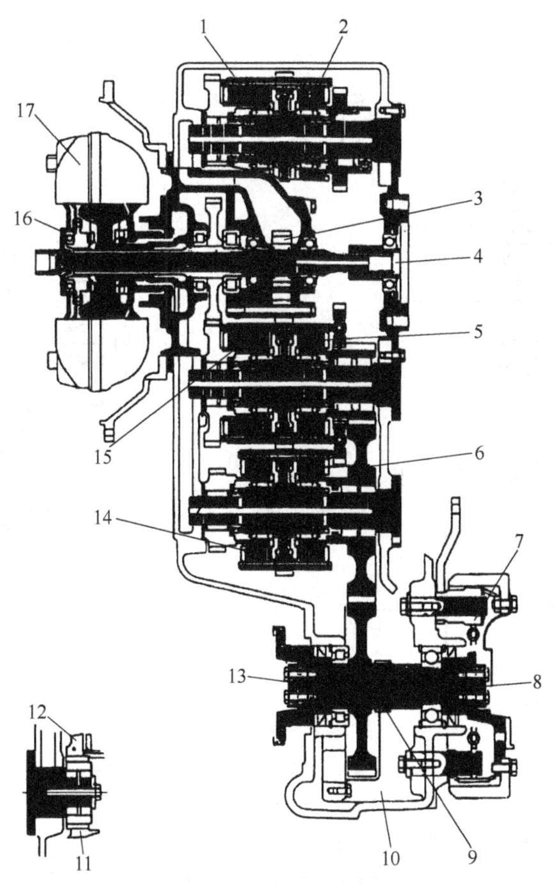

(b) 4WG200变速器总成内部结构

1—KV 前进离合器；2—K1 离合器；3—变速泵；4—取力口；5—K2 离合器；6—K3 离合器；7—停车制动；8—输出到前桥；9—车速表；10—油池；11—K4 齿轮；12—KV 齿轮；13—输出到后桥；14—K4 离合器；15—KR 后退离合器；16—输入法兰；17—变矩器

图 3-17　4WG200 变速器总成外形及内部结构

③ 4WG200 变速器动力传递路线　CLG856 型装载机变速器设有四个前进挡和 3 个倒退挡。各挡动力传递路线如图 3-19～图 3-25 所示。

前进 1 挡（见图 3-19）：$z_0 \to z_V \to z_{V1} \to z_1 \to z_2 \to z_3 \to z_{出}$。

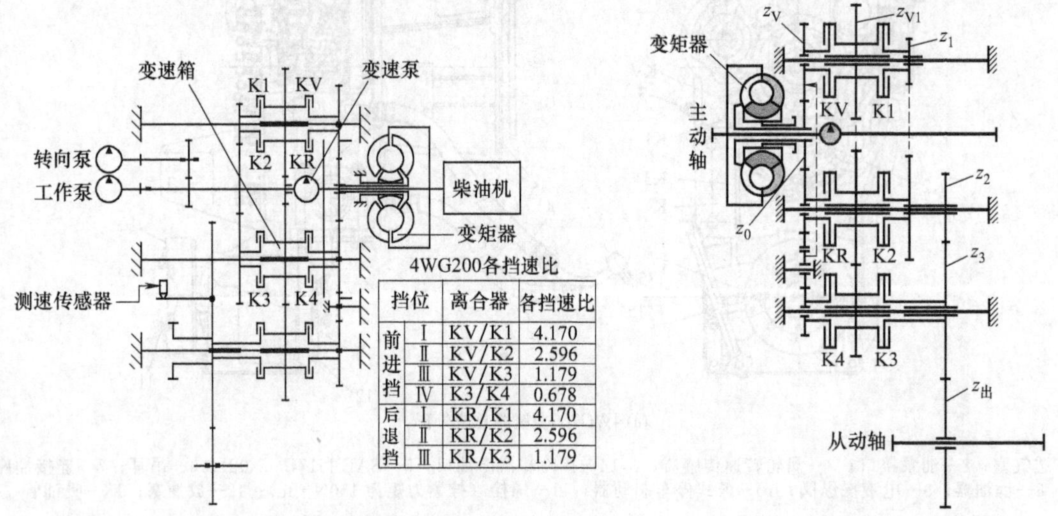

4WG200各挡速比

挡位		离合器	各挡速比
前进挡	Ⅰ	KV/K1	4.170
	Ⅱ	KV/K2	2.596
	Ⅲ	KV/K3	1.179
	Ⅳ	K3/K4	0.678
后退挡	Ⅰ	KR/K1	4.170
	Ⅱ	KR/K2	2.596
	Ⅲ	KR/K3	1.179

图 3-18　4WG200 变速器传动系统　　图 3-19　前进 1 挡动力传递路线

前进 2 挡（见图 3-20）：$z_0 \to z_V \to z_{V1} \to z_{R2} \to z_2 \to z_3 \to z_{出}$。

前进 3 挡（见图 3-21）：$z_0 \to z_V \to z_{V1} \to z_{R2} \to z_{34} \to z_3 \to z_{出}$。

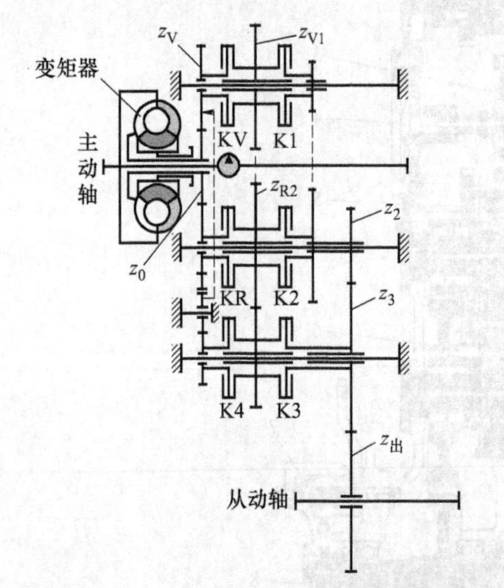

图 3-20　前进 2 挡动力传递路线

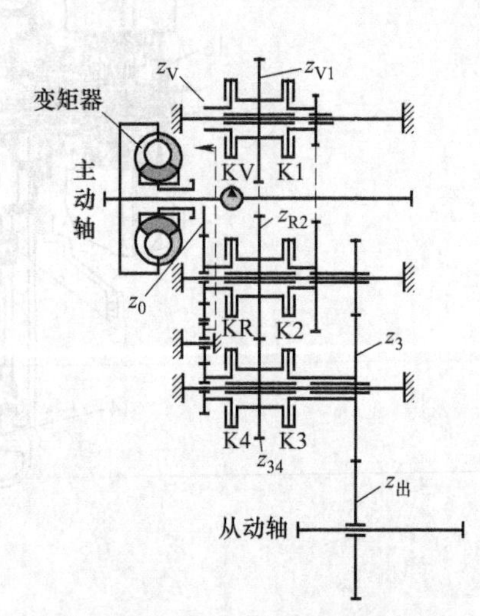

图 3-21　前进 3 挡动力传递路线

前进 4 挡（见图 3-22）：$z_0 \to z_V \to z_{中} \to z_4 \to z_{34} \to z_3 \to z_{出}$。

倒退 1 挡（见图 3-23）：$z_0 \to z_R \to z_{R2} \to z_{V1} \to z_1 \to z_2 \to z_3 \to z_{出}$。

倒退 2 挡（见图 3-24）：$z_0 \to z_R \to z_{R2} \to z_2 \to z_3 \to z_{出}$。

倒退 3 挡（见图 3-25）：$z_0 \to z_R \to z_{R2} \to z_{34} \to z_3 \to z_{出}$。

④ 4WG200 变速器油路原理　ZF 动力换挡变速箱 4WG200 油路原理如图 3-26 所示。

a. 4WG200 变速器前进 1 挡液压系统工作原理如图 3-27 所示。

ⅰ. 电磁换向阀 M1 断电、M3 通电。

控制压力油：液压泵→滤油器→M3→挡位阀 1 左腔。

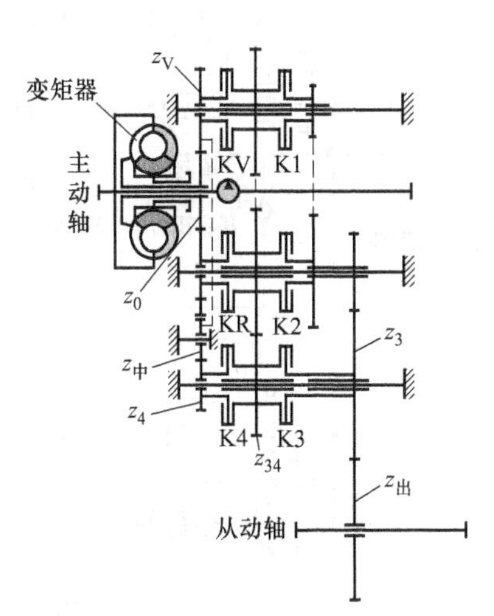

图 3-22　前进 4 挡动力传递路线

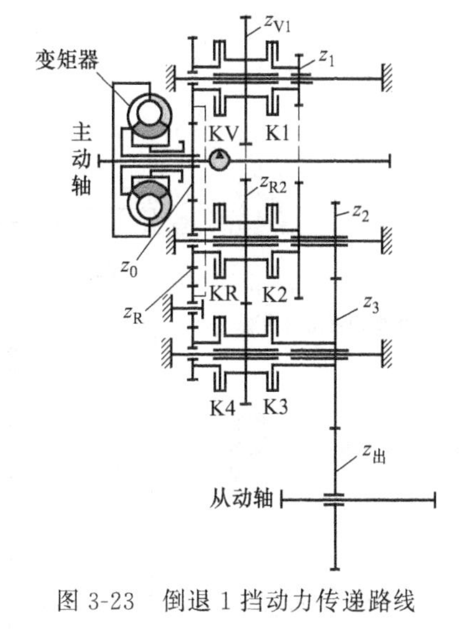

图 3-23　倒退 1 挡动力传递路线

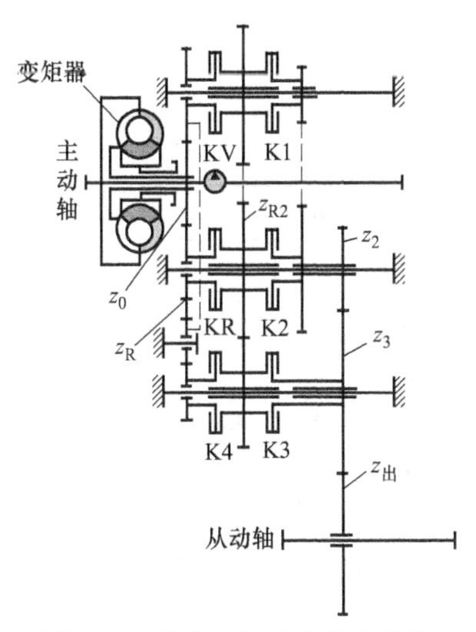

图 3-24　倒退 2 挡动力传递路线

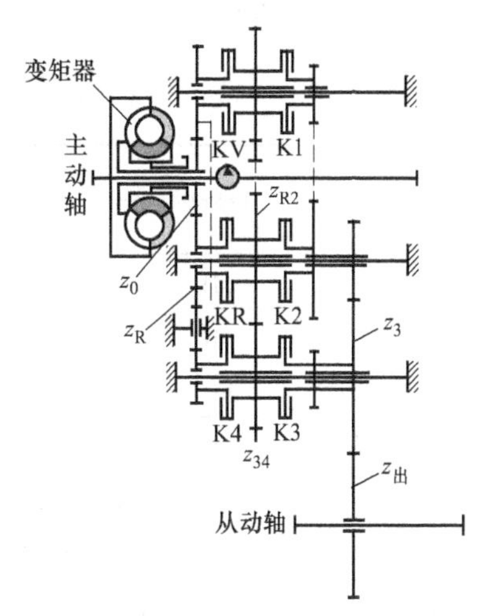

图 3-25　倒退 3 挡动力传递路线

驱动压力油：液压泵→滤油器→压力控制阀→单向阀 1→挡位阀 2（右位)→挡位阀 1（左位)→KV。

ⅱ. 电磁换向阀 M2、M4 通电。

控制压力油：液压泵→滤油器→M4→挡位阀 3 左腔；液压泵→滤油器→M2→挡位阀 4 左腔。

驱动压力油：液压泵→滤油器→压力控制阀→单向阀 2→挡位阀 3（左位)→挡位阀 4（左位)→K1。

b. 4WG200 变速器前进 2 挡液压系统工作原理如图 3-28 所示。

ⅰ. 电磁换向阀 M1 断电、M3 通电。

控制压力油：液压泵→滤油器→M3→挡位阀 1 左腔。

驱动压力油：液压泵→滤油器→压力控制阀→单向阀 1→挡位阀 2（右位)→挡位阀 1（左位)→KV。

ⅱ. 电磁换向阀 M2 断电、M4 通电。

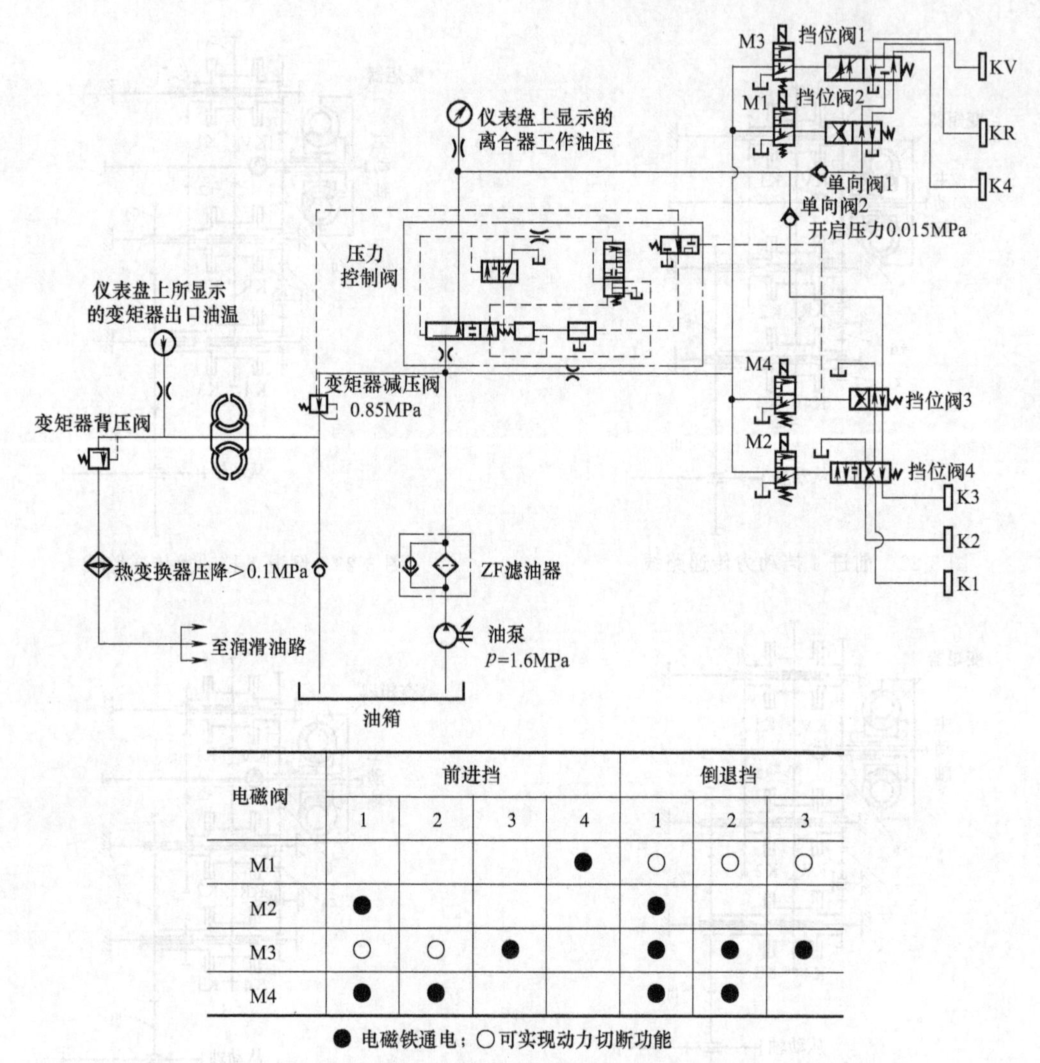

电磁阀	前进挡				倒退挡		
	1	2	3	4	1	2	3
M1				●	○	○	○
M2	●				●		
M3	○	○	●		●	●	●
M4	●	●			●	●	

● 电磁铁通电；○可实现动力切断功能

图 3-26 ZF 动力换挡变速箱 4WG200 油路原理

控制压力油：液压泵→滤油器→M4→挡位阀 3 左腔。

驱动压力油：液压泵→滤油器→压力控制阀→单向阀 2→挡位阀 3（左位）→挡位阀 4（右位）→K2。

c. 4WG200 变速器前进 3 挡液压系统工作原理如图 3-29 所示。

ⅰ. 电磁换向阀 M1 断电、M3 通电。

控制压力油：液压泵→滤油器→M3→挡位阀 1 左腔。

驱动压力油：液压泵→滤油器→压力控制阀→单向阀 1→挡位阀 2（右位）→挡位阀 1（左位）→KV。

ⅱ. 电磁换向阀 M2、M4 断电。

驱动压力油：液压泵→滤油器→压力控制阀→单向阀 2→挡位阀 3（右位）→挡位阀 4（右位）→K3。

d. 4WG200 变速器前进 4 挡液压系统工作原理如图 3-30 所示。

ⅰ. 电磁换向阀 M1 通电、M3 断电。

驱动压力油：液压泵→滤油器→压力控制阀→单向阀 1→挡位阀 2（左位）→挡位阀 1（右位）→K4。

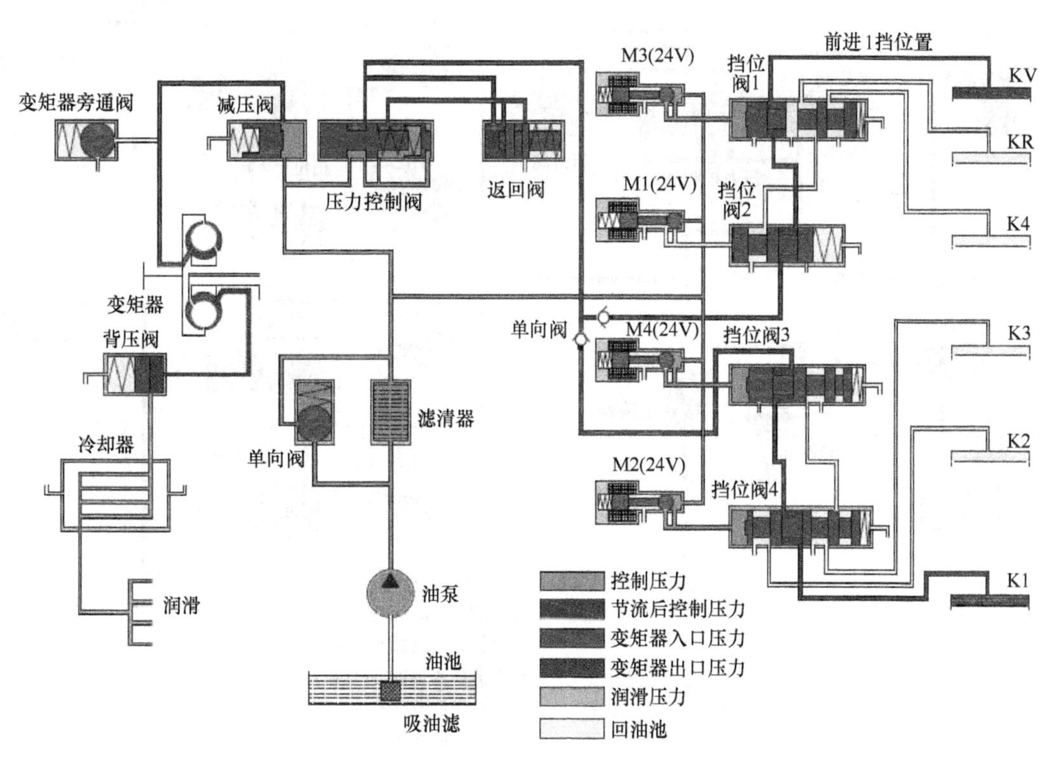

图 3-27　4WG200 变速器前进 1 挡液压系统工作原理

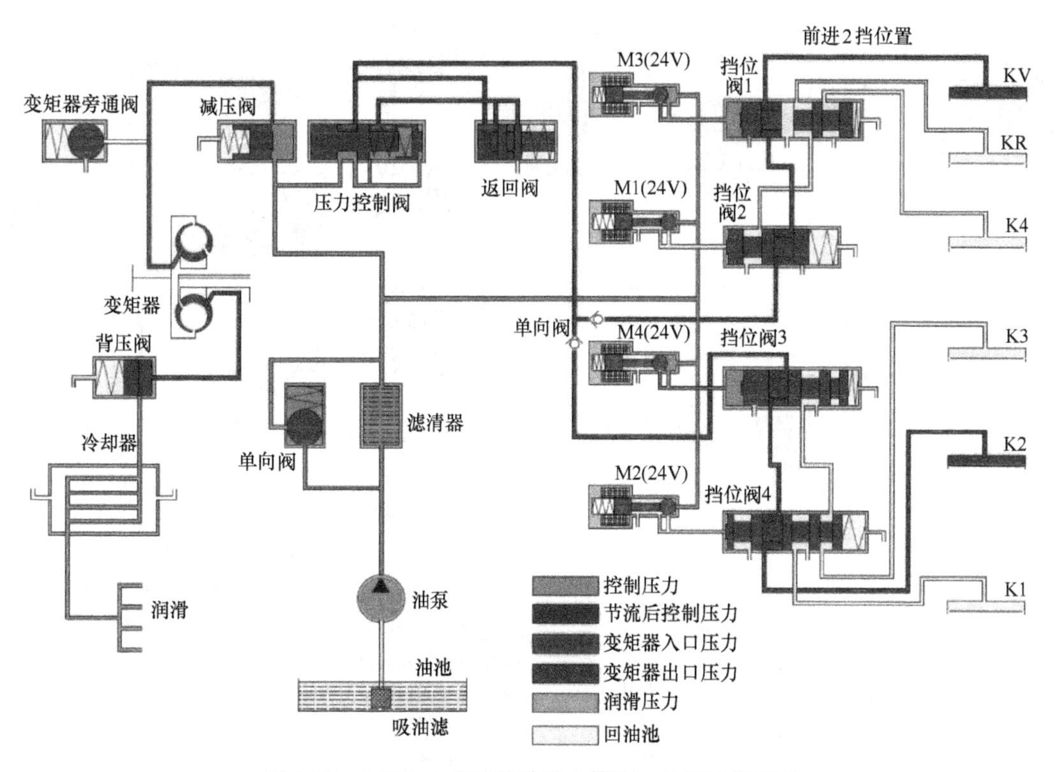

图 3-28　4WG200 变速器前进 2 挡液压系统工作原理

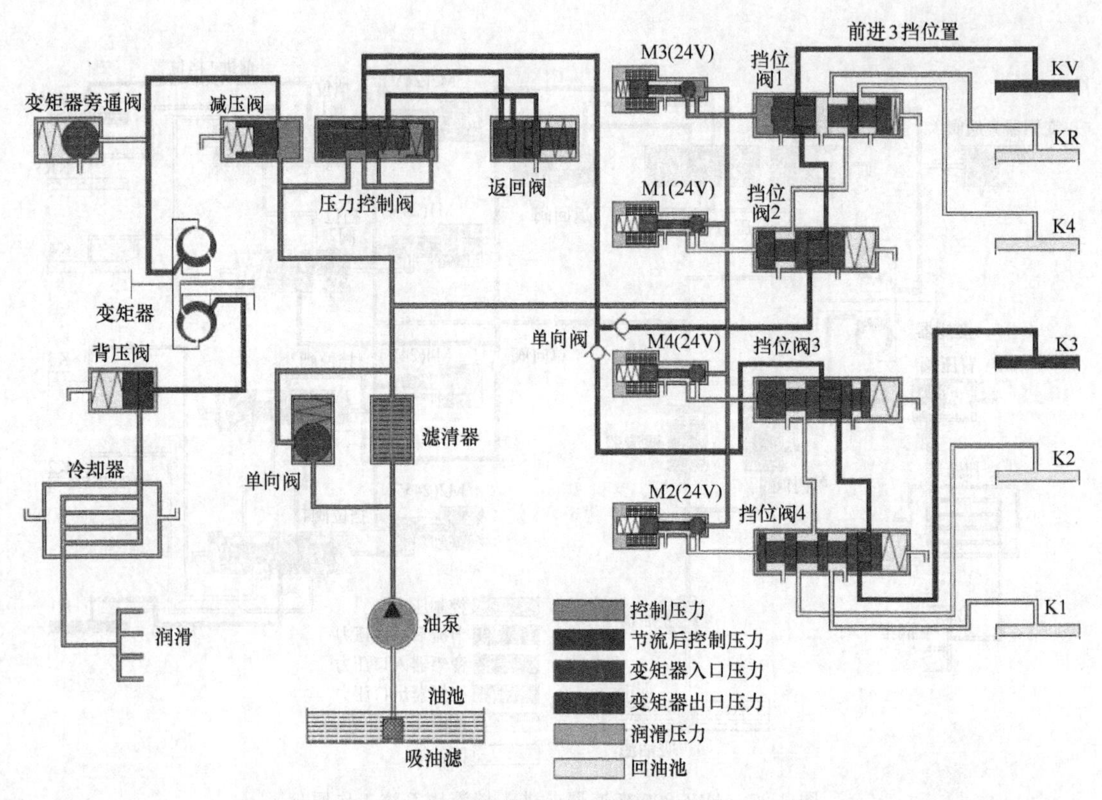

图 3-29 4WG200 变速器前进 3 挡液压系统工作原理

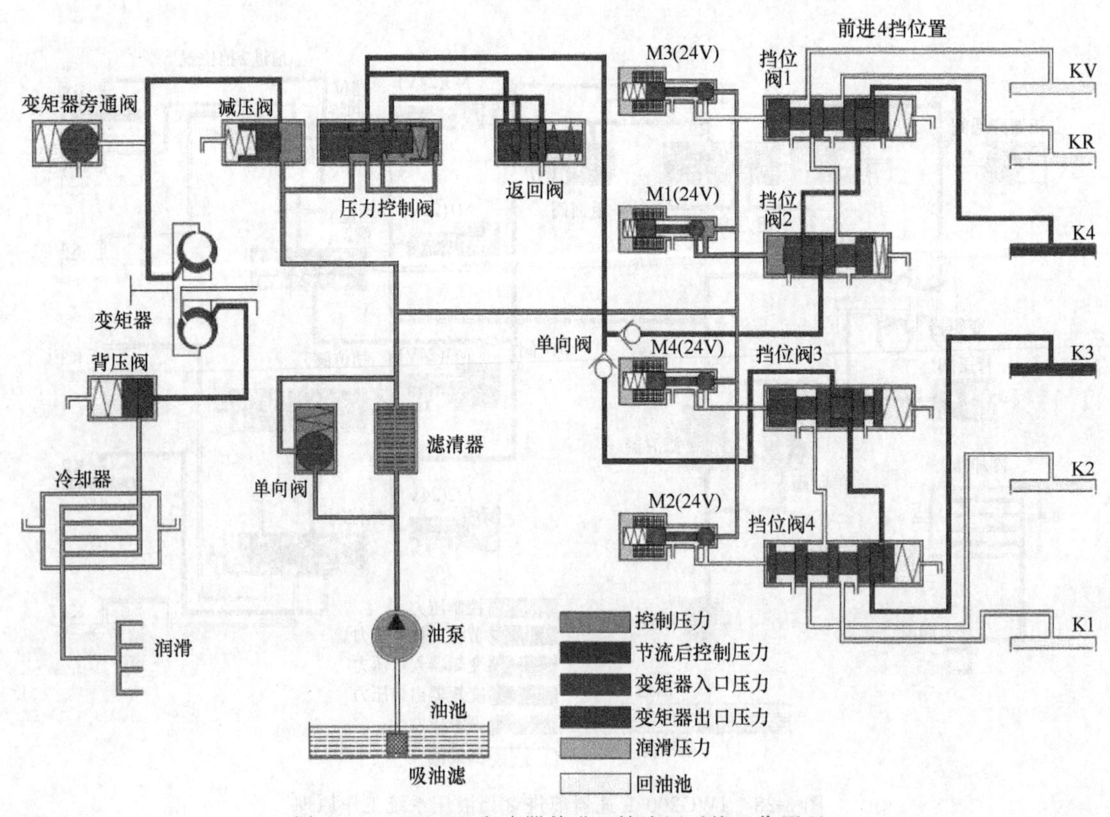

图 3-30 4WG200 变速器前进 4 挡液压系统工作原理

ⅱ．电磁换向阀 M2、M4 断电。

驱动压力油：液压泵→滤油器→压力控制阀→单向阀 2→挡位阀 3（右位）→挡位阀 4（右位）→K3。

e. 4WG200 变速器倒退 1 挡液压系统工作原理如图 3-31 所示。

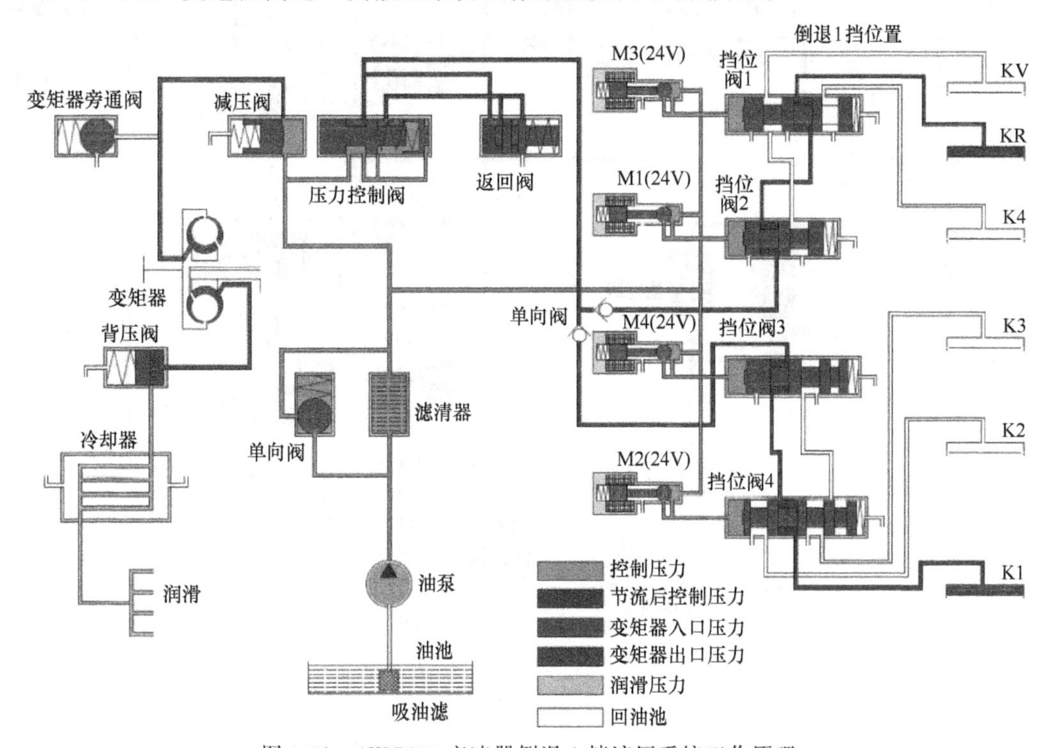

图 3-31 4WG200 变速器倒退 1 挡液压系统工作原理

ⅰ．电磁换向阀 M1、M3 通电。

控制压力油：液压泵→滤油器→M3→挡位阀 1 左腔；液压泵→滤油器→M1→挡位阀 2 左腔。

驱动压力油：液压泵→滤油器→压力控制阀→单向阀 1→挡位阀 2（左位）→挡位阀 1（左位）→KR。

ⅱ．电磁换向阀 M2、M4 通电。

控制压力油：液压泵→滤油器→M4→挡位阀 3 左腔；液压泵→滤油器→M2→挡位阀 4 左腔。

驱动压力油：液压泵→滤油器→压力控制阀→单向阀 2→挡位阀 3（左位）→挡位阀 4（左位）→K1。

f. 4WG200 变速器倒退 2 挡液压系统工作原理如图 3-32 所示。

ⅰ．电磁换向阀 M1、M3 通电。

控制压力油：液压泵→滤油器→M3→挡位阀 1 左腔；液压泵→滤油器→M1→挡位阀 2 左腔。

驱动压力油：液压泵→滤油器→压力控制阀→单向阀 1→挡位阀 2（左位）→挡位阀 1（左位）→KR。

ⅱ．电磁换向阀 M2 断电、M4 通电。

控制压力油：液压泵→滤油器→M4→挡位阀 3 左腔。

驱动压力油：液压泵→滤油器→压力控制阀→单向阀 2→挡位阀 3（左位）→挡位阀 4（右位）→K2。

g. 4WG200 变速器倒退 3 挡液压系统工作原理如图 3-33 所示。

ⅰ．电磁换向阀 M1、M3 通电。

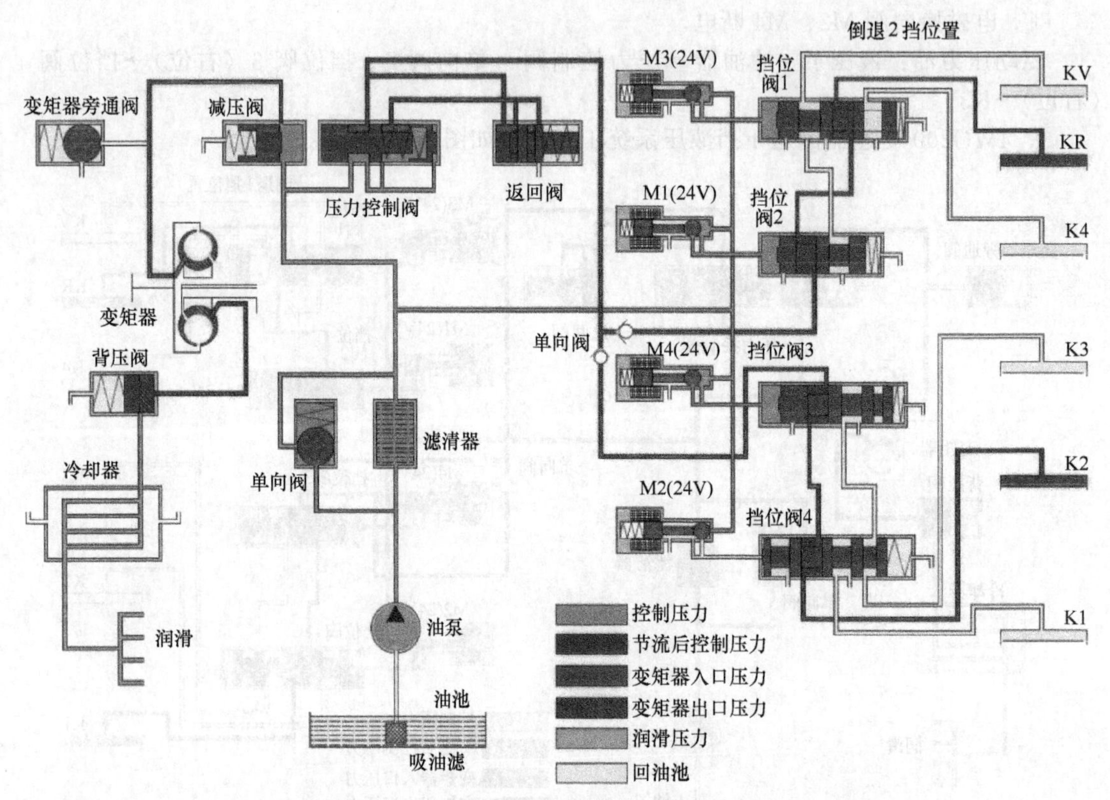

图 3-32　4WG200 变速器倒退 2 挡工作原理

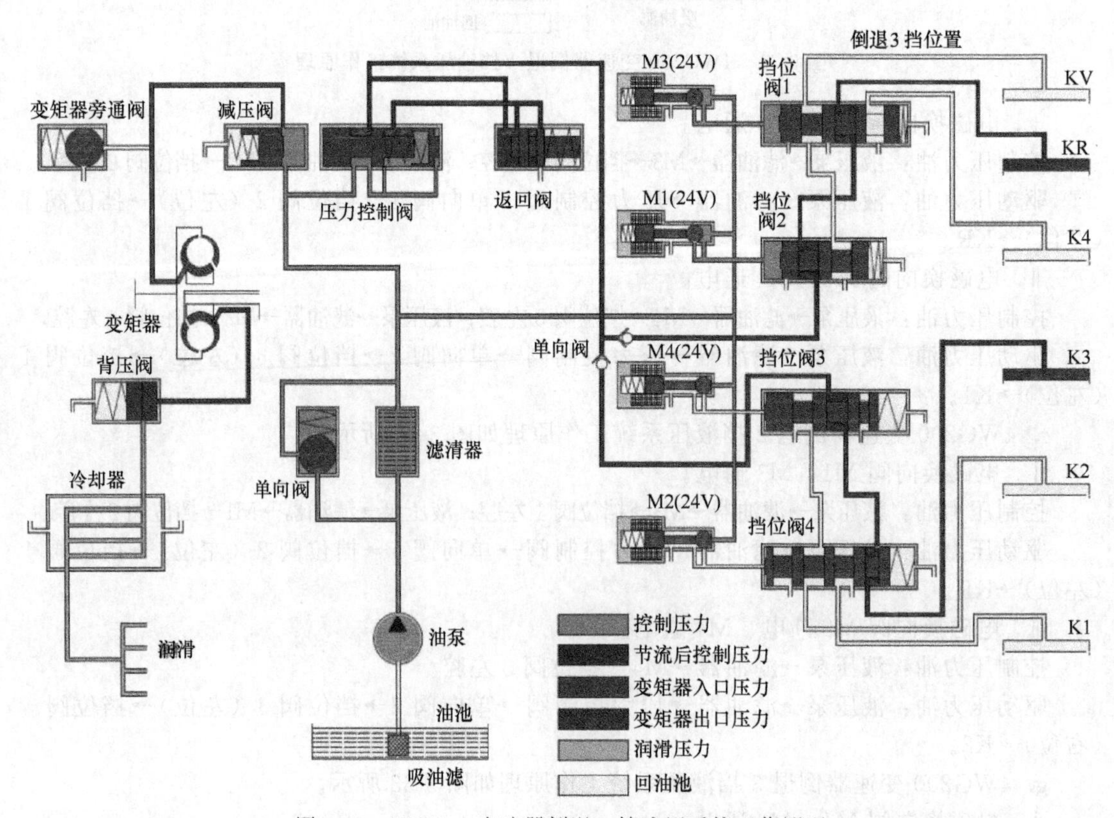

图 3-33　4WG200 变速器倒退 3 挡液压系统工作原理

控制压力油：液压泵→滤油器→M3→挡位阀1左腔；液压泵→滤油器→M1→挡位阀2左腔。

驱动压力油：液压泵→滤油器→压力控制阀→单向阀1→挡位阀2（左位）→挡位阀1（左位）→KR。

ⅱ. 电磁换向阀M2、M4断电。

驱动压力油：液压泵→滤油器→压力控制阀→单向阀2→挡位阀3（右位）→挡位阀4（右位）→K3。

3.1.2.2 行星式变速器

(1) 厦工ZL50型装载机动力换挡变速器

厦工ZL50型装载机变速器为行星式动力换挡变速器，设有两个前进挡和一个倒退挡，主要由变速传动机构和液压控制系统组成，如图3-34所示。

① 结构　变速传动机构主要由箱体、变速机构、前后桥驱动机构、逆传动机构等组成

箱体与变矩器壳体连接在一体，固定在车架上，右侧有加油口，上部有通气孔，底部有放油口。

1挡和倒挡为行星变速机构，主要由行星齿轮架、行星齿轮及轴1、内齿圈和太阳齿轮组成。行星齿轮装在行星齿轮架上，同时与太阳齿轮和内齿圈啮合。1挡内齿圈与1挡离合器的主动盘用花键连接，倒挡离合器的主动片与倒挡行星齿轮架用花键连接。当挂1挡时，1挡内齿圈被1挡离合器所制动。太阳齿轮的转动一方面使行星齿轮绕自身的轴线作自转，另一方面，由于1挡内齿圈被制动，因此1挡行星齿轮架与行星齿轮一起绕太阳齿轮的轴线作公转，动力从行星齿轮架输出，传动比为$1+K$。

当挂倒挡时，由于倒挡行星齿轮架被制动，太阳齿轮的转动使倒挡行星齿轮只能作自转而不能作公转，并且通过行星齿轮迫使倒挡内齿圈转动，动力从倒挡内齿圈输出，传动比为K。倒挡行星变速机构中，被离合器所制动的是倒挡行星齿轮架，由倒挡内齿圈输出动力。而1挡机构被制动的则是1挡内齿圈，输出动力的是1挡行星齿轮架。两个行星齿轮变速机构输出动力的旋转方向相反。当倒挡工作时，1挡离合器是分离的，1挡行星齿轮与1挡内齿圈处于空转，不传递动力。这时，倒挡的动力只是借1挡行星齿轮架传递。

2挡（直接挡）离合器的主动盘以螺钉固定在直接挡轴的接盘上。从动盘以其外缘卡装在液压缸上，并由固定在受压盘上的圆柱销限制其转动。受压盘、液压缸和中间轴输出齿轮固定在一起。在液压缸内装有直接挡活塞，活塞可沿导向销轴向移动，但不能转动。活塞与液压缸间形成油室，经油道与操纵阀相通。活塞左侧以卡环装有碟形弹簧。当离合器接合时，动力由中间轴、直接挡轴经离合器和中间轴输出齿轮传给前后桥驱动机构。分离时，高压油被解除，靠碟形弹簧把活塞推回原位，使主、从动盘分离。

前后桥驱动机构主要由前后桥连接拉杆、拨叉及滑套等组成。滑套与后输出轴用花键连接，并可在其上滑动。当前后桥连接拨叉推动滑套将后输出轴与前输出轴连接时，前输出轴上的动力部分从滑套传递到后输出轴，形成前后桥驱动，即四轮驱动。

② 传动路线（图3-34、图3-35）

a. 前进1挡：动力由主动输入轴→太阳齿轮→1挡行星齿轮（1挡离合器接合，1挡内齿圈被制动）→1挡行星齿轮架→直接挡连接盘→直接挡受压盘→直接挡液压缸→主动齿轮→输出轴齿轮→前后桥驱动轴。

b. 前进2挡（直接挡）：动力由主动输入轴→太阳齿轮→直接挡轴（2挡离合器接合）→直接挡离合器→直接挡受压盘→直接挡液压缸→主动齿轮→输出轴齿轮→前后桥驱动轴。

c. 倒挡：动力由中间轴→太阳齿轮→倒挡行星齿轮（倒挡离合器接合，倒挡行星齿轮架制动）→倒挡内齿圈→1挡行星齿轮架→直接挡连接盘→直接挡受压盘→直接挡液压缸→主动齿轮→输出轴齿轮→前后桥驱动轴。

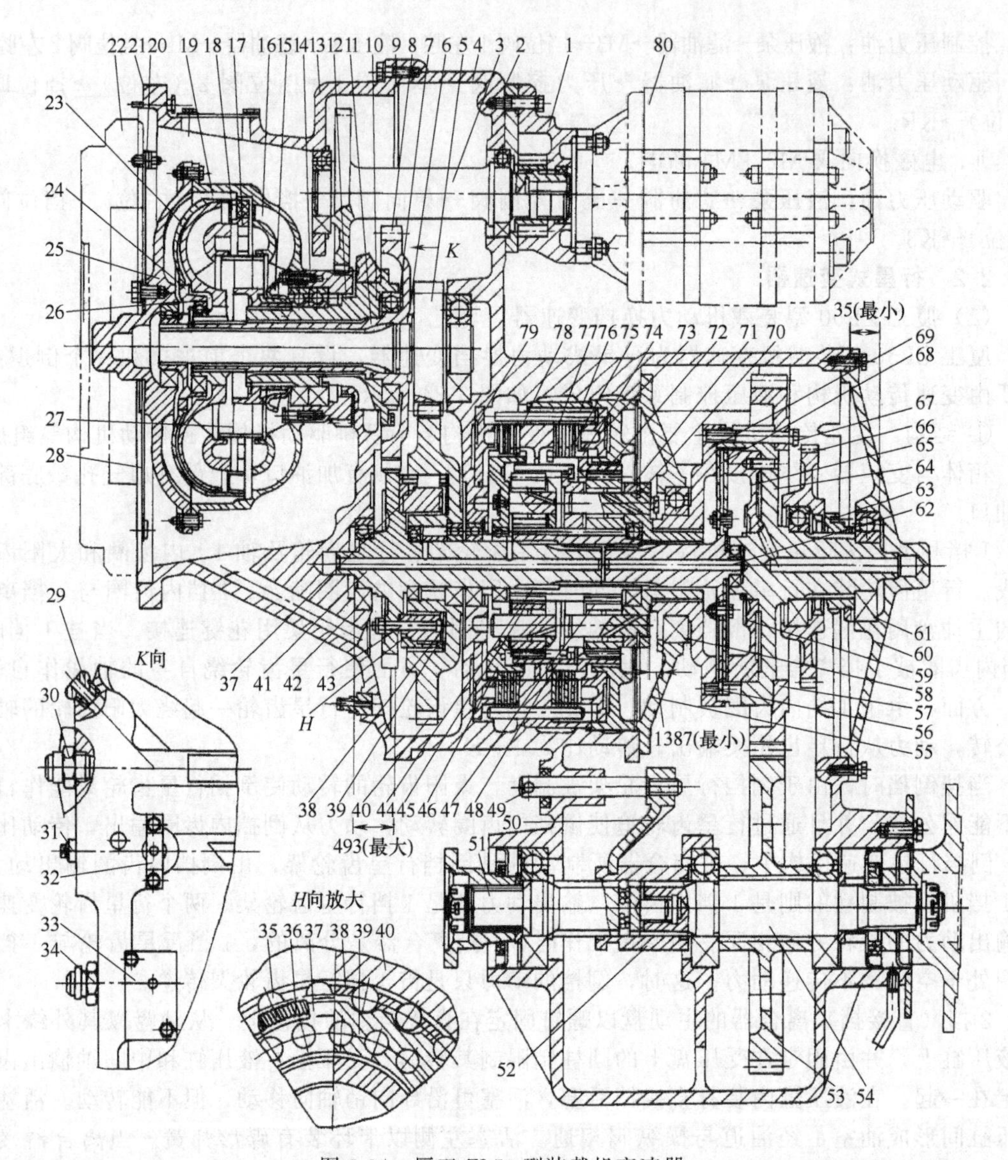

图 3-34 厦工 ZL50 型装载机变速器

1—变速泵；2,20,21—垫；3—齿轮轴；4—箱体；5—输入一级齿轮；6—铜套；7,11—油封；8—输入二级齿轮；9,12—密封环；10—导轮座；13—壳体；14,67—螺栓；15—导油环；16—泵轮；17—弹性销；18—第一涡轮；19—第二涡轮；22—飞轮；23—涡轮罩；24—钢钉；25—罩盖；26—涡轮毂；27—导轮；28—弹性盘；29—油温表接柱；30,34—管接头；31—螺塞；32,33—压力阀；35—滚柱；36,37—弹簧；38—隔离环；39—内环凸轮；40—外环齿轮；41—中间输入轴；42—轴承；43—太阳齿轮；44—连接齿套；45—倒挡行星齿轮；46—倒挡行星齿轮架；47—1 挡行星齿轮；48—倒挡内齿圈；49—前后桥连接拉杆；50—前后桥连接拨叉；51—后输出轴；52—滑套；53—输出轴齿轮；54—前输出轴；55—中盖；56—圆柱销；57—中间轴输出齿轮；58—1 挡行星齿轮轴；59—碟形弹簧；60—端盖；61—球轴承；62—直接挡轴；63—离合器滑套；64—直接挡液压缸；65—直接挡活塞；66—输出齿轮；68—直接挡离合器；69—直接挡受压盘；70—直接挡连接盘；71—1 挡行星齿轮架；72—1 挡油缸；73—1 挡活塞；74—1 挡内齿圈；75—1 挡离合器；76—固定销轴；77—弹簧销轴；78—倒挡离合器；79—倒挡活塞；80—双联泵

(2) 柳工 ZL50C 型装载机动力换挡变速器

① 结构　柳工 ZL50C 型装载机行星式动力换挡变速器结构如图 3-36 所示，与该变速器配用的液力变矩器具有一级、二级两个涡轮（称双涡轮液力变矩器），分别用两根相互套装在一起的并与齿轮做成一体的一级、二级输出齿轮轴，将动力通过常啮齿轮副传给变速器。由于常啮齿轮副的速比不同，故相当于变矩器加上一个两挡自动变速器，它随外载荷变化而

自动换挡。再由于双涡轮变矩器高效率区较宽，故可相应减少变速器挡数，简化变速器结构。

柳工 ZL50C 装载机的行星式变速器，由于上述特点而采用了结构较简单的方案，由两个行星排组成，只有两个前进挡和一个倒挡。输入轴和输入齿轮做成一体，与二级涡轮输出齿轮 4 常啮合；2 挡输入轴 26 与 2 挡离合器摩擦片 31 连成一体。前、后行星排的太阳齿轮、行星齿轮、齿圈的齿数相同。两行星排的太阳齿轮制成一体，通过花键与变速器输入齿轮轴 12、2 挡输入轴 26 相连。前行星排齿圈与后行星排行星齿轮架、2 挡离合器受压盘 32 三者通过花键连成一体。前行星排行星齿轮架和后行星排齿圈分别设有倒挡、1 挡制动器。

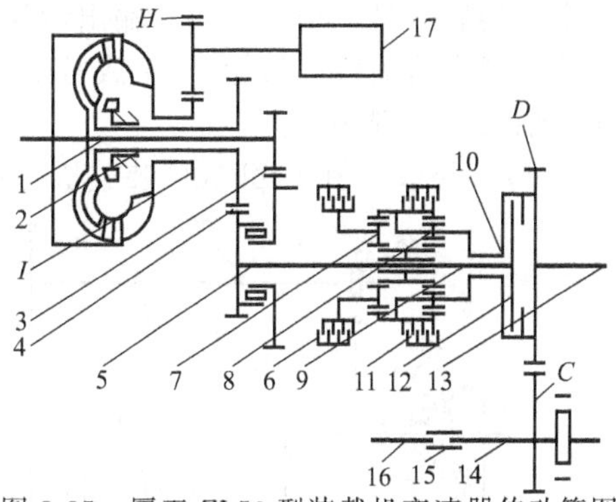

图 3-35　厦工 ZL50 型装载机变速器传动简图
1——一级涡轮输出轴；2—二级涡轮输出轴；3——级涡轮输出轴减速齿轮副；4—二级涡轮输出增速齿轮副；5—变速器输入轴；6,11—制动器；7,8—1 倒挡行星排；9—2 挡输入轴；10—2 挡承压盘；12—离合器；13—2 挡油缸轴；14—前桥输出轴；15—啮合套；16—后桥输出轴；17—油泵

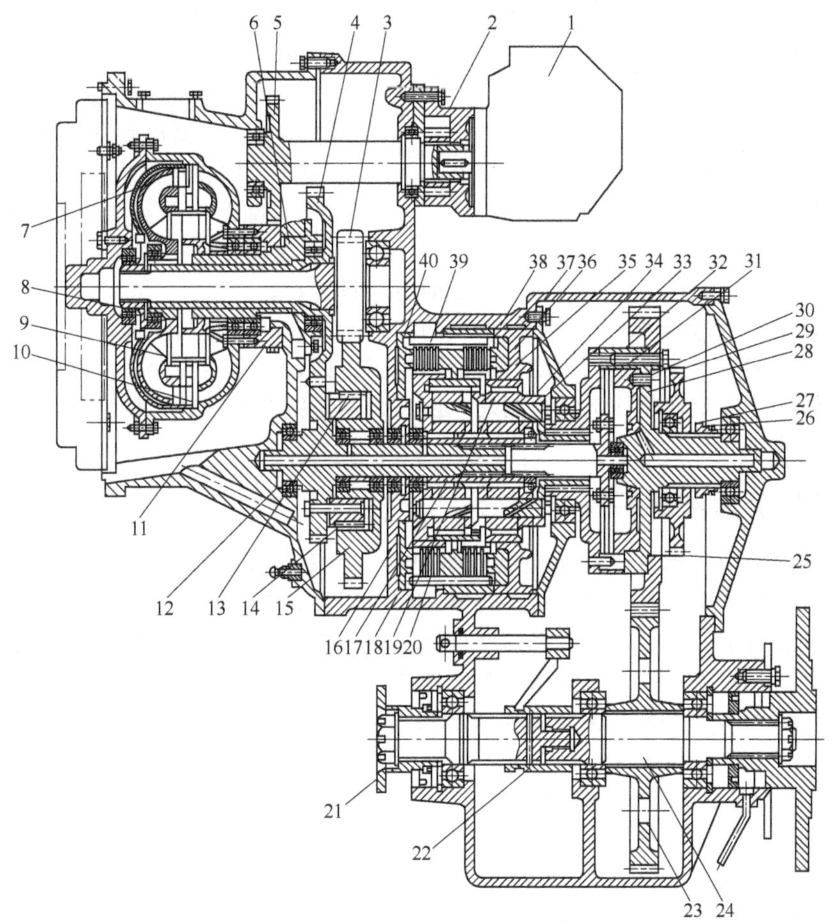

图 3-36　柳工 ZL50C 型装载机变速器
1—工作油泵；2—变速油泵；3——级涡轮输出齿轮；4—二级涡轮输出齿轮；5—变速油泵输入齿轮；6—导轮座；7—二级涡轮；8——级涡轮；9—导轮；10—泵轮；11—分动齿轮；12—变速器输入齿轮轴；13—单向离合器滚子；14—单向离合器凸轮；15—单向离合器外环齿轮；16—太阳轮；17—倒挡行星齿轮；18—倒挡行星齿轮架；19—1 挡行星齿轮；20—倒挡齿圈；21—后桥输出轴；22—前后轴离合套；23—变速器输出齿轮；24—前桥输出轴；25—输出齿轮；26—2 挡输入轴；27—离合套；28—2 挡油缸；29—“三合一” 机构输入齿轮；30—2 挡活塞；31—2 挡离合器摩擦片；32—2 挡离合器受压盘；33—倒挡、1 挡连接盘；34—1 挡行星架；35—1 挡油缸；36—1 挡活塞；37—1 挡齿圈；38—1 挡制动器摩擦片；39—倒挡制动器摩擦片；40—倒挡活塞

变速器后部是一个分动箱，输出齿轮 25 用螺栓和 2 挡油缸 28、2 挡离合器受压盘 32 连成一体，同变速器输出齿轮 23 组成常啮齿轮副，后者用花键与前桥输出轴 24 连接。前、后桥输出轴通过花键相连。

② 传动路线　柳工 ZL50C 装载机行星式变速器传动简图如图 3-37 所示，该变速器两个行星排间有两个连接件，故属于二自由度变速器。因此，只要接合一个操纵件即可实现一个排挡，现有两个制动器和一个闭锁离合器，共可实现三个挡。

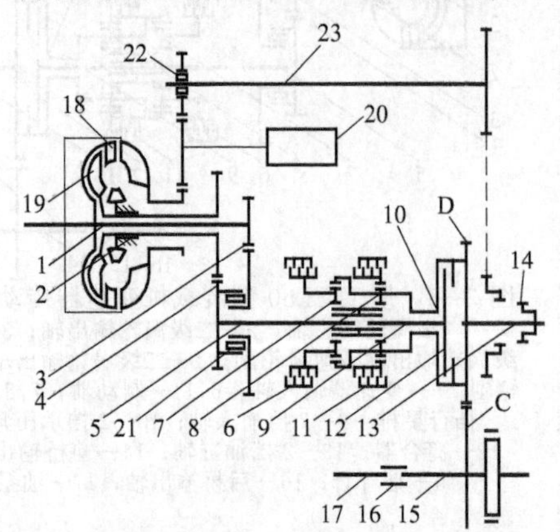

图 3-37　柳工 ZL50C 装载机液力机械传动简图

1—一级涡轮输出轴；2—二级涡轮输出轴；3—一级涡轮输出减速齿轮副；4—二级涡轮输出增速齿轮副；5—变速器输入轴；6,11—制动器；7—前行星排；8—后行星排；9—二挡输入轴；10—二挡受压盘；12—闭锁离合器；13—二挡油缸轴；14—离合套；15—前桥输出轴；16—前、后桥离合器；17—后桥输出轴；18 一级涡轮；19—二级涡轮；20—转向泵；21,22—单向离合器；23—轴

a. 前进一挡　当接合制动器 11 时，实现前进一挡传动。这时，制动器 11 将后行星排齿圈固定，而前行星排则处于自由状态，不传递动力，仅后行星排传动。动力由输入轴 5 经太阳齿轮从行星齿轮架、二挡受压盘 10 传出，并经分动箱常啮齿轮副 C、D 传给前、后驱动桥。

b. 前进二挡　当闭锁离合器 12 接合时，实现前进二挡。这时闭锁离合器将输入轴 5、输出轴和二挡受压盘 10 直接相连，构成直接挡。

c. 倒退挡　当制动器 6 接合时，实现倒退挡。这时，制动器将前行星排行星齿轮架固定，后行星排空转不起作用，仅前行星排传动。

装载机行星式变速器中有两种不同形式的换挡元件，一种是制动器，另一种是闭锁（或换挡）离合器。两者的区别是：制动器的油缸是固定的，离合器的油缸是旋转的；制动器是把某一个旋转构件固定在箱体上实现制动，而离合器是把两个旋转构件刚性地连接在一起实现整个组成的闭锁。

3.1.3 变矩变速液压系统

液力机械式动力传动系统液压操纵油路包括变速器的操纵油路，变矩器的补偿冷却油路，变速器、变矩器中齿轮、轴承、离合器摩擦的压力润滑油路，这三个油路中变矩器的补偿冷却油路和变速器、变矩器的润滑油路比较简单，变速器的换挡操纵油路则较复杂，下面介绍典型装载机变矩变速液压系统构造与工作原理。

3.1.3.1 郑工 955A 型装载机变矩变速液压系统

（1）变矩变速液压系统功用与组成

郑工 955A 型装载机变矩器液压系统主要用来完成变矩器的补充供油和冷却，操纵变矩器锁紧离合器，它与变速器液压系统共用一个油路，同时控制变速器的换挡离合器以及对轴承、离合器进行冷却和润滑。主要由主油泵 11、辅助油泵 12、三联阀（5、6、7)、拖锁阀 9、变速操纵阀 14、单向阀 10、冷却器 4 等组成，如图 3-38 所示。

（2）油路路径

变矩器、变速器的控制油路路径分为主油路和辅助油路。

① 主油路　当柴油机工作时，带动主油泵工作，油液从变速器油底壳吸入，将压力油经单向阀送至三联阀。一部分压力油送到变速操纵阀，以便操纵变速器换挡离合器实现挂挡，另一部分压力油打开主压力阀进入变矩器。从变矩器出来的油经出口压力阀到散热器，

经冷却的油送到变速器的换挡离合器及轴承处以冷却与润滑机件，然后再流入变速器油底壳。主油泵的油另一路去拖锁阀以控制变矩器锁紧离合器。

② 辅助油路　当柴油机电启动装置发生故障需要拖启动时（装载机必须向前拖行），辅助油泵工作，从变速器油底壳吸油并将压力油送至拖锁阀，此时，操纵手柄放在拖启动位置，一路压力油将变矩器锁紧离合器锁死，另一路压力油进入变速操纵阀以便挂挡。为防止辅助油泵的压力油流进主油泵，在主油泵出口处装有单向阀。

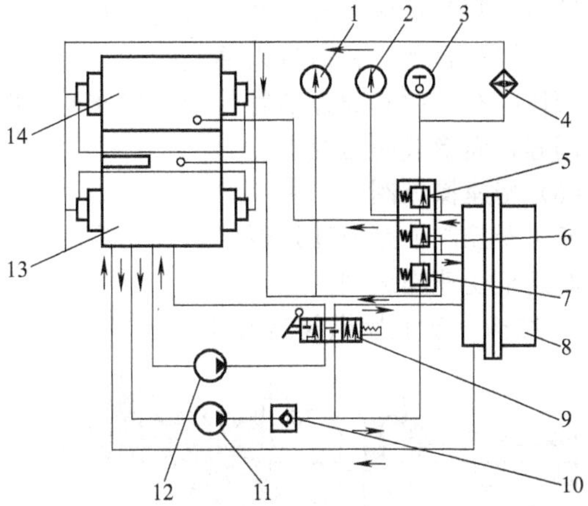

图 3-38　郑工 955A 型装载机变矩器辅助系统

1—主压力表；2—出口压力表；3—出口温度表；4—冷却器；5—出口压力阀；6—进口压力阀；7—主压力阀；8—变矩器；9—拖锁阀；10—单向阀；11—主油泵；12—辅助油泵；13—变速器；14—变速操纵阀

(3) 油泵

液压控制系统所采用的主油泵为 CB-F25C-FL 型逆时针齿轮泵；辅助油泵为 CB-F18C-FL 型顺时针齿轮泵。

(4) 三联阀

三联阀装在变矩器齿轮箱上，由主压力阀 2、进口压力阀 1 和出口压力阀 4 组成，如图 3-39 所示。

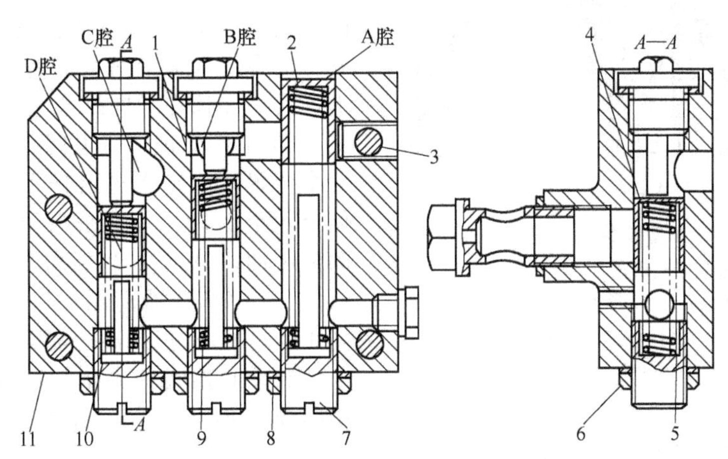

图 3-39　郑工 955A 型装载机变矩器液压系统三联阀

1—进口压力阀；2—主压力阀；3—固定螺钉；4—出口压力阀；5—弹簧；6—锁紧螺母；7—调整螺塞；8—铜垫；9,10—导杆；11—阀体

主压力阀、进口压力阀和出口压力阀装在一个阀体内，故称为三联阀。阀体上有通主油路的 A 腔、通变矩器的 B 腔、通变矩器回油路的 C 腔和通散热器的 D 腔。每个阀都由阀芯、弹簧和导杆等组成。

① 主压力阀　保证换挡离合器工作油路压力在 1.2～1.5MPa 范围内，以便操纵变速器的换挡离合器和变矩器的锁紧离合器。

② 进口压力阀　设置在变矩器的进油口处，工作压力为 0.4～0.7MPa，作用是通过控制阀前压力的变化调节进入变矩器的油液流量。

③ 出口压力阀　设置在变矩器的出油口处，工作压力为 0.25MPa，作用是保证循环油

路中有一定的油压，以防变矩器内进入空气。空气的进入会使变矩器产生噪声，降低传动效率和转矩，甚至造成叶片损坏。从变矩器出来的高温油经此阀到散热器冷却后，再去冷却和润滑各换挡离合器，最后流入油底壳。

阀体内有径向孔通过油管与变速器连通，以使阀芯与阀体之间渗入的油液泄回变速器，防止阀芯背面形成高压腔。

(5) 变速操纵阀

变速器控制油路与变矩器辅助系统共用一个控制油路。主油泵输出的高压油经单向阀、三联阀送至变速操纵阀。

① 结构　变速操纵阀是变速器选择挡位的主要控制元件，由进退阀、变速阀和制动脱挡阀组合而成（见图 3-40）。

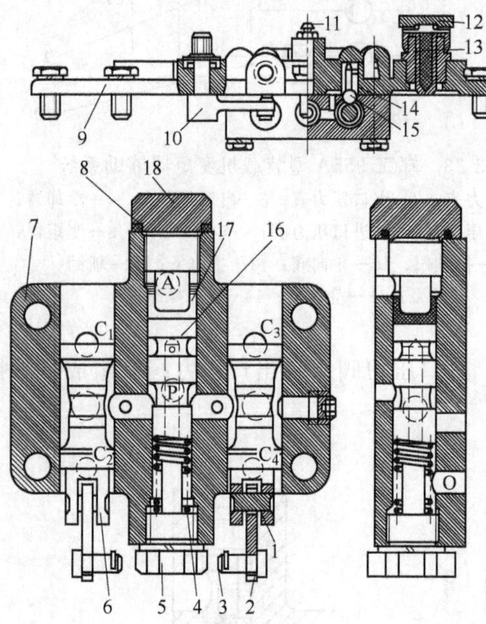

图 3-40　郑工 955A 型装载机变速器变速操纵阀

1—销轴；2—销轴叉；3—销；4,14—弹簧；5,18—螺塞；6—阀杆；7—阀体；8—O 形密封圈；9—变速器盖；10—连杆；11—放气螺钉；12—透气塞盖；13—填料；15—钢球；16—制动联动阀杆；17—橡胶皮碗

进退阀、变速阀和制动脱挡阀装在一个阀体内。阀体固定在变速器的上盖内，内有三个空腔。阀体与箱盖用螺钉固定。

进退阀、变速阀的阀杆结构完全相同，分别装在左、右两个空腔内。阀杆中部有钢球定位环槽。阀杆的三个位置靠定位钢球和弹簧限位。阀杆下端通过销轴，连杆等与操纵杆连接，并在操纵杆的控制下，在空腔内滑动。

制动脱挡阀的阀杆装在阀体的中间空腔内，其上装有橡胶皮碗。皮碗由螺塞限位。阀杆的另一端装有弹簧，弹簧一端顶在阀杆上，另一端顶在导向螺塞上。

② 工作原理　进退阀、变速阀的阀杆有三个位置，分别受进退杆和变速杆控制，阀体上六个油口，分别是高压油进油口 P，制动油进油口 A，1、3 挡离合器高压油口 C_1，1、2、4 挡离合器高压油口 C_2，倒挡离合器高压油口 C_3，正挡离合器高压油口 C_4。

制动脱挡阀杆受制动油液控制。阀杆在中间位置时为空挡，制动脱挡阀杆堵住 O 口，变速阀杆堵住通向换挡离合器的油道。此时，从 P 口进的高压油无路可通，多余的压力油经三联阀进入变矩器；从阀杆和中腔之间渗入环槽的油可经阀杆径向孔和中心油道、平衡孔排入油底壳。

当进退杆放在倒退位置时，阀杆向上，使 C_4 口和油箱相通，C_3 口和进油路相通，从 P 口来的压力油经油道进入 C_3 口，再经箱盖油道和油管进入倒挡离合器活塞室，使倒挡离合器接合。

当变速杆放在 1、3 挡位置时，阀杆向上，使 C_1 口和进油路相通，从 P 口来的压力油经油道进入 C_1 口，再经箱盖油道和油管进入 1、3 挡离合器活塞室，使 1、3 挡离合器接合。

此时，装载机将以倒退 1 挡或 3 挡（视高、低挡啮合套位置）行驶。

若将上述操纵阀再置于中间位置时，切断供油，两个离合器活塞室内的油分别从阀杆两端排入油底壳，压力消失，快泄阀打开，使换挡离合器迅速分离。

变速器每个挡位均由进退挡离合器、变速离合器、高低挡啮合套的工作状态决定，其原理与上例相同，不再重述。

制动脱挡阀杆的作用是：当装载机制动时，让变速器自动脱挡，使制动可靠，以节省柴油机动力。当踩下脚制动踏板时，从气液总泵来的制动油从A口进入橡胶皮碗的顶部，推动阀杆下行，压缩弹簧，阀杆堵死P口，切断来油，同时打开O口，使进入换挡离合器的压力油从O口排入油底壳，离合器分离。

如果变矩器没有锁紧离合器，则辅助油路如图3-41所示，即没有辅助油泵和拖锁阀。其他部分基本没有变化。

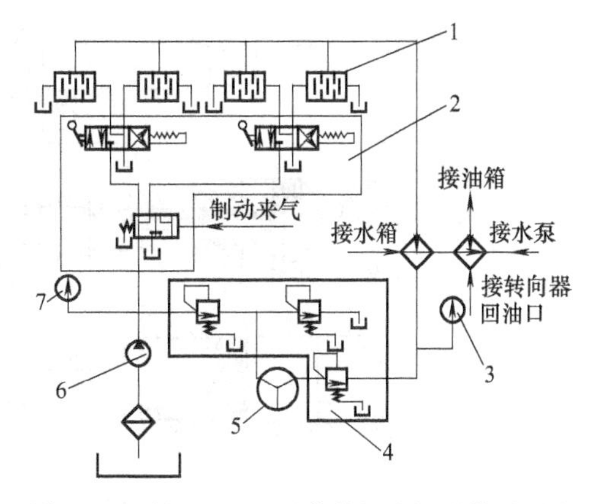

图3-41　郑工955A型装载机变矩器辅助系统（没有辅助油泵和拖锁阀）

1—离合器；2—变速分配阀；3—温度表；4—三联阀；5—变矩器；6—CBF-E40CX；7—压力表

3.1.3.2　厦工ZL50型装载机变矩变速液压系统

厦工ZL50型装载机变矩器、变速器共用一个液压系统，主要用来完成变速器工作中产生热量的循环散热，控制变速器工作的核心部件是组合阀，其装在变速器箱体一侧，受驾驶室内的变速操纵杆控制，主要由调压阀（主压力阀）、离合器切断阀和换挡操纵阀组成，三阀一体，如图3-42所示。

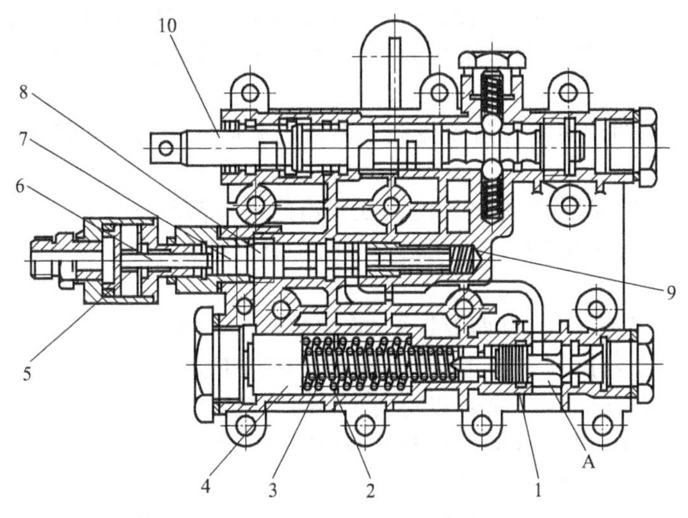

图3-42　厦工ZL50型装载机的组合阀

1—调压阀杆；2—蓄能器弹簧；3—调压弹簧；4—蓄能器活塞；5—气阀杆弹簧；6—汽缸活塞杆；7—小柱塞；8—切断阀杆；9—切断阀弹簧；10—操纵阀杆

（1）组合阀

① 调压阀　用来控制离合器（包括制动器）的操纵油压，并使油压平稳上升，以实现平稳结合。调压阀包括调压阀杆1、调压弹簧3、蓄能器活塞4和蓄能器弹簧2，如图3-42所示。

调压阀是压力阀，从液压泵来的压力油进入A腔，经调压阀杆上斜的小孔油道至调压阀杆端部。当油压达到一定值时，油压力克服调压弹簧的弹力，使调压阀杆左移，通往变矩器的油口打开，压力油便流向变矩器。它与一般压力阀不同的是，其控制油压的调压弹簧的另一端不是支承在不动的壳体上，而是支承在可移动的蓄能器活塞上。移动蓄能器活塞就改变了弹簧力，从而改变了调压阀的控制油压。蓄能器活塞的背部油腔通过单向节流装置和离合器油路连通，压力油进入此油腔时经过节流孔，从此油腔排出时经过单向阀不经过节流孔（见图3-43）。当离合器刚接通压力油，油填充离合器液压缸时，离合器液压缸活塞移动，逐渐消除摩擦片的片间间隙，此时蓄能器活塞在左端极限位置，如图3-42所示。当离合器摩擦片的片间间隙消除并贴紧后，离合器液压缸油压便开始上升，压力油通过节流小孔进入蓄能器，推动蓄能器活塞右移，使调压弹簧的弹力增大，油压便逐渐上升，最后蓄能器活塞移动到右端极限位置，如图3-43所示。此时压力阀的控制油压便达到离合器规定的控制油压。

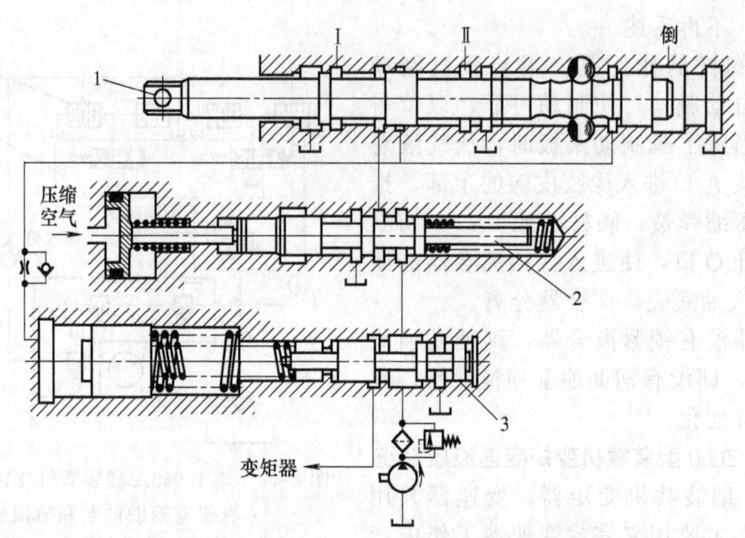

图 3-43 厦工 ZL50 型装载机的变速箱液压操纵原理

1—换挡操纵阀；2—离合器切断阀；3—调压阀

压力阀控制的油压是由弹簧的弹力决定的，因此离合器接合时油压上升的快慢，取决于弹簧弹力增大的快慢，也就是蓄能器活塞移动的快慢。由于进入蓄能器的油是通过节流小孔的，流量较小，蓄能器活塞移动较慢，弹簧弹力增大较慢，因此离合器的油压上升是平缓的。

当离合器油路卸压时，蓄能器中的油可不经过节流孔，而通过单向阀迅速排至离合器油路。

② 离合器切断阀　其作用是当踩下制动踏板制动时，变速箱的离合器能自动分离，使传给行走部分的动力切断，这样使动力在制动时不至于白白消耗在变矩器的打滑发热上，而能将全部动力供给工作装置。

离合器切断阀由切断阀杆 8、小柱塞 7、切断阀弹簧 9、汽缸活塞杆 6 和气阀杆弹簧 5 组成（见图 3-42）。不踩制动踏板时，切断阀杆和汽缸活塞杆在弹簧作用下处于左端位置。此时从调压阀来的压力油与离合器油路相通，离合器可以得到压力油。当制动时，压缩空气进入汽缸，推动汽缸活塞杆和切断阀杆移至右端位置，此时从调压阀来的压力油被关闭，离合器油路接通回油路，离合器液压缸中的压力油被卸掉，离合器分离。

③ 换挡操纵阀　其作用是操纵各换挡离合器液压缸的充油和卸油，控制各离合器的接合和分离，进行换挡。

换挡操纵阀是四位手动方向滑阀，操纵阀杆 10 有四个工作位置，用定位钢球定位，依次为Ⅱ、Ⅰ、空、倒。阀杆处于哪一个挡位，该挡位的离合器便同压力油接通，处于接合状态；其他离合器都与回油相通，处于分离状态。图 3-43 所示为Ⅰ挡离合器通压力油处于接合状态，Ⅱ挡和倒挡离合器卸油，处于分离状态。

当阀杆在空挡位置，进入操纵阀的压力油处于关闭状态，所有离合器都卸油，都处于分离状态。

移动换挡操纵阀的阀杆就能进行各个挡位的转换，操纵非常轻便。

(2) 油路路径

厦工 ZL50 型装载机的变速箱液压系统如图 3-44 所示。

液压泵 4 通过软管 3 和滤网 2 从变速箱油底壳 1 吸油，泵出的压力油从箱体壁孔流出经软管 5、过滤器 6（当滤芯堵塞导致其压降大于 0.1MPa 时，旁通阀开启），再通过软管 7 进入调压阀 8。至此压力油分为两路：一路进入变速操纵部分，完成不同挡位工作；另一路经箱壁埋管 17 进入变矩器 19。软管 20 与 22 是壳体与散热器的进、回油管。经过散热冷却后的低压油回到倒挡液压缸 13，润滑大、小超越离合器和变速箱内各排行星齿轮后流回油底壳 1。压力阀 18 保证变矩器进口油压为 0.56MPa，出口油压为 0.28～0.45MPa。背压阀 23 保证润滑油压为 0.1～0.2MPa，超过此值会立即打开卸压。

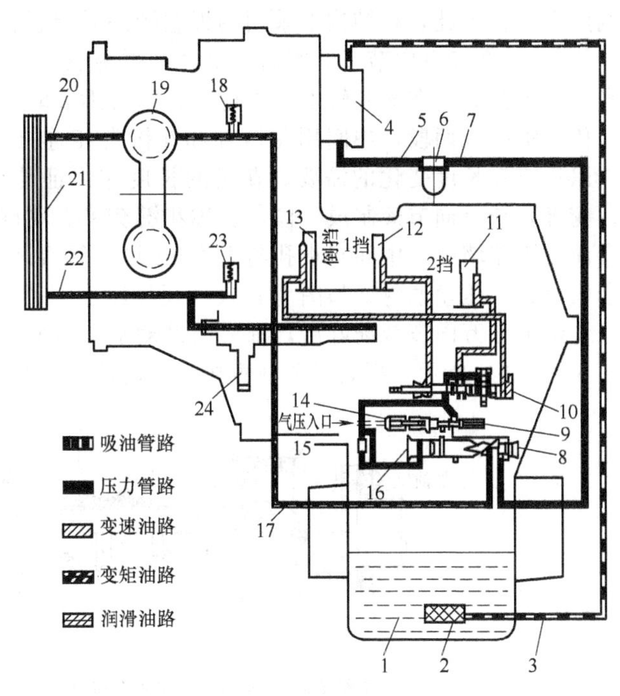

图 3-44　厦工 ZL50 型装载机的变速箱液压系统

1—油底壳；2—滤网；3,5,7,20,22—软管；4—液压泵；6—过滤器；8—调压阀；9—离合器切断阀；10—换挡操纵阀；11—2 挡液压缸；12—1 挡液压缸；13—倒挡液压缸；14—气阀；15—单向节流阀；16—滑阀；17—箱壁埋管；18—压力阀；19—变矩器；21—散热器；23—背压阀；24—大超越离合器

3.1.4　万向传动装置

轮式装载机由于总体布置上的关系，变速器与驱动桥之间往往有一段距离，变速器的输出轴线与前、后桥输入轴线不在同一水平面内，且在水平面的投影也不在一条直线上，为了保证可靠地把动力从变速器传递到前、后桥上，在变速器输出轴与驱动轿输入轴之间除有万向节外，在两个万向节之间还应有传动轴，这样万向节和传动轴就组成了万向传动装置。

3.1.4.1　万向节

万向节有弹性和刚性两种。由于刚性万向节可以保证在轴间夹角变化时可靠地传递运动，并且有较高的传动效率，因而轮式装载机大都采用刚性十字轴万向节，其结构如图 3-45、图 3-46所示。

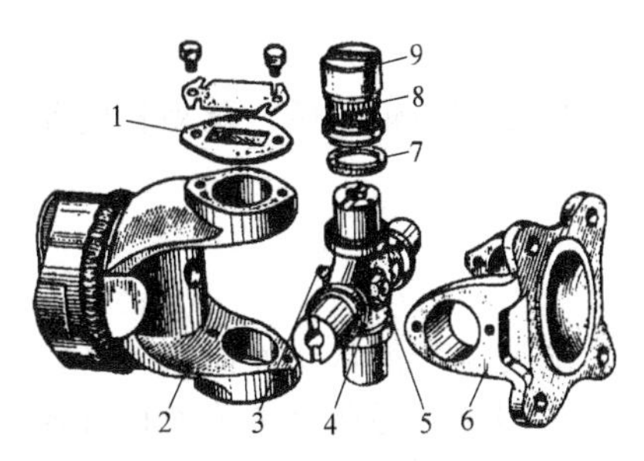

图 3-45　普通十字轴万向节

1—轴承盖板；2,6—万向节叉；3—油嘴；4—十字轴；5—安全阀；7—油封；8—滚针；9—轴承壳

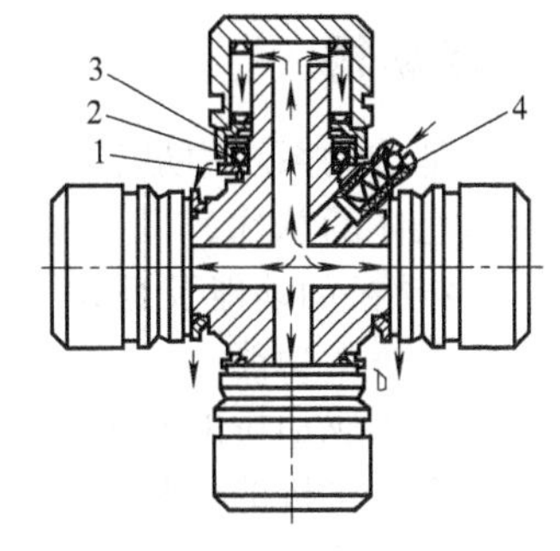

图 3-46　十字轴润滑油道及密封装置

1—油封挡盘；2—油封；3—油封座；4—注油嘴

3.1.4.2　传动轴

传动轴做成空心，以提高其强度和刚度。传动轴高速转动时，若其质量不平衡，容易产

生剧烈振动。为此，在结构上采用钢板卷制并对焊成管形圆轴，而不用无缝钢管（壁厚不易保证均匀）。在和万向节叉装配后，要经动平衡试验，并用焊小块钢片（平衡片）的办法获得平衡。平衡后，在叉和轴上刻上记号，以便拆装时保持原来的位置。

传动轴制成两段，中间用花键轴和花键套相连接。这样，传动轴的总长度可允许有伸缩，以适应其长度变化的需要。花键的长度应保证传动轴在各种工况下，既不脱开又不顶死。花键套与万向节叉制成一体，也称花键套叉。花键套上装有油嘴，以润滑花键部分。花键套前端用盖堵死（中间有小孔与大气相通），后端装有油封，并用带螺纹的油封盖拧在花键套的尾部以压紧油封，如图 3-47（a）所示。

传动轴和万向节装配好后，都要经过动平衡试验，并且在花键套和传动轴上刻有记号，如图 3-47（b）所示，拆装时要注意按平衡时所刻记号进行装配，以保持原来的相对位置。

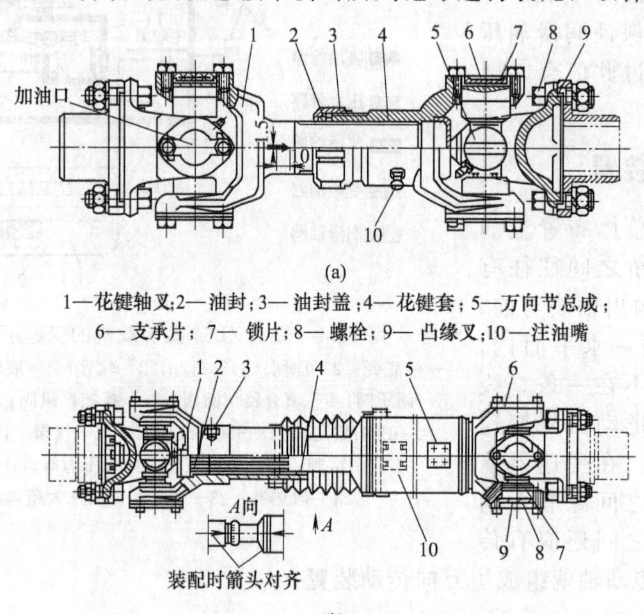

(a)

1—花键轴叉；2—油封；3— 油封盖；4—花键套；5—万向节总成；6— 支承片；7— 锁片；8— 螺栓；9— 凸缘叉；10 —注油嘴

(b)

1— 堵盖；2—花键轴叉；3— 注油嘴；4—油封；5 —平衡贴片；6 — 锁片；7—滚针轴承油封；8—万向节滚针轴承；9—滚针轴承轴承盖；10 —传动轴

图 3-47 传动轴的结构形式

3.1.5 驱动桥

驱动桥是传动系统中最后一个大总成，它是指变速器或传动轴之后，驱动轮之前的所有传力机件与壳体的总称。

3.1.5.1 驱动桥的功能及组成

（1）驱动桥的功能

轮式装载机驱动桥的基本功能是通过主传动及轮边减速，降低从变速器输入的转速，增加扭矩，来满足主机的行驶及作业速度与牵引力的要求。同时，还通过主传动将直线方向的运动转变为垂直横向方向的运动，从而带动驱动轮旋转，使主机完成沿直线方向行驶的功能。另外，通过差速器完成左右轮胎之间的差速功能，以确保两边行驶阻力不同时仍能正常行驶。

轮式装载机的驱动桥除完成基本功能外，它还是整机的承重装置、行走轮的支承装置、行车制动器的安装与支承装置等。因此，驱动桥在轮式装载机中是一个非常重要的传动部件。

（2）驱动桥的类型

轮式装载机驱动桥根据行车制动器的结构形式及安装部位的不同分为两类，一类是制动器在驱动器壳体的内部，浸在油里面的驱动桥，通常称为内藏湿式多片式制动器驱动桥，如图 3-48 所示；另一类是干式外置前盘式制动器驱动桥，就是通常所指的驱动桥，如图 3-49 所示。这里重点介绍干式外置前盘式制动器驱动桥。

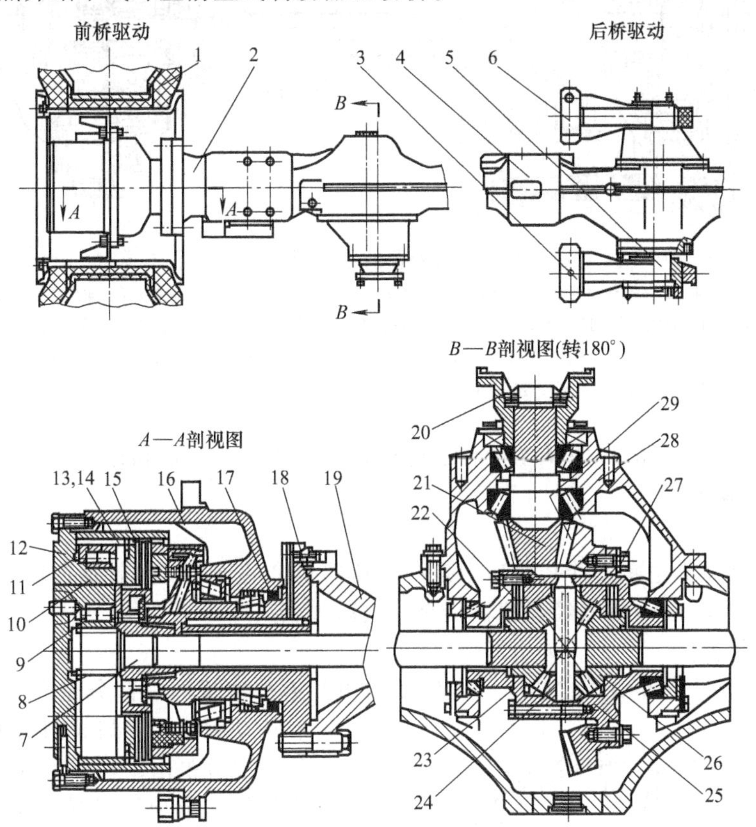

图 3-48 内藏湿式多片式制动器驱动桥

1—轮胎轮辋总成；2—前驱动桥；3—后摆动支架；4—后驱动桥；5—后支承轴；6—前摆动支架；7—半轴；8—太阳齿轮；9—行星轮齿轴承；10—行星齿轮轴；11—行星齿轮；12—行星齿轮架；13,14—内齿轮和内齿轮支架；15—行星制动器；16—轮壳；17—组合骨架油封；18—轮边减速支承轴；19—桥壳；20—连接法兰；21—主动螺旋锥齿轮；22—差速锁；23—差速器左壳；24—十字轴；25—差速器行星齿轮；26—半轴齿轮；27—差速器右壳；28—托架；29—大螺旋锥齿轮

（3）驱动桥的组成

厦工 ZL50 型轮式装载机驱动桥分前桥和后桥，其区别在于主传动中的螺旋锥齿轮副的螺旋方向不同。前桥的主动螺旋锥齿轮为左旋，后桥则为右旋。其余结构相同。厦工 ZL50 型轮式装载机驱动桥的结构见图 3-49。该驱动桥主要由桥壳、主传动器（包括差速器）、半轴、轮边减速器（包括行星齿轮、内齿轮、行星齿轮轴、太阳齿轮等）、轮胎及轮辋等组成。

桥壳安装在车架上，承受车架传来的载荷并将其传递到车轮上。桥壳又是主传动器、半轴、轮边减速器的安装支承体。

主传动器是一级螺旋锥齿轮减速器，传递由传动轴传来的扭矩和运动。

差速器是由两个锥形的直齿半轴齿轮、十字轴、四个锥形直齿行星齿轮及左、右差速器壳等组成的行星齿轮传动副。它对左、右两车轮的不同转速起差速作用，并将主传动器的转矩和运动传给半轴。

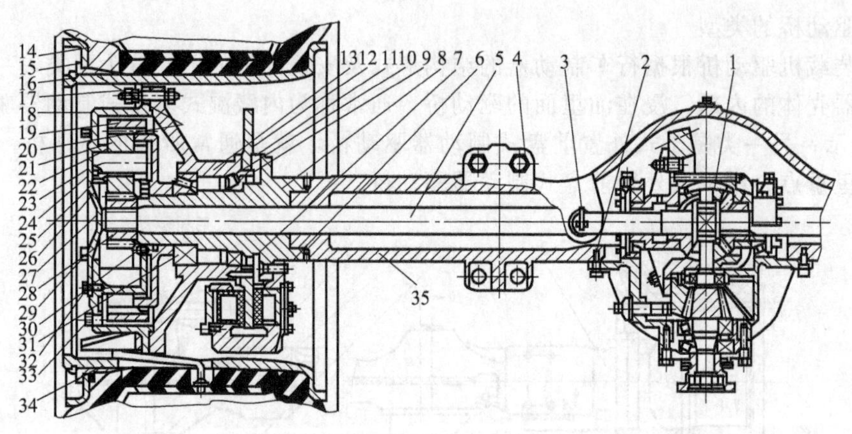

图 3-49　干式外置前盘式制动器驱动桥

1—主传动器；2,4,32—螺栓；3—透气管；5—半轴；6—盘式制动器；7—油封；8—轮边支承轴；9—卡环；10,31—轴承；11—防尘罩；12—制动盘；13—轮毂；14—轮胎；15 —轮辋轮缘；16 锁环；17—轮辋螺栓；18,21—行星齿轮；19—内齿轮；20,27—挡圈；22—垫片；23—行星齿轮轴；24—钢球；25—滚针轴承；26—盖；28—太阳齿轮；29—密封垫；30—圆螺母；33—螺塞；34—轮辋；35—桥壳

左、右半轴为全浮式，将从主传动器通过差速器传来的转矩和运动传给轮边减速器。

3.1.5.2　主传动器

(1) 功用

主传动器（又称主减速器）的功用是把变速器传来的动力降低转速，增大转矩，并将动力的传递方向改变 90°，然后经差速器传至轮边减速器。

(2) 组成及特点

图 3-50 所示为主传动器的结构。主传动器由两部分组成：一部分是由主动螺旋锥齿轮和从动大螺旋锥齿轮组成的主传动部分；另一部分是由差速器左壳、差速器右壳、锥齿轮、半轴锥齿轮、十字轴等组成的差速器。托架为主传动部分及差速器的支承体。主动螺旋锥齿轮直接安装在托架上，从动大螺旋锥齿轮安装在差速器右壳上，与差速器总成一起也安装在托架上。动力由变速器通过传动轴传到主动螺旋锥齿轮上，驱动大螺旋锥齿轮带动差速器总成一起旋转，再通过差速器的半轴齿轮将动力传给与半轴齿轮用花键相连的半轴上，完成主传动器的动力传递。同时，改变了动力的传递方向，将主动螺旋锥齿轮的直线运动传给与之轴线成 90°的大螺旋锥齿轮，成为横向运动。

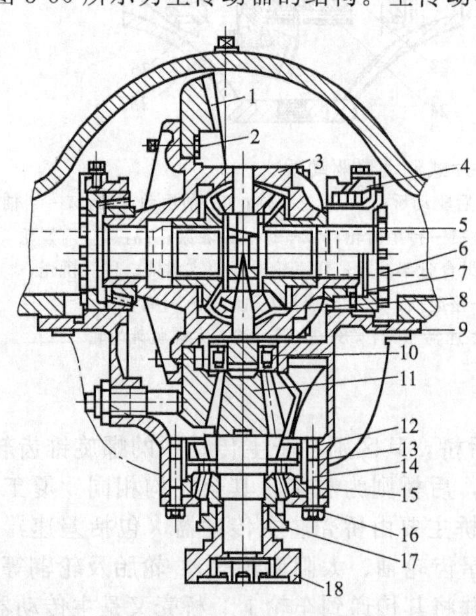

图 3-50　主传动器

1—从动大螺旋锥齿轮；2—差速器右壳；3—十字轴；4—轴承座；5—半轴锥齿轮；6—差速器左壳；7—圆锥滚子轴承；8—行星锥齿轮；9—托架；10—圆柱滚子轴承；11—主动螺旋锥齿轮；12—垫片；13—轴套；14—轴承套；15—调整垫片；16—密封盖；17—骨架油封；18—法兰

3.1.5.3　差速器

(1) 功用及组成

厦工 ZL50 型轮式装载机驱动桥中的差速器由四个锥齿轮（行星齿轮），十

字轴，左、右半轴锥齿轮及左、右差速器壳等组成。它的功用是使左、右两驱动轮具有差速的功能。

左、右两驱动轮具有差速功能是指当驱动轮在路面上行驶时，不可避免地要沿弯道行驶，此时外侧车轮的路程必然大于内侧车轮的路程，此外，因路面高低不平或左、右轮胎的轮压、气压、尺寸不一等原因也将引起左、右驱动轮行驶路程的差异，这就要求在驱动的同时应具有能自动地根据左、右车轮路程的不同而以不同的角速度沿路面滚动的能力，从而避免或减少轮胎与地面之间可能产生的纵向滑动，以及由此引起的磨损和在弯道行驶时的功率损耗。

厦工ZL50型轮式装载机采用的行星锥齿轮差速器和左、右半轴的传动方式，保证了左、右轮在驱动的情况下能自动地调节其转速，以避免或减少轮胎纵向滑动引起的磨损。

(2) 工作原理

行星锥齿轮式差速器产生差速作用的原理如图3-51所示，驱动桥主传动器中的主动螺旋锥齿轮是由发动机输出的转矩经变矩器、变速器、传动轴来驱动的，而从动大螺旋锥齿轮是由主动螺旋锥齿轮驱动。假定传给从动大螺旋锥齿轮的力矩为M_O，那么与大螺旋锥齿轮装成一体的左、右两个半轴锥齿轮上的总驱动力矩也是M_O，若锥齿轮的轮心离半轴轴线的距离为r，则十字轴作用在四个行星齿轮处的总作用力为$P=M_O/r$。这个力通过半轴锥齿轮带动左、右半轴。P作用在行星齿轮的轮心处，它离左、右半轴锥齿轮啮合处的距离是相等的，所以传给左、右两轮的驱动力矩也是相等的，若此时地面对半轴轴线的阻力矩也相等，那么行星齿轮和半轴锥齿轮之间不产生相对运动，半轴与差速器壳及从动大螺旋锥齿轮的阻力矩也相等，那么行星齿轮和半轴齿轮之间不产生相对运动，半轴与差速器壳及从动大螺旋锥齿轮以相同的转速一起转动，好像左、右驱动轮是由一根轴连在一起驱动的一样。

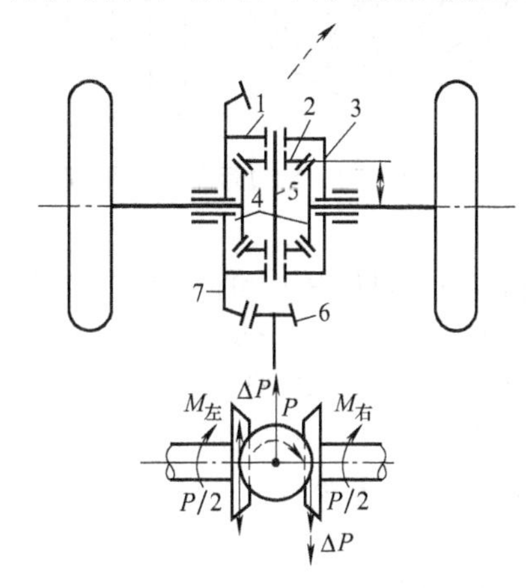

图3-51　差速器原理

1—差速器右壳；2—锥齿轮；3—差速器左壳；4—半轴锥齿轮；5—十字轴；6—主动螺旋锥齿轮；7—从动大螺旋锥齿轮

若由于某种原因，左、右两轮与地面接触处对半轴轴线作用的阻力矩不相等。例如，左轮的阻力矩为$M_{左}$，右轮的阻力矩为$M_{右}$，它们之间的差额为ΔM，即$|M_{左}-M_{右}|=\Delta M$，若ΔM大于使行星齿轮转动时所需克服内部阻力的力矩时，行星齿轮就会绕其自身的轴线转动起来，使左半轴锥齿轮与右半轴锥齿轮以相反的方向转动。由此可见，只要左、右两轮的阻力矩相差一个克服差速器内部转动摩擦力的力矩，就能使左半轴与右半轴分别以各自的转速转动，也就起到了差速的作用。

厦工ZL50型轮式装载机采用的这种差速器，只能将相同的驱动力矩传给左、右驱动轮，当两侧驱动轮受到不同的阻力矩时，就自动改变速度，直至两轮的阻力矩基本相等。即装这种差速器的驱动桥在传递力矩时，左、右驱动轮之间只能差速，而不能差力。

从驱动桥沿弯道行驶来看，此时外侧车轮要比沿直线行驶时滚过较长的路程，若差速器中行星齿轮转动时的摩擦力企图阻止车轮沿路面上较长的轨迹滚动，那么将在轮胎与地面之间产生滑动，地面也将对轮胎作用一个滑动摩擦力阻止轮胎在地面滑动，从而使车轮滚转并克服行星齿轮的内部摩擦阻力，这样，外侧驱动轮就滚过了较长的路程，避免或减少了轮胎在地面上可能产生纵向滑动而引起磨损。

内侧车轮在沿弯道行驶时，要比沿直线行驶时滚过较短的路程，使之不产生纵向滑动的原理和外侧车轮是相同的。

3.1.5.4 轮边减速器

轮边减速器是传动系统中的最后一个装置，故也称最终传动装置，主要用于进一步减小转速，增大转矩。

轮边减速器是一个单排行星齿轮机构，所以称行星齿轮减速器。其内齿圈经花键固定在桥壳两端头的轮边支承上，它是固定不动的。行星齿轮架和轮辋由轮辋螺栓固定成一体，因此轮辋和行星齿轮架一起转动，其动力通过半轴、太阳齿轮再传到行星齿轮架上。

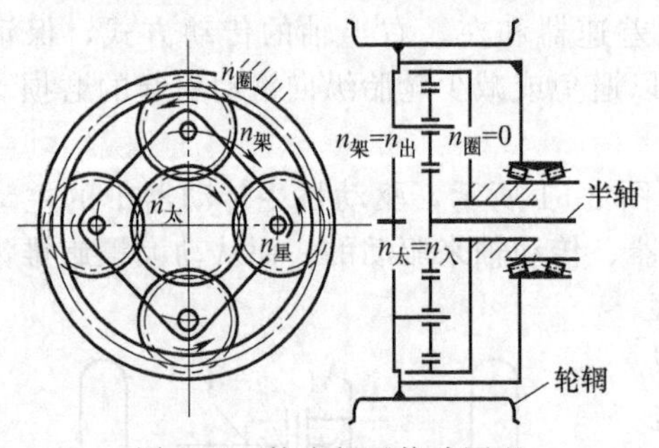

图 3-52 轮边行星传动原理

轮边行星传动的原理参见图 3-52，由图可见，半轴带动用花键与之连成一体的太阳齿轮以 $n_{太}$ 转速与方向转动，与太阳齿轮相啮合的行星齿轮则以相反方向转动，由于齿圈固定不动，因此行星架以转速 $n_{架}$ 与太阳齿轮相同的方向转动，$n_{架} < n_{太}$，因此得到减速。

轮式装载机的轮边减速器的结构基本一致。图 3-53 所示为郑工 955A 型装载机采用的轮边减速器结构。它主要由太阳齿轮 13、行星齿轮 9、内齿圈 6 和行星齿轮架 14、轮毂 16、连接盘 1 及支承轴 3 等组成。内齿圈用花键连接在支承轴上。行星齿轮架与轮毂可转动，由半轴将动力传给太阳齿轮。太阳齿轮带动行星齿轮和行星齿轮架，并将运动传给轮毂，然后带动车轮转动。

3.1.5.5 半轴及桥壳

(1) 半轴

半轴是将主传动器传来的动力传给最终传动部分，或直接传给驱动轮。

轮式装载机驱动桥的半轴是一根两端带有花键的实心轴，一端插在半轴齿轮的花键孔中，另一端插到最终传动的太阳齿轮的花键孔中，转矩经过行星齿轮与行星齿轮架传到轮毂上，带动驱动轮旋转。

由于轮毂通过两个滚锥轴承装到桥壳上，因此驱动轮受到的各种反力（阻力矩除外）均由桥壳承受，半轴仅受到纯转矩作用，而不受任何弯矩。这种半轴的装配形式受力状态最好，故应用很广泛，称为全浮式半轴。

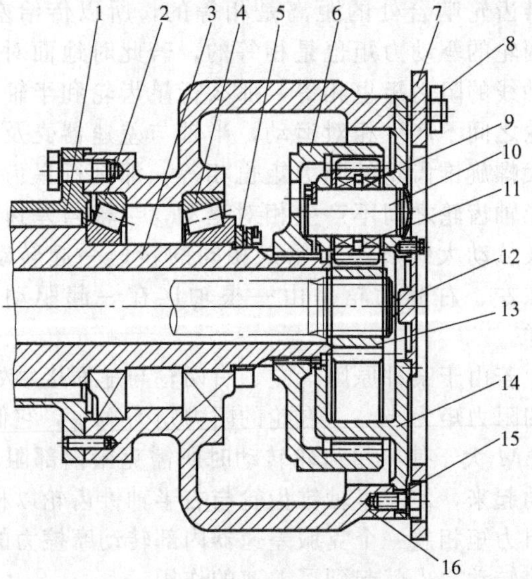

图 3-53 郑工 955A 型装载机轮边减速器

1—连接盘；2,4,11—轴承；3—支承轴；5—圆螺母；6—内齿圈；7—压环；8—螺母；9—行星齿轮；10—轴；12—端盖；13—太阳齿轮；14—行星齿轮架；15—螺栓；16—轮毂

(2) 驱动桥壳

轮式装载机驱动桥壳是一空心梁，用来支承并保护主传动器、差速器、半轴和最终传动部分等零部件，并通过适当方式与机架相连，以支承整机重量，并将路面的各种反力传给机架。

3.2 传动系统维修

3.2.1 变矩器维修

3.2.1.1 变矩器的分解

(1) 郑工 955A 型装载机变矩器的分解

变矩器拆卸时，首先放净变矩器内的液压油，然后拆去与变矩器相连的液压管路及连接件，拆下与传动轴连接的固定螺栓，以及与飞轮和飞轮壳连接的固定螺栓，再吊下变矩器，清洗其外表面。

① 拆下动力输出接盘和定位接盘。

② 涡轮轴的分解。撬开防动片，拧下花形固定螺母。从变矩器的前端卸下端盖和配油盘的连接螺栓，取下端盖，换上工装螺栓。从变矩器后端将轴（垫软金属）向前打出或压出，取下涡轮轴上的轴承。

③ 变矩器后盖、锁紧离合器及涡轮的分解。拆下泵轮与变矩器后盖的连接螺栓，取出后盖、锁紧离合器及涡轮。拆下锁紧离合器从动毂与涡轮的连接螺栓，取下涡轮。拆下变矩器后盖与锁紧离合器主动毂的连接螺栓，取下弹性连接盘和变矩器后盖。取下锁紧离合器挡圈，将锁紧离合器内、外压盘及主动摩擦片、从动摩擦片等一起倒出。取下离合器主动毂。撬开防动片，拧下固定螺母，在轴承端垫上方木块，利用锁紧离合器活塞的重力将锁紧离合器轴承冲出，取出碟形弹簧及活塞。分解过程如图 3-54 所示。

④ 导轮的分解。撬开防动片，拧下花形固定螺母，将第一、二导轮和单向离合器（即自由轮）一同取出，同时取出隔套和泵轮轴承的挡圈。

⑤ 变矩器壳体、泵轮、主动齿轮的分解。拆下变矩器壳体与齿轮箱的连接螺栓，将变矩器壳体、泵轮、主动齿轮一起取出。拆下主动齿轮与泵轮的连接螺栓，将其分解。参见图 3-55、图 3-56。

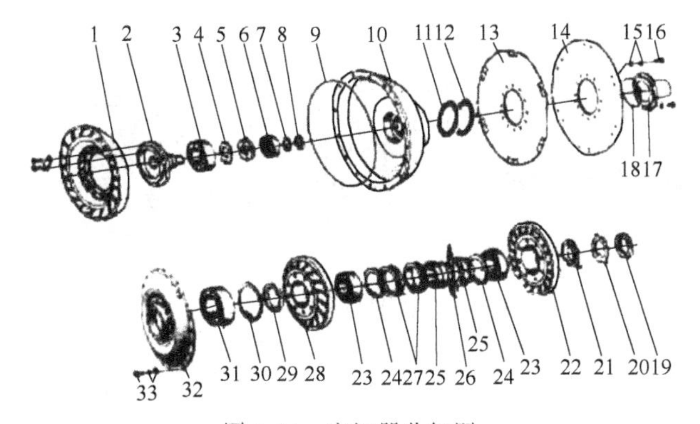

图 3-54　变矩器分解图

1—涡轮；2—支承；3,6,23,31—轴承；4,7,15,20—垫圈；5,8,19—螺母；9,18—O 形圈；10—变速器后盖；11,12—调整垫片；13—弹性板；14—圆板；16,33—螺栓；17—法兰支撑；21—右定位环；22—第一导轮组合；24,30—挡圈；25—自由轮内圈；26—自由轮外圈隔板；27—楔块超越离合器；28—第二导轮组合；29—左定位环；32—泵轮总成

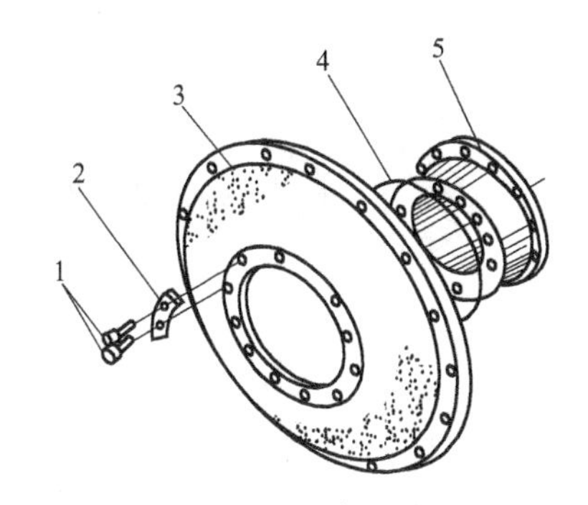

图 3-55　泵轮总成

1—螺栓；2—锁片；3—泵轮；4—O 形圈；5—轮毂

⑥ 齿轮箱的分解。拆下配油盘前端的工装螺栓，取下配油盘。取下第一、二、三输出齿轮延长毂上的挡圈，压出第一、二、三输出齿轮。取下齿轮箱座孔上的挡圈，取出滚珠轴

承等。分解过程如图 3-57 所示。

（2）厦工 ZL50 型装载机变矩器的分解

① 变矩器的拆卸

a. 放净变矩变速器内的液压油。

b. 拆下柴油机与机架、弹性连接盘的连接螺栓及其他连接件，吊下柴油机。

c. 拆下变速器动力输出接盘与传动轴的连接螺栓。

d. 拆下变速器与机架的连接螺栓，吊下变矩变速器。

② 变矩器的分解

a. 变矩器分解时，首先应将其从变速器上分离开来，并放于工作台上，然后分别取出涡轮输出轴、变矩变速泵驱动齿轮轴、转向泵驱动齿轮轴。

b. 拧下导轮座与壳体的连接螺栓，拆下进口压力阀，拆下出口压力阀。

c. 拆下弹性连接盘固定螺栓，取下外侧垫板、弹性连接盘和内侧垫板。

d. 拆下罩轮与泵轮的连接螺栓，用专用工具取出罩轮及一、二级涡轮总成。拆下导轮座上的卡环，取出导轮。

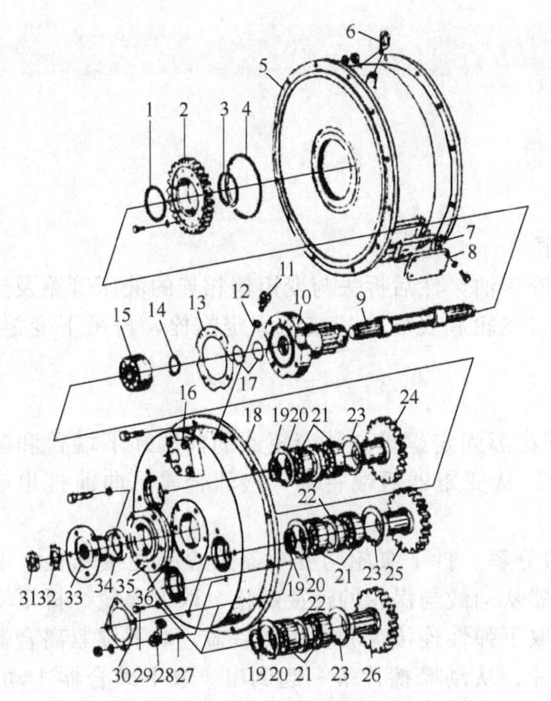

图 3-56 变矩器分解图

1,3—密封环；2—主动齿轮；4—油封；5—变矩器外壳；6—螺钉；7,13,30—纸垫；8—盖板；9—轴；10—配油盘总成；11—通气阀；12,32—垫圈；14,19,20,22,23—挡圈；15,21,31—轴承；16—三联阀总成；17—O 形圈；18—齿轮箱外壳；24—第三输出齿轮；25—第二输出齿轮；26—第一输出齿轮；27—螺柱；28—螺塞及垫圈；29—螺栓；33—法兰盘；34—J 形油封；35—法兰盖；36—垫片

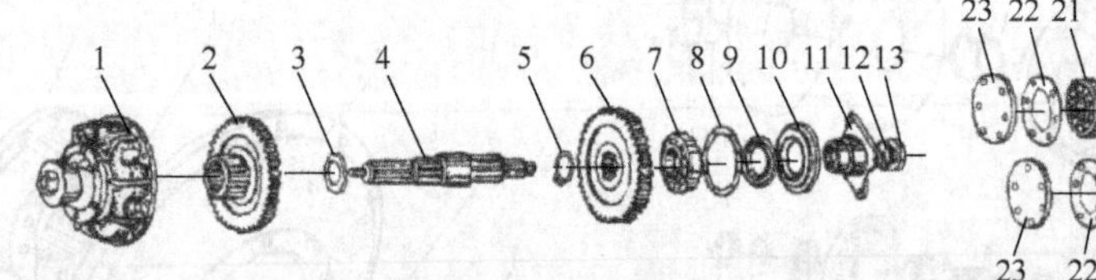

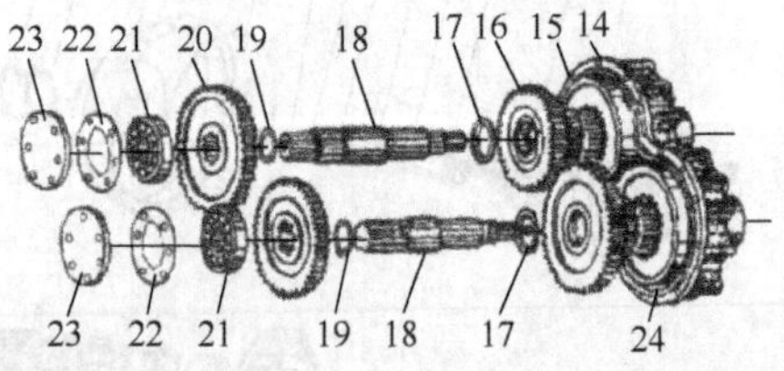

图 3-57 郑工 955A 型装载机变速器内部分解图

1,23—端盖；2—齿轮（44 齿）；3,17,19—右定位环；4—正挡轴总成；5,8—挡圈；6—联齿轮（47 齿）；7,21—轴承；9—油封；10—轴承座；11—输入法兰；12—花键橡胶垫；13—小带槽螺母；14—大离合器罩；15,24—变速离合器总成；16—联齿轮（33 齿）；18—倒挡轴总成；20—齿轮（49 齿）；22—调整垫片

e. 打开泵轮固定螺栓锁片，拆除所有固定螺栓，取出锁片、压紧片和泵轮，用专用工具取出分动齿轮及轴承，取出金属密封环，用专用工具打出导轮座。

f. 从罩轮上取下涡轮组件，打出涡轮壳与一级涡轮连接的弹簧销，取出一级涡轮，用铳子打出二级涡轮。

3.2.1.2 变矩器主要零件的检验与修理

变矩器零件易出现的损伤有密封件损坏、轴承磨损、涡轮轴损伤，泵轮、涡轮、导轮擦伤及叶片裂纹等。

① 涡轮轴常见损伤有烧伤、花键磨损、轴颈磨损、密封环槽磨损等。

涡轮轴轻微烧伤或磨损时，可用油石修磨。烧伤或磨损严重时，一般应换用新件。花键磨损后，其配合间隙大于0.30mm时应换用新件。轴颈及密封环槽磨损，可采用机加工的方法进行修正后，再进行电镀或刷镀处理。

② 泵轮、涡轮、导轮常见损伤有擦伤、叶片点蚀、裂纹或折断等。泵轮、涡轮、导轮擦伤严重时，应换用新件。叶片如点蚀不严重时，可继续使用。点蚀严重或出现裂纹、折断现象时，均应换用新件。

③ 壳体为铸造件，检修时，应重点检查是否存在裂纹和变形。当出现裂纹或变形严重时，应换用新件。

④ 变矩器一般使用滚珠轴承。可直接用目视观察法检查或用百分表加磁性表座检查。滚动轴承常见损伤有滚道及滚动体磨损、疲劳剥伤、出现麻点以及保持架损坏等。凡出现上述损伤时均应更换。

⑤ 导轮座可直接用目视观察法检查，主要检查环槽与旋转密封环的配合是否严密，环槽是否磨损。磨损明显时应换用新件。

⑥ 密封件主要损伤有老化、磨损、变形、硬化、变质。在修理时一般应换用新品。

3.2.1.3　变矩器的装配

装配前，应仔细清洗各零部件，各油道应保证畅通；装配中，不得用易掉纤维的物品（如棉纱）擦拭零件；装配后，用手转动泵轮与涡轮应轻便灵活。在装配过程中，应防止零件或工具等物品掉进变矩器壳体内，一旦发生，必须拆开清除。

（1）郑工955A型装载机变矩器的装配

① 齿轮箱的组装

a. 首先将第一、二、三输出齿轮的滚珠轴承和隔套装入齿轮箱前臂轴承座孔内，然后装上定位挡圈。再将第一、二、三输出齿轮分别压装到轴承内圈中，同时把外挡圈分别装到第一、二、三输出齿轮的延长毂上。

b. 将三个O形密封圈装配到配油盘内孔环槽中，同时把配油盘用三个短工装螺栓装到齿轮箱前壁上，并对正油孔。

② 主动齿轮、泵轮及变矩器壳体的组装

a. 将小骨架油封装在泵轮内孔中。

b. 将大骨架油封装在变矩器壳体内孔中，并将挡油盘和变矩器壳体套装在泵轮轮毂上。

c. 将主动齿轮装在泵轮的轮毂上。

d. 把变矩器壳体、泵轮、主动齿轮一起装到齿轮箱后壁上。

e. 将滚珠轴承装到泵轮孔中，并装上挡圈和定位环。

③ 第二导轮、单向离合器和第一导轮的组装

a. 将单向离合器装在第二导轮内孔中并放好内挡圈，再装上第一导轮单向离合器弹簧、顶套和滚柱，并用细绳或线将滚柱收紧，然后装上第二导轮。

b. 将第二导轮、第一导轮及单向离合器一同装在配油盘上，再装上隔套和防动片，然后拧紧锁紧螺母。导轮装好后用手转动应灵活，其旋转方向应符合要求，最后折好防动片。

④ 涡轮、锁紧离合器及变矩器后盖的组装

a. 将涡轮置于锁紧离合器从动毂上，然后对称均匀地拧紧螺栓。

b. 在锁紧离合器从动毂传动套和活塞环槽内分别装入O形密封圈，然后装上离合器活塞及碟形弹簧，最后装上滚珠轴承及防动片，拧紧花形固定螺母。

c. 将锁紧离合器主动毂压装到轴承外圈上，然后依次装入内压盘、主动摩擦片、从动摩擦片及外压盘，最后装上挡圈。

d. 装好变矩器后盖和弹性连接盘。

e. 在传动套内孔环槽内装入两个O形密封圈，然后从涡轮端将涡轮轴插入传动套花键孔内，最后将208滚珠轴承压装在涡轮轴与变矩器后盖之间。

f. 在涡轮轴后端装一工装环，另一端装一工装导向套，然后将涡轮、锁紧离合器、涡轮轴等一起装入配油盘中，再将工装环和工装套取下，在涡轮轴前部装上卡环。同时，将309滚珠轴承装在齿轮箱前壁轴承座孔中，最后拆下配油盘工装螺栓，装上端盖，调整好轴承轴向间隙为0.12～0.18mm，用长螺栓将配油盘和轴承盖一起固定在齿轮箱壳体上。

g. 在涡轮轴两端分别装上动力输出接盘和定位接盘。

(2) 厦工ZL50型装载机变矩器的装配

① 将O形密封圈装到导轮座环槽内，将导轮座放入壳体座孔，并注意其上的油口与壳体上的油口对正，用专用工具打到位，拧上固定螺栓。

② 安装进、出口压力阀时，分别将弹簧套入阀杆，装上阀门后，安装到壳体阀座上，并用螺栓固定。

③ 在导轮座上装上密封环、分动齿轮。在导轮座与分动齿轮之间先装上轴承。

④ 装上泵轮、压紧片、锁片，拧上固定螺栓。将固定螺栓对称拧紧后，撬起锁片，以防螺栓在工作中松动。装上导轮，并用卡环限位。

⑤ 将二级涡轮通过轴承装入涡轮壳，转动二级涡轮，要求转动灵活、无卡滞现象。将一级涡轮装入一级涡轮壳，打入弹簧销，将一级涡轮固定在一级涡轮壳上。

⑥ 将一、二级涡轮组件通过轴承装入罩轮，在罩轮环槽内装上O形密封圈，将罩轮及一、二级涡轮总成装到泵轮上，用螺栓将罩轮与泵轮固定在一起。

⑦ 装上内侧圆垫板、弹性连接盘、外侧圆垫板，并用螺栓固定。

⑧ 将旋转油封唇口朝里装入导轮座内孔环槽，并在旋转油封表面涂上适量的润滑油，插入二级涡轮输出轴，并用专用工具将其上的轴承打入座孔，将另一旋转油封唇口朝里装入二级涡轮输出轴内孔环槽，并在旋转油封表面涂上适量的润滑油。

⑨ 将推力轴承套装到一级涡轮输出轴的轴颈上，将一级涡轮输出轴插入二级涡轮输出轴内孔。分别转动一、二级涡轮输出齿轮，要求转动灵活，无卡滞现象。

⑩ 分别装上转向泵驱动齿轮轴、变矩变速泵驱动齿轮轴。

变矩器装配好后，用手转动弹性连接盘和两级涡轮轴，应轻松灵活，不得有卡滞或碰擦现象。进、出口调压阀试验时，当压力在0.54MPa时进口调压阀应打开，当压力在0.22MPa时出口调压阀应打开。

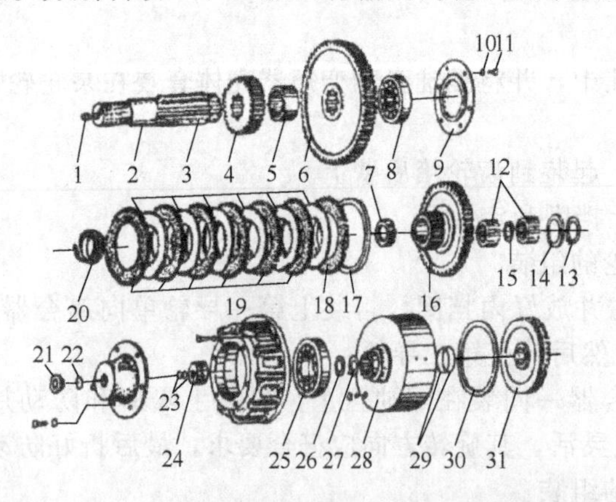

图3-58 郑工955A型装载机变速器离合器分解图（一）

1—堵头；2—2、4挡轴总成；3—内摩擦片；4,6—齿轮；5,7—挡套；8,25—轴承；9—端盖；10,27—垫圈；11—螺栓；12—滚针轴承；13,17—挡圈；14—右定位环；15—隔环；16—联齿轮；18—外盘总成；19—外摩擦片总成；20—弹簧；21—油堵；22,29—O形圈；23—轴用密封环；24—钢套；26—螺母；28—毂体总成；30—密封圈；31—活塞

3.2.2 变速器维修

3.2.2.1 变速器的分解

(1) 郑工955A型装载机变速器的分解

① 将变速器箱体外表清洗干净并放净箱体内的油液。拆下离合

器上的油管及变速器盖，拆下连杆总成、分配阀杆、阀杆销钉、接柄及销轴、导向螺塞、弹簧、隔离阀杆、平定环、阀体、钢球、销、螺塞及 O 形圈等，拆下加油管总成；拆下变速箱油底壳上的螺栓，拿下密封垫、滤油网总成、吸油管总成等。

② 拆下动力输入法兰（接盘）、各离合器罩端盖和离合器罩以及齿轮轴另一端的轴承盖，分别取出正挡离合器总成，倒挡离合器总成，1、3 挡离合器总成、2、4 挡离合器总成，如图 3-57 所示。

③ 分解离合器。拆下齿轮轴轴头锁紧螺母，取出离合器轴，拆下离合器外毂上的挡圈，取出摩擦片、活塞，拆下离合器轴上的挡圈，取出联齿轮和挡环，如图 3-58 所示。

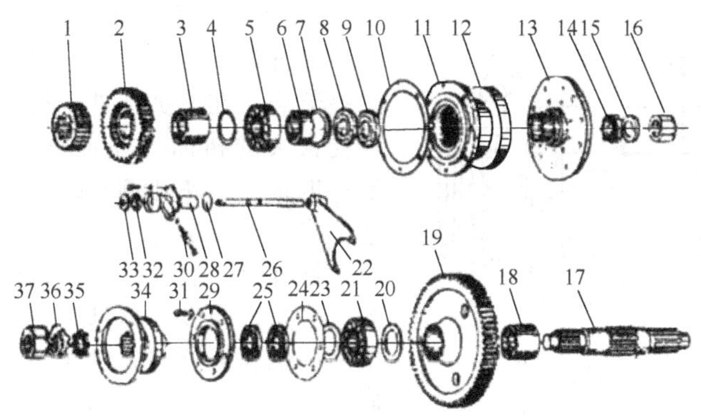

图 3-59　郑工 955A 型装载机变速器离合器分解图（二）

1—高低挡滑套；2,19—齿轮；3—高速齿轮套；4,20—止推垫；5,21—轴承；6—隔盘；7—挡油盘；8,9,25,32—油封；10—调整垫片；11,12—壳体；13—后输出法兰；14,35—花键橡胶垫；15,36—垫；16,37—螺母；17—输出轴；18—低速齿轮套；22—高低挡拨叉；23—挡圈；24—调整垫圈；26—高低挡拨叉轴；27—O 形圈；28—拨叉轴支架；29—轴承座；30—钢球、弹簧、螺母及螺栓；31—螺母及螺栓；33—封头；34—前输出法兰总成

④ 拆下前动力输出接盘及轴承盖和后桥输出轴，打出动力输出轴，取出箱体内齿轮。拆下高低挡拨叉杆和拨叉，如图 3-59 所示。

⑤ 拆下变速器外部挂板总成及轴承上、下盖等，如图 3-60 所示。

（2）厦工 ZL50 型变速器的分解

变速器的分解。

① 将变矩器与变速器分开后，使变速器平放于工作台上，用顶丝对称顶出超越离合器，并取下。将变速操纵阀固定螺栓拧下后，取下变速操纵阀。

② 拆下前动力输出轴固定螺母，取下手制动毂。拆下制动蹄支架固定螺栓，取下制动蹄支架。

③ 用顶丝对称顶出变速器端盖，使其脱离轴承后取下。吊出 2 挡离合器总成。

④ 路拆下中盖固定螺栓，取出中盖。依次取出 1 挡油缸体及 1 挡活塞总成，限制片，回位弹簧及弹簧杆，1 挡齿圈及摩擦片，1 挡行星齿轮架总成，1 挡和倒挡隔离架，倒挡摩擦片、倒挡行星齿轮架总成，用专用工具取出倒挡活塞。

⑤ 拆下油底壳固定螺栓，取下油底壳。抽出拉杆摇臂与拨叉轴之间的连接销，拧出拨叉轴，取下拨叉。

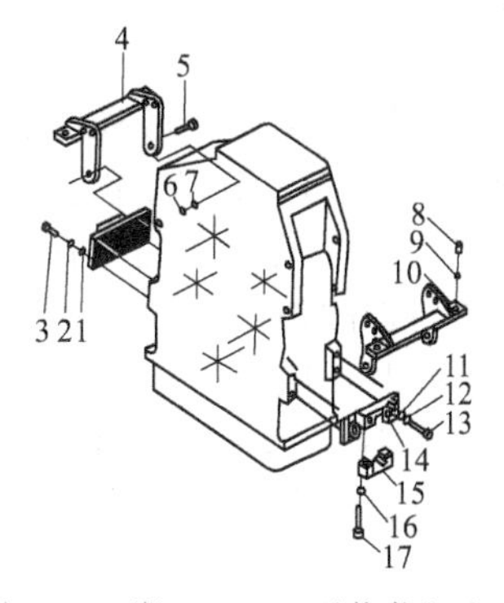

图 3-60　郑工 955A 型装载机变速器箱体外部零件拆除示意图

1,2,7,9,11,12,16—垫圈；3,5,8,13,17—螺栓；4,10—挂板总成；6—螺母；14—轴承上盖；15—轴承下盖

⑥ 拆下后动力输出轴固定螺母，取下动力输出接盘，用专用工具分别拆下前、后动力输出轴轴孔内的油封座，取出卡环。

⑦ 用大锤敲击后动力输出轴，使前动力输出轴前端轴承脱离轴承座孔后，分别取出前动力输出轴、中间轴承、动力输出轴齿轮、后动力输出轴。

3.2.2.2 变速器主要零件的检验与修理

(1) 壳体与盖

变速器壳体是变速器的基础件。壳体的技术状况对整个变速器总成的技术性能影响很大。变速器壳体与盖常见损伤有变形、裂纹和磨损等。

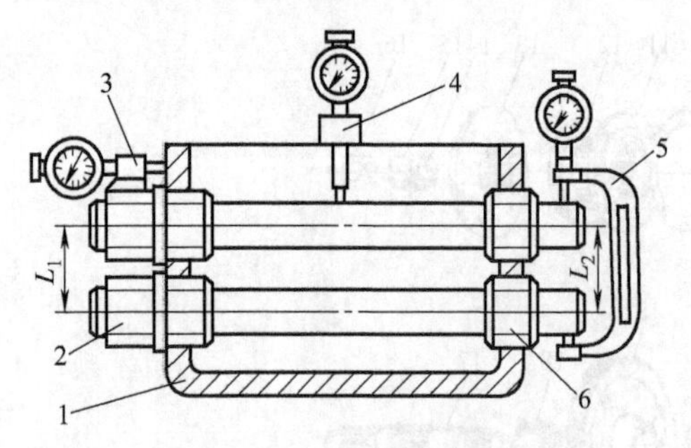

图 3-61 壳体变形的检验

1—壳体；2—辅助心轴；3,4—百分表；5—百分表架；6—衬套

① 变形 变速器壳体与盖变形的原因：一是时效处理不当，在内应力作用下而产生变形；二是装载机在恶劣条件下行驶和作业时，壳体因承受很大的扭曲力矩而变形；三是焊修引起变形；四是轴承座孔镶套时，机加工工艺和装配工艺不当引起变形。

修理时，对壳体进行检验是非常必要的。检验时，通常用专用量具进行。其方法是：将自制辅助心轴和百分表固定在被测壳体上，如图 3-61 所示。

测量两轴平行度时，两心轴外侧距离减去两心轴半径之和即为中心距，两端中心距之差即为平行度误差。这种测量方法只有当两心轴在同一平面内时才准确。一般要求是，在 100mm 长度内其公差值为 0.025mm。

测量端面垂直度时，可用图 3-61 所示的左侧百分表，将其轴向位置固定，转动一周，表针摆动量即为所测圆周上的垂直度。一般要求在半径 100mm 处的端面圆跳动，前端公差值为 0.10mm，后端公差值为 0.16mm。

测量壳体上平面与轴线间平行度时，可在上平面搭放一横梁，在横梁中部安放一百分表，使表头触及心轴上表面，横梁由一端移至另一端，表针摆动量大小即反映壳体上平面对轴心线的平行度以及壳体上平面平面度与翘曲量。一般要求轮式装载机平面度公差值为 0.15mm。

测量壳体与盖接合面翘曲不平时，可将壳体与盖扣在平板上，或将壳体与盖扣合在一起，用塞尺检查，当间隙超过 0.3mm 时，可用铲刀或锉刀修平，也可用平面磨床磨平。

② 裂纹 壳体与盖是否存在裂纹，可用敲击听声法进行判断，最好用探伤仪进行探伤。

壳体与盖的裂纹，可用铸铁焊修、打补丁、塞丝、粘接等方法修补。当裂纹严重或裂至壳体轴承孔时，应换用新件。

③ 轴承座孔磨损 当轴承内进入脏物使滚动阻力增大时，轴承外圈可能产生相对座孔的转动，引起座孔磨损。轴承座固定螺钉松动使座产生轴向窜动，也会引起安装座孔的磨损，严重时，甚至影响轴和齿轮的正确工作位置，造成一系列的不良后果。

轴承座孔可用内径量表和外径千分尺配合测量。先用内径量表测出座孔直径，再用外径千分尺量取其内径量表上的尺寸。这个尺寸与轴承外径之差即为配合间隙。经验检验法是：将轴承装入座孔内试配，若有明显松旷，说明间隙过大。当配合间隙超过规定值时，应进行修理。

磨损较轻时，用胶黏剂粘接固定的方法修理，简便有效；磨损严重时，可用电镀、刷镀轴承外圈或轴承座孔的方法修复，还可以用电火花拉毛的方法修复轴承座孔。

④ 螺纹孔磨损 螺栓松动未及时拧紧，易造成螺纹孔磨损。

螺纹孔损坏可采用扩孔攻螺纹，或焊补后重新钻孔攻螺纹的方法修复。如螺纹孔磨损不严重，安装螺栓时可用粘接固定的方法修复。

（2）齿轮

变速器齿轮常出现的损伤有齿面磨损、齿面疲劳剥落、轮齿裂纹与断裂、齿轮花键孔磨损等。由于齿轮结构及使用条件不同，其损坏情况也不一样，一般规律是直齿轮损坏多于斜齿轮，滑动齿轮损坏多于常啮合齿轮。轮齿的断裂、齿端的磨损、齿面磨损成锥形多发生于啮合套和套合齿。

① 齿面磨损 齿轮传动中，齿面既有滚动摩擦，又有滑动摩擦，因此易产生摩擦、磨损，严重时会出现明显的刮伤痕迹。

齿面磨损检验的技术要求如下。

a. 齿长磨损不应超过原齿长的30%（套合齿为20%）。

b. 弦齿厚磨损最大限度不应超过0.4mm。

c. 齿轮啮合面积应不低于工作面积的2/3。

d. 齿轮啮合间隙因机型不同而有所区别。装载机大修允许0.40～0.60mm，使用极限为0.60～0.90mm（套合齿啮合间隙一般不超过0.60mm）。

齿面磨损有轻微台阶时，可用油石修整齿面后继续使用。形状对称的齿轮单向齿面磨损后，可换向使用。此法虽可使齿面啮合正确，但因齿厚减薄，齿侧间隙增大，易产生冲击和响声。齿面磨损严重时，应成对更换齿轮。

② 齿面疲劳剥落 也称疲劳点蚀，即在齿面节圆处形成麻点状蚀伤，严重时会出现大面积剥伤。这是轮齿表面承受过大交变、挤压应力造成疲劳破坏的一种现象。

齿面疲劳剥落可直接看出，大修时，其疲劳剥伤面积应不超过齿高的30%、齿长的10%。否则，应成对换用新品。

③ 轮齿裂纹与断裂 原因大多是齿轮啮合过紧或过松，在传动过程中引起过大冲击载荷或接触挤压应力所致。轮齿断裂多发生在根部。

（3）齿轮轴

变速器齿轮轴在工作过程中承受着交变扭转力矩、弯曲力矩，键齿部分还承受着挤压、冲击等负荷。常见的损伤有磨损、变形和折断等。

① 轴颈磨损 主要是由于润滑不良、油液变质、被脏物卡滞所致。

与油封接触的轴颈磨损时，出现沟槽深度大于0.2mm时，应及时修理或更换。

轴颈磨损后可用磨削加工法消除形状误差，然后镀铬或镀铁以恢复过盈量。轴颈磨损严重时，可用镶套、堆焊、振动堆焊、埋弧焊、气体保护焊等方法修复。镶套时，其壁厚应为3～4mm，加工时注意轴的阶梯圆角半径不应太小，且应光洁。轴颈修复后的表面粗糙度为$Ra0.8\mu m$，径向圆跳动公差值为0.04mm。

② 花键磨损 轮胎式装载机键齿厚度磨损一般不得大于0.20mm。

花键与键槽磨损时一般应换用新品。

③ 轴弯曲变形或断裂 齿轮轴弯曲变形是由于负荷过大所致，一般径向跳动公差值为0.70mm。轴弯曲变形过大时，可进行冷压矫正或局部火焰加热矫正。

齿轮轴断裂多发生在阶梯台肩圆角处。齿轮轴断裂不易修复，应予以换新。

（4）超越离合器

正常情况下，拨动其中一个齿轮，应使该齿轮只能相对于另一个齿轮的一个方向转动，而相对于另一个方向则不能转动。若正反两个方向均能转动或出现卡滞现象时，说明超越离合器因零件损伤而失效。

检修时，当滚柱磨损量大于0.02mm或直径差大于0.01mm时应全部更换。

外环齿轮内圆滚道磨损量大于0.02mm时，应更换该齿轮。内环凸轮轻微磨损或有毛刺时，可用油石进行修磨。隔离环如有轻微的磨损、出现毛刺时，可用锉刀进行修整。当内环凸轮和隔离环损伤严重时，均应换用新件。

(5) 行星齿轮架总成

行星齿轮架总成检修时，应重点检查行星齿轮、滚针及与行星齿轮配合端面的损伤情况。

行星齿轮的常见损伤主要是齿面、齿端、内孔磨损。当齿面磨损量大于0.25mm或齿端磨损出现沟槽时，应换用齿轮。

当齿轮轴磨损量大于0.02mm，以及滚针磨损后，其直径差大于0.01mm时，均应换用新件。

行星齿轮架的常见损伤主要是与行星齿轮配合端面的磨损。当磨损量大于0.5mm时，可换用加厚的垫片进行调整；当磨损严重时，应更换行星齿轮架。

(6) 液压离合器

① 活塞与油缸体的损伤　主要是相互配合的表面产生磨损，当出现毛刺时，可用锉刀修整。如磨损严重或有明显的拉伤现象时，应换用新件。

检修装载机的液压离合器时还应注意疏通活塞上的细小油孔，以保证内、外密封圈的外胀及自动补偿作用。

② 摩擦片　ZL50型装载机主、从动摩擦片的厚度分别为4.8mm、3mm，使用极限分别为主动摩擦片3.3mm、从动摩擦片2.7mm。

(7) 轴承

轴承可直接用目视观察法检查。滚动轴承常见损伤有滚道及滚动体磨损、疲劳剥伤、出现麻点、保持架损坏等。凡出现上述损伤时均应更换。

(8) 操纵机构

变速杆主要损伤有磨损和弯曲、变形。变速杆上球节、定位槽（定位销）、下端头磨损严重时，易造成变速器乱挡。

3.2.2.3 变速器的装配与调整

(1) 郑工955A型装载机变速器的装配与调整

郑工955A型装载机变速器装配时，应按1、3挡离合器，倒挡离合器，正挡离合器，2、4挡离合器，动力输出轴等顺序进行。具体步骤如下。

① 用煤油或柴油初步清洗所有金属零件及箱体，再用变矩器油清洗干净，特别是O形密封圈要先用变矩器油浸泡。

② 装复变速油泵驱动齿轮及短轴，并调整好轴承间隙。

③ 组装1、3挡离合器，以及驱动齿轮和轴。

a. 将1、3挡离合器各零件以及驱动齿轮和轴，按分解相反顺序组成整体，并在轴端花形螺母处装一工装环以便吊装使用。

b. 使变速器箱体后面向上，将1、3挡离合器及轴等装入箱体，卸下工装环，将花形螺母拧紧，折好防动片，装上离合器罩及端盖。在装配时，注意调整好轴承轴向间隙为0.12～0.18mm。

c. 在轴的另一端装上锥形轴承及接盘，并调好轴承轴向间隙为0.12～0.18mm。

④ 组装倒挡离合器、驱动齿轮及轴，步骤和方法同1、3挡离合器。

⑤ 组装正挡离合器、驱动齿轮及轴。将变速器箱体翻转180°，装配步骤和方法同1、3挡离合器。

⑥ 组装2、4挡离合器，以及驱动齿轮和轴。

a. 将2、4挡离合器各零件、联齿轮及轴等按分解相反顺序组装成整体。

b. 按1、3挡离合器装配步骤和方法装入箱体，装配时，注意从箱体内将驱动小齿轮、隔套、大驱动齿轮套装在轴上。

c. 卸下工装环，拧紧花形螺母，折好防动片，装上离合器罩及端盖，并调整好轴承轴向间隙为0.12～0.18mm。

d. 从箱体后面装上轴承和接盘，并调整好轴承轴向间隙为0.12～0.18mm。

⑦ 组装输出轴。

a. 使箱体后面向上。

b. 将高速齿轮及止推垫套装在输出轴上，同时装上锥形轴承及速度计主动齿轮，并装上卡环。

c. 在箱体内将低速齿轮和高低速啮合套啮合并对准轴孔垫平，使传动轴垂直插入，装好高低速拨叉及轴。

d. 将按分解相反顺序组装好的后桥传动短轴及壳体一起装在变速器箱体上，并调整好锥形轴承轴向间隙为0.12～0.18mm。此时，需从箱体内检查高低速齿轮常啮合位置是否正确。

e. 从箱体前面装上垫片和锥形轴承，并装上油封端盖，调整好轴承轴向间隙为0.12～0.18mm，装上前桥传动。

⑧ 装滤清器及油底壳。

⑨ 将变速操纵阀装在变速器盖上，同时将盖装在变速器上部。

⑩ 加注变矩器油进行磨合试验。注意，变速器只有经磨合后，向机架上装复时，才允许将变速辅助泵装在箱体上，否则，磨合中因不泵油易烧坏油泵。

(2) 厦工ZL50型装载机变速器的装配与调整

变速器零件检修后，应进行认真的清洗，并用压缩空气疏通箱体上所有油道，以保证变速器的装配质量。

① 动力输出轴

a. 装配时，将变速器壳体放在工作台上，依次装入中间轴承、动力输出轴齿轮和前动力输出轴、前端轴承、卡环、油封座。

b. 在箱体的另一侧分别装入后动力输出轴、后端轴承、卡环、油封座、动力输出接盘、O形密封圈、平面垫圈、固定螺母，并以530N·m的拧紧力矩将固定螺母拧紧。

c. 将拨叉轴油封装入箱体座孔内，装上拨叉、拨叉轴，穿上连接销，并在连接销上插入开口销，以防连接销脱落。扳动拉杆摇臂进行试验，要求拨叉应能带动滑套在动力输出轴上灵活移动，并能定位。

d. 动力输出轴装好后，装上油底壳垫、油底壳。

② 倒挡

a. 将倒挡活塞密封圈分别装入活塞内外环槽内，在倒挡油缸体内壁涂上适量的润滑油，用专用工具将活塞装入倒挡油缸体内。

b. 倒挡行星齿轮架总成组装时，在行星齿轮内孔涂上适量的润滑脂，装入滚针、隔圈，在倒挡行星齿轮架上分别装上平面垫圈、行星齿轮、行星齿轮轴、止动片，并用螺栓将其固定，装上轴承。

c. 安装倒挡摩擦片时，应先装一片从动片，将倒挡行星齿轮架总成装入箱体，其余七片摩擦片应按主、从动摩擦片的顺序交替进行安装。

d. 装上隔离架，由箱体外侧插入定位销，以防隔离架转动。

③ 1挡

a. 1挡行星齿轮架总成组装时，在行星齿轮内孔涂上适量的润滑脂，装入滚针、隔圈，在1挡行星齿轮架上分别装上平面垫圈、行星齿轮、行星齿轮轴、止动盘、太阳齿轮、直接挡连接盘，拧上螺栓将其固定。

b. 将组装好的1挡行星齿轮架总成装入箱体，在1挡齿圈上分别装入五片主、从动摩擦片。

注意，主、从动摩擦片安装时应交替进行。将1挡齿圈及摩擦片一起装入箱体，再将其余各三片主、从动摩擦片安装到1挡齿圈上。

c. 装上回位弹簧及弹簧杆，放入1挡油缸限制片。

d. 将1挡活塞密封圈分别装入活塞内外环槽内，在1挡油缸体内涂上适量的润滑油，装上1挡活塞。并将O形密封圈装在1挡油缸体进油口处。

e. 将组装好的1挡油缸体及1挡活塞总成装入箱体，扣上中盖，对称拧上两个工装螺栓。待固定螺栓拧上后，取出工装螺栓，换上固定螺栓，并将所有固定螺栓拧紧。注意，在安装中盖之前，必须检查1挡油缸体端面与中盖凸肩端面之间的间隙。此间隙为0.04～0.12mm。

④ 2挡

a. 2挡离合器组装时，将离合器轴放到一主动摩擦片上，装上从动摩擦片和另一主动摩擦片，用螺栓将主动毂与主动摩擦片固定在一起。其从动摩擦片应能活动。

b. 将2挡油缸体装到中间轴输出齿轮上，使齿轮上的定位销进入油缸体的销孔内，并用专用工具将油缸体打到位。

c. 将2挡活塞密封圈分别装入活塞内外环槽内，在2挡油缸体内壁涂上适量的润滑油，将活塞装入油缸体，装上碟形弹簧，并用卡环限位。

d. 将装有摩擦片的离合器轴通过轴承安装到油缸体上，装上受压盘，拧上螺栓，并用铁丝锁紧，以防工作中松动。

e. 将2挡离合器总成装入箱体。此时，应在油缸体延长毂上垫上铜棒，并用大锤敲击，使下端轴承进入中盖座孔内。

f. 在端盖上装上旋转油封和O形密封圈。注意，旋转油封唇口应向里，在端盖接合面上涂上密封胶，装上石棉纸垫。将端盖装到箱体上，拧上螺栓将其固定。注意，在安装端盖之前，必须检查端盖与球轴承两者相贴端面之间的间隙。该间隙为0.05～0.40mm。

⑤ 停车制动器及变速操纵阀

a. 在箱体前端装上制动蹄及支架，并用螺栓固定。装上制动毂、O形密封圈、平面垫圈，拧上固定螺母，并用530N·m的力矩拧紧固定螺母。

b. 在箱体的侧面装上石棉纸垫、变速操纵阀。

⑥ 超越离合器

a. 超越离合器组装时，先将螺栓穿入内环凸轮，在螺栓大头的一端垫上平板后平放于工作台上。装上隔离架、压板，用胶圈分别套住螺栓和隔离架，以防组装时螺栓和滚柱脱落，将滚柱装在隔离架上。

b. 将Ⅱ轴小总成装入一级输入齿轮的内环，分别取出隔离架和螺栓上的两只胶圈，装上三根小弹簧。注意小弹簧装好后应有2～4mm的预压量，并使隔离架处于左旋姿势。装上二级输入齿轮，并用专用工具将其打到位，装上弹簧垫圈，拧紧螺母。

c. 装上隔离套并注意方向，装上轴承，用专用工具将轴承打到位。

d. 在箱体上装上调整圈、超越离合器总成。在齿轮轴上垫上铜棒，并用大锤敲击，使下端轴承进入箱体座孔。

在变矩器与变速器箱体接合面上装上石棉纸垫，用螺栓将变矩器和变速器箱体连接在一起，拧紧固定螺栓。当所有螺栓拧紧后，转动弹性连接盘，应灵活、无卡滞现象。分别装上变矩变速齿轮泵、工作齿轮泵、转向齿轮泵。

3.2.2.4　变速器的磨合与试验

变速器装复后应进行磨合试验，以提高相互配合零件的精度，检查装配质量，及早发现问题，及时排除，避免装车后返工。变速器磨合试验应在试验台上进行，无条件时也可在机架上进行。

（1）无负荷磨合试验

挡无负荷磨合时，一般从低于第一轴额定转速300～400r/min开始，逐渐升高至额定转速，并逐次接合各挡位。磨合与试验可结合进行，一般各挡运转时间不得少于10～15min。对换修零件有关的挡位可适当延长磨合时间。各挡位运转都正常后，进行负荷磨合试验。

（2）负荷磨合试验

进行各挡位的负荷磨合时，加载方法根据试验台的不同而不同。一般负荷磨合应在额定转速下进行，所加负荷应为各挡位额定负荷的35%、50%、75%等。各挡位的负荷磨合总时间为60～80min。

无试验台而在机架上由柴油机驱动磨合时，其程序与上述相同。各挡位运转都正常后，可用手制动器使变速器受到一定负荷，查看在负荷情况下有无发响和脱挡现象。

磨合后，放净供磨合用的润滑油，换用加有50%煤油的柴油清洗，检查各挡齿轮的啮合情况。新齿轮或修复过的齿轮其啮合印痕应在齿面中部，啮合面积不小于工作面积的1/2，原有齿轮不小于2/3。如不符合要求，应进行修整后再进行磨合。

（3）变速器磨合试验时的注意事项

① 各挡换挡时均应灵活、可靠，不应有换挡困难、拨叉移动不灵活等现象。

② 磨合时允许有轻微均匀的啮合声音，不应有不规则的剧烈噪声。

③ 变速器温升应正常，不应有局部过热现象，局部温度不应高于50℃。

④ 变速器温升正常后，各处不得有漏油现象。

3.2.3　变矩变速液压系统维修

（1）行走泵的维修

装载机上使用的油泵主要有CBG、CBF、CBP、CBJ等系列。维修工艺参见有关章节。

（2）组合阀的维修

组合阀常见的损伤为阀体与阀杆配合面磨损。阀体与阀杆配合面的标准间隙为0.050～0.091mm。当间隙大于0.2mm时应更换。

厦工ZL50型装载机安全阀弹簧安装长度为98mm。当弹簧自由长度大于133.2mm时，应更换。

当油温为（75±5）℃时，要求安全阀压力为1.6MPa。压力不当时，应更换弹簧。

如果更换弹簧或阀芯后，系统的压力还低，则要更换变速操纵阀总成。

3.2.4　传动轴维修

3.2.4.1　ZL50型装载机传动轴的分解

ZL50型装载机的传动轴分解方法如下。

① 拆下传动轴总成：拧下传动轴两端的连接螺栓，即可取下传动轴总成。

② 取下防尘套卡箍，将防尘套移向一边，拧松锁紧螺母，取下伸缩套。

③ 分解万向节：先拆下盖板螺栓，取下盖板，然后用手握住传动轴或伸缩套，再用手

锤敲击万向节叉边缘，使十字轴撞击轴承壳，将轴承壳拆出，后取出十字轴。敲击时，手锤不能敲在轴承壳的边缘处，以免变形而影响轴承壳的脱出。

3.2.4.2 传动轴的检验与修理

(1) 传动轴总成的检验与修理

① 轴管　常出现弯曲、凹陷和焊缝裂纹等缺陷。检验时，通常将传动轴轴管支承在两个V形垫块上，或夹持在车床上转动，用百分表检查。为检查准确，在全长上的测量点应不少于三个。一般轴心线全长直线度公差值为1mm。轴管的直线度、径向跳动设计要求不大于0.3mm，大修时不得大于1mm。上限适合于转速高且较长的传动轴，即长度大于1m的传动轴。

当弯曲量在5mm以内时，可采用冷压法校正；弯曲量大于5mm时，应采用热压法校正。热校时，可先去掉花键轴和万向节叉，将轴管加热至600～850℃，用直径比轴管孔径稍小的矫正心棒穿入轴管内，架起心棒两端，在轴管弯曲或凹陷处加垫块或用锤敲击校正。

② 花键轴　键齿和键槽的工作表面不得有横向裂纹、严重磨损和锈蚀，键齿与键槽不得出现扭曲现象，否则应换用新件。

花键轴键齿与花键套键槽的侧隙，大修时不得大于0.3mm。一般配合检查时，其间隙大于0.5mm或键槽、键齿宽度磨损大于0.25mm时应更换。更换花键轴或万向节叉时，首先在车床上车去焊缝，同时在花键轴或万向节叉焊缝处车出45°的倒角，在轴管焊缝处车出60°倒角，并做好原接口位置的记号。然后，压出花键轴或万向节叉并清理焊缝，再对准记号将新的花键轴或万向节叉压入。在坡口的圆周上，先对称均匀地焊上六个定位点，再沿坡口圆周将其焊牢，如图3-62所示。有条件的应进行平衡试验。每端的平衡块不得多于三块。

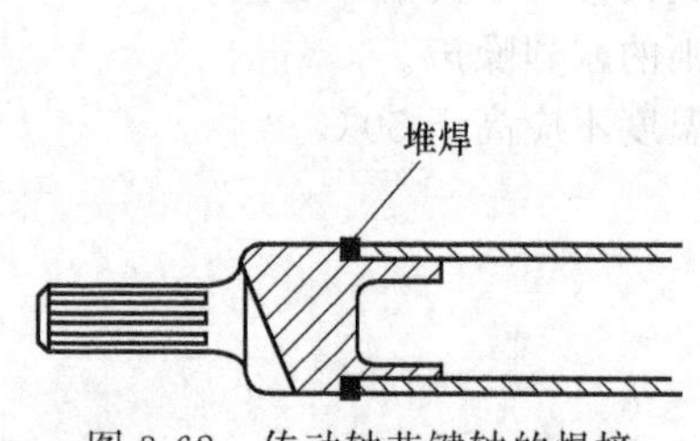

图3-62　传动轴花键轴的焊接

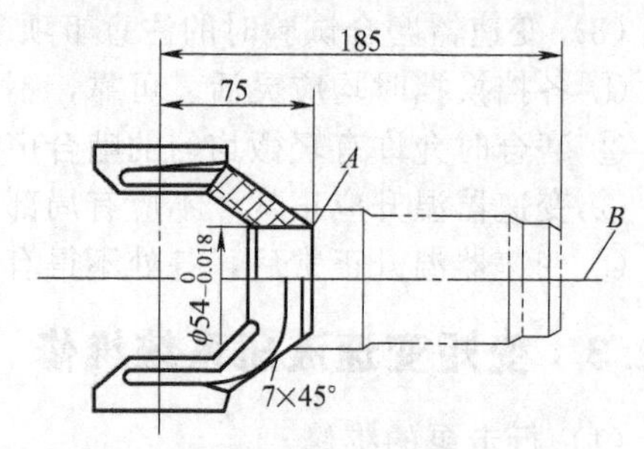

图3-63　用局部更换法修复花键套

③ 花键套　常出现键槽磨损、十字轴轴承座孔磨损、螺纹孔或黄油嘴孔磨损等损伤。

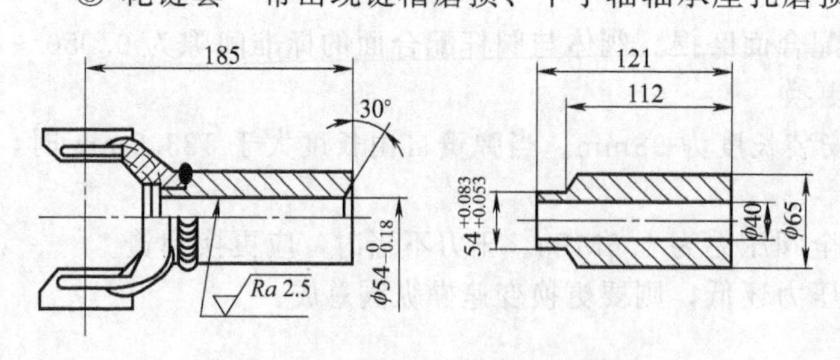

图3-64　花键套的车制与镶接

花键套键槽磨损后可采用局部更换法修理，如图3-63所示。更换花键套时，首先应将磨损的花键套从A处切去，切面A必须与中心线B垂直，要求垂直度误差不得大于0.10mm，A面车出与新花键套相接的焊缝倒角为7×45°。新的花键套有两种：一种是花键轴套的键槽已经做好，只需按技术要求焊接上即可；另一种是用45钢制造的花键套，按图3-64所示尺寸车削一个套管，然后将原滑动套与新制的花键套管套装在与内孔相配合的轴上，先在两连接的倒角处沿圆周对称焊上四点，再全部焊牢。清理焊渣后，精车内孔和端面，以端面为基准，拉内花键。最后钻黄油嘴孔和焊牢防尘盖。

对于磨损不大的花键槽，可将其拉削加宽，与采用加厚齿的花键轴配合使用。

黄油嘴螺纹孔损坏时，可旋转 180°重新钻孔攻螺纹。

(2) 十字轴总成的检验与修理

十字轴常出现轴颈磨损、轴承和油封磨损、黄油嘴螺纹孔损伤等。修理时一般更换总成。

3.2.4.3 传动轴的装配与试验

在修理过程中，传动轴往往因为装配上的疏忽和错误，而破坏传动轴的平衡，使其不能正常工作，造成各运动件的早期磨损或损坏。因此，在装配时，必须做到以下几点。

①安装传动轴伸缩节时，必须使传动轴两端万向节叉位于同一平面内（如有箭头记号，应使箭头相对），误差允许限度为±1°。如果键齿磨损松旷，应使后端万向节顺传动轴旋转方向（装载机前进时）超前偏转一个键齿即可。

② 装载机总装时，应尽量保持传动轴两端分别与变速器输出轴、主传动器输入轴所形成的夹角相等，一般不允许进行任何调整。若需调整时，其夹角一般不得比原厂规定的角度大 3°～5°。

③ 保证传动轴各零件本身回转质量的平衡。在装配传动轴时，防尘套上两只卡箍的锁扣应错开 180°，不得任意改变原平衡的质量和位置。

④ 保证回转质量中心与传动轴旋转轴线的重合。为减少传动轴旋转质量中心偏离旋转轴线而造成的附加动载荷，制造厂已进行了动平衡试验。当传动轴的动平衡被破坏时，如动平衡块脱落、传动轴各零件回转质量不平衡、装配不当等，将使质量中心偏离旋转轴线而降低传动轴临界转速。试验证明，当万向节由于磨损出现间隙，就可能使传动轴在低于临界转速下产生振动、冲击，甚至会折断。为此，万向节组装后，不允许十字轴有轴向窜动，十字轴轴承与座孔不应有相对转动。消除轴向间隙，一般通过在轴承座背面加薄铜皮来解决。但必须注意各轴承座背面所加垫片厚度应一致，否则，十字轴中心线必然偏离传动轴旋转轴线，破坏传动轴的平衡。有条件的应进行传动轴的动平衡试验与调整。

3.2.5 驱动桥维修

3.2.5.1 驱动桥的分解

轮式装载机驱动桥主要由主传动器和轮边减速器两部分组成。以 ZL50 型装载机驱动桥为例，其分解步骤如下。

(1) 轮边减速器及制动器的分解（见图 3-65）

① 用千斤顶或支架支起机架，使驱动桥离地。拧下桥壳和轮边减速器的放油螺塞，放净其内的润滑油。

② 拧下轮辋螺母，从驱动桥上拆下轮胎轮辋总成。撬开锁环，卸下轮胎，将其分解。

③ 拆下钳盘式制动器。

④ 拧开轮边减速器端盖螺栓，取下端盖。取出太阳齿轮和半轴。用顶盖螺钉将行星齿轮架从轮毂上顶松，吊下行星齿轮架总成。

⑤ 用垫铁垫在行星齿轮架的背面，使行星齿轮处于上方，用软金属棒从上面将行星齿轮轴轻轻打出。取出行星齿轮及滚针。

⑥ 拧出限位螺钉，拧下圆螺母，取下内齿圈。

⑦ 用拉力器将轮毂连同圆锥滚子轴承、油封、卡环一起从轮边支承轴上拉出。拆下轮毂内的圆锥滚子轴承、卡环，取出油封。

⑧ 拆下制动盘。

⑨ 拆下附于桥壳上的管路以及与传动轴的连接件等。

⑩ 用千斤顶或支架支起桥壳，拆下驱动桥与机架的连接螺栓，然后放低千斤顶或支架，移出驱动桥。

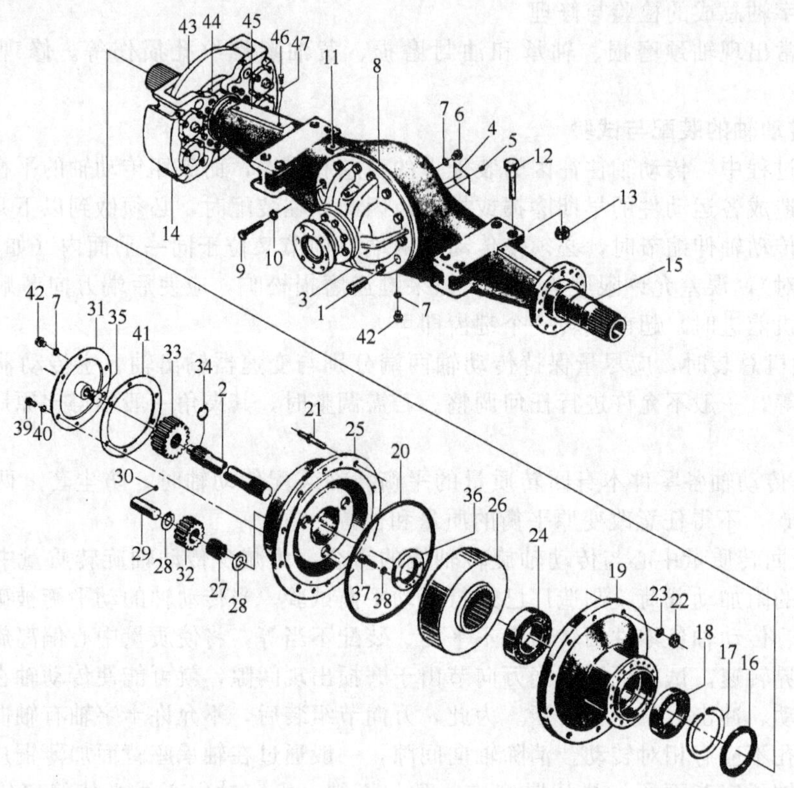

图 3-65　驱动桥（前桥）分解图

1—定位销；2—半轴；3—前桥主传动部分；4—桥铭牌；5—铆钉；6,42—螺塞；7—组合密封垫圈；8,28—垫片；9,12,39,46—螺栓；10,23,38,40,47—垫圈；11—通气塞；13—锁紧螺母；14—夹钳总成；15—前桥壳体轮边支承；16—油封；17—卡环；18,24—圆锥滚子轴承；19—轮毂；20—O形密封圈；21—轮辋螺栓；22—螺母；25—行星齿轮架；26—内齿轮；27—滚针；29—行星齿轮轴；30—钢球；31—盖；32—行星齿轮；33—太阳齿轮；34—挡圈；35—轴；36—圆螺母；37—螺钉；41—密封垫；43—制动盘；44—防尘罩；45—挡板

(2) 主传动器的分解（见图 3-66）

① 拆下主传动器与桥壳的连接螺栓，吊下主传动器总成。

② 将主传动器安放在工作台上，并用螺栓将其固定在专用支架上。

③ 拆下左、右调整圈的锁紧片、轴承盖和调整圈（轴承盖在拆卸前应做好装配标记）。取下差速器总成。

④ 拆下差速器壳的固定螺栓，将左、右差速器壳分开（分开前，应做好装配标记）。取出十字轴、行星齿轮、半轴齿轮、齿轮垫片等。

⑤ 用拉力器拆下左、右差速器壳上的圆锥滚子轴承。

⑥ 拆下差速器壳与从动锥齿轮的固定螺栓，取下从动锥齿轮（取下前，应做好装配标记）。

⑦ 拧下主动锥齿轮轴承座与主传动器壳体的固定螺栓，拆下主动锥齿轮小端卡环，取出主动锥齿轮总成。

⑧ 拆下输入接盘，取出密封盖。

⑨ 固定轴承座的凸缘，用压具在主动锥齿轮的螺纹端施加压力，将其推离轴承座，取下调整垫片和轴套。

⑩ 用拉力器从主动锥齿轮轴上拉下圆锥滚子轴承。

3.2.5.2 驱动桥主要零件的检验与修理

（1）壳体

① 桥壳　损伤主要有桥壳弯曲变形和断裂、桥壳裂纹、镶半轴套管座孔因长期承受冲击和挤压而磨损，以及安装轴承的轴颈磨损与螺纹孔、定位孔磨损或损坏等。

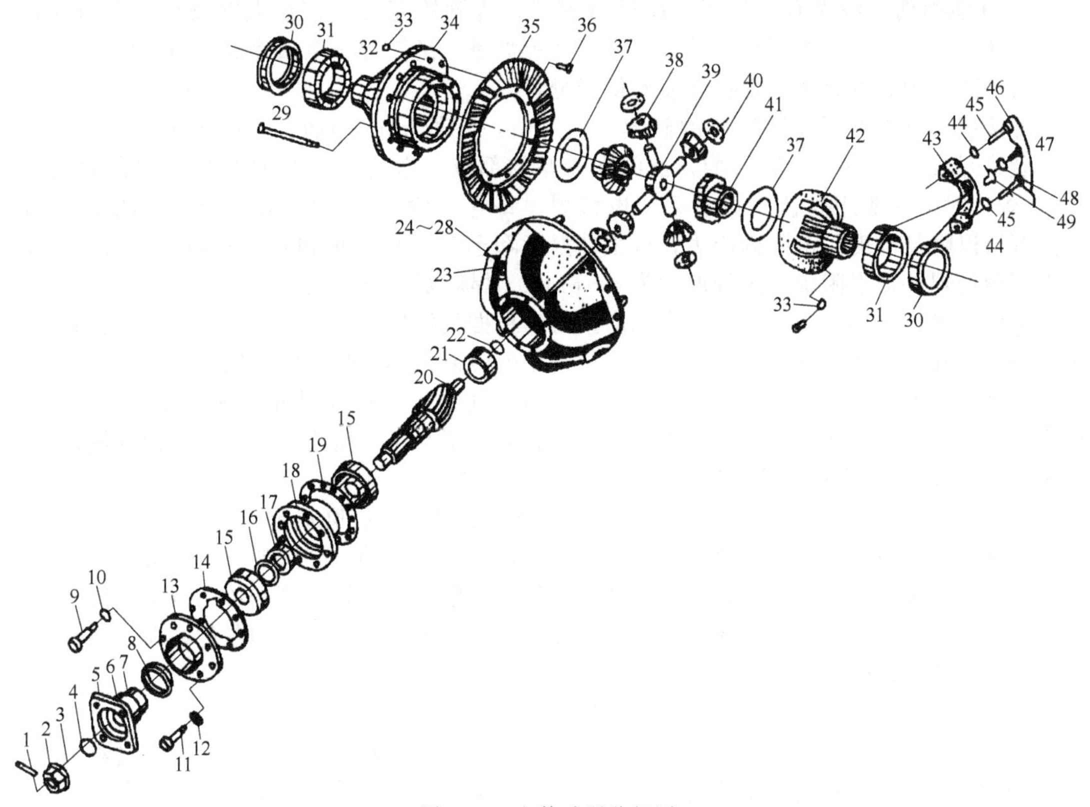

图3-66　主传动器分解图

1—开口销；2—带槽螺母；3—垫片；4—O形密封圈；5—输入法兰；6，32—法兰；7—防尘盖；8—骨架油封；9，11，26，29，36，45，47—螺栓；10，12，44，48—垫圈；13—密封盖；14—密封垫片；15，21，31—圆锥滚子轴承；16，19—调整垫片；17—轴套；18—轴承座；20—主动锥齿轮；22—卡环；23—主传动器壳体；24—止推螺栓；25—铜套；27—锁紧片；28，33—螺母；30—调整圈；34—差速器右壳；35—从动锥齿轮；37—半轴齿轮垫片；38—行星齿轮；39—十字轴；40—行星齿轮垫片；41—半轴齿轮；42—差速器左壳；43—轴承盖；46—保险铁丝；49—锁紧片

a. 桥壳变形　桥壳弯曲大修允许值为0.75mm，极限值为1mm。座孔的同轴度大修允许值为0.10mm。端部螺纹损伤不得多于两扣，油封轴颈磨损不大于0.15mm，机架与驱动桥连接螺栓孔磨损不大于1.5mm。

桥壳弯曲的检验方法很多，不同形式的桥壳可采用不同的方法。常用的测量仪器有机械式、光学式等多种。检测时，必须将半轴套管拉出，检验半轴套管座孔的同轴度来确定桥壳是否弯曲变形。通常采用如下方法。

ⅰ. 将两轮毂装在桥壳上，并按要求调整好轴承紧度，装上合格的两半轴。从桥壳中部孔中检查两半轴端头是否对正，误差应不超过前述规定值。

ⅱ. 用比桥壳长50mm、直径比半轴套管内径小2mm的钢管插入桥壳内，如能自由转动，即为基本符合要求。

ⅲ. 在套管内穿一细线，线的两端伸出套管外，并悬吊一重物使线拉直，此时细线如能与套管内壁均匀贴合，即符合要求。

为检验准确，应沿内孔圆周每隔 45°检查一次。

桥壳弯曲变形在 2mm 范围内时，可用冷压法进行校正。但应注意，校正变形量应大于原有变形量，并保持一段时间，同时用锤敲击以减少内应力，达到所需要的塑性变形。当弯曲大于 2mm 时，应采用热压法校正，即将桥壳弯曲部分加热至 300～400℃，再进行校正。加热温度最高不得大于 700℃，以防金属组织发生变化而影响桥壳的强度和刚度。

b. 其他损伤　桥壳有裂纹时，应进行焊修。铸钢桥壳可用抗拉强度较高的焊条焊接。可锻铸铁桥壳裂纹可用黄铜焊条钎焊，或用纯镍焊条、高钒焊条电弧冷焊。高钒焊条是焊接可锻铸铁比较理想的焊条，焊接强度不低于母材。

焊接前，首先在距裂缝端部的延续方向 7mm 处钻 5mm 的通孔，以防裂纹继续扩大。再沿裂纹开成 60°～90°的 V 形槽，槽深在较厚的部位一般为工件厚的 2/3，较薄的部位为 1/2。焊接时，一般用直流反极性手工电弧焊。每焊一段（20～30mm）用小锤敲击焊缝，清除焊渣以降低温度，消除内应力，待工件温度降至 50～60℃时再焊下一段。为增加强度，可在焊缝处焊补加强附板。附板厚度为 4～6mm。焊后要检查桥壳变形情况。

半轴套管配合部位磨损及桥壳座孔磨损时，根据具体情况，可压出半轴套管，重新镗削半轴套管座孔至修理尺寸。而套管磨损部位则用电镀或振动堆焊修复至同级修理尺寸。半轴套管有裂纹应换用新品。轴头螺纹损坏应堆焊后重新加工至标准尺寸。桥壳螺纹孔磨损时，可进行扩孔，用镶套法或修理尺寸法修复。桥壳上机架与驱动桥连接螺栓孔磨损或偏移大于 2mm 时，应堆焊后重新钻孔，恢复原来的位置和尺寸。

② 主传动器壳体　常见损伤有壳体变形、裂纹、轴承座孔磨损等。

壳体变形是由于承受负荷过大，时效处理不充分而引起的。壳体变形后，会使配合面及相互位置受到破坏，影响了齿轮的正确啮合，使噪声增大、磨损加剧和传动效率降低。

裂纹多发生在主传动器壳体与桥壳接合面处。其原因除桥壳承受的各种载荷作用外，牵引力引起的反作用转矩影响更大。

轴承座孔磨损多是因反复拆装使配合松旷所致。

当主传动器壳体变形量超过技术要求或轴承座孔磨损过甚时，有条件时可通过对轴承座孔进行铜焊或镶套后再机加工修复。近年来，开始采用厌氧胶填塞轴承外圈与座孔之间过大间隙的方法使之修复。这样修复速度既快又能保证质量。

③ 差速器壳体　常见损伤有行星齿轮球面座磨损、与半轴齿轮相接触的止推平面磨损、半轴齿轮轴颈座孔磨损、十字轴座孔磨损及滚动轴承轴颈磨损等。

止推球面和止推平面磨损有明显的沟槽、其深度大于 0.2mm 时，可按修理尺寸镗削止推面，然后采用加厚球面垫圈及平垫圈的方法，以恢复齿轮的啮合间隙。

半轴齿轮轴颈座孔磨损超过 0.25mm 时，用镶套法修复。衬套壁厚为 2～2.5mm，过盈量为 0.02～0.04mm。

十字轴座孔磨损有自然磨损和黏附磨损。自然磨损用镀铬法修复，黏附磨损可在两旧孔之间重新钻孔予以修复。钻孔时需经退火，修后重新进行淬火、正火处理。

滚动轴承轴颈磨损可用振动焊或刷镀法修复。修复时，先磨去轴颈的不圆度，然后刷镀。刷镀要留出 0.15mm 的磨削余量，最后光磨至公称修理尺寸。轴颈磨损在 0.3mm 以内时，可采用厌氧胶填充间隙修复。

螺纹孔磨损后螺钉微量松动时，可采用厌氧胶修复。损伤严重时，采用扩孔加大螺栓法修复。

（2）齿轮

驱动桥齿轮材料均为合金钢。齿轮常见损伤有齿面磨损、疲劳剥落、齿轮裂纹与轮齿折断等。

齿轮的检验技术要求如下。

① 齿面磨损一般不得大于0.5mm。

② 主、从动锥齿轮的疲劳剥落面积不得大于齿面的25%；轮齿损伤（不包括裂纹）不得大于齿长的1/5和齿高的1/3。在上述情况下，主动锥齿轮轮齿损伤不得超过三个（相邻的不超过两个）；从动锥齿轮轮齿损伤不得超过四个（相邻的不超过三个）。

③ 行星齿轮球面和半轴齿轮端面如有擦伤，其深度不得大于0.25mm，擦伤面宽度不得大于工作面的1/3。否则应予修磨。

④ 对于损伤不严重的斑点、毛刺、擦伤，可修磨后继续使用。

对于损坏超过规定的齿轮，一般应更换。如是主、从动锥齿轮应成对更换（因为它们是配对研磨成形的偶件）。每对齿轮有相同的记号。主动锥齿轮记号印在轴端键槽上或两轴承轴颈之间，从动锥齿轮记号印在有轮齿一面的铆钉附近。如因配件困难，仅换一只齿轮，最好选择与原齿相似的旧齿轮，以尽量减少啮合不良而产生的响声。

从动锥齿轮还应检查铆钉是否松动。检查方法可用敲击法，即用手指抵触铆钉一端，用手锤敲击另一端，凭手感觉其窜动量。也可用煤油渗透，然后锤击。如有煤油飞溅痕迹，说明铆钉松动。当发现铆钉松动时，应拆除重铆。铆接时应注意以下几点。

① 检查接合盘与齿轮的铆钉孔是否失圆。如失圆，应将孔修整为正圆，且更换加大的铆钉。

② 检查从动齿轮的偏摆度。偏摆度过大，会破坏主、从动锥齿轮的正常啮合，工作时发出不正常的响声。检查方法是将接合盘与齿轮用螺栓紧定，然后在从动锥齿轮背面检查。当偏摆量大于0.10mm时，应先修磨接合盘平面，然后铆接。

③ 铆接方法一般采用冷铆，或将从动锥齿轮加热至100～160℃时进行铆接。铆钉的材料选用低碳钢，不宜采用中碳钢。铆钉直径与孔应有0.02～0.05mm的间隙。铆钉在冷状态下装入，然后用压床或铁锤铆紧。铆接时应对角交叉进行。

此外，也可以采用热铆，即把铆钉加热到85℃以上然后铆紧。但这种方法易使铆钉表面产生氧化皮，冷却后会脱落，受力时易松动。以上方法可视具体条件选用，但最好采用冷铆。

(3) 轴颈和座孔

轴颈与座孔常见损伤是磨损松旷。检查的部位是轴承与轴颈及座孔、油封与轴颈，以及差速器十字轴与壳孔及行星齿轮的配合。

① 轴承与轴颈及座孔的配合

a. 主动锥齿轮轴承与轴颈及座孔的配合

ⅰ. 外轴承内径与轴颈的配合　轮胎式装载机多数为过盈配合，少数为过渡配合。一般为−0.038～−0.003mm，大修允许过盈量一般为0mm，使用极限为0～0.03mm。

ⅱ. 外轴承外径与座孔的配合　轮胎式装载机多数为过渡配合，少数为过盈配合。ZL50型装载机标准为−0.026～0.024mm.

ⅲ. 内轴承内径与轴颈的配合　轮式装载机多数为过盈配合，少数为过渡配合。其配合要求与外轴承内径与轴颈的配合相同。

ⅳ. 内轴承外径与座孔的配合　轮式装载机多数为过渡配合，少数为过盈配合。其配合要求与外轴承外径与轴颈的配合相同。

ⅴ. 主动锥齿轮轴为跨置式支承，要求主动锥齿轮导向轴承内径与轴颈的配合一般为−0.032～−0.015mm。导向轴承外径与座孔的配合有过盈配合、过渡配合、间隙配合三种。不同机型有不同要求。

b. 差速器轴承与轴颈及座孔的配合　轮式装载机差速器轴承内径与差速器壳轴颈均为

过盈配合，大修允许最小值为0mm，极限值为0～0.01mm。

差速器轴承外径与座孔的配合为过渡配合，大修允许最大间隙为－0.02～0.05mm，极限值为0.04～0.08mm。

c. 轮毂内、外轴承与轴颈及座孔的配合 轮毂内、外轴承内径与半轴套管轴颈配合，多数为间隙配合，少数为过渡配合。大修允许最大间隙和使用极限各不相同，应按各机型规定执行。

轮毂内、外轴承外径与座孔的配合为过盈配合，一般大修允许值为－0.012～0mm，极限值为0.02mm。

② 半轴套管磨损 半轴套管油封轴颈磨出沟槽或磨损超过限度时，应予修复。修复时，对没有油封座圈的油封轴颈，可采用镶套法。要求套的厚度为6mm，宽为20mm，套与轴管配合的过盈量为0.02～0.09mm。对装有油封座圈的油封轴颈，可将座圈拆下更换或镀铬修复。

③ 十字轴轴颈与差速器壳孔及行星齿轮内孔的配合 差速器壳孔径与十字轴轴颈的配合多数为过渡配合，少数为间隙配合。行星齿轮孔径与十字轴轴颈的配合均为间隙配合。其大修允许值和使用极限值，按各机型的规定配合执行。超过规定应更换或电镀、刷镀修复。

④ 半轴齿轮轴颈与差速器壳孔的配合 均为间隙配合，其标准按各机型规定执行，大修允许最大间隙，轮式装载机一般为0.20mm，使用极限一般为0.35～0.40mm。超过规定可电镀、刷镀修复。

3.2.5.3 驱动桥的装配与调整

(1) 装配注意事项

① 零件的原始装配位置 在总成分解之前，对关键部位解体时，如侧隙大小、印痕情况、轴向间隙等，应在零件上做好标记，尤其注意将各处调整垫片分别放置，以便按原位置装配。如果全部打乱进行混装，则调整时会引起很多麻烦，浪费工时，影响修复质量。

② 零件装配前和装配中的检验 主传动器壳上的主、从动锥齿轮轴心线的位移量和垂直度、轴的支承刚度，以及各轴承外座圈的安装、磨损情况等，都会对齿轮的啮合有影响。从动锥齿轮与差速器壳凸缘上的接合端面和安装座孔的垂直度，也需要有较高的精度。否则，轮齿虽加工精确，但由于上述误差过大，仍得不到正确啮合。因此，应加强零件装配前和装配过程中的检验，以免给调整齿轮啮合间隙带来困难。

③ 旧齿轮的调整 调整旧齿轮时，应按原啮合位置进行调整，否则齿形不吻合，工作时会发响。如原啮合位置与技术要求相差过大，则应修磨齿面或换用新齿轮，以免出现轮齿折断等危险。

④ 主动锥齿轮轴轴承的预紧度 轴承的预紧度就是在消除了滚锥轴承内、外座圈与滚动体之间的间隙后，再加以适当的压紧力，使滚锥轴承预先产生微量弹性变形。

⑤ 主、从动锥齿轮接触印痕的位置 装载机在工作过程中，特别是在较大载荷的作用下，由于轴、轴承和壳体的变形，以及装配调整中误差的影响，两齿轮势必略有偏移，这将引起载荷偏向于轮齿的一端，造成应力集中、磨损加剧，甚至造成轮齿断裂。为消除这种影响，在齿轮制造时，规定两齿轮的轮齿不允许沿全长接触，只沿长度方向接触1/3～1/2，以及接触区偏向于小端。这要依靠制造时使齿轮的凸面曲率半径稍小于凹面曲率半径来达到。这种接触方式使齿轮副对位置偏差的敏感性有所降低。

目前，国产装载机主传动器所用的齿轮大多数为格里森制螺旋锥齿轮，齿形曲线为圆弧，按齿高分类属渐缩齿。接触区在承受载荷后，位置的变化是根据齿制不同而有所区别，这是由齿长曲线的性质决定的。格里森制圆弧锥齿轮承受载荷后，接触区的位置向大端移动，其长度和宽度均扩大。因此，在装配中，应将接触区偏向小端，如图3-67所示。

⑥齿侧间隙 齿轮工作时，应具有一定的齿侧间隙。此间隙是保证齿轮润滑的重要条

件。间隙过小，不能在齿面之间形成一定厚度的油膜，工作时将产生噪声和发热，并加速齿面磨损和擦伤，甚至导致卡死和轮齿折断。当间隙过大时，齿面会产生冲击载荷，破坏油膜，并出现冲击响声，同样会加速齿面磨损，严重时也可能折断轮齿。

轮胎式装载机主、从动锥齿轮的侧隙一般为 0.2～0.6mm。主、从动锥齿轮齿面接触印痕和齿侧间隙，都是利用改变两齿轮中心距来调整的。因此，在改变接触印痕时，侧隙也随着变化，而改变侧隙时，印痕又会随着改变。在调整时，往往出现侧隙达到要求，但印痕不符合要求，或印痕符合要求，而侧隙又不符合要求的矛盾。由于齿面接触印痕的好坏，是判断齿面接触面积、装配中心距离和齿形等是否合理的重要依据，因此，当印痕和侧隙出现相互矛盾时，印痕是矛盾的主要方面，应尽可能迁就印痕。但侧隙最大不应大于 1mm，否则必须重新选配齿轮。

齿侧间隙测量方法如图 3-68 所示，也可用压铅丝法进行测量。应多点测量，不同位置测得的间隙差，不得大于 0.15mm。

（2）驱动桥的装配与调整

① 主动锥齿轮轴的装配及轴承预紧度的调整　装配前，应将轴承等机件清洗干净，并涂以薄薄的一层机油，然后把轴承、调整垫片、隔套、轴承座分别装在主动锥齿轮轴上，再装上接盘和锁紧螺母等。应注意安装锁紧螺母时，应一边使轴承旋转，一边旋紧螺母，以免轴承在轴承座内歪斜。按规定力矩拧紧螺母后，检查轴承的预紧度。

轴承预紧度的调整：主动锥齿轮轴轴承预紧度通过增减两轴承之间的调整垫片进行调整。增加垫片，轴承预紧度减小（间隙增大）；反之则增大（间隙减小）。主动锥齿轮轴轴向间隙最大允许值为 0.05mm。

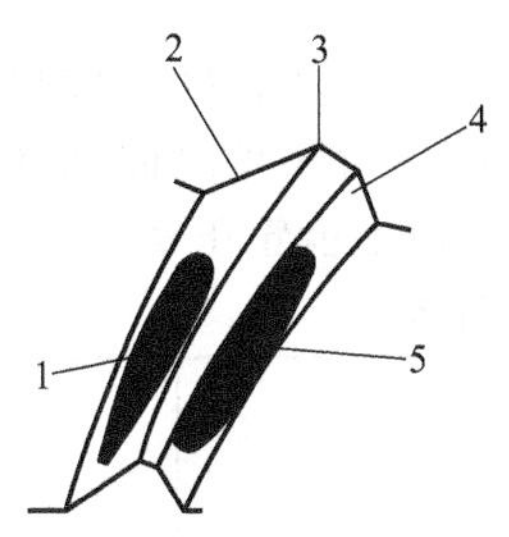

图 3-67　格里森制齿轮正确啮合时的印痕

1—接触区在齿的中部偏向小端 2～7mm 范围内；2—前进啮合面；3—大端；4—倒退啮合面；5—控制在齿的中部

图 3-68　用百分表检查齿侧间隙

检查轴承预紧度的大小常用的方法有以下两种。

a. 检查预紧力矩法　当锁紧螺母按规定拧紧力矩拧紧后（一般不装油封），通过测定主动锥齿轮转动力矩大小来判定，具体做法如图 3-69 所示。

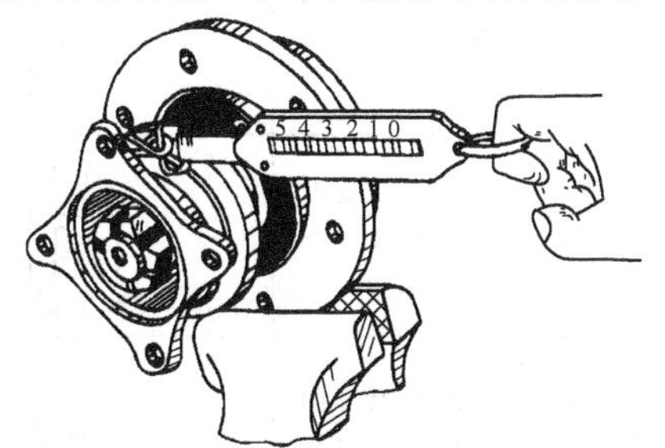

图 3-69　测量主动锥齿轮轴承预紧度

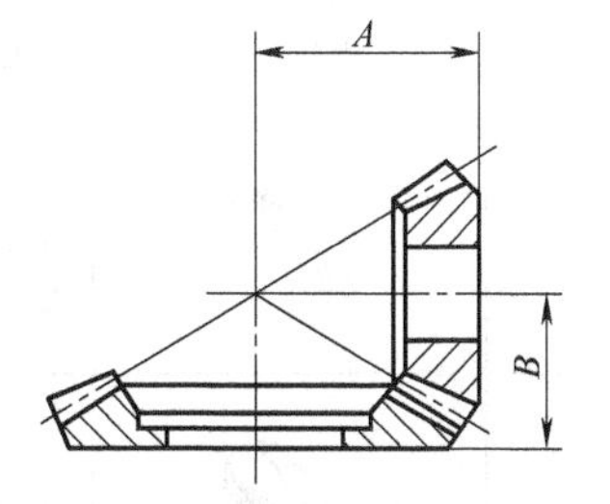

图 3-70　锥齿轮装配中心距示意图

A—主动锥齿轮装配中心距；*B*—从动锥齿轮装配中心距

将轴承座夹持在虎钳上，用弹簧秤挂在接盘螺孔内，沿切线方向测量轴转动所需的拉力应为39.3～49.0N。测量时，主动锥齿轮轴必须顺着一个方向旋转不少于5圈以后进行，同时轴承必须经过润滑。

b. 经验检查法　用手推拉接盘，感觉不到有轴向间隙，且转动灵活，即为合格。调整时，选择适当厚度的垫片，当有明显轴向间隙时，应减少垫片。反之应增加垫片。

② 从动锥齿轮的装配及轴承紧度的调整　主传动器从动锥齿轮用螺栓按规定拧紧力矩固装在差速器壳上。装配时，各零件应注意清洗干净，并检查接合面和螺孔应光滑平整。用螺栓固装后，应在车床上或专用台架上检查从动锥齿轮的偏摆度。出现偏摆度的原因主要是由于差速器壳与从动锥齿轮接合面不平，其平面度误差大于0.05mm时，应予修磨。

将装合好的差速器装入差速器轴承（即从动锥齿轮轴承）支座内，将轴承盖的固定螺母按规定拧紧力矩（ZL50型装载机为198N·m）拧紧。再转动调整圈，调整从动锥齿轮轴承紧度。调整过程中，在转动调整圈的同时，还应转动从动锥齿轮，以便检查从动锥齿轮轴承紧度是否合适。调整后的要求是转动从动锥齿轮应灵活无卡滞现象，用撬棒撬动从动锥齿轮应无轴向间隙感觉。

③ 主、从动锥齿轮啮合印痕及啮合间隙的调整　为获得良好的齿面接触区，主、从动锥齿轮在制造时都经过成对研磨和检验。因此，在修理过程中，不能单独更换齿轮副中的某一件，也不能将配好的齿轮副搞乱，否则，在调整的过程中会遇到不必要的麻烦，甚至无法调出正确的啮合印痕和啮合间隙。

检验主、从动锥齿轮啮合位置是否正确，一般是用齿面的接触印痕来判断。在主动锥齿轮相邻的3～4个轮齿上涂以薄层均匀的红印油，对从动锥齿轮略施压力，然后转动主动锥齿轮，使其相互啮合数次后，观察齿面上的啮合印痕。

轮式装载机主、从动锥齿轮一般采用渐缩齿（格里森制齿），啮合印痕的长度为全齿长的2/3，距小端的边缘为2～4mm，距齿顶边缘为0.8～1.6mm。齿轮正反面啮合印痕要求相同。如两者发生矛盾，应以正面啮合为主，但要以反面印痕能够保证齿轮正常工作为原则。

表3-1　锥齿轮啮合印痕调整方法

被动齿轮面上接触痕迹的位置		调整方法	齿轮移动方向
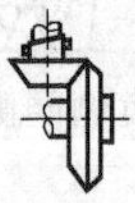			
		将从动锥齿轮向主动锥齿轮靠拢，若此时所得轮齿的齿隙过小时，则将主动锥齿轮移开	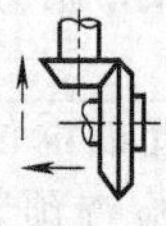
		将从动锥齿轮自主动锥齿轮移开，若此时所得轮齿的齿隙过大时，则将主动锥齿轮靠拢	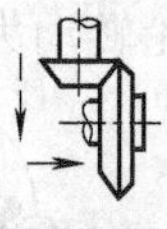
		将主动锥齿轮向从动锥齿轮靠拢，若此时所得轮齿的齿隙过小时，则将从动锥齿轮移开	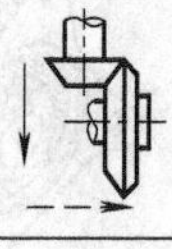
		将主动锥齿轮自从动锥齿轮移开，若此时所得轮齿的齿隙过大时，则将从动锥齿轮靠拢	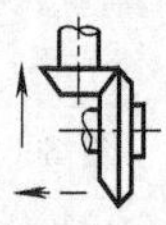

主传动器齿轮啮合位置的调整在主、从动锥齿轮轴承紧度调整后进行。不正确的啮合印痕可通过移动主、从动锥齿轮，改变其中心距进行调整，如图 3-70 所示。

a. 移动主动锥齿轮，改变中心距 A。可通过改变主动锥齿轮轴轴承座与主传动器壳体之间的调整垫片厚度来实现。

b. 移动从动锥齿轮，改变中心距 B。可用改变从动锥齿轮左右两边轴承的调整垫圈进行调整，但不能改变从动锥齿轮轴承的紧度。

调整锥齿轮啮合印痕的具体方法见表 3-1。

为工作方便，可将上述调整方法简化为口诀：大进从、小出从、顶进主、根出主。如果在调整中印痕变化规律不符合上述四种情况，如图 3-71 所示，其原因是齿轮齿形或轴线位置不正确，可用手砂轮修磨齿面。若经修磨仍不能修正，则应重新选配齿轮，不能勉强使用。

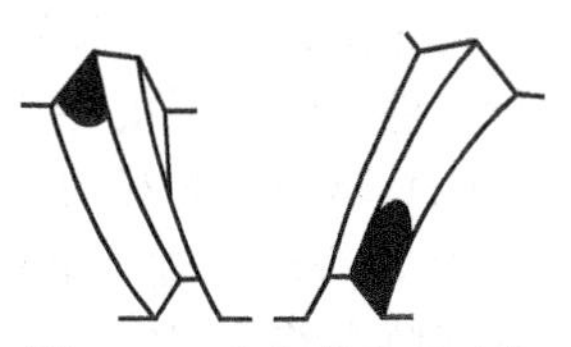

图 3-71　啮合印痕不正常

④ 差速器的装配与调整　差速器装配前，应将各垫片及齿轮的工作面上涂以润滑油。装配时，应注意垫片有油槽的一面朝向齿轮，并要求两半轴齿轮垫片的厚度差不大于 0.05mm。差速器两半壳装合时应注意记号，固定螺栓拧紧力矩为 78.4～98N・m。装合后，用手转动半轴齿轮应灵活。

半轴齿轮大端的弧面与四个行星齿轮背面的弧面应在一个球面上。不合适时，应通过改变行星齿轮背面垫片的厚度来调整。调整后，重新检查半轴齿轮在行星齿轮上转动是否灵活及间隙值是否合适。

⑤ 止推销及止推垫块的调整　单级主传动器的从动锥齿轮直径较大，工作时轴向力所形成的力矩可引起从动锥齿轮偏摆。因此，在从动锥齿轮背面与主动锥齿轮相对的壳体上装有止推销及止推垫块。止推垫块与从动锥齿轮背面的间隙应按各机型规定进行调整。如间隙过大，应更换青铜止推垫块；如间隙过小，应进行锉修。止推销的铆钉头应低于垫块平面 1mm。如发现铆钉头露出，应立即更换。否则，青铜止推垫块脱落将会损坏轮齿。

955A 型装载机止推垫块（顶套）与从动锥齿轮背面间隙为 0.25mm。调整时，将止推螺栓拧至与从动锥齿轮背面靠拢，然后退回 1/8 圈，调好后拧紧锁紧螺母。

ZL50 型装载机止推垫块（顶套）与从动锥齿轮背面间隙为 0.2～0.4mm。调整时，将止推螺栓拧至与从动锥齿轮背面靠拢后，退回 1/4 圈，调好后拧紧锁紧螺母。

⑥ 轮毂轴承的调整

a. 轮边减速器在装配时，各齿轮及轴承等应涂抹齿轮油。齿轮转动应灵活自如，无卡滞现象。

b. 螺栓的拧紧力矩符合规定要求。

c. 轮毂安装好后，使轴承处于正确位置，然后拧紧圆螺母（滚动轴承的间隙是靠调整圆螺母来实现的），直到轮毂能勉强转动为止，然后将螺母倒退 1/10 圈。调整好滚动轴承的间隙后，应拧紧外侧螺钉。此时，轮毂应转动自如，不应有卡滞现象。

d. 前右轮边减速器与后右轮边减速器相同，前左轮边减速器与后左轮边减速器相同。

e. 端盖处加油口加入的润滑脂注到从孔溢出为止。润滑脂与主传动总成用油相同。将轮毂及轴承加足润滑脂装在桥壳半轴套管上以后，一边转动轮毂，一边将轴承调整螺母拧紧，将螺母调到底后，再退回 1/6～1/4 圈。然后装上外油封、止动垫圈，最后用锁紧螺母锁紧。调整后，用手转动轮毂应灵活，轴向推拉时无间隙感觉。

(3) 驱动桥的磨合与试验

驱动桥磨合和试验前，应按规定加注黏度比正常使用时低的润滑油。磨合与试验时主动轴的转速按各机型规定。正转、反转、无负荷、有负荷均应试验，且各运转时间不少于10min。运转过程中，测量各轴承处的温度不应高于60℃，即手摸时不应有过热感觉。倾听声音，不应有不正常的响声或高低速变化时的敲击声。检查各密封处，不应有漏油现象。运转时间根据检查中发现的具体情况而定，但最短不少于1.5h。高速带负荷运转一般不超过15min。

3.2.5.4 驱动轮轮毂的检修

(1) 驱动轮轮毂的分解

首先支起车桥，按顺序拆下车轮、半轴、锁止装置、调整螺母，然后卸下轴承、轮毂与油封等件。将所拆机件清洗干净，然后检查各机件的技术状况。

(2) 驱动轮轮毂的检修

① 检查轮毂轴承滚柱、滚道应无严重锈蚀或疲劳剥落，否则应更换。轴承内径和轴颈配合间隙应符合规定值，一般为0.015～0.060mm。超过规定的使用限度，应更换轴承或修复轴颈。

② 检查轮毂油封，如有损坏、断裂应更换。橡胶油封如有损坏、老化或弹簧损坏等应更换。

③ 检查半轴套管，不应有裂纹或弯曲变形，半轴套管螺纹损坏不应超过三牙，否则应修复或更换。

3.2.5.5 轮边减速器的维修

① 轮边减速器壳体不得有任何性质的裂纹和损伤。

② 检查轮边减速器行星齿轮、结合套工作面不得有裂纹、断齿和磨损过甚现象，否则必须予以更换。

③ 轮边减速器半轴油封在安装时应将刃口朝向半轴输入端方向（由于两个油封材质不同，应将有标记的油封装到输入端里边）。

④ 装配过程中，连接螺栓装入壳体一端必须涂以乐泰262螺纹锁固胶，行星齿轮架组件连接面应涂以乐泰510平面密封胶，并将油封部位和轴承内涂以润滑脂。

⑤ 轮边减速器行星齿轮齿侧间隙为0.15～0.30mm。

3.2.5.6 驱动桥的试验与验收

(1) 驱动桥的试验

① 驱动桥总成装配后，应在专门的试验台上进行无负荷（空转）及有负荷（车轮制动器制动时）正、反运转试验。试验前从桥壳上部的加油孔加入一定量的新的80W/90号普通叉车齿轮油，并拧紧加油孔螺塞。试验时主动锥齿轮的转速：两级减速器为1400～1500r/min；单级减速器为1000r/min。各项试验的时间均不得少于10min。

② 试验中各轴承区的温度不得高于60℃；齿轮啮合时声音应均匀，在有负荷（车轮制动器制动时）正、反运转试验时不允许有敲击声或高低变化的异常响声；油封及各结合部位不允许有渗油、漏油现象；所有运动和非运动部件，不得有相互刮碰现象；试验合格后，应放净润滑油，清洗减速器，否则应重新装配与调整。

(2) 驱动桥的验收

① 检查主、被动锥齿轮的齿侧间隙和啮合印痕应符合要求，检查合格后，齿轮允许有均匀的啮合声，但在稳定转速条件下，不允许有高低变化的敲击声，各结合部位不允许有漏油现象，轴承区温度符合规定。

② 加注的润滑油种类应符合要求，油面高度符合车型规定。

③ 修复后的驱动桥应进行防锈处理。

3.3 传动系统常见故障诊断与排除

3.3.1 变矩变速系统常见故障诊断与排除

3.3.1.1 变矩变速液压系统压力不正常

(1) 故障现象

变矩变速液压系统压力的高低，可反映在压力表上，正常情况下应为1.4～1.6MPa，最低正常压力不得小于1.1MPa。如果工作时系统压力过高、过低或为零，则都不正常。

(2) 故障原因及排除

① 压力过高

a. 主压力阀压力调整过高或卡滞　装载机在使用过程中压力并没有进行过调整，而压力突然升高，则是因为主压力阀阀芯卡滞所致。一般情况下，阀芯卡滞大多都卡滞在压力低的位置，但如果阀芯内有异物，也能导致阀不易打开，从而压力升高到超出正常工作范围。

将阀拆下，分解、清洗，用少许氧化铝研磨软膏进行研磨，研磨至不发卡为止，然后清洗干净并装复，并对主压力、进口压力、出口压力重新进行调整（有条件时应在试验台上进行）。

b. 压力表指示过高　柴油机不启动时，压力表指示应为零，如果不为零，而是预先指示一定的数值，则系统工作时的压力，将是实际压力加上预先指示的压力。遇到这种情况，应换上合格的压力表。

② 压力过低

a. 变速器壳体内油面过低　箱体的侧面有两个油平面高低检视开关，油平面在高低检视开关之间为正常。如果油平面过高，应将多余的油放出；如果油平面过低，应先查明原因，再采取相应的措施。

变速器壳体内油面偏低，油泵会吸进空气，油箱内产生气泡，同时还有噪声，压力表指示不稳，摆动剧烈。如果油平面过低，油泵会吸不上油，油压表会没有压力指示。如果维修或更换总成后，油面加到标准位置，启动装载机，开始时压力正常，但几秒钟后压力就迅速下降，降到低位开关位置以下，这种情况下只需将油加够即可。

工作油外漏，这种现象很容易观察到，先解决漏油问题；在维修过程中的流失，如更换新油泵、散热器、油管等，更换后又没有添加流失的那部分油，应将油添加到标准高度。

b. 变速器油底壳内滤网太脏、堵塞，过油不畅　脏物的来源主要有：系统内有非正常的磨损、剥落，由于长期工作产生的磨屑，或者是零件表面的剥落物；装载机作业环境恶劣，而变速器通风后又不注意维护，致使尘土进入变速器内部，形成油泥；变速器在修理时不清洁，使用棉纱擦洗零件和变速器壳体内部表面时，棉纱的毛屑挂在零件上，随着工作油的流动集中在滤网上。

变速器壳体内滤网过油不畅，过油能力受限，油泵吸油时，低压部分要产生一定的真空度，油泵的转速越高，产生的真空度就越大。滤网堵塞后，柴油机怠速时，从表上观察压力还基本正常，油门越大，压力反而越低，同时伴随有明显的噪声，装载机车轮的推进力也变小。

对于以上原因造成的滤网堵塞，一方面是结合换季保养定期清洗滤网，另一方面是注意对变速器的通风换气口的维护，不要让尘土轻易地进入变速器内。特别是在修理变速器时，不要用棉纱清洁，要用干净的毛刷和洗油清洗零件，油道和拐角不易观察到的地方，用压缩空气吹干净，粗糙不平的地方可用软面团粘干净。

c. 油泵的低压油管变形、变软，来油不畅　油泵通过油管从变速器的油底壳吸油。这种低压油管是耐油管，使用寿命较长。但如果长期在高温状态下工作，油管易变软；或者因为外力的作用，油管损坏，而更换的新油管不是耐油管只是普通油管，虽然工作时间不长也易变软。油泵吸油时，低压管内要产生一定的真空度，油泵的转速越高，产生的真空度就越高。油管变软后，在管外大气压力的作用下，就会变扁，使过油能力变小。柴油机怠速时，从表上观察压力还基本正常，油门越大，压力反而越低，油管变成扁平，这也是与变速器油底壳内滤网太脏堵塞的区别。

油泵的低压油管变形、变软，造成的来油不畅，应更换合格的耐油管，不能用普通的油管代替，以避免再出现相同的故障。

d. 油泵磨损后泄漏严重　油泵经过长时间的工作，会产生一定的磨损。如果新装载机使用时间不长，或者刚换上一个新油泵，使用时间不长又致磨损，则主要是因为：油泵质量太差；油中有杂质或金属屑，会加剧油泵的磨损；油泵输入轴与油泵轴不同轴，也会加剧油泵的磨损。

油泵磨损后，工作时就会产生泄漏，进而影响到整个系统的压力和流量。转速低时，产生的泄漏少些，转速高时，产生的泄漏多些，但转速高时增加的油流量比增加的泄漏量要大很多。所以油门小时，压力低些，各挡显得工作无力；油门大时，压力高些，各挡就工作有力一些，即压力随油门的变化而变化。

油泵磨损后，通常应换用新油泵。

e. 主压力阀密封不严、泄漏严重，或压力调整过低　主压力阀经过长时间的工作，阀芯和阀体磨损，阀芯卡滞，弹簧变软或折断，都会使系统的压力降低，特别是工作油不干净，油中有杂质时，阀芯磨损会加剧或者卡滞。如果在维修时，修理人员对阀的构造和性能特点不大了解，对故障原因没有进行科学系统的分析，随意分解或者调整三联阀，而使阀的调定压力改变，也会致使系统压力降低。阀的调定压力降低后，会出现各挡工作无力的现象。与前述不同的是，无论柴油机的转速升到多高，压力都不会明显同步上升，只会维持在一个较低的压力，并且变化不大。

维修方法：一是换用合格的工作油；二是研磨并清洗三联阀；三是重新调整主压力阀的压力，必要时应在试验台上试验。

f. 组合阀磨损、泄漏严重　组合阀的频繁操作，必然会产生磨损，从而出现泄漏，而且这种磨损不可补偿、不可逆转，只会越来越严重。这个逐渐变化的过程也伴随压力的逐渐下降。而且两个阀杆和阀芯的磨损程度也几乎相近。

当把操纵阀总成拆下后，用手径向推动阀芯，能感觉到间隙。

组合阀磨损、泄漏严重，一般情况下只能换用新件。

g. 换挡离合器磨损、泄漏严重　换挡离合器磨损出现泄漏，主要在活塞与壳体的活塞环之间、活塞及壳体与轴的O形密封圈之间、套与轴端头的O形密封圈之间产生。但各挡离合器的磨损和泄漏又不相同。因为各挡离合器的工作状态不相同，而且各个配合面只要有相对运动便会有磨损，往往是不经常接合的那个离合器的磨损最严重。如果前进、高低挡都挂在空挡时，压力正常，而挂某个挡时压力立即下降，则主要是这个挡的离合器磨损过甚，需要分解检修挡位离合器，更换损坏的零件，并按要求进行装配。

③ 压力为零。

a. 柴油机的动力没有传递过来　如果柴油机的动力没有传递过来，油泵不能旋转，油压不能建立，压力表只能指示为零。其原因有：弹性连接盘与飞轮的连接螺栓被切断；油泵轴与传动齿轮轴的平键被切断。

如果这时操作升降杆或者转动转向盘，都没有反应，则说明弹性连接盘与飞轮的连接螺栓被切断；如果有动作反应，则可能是油泵不旋转或还有别的原因。判断油泵轴与传动齿轮轴的平键是否被切断，可以将油泵的出油管拆下，用旋具拨动油泵齿轮，如果能转动，则说明平键被切断。

如果是弹性连接盘与飞轮的连接螺栓被切断，应查明被切断的原因并重新连接好；如果是油泵轴与传动齿轮轴的平键被切断，则应换上合格的平键。

b. 变速器壳体内油面过低

ⅰ. 由于严重泄漏等原因，变速器油底壳内油很少或没有油，油泵自然吸不上油。这种情况只需检查油平面高度便能确定。需要先解决漏油的问题。

ⅱ. 变矩器大修后最容易出现下列情况：刚开始时油面合格，启动柴油机试车，待油液补充到变矩器和管路后，油面就降低了，随之油压下降甚至没有压力。解决办法是立即将柴油机熄火，将油加到标准油面。

c. 油泵磨损过甚、吸不上油　装载机只要一启动，油泵就在转动，所以油泵的磨损是自然的。如果油液不干净，油泵装配不合适而造成偏心，油泵受到外来的轴向力或径向力过大等，都会加速油泵的磨损。油泵磨损严重后，内部各配合面之间的间隙超限，如果放置不用或者封存时间又较长，则油泵内部的油膜就不易保持，油泵对高、低压腔就不能实行有效的隔离，低压部分就不会产生真空，油就吸不上来。

如果临时解决这个问题，只要往油泵内加一点工作油即可。如果要彻底解决问题，只能换用新油泵。

d. 压力表油管接头堵塞、油管被压平不能过油　如果启动柴油机，压力表虽然没有压力显示，但挂上挡装载机行走良好，说明实际压力正常，只是显示不正常。原因可能是：压力表损坏；油管压扁不能过油；油管接头有脏物堵塞。排除方法：更换油管或压力表。

3.3.1.2　变矩变速液压系统油温过高

（1）故障现象

装载机经过较长时间的工作后，变矩变速液压系统工作油的温度反映在油温表上的值80～95℃为正常，并且用手摸变矩器、变速器的壳体，感觉不是特别烫手。如果油温表上显示的温度超过100℃，接近120℃，或者手摸变矩器、变速器的壳体，感觉特别烫手，即为变矩变速液压系统油温过高。系统的油温过高会造成密封零件易老化，工作油变稀，系统的压力下降。如此恶性循环，将缩短装载机的使用寿命，即使暂不影响装载机的工作，也要尽快排除故障。

（2）故障原因及排除

① 柴油机启动时间并不长，转速不高，变速器挂空挡并未运行，并且系统油压正常，而油温上升很快。

a. 柴油机启动运转并在空挡位置，即使是在怠速状态下，变矩器的动力输出轴也应该旋转。如果输出轴不旋转，说明变矩器的传动效率低，输入的动力被转换成了热量。变矩器工作不正常，主要原因及排除方法如下。

ⅰ. 进口压力阀或出口压力阀的压力不正常。三联阀上的进口压力阀和出口压力阀的压力没有压力表显示，只是设置压力检测口能够检测。正常情况下进口压力为0.64MPa，出口压力为0.25MPa。如果阀内部有问题，如弹簧折断、弹簧变软、阀芯卡滞等，都有可能使系统压力不合适，则需对三联阀进行解体检查和维修。

如果进、出口压力阀的压力不合适、需要调整时，应接上压力表。没有压力表，只凭感觉试调，压力也不可能调整合格。如果仅仅试调，则要记住几个调整螺钉的原始位置（也就是调整螺钉头部高出阀体的高度）。如果调整螺钉往里拧1～2圈，变矩器的工作状况没有任何改变，就要将调整螺钉拧回到原始位置。

ⅱ. 变矩器内部有机械摩擦。变矩器在工作时，几个工作轮（泵轮、涡轮、导轮）之间有一定间隙，转动时互不接触和摩擦。如果轴承磨损严重、工作轮叶片断裂、铆钉或者螺钉脱落，工作轮之间就会产生非正常的摩擦和磨损，从而导致工作油温上升。

如果是上述原因造成油温上升，在柴油机熄火后，将第一传动轴与变速器输入轴的接盘连接螺栓拆下，用手转动第一传动轴，会感到有明显的阻力，并且会在变速器的油底壳的滤网上发现大量的银白色铝合金粉末，放出来的油为银白色。这种情况下，应对变矩器进行大修，更换所有损坏的零件，按要求进行正确装配。

b. 换挡离合器分离不彻底。如果变矩器工作正常，而变速器的某个换挡离合器用手摸时感觉发烫，则表明该挡位的离合器分离不彻底。不挂挡时，主动摩擦片和从动摩擦片之间应没有大的摩擦力，即使相对运动也不会产生太多的热量。如果主动摩擦片和从动摩擦片有严重变形、碟形回位弹簧不回位、摩擦片之间有大的杂质，都会使某个挡位的离合器分离不彻底。排除方法：对该换挡离合器进行分解检修。

② 装载机运行和作业的时间不长，但手摸变矩器、变速器的壳体，感觉特别烫手。

a. 系统油压正常，但作业或行驶无力，并且手摸变矩器的壳体，感觉比变速器的壳体的温度高，其原因往往是变矩器的导轮卡死。如果变矩器的导轮卡死，则需要对变矩器进行解体检修。

ⅰ. 内外滚道不光洁、变形、有麻坑等严重磨损，应将单向离合器小总成更换。

ⅱ. 单向离合器的滚柱顶套内的弹簧因油泥堵塞不能回位，应更换工作油并对系统进行清洗。

ⅲ. 单向离合器的滚柱弹簧变软，也会使导轮卡死，应更换弹簧。

b. 液压系统油压过低，导致变速器的挡位离合器主、从动摩擦片工作时打滑，引起发热。具体原因和判断及解决的方法应参照液压系统油压过低故障进行分析，并先排除液压系统油压低的故障。

③ 热平衡系统工作不良。热平衡系统的温度感应器失效，热平衡系统的计算模块出现故障，以及油泵和马达工作不良，也会使变矩变速液压系统油温高。

如果是热平衡系统工作不良，需要散热的各个冷却系统的温度都会高。

④ 长时间行驶和作业。

a. 散热器的散热效果差。变矩变速器的工作油通过散热器冷却散热，如果散热器内因油泥堵塞，散热管变形，散热管外部被尘土覆盖，散热效果就会变差，则变矩变速器工作油的温度也会高。

b. 环境温度高、连续作业时间长。在炎热的地区、夏季温度 40℃以上，连续作业 3～4h 以上，装载机大强度的作业，使系统的油温相对较高，这种情况下，应停止作业降温。

3.3.1.3 变矩器的齿轮箱内充满油

(1) 故障现象

变矩器齿轮箱的油面高度应在回油管接头的位置，但变矩器齿轮箱的通气孔往外冒油，则说明油面异常。

(2) 故障原因及排除

① 油泵端面密封损坏　如果油泵端面密封损坏，特别是工作泵、先导泵、转向泵的端面密封损坏，工作油箱的油将会减少，变速器的油面将会升高；变矩变速液压系统油泵端面密封损坏，压力也会下降。

油泵端面密封损坏的主要原因及排除方法如下。

a. 油封的质量有缺陷、老化，应更换油封。

b. 装载机封存时间过长，密封面发生粘连，装载机运动时密封面被撕裂。

c. 油泵的轴承磨损严重，油泵轴的密封面磨损，也易使油泵油封漏油。应更换油泵总成。

要判断是哪个油泵的端面密封损坏，应该检查那个油泵的系统油箱的工作油是否减少，或者压力是否降低，同时，还可以将该油泵的固定螺栓拧松，将油泵撬出少许，启动柴油机，看连接处是否往外明显漏油。

② 泵轮处的骨架油封损坏　如果油泵端面密封都没有损坏，而变速器的油面又不升降，但变矩变速液压系统的出口压力略有下降，则表明泵轮处的骨架油封损坏。

泵轮处的骨架油封损坏后，变矩器内的油将从油封处漏到齿轮箱。此时，应更换油封。要更换油封，就需要将变矩器总成从装载机上吊下，全部分解，然后按要求装配。

③ 三联阀泄油过多　齿轮箱的轴承及齿轮靠三联阀的泄油润滑。如果三联阀泄油过多，也会使齿轮箱油面过高。同时，系统的压力也会明显偏低。此时，应更换三联阀总成。

④ 回油管堵塞　即使回油量不大，回油管如果堵塞、变形，回油不能及时回到变速器的油底壳，齿轮箱的油面也会上升。应更换回油管。

3.3.1.4 变矩器异常尖叫声

（1）故障现象

启动柴油机，装载机不挂挡行走，从变矩器处发出一种异常的尖叫声，虽然装载机行走和作业大致正常，但这种情况也属于故障，要查明原因，及时解决。

（2）故障原因及排除

① 变矩器叶片发生汽蚀现象

a. 三联阀卡死，致使进入变矩器的工作油的压力低。此时应将阀分解、清洗、研磨，并在专门的试验台上调试，并更换清洁的工作油。

b. 系统油路有空气，是由于变速器的油面低、低压油管破损、接头漏气造成的。当系统油路有空气时，变速器的工作油中会有大量气泡，并且压力表指针摆动。变速器内的油面低，可以从检视口观察到，将油量加到要求的高度即可；低压油管破损、接头漏气，低于油面部分会有油渗出，高于油面部分的接头涂抹肥皂水会有气泡产生。

c. 变矩器工作轮叶片损坏。此时需要将变矩器分解检修。

② 零件有损坏并发生位移　如轴承损坏，致使变矩器内的零件发生位移，工作时不直接接触的零件产生接触，出现摩擦和磨损，同时发出尖叫声。

零件产生磨损，工作油中可能同时有白色金属磨屑，油温上升快，油温异常，装载机行驶和作业无力。

变矩器内零件损坏，需要将变矩器拆下分解检修，更换损坏的零件，按要求进行装配。

3.3.1.5 装载机挂不上挡

（1）故障现象

装载机要行驶和作业，必须同时挂上不同的挡位。如果挡位都有选择地挂到了相应的位置，而车轮却不转动，则判定是装载机挂不上挡。

（2）故障原因及排除

① 变速操纵系统压力过低或没有压力

a. 挂上任意的挡位，同时转动转向盘或操作升降手柄，也没有任何反应，系统压力表的压力显示为零。其原因是变矩器的弹性连接盘的连接螺栓被切断。

b. 系统压力表的压力显示很低，挂上任意的挡位后，还是没有任何反应，应按前述压力低的故障分别排除。

c. 如果因为踩过一次制动踏板后出现这种现象，则可能是制动脱挡阀阀芯卡在断油位置。在行驶和作业过程中，踩下制动踏板，从后气制动总阀和加力器之间，有一路压缩气体通变速器分配阀的制动脱挡阀，切断柴油机的动力，以防制动时动力传递系统继续提供动力而影响制动效果。如果制动后制动脱挡阀阀芯卡住，解除制动后阀芯不回位，应清洗或研磨制动脱挡阀。

d. 如果不踩制动踏板时拧松制动脱挡阀的气管接头，有空气漏出，说明气制动总阀的推杆位置不对；回位弹簧失效；活塞杆卡死。应检修或更换气制动总阀。

e. 如果只是某个挡挂不上，应检查该挡油道是否堵塞。

② 高低挡没有挂到位　由于操作失误，在行驶状态下挂高低挡（正确的方法是挂高低挡时应在停车状态下），致使啮合齿被打坏，而挂不上高低挡。或由于高低挡操作杆的球头磨损，自由行程增大，操作杆感觉挂到了位，而啮合齿套并没有真正挂到高速或低速从动齿轮内，动力不能传到输出轴上。

③ 组合阀及其操纵杆系卡滞　组合阀操纵杆变形、咬死，杆的球头磨损过甚，以致自由行程过大，都有可能出现挂不上挡的故障。对杆系进行调整，消除过大的自由行程，就能够排除此故障。

3.3.1.6　装载机作业爬坡无力

(1) 故障现象

装载机压力正常但作业爬坡或行走无力。

(2) 故障原因及排除

① 柴油机动力不足　装载机作业时，油门踩得较大，而负载加大时柴油机排气管明显冒黑烟，转速下降，并且声音沉闷。具体原因和判断方法见柴油机的故障排除。

② 变矩器动力输出不足　装载机作业时间不长，柴油机熄火后，从检视窗口手摸变矩器泵轮壳，温度明显比变速器壳体的温度高，柴油机的动能在变矩器内损失明显，转化成热量。判断方法参见变矩变速器油温过高。

③ 变速器的动力输出不足

a. 系统压力低（见压力低故障）导致离合器主、从动摩擦片打滑，手摸变速器离合器的壳体，温度明显比变矩器壳体的温度高。先排除系统压力低的故障。

b. 变速器离合器分离不彻底。当某个离合器接合时，与之对应的不接合的那个离合器（例如 1、3 挡离合器接合，而 2、4 挡离合器分离）如果分离不彻底，就会产生干扰和抵消，从而影响动力的输出，并且变速器油温也会过高。排除方法：应检修换挡离合器，更换变形的摩擦片和回位弹簧等零件。

④ 超越离合器卡死或失效　正常情况下，超越离合器的两个齿轮只能相对于一边转动，另一边不能转动。当超越离合器卡死后，两个齿轮之间不能相对运动，装载机作业无力。若超越离合器失效，两个齿轮之间能相对运动，装载机平路上行驶无力。

⑤ 制动解除不彻底　如果行车制动器的制动解除不彻底，动力传递到车轮就会产生轻踩制动的效果。装载机行驶距离不长，几乎没有使用制动，但手摸制动器的制动盘却很热，甚至装载机行走时能听到车轮有明显的制动摩擦的声音。应检修制动系统和车轮制动器。

3.3.1.7　装载机挂挡时等挡

(1) 故障现象

装载机挂挡后，不是立即平稳地起步，而是等一定的时间突然地起步。装载机出现等挡，操作手很不舒服，同时装载机也因为起步冲击而加速损坏。

(2) 故障原因及排除

① 操纵杆系自由行程过大。由于球头的磨损，操纵杆系各处的自由行程增大，操纵阀的阀杆会突然结合，工作油会突然进入挡位离合器，使离合器接合过快，出现等挡。应对球头进行调整或更换。

② 挡位离合器的齿圈或齿毂磨损出现台阶。离合器接合时发卡，出现突然的接合。此时应对变速器进行检修，更换损坏的零件或总成。

③ 动力传动系统各连接和啮合部位间隙过大。传动轴的十字轴、传动轴节叉、变速器齿轮、主传动器的啮合齿轮、差速器、轮边减速器，这些接合部位如果间隙过大，间隙累加起来就更大。装载机起步时要消除这些间隙，就有可能等挡。要排除这些间隙，只能对装载机进行全面的调整和检修。

④变矩器导轮的单向离合器磨损。单向离合器磨损过甚、处于似接合非接合状态时，容易出现这种现象。出现这种情况时应对变矩器进行大修。

⑤ 超越离合器接近失效时，单向离合器磨损过甚，处于似接合非接合状态。出现这种现象应对变速器进行大修。

3.3.1.8 装载机拖启动失灵

(1) 故障现象

装载机的变矩器和变速器的主要功能之一就是当柴油机电启动失效时，能利用其他装载机进行拖启动。抛开柴油机本身的原因，如果装载机被拖动行驶的速度较快，而柴油机的转动速度却很慢或者不转动，则是拖启动失灵。

(2) 故障原因及排除

① 辅助油泵不泵油，控制油泵的离合器棘轮打滑失效。如果拖启动时，变速控制系统的压力表无压力显示，则说明辅助油泵不泵油。主要原因是油泵平时不工作而造成油膜不能保持而吸不上油。如果油泵本身并无故障，那只能是控制油泵的离合器棘轮打滑失效所致。应检修离合器。

② 变矩变速器辅助系统主压力过低。系统压力过低，没有足够的油压压紧变矩器的锁紧离合器和变速器挡位离合器。压力过低的具体原因和分析排除方法参见系统压力低的故障。

③ 变矩器的锁紧离合器打滑失效。变矩器的锁紧离合器平时使用较少，只在长途行驶时才使用，效果稍差感觉也不明显。如果作业时并没有发现变速器的挡位离合器有故障，而拖启动操作也正确，但柴油机就是转速很低或不转动，原因就是变矩器的锁紧离合器打滑失效。应分解检修变矩器，如果摩擦片磨损严重，应更换摩擦片。如果锁紧离合器活塞漏油，密封差，则应更换密封零件。

3.3.2 传动轴、驱动桥常见故障诊断与排除

3.3.2.1 传动轴异常响声

(1) 故障现象

装载机在行驶和作业时，机身发抖，并有撞击声；行驶中产生周期性的响声，或连续性的响声，速度越高响声越大，严重时也会使机身发抖、振动，手握转向盘有振麻的感觉。

(2) 故障原因及排除

① 万向节、传动轴花键松旷所致的响声　装载机起步时机身发抖，并有撞击声，速度突然降低，响声更加明显。停车检查：用撬杆插到十字轴与节叉中间，撬动传动轴左右晃动，或用手抱住传动轴左右晃动，能够感到万向节、传动轴花键松旷。其主要原因：万向节十字轴及滚针轴承因缺油而磨损松旷或滚针损坏；传动轴花键与键槽因缺油而磨损过甚；传动轴连接螺栓紧固不牢而引起螺栓松动。

排除方法：更换十字轴和传动轴螺栓。

② 传动轴转动不平衡所致的响声　装载机在行驶中产生周期性的响声，速度越高响声越大，严重时将使机身发抖，驾驶室振动，手握转向盘有振麻的感觉。停车检查：将装载机

的前后桥支起，挂上高速挡，用听、看的方法，检查传动轴的摆振情况，特别要看转速突然下降时，摆振是否会更大些。主要原因：一是传动轴在使用中由于磨损、变形、安装不当、中间支承固定螺栓松动等，使传动轴不平衡量增加，从而出现不同程度的振动和响声；二是十字轴的各轴颈端面与中心线不对称，或是万向节轴承和轴颈磨损后产生较大的松旷量、十字轴松动，都会使传动轴的旋转轴心线与传动轴轴心线不重合。

排除方法：重新按要求装配传动轴。

③ 中间支承轴承安装不当或损坏而发出的响声　装载机在行驶中产生连续性的响声，速度越高响声越大，严重时也会使机身发抖，驾驶室振动。停车检查：用撬杆插到传动轴靠近中间支承处，撬动传动轴上下晃动，能够感到传动轴支承轴承处松旷。其主要原因是：安装不正确、轴承缺油、支架垫圈损坏及前、后盖固定螺栓松动。

排除方法：对传动轴进行维护保养。

3.3.2.2　前、后桥主传动器异常响声

(1) 故障现象

随着装载机作业时间和行驶里程的增加，驱动桥可能会出现异常响声等故障。驱动桥的响声比较复杂，零部件不符合规格、装配时安装和调整不当、磨损过甚等，在作业或行驶时便会出现各种不正常的响声。有的在加大油门时严重，有的在减小油门时严重，有的较均匀，有的不均匀，但它们的共同点则是响声随着运动速度的提高而增大。

(2) 故障原因及排除

① 主减速器异响

a. 齿轮啮合间隙过大　发出无节奏的“咯噔、咯噔”的撞击声。在装载机运动速度相对稳定时，一般不易出现，而在变换速度的瞬间或速度不稳定时容易出现。排除方法：更换已磨损的零件，重新对各部位的间隙进行调整。

b. 齿轮啮合间隙过小　发出连续的“嗷嗷”的金属挤压声，严重时好似消防车上警笛的叫声。这主要是齿轮啮合间隙调整过小或润滑油不足所致。响声随装载机运动速度的提高而加大，加速或减速时均存在。在这种情况下，驱动桥一般会有发热现象。这种故障大多出现在刚对前、后桥进行过维修的装载机上。排除方法：重新进行装配和调整。

c. 齿轮啮合间隙不均　发出有节奏的“哽哽”声。响声随装载机运动速度提高而增大，加速或减速时都有，严重时驱动桥有摆动现象。主要是由于从动锥齿轮装配不当，或工作中从动锥齿轮因固定螺栓松动，而出现偏摆，使之与主动锥齿轮啮合不均而发出响声。从动锥齿轮在装配时，与差速器壳的连接如果是铆接，应在专门的压床上进行。如果没有专门设备，手工铆接时，要求从动锥齿轮与差速器壳的接合面贴合紧密，不能偏歪、有缝隙。

② 差速器异响　差速器常出现齿轮啮合不良、行星齿轮与十字轴卡滞、齿面擦伤等引起的异常响声。

a. 齿轮啮合不良　当直线行驶速度达15～20km/h，一般出现“嗯嗯”的响声，装载机速度越高响声越大，减油门时响声比较严重，转弯时除此响声外，又出现“咯噔、咯噔”的撞击声音，严重时驱动桥还伴随着抖动现象。

b. 行星齿轮与十字轴卡滞　转弯时出现“咔吧、咔吧”的响声，直线低速行驶有时也能听到，但行驶速度升高后，响声一般消失。

c. 齿面擦伤　直线高速行驶时，出现“呜呜”的响声，减小油门时响声严重，转弯时又变为“嗯嗯”的声音。

排除方法：对差速器进行检修。

③ 轴承异响

a. 轴承间隙过小　发出的是较均匀的连续“嘎嘎”声，比齿轮啮合间隙过小的声音尖

锐，装载机运动速度越高响声越大，加速或减速时均存在，同时驱动桥会出现发热现象。

b. 轴承间隙过大　发出的是非常杂乱的“哈啦、哈啦”声，装载机运动速度越快响声越大，突然加速或减速时响声比较严重。

前、后桥主传动器出现异常响声，说明已经有了故障，装载机不能继续作业和使用，否则会加剧前、后桥的损坏，应该尽快检修。

3.3.2.3　前、后驱动桥主传动器异常过热

（1）故障现象

装载机行驶和作业时间并不长，手摸桥壳时感觉很烫，表面温度约70℃以上，即为驱动桥异常过热。

（2）故障原因及排除

驱动桥过热主要是由于轴承装配过紧，主动锥齿轮与从动锥齿轮啮合间隙过小，润滑油不足或润滑油过稀，桥壳或半轴变形等所致。以上原因应根据具体情况，加以分析后进行处理。

① 维修之后发现驱动桥过热，主要是由于轴承装配过紧、主动锥齿轮与从动锥齿轮啮合间隙过小所致。应重新进行装配和调整。

② 在使用过程中发现驱动桥过热，主要是由于润滑油不足或润滑油过稀、桥壳或半轴变形所致。应加注合格的润滑油。如果响声没有消失，则应检修驱动桥。

3.3.2.4　驱动桥漏油

（1）故障现象

轮式装载机驱动桥油封处、壳体接合面或主动锥齿轮轴的接盘处有较严重的漏油现象。

（2）故障原因及排除

导致装载机驱动桥漏油的主要原因是油封损坏、轴颈磨损、衬垫损坏、螺栓松动。当发现有漏油现象时，应根据漏油的部位和漏油的严重程度，采取相应的方法予以消除，以免造成润滑油量的不足，导致润滑条件变差，加剧零件的磨损和损坏。

但如果出现习惯性、经常性在同一部位漏油，也就是说前一次修理好后没有多长时间同一部位又出现漏油，则是因为：油封质量不合格，应使用质量合格的油封；轴颈密封部位磨损，应更换主动锥齿轮轴；衬垫损坏或接合面变形不平，应换用合格的衬垫并加注密封胶；齿轮啮合间隙不均匀，引起螺栓松动等造成漏油，应检查从动锥齿轮是否铆接质量不合格。

第4章 轮式装载机转向系统

装载机在行驶和作业中，需按照司机的意图经常改变其行驶方向，称之为转向。就大多数轮式装载机而言，改变行驶方向的方法是，司机通过一套专设的机构，使装载机转向轮在地面上偏转一定角度。装载机在直线行驶时，转向轮往往会受到路面侧向干扰力的作用，自动偏转而改变方向。此时，司机也可以利用这套机构使转向轮向相反方向偏转，从而使其恢复原来的行驶方向。这一套用来改变或恢复装载机行驶方向的专设机构，称为装载机的转向系统。

转向系统的功用是，使装载机在行驶中或作业时能按司机的要求适时地改变其行驶方向；并在受到路面传来的偶然冲击而意外地偏离行驶方向时，能与行驶系统配合共同恢复原来的行驶方向，即保持其稳定的直线行驶。

轮式装载机按转向方式有偏转车轮转向（整体式车架）、铰接转向（铰接式车架）和差速转向（履带式装载机）三种；根据转向传动形式分为机械式转向、液压助力式转向和全液压式转向三种。全液压转向的优点是整个系统在装载机上布置灵活方便，体积小、重量轻，操作省力。随着全液压转向器标准化、系列化程度的提高，结构趋于简单，成本不断降低，采用此种转向方式的装载机日益增多。

4.1 轮式装载机转向系统的类型及工作原理

装载机的工作特点是灵活、作业周期短，因此转向频繁、转向角度大，国内轮式装载机目前采用的转向系统主要有机械反馈随动的液压助力转向系统、普通全液压转向系统、同轴流量放大转向系统、流量放大全液压转向系统、负荷传感转向系统等。下面将逐一介绍。

4.1.1 液压助力转向系统

4.1.1.1 液压助力转向系统组成

液压助力转向系统主要由齿轮泵、恒流阀、转向机、转向油缸、随动机构和警报器等部件组成，采用前、后车架铰接的形式相对偏转进行转向。

两个油缸大小腔油液的进出由转向阀控制，转向阀装在转向机的下端，恒流阀装在转向阀的左侧。转向阀、转向机、恒流阀连成一体装于后车架，转向阀的阀芯随着转向盘的转动上下移动，阀芯最大移动距离为 3mm。

4.1.1.2 液压助力转向系统工作原理

ZL 系列装载机液压助力转向原理如图 4-1 所示。

(1) 转向盘不转时

转向随动阀处于中位，齿轮泵输出的油液经恒流阀高压腔 3 及转向机单向阀 8 进入转向机进口中槽 14，转向随动阀的中位是常开式的，但开口量很小，约为 0.15mm，相当于节流口。转向随动阀有五个槽，中槽 14 是进油的，9 与 10 分别与转向油缸上、下腔连接，15 与 16 和回油口 13 相通。进入中槽 14 的压力油通过“常开”的轴向间隙进入转向油缸，齿轮泵输出的压力油经恒流阀、转向随动阀的微小开口与转向油缸的两个工作腔相通，再通过随动阀的微小开口回油箱。由于微小开口的节流作用使转向油缸的两个工作腔液压力相等，因此油缸前、后腔的油压相等，转向油缸的活塞杆不运动，所以前、后车架保持在一定的相对角度位置上，不会转动，机械直线行驶或以某转弯半径行驶，这时反馈杆、转向器内的扇形齿轮及齿条螺母均不动。

(2) 转向盘转动时

方向轴上、下移动，带动随动阀的阀芯克服弹簧力一起移动，移动距离约 3mm，随动阀换向，转向泵输出的压力油经恒流阀、随动阀进入转向油缸的某一工作腔，转向油缸另一腔的油液通过随动阀、恒流阀回油箱，转向油缸活塞杆伸出或缩回，使车身折转而转向。由于前车架相对后车架转动，与前车架相连的随动杆便带动摇臂前后摆动，摇臂带动扇形齿轮转动，齿条螺母带动方向轴及随动阀的阀芯向相反方向移动，消除阀芯与阀体的相对移动误差，从而使随动阀又回到中间位置，随动阀不再向液压油缸通油，转向液压油缸的运动停止，前、后车架保持一定的转向角度。若想加大转向角度，只有继续转动转向盘，使随动阀的阀芯与阀体继续保持相对位移误差，使随动阀打开，直到最大转向角。液压助力转向系统为随动系统，其输入信号是通过方向轴加给随动阀阀芯的位移，输出量是前车架的摆角，反馈机构是随动杆、摇臂、扇形齿轮、齿条螺母和方向轴。

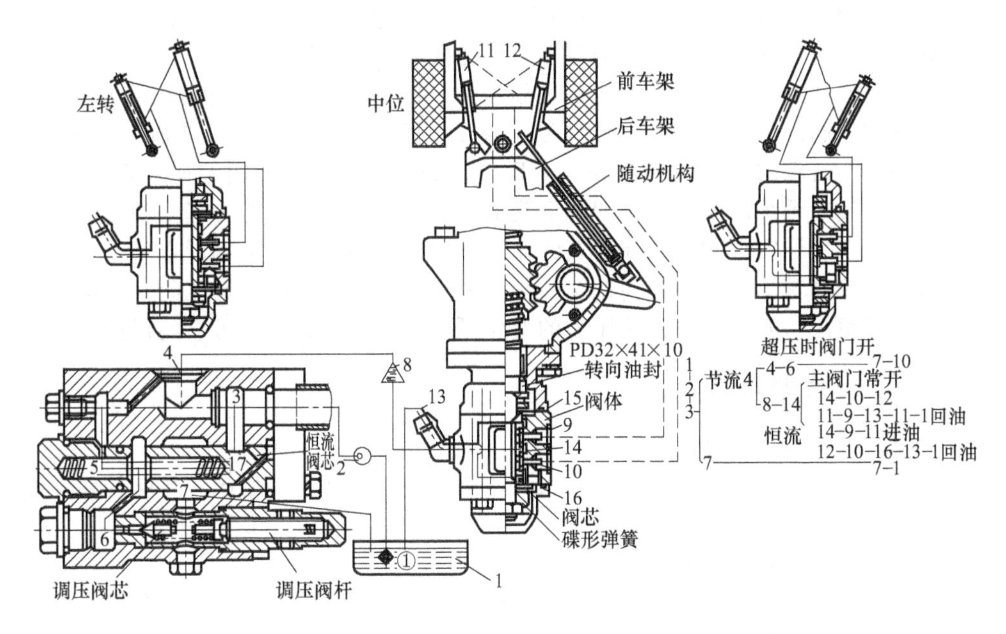

图 4-1　ZL 系列装载机液压助力转向原理

1—油箱；2—转向泵；3—恒流阀高压腔；4—接转向机油口；5—恒流阀弹簧腔；6—先导阀高压腔；7—恒流阀回油口；8—转向机单向阀；9—转向油缸上腔；10—转向油缸下腔；11—左转向油缸；12—右转向油缸；13—转向机回油口；14—转向机进口中槽；15,16—转向机回油槽；17—恒流阀阀芯的环形槽

随着转向盘的转动，由于转向杆上的齿条、扇形齿轮、转向摇臂及随动杆等与前车架相连，在此瞬时齿条螺母固定不动，因此转向螺杆相对齿条螺母转动的同时产生向上或向下的动。装在转向阀两端面的平面垫圈和平面滚珠轴承，随着转向杆向上或向下移动而压缩回位弹簧及转向机单向阀，且逐渐使转向油缸腔体 9 或 10 打开，将高压油输入到转向油缸的一腔，同时油缸的另一腔通过腔体 10 或 9 回油。

当压力油进入转向油缸时，由于左、右转向油缸的活塞杆腔与最大面积腔通过高压油管交叉连接，因此两个转向油缸相对铰接销产生同一方向的力矩，使前、后车架相对偏转。当前、后车架产生相对偏转位移时，立即反馈给装在前车架的随动杆，连接在随动杆另一端的摇臂带动转向机内的扇形齿轮及齿条螺母向上或向下移动，因而带动螺杆上下移动，这样，转向阀阀芯在回位弹簧的作用下回到中位，切断压力油继续向转向油缸供油的油道，因此装载机停止转向运动。只有在继续转动转向盘时，才会继续转向。

4.1.1.3 转向系统操控过程

转动转向盘→转向阀阀芯上（或下）滑动，即转向阀打开→油液经转向阀进入转向油缸，油缸运动→前、后车架相对绕其连接销转动→转向开始进行→固定在前车架铰点的随动机构运动→随动机构的另一端与臂轴及扇形齿轮、齿条螺母运动→转向阀阀芯直线滑动，即转向阀关闭。由此可见，前、后车架相对偏转总是比转向盘的转动滞后一段很短的时间，才能使前后车架的继续相对转动停止。前、后车架的转动是通过随动机构的运动来实现的，称为随动式反馈运动。

转向助力首先应保证转向系统的压力与流量恒定，但是发动机在作业过程中，油门的大小是变化的，转向齿轮泵往转向系统的供油量及压力也会变化。这一矛盾可由恒流阀解决。

当转向泵 2 供油量过多时，液流通过节流板可限制过多的油流入转向机，而流经恒流阀阀芯的槽内，经斜小孔进入阀芯右端且把阀芯推向左移动，直至 17 与 7 相通，7 与油池相通，此时阀芯就起溢流作用，把来自油泵过多的油液溢流入油箱。

如果油泵的供油经过节流板的压力超过额定值，超压的油液通过阻尼孔进入 5 和 6，可把先导安全阀调压阀芯的阀门打开，此时腔 6 与腔 3 的压力差增大，自 3 流经 17 通过斜小孔进入恒流阀阀芯右端的压力油超过腔 5 油压与弹簧力之和，可使阀芯向左移动，直至 17 与 7 相通，此时转向系统的压力就立即降低到额定值。由于系统的压力降至额定值，腔 6 的压力也随着降低，先导安全阀阀芯在弹簧的作用下向左移动，直至把阀门重新关紧。

节流板及恒流阀阀芯可保证转向系统供油量恒定，先导安全阀（调压阀）与恒流阀保证转向系统压力的恒定与安全，使系统压力的变化更为灵敏地得到安全可靠的保证。

4.1.2 全液压转向系统

4.1.2.1 全液压转向系统组成

全液压转向系统一般包括动力元件转向泵、流量控制元件、单稳阀、转向控制元件转向器和转向执行元件转向缸。

装载机全液压转向系统主要有三种形式。

① 用一台小排量（200mL/r）的普通转向器，通过流量放大器来放大流量，需要转向器、流量放大器两种元件组合，空间大，管路长，接口多，能量损失较大。

② 采用加长定子、转子组件的普通型全液压转向器。取消了流量放大器，结构相对简单，但液压油在转向器中流经的路径远，所以压力损失比较大。流量的增加是靠加长定子、转子组件来实现的，轴向尺寸长，质量大，空间受到限制。

③ 同轴流量放大全液压转向器，具有体积小、质量小、安装方便的特点，与优先流量控制阀组成负荷传感系统，有明显的节能特点。

4.1.2.2 全液压转向系统工作原理

全液压转向系统采用BZZ摆线式计量马达，作为机械内反馈的全液压转向器，转向盘转动通过转向器来控制液压缸的动作，操纵装载机的转向。全液压转向系统不需要反馈连杆，可排除不稳定性，部件通用性好。

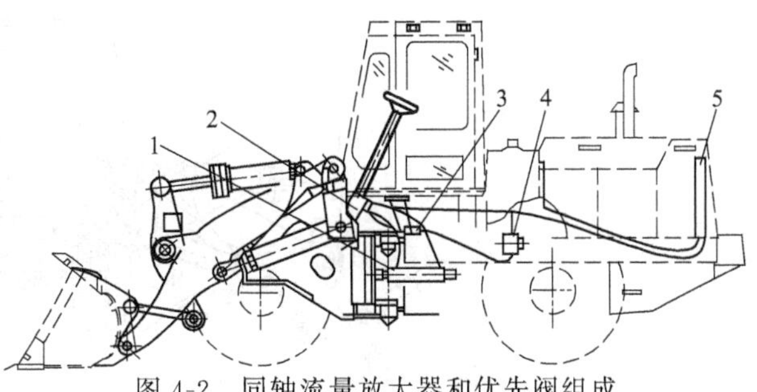

图4-2 同轴流量放大器和优先阀组成的普通全液压转向系统布置

1—转向油缸；2—TLF1型转向器；3—优先阀；4—转向油泵；5—冷却器

(1) 同轴流量放大器和优先阀组成的普通全液压转向系统

该类型的全液压转向系统主要由转向油泵、同轴流量放大器、优先阀、单向缓冲补油阀块、转向油缸及油箱、冷却器、管路等组成，如图4-2所示，转向系统与工作液压系统共用一个油箱。

图4-3是其液压油路，优先阀2和TLF1型同轴流量放大器4组成负荷传感系统，实现向转向油路优先稳定供油，而多余的油供给工作液压系统。若将零件4图形符号中的粗实线部分（与计量油路并联的放大油路）去掉，则变成一个负荷传感全液压转向器。

转向系统的元件、管路如图4-4所示。

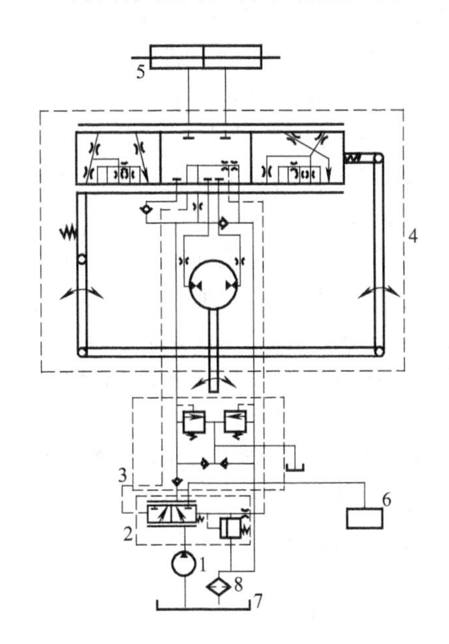

图4-3 同轴流量放大器和优先阀组成的普通全液压转向系统油路

1—油泵；2—优先阀；3—单向缓冲补油阀块；4—TLF1型同轴流量放大器；5—转向油缸；6—多路阀；7—油箱；8—冷却器

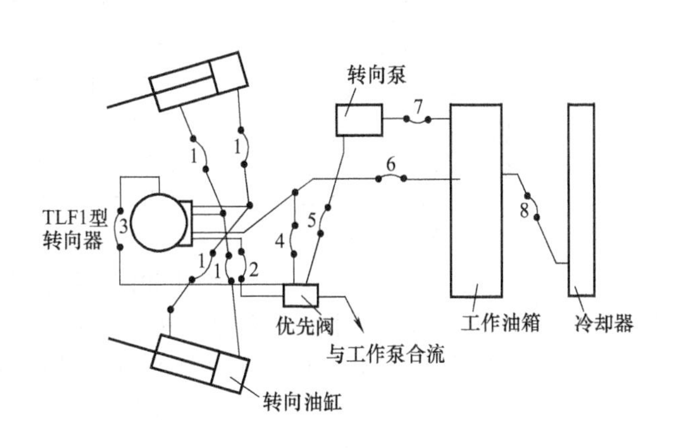

图4-4 同轴流量放大转向系统基本布置

1—转向器至转向缸油管；2—转向器进油管；3—控制油管；4—优先阀泄油管；5—转向泵出油管（至优先阀）；6—转向系统回油管（至冷却器）；7—转向泵进油管；8—冷却器至油箱油管

转向泵从工作油箱吸油后，通过油管5向优先阀供油，由于优先阀和转向器（放大器）之间有控制油管3，因而能保证优先阀首先满足对转向器的供油，多余的油则和工作油合流。

优先阀通过油管2向转向器供油，转向器则根据工作需要（即对转向盘的操纵），通过

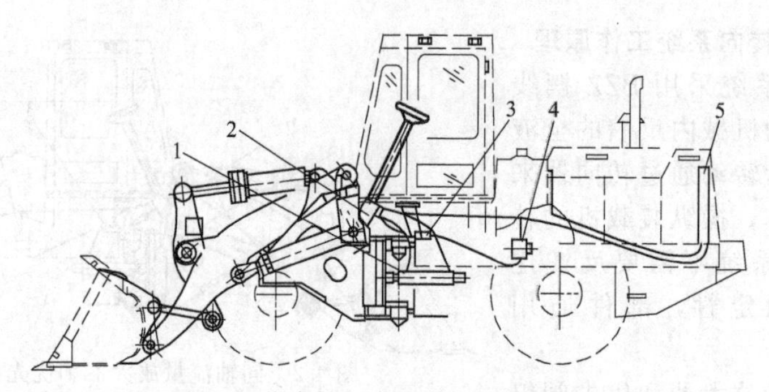

图 4-5 优先转向全液压转向系统布置
1—转向油缸；2—液压转向器；3—单稳阀；4—转向油泵；5—冷却器

油管 1 向转向油缸的大腔（或小腔）供油，使油缸伸长（或缩短），实现整机的转向，其中转向油缸的回油经转向器通过回油管 6 经冷却器、油管 8 回油箱。

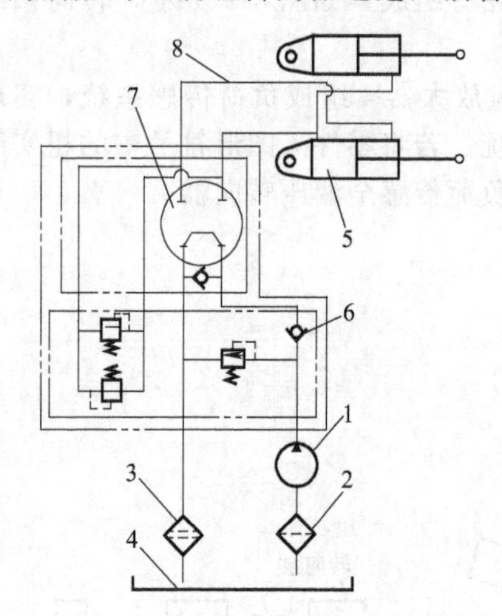

图 4-6 优先转向全液压转向系统原理
1—齿轮油泵；2—粗滤器；3—精滤器；4—油箱；5—转向油缸；6—单向溢流缓冲阀组；7—转向器；8—管路

（2）优先转向全液压转向系统

① 组成 优先转向全液压转向系统由油泵、转向器、单向溢流缓冲阀组、转向油缸、油箱、单稳阀、冷却器和管路等部分组成，如图 4-5 所示。

图 4-6 中，转向与工作液压系统共用一个液压油箱，油泵型号为 CBG2063 齿轮泵，安装在变矩器箱体下部，由发动机经变矩器传来的动力带动，油泵将压力油经单稳阀输送到单向溢流缓冲阀组。

单向溢流缓冲阀组由阀体和装在阀体内的单向阀、溢流阀、双向缓冲阀等组成，单向阀的作用是防止转向时，当车轮受到阻碍，转向油缸的油压剧升至大于工作油压时，造成油流反向，流向输油泵，使方向偏转。双向缓冲阀安装在通往转向油缸两腔的油孔之间，实际上是两个安全阀，用来在快速转向时和转向阻力过大时，保护油路系统不致受到激烈的冲击而引起损坏。双向缓冲阀是不可调的，溢流阀装在进油孔和回油孔之间的通孔中，在制造装配中已调整好，其调整压力为 13.7MPa，主要用来保证压力稳定，避免过载，同时在转动转向盘时，起卸载溢流作用。单稳阀（FLD-F60H）可确保在发动机转速变化的情况下，保证转向器所需的稳定流量，以满足主机液压转向性能的要求。

液压转向器是转向系统的关键组成部分，如图 4-7 所示，由阀体 4、阀套 5、阀芯 3、联动器 6、配油盘 7、定子套 9、转子 8、拨销 13、回位弹簧 14 等主要零件组成。

阀套 5 在阀体 4 的内腔中，由转子 8 通过联动器 6 和拨销 13 带动着，可在阀体 4 内转动；阀芯 3 在阀套 5 的内腔中，可由转向盘通过转向轴带动着转动。定子套 9 和转子 8 组成计量泵。定子固定不动，有七个齿，转子有六个齿，它们组成一对摆线针齿啮合齿轮。当转向盘不转动时，阀芯和阀套在回位弹簧 14 作用下处于中立位置。阀体上有四个安装油管接头的螺孔，分别与进油、回油和油缸两腔相连。

② 工作过程 定子固定不动，转向时转子可以跟随转向盘同步自转，同时又以偏心距为半径，围绕定子中心公转。不论在任何瞬间，都形成七个封闭齿腔。这七个齿腔的容积随转子的转动而变化，通过阀体 4 上均布的七个油孔和阀套 5 上均布的十二个油孔向这七个齿

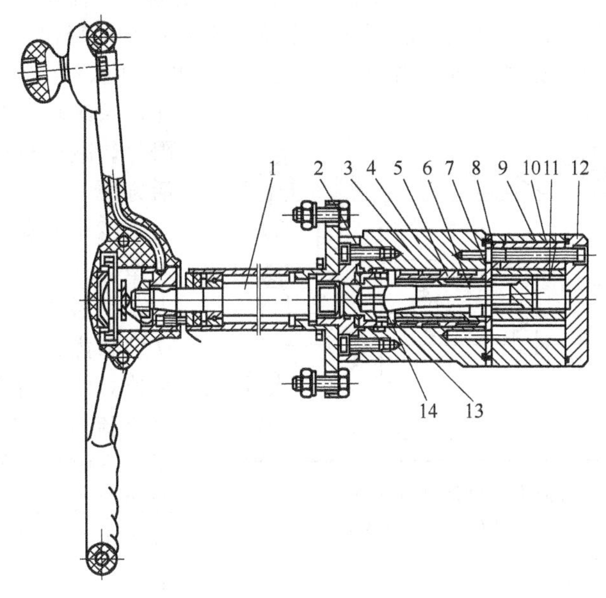

图 4-7　液压转向器组成

1—转向轴；2—上盖；3—阀芯；4—阀体；5—阀套；6—联动器；7—配油盘；8—转子；9—定子套；10—针齿；11—垫块；12—下盖；13—拨销；14—回位弹簧

腔配流，让压力油进入其中一半齿腔，另一半齿腔油压送到转向油缸内。

当转向盘不转动时，阀套 5 和阀芯 3 在回位弹簧 14 的作用下处于中立位置，通往转子、定子套齿腔和转向油缸两腔的通道被关闭，压力油从阀芯和阀套端部的小孔进入阀芯的内腔，经阀体上回油口返回油箱，而转向油缸两腔的油液既不能进，也不能出，活塞不能移动，装载机朝原定方向行驶。

当转向盘向某个方向转动时，通过转向轴带动阀芯 3 旋转，阀套 5 由于转子的制动而暂时不转动，从而使阀芯与阀套产生了相对转动，并逐渐打开通往转子、定子套齿腔和转向油缸两腔的通道，同时阀芯和阀套端部的回油小孔逐渐关闭。进入转子、定子套齿腔的压力油使转子旋转，并通过联动器 6 和拨销 13 带动阀套 5 一起跟随转向盘同向旋转。转向盘继续转动，则阀套 5 始终跟随阀芯 3（即跟随转向盘）保持一定的相对转角同步旋转。这一定的相对转角保证了向该方向转向所需要的油液通道。定于套齿腔的压力油使转子旋转，同时又将油液压向转向油缸的一腔，另一腔的油液经转向器内部的回油道返回油箱，转向盘连续转动，转向器便把与转向盘转角成比例的油量送入转向油缸，使活塞运动，推动车架折转，完成转向动作。此时，转子和定子起计量泵的作用。

转向盘停止转动，即阀芯 3 停止转动，由于阀套 5 的随动和回位弹簧 14 的作用，使阀芯与阀套的相对转角立即消失，转向器又恢复到中立位置，装载机沿着操纵后的方向行驶。

转向系统无需经常维护保养，只要油缸两端定期加注润滑脂即可。另外，需特点注意的是，在安装时，联动器与拨销槽轴线相重合的花键齿需装在转子正对齿谷中心线的齿槽内，不然，会破坏配油的准确性。

4.1.3　流量放大全液压转向系统

4.1.3.1　流量放大全液压转向系统特点及工作原理

（1）流量放大全液压转向系统特点

流量放大全液压转向系统主要是利用低压小流量控制高压大流量来实现转向操作的，特别适合大中型功率机型。流量放大全液压转向系统具有操作平衡轻便、结构紧凑、转向灵活可靠；采用负载反馈控制原理，使工作压力与负载压力的差值始终为一定值，节能效果明显，系统功率利用合理；采用液压限位，减少机械冲击；结构布置灵活方便。

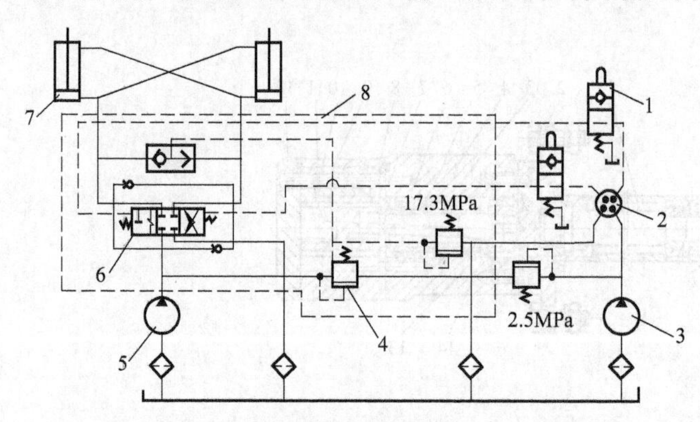

图 4-8 流量放大全液压转向系统

1—限位阀；2—转向器；3—先导泵；4—压力补偿阀；5—转向泵；6—主控制阀芯；7—转向油缸；8—流量放大阀

(2) 流量放大全液压转向系统类型

其形式主要有两种，即普通独立型和优先合流型。前者转向系统是独立的，后者转向系统与工作系统合流，两者转向原理与结构相同。下面主要就普通独立型流量放大转向系统进行介绍，其内容同样适合于优先合流型流量放大转向系统。

(3) 流量放大全液压转向系统组成

流量放大全液压转向系统主要由流量放大阀、转向限位阀、全液压转向器、转向油缸、转向泵及先导泵等组成，如图 4-8 所示。

(4) 流量放大全液压转向系统工作原理

流量放大系统的主要内涵是流量放大率。流量放大率的概念是指转向控制流量放大阀的流量放大率，即先导油流量的变化与进入转向油缸油流量的变化的比例关系。例如，由 0.7L/min 的先导油的变化引起 6.3L/min 转向油缸油流量的变化，其放大率为 9：1。

全液压转向器输出流量与转速成比例，转速快则输出流量大，转速慢则输出流量小。流量放大阀的先导油由其供给。转动转向盘即转动全液压转向器，全液压转向器输出先导油到流量放大阀主阀芯一端，此流量通过该端节流孔在主阀芯两端产生压差，推动主阀芯移动，主阀芯阀口打开，转向泵的高压大流量油液经主阀芯阀口进入转向油缸，实现转向。转向盘转速快，输出先导油流量大，主阀芯两端的压差就大，阀芯轴向位移也大，通流面积就大，输入到转向油缸的流量就大，从而实现了流量的比例放大控制。

左、右限位阀的功能是防止车架转向到极限位置时，系统中大流量突然受到阻塞而引起压力冲击。当转向将到达极限位置时，触头碰到前车架上的限位拦块，将先导油切断，从而控制油流逐步减少，避免冲击。

流量放大阀内有主控制阀芯，其功能是根据先导油流来控制其位移量，从而控制进入转向油缸的流量。该阀芯由一端的回位弹簧回位，并利用调整垫片调整阀芯中位。

流量放大阀同时作为转向系统的卸载阀及安全阀，转向泵的有效流量可用调整垫片来调节。

4.1.3.2 独立型流量放大全液压转向系统

独立型流量放大全液压转向系统由转向泵、减压阀（或组合阀）、转向器（BZZ3-125）、流量放大阀、转向油缸以及连接管路组成。

(1) 转向系统的结构

流量放大转向系统分先导操纵系统和转向系统两个独立的回路，如图 4-9 所示。先导泵 6 把液压油供给先导系统和工作装置先导系统，先导油路上的溢流阀 5 控制先导系统的最高压力，转向泵 7 把液压油供给转向系统。先导系统控制流量放大阀 9 内的滑阀 10 的位移。

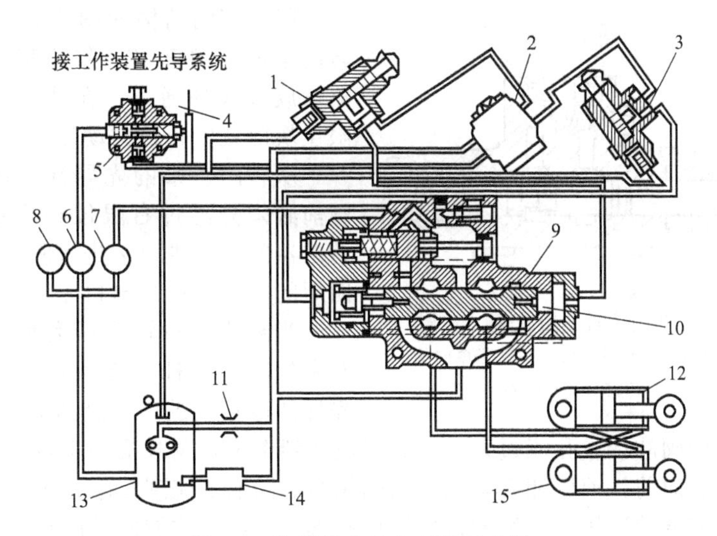

图 4-9　流量放大转向系统示意图

1—左限位阀；2—液压转向器；3—右限位阀；4—先导系统单向阀；5—先导系统溢流阀；6—先导泵；7—转向泵；8—工作泵；9—流量放大阀；10—滑阀；11—节流孔；12—左转向油缸；13—液压油箱；14—油冷却器；15—右转向油缸

先导操纵系统由先导泵 6、溢流阀 5、液压转向器 2、左限位阀 1 及右限位阀 3 组成。先导输出的液压油总是以恒定的压力作用于液压转向器，液压转向器是一个小型的液压泵，起计量和换向作用，当转动转向盘时先导油就输送给其中一个限位阀。如果装载机转至左极限或右极限位置时，限位阀将阻止先导油流动。如果装载机尚未转到极限位置，则先导油将通过限位阀流到滑阀 10 的某一端，于是液压油通过阀芯上的计量孔推动阀芯移动。

转向系统包括转向泵 7、转向控制阀和转向油缸 12、15。转向泵将液压油输送至流量放大阀。如先导油推动阀芯移动到右转向或左转向位置时，来自转向泵的液压油通过流量放大阀流入相应的油缸腔内，这时油缸另一腔的油经流量放大阀回到油箱，实现所需要的转向。

(2) 先导操纵回路

BZZ3-125 全液压转向器为中间位置封闭、无路感的转向器，如图 4-10 所示，由阀芯 6、阀套 2 和阀体 1 组成随动转阀，起控制油流动方向的作用，转子 3 和定子 5 构成摆线针齿啮合副，在动力转向时起计量马达作用，以保证流进流量放大阀的流量与转向盘的转角成正比。转向盘不动时，阀芯切断油路，先导泵输出的液压油不通过转向器。转动转向盘时，先导泵的来油经随动阀进入摆线针齿啮合副，推动转子跟随转向盘转动，并将定量油经随动阀和限位阀输至转向控制阀阀芯的一端，推动阀芯移动，转向泵来油经转向控制阀流入相应的转向油缸腔。先导油流入流量放大阀阀芯某端的同时，经阀体内的计量孔流入阀芯的另一端，经与连接的限位阀、液压转向器回油箱。

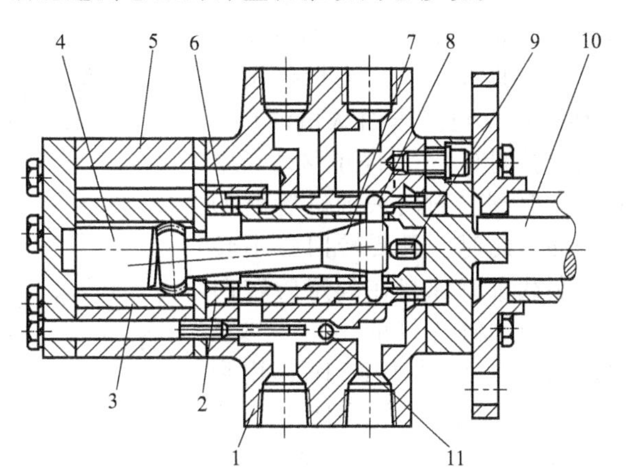

图 4-10　BZZ3-125 全液压转向器

1—阀体；2—阀套；3—计量马达转子；4—圆柱；5—计量马达定子；6—阀芯；7—连接轴；8—销子；9—定位弹簧；10—转向轴；11—止回阀

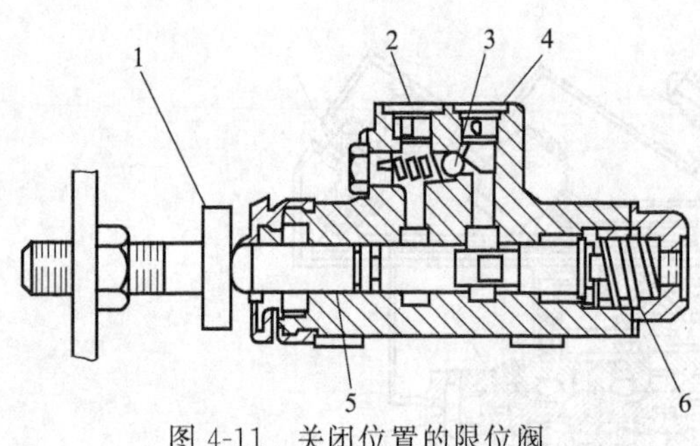

图 4-11 关闭位置的限位阀
1—撞针双头螺栓组件；2—进口；3—球形单向阀；4—出口；5—阀杆；6—弹簧

限位阀的结构如图 4-11 所示，当装载机转向至最大角度时，限位阀切断先导油流向流量放大阀的通道，在装载机转到靠上车架限位块前就中止转向动作。

从转向器来的先导油，在流入流量放大阀前必须先经过右限位阀或左限位阀。来自转向器的油从进口 2 进入限位阀，流到阀杆 5 四周的空间，通过出口 4 流到流量放大阀。

当装载机右转至最大角度时，撞针会与右限位阀的阀杆 5 接触，使阀杆移位，直到先导油停止从进口 2 流到出口 4，即液压油停止从转向计量阀的阀芯计量孔流过，于是阀芯便回到中位，装载机停止转向。

在开始向左转向前，液压油必须从转向阀阀芯的回油端流到右限位阀，因为阀杆 5 有困油现象，所以阀芯端的液压油必须通过球形单向阀 3 回油，才能使转向阀阀芯移动，开始转向。如装载机左转一个小角度，撞针将离开阀杆，使先导油重新流入阀杆的四周，而球形单向阀再次关闭。

(3) 转向回路

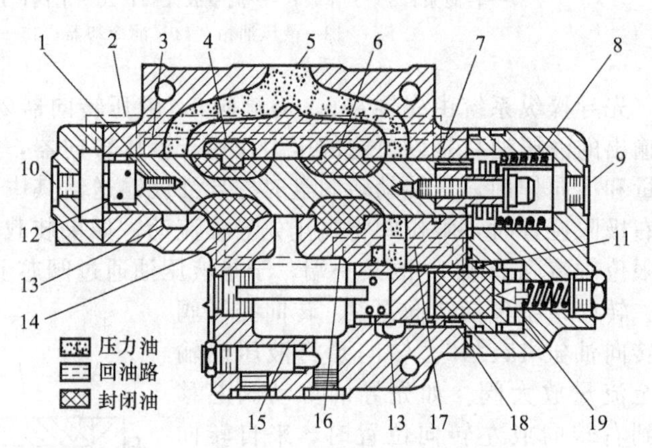

图 4-12 流量放大阀（中位）
1,7—计量孔；2,3,14,17—流道；4—左转向出口；5—出油口；6—右转向出口；8—弹簧；9—右限位阀进口；10—左限位阀进口；11—节流孔；12—阀芯；13—回油道；15—进油口（从转向泵来）；16—球形梭阀；18—流量控制阀；19—先导阀（溢流阀）

流量放大阀阀杆处于中位位置时如图 4-12 所示。当转向盘停止转动或装载机转到最大角度限位阀关闭时，由于先导油不流入阀芯的任一端，弹簧 8 使阀芯口保持在中间位置。此时阀芯切断转向泵来油，进油口 15 的液压油压力将会提高，迫使流量控制阀 18 移动，直到液压油从出油口 5 流出，控制阀 18 才停止移动。中间位置时阀芯封闭去油缸管路的液压油，此时，只要转向盘不转动，装载机就保持在既定的转向位置，与油缸连接的出口 4 或 6 中的油压力经球形梭阀 16 作用到先导阀 19 上。当阀芯处于中位时，假如有一个外力企图使装载机转向，此时出口 4 或 6 内的油压将提高，会预开先导阀 19，使管道内的油压不致高于溢流阀的调定压力（17.2±0.35）MPa。

图 4-13 (a) 所示为流量放大阀右转向位置。当转向盘右转时，先导油输入流量放大阀进口 9，随后流入弹簧腔。进口 9 压力的提高会使阀芯向左移动，阀芯的位移量受转向盘的转速控制。如转向盘转动慢，则先导油液少，阀芯位移就小，转向速度就慢。若转向盘转动加快，则先导油液增多，阀芯位移就大，转向速度就快。先导油从弹簧腔流经计量孔 7，再流过流道 2，流入阀芯左端，然后流入进口 10 经左限位阀到转向器，转向器使液压油回液压油箱。随着阀芯向左移动，从转向泵来的液压油将流入进油口 15，通过阀芯内油槽进入出口 6，再流入左转向油缸的大腔和右转向油缸的小腔。流入油缸的压力油推动活塞，使装载机向右转向。

当压力油进入出口 6 时，会顶开球形梭阀 16，去油缸的压力油可通过流道 17 作用在先导阀 19 及流量控制阀 18 上。若有一个外力阻止装载机转向，出口 6 的压力将会增高，这就意味着对先导阀和流量控制阀的压力也增大，导致流量控制阀向左移动，使更多的液压油流入油缸。如果压力继续上升，超过溢流阀的调定压力（17.2±0.35）MPa，则溢流阀开启。油缸的回油经出口 4 流入回油道 13，然后通过出油口 5 回油箱。

如图 4-13（b）所示，当溢流阀开启时，液压油经流道 17 流经先导阀，经流道 a 回油箱，使流量控制阀弹簧腔内的压力降低。进油口 15 内的液压油流经流量控制阀的计量孔回油箱，起到卸载作用，释放油路内额外压力。当外力消除、压力下降时，流量控制阀和溢流阀就恢复到常态位置。

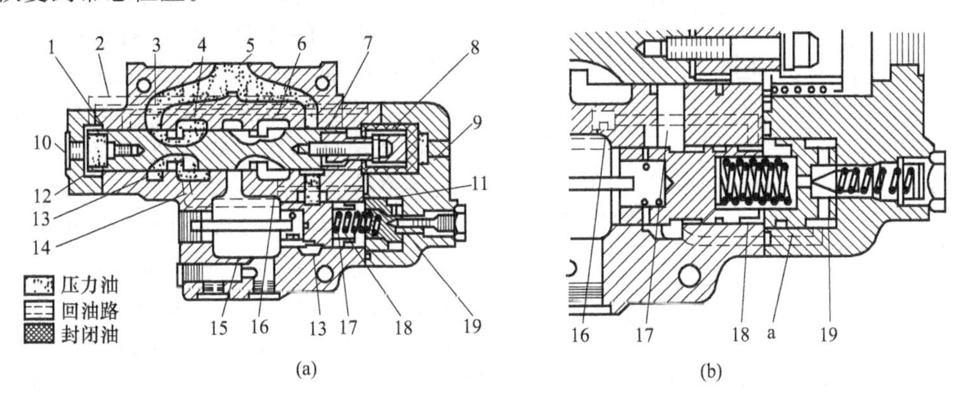

图 4-13 流量放大阀（右转向位置）

1,7—计量孔；2,3,14,17—流道；4—左转向出口；5—出油口；6—右转向出口；8—弹簧；9—右限位阀进口；10—左限位阀进口；11—节流孔；12—阀芯；13—回油道；15—进油口（从转向泵来）；16—球形梭阀；18—流量控制阀；19—先导阀（溢流阀）

左转向时流量放大阀的动作与右转向时相似，先导油流入进口 10，推动阀芯向右移动，从进油口 15 来的液压油经阀芯 12 的油槽流到出口 4，随后流到右转向油缸的大腔和左转向油缸的小腔，流入油缸的压力油推动活塞，使装载机向左转向。当阀芯处于左转向位置时，油缸中的油压力经流道 14、球形梭阀 16 和流道 17 作用在先导阀 19 上。溢流阀余下的动作与右转向位置时相同。

4.1.3.3 合流型流量放大全液压转向系统

合流型流量放大全液压转向系统由转向泵、组合阀、转向器（BZZ3-125）、优先型流量放大阀、转向油缸以及连接管路组成。由优先型流量放大阀与 SXH25A 卸载阀配套使用，除优先供应转向系统外，还可以使转向系统多余的油合流到工作系统，这样可降低工作泵的排量，以满足低压大流量的作业工况。当工作系统的压力超过卸载阀调定压力时，转向部分多余的油就经卸载阀直接回油，以满足高压小流量时的作业工况，降低了液压系统的温升，提高了柴油机功率的利用率。

（1）优先型流量放大阀

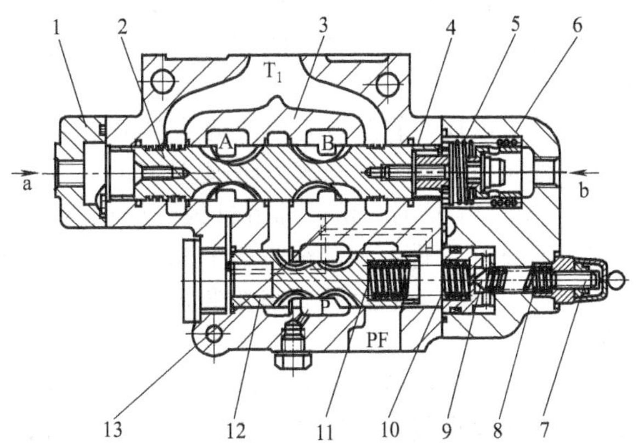

图 4-14 优先型流量放大阀结构

1—前盖；2—放大阀阀芯；3—阀体；4—调整垫圈；5—转向阀弹簧；6—后盖；7—调压螺钉；8—先导阀弹簧；9—锥阀；10—分流阀弹簧；11—调整垫片；12—分流阀阀芯；13—梭阀

ZLF 系列优先型流量放大阀是转向系统中的一个液动换向阀，利用小流量的先导油推动主阀芯移动，来控制转向泵来的较大流量的压力油进入转向油缸，完成转向动作。它结构紧凑，转向灵活可靠，以低压小流量来控制高压大流量。采用负载反馈控制原理，使工作压力与负载压力的差值始终保持为定值，节能效果显著，系统功率利用充分。

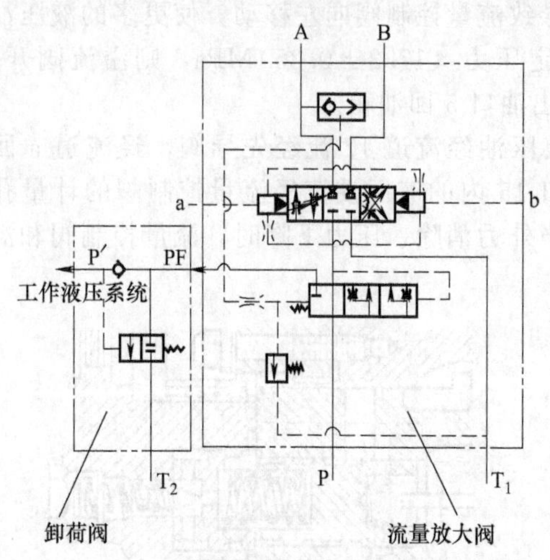

图 4-15 优先型流量放大阀液压系统原理

P—进油口；A，B—接左、右转向油缸；T_1，T_2—回油口；a，b—左、右先导控制油口；P′—通工作液压系统

普通型流量放大阀和优先型流量放大阀相比，中立位置、转向位置的工作原理基本一样，只是经优先型中 PF 口合流到工作系统中去的油全部经过右移的压力补偿阀直接回油。所以与优先型流量放大阀相比，普通型流量放大阀中转向泵的流量不能得到充分利用，柴油机的有效功率利用不够充分。

优先型流量放大阀的结构如图 4-14 所示，主要由阀体 3、放大阀阀芯 2、分流阀阀芯 12、锥阀 9、转向阀弹簧 5、分流阀弹簧 10 等零件组成，其原理如图 4-15 所示。

当转向盘停止转动或转向到极端位置时，先导油被切断，转向阀弹簧 5 使放大阀阀芯 2 保持在中立位置，转向泵的油推动分流阀阀芯 12 右移，全部从 PF 口流入到图 4-16 所示卸载阀中的 P 口，再打开单向阀 13 进入到 P 口的工作系统中去，可以满足作业工况中低压大流量时的要求。这样，转向泵的油液就得到了充分的利用，所以可降低工作泵的排量。当工作系统中的压力即 P 口压力超过卸载阀的调定压力时，导阀 8 开启，油液就通过阀芯 3 中的阻尼孔回油，由于油液在流过阻尼孔时产生的压力差推动阀芯 3 往下移动，P 口与 T 口相通。单向阀 13 关闭，这样从转向泵来的油液通过卸载阀打开阀芯 3 直接卸荷回油，可降低系统油液的温度，同时又满足了作业工况中高压小流量的要求。

如图 4-15 所示，由于放大阀阀芯 2（见图 4-14）处在中立位置，所以 P 腔的液压油与左、右转向口 A、B 腔的液压油不再相通，保证装载机以转向盘停止转动时的方向行驶。封闭在左、右转向口 A、B 腔的液压油通过内部通道作用在安全阀的锥阀 9 上。当转向轮受到外加阻力时，A 腔或 B 腔的压力升高，直到打开锥阀 9 以保护转向油缸等液压元件不被破坏。

当转向盘向右转时，先导油就从右先导油口沿着 b 方向流进弹簧腔，随着转向阀弹簧 5 的弹簧腔压力升高，推动放大阀阀芯 2 向左移动，于是 P 口与右转向口 B 接通，左转向口 A 与回油口 T_1 接通，液压油就进入右转向油缸，实现右转向。在优先满足右转向的同时，其多余油经 F 口进入到卸载阀的 P 口，再打开单向阀合流到工作系统中去。当工作系统中的压力即 P 口压力超过卸载阀的调定压力时，这与中立位置时一样，多余的油液就直接卸荷回油。

阀芯移动量由转向盘的转动来控制。转向盘转动越快，先导油就越多，阀芯位移就越大，转向速度也越快。反之，转向盘转动慢，阀芯位移小，转向速度也就慢。

压力油流入右转向口 B 的同时，由于负载反馈作用，使作用在分流阀阀芯 12（见图 4-14）两端的压力差保持不变，从而保证去转向油缸的流量只与阀芯的位移有关而与负载压力无关，油的压力经过梭阀 13 作用在锥阀 9 和分流阀阀芯 12 的右端，起到了自动控制流量的作用。如压力继续上升超过安全阀的调定压力时，锥阀 9 开启，分流阀阀芯 12 右移，流量经卸载阀去工作系统，由中位时油道回油起保护作用。负载消除后，压力降低，分流阀阀芯 12 恢复到正常位置，锥阀 9 又关闭。

左转向与右转向完全相似。

(2) SXH25A 卸荷阀

SXH25A 卸荷阀结构如图 4-16 所示，主要由阀体、阀芯、调压丝杠、导阀和单向阀组成。

4.1.4 负荷传感转向系统

4.1.4.1 负荷传感转向系统典型油路

(1) 负荷传感转向系统结构特点

负荷传感转向系统的结构如图 4-17 所示。主要控制元件是带有负荷传感口 LS 的全液压转向器，通过 LS 口可以将负载压力信号馈送到压力补偿阀即优先阀。其特点如下。

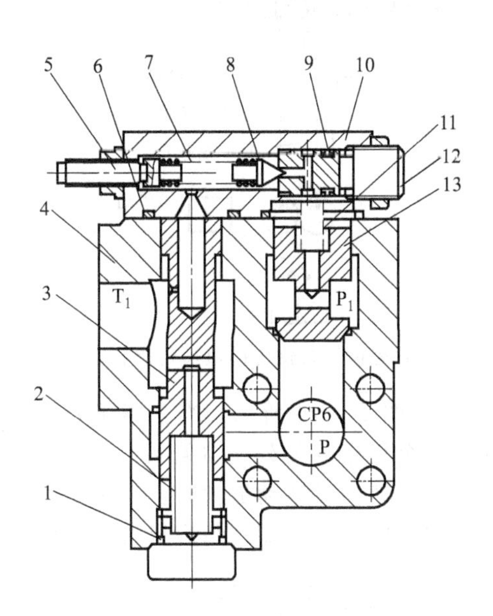

图 4-16　SXH25A 卸荷阀结构

1,6—O 形密封圈；2—卸荷阀弹簧；3—阀芯；4—阀体；5—调压丝杠；7—导阀弹簧；8—导阀；9—导阀座；10—导阀体；11—单向阀弹簧；12—螺堵；13—单向阀

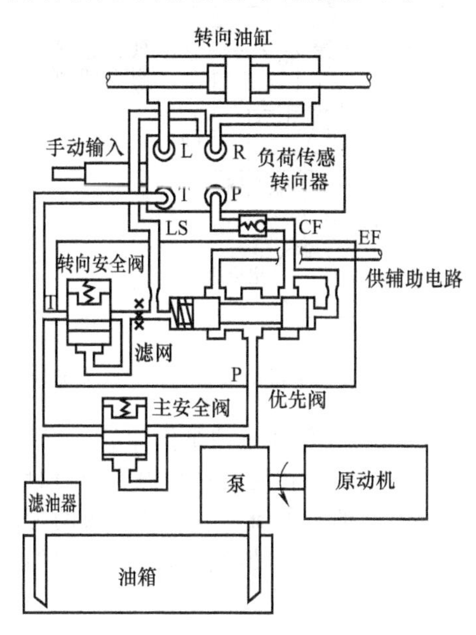

图 4-17　负荷传感转向系统结构

① 采用流量放大技术，转向操纵力小，转向灵活轻便，不受转向阻力变化的影响。

② 采用负载传感、压力补偿技术，转向流量及速度不随负载变化，系统刚度提高，适合恶劣工况下工作。同时，装载机转向的快慢与转向盘的转动快慢成正比，装载机的转向调节性能得到进一步改善。

③ 转向盘不转动时，转向油路的卸荷压力低，能耗小。系统具有明显的节能效果，并有效地改善了液压系统的热平衡状况，系统温升小，从而提高了密封件、软管及液压油的使用寿命。

(2) 负荷传感转向系统类型

根据系统采用的元件组成，负荷传感转向系统有下列几种组合结构。

①由定量油泵供应的负荷传感转向系统　定量油泵供应的负荷传感转向系统以系统中油泵的数量分为单定量泵系统及双定量泵系统，分别如图 4-18 和图 4-19 所示。负载压力信号

通过LS口反馈给优先阀流量控制阀，在转向盘中位或者转向行程终止时，将转向泵的来油经EF油路供给其他系统，避免了采用单稳阀结构的全液压转向方式在此状态下的系统温升问题，起到了较好的节能作用。随着技术的成熟和制造采购成本的下降，定量油泵供应的负荷传感转向系统在国内装载机应用范围逐渐扩大，中大吨位机型上渐渐取代了普通全液压转向形式。

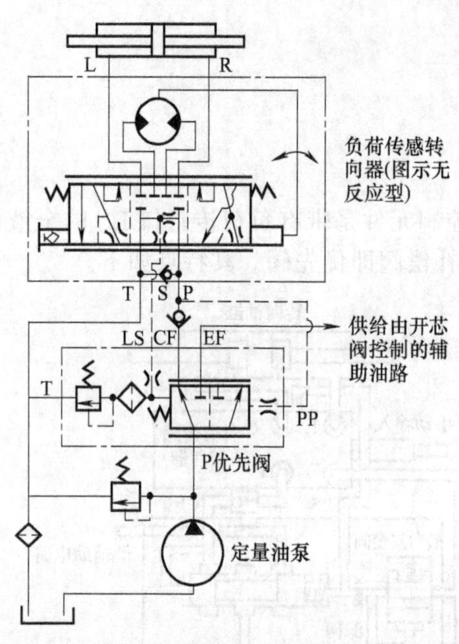

图 4-18　单定量油泵供应的负荷传感转向系统

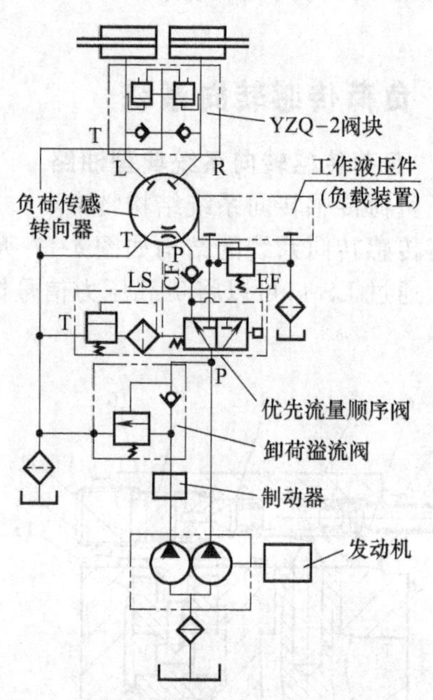

图 4-19　双定量油泵供应的负荷传感转向系统

② 由压力补偿变量油泵供油的负荷传感转向系统　如图 4-20 所示，当采用压力补偿变量油泵为负荷传感转向的系统提供动力时，系统维持一个稳定的负载反馈关系，不受负载影响，通往转向油缸的流量仅与液控阀的过流截面有关。当转向盘转动加快时，计量马达排出的流量增加，从而迫使液控阀的开度增加，进入转向油缸的流量增加，装载机转向速度相应加快。

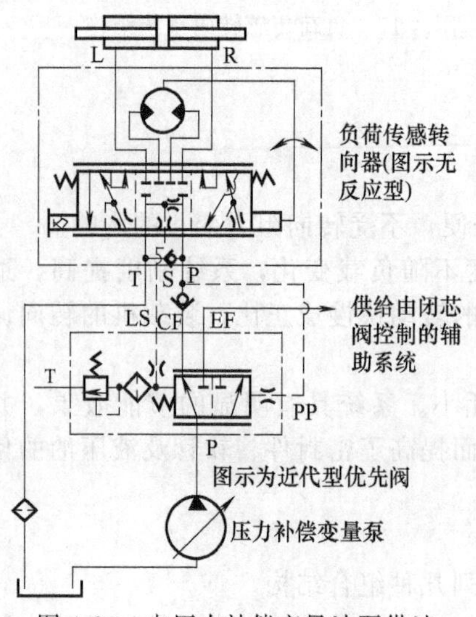

图 4-20　由压力补偿变量油泵供油的负荷传感转向系统

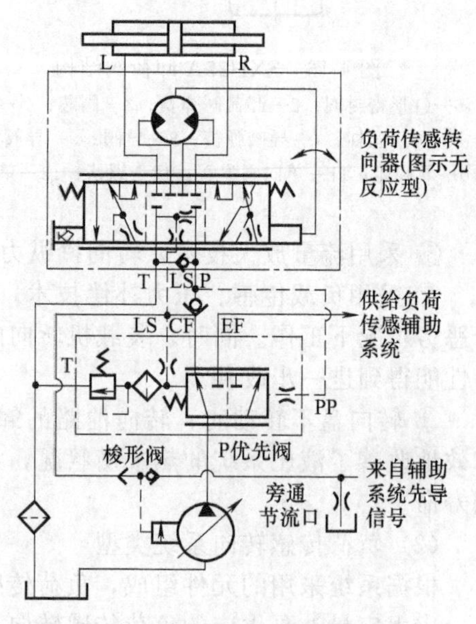

图 4-21　流量压力联合补偿由变量油泵供应的负荷传感转向系统

③ 流量压力联合补偿由变量油泵供应的负荷传感转向系统 如图 4-21 所示，流量压力联合补偿由变量油泵供应的负荷传感转向系统在功率利用方面得到了充分的体现。

4.1.4.2 负荷传感转向系统结构及工作原理

(1) 负荷传感转向系统基本组成

负荷传感转向系统主要由转向齿轮油泵、优先阀、负荷传感液压转向器、转向机、转向油缸、管路等组成。如图 4-22 所示，转向泵 1 输出的油，经优先阀 2 优先供给转向系统，剩余油液供给工作液压系统。

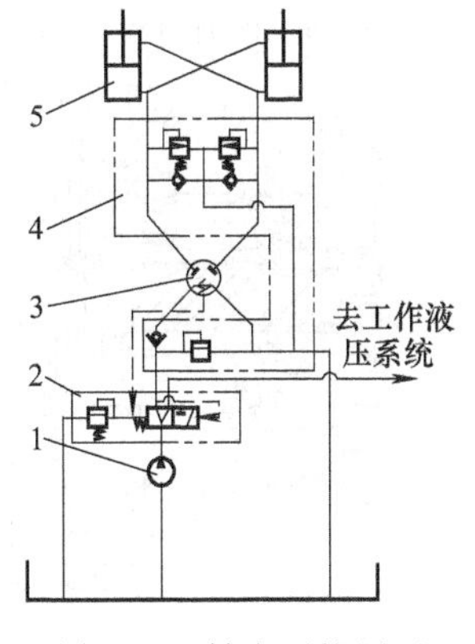

图 4-22 转向系统原理

1—转向泵；2—优先阀；3—转向器；4—阀块；5—转向油缸

转向盘不转动时，优先阀的油经转向器 3 直接回油箱，由于转向器处于中位，油缸前腔与后腔压力相等，前、后车架不作相对转动。

转向盘转动时，转向器的转子和定子组件构成摆线针齿啮合副，在动力转向时起计量作用，保证输向油缸的油量与转向盘的转角成正比，阀芯、阀套和阀体构成随动转阀，起控制油量方向的作用并随转向盘转速的变化向优先阀发出改变供油量的控制信号；阀套与转子间由联动轴连接，保持同步转动，油液从 P 口（见图 4-23）进入转向器，阀套不动，控制阀与阀套油路相通，油进入计量马达，迫使转子绕定子转动，阀套油口与阀芯油口相通，油液进入转向油缸，推动活塞运动，实现转向。

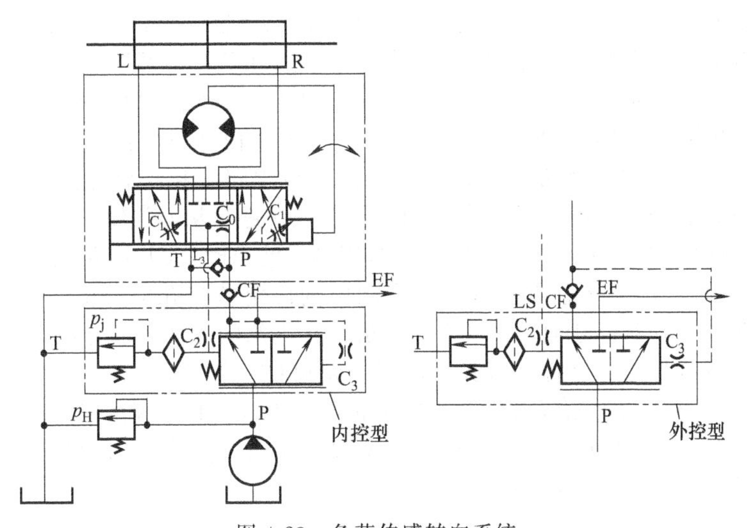

图 4-23 负荷传感转向系统

负荷传感转向系统具有 BZZ1 全液压转向器的全部性能，同时是一种节能型全液压转向系统。在结构上，该转向器与 BZZ1 比较增加了一个接优先流量控制阀的 LS 油口，其他连接及接口尺寸均与 BZZ1 相同。优先流量控制阀是一种节能型分流阀，油液进入 P 口被分流到 CF 和 EF 两路，在转向盘中位时或转向缸行至终点时，油泵来油都流向 EF 回路，以供给其他执行元件使用。

优先阀由阀体、阀芯、控制弹簧等组成，如图 4-24 所示。它是一个定差减压元件，无论负荷压力和液压泵供油量如何变化，都能维持转向器内变节流口两端的压差基本不变，保证供给转向器的流量始终等于转向盘转速与转向器排量的乘积。

(2) 负荷传感转向系统工作原理

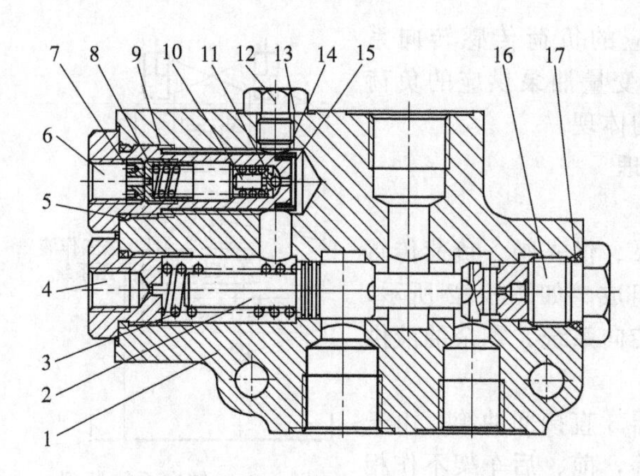

图 4-24　YXL-F80（160）L 优先阀结构

1—阀体；2—阀芯；3—控制弹簧；4,12,16—丝堵；5,13,17—O 形密封圈；6—阀体；7—调节螺母；8—弹簧；9—导套；10—弹簧座；11—钢球；14—卡圈；15—滤网

① 转向盘中位时　发动机熄火时，优先阀内的滑阀在控制弹簧力作用下压向右端，CF 口处于全开状态。当发动机启动时，油泵来的油经优先阀的 P 口和 CF 口进入液压转向器的 P 口，但由于受到 P 口与 T 口之间的节流孔作用，使 CF 回路压力上升，因而优先阀控制回路压力也随之增加。于是，在优先阀两腔之间产生压差 Δp，当 Δp 大于弹簧力时，优先阀的滑阀向左移动，EF 口大部分全开，而 CF 口仅稍微开一点，处于平衡状态。因此，转向盘在中位时，油泵来油主要都流入 EF 口，CF 回路的压力与 EF 回路压力无关，只由弹簧力的大小来决定。

② 转向操作状态　当操作转向盘使转向器的转阀阀芯与阀套产生角变位时，液压转向器内部通路换向，供给转向器的油经节流孔计量泵 L 或 R 进入油缸，在中位时进入液压转向器的流量只有 2L/min 左右，由中位到角变位的瞬间 Δp 减少，优先阀的滑阀在弹簧力作用下向右移动，于是 CF 口开度变大，进入液压转向器的流量比在中位时的流量要多。这时流量大，压力损失变大，控制弹簧力大于液体压力，使滑阀趋向到原位置，当经节流孔的压力油进入计量泵时，计量泵也和转向盘同向转向，减少角变位，这样就增大了通流阻力，因而控制了 CF 口的开度。

当油泵进入优先阀的流量，在 CF 回路按分流比分配的流量 Q_{CF}/Q 和使优先阀移动时的流量 Q_{CF}/Q 相当时，则处于平衡状态，这一平衡力是由通过转向器节流孔产生的压力差而形成的，产生这个压力差就必须使转向器的控制转阀阀芯和阀套之间有一定的角变位关系。以上便是连续转向的情况下转向盘的回转速度连动进行从而控制整个液压转向系统。

③ 行程终点时转向操作状态　转向油缸行程到达终点时，CF 回路压力超过优先阀内安全阀的调定压力 p_j，安全阀溢流，通过优先阀内的固定节流孔的节流作用而产生压力差，由压力差推动滑阀向左移，于是 EF 口全开，流入优先阀的油液大部分进入 EF 回路。

优先阀的“内控”或“外控”方式：由于优先阀 CF 口与转向器 P 口之间有单向阀，当转向流量小时，则可以认为无压力损失，当转向器流量增大时，其两者之间的管路损失增大（包括单向阀），LS 口控制压力减少，此时优先阀不能随转向器转速增加而继续增加 CF 口的开度，以致出现部分人力转向现象。

4.1.5　双泵合分流转向优先的卸荷系统

4.1.5.1　双泵合分流优先转向液压系统概述

双泵合分流优先转向液压系统工作原理如图 4-25 所示。双泵合分流转向优先的卸荷系统简称双泵卸荷系统，采用全液压转向、流量放大、卸荷系统，由转向泵、转向器、流量放大阀（带优先阀和溢流阀）、卸荷阀、转向油缸等部件组成。

4.1.5.2　双泵卸荷系统的工作原理

（1）转向盘不转动时

转向泵 8 输出的液压油部分进入转向器 6，由于转向盘没有转动，故没有输出流量。转向泵 8 的输出流量全部经流量放大阀中的优先阀 7 和卸荷阀 9 中的单向阀与工作泵 10 输出的液压油合流，供给工作液压系统工作。当工作液压系统也不工作时，两泵的合流流量经分配阀 3 回油箱 12。

（2）转向盘转动时

转向泵 8 输出的液压油部分通过转向器 6 进入流量放大阀阀先导油口，控制放大阀阀芯移动，打开转向油缸进油和回油通道。转向泵 8 输出的液压油除了供给转向器 6 使用外，其余流量全部进入优先阀 7，一路通过流量放大阀 5 进入油缸工作腔，使装载机转向。油缸的回油腔回油经流量放大阀 5 接通油箱。当转向泵输出的流量多于转向所需的流量时，转向泵剩余部分的流量通过优先阀 7 和卸荷阀 9 中的单向阀与工作泵 10 输出的流量合流，供给工作液压系统工作，或经分配阀 3 回油箱。当转向泵输出的流量低于转向所需流量时，其流量不再通过优先阀分流到工作液压系统，而全部用于转向工作。

装载机的转向速度与转向所需的流量有关，由转向盘的转速控制，转向盘转速越快，供给转向用的流量就越多，装载机的转向速度就越快。反之，转向速度就越慢。在动力机最高转速时，转向泵输出流量最大，不可能全部流量为转向所利用，必有部分流量要分流到工作液压系统。

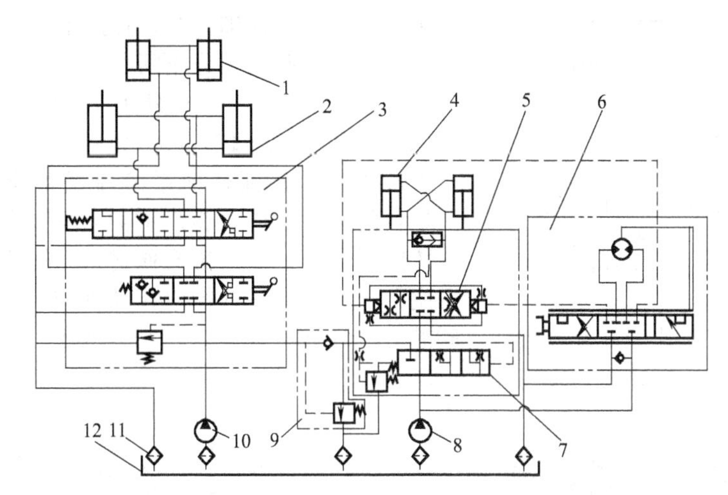

图 4-25　双泵合分流优先转向液压系统工作原理

1—转斗油缸；2—动臂油缸；3—分配阀；4—转向油缸；5—流量放大阀；6—转向器；7—优先阀；8—转向泵；9—卸荷阀；10—工作泵；11—滤清器；12—油箱

（3）当工作液压系统的工作压力达到或超过卸荷压力时

从转向泵输出的经优先阀进入卸荷阀的这部分流量不再与工作泵输出的流量合流，而是通过卸荷阀低压卸荷回油箱。当工作液压系统工作压力低于卸荷阀的闭合压力时，卸荷阀闭合，从转向泵输出的经优先阀输送来的这部分流量又重新通过卸荷阀中的单向阀，与工作泵输出的流量合流，进入工作液压系统。

4.1.6　轮式装载机典型全液压式转向系统

4.1.6.1　郑工 955A 型装载机全液压式转向系统组成及转向原理

该机型的液压转向系统均采用全液压式铰接转向，如图 4-26 所示，由转向油泵提供的油经过单路稳定分流阀（单稳阀），以恒定的流量供给转向器。

直线行驶时，转向盘处于中间位置，转向泵提供的液压油经稳流阀、高压油管到转向器，从转向器回油口经冷却器直接回到油箱，转向油缸的两腔处于封闭状态。

当转向盘向左转时，从转向泵出来的高压油被转向器分配给左转向油缸小腔和右转向油缸大腔，使前车架向左偏转，从而实现左转向。

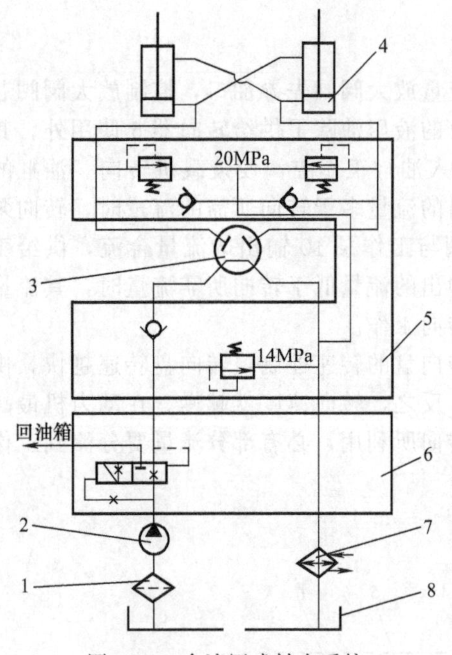

图 4-26 全液压式转向系统

1—滤油器；2—齿轮泵；3—转向器；4—转向油缸；5—阀块；6—单稳阀；7—冷却器；8—油箱

当转向盘向右转时，从转向泵出来的高压油被转向器分配给左转向油缸大腔和右转向油缸小腔，使前车架向右偏转从而实现右转向。

该机采用的全液压转向器具有液压随动作用，即转向盘转动一个角度，装载机出现一个相应成比例的转向角度，转向盘停止转动，则装载机作等半径的圆周运动，转向盘回到中间位置，则装载机恢复到直线行驶状态。

(1) 液压泵

系统中的液压泵为 CBG2080 齿轮泵，排量为 80mL/r，额定压力为 16MPa，最高压力为 20MPa，额定转速为 2000r/min，最高转速为 2500r/min。

CBG 系列齿轮泵结构和工作原理在工作装置液压系统一章中详细介绍，在此不赘述。

(2) 单路稳定分流阀

系统中 FLD-F60-H 单路稳定分流阀（见图 4-27）的作用是要稳定地以 60L/min 的流量向转向系统供油，保证转向系统流量恒定。其工作原理是：阀体上油口 P 接转向泵，A 口接油箱，B 口通转向器。阀体 1 内装有阀芯 2，阀芯 2 左端开有节流孔，另一端开有径向孔和轴向孔。阀芯轴向孔内装有节流片 3，节流片上开有节流孔，阀芯右端还装有弹簧 13、限位导套 14。

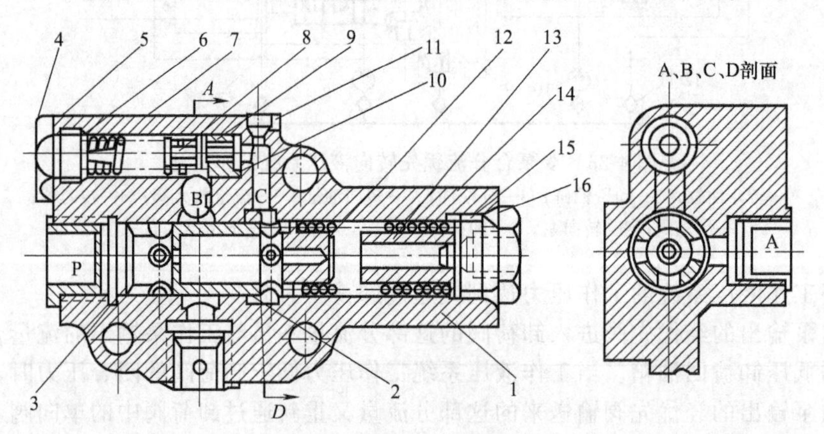

图 4-27 FLD-F60-H 单路稳定分流阀

1—阀体；2—阀芯；3—节流片；4—安全阀螺堵；5,10,16—O 形圈；6—安全阀垫片；7—安全阀弹簧；8—安全阀阀芯；9—安全阀座；11—油堵；12—阻尼塞；13—阀芯弹簧；14—限位导套；15—导套定位螺堵

当柴油机转速 n_e<800r/min 时，转向泵流量小，转向泵排出的油经 P 口进入，经阀芯左上端节流孔可到达阀芯 2 左端，也可经阀芯上径向孔、轴向孔和节流片上的节流孔到达阀芯右端弹簧腔。由于转向泵流量小，节流孔节流作用小，阀芯两端压差小，不足以克服弹簧 7 的力量，所以阀芯不动，转向泵来油经 P 口、阀芯上径向孔、轴向孔和节流片上的节流孔到达阀芯右端弹簧腔，从 B 口全部供给装载机转向系统。

当柴油机转速 n_e>800r/min 时，转向泵流量增大，转向泵排出的油经节流孔时节流作用增强，阀芯两端压差增大，可以克服弹簧 7 的预紧力时，阀芯右移，使 P 口和 A 口打开，转向泵来油一部分经 P 口直接到 A 口回油箱，另一部分经阀芯上径向孔、轴向孔和节流片上的节流孔到达阀芯右端弹簧腔，还从 B 口供给转向系统。这样，由于单稳阀的存在，使装载机在柴油机低转速时转向不觉沉重，在柴油机高转速时转向不致发飘，改善了装载机的转向性能。

（3）液压转向器和阀块

① 液压转向器 用于控制转向油缸的动作，实现液压转向，当转向油泵停止供油时，还能够实现手动转向。

a. 组成 BZZ1-1000 型液压转向器由转阀和摆线齿轮马达组成，转阀（由阀体、阀套和阀芯等组成）为本体，摆线马达为反馈装置，两者由螺钉连为一个整体。其结构如图 4-28 所示。

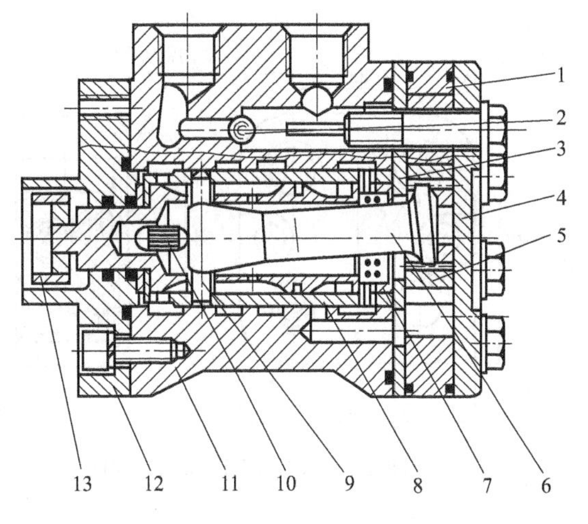

图 4-28 液压转向器

1—定子；2—钢球；3—隔盘；4—后盖；5—转子；6—联动轴；7—阀芯；8—阀套；9—轴销；10—片弹簧；11—阀体；12—前盖；13—连接块

此转向器体积小，质量小，操纵轻便灵活，性能稳定，工作可靠。油泵供油时，转向盘操纵力矩不大于 49N·m，转子排量为 800mL/r，转向盘的自由转角左右不超过 9°。

b. 转向器工作原理

（a）中间位置 转向盘不动，阀芯和阀套在片弹簧的作用下处于封油位置，摆线马达既不进油也不回油，转子不转动，而阀套上的两排孔也全被阀芯封闭，因而转向油缸不动作，转向轮保持直线或某个转弯半径的行驶状态。

（b）左转向 转动转向盘，通过十字连接块带动阀芯转过一个角度（同时压缩片弹簧），使阀芯与阀套之间产生相对角位移，即位置差（相互错开 8°），改变了阀芯与阀套各孔与槽的配合关系，压力油流动，使车轮转向。由于使车轮转向的压力油经过摆线齿轮马达，因而马达转子便作相应的转动，同时，它又通过传动轴和轴销使阀套转动，其转动方向与阀芯转动方向相同，结果使它们的位置误差被消除，于是各孔、槽的配合关系又恢复到中立位置，压力油便不再经摆线齿轮马达进入转向油缸，使车轮不再继续偏转，这就是反馈过程。进入转向油缸的油必先经过摆线齿轮马达，因而转向盘开始转动，马上就有反馈。就是说转动转向盘后，车轮稍转动一个很小的角度即停止。要想继续转向，必须继续转动转向盘。

（c）右转向 转向盘向右转动，阀芯与阀套的相对位置和转向过程与上述情形相同，只是流向不同，转向油缸与摆线齿轮马达进出口液流方向正好与左转向方向相反。

（d）手动转向 当柴油机因故不能工作或转向泵损坏时，可用手动转向。其过程是：转动转向盘，通过连接块使阀芯转动，摆线齿轮马达油腔的油不从油泵来，而从回油口经单向阀进来，显然这时摆线齿轮马达实际是起到了泵的作用，即转向盘的转动通过阀芯、轴销、传动轴带动摆线齿轮马达转子旋转，排出的油进入转向油缸使挖掘机转向。手动转向时，应以司机一个人的最大力量为限度，禁止两人合力转动转向盘，以免损坏转向系统。

② FKAR-146020 型阀块 阀块内有单向阀、溢流阀和双向缓冲阀（也称过载阀），结构如图 4-29 所示。

单向阀的作用是手动转向时摆线齿轮马达从回油口吸油。溢流阀可限制最高压力不超过

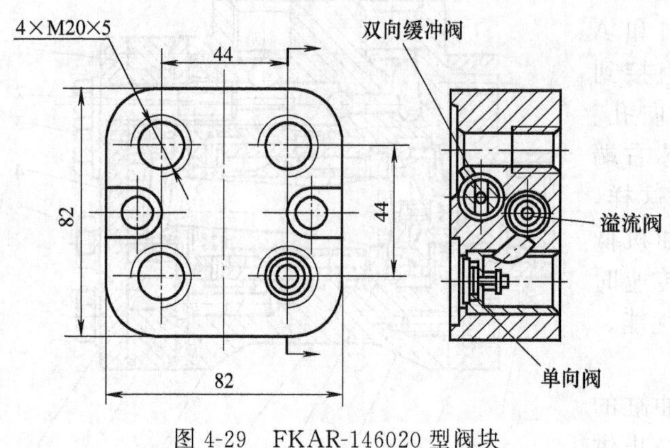

图 4-29　FKAR-146020 型阀块

15MPa，防止系统过载。用户不得任意调整。双向缓冲阀可保护液压转向系统免受外界反作用力经过液压油缸传来的高压油冲击，确保油路安全，调定压力为 17MPa，不得任意调整。阀块上有四个连接油孔，P 口接进油管、O 口接回油管，A 口接右转向油缸、B 口接左转向油缸。

(4) 转向油缸

转向油缸是将转向系统的液体压力转换为装载机能，通过前车架和前桥使车轮转向，结构如图 4-30 所示。

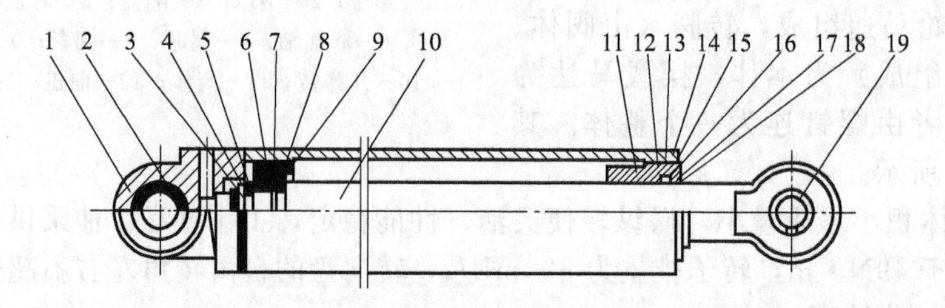

图 4-30　转向油缸

1—缸体；2—关节轴承；3,17,19—挡圈；4—卡键帽；5—轴用卡键；
6,12—O 形圈；7—活塞密封；8—支承环；9—活塞；10—活塞杆；11—导向套；
13—缓冲环；14—孔用卡键；15—挡环；16—杆密封挡圈；18—防尘圈

活塞套装在活塞杆的右端，左面抵在活塞杆凸肩上，右面用卡片、挡板、卡环固定。活塞与缸体之间用活塞环密封环和垫圈进行密封，端盖用螺栓与缸体固定。拆卸时，先将端盖卸下，然后从液压缸外面将活塞杆、活塞、端盖一起拔出。将卡环取下后，可以依次取出挡板、卡片、活塞、端盖。转向油缸通过销轴与前、后车架相连。为防止产生运动干涉，在液压缸两端都用球头销连接，球头销两侧均与球头座配合。向左转向时，液压油进入转向油缸右油室（即大腔），推动活塞和活塞杆向左移动，而另一个液压缸则是液压油进入转向油缸左油室（即小腔），推动活塞和活塞杆向右移动，使前车架向左偏转。如果向右转向时，则与上述情形相反。

4.1.6.2　厦工 ZL50C-Ⅱ型装载机转向系统

厦工 ZL50C-Ⅱ型装载机的工作系统和转向系统合为一体，称为双泵和分流转向优先的卸荷系统，简称双泵卸荷系统。

(1) 系统组成

图 4-31 所示为该装载机工作、转向液压系统。工作系统主要由油箱、滤油器、工作泵、分配阀、动臂油缸、转斗油缸等组成；转向液压系统主要由转向泵、转向油缸、流量放大阀（带优先阀、溢流阀和梭阀）、转向器和卸荷阀等组成。两个系统通过优先阀和卸荷阀连通，根据装载机工作和行驶状态，将两泵合流，或为系统卸荷。

(2) 系统工作原理

① 装载机直线行驶时（不工作也不转向）　工作泵排出的油沿分配阀的中立位置回油道

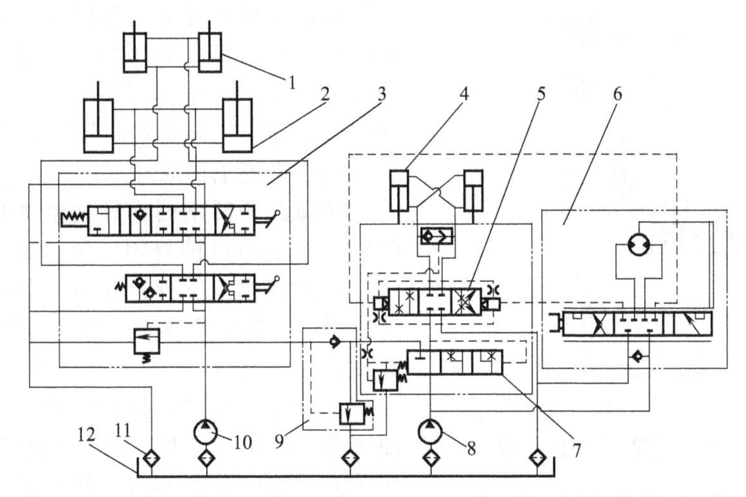

图 4-31　厦工 ZL50C-Ⅱ型装载机工作、转向液压系统

1—转斗油缸；2—动臂油缸；3—分配阀；4—转向油缸；5—流量放大阀；6—转向器；7—优先阀；8—转向泵；9—卸荷阀；10—工作泵；11—滤油器；12—油箱

流回油箱。转向泵排出的油一部分进入转向器。由于转向盘没有转动，转向器没有流量输出，转向油缸不需要油，使转向泵出油口油压升高，推优先阀左移，转向泵的油全部经优先阀和卸荷阀中的单向阀，与工作泵排出的油合流，经分配阀流回油箱。

若此时工作装置在工作，则两泵合流为工作系统提供液压油，可加快作业速度，提高作业度评效率。

② 装载机转向时　当装载机行驶速度适当时，转动转向盘，转向器将动作（左移或右移）。转向泵排出的油一部分通过转向器进入流量放大阀的先导控制油口（右或左），使放大阀的阀芯左移或右移，打开转向油缸的进、回油通道。这样，转向泵排出的油，除了供给转向器，其余全部经优先阀和流量放大阀，进入转向油缸一腔。而转向油缸另一腔的回油经放大阀回油箱，实现装载机行驶方向的改变。

当装载机行驶速度较快时，转向泵流量大，使转向油路压力升高，高压油推优先阀左移，打开与卸荷阀的通路，转向泵排出的多余流量经优先阀和卸荷阀中的单向阀，与工作泵排出的油合流，或参与系统的工作，或经分配阀直接流回油箱。当装载机行驶速度较慢时，转向泵流量小，转向油路压力低，优先阀不动作（左位接入），转向泵的油全部供给转向系统。

③ 转向阻力过大时　当装载机转向阻力过大，或当装载机直线行驶、车轮遇到较大障碍、迫使车轮发生偏转时，将使转向油缸某腔压力增大。高压油经梭阀和油道到溢流阀（安全阀）的阀前，当转向油压达到安全阀调定压力（14MPa）时，安全阀开启溢流，限制转向油缸某腔的压力不再继续升高，保护转向系统的安全。

④ 卸荷阀的工作　系统中的卸荷阀位于工作系统和转向系统之间。当工作系统油压小于卸荷阀中溢流阀的调定压力时，卸荷阀关闭不卸荷，转向泵排出的、经优先阀来的油，经过卸荷阀中的单向阀与工作泵排出的油合流，如上所述，参与系统的工作或经分配阀流回油箱；当工作系统油压达到卸荷阀中溢流阀的调定压力（12MPa）时，卸荷阀打开，转向泵排出的、经优先阀来的油，经卸荷阀直接回油箱，不再经单向阀到工作系统，为转向系统卸荷。

4.1.6.3　柳工 ZL50C 型装载机转向系统

（1）系统组成　柳工 ZL50C 型装载机的转向系统采用了流量放大系统，它的转向系统

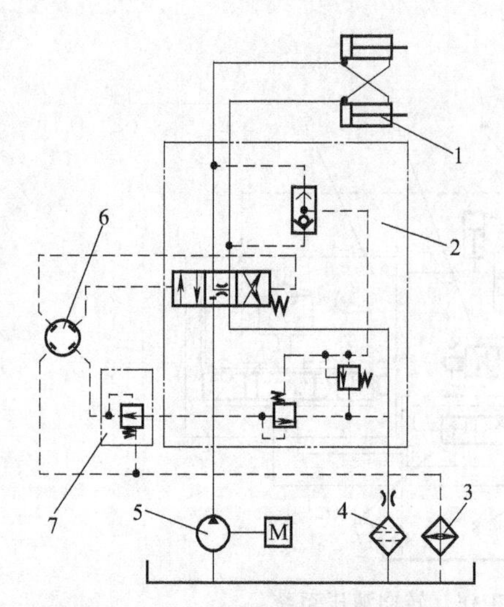

图 4-32 柳工 ZL50C 型装载机转向系统
1—转向油缸；2—流量放大阀；3—散热器；4—滤油器；5—转向泵；6—转向器；7—减压阀

与作业系统相互独立，如图 4-32 所示，主要由转向泵、转向器、减压阀、流量放大阀、转向油缸、滤油器、散热器等组成，其中，减压阀和转向器属于先导油路，其余属于主油路。

(2) 系统工作原理

转向盘不转动时，转向器通向流量放大阀两端的两个油口被封闭。流量放大阀的主阀杆在复位弹簧作用下保持中立。转向泵排出的油经流量放大阀中的溢流阀溢流回油箱，转向油缸没有油液流动，装载机不转向。

转动转向盘时，转向泵排出的油作为先导油液进入流量放大阀，推主阀杆移动，打开通向转向油缸的控制阀口，转向泵排出的大部分油液经过流量放大阀打开的阀口进入转向油缸，实现装载机转向。转向器受转向盘操纵，转向器排出的油与转向盘的转角成正比。因此，进入转向油缸的流量也与转向盘的转角成正比，即控制转向盘的转角大小，也就是控制了进入转向油缸的流量。由于流量放大阀采用了压力补偿，因而进入转向油缸的流量基本与负荷无关。

转向盘停止转动后，流量放大阀杆一端的先导油液通过节流小孔与另一端接通回油箱，阀杆两端的油压趋于平衡，流量放大阀杆在两侧复位弹簧作用下回到中位，切断了通向转向油缸的通道，装载机停止转向。

当装载机转向阻力过大，或当装载机直线行驶，车轮遇到较大障碍，迫使车轮发生偏转时，将使转向油缸某腔压力增大。高压油经梭阀和油道到溢流阀（安全阀）的阀前，当转向油压达到安全阀调定压力（12MPa）时，安全阀开启溢流，限制转向油缸某腔的压力不再继续升高，保护转向系统的安全。

4.2 转向系统的维修

4.2.1 液压助力式转向系统维修

(1) 转向器的分解

厦工 ZL50 型装载机转向器如图 4-33 所示。

① 拆下转向输出板连接螺栓，拆下转向输出板。

② 松开转向器总成底部的螺栓，卸下端盖。

③ 将转向器夹在虎钳上，松开恒流阀与转向阀相连接的螺栓，取下恒流阀总成。

④ 松开转向杆底部螺母，取出盘形弹簧、轴承和转向阀阀体。

⑤ 拆下螺母，将阀接头从转向器壳体上分离出来。

⑥ 取出喇叭按钮总成，拆下转向盘。

⑦ 拆下螺栓，取下侧盖，取出臂轴。

⑧ 将转向轴与齿条螺母等零件从壳体底部拔出。

⑨ 拆下齿条螺母上的螺钉、压板，卸下四片导槽，倒出钢珠（共 98 粒）。

(2) 恒流阀的分解

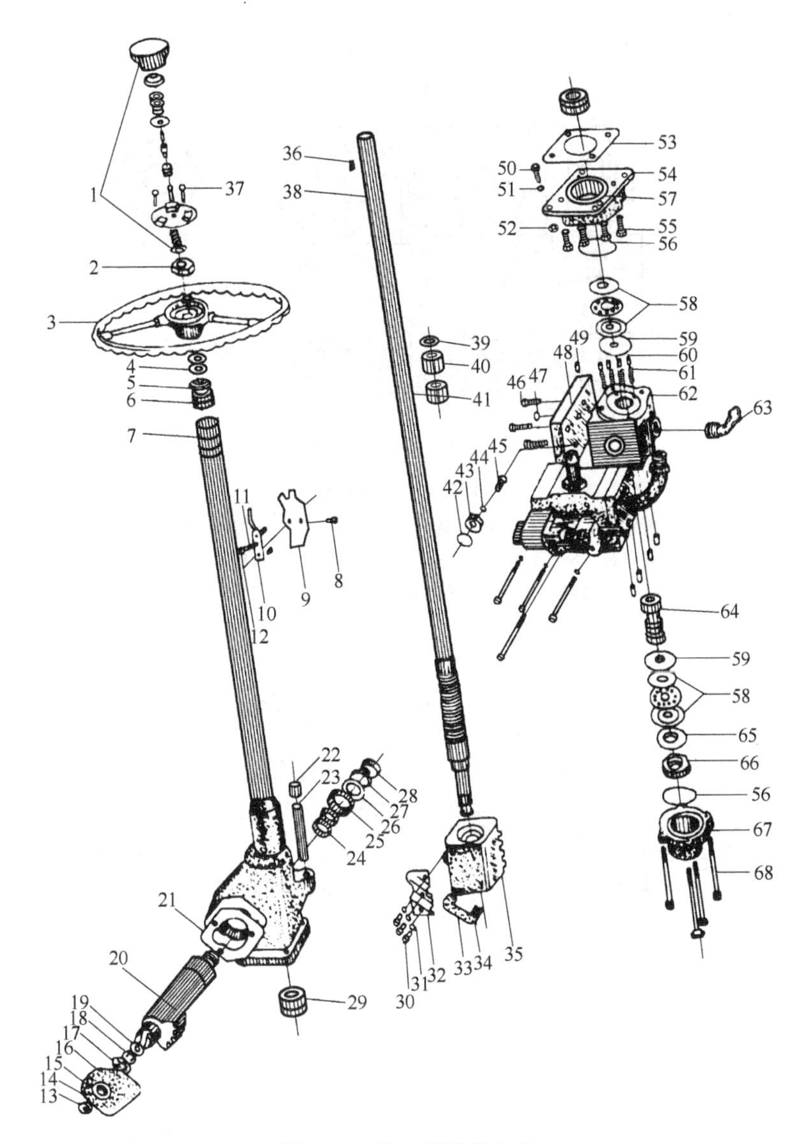

图 4-33　转向器及转向阀

1—喇叭按钮总成；2,28,35,52—螺母；3—转向盘总成；4,11,61—弹簧；5—楔入环；6,17,24,58—轴承；7—转向器壳；8,13,14,46,50,55,68—螺栓；9—防护盖；10—触头座；12—触头；15,26,27,31,47,51—垫圈；16—侧盖；18,59—垫片；19—调整螺钉；20—臂轴；21,53—衬垫；22—加油盖；23—加油管；25—骨架油封；29—滚针轴承；30,37—螺钉；32—压板；33—导槽；34,44—钢球；36—键；38—转向轴；39—隔离环；40—绝缘套；41—铜套；42,49,56—O 形密封圈；43—阀座；45—锥形弹簧；48—转向输出板；54—阀接头；57—油封；60—圆柱塞；62—转向阀阀体；63—回油接头；64—转向阀阀芯；65—垫圈（盘形弹簧）；66—锁紧螺母；67—端盖

恒流阀（图 4-34、图 4-35）主要由阀体、阀芯、弹簧、导阀等组成。

① 拆下阀盖。

② 拆下螺塞，取出主阀阀芯弹簧和主阀阀芯。

③ 拆下锁紧螺母，拧出调压螺杆，依次取出弹簧座、导阀弹簧、导阀阀芯、导阀阀座等零件。

（3）主要零件的检验与修理

① 转向轴杆　常见损伤为弯曲、断裂，以及与轴承配合处的轴颈磨损等。

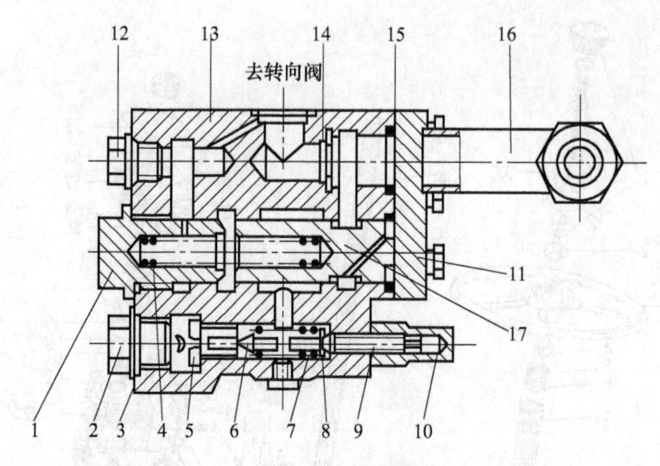

图 4-34 恒流阀

1,2,12—螺塞；3,15—O 形密封圈；4—主阀弹簧；5—导阀阀座；6—导阀；7—导阀弹簧；8—弹簧座；9—调压螺杆；10—锁紧螺母；11—阀盖；13—恒流阀阀体；14—节流孔盖；16—管接头；17—恒流阀阀芯

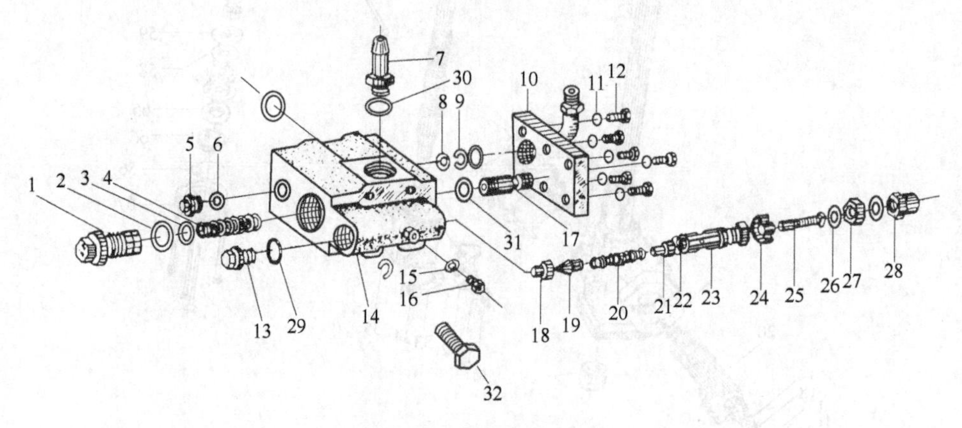

图 4-35 恒流阀分解图

1,5—螺塞；2,3,6,22,31—O 形密封圈；4—主阀阀芯弹簧；7—回油接头；8—节流孔板；9—挡圈；10—恒流阀阀盖；11,15,26—垫圈；12,13,16,32—螺栓；14—恒流阀阀体；17—恒流阀阀芯；18—导阀阀座；19—导阀；20—导阀弹簧；21—弹簧座；23—压套；24—圆螺母；25—调压螺杆；27—螺母；28—锁紧螺母；29,30—组合密封圈

弯曲可用百分表进行检验。将转向轴杆两端放在 V 形铁上，百分表垂直抵在轴杆上，转动轴杆，同时观察百分表的读数，即可得出轴杆的弯曲值。弯曲大于 0.5mm 时，应用冷压法校正。

与轴承配合处的轴颈磨损可用千分尺测量。当磨损量大于 0.1mm 时，可电镀修复。转向轴端螺纹损坏两扣以上时，应堆焊后重新套螺纹。断裂时，应换用新件。

转向轴端键槽磨损过甚，可堆焊后重新开出键槽，或更换较宽的平键。

② 齿条螺母及摇臂轴　齿条螺母常见损伤为齿面磨损、钢球滚道磨损等。摇臂轴常见损伤为轮齿齿面磨损，轴端花键损伤和扭曲等。

齿条和扇形齿轮齿面磨损时，可用油石修磨。当磨损严重或疲劳剥落面积大于 30%，以及出现断裂现象时，应换用新件。

恒流阀主要损伤有主阀阀芯与阀孔磨损和拉伤，导阀阀芯与导阀阀座密封不严。

主阀阀芯出现轻微拉伤并有卡滞现象时，可先用油石或细砂纸修磨后，在主阀阀芯上涂上研磨膏，插入阀孔进行研磨。当拉伤或磨损严重时，应换用新阀。

③ 转向器壳体　常见损伤有变形翘曲、裂纹、螺纹孔损伤、轴承座孔磨损、轴管碰伤、弯曲等。

变形较轻微时，可用砂轮打磨修平，严重时换用新件。壳体裂纹可通过浸油法或磁力探伤法检查。如发现裂纹，应换用新件或焊修恢复。螺纹孔损伤可重新套螺纹恢复。

转向轴管如有凹陷、弯曲影响转向轴转动时，应予以修整校直。

④ 转向阀　常见损伤主要是阀孔与阀杆磨损、拉伤，以及弹簧损坏等。

阀杆与阀孔的配合间隙为0.03～0.04mm。当出现轻微的拉伤和卡滞现象时，可用油石或细砂纸将毛刺去除后，在阀杆上涂上适量的研磨膏，然后再插入阀孔内研磨。当配合间隙过大时，应对阀杆进行电镀。拉伤严重时，应换用新件。

各弹簧弹力和高度应正确，且不能断裂或变形。否则应换用新件。

⑤ 恒流阀　拉伤或磨损严重时，应换用新件。

(4) 液压助力转向器的装配与调整

① 转向器装配注意事项

a. 主阀阀芯和阀体的配合间隙为0.025～0.035mm，最大不超过0.045mm，常开轴向间隙为0.15mm。常开轴向间隙过小，转向系统油液温度升得快；间隙过大，转向易飘动不稳，灵敏性极差。

b. 安装阀体上下端面各四个柱塞及四根回位弹簧时，柱塞与阀体的径向配合间隙为0.03～0.04mm，不能过紧。四根弹簧在安装前应先压缩三次，检查其质量，经压缩检查后的弹簧长度应一样（约32mm）。否则，由于回位弹簧的弹力不一致，使转向盘动力感不一样，行驶中会出现转向这一方向重，另一方向轻。

c. 在阀接头处安装骨架油封时，应注意油封唇口朝向阀体。

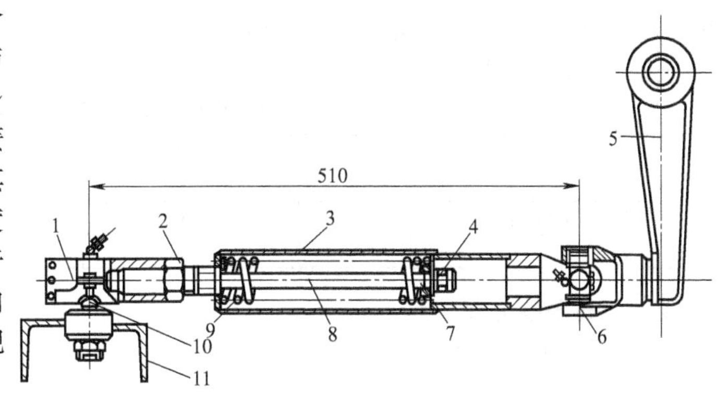

图4-36　反馈杆

1—接头；2—锁紧螺母；3—弹簧筒；4—螺母；5—摇臂；6—十字轴；7—弹簧座；8—螺杆；9—弹簧；10—球铰；11—前车架

② 转向器的调整

a. 转向器轴向间隙的调整　转向器螺杆端部螺母在锁紧时力度应适中。调整时，可两人配合进行。一人抓住转向盘，另一人锁螺母。转动转向盘，检查转动力感轻重程度及是否有空行程。

当转动力感适中又基本无空行程后，将锁紧螺母固定。

b. 反馈杆的调整（见图4-36）　转动转向盘，使前、后桥平行后，拆下摇臂。将转向盘从一个极限位置转到另一个极限位置并记下总圈数，然后将转向盘转到中间位置，装上摇臂。反馈杆的长度可通过旋转接头调整，并用螺母锁紧。ZL50型装载机反馈杆正常长度应为510mm。

c. 齿条与扇形齿轮啮合间隙的调整　齿条与扇形齿轮啮合间隙应适当。间隙过大，转向盘易飘动；间隙过小，转向沉重。调整时，顺时针拧动调整螺钉到极限位置，然后退回1/6～1/4圈。注意，顺时针拧动调整螺钉，啮合间隙减小；逆时针拧动调整螺钉，啮合间隙增大。

③ 恒流阀的调压　恒流阀的作用是使转向平稳，并调整系统压力，使转向轻便。调压

方法是将压力表装在恒流阀上，转动转向盘，直至装载机转至极限位置，然后加大柴油机油门，观察压力表读数。顺时针转动调整螺杆，压力升高，反之降低。一般情况下，调整螺杆每转一圈，系统压力变化 3MPa。调好后，锁紧螺母，再拧紧保护螺母。

4.2.2 全液压式转向系统维修

4.2.2.1 装载机常用全液压转向器型号及主要技术参数

(1) 全液压转向器型号意义

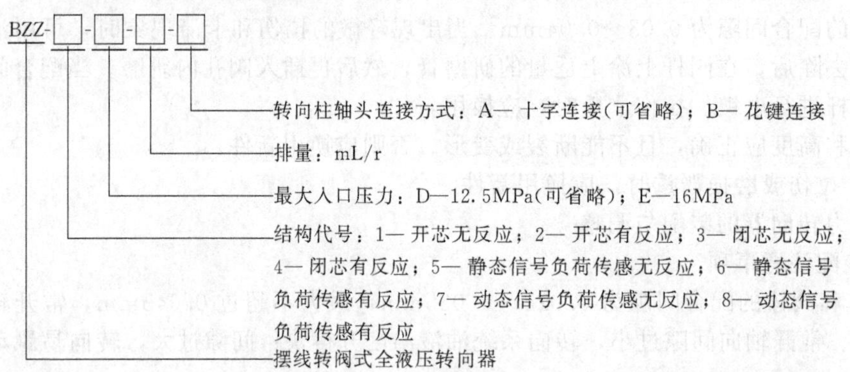

例如，BZZ5-500 表示摆线转阀式全液压转向器，静态信号负荷传感无反应，最大入口压力 12.5MPa，排量 500mL/r，十字连接。

(2) 主要技术参数（见表 4-1）

表 4-1 全液压转向器主要技术参数

型号	最大瞬时背压 /MPa	额定工作压力 /MPa	系统工作油温 /℃	动力转向扭矩 /N·m
BZZ1、BZZ2、BZZ3	6.3	16	−20～80	5
BZZ5	1.6	16	60	5

4.2.2.2 转向器分解

转向器分解图如图 4-37 所示。

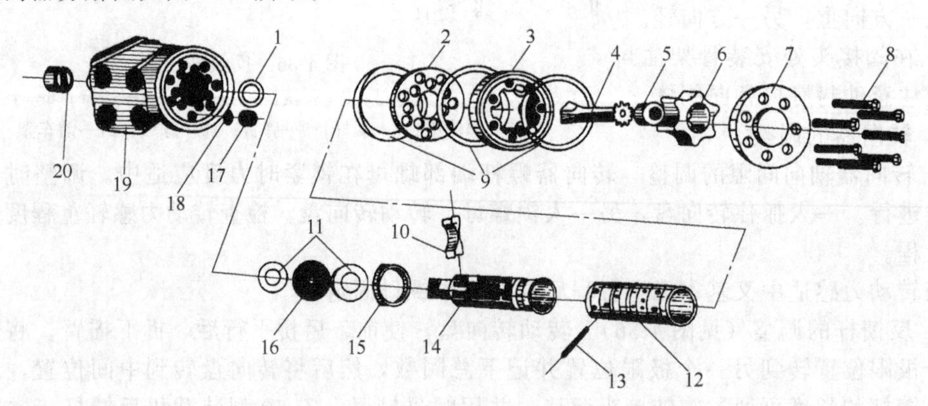

图 4-37 转向器分解图

1,9—O 形密封圈；2—配油盘；3—定子；4—传动轴；5—支撑套；6—转子；7—端盖；8—螺栓；10—片弹簧；11—轴承座圈；12—阀套；13—销轴；14—阀芯；15—挡圈；16—推力轴承；17—螺套；18—单向阀；19—壳体；20—连接凸块

① 拆出螺栓 8、端（泵）盖 7 及泵盖上的 O 形密封圈。

② 拆出转子 6 及支撑套 5。

③ 取出 O 形密封圈 9，拆出传动轴 4 及定子 3。

④ 拿掉 O 形密封圈 9 和配油盘 2，取出阀套 12，从阀套 12 上拆出销轴 13、阀芯 14，拿掉阀芯 14 上的六个片弹簧 10。

⑤ 从壳体 19 上拆出挡圈 15、推力轴承 16、轴承座圈 11 及 O 形密封圈 1，并拿下螺套 17，取出单向阀 18。

⑥ 翻转壳体 19，从泵体拆出连接凸块 20。

4.2.2.3 主要零件的检验与修理

(1) 转向器

转向器各零件润滑条件优越，工作条件比较好，一般磨损损坏不明显。常见的有传动件磨损、密封圈性能下降及拆装不注意造成刮、碰伤等。主要检修内容有以下几个方面。

① 连接凸块与阀芯端部榫头、转向轴凸榫配合有明显间隙感觉时，应将连接凸块焊修或更换连接凸块。

② 推力轴承滚针脱落或承推垫片不平，应更换轴承。

③ 片弹簧变形、弹性减弱、折断，应更换。

④ 阀芯、阀套、壳体之间配合间隙超过 0.04mm，应镀铬、光磨修复。

⑤ 阀套与阀芯、阀体的配合表面以及摆线齿轮马达的各接合表面，如有不连通孔或槽的刮伤，以及虽属连通性而用手摸却感觉不到的刮伤，可用细油石修磨毛刺后继续使用，如出现沟槽或严重连通性刮伤，则应更换。

⑥ 马达配油盘、端盖翘曲平面度公差值为 0.08mm，超过时应校平（禁止用砂纸磨削）。

⑦ 单向阀钢球磨出沟槽、锈蚀，应更换。

⑧ 轴销磨损明显有凹痕，应更换。

⑨ 马达传动轴上与轴销的配合槽磨损，且转动中有明显间隙感觉时，应堆焊后锉削或重新开槽或更换。

⑩ O 形密封圈断裂、膨胀、失去弹性，应更换；密封圈装于槽内应高于接合平面 0.5mm，低者应更换。

⑪ 油口螺纹损坏两扣以上，应扩孔套螺纹并换配相应接头。

(2) 压力流量控制阀

压力流量控制阀主要由阀体、阀套、阀芯、限位套、弹簧等部件组成。其常见损伤主要是阀套、阀芯配合面磨损，以及弹簧弹力下降或折断等。

4.2.2.4 全液压转向系统的装配与调整

(1) 转向器装配要求

① 安装前，各零件应用压缩空气吹除孔、槽中脏物，并用干净液压油清洗，禁止用铁丝乱捅或用汽油、煤油等清洗。

② 弹簧片不能高出阀套外圆面，以免刮伤阀体内壁。

③ 装配马达传动轴与转子时，必须按要求进行，否则将造成不能转向。

④ 单向阀钢球不能漏装，否则装机后无法转向。

⑤ 装端盖螺栓时，带单向阀限制杆的螺栓应装在原处。拧紧螺栓时，应分几次均匀用力拧紧，切忌一次拧紧，以免端盖受力不均而变形。

(2) 转向器装配步骤

① 将各处密封圈装好。

② 将阀芯装入阀套，并装上轴销和片弹簧以及弹簧挡圈。

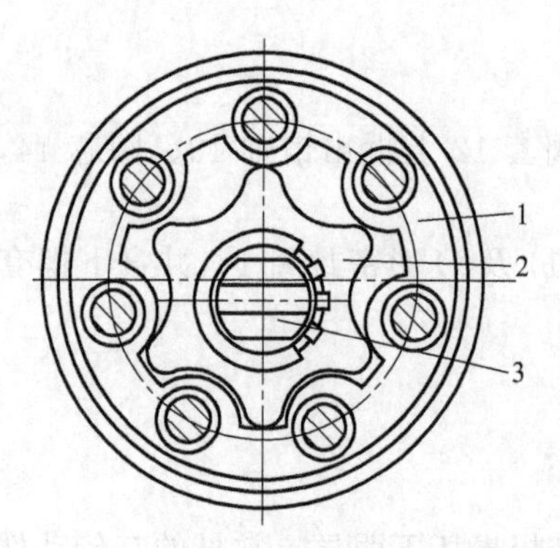

图 4-38 传动轴的安装
1—定子；2—转子；3—传动轴

③ 将推力轴承装入阀体。

④ 将阀套与阀芯装入阀体。

⑤ 将马达端盖、定子、转子、配油盘按其位置装在一起。

⑥ 将传动轴装入转子（要求：先将转子一齿对正定子一齿槽并完全啮合，将传动轴上轴销槽垂直于所啮合两齿的重合中心线装入转子，如图 4-38 所示）。

⑦ 装入单向阀。

⑧ 将传动轴上的销槽对正轴销，将马达与转阀装在一起。

⑨ 调整端盖、定子及配油盘，使其转阀螺孔重合，然后分别对称拧紧螺栓。

(3) 装配后试验

转向器装配完毕后，必须试验合格方能装车使用。在没有试验设备的情况下，可装车后就车试验。试验时，将前轮顶起，柴油机低速运转，转动转向盘，前轮能偏转自如；不转转向盘时，前轮即停止偏转。柴油机熄火后，转动转向盘，前轮偏转应无明显阻力。前轮落地时（柴油机中速运转），转动转向盘，前轮能缓缓偏转即可。

(4) 转向压力调整

转向额定工作压力为 14MPa，调整步骤如下（见图 4-39）。

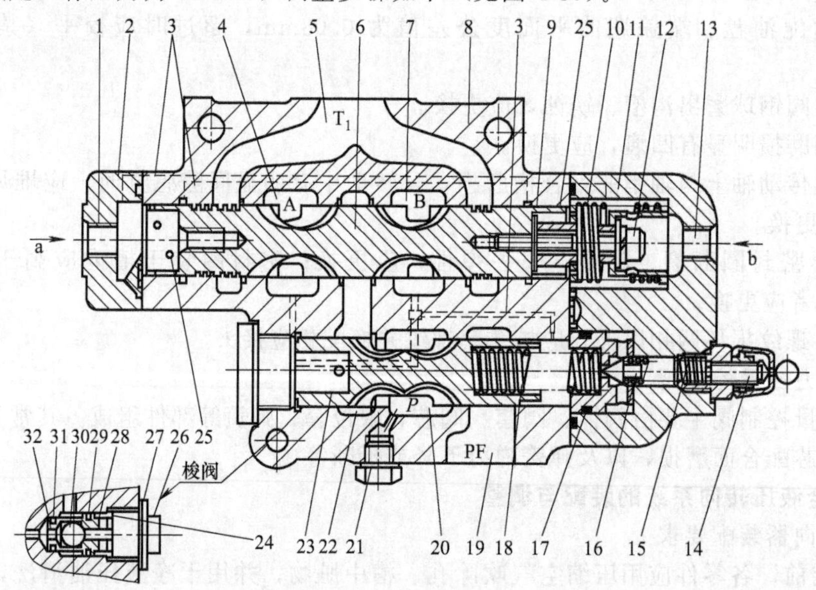

图 4-39 流量放大阀

1—左先导油口；2—前盖；3—流道；4—左转向油腔；5—回油腔；6—放大阀芯；7—右转向油腔；8—阀体；9—调整垫片；10—弹簧；11—后盖；12—螺钉；13—右先导油口；14—调压螺杆；15—先导阀弹簧；16—先导阀；17,27,29,31—O 形圈；18—优先阀弹簧；19—分流口；20—进油口；21—测压口螺塞；22—转向进油口；23—优先阀阀芯；24—垫片；25—计量孔；26—螺塞；28,32—梭阀座；30—钢球

① 在停机状态下卸下流量放大阀上的测压口螺塞 21，装上压力表。

② 将流量放大阀上的调压螺杆 14 逆时针拧到没有压住弹簧为止，然后顺时针旋转 2～3 圈（调压螺杆 14 每旋转一圈，压力变化约为 2MPa）。

③ 启动发动机，边转向边观察压力表压力，当转向到终端（左或右转）时，压力表显示的最高值为转向压力值。当其压力低于额定工作压力时，可再次将调压螺杆 14 顺时针旋转，压力再次升高，当其最高压力值达到额定工作压力时，调压完毕，用锁紧螺母将调压螺杆 14 固定。

(5) 卸荷压力调整

卸荷压力为 12MPa，调整步骤如下（见图 4-40）。

① 在停机状态下卸下流量放大阀上的螺塞，装上压力表。

② 将卸荷阀上的调压螺钉逆时针拧到没有压住弹簧为止，然后顺时针旋转 1～1.5 圈（调压螺钉每旋转一圈，压力变化为 6MPa）。

③ 启动柴油机，低转速动臂满载提升时，观察压力表压力。当在提升过程中，压力表没有显示压力时，可再将调压螺钉顺时针旋转 1/4～1/2 圈，再次提升并观察压力表压力。若没有显示压力，可再次将调压螺钉顺时针旋转 1/4 圈，直至提升时能显示出压力为止。当提升快接近最高点时，要手动控制慢速提到最高点。此时，压力表显示的最高压力值（瞬间下降）即为卸荷压力。当此压力达到规定的卸荷压力时，调压结束，用锁紧螺母将调压螺钉固定。

(6) 转向时间调整

将轮式装载机停放在一般水泥路面上，高速原地空载转向，如果左右转向的时间差超过 0.3s，按以下步骤进行调整。

① 从流量放大阀上将端盖拆下（见图 4-41）。

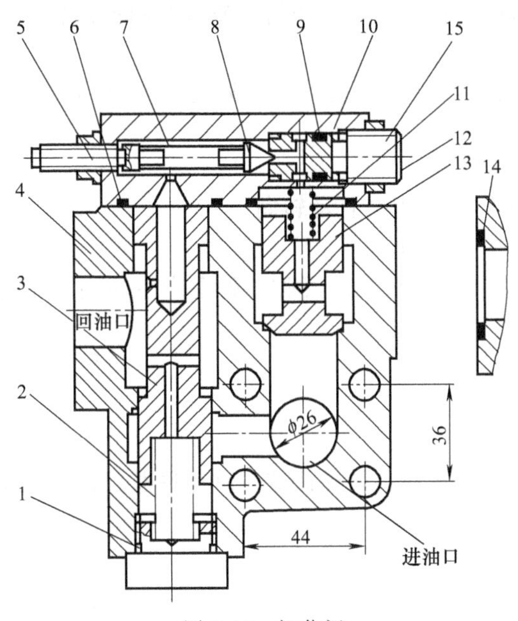

图 4-40　卸荷阀

1,6,9,12,14—O 形圈；2—主阀弹簧；3—阀芯；4—阀体；5—调压螺钉；7—导阀弹簧；8—导阀；10—导阀阀座；11—单向阀弹簧；13—单向阀；15—压紧螺栓

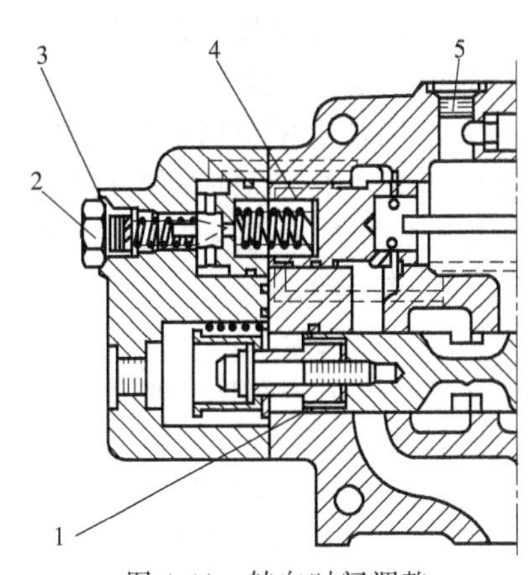

图 4-41　转向时间调整

1,3,4—调整垫片；2,5—螺塞

② 增加调整垫片 1 可使右转向时间减少以及左转向时间增加，减少调整垫片 1 其结果相反。

③ 调整垫片的厚度有 0.25mm、0.12mm 两种规格，增加或减少 2 个 0.25mm 调整垫片，可使转向时间变化 0.1s。

④ 调整完毕后将端盖安装好。

如果整个转向时间都慢，可按相同步骤增加调整垫片4，垫片厚度为1.2mm，增加一个调整垫片可使转向时间减少0.1s。

4.2.2.5 **转向油缸的维修**

转向油缸与工作装置液压系统的油缸维修方法基本相同，在此不多述。

4.3 转向系统常见故障诊断与排除

4.3.1 液压助力式转向系统故障诊断与排除

4.3.1.1 转向盘游动间隙（简称游隙）过大

（1）故障现象

转向盘游隙过大将使转向不灵敏，或者转向盘不动而车轮自动偏转，直接影响行车安全。

（2）故障原因及排除

引起转向盘游隙过大的原因主要有如下几方面。

① 齿条螺母与扇形齿轮间隙过大，这将导致从转动转向盘到随动阀油路打开的时间延长，需要消除齿条螺母与扇形齿轮间隙后，转向压力油才进入油缸。

柴油机熄火后，一人左右转动转向盘至极限位置，另一人用手抓住转向器摇臂，感觉打转向盘与摇臂的摆动是否运动基本同步。如果时间差比较大，表明齿条螺母与扇形齿轮间隙过大。

② 反馈杆、万向节间隙过大或调整不当，这将使转向系统的反馈迟钝，反映到转向盘上就像是转向停止不及时。

反馈杆、万向节的间隙可以通过用手晃动来感觉。

③ 转向杆端部锁紧螺母松动，这使转向盘不转向时也会自动转向。

将转向器下盖拆下后，就能观察到锁紧螺母是否松动。

④ 转向油缸固定销轴与孔配合间隙过大，要消除这么大的间隙，就会产生转向油缸的活塞杆开始动作，而前车架并没有动作。

用长柄旋具或用撬杆拨动活塞杆，能感觉到间隙。

4.3.1.2 转向沉重

（1）故障现象

转向盘操纵力超标（操纵力一般在15～20N）或转向盘转动而液压缸动作滞怠，不能实现比例转向。

（2）故障原因及排除

① 装载机方面的原因

a. 扇形齿轮与齿条螺母啮合间隙过小，这将使转向轴的径向间隙过小，转向发紧。

将扇形齿轮与齿条螺母啮合间隙调大一些，如果故障消除，则表明是此原因所致。

b. 反馈杆的球头螺母锁得过紧，转向阻力大，转向沉重。

将反馈杆的球头螺母调松，如果故障消除，则表明是此原因所致。

c. 转向杆的齿条螺母与螺杆的滚珠轴承卡死，同样会转向沉重。

② 液压系统方面的原因

a. 转向齿轮泵烧伤或磨损过甚，效率过低。

如果转向齿轮泵磨损过甚，大油门转向时会轻一些，油门小时转向重一些。

b. 转向油缸油封损坏，恒流阀的调压阀门无法完全封闭，会使进入油缸的有效压力油减少，压力也降低。

c. 转向器入口处单向阀的锥弹簧损坏，使系统压力上不去或液流量供应不足。

如果在修理后发现转向沉重，其原因可能是装配不当，各摩擦副配合间隙过小所致。如在使用中发现转向沉重，多因为机件缺油、变形或损坏等造成。

检查时，可拆下直拉杆，转动转向盘。若转动过紧，故障在转向器本身；若转动轻松，故障在传动机构或液压系统。

4.3.1.3 一边转向轻，一边转向沉重

(1) 故障现象

装载机向左（右）转向时轻，而向另一侧转向时重。

(2) 故障原因及排除

① 转向阀上下两端弹簧压力不同，柱塞卡死的状况也不同。转向盘转动时，通过转向杆带动转向阀阀芯上下滑动，使转向阀门打开或关闭，此时需克服上下两端面各四个滚柱对其施加的回位弹簧的压力。如果上下两端面的弹簧压力或柱塞卡死情况不同，则必然反映到左右转动力感的不同。

② 转向油缸一腔漏油，另一腔完好。

解决方法：一是检查转向阀滚柱与阀体的配合间隙，标准间隙为0.03～0.04mm，弹簧长度应一致，且不能断裂或变形；二是更换油缸密封件。

4.3.2 全液压式转向系统故障诊断与排除

4.3.2.1 转向沉重

(1) 故障现象

转向沉重实际上是指两种现象：一是慢慢转动转向盘时比较轻，快一些转动转向盘时就沉重；二是柴油机油门小时转不动，柴油机油门大时能转动。

(2) 故障原因及排除

前一种现象的根本原因是系统的流量不够，后一种现象的根本原因是系统的压力不够。其具体原因如下。

① 工作油油量不够或者低压油管接头进空气。工作油油量不够，油面刚好处于低压油管进油口上下位置，油泵工作时可能吸进空气，空气进入系统被压缩，转向油缸动作变慢。

工作油油量不够，可用检视尺检查出来，同时，油箱中的油会产生大量泡沫。如果油量够但油中有空气，则是低压油管接头进空气。

② 进油管变软。油泵通过低压油管从油箱内吸油。这种低压油管是耐油管，使用寿命较长。但如果长期在高温状态下工作，油管也易变软；或者因为外力的作用，油管损坏，而更换后的新油管不是耐油管只是普通油管或水管，虽然工作时间不长也易变软。油泵吸油时，低压油管内要产生一定的真空度，油泵的转速越高，产生的真空度就越大。油管变软后，在管外大气压力的作用下，就极易变扁，过油能力变小。柴油机怠速时，慢转转向盘还比较轻，柴油机转速越高，进油管吸扁越严重，油泵吸油越少，转向越沉重。

③ 油泵磨损严重。柴油机只要转动，油泵就要工作并产生磨损。如果工作油中有杂质，或者油泵的驱动轴轴承间隙过大，驱动轴偏心，油泵的磨损就会更严重。

如果油泵磨损严重，油泵本身的泄漏量就要增加，系统的压力和流量都会变小，柴油机转速低时，转向明显无力。柴油机转速高时，转向明显轻快，转向油缸的力量要大。

④ 单路稳定分流阀及阀块工作不正常。如果单路稳定分流阀的过载阀、阀块的溢流阀和双向缓冲阀阀芯磨损过甚、阀芯卡滞，弹簧折断，系统压力调整过低，都会使系统压力

降低。

单路稳定分流阀的阀芯卡滞，将会使工作油进入转向系统的油量减少，而进入工作装置液压系统的油量增加，系统油量分油过多。如果用压力表测量系统的压力，柴油机的转速再高，压力也达不到额定值。

单路稳定分流阀的弹簧变软，分流压力调整过小，极易使阀芯在不大的压力下就被压缩，从而压力油过早、过多地流向工作装置的液压系统，使转向系统流量过小。

单路稳定分流阀及阀块工作不正常，应视情况进行清洗、研磨阀芯、更换弹簧、调试压力，或者更换单路稳定分流阀总成。

⑤ 转向器工作不正常。转向器的转阀和摆线齿轮马达密封及配合面磨损过甚，压力油从内部泄漏过多，进入转向油缸的压力油压力降低、流量减少。如果转向器磨损严重，转向器本身的泄漏量就要增加，柴油机转速低时，转向明显无力。柴油机转速高时，转向明显轻快一些，转向油缸的力量要大一些。

转向器的转阀和摆线齿轮马达密封及配合面磨损过甚，应换用新的转向器总成。

⑥ 转向油缸密封不严。转向油缸活塞处密封不严，同样也会使压力油泄漏。其原因有：密封圈老化失去弹性；密封圈磨损严重；液压缸内壁拉伤、磨损严重。

油封损伤时可以更换新的油封。液压缸内壁拉伤和磨损只能换用新的缸筒。

判断液压缸漏油故障时，为了与转向器和转向油泵泄漏故障相区别，还应将转向油缸转到一端的极限位置，拧下回油管一端的接头，继续转动转向盘，看回油管是否明显回油。如果回油明显，则表明转向活塞处漏油严重。

4.3.2.2 转向失灵

（1）故障现象

转向失灵是指转向不受转向盘的控制，不需要转向时自动转向，需要转向时反而不转向。

（2）故障原因及排除

① 转向盘并没有转动，而装载机却不受控制地自动转向。其根本原因是工作油自行进到转向油缸。具体原因如下。

a. 转向器内弹簧片折断、拨销折断或变形。转向器不转动时，由于弹簧片的限位作用，转阀的进、出油口都被封闭，工作油不会进入转向油缸。一旦弹簧片折断、拨销折断或变形，转阀的进、出油口就会被打开，工作油就会进入转向油缸，从而自行转向。

b. 转向器装配错误。往往因为转向器漏油等原因，对转向器进行了分解并更换密封件后，随意地将转向器装上，没有按照要求将摆线齿轮马达的转子与定子的对称中心线垂直于传动轴的拨销切槽。

转向器装配错误后，与转向器内弹簧片折断、拨销折断或变形所产生的故障现象不同的是：不转动转向盘不会自行转向，但只要一动转向盘，就一直不受控制地连续转向，直到转到极限位置，而转向盘并没有随着转动，摆线齿轮马达失去了有效的反馈作用。

c. 转向油缸内的活塞脱落。转向油缸内的活塞靠挡圈、卡键帽、卡键定位。如果挡圈折断或松脱，活塞就会从活塞杆上脱出。转向油缸内的活塞脱落后，转向时，压力油从有杆腔不受控制地进入无杆腔，无法实现转向。当压力油从无杆腔进入到有杆腔时，又可能能够实现转向。在这种情况下，如果将活塞杆的固定销冲开，用手不费力就能将活塞杆从液压缸内拔出。

② 转动转向盘时，转向油缸一点动作都没有，其根本原因是压力油没有进入到转向油缸；或者是压力油虽然进入到转向油缸，但不足以克服外负荷而实现转向。具体原因如下。

a. 转向油泵不泵油。

ⅰ. 油泵没有动力。变矩器的弹性连接盘螺栓被切断，柴油机的动力传不过来。此时，工作装置也没有动作，装载机也不行走。

ⅱ. 油箱的油量少。油量的多少可以从油箱的检视窗口观察到，并且还可以根据工作装置是否工作正常间接地进行判断。

ⅲ. 油泵磨损严重。如果油泵磨损严重，并且装载机已经很长时间没有启动，油泵齿轮间的油膜不能保持，装载机启动后转向油泵不能泵油，或者由于油泵驱动轴的键被切断，动力传不过来。

拧松油泵出油管接头，如果没有压力油喷出，就是油泵不泵油。从油泵的进油口或出油口用手拨动齿轮，如果能转动，说明动力传不过来；如果不能转动，则是油泵不能泵油。

b. 单路稳定分流阀故障。单路稳定分流阀的弹簧折断、阀芯卡滞（有脏物或密封圈损坏），都有可能使阀的B口（通转向器的油口）封闭。

拧松单路稳定分流阀到转向器的油管接头。如果没有压力油喷出，则表明单路稳定分流阀有故障。

c. 前桥差速器烧蚀不起差速作用。转向系统本身没有故障，但如果前桥差速器或者后桥差速器烧蚀不起差速作用，转向油缸的作用力不足以克服前、后桥差速器咬死的力量，同样不能实现转向。

检查差速器是否咬死的方法如下：将前、后桥支起，轮胎离开地面，拆下传动轴，用手推动两个前轮反向旋转，看两个前轮是否能往相反的方向转动，如果不能往相反的方向转动，则是前桥差速器烧蚀。用同样的方法也可检查后桥差速器是否被咬死。

第5章 轮式装载机制动系统

使行驶或作业中的装载机减速甚至停车，使下坡行驶的装载机速度保持稳定，以及使已经停驶的装载机保持不动，这些作用统称为装载机制动。驾驶员能根据道路和作业现场等情况使外界对装载机某些部分（主要是车轮）施加一定的力，对装载机进行一定程度的强制制动。这种可控制的对装载机进行制动的外力称为制动力，相应的一系列专用装置即称为制动系统。制动系统对于提高作业生产率，保证人、机的安全起着极其重要的作用。

5.1 制动系统的组成及工作原理

5.1.1 制动系统的类型及作用

装载机的制动系统是根据需要强制行驶或作业中的装载机减速或停车；保证装载机在一定坡道上停车而不自动溜滑；下长坡时维持装载机速度的稳定。一般包括行车制动装置（又称脚制动装置）、停车制动装置（又称手制动装置）和辅助制动装置。

（1）脚制动装置

由驾驶员通过脚踏板操纵的一套制动装置称为脚制动装置。它主要用于装载机行驶或作业中制动减速或制动停车，因此又称为行车制动装置，又由于该制动装置中的制动器作用在车轮上，所以也称车轮制动装置。目前装载机的行车制动器采用封闭结构的多片湿式制动器。其行车制动的驱动机构都是加力的，采用空气制动、液压制动、气顶油综合制动等不同的结构方案。

（2）手制动装置

由驾驶员通过制动手柄操纵的一套制动装置称为手制动装置。它主要用于坡道停车或装载机停驶后，使其可靠地保持在原地，防止滑移，因此又称为停车制动装置。轮式装载机的停车制动器一般有三种结构：带式、蹄式和钳盘式。由于带式结构制动器外形尺寸大，不易密封，沾水、沾泥会使制动效率显著下降，因此被蹄式结构逐步取代。

（3）辅助制动装置

有些装载机，为增加行车安全，还装有一套辅助制动装置。目前装载机上的辅助制动装置多采用柴油机排气制动。

5.1.2 轮式装载机常见的制动系统

目前国内生产的轮式装载机采用的制动系统主要有以下几种形式。

① 以柳工 ZL50C、成工 ZL50B 为代表，行车制动采用单管路、气顶油四轮钳盘式制

动；停车制动采用气动操纵的蹄式制动器，并具备紧急制动功能（见图5-1、图5-2）。

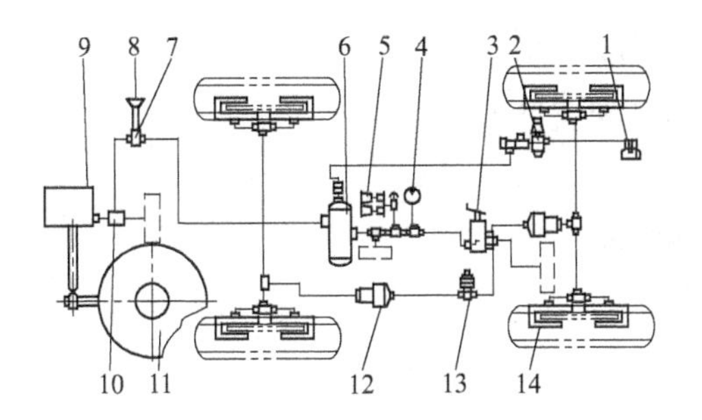

图5-1 柳工ZL50C带紧急制动的制动系统
1—空气压缩机；2—组合阀；3—单管路气制动阀；4—气压表；5—气喇叭；6—空气罐；7—紧急和停车制动控制阀；8—顶杆；9—制动气室；10—快放阀；11—蹄式制动器（停车制动）；12—加力器；13—制动灯开关；14—钳盘式制动器（行车制动）

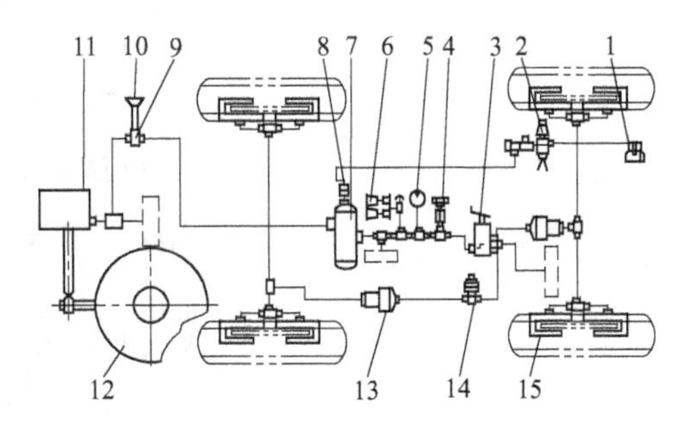

图5-2 成工ZL50B带紧急制动的制动系统
1—空气压缩机；2—组合阀；3—单管路气制动阀；4—刮水阀接头；5—气压表；6—气喇叭；7—空气罐；8—单向阀；9—紧急和停车制动控制阀；10—顶杆；11—制动气室；12—蹄式制动器（停车制动）；13—加力器；14—制动灯开关；15—钳盘式制动器（行车制动）

② 以常林ZLM50B、山工ZL50D为代表，行车制动采用双管路、气顶油四轮钳盘式制动；停车制动采用软轴机械操纵的蹄式制动器，但不具备紧急制动功能（见图5-3）。

③ 以厦工、龙工、临工的ZL50为代表，行车制动采用单管路、气顶油四轮钳盘式制动；停车制动采用软轴机械操纵的蹄式制动器，但不具备紧急制动功能（见图5-4、图5-5）。

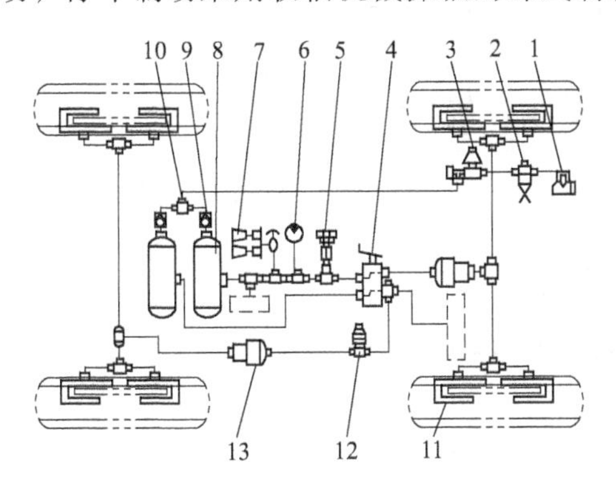

图5-3 常林ZLM50B、山工ZL50D的制动系统
1—空气压缩机；2—油水分离器；3—压力控制器；4—双管路气制动阀；5—刮水阀接头；6—气压表；7—气喇叭；8—空气罐；9—单向阀；10—三通接头；11—加力器；12—制动灯开关；13—钳盘式制动器

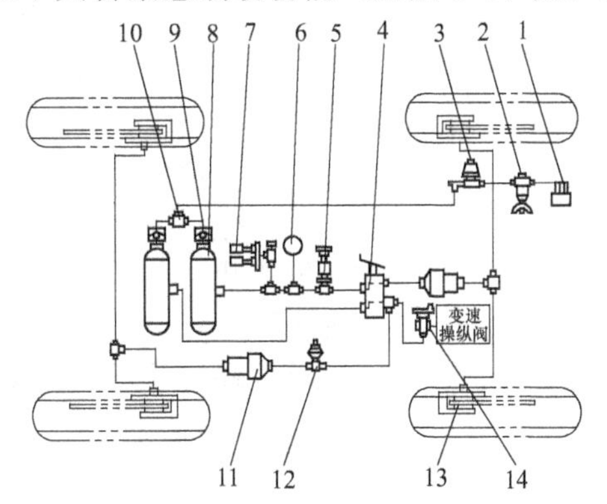

图5-4 厦工、龙工、临工ZL50的制动系统
1—空气压缩机；2—油水分离器；3—压力调节器；4—脚制动阀；5—气刮水阀总成；6—气压表；7—气喇叭；8—储气筒；9—单向阀；10—三通接头；11—加力器；12—制动灯开关；13—盘式制动器；14—手操纵二通阀

④ 以柳工CLG856为代表，行车制动采用全液压双回路湿式制动；停车制动采用停车制动电磁阀，且具备紧急制动功能（图5-6）。

5.1.3 轮式装载机行车制动系统工作原理

国产ZL50型轮式装载机，其行车制动普遍采用气顶油四轮钳盘式制动，停车制动一般采用蹄式制动器，其制动的位置在变速箱的输出轴前端。停车制动的驱动方式既有手拉软轴控制的，也有气动控制的。气动控制的一般都具有紧急制动功能。当制动气压低于安全气压时，该系统能自动使装载机紧急停车。

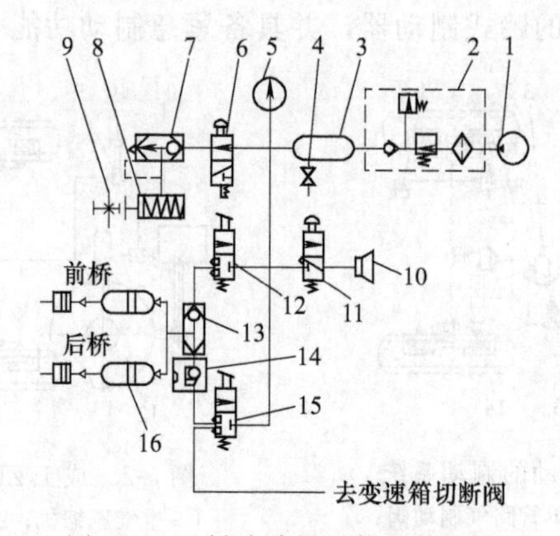

图 5-5 双制动踏板机构系统原理

1—空气压缩机；2—组合阀；3—空气罐；4—放水开关；5—气压表；6—紧急和停车制动控制阀；7—快放阀；8—制动气室；9—蹄式制动器（停车制动）；10—气喇叭；11—气喇叭开关；12,15—气制动阀；13—梭阀；14—单向节流阀；16—加力器

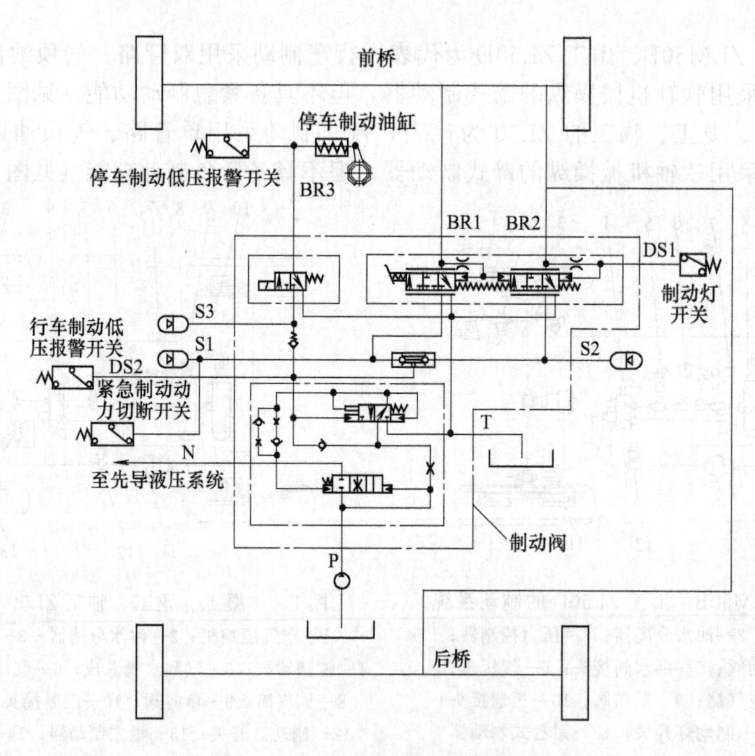

图 5-6 柳工 CLG856 的制动系统

（1）制动系统的组成

轮式装载机的制动系统通常包括空气压缩机、压力控制与油水分离装置、空气罐、气制动阀、气顶油加力器、钳盘式制动器、蹄式制动器等。如果具备紧急制动功能，系统中通常还包括紧急和停车制动控制阀、制动气室和快放阀。在制动系统的气路中，还有控制其他附件如雨刮、气喇叭等的气路。

国产 ZL50 型轮式装载机多数采用单制动踏板结构，少量采用双制动踏板结构。双制动踏板结构的装载机，一般是踩下左制动踏板制动时变速箱自动挂空挡，踩下右制动踏板制动时变速箱挡位不变。

(2) 制动系统的工作原理

国内各企业生产的ZL50型轮式装载机的制动系统，虽然在结构上略有差异，但工作原理是一致的。

空气压缩机由发动机带动输出压缩空气，经压力控制阀（组合阀或压力控制器）进入空气罐。当空气罐内的压缩空气压力达到制动系统最高工作压力时（一般为0.78MPa左右），压力控制阀就关闭通向空气罐的出口，打开卸荷口，将空气压缩机输出的压缩空气直接排向大气。当空气罐内的压缩空气压力低于制动系统最低工作压力时（一般为0.71MPa左右），压力控制阀就打开通向空气罐的出口，关闭卸荷口，使空气压缩机输出的压缩空气进入空气罐进行补充，直到空气罐内的压缩空气压力达到制动系统最高工作压力为止。

在制动时，踩下气制动阀的脚踏板，压缩空气通过气制动阀，一部分进入加力器的加力缸，推动加力缸活塞及加力器总泵，将气压转换为液压，输出高压制动液（压力一般为12MPa左右），高压制动液推动钳盘式制动器的活塞，将摩擦片压紧在制动盘上制动车轮；另一部分进入变速操纵阀的切断阀的大腔，切断换挡油路，使变速箱自动挂空挡。放松脚踏板，在弹簧力作用下，加力器、切断阀大腔内的压缩空气从气制动阀处排出到大气，制动液的压力释放并回到加力器总泵，解除制动，变速箱挡位恢复。

紧急制动的工作原理是：当装载机正常行驶时，紧急和停车制动控制阀是常开的，来自空气罐的压缩空气经过紧急和停车制动控制阀、快放阀，一部分进入制动气室，推动制动气室内的活塞、压缩弹簧，存储能量；另一部分进入变速操纵阀的切断阀的小腔，接通换挡油路。当需要停车或紧急制动时，操纵紧急和停车制动控制阀切断压缩空气，制动气室、切断阀小腔内的压缩空气经过快放阀排入大气，切断换挡油路，变速箱自动挂空挡，同时制动气室内弹簧释放，推动制动气室内的活塞并驱动蹄式制动，实施停车或紧急制动。当制动系统气压低于安全气压（一般为0.3MPa左右）时，紧急和停车制动控制阀能自动动作，实施紧急制动。

为确保行车安全，近年来，许多装载机上采用了双管路制动传动机构，即通向所有制动气室（或分泵）的管路分属两个独立的管路系统。这样，即使其中一个管路系统失灵，另一管路系统仍能正常工作。并且在液压制动传动机构的基础上增加了一套气压系统，称为双管路气压。同时采用了两个各自独立的储气筒、两个气液总泵以及双腔脚制动阀。制动时，通过两套独立的管路系统分别控制前、后车轮制动器。如果一套系统失灵，另一系统仍有50%的制动能力。

5.1.4 行车制动系统主要部件结构及工作原理

5.1.4.1 空气压缩机

空气压缩机结构如图5-7所示，是柴油机的附件，多为双缸活塞式，空气或发动机用冷却水冷却，其吸气管与发动机进气管相连通。其润滑油由发动机供给，从发动机引入、油量孔限定的机油进入空气压缩机油底壳，并保持一定高度的油面，以飞溅方式润滑各运动零件，多余部分经油管流回发动机。采用发动机冷却水冷却的空气压缩机，其冷却水道与发动机的相通。

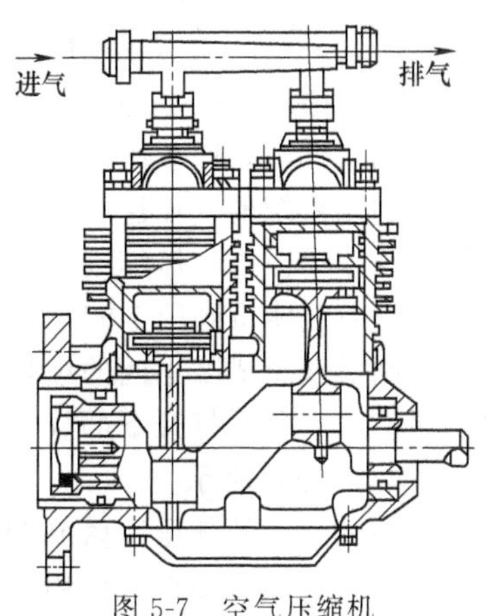

图5-7　空气压缩机

发动机带动空气压缩机曲轴旋转，通过连杆使活塞在气缸内上下往复运动。活塞向下运动时气缸内产生真空，打开吸气阀，吸入空气。活塞向上运动时，吸气阀关闭，压缩气缸内空气，并将吸入的压缩空气自排气阀输出。

5.1.4.2 压力控制与油水分离装置

装载机使用的压力控制与油水分离装置常见的有组合阀、油水分离器＋压力控制器两种。

(1) 组合阀

组合阀结构如图 5-8 所示。

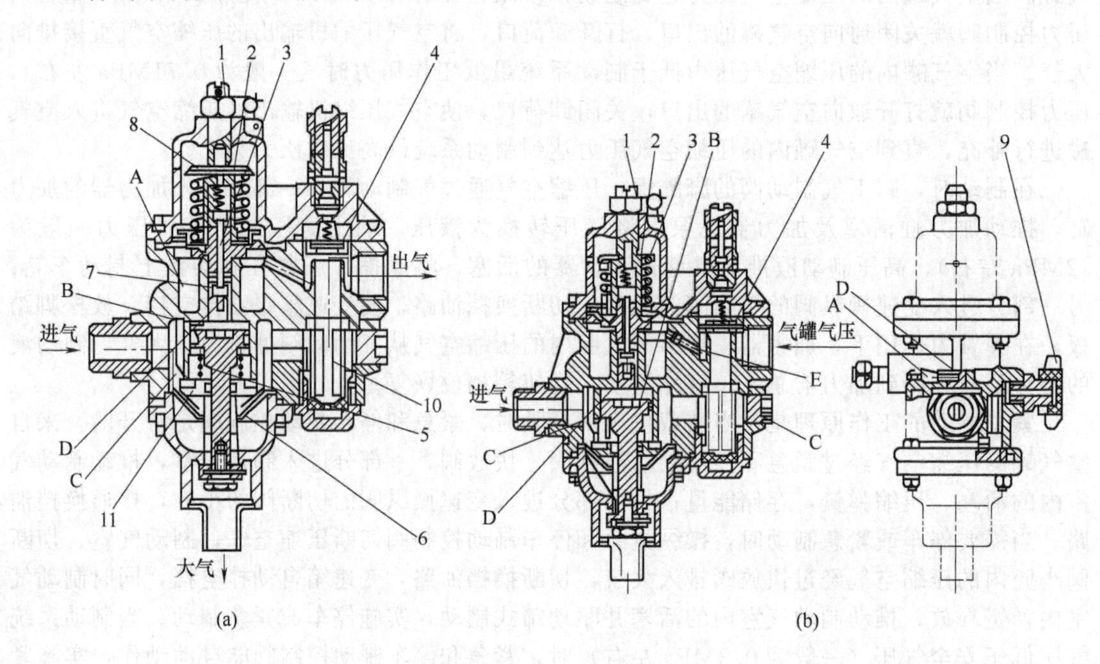

图 5-8 组合阀

1—调整螺钉；2—控制活塞总成；3—阀杆；4—单向阀；5—放气活塞；6—集油器；7—阀门；8—膜片压板；9—翼形螺母；10—滤芯；11—排气瓦

① 油水分离 阀门 C 腔为冲击式油水分离器，使压缩空气中的油水污物分离出来，堆积在集油器 6 内，在组合阀排气时排入大气中。滤芯 10 也起到过滤作用，防止油污污染管路，腐蚀制动系统中不耐油的橡胶件。同时，由于压缩空气中的水分被排出，避免磨蚀空气罐，并且管路不会因冰冻而影响冬季行车安全。

② 压力控制 当制动系统的气压小于制动系统最低工作压力（出厂时调定为 0.71MPa 左右）时，从空气压缩机来的压缩空气进入 C 腔，打开单向阀 4 后分为两路：一路进入空气罐；另一路经小孔 E 进入 A 腔，A 腔有小孔与 D 腔相通，这时控制活塞总成 2 及放气活塞 5 不动。气体走向如图 5-8 (a) 所示。

当制动系统的气压达到制动系统最低工作压力时，压缩空气将控制活塞总成 2 顶起，此时阀杆 3 浮动。当气压继续升高大于制动系统最高工作压力（出厂时调定为 0.78MPa 左右）时，D 腔内气体将阀门 7 的阀杆 3 顶起，控制活塞总成 2 继续上移，膜片压板 8 在弹簧作用下将控制活塞总成 2 中间的细长小孔的上端封住，同时压缩空气进入 B 腔，克服阻力推动放气活塞 5 下移，打开下部放气阀门，将从空气压缩机来的压缩空气直接排入大气。气体走向如图 5-8 (b) 所示。

当制动系统的气压回落到制动系统最低工作压力（出厂时调定为 0.71MPa 左右）时，控制活塞总成 2 在弹簧力作用下回位，阀杆 3 推动阀门 7 下移，封住 B、D 腔相通的小孔，控制活塞总成2中间的细长孔上端打开，B腔内残留气体通过控制活塞总成2中间的细长小孔进入大气，放气活塞5在弹簧力作用下回位，下部放气阀门随之关闭，空气压缩机再次对空气罐充气。

组合阀中集成一个安全阀。当控制活塞总成2、放气活塞5等出现故障，放气阀门不能打开，导致制动系统气压上升达到0.9MPa时，右侧上部安全阀打开卸压，以保护系统。

③ 单向阀　组合阀中有一个胶质的单向阀4，当空气压缩机停止工作时，此单向阀能及时阻止气罐内高压空气回流，并使制动系统气压在停机一昼夜后仍能保持在起步压力以上，减少了第二天开机准备时间。同时，在空气压缩机瞬间出现故障时，由于有此阀的单向逆止作用，不致使空气罐内的气压突然消失而造成意外事故。

当需要利用空气压缩机对轮胎充气时，可将组合阀侧面的翼形螺母9取下，单向阀4关闭，使空气罐内的压缩空气不致倒流，而分离油水后的压缩空气则从充气口，通过接装在此口上的轮胎充气管充入轮胎。

(2) 油水分离器+压力控制器

① 油水分离器　结构如图5-9所示。油水分离器的作用是通过滤网和流动时的离心作用，将压缩空气中所含的水分和润滑油分离出来，以免腐蚀空气罐以及制动系统中不耐油的橡胶件，并使压缩空气冷却。来自空气压缩机的压缩空气自进气口A进入，通过滤芯2后，从中央管7壁上的孔进入中央管内。进气阀5的阀杆被翼形螺母3向上顶起，使阀处于开启位置，除去油、水后的压缩空气便自出气口C流到压力控制器，再进入空气罐。为防止因滤芯堵塞或压力控制器失效而使油水分离器中气压过高，在盖上装有安全阀6。旋出下部的放油螺塞4，即可将凝集的水和润滑油放出。

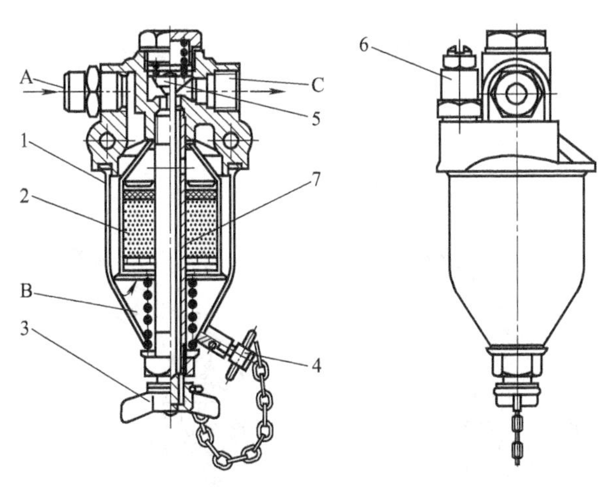

图5-9　油水分离器

1—罩；2—滤芯；3—翼形螺母；4—放油螺塞；5—进气阀；6—安全阀；7—中央管

油水分离器盖上安全阀6的开启压力设定为0.9MPa。

当需要利用空气压缩机对轮胎充气时，可将翼形螺母3取下，这时进气阀5在其上面的弹簧力作用下关闭，使空气罐内的压缩空气不致倒流，而分离油水后的压缩空气则从中央管7的下口通过接装在此口上的轮胎充气管充入轮胎。

② 压力控制器　结构如图5-10所示。来自空气压缩机的压缩空气经油水分离器从A口进入压力控制器，然后经止回阀7自B口流出，再经单向阀进入空气罐，这时止回阀6在压缩空气作用下关闭，把A口和通大气的D口隔开。与此同时，压缩空气还通过滤芯8进入阀门鼓膜2下的气室，因此该气室中的气压和空气罐中气压相等。当气压达到0.68～0.7MPa时，鼓膜2受压缩空气的作用克服鼓膜上弹簧的预紧力向上拱起，使压缩空气得以通过阀门座3上的孔，经阀体上的气道进入皮碗5左边的气室，一方面沿放气管4排气，另一方面推动皮碗5右移，推开止回阀6，使A口和D口相通，来自空气压缩机的压缩空气直接在空气的压力及阀上弹簧的作用下处于关闭状态。

③ 单向阀　结构如图5-11所示。压缩空气从上口进入，克服弹簧6的预紧力，推开阀门7，由下口流入空气罐。在空气压缩机失效或压力控制器向大气排气时，由于弹簧6的预

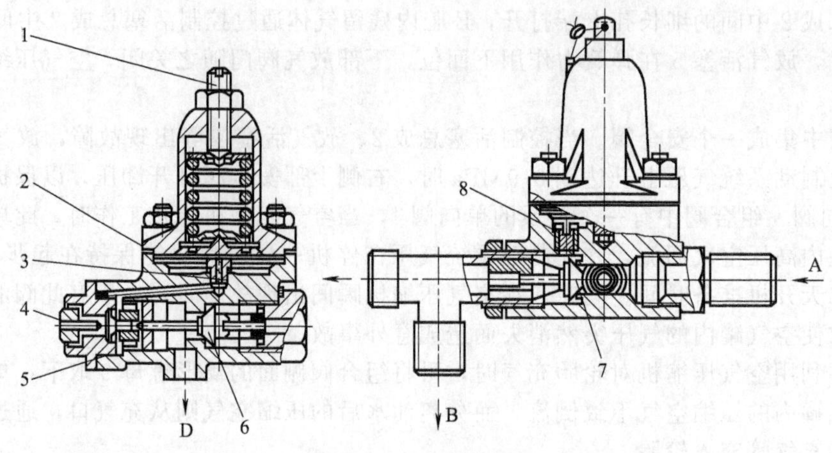

图 5-10 压力控制器

1—调整螺钉；2—阀门鼓膜；3—阀门座；4—放气管；
5—皮碗；6,7—止回阀；8—滤芯

紧力和阀门 7 左、右腔的压力差，使阀门 7 压在阀座上，切断了空气倒流的气路，使空气罐中的压缩空气不能倒流。

5.1.4.3 气制动阀

气制动阀是控制压缩空气进出前后加力器、使制动器制动或解除制动的开关类部件。装载机常用的气制动阀有两种：一种是单管路气制动阀；另一种是双管路气制动阀。

(1) 单管路气制动阀

① 组成 单管路气制动阀结构如图 5-12 所示，主要由踏板、顶杆、平衡弹簧、活塞、回位弹簧、螺杆、密封片、进气阀门等组成。

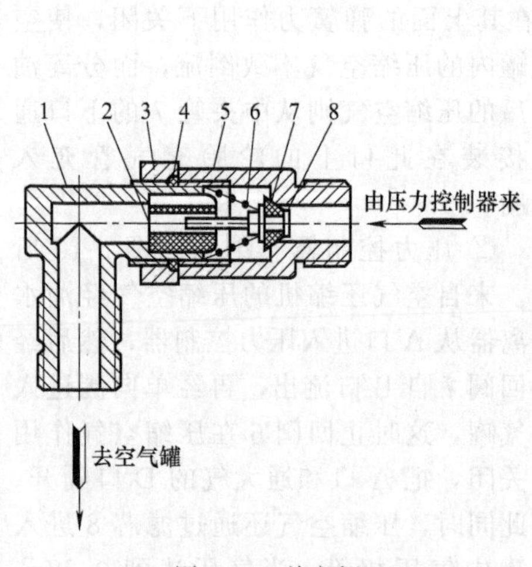

图 5-11 单向阀

1—直角接头；2—阀门导套；3—垫圈；
4—密封圈；5—阀体；6—阀门弹簧；
7—阀门；8—阀门杆

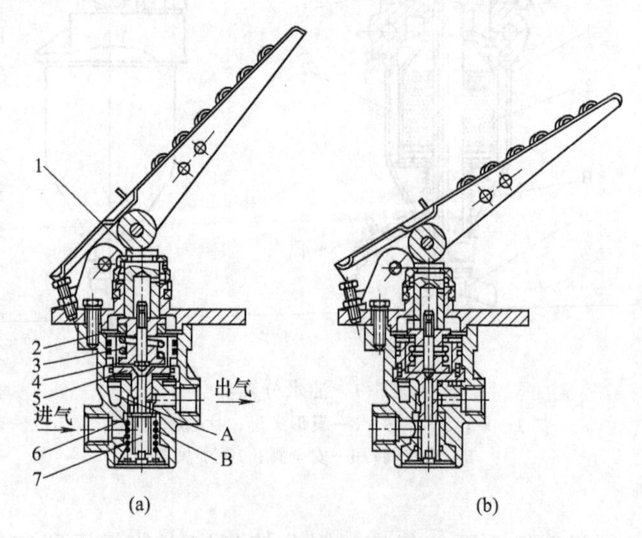

图 5-12 单管路气制动阀

1—顶杆；2—平衡弹簧；3—活塞；4—回位弹簧；
5—螺杆；6—密封片；7—进气阀门

② 工作原理 当制动踏板放松时，活塞 3 在回位弹簧 4 作用下被推至最高位置，活塞下端面与进气阀门 7 之间有 2mm 左右的间隙，出气口（与 A 腔相通）经进气阀门中心孔与大气

相通，而进气阀门7在进气阀弹簧的作用下关闭，处于非制动状态，如图5-12（a）所示。

踩下制动踏板时，通过顶杆1对平衡弹簧2施加一定的压力，从而推动活塞3向下移动，关闭了出气口与大气间的通道，并顶开进气阀门7，压缩空气经进气口入B腔、A腔，从出气口输入加力器，产生制动。

在制动状态下，出气口输出的气压与踏板作用力成比例的平衡是通过平衡弹簧2来实现的，当踏板作用力一定时，顶杆施加于平衡弹簧的压力也为某一定值，进气阀门打开后，当活塞3下腔气压作用于活塞的力超过了平衡弹簧的张力时，则平衡弹簧被压缩，活塞上移，直至进气阀门关闭，此时气压作用于活塞上的力与踏板施加于平衡弹簧的压力处于平衡状态，出气口输出的气压为某一不变的气压，当踏板施加于平衡弹策的压力增加时，活塞又开始下移，重新打开进气阀门，当活塞下腔的气压增至某一数值，作用于活塞上的力与踏板施加于平衡弹簧的压力相平衡时，进气阀门又关闭，而出气口输出的气压又保持某一不变而又比原先高的气压。也就是说，出气口输出气压与平衡弹簧的压缩变形成比例，即也与制动踏板的行程成比例。

（2）双管路气制动阀

① 组成　双管路气制动阀结构如图5-13所示。主要由顶杆、顶杆座、平衡弹簧、大活塞、弹簧座、活塞杆、鼓膜、鼓膜夹板、阀门、阀门回位弹簧和小活塞等组成。其中A、B口接空气罐，C、D口接加力器。

② 工作原理　当制动踏板1放松时，阀门12、17在回位弹簧和压缩空气的作用下，将从空气罐到加力器的气路关闭。同时，加力器通过阀门12、17和活塞杆9、16之间的间隙，再经过活塞杆中间的孔及安装平衡弹簧6的空腔，经F口通大气。

踩下制动踏板一定距离，顶杆2推动顶杆座5、平衡弹簧6、大活塞7、弹簧座8及活塞杆9一起下移一段距离。在这过程中，先是活塞杆9的下端与阀门12接触，使C口通大气的气路关闭。同时，鼓膜夹板11通过顶杆14使活塞杆下移到其下端与阀门17接触，使D口通大气的气路也关闭。然后，活塞杆9和16再下移，将阀门12和17推离阀座，接通A口到C口、B口到D口的通道，于是空气罐中的压缩空气进入加力器，同时也进入上、下鼓膜下面的平衡气室。加力器和平衡气室的气压都随充气量的增加而逐步升高。

当上平衡气室中的气压升高到它对上鼓膜的作用力加上阀门弹簧及鼓膜回位弹簧的力的总和，超过平衡弹簧6的预紧力时，平衡弹簧6便在上端被顶杆座5压住不动的情况下进一步被压缩，鼓膜10带动活塞杆9上移，而阀门12在其回位弹簧13的作用下紧贴活塞杆下端随之上升，直到阀门12和阀座接触，关闭A口到C口的气路为止，这时C口既不和空气罐相通，也不和大气相通而保持一定气压，上鼓膜处于平衡位置。同理，当下平衡气室的气压升高到它对下鼓膜的作用力加上阀门回位弹簧及鼓膜回位弹簧的力的总和，大于上平衡气室中的气压对鼓膜的作用力时，下鼓膜带动活塞杆16上移，而阀门17紧贴活塞杆下端也随之上升，直到阀门17和阀座接触，关闭B口到D口的气路为止，这时D口既不和空气罐相通，也不和大气相通，保持一定气压，下鼓膜处于平衡位置。

若驾驶员感到制动强度不足，可以将制动踏板再踩下去一些，阀门12、17便重新开启，使加力器和上、下平衡气室进一步充气，直到压力进一步升高到鼓膜又回到平衡位置为止。在此新的平衡状态下，加力器中所保持的气压比以前更高，同时，平衡弹簧6的压缩量和反馈到制动踏板上的力也比以前更大。由以上过程可见，加力器中的气压与制动踏板行程（即踏板力）成一定比例关系。

松开制动踏板1，则上、下鼓膜回复至图5-13所示位置，加力器中的压缩空气由D口经活塞杆16的中孔进入通道E，与从C口进来的加力器中的压缩空气一起，经活塞杆9的中孔和安装平衡弹簧的空腔由F腔排出，制动解除。

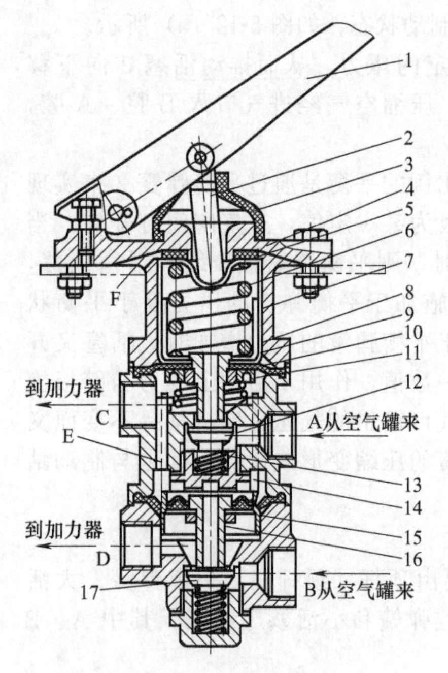

图 5-13 双管路气制动阀

1—制动踏板；2,14—顶杆；3—防尘套；4—阀支架；5—顶杆座；6—平衡弹簧；7—大活塞；8—弹簧座；9,16—活塞杆；10—鼓膜；11—鼓膜夹板；12,17—阀门；13—阀门回位弹簧；15—小活塞

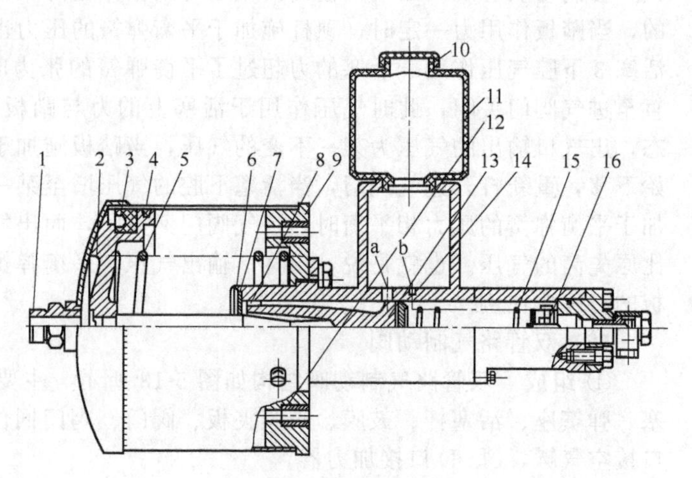

图 5-14 加力器

1—接头；2—气室活塞；3—Y形密封圈；4—毛毡密封圈；5,15—弹簧；6—推杆；7—止推垫圈；8—皮圈；9—端盖；10—储油杯盖；11—储油杯；12—滤网；13—油缸活塞；14—皮碗；16—回油阀；a—回油孔；b—补偿孔

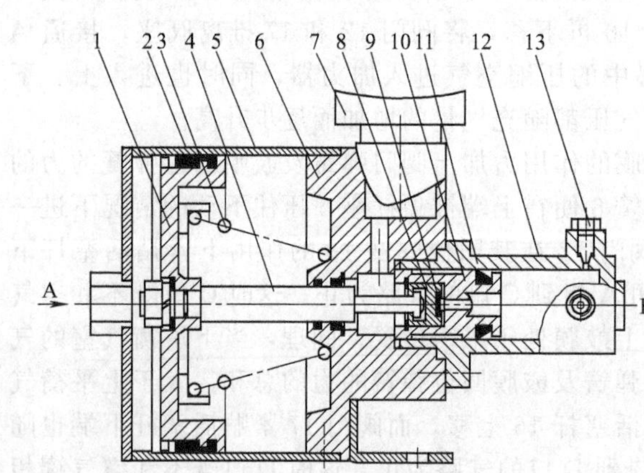

图 5-15 加力器

1—活塞；2—密封圈；3—回位弹簧；4—推杆；5—气室体；6—端盖；7—储油杯；8—推杆座；9,11—皮碗；10—活塞；12—油缸体；13—放气螺钉；A—进气口；B—出油口

由此可知，制动时，无论制动踏板踩到任意位置，脚制动阀都能自动达到平衡位置，使进、排气阀都处于关闭状态。

5.1.4.4 加力器

加力器又称气液总泵，是一种加力装置。其作用是用来连接气压传动和液压传动机构，将气体的压力能转变为液体的压力能，将低气压变为高液压，并通过制动分泵实施车轮制动的一种介质与能量转换装置，以保证制动要求的实施。

(1) 结构　加力器由活塞式加力气室和液压总泵两部分组成，两者用螺钉连成一体，具体构造如图 5-14～图 5-16 所示。

如图 5-14 所示，活塞式加力气室主要由泵体、活塞、推杆、回位弹簧等组成。壳体端部有气管接头，通过气管与脚制动阀相通。气室活塞装在缸体内，其顶部与缸体端部的空间为气室，其上用螺钉固定着橡胶皮碗。气室活塞上装有密封圈。活塞杆球头端抵在总泵油缸活塞的底部。回位弹簧一端顶在气室活塞上，另一端抵在气室端盖上。液压总泵主要由总泵缸体、总泵油缸活塞、回位弹簧等组成。

储液室利用回油孔a和补偿孔b与主缸的工作腔相通。油缸活塞向左移动到极限位置时，被止推挡圈挡住。泵端的出液孔被组合阀关闭。组合阀由单向出油阀和单向回油阀组成。回油阀是一个带有金属托片的橡胶环，被回位弹簧压在泵底。出油阀在小弹簧的作用下，紧贴在回油阀上。组合阀的设置使总泵油缸活塞右移时，允许油液由总泵压向分泵（经出油阀）；总泵活塞左移时，允许油液由分泵流回总泵（经回油阀）；总泵活塞不动时，则切断总泵与管道、分泵间的通路（出油阀及回油阀均关闭）。

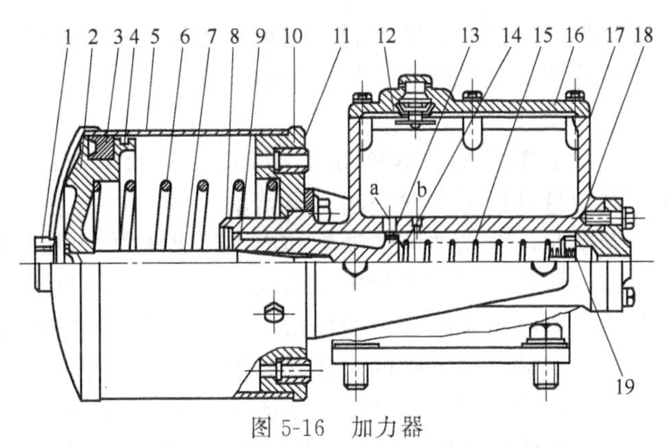

图5-16 加力器

1—气管接头；2—气室活塞；3—Y形密封圈；4—毛毡密封圈；5—泵体；6—气室活塞回位弹簧；7—推杆；8—止推挡圈；9—密封圈；10—气室端盖；11—通气口；12—加油口盖；13—总泵油缸活塞；14—皮碗；15—回位弹簧；16—总泵盖；17—总泵缸体；18—回油阀；19—出油阀；a—回油孔；b—补偿孔

（2）工作原理　踩下制动踏板，压缩空气推动气室活塞克服弹簧的阻力，通过推杆使液压总泵的油缸活塞右移，总泵缸体内的制动液产生高压，推开出油阀，进入制动分泵，产生制动。当气压为0.7MPa时，出口的油压约为10MPa。

松开制动踏板，压缩空气从气管接头返回，气室活塞和油缸活塞在弹簧作用下复位，制动器中的制动液经油管推开回油阀流回总泵内。若制动液过多，可以经补偿孔流入储液室。

制动踏板松开过快、制动液滞后未能及时随活塞返回时，总泵缸内形成低压。在大气压力作用下，储油室的制动液经回油孔a，穿过活塞头部的6个小孔、皮碗周围缝隙补充到总泵内。再次踩下制动踏板时，制动效果增大。

回油阀上装有一小阀门。它关闭时，液压管路保持0.07～0.1MPa的压力，防止空气从油管接头或制动器皮碗等处侵入系统。

5.1.4.5 轮边制动器

（1）结构　ZL50型装载机钳盘式制动器主要由制动盘、制动钳（夹钳）和摩擦片等组成，如图5-17所示。

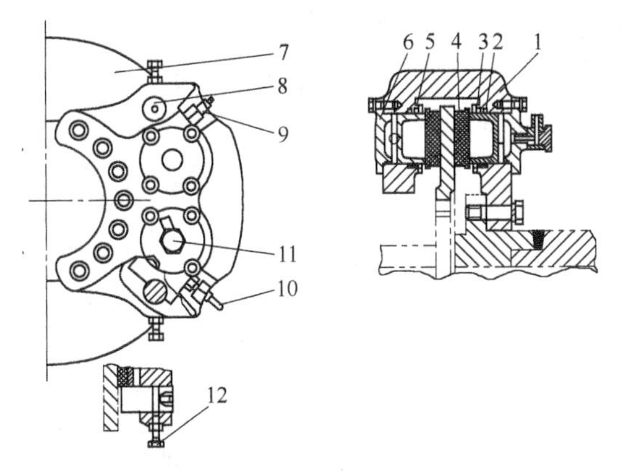

图5-17 钳盘式制动器

1—夹钳；2—矩形密封圈；3—防尘圈；4—摩擦片；5—活塞；6—止油缸盖；7—制动盘；8—轴销；9—放气嘴；10—油管；11—管接头；12—止动螺钉

制动盘通过螺钉固定在轮毂上，可随车轮一起转动。两制动钳通过螺钉固定在桥壳的凸缘盘上，并对称地置于制动盘两侧。每个制动钳上有四个分泵缸，缸内装有活塞，缸壁上制有梯形截面的环槽，槽内嵌有矩形橡胶密封圈，活塞与缸体之间装有防尘圈，其中一侧泵缸的端部用螺钉固定有端盖。四个泵缸经油管及制动钳上的内油道互相连通。为排除进入泵缸中的空气，制动钳上装有放气嘴。摩擦片装在制动盘与活塞之间，并由装在制动钳上的轴销支承。为防止轴销移动和转动，制动钳上装有止动螺钉，用于将轴销固定。

当油路有空气时，将制动分泵上的放

气螺钉拧松，然后，踩下制动踏板。若放气螺钉处出油时，说明气已放完。每次踩下制动踏板最多放两个分泵的气。放松制动踏板 10～15s，再进行第二次放气，直到所有分泵的空气都放完为止。

(2) 工作原理　不制动时，摩擦片、活塞与制动盘之间的间隙约为 0.2mm 左右。因此，制动盘可以随车轮一起自由转动。

制动时，制动油液经油管和内油道进入每个制动钳上的四个分泵中。分泵活塞在油压作用下向外移动，将摩擦片压紧到制动盘上而产生制动力矩，使车轮制动。此时，矩形橡胶密封圈的刃边在活塞摩擦力的作用下，可产生微量的弹性变形［图 5-18 (a)］。

解除制动时分泵中的油液压力消失，矩形橡胶密封圈靠弹力自动回位，原有间隙恢复，摩擦片与制动盘脱离接触，制动解除［图 5-18 (b)］。

如果摩擦片与制动盘的间隙因磨损而变大，则制动时矩形橡胶密封圈变形达到极限后，活塞仍可在油压作用下，克服密封圈的摩擦力而继续移动，直到摩擦片压紧制动盘为止。但解除制动时，矩形橡胶密封圈所能将活塞拉回的距离同摩擦片磨损之前是相等的，即制动器间隙仍然保持标准值。故矩形密封圈除起密封作用外，同时还起使活塞回位和自动调整间隙的作用。

5.1.4.6　手动放水阀和分离开关

位于各储气筒（储气筒与车架制成一体）下方的手动放水阀用于排水、排污。装载机使用一段时间后，可斜拉放水阀的圆环进行放气放水，利用储气筒里的高压空气把污物排尽。松开圆环后放水阀会自动关闭。注意，放水阀只有斜拉时方会放气，垂直向下拉时不会放气。

分离开关的作用是切断或接通气路。当手柄与阀轴线垂直时，分离开关为关闭状态，气路切断。手柄按顺时针转动 90°，使其与轴线平行时为打开状态，气路接通。

5.1.4.7　紧急和停车制动系统

(1) 功用　紧急和停车制动系统用于装载机在工作中出现紧急情况时制动，以及当制动系统气压过低时起安全保护作用。主要用于停车；当装载机停止工作时，不致因路面倾斜或外力作用而移动。

(2) 组成　紧急和停车制动系统如图 5-19 所示，主要由控制按钮 2、顶杆 3、紧急和停车制动控制阀 4、制动气室 5、制动器 6 及变速操纵切断阀 9 等组成。

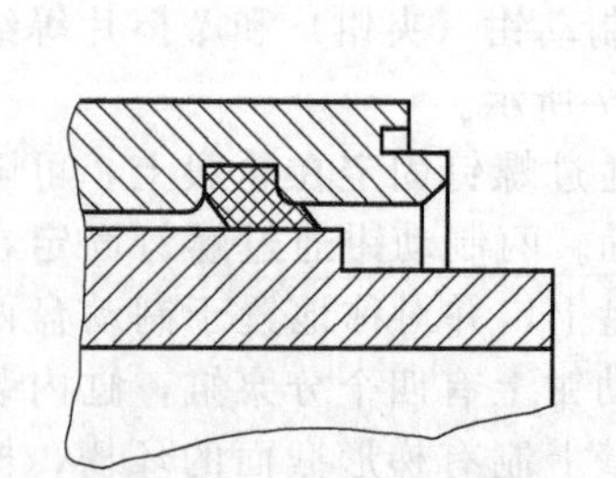

(a) 矩形橡胶密封圈产生的弹性变形　(b) 矩形橡胶密封圈靠弹力自动回位

图 5-18　矩形橡胶密封圈工作原理

1—制动钳；2—矩形橡胶密封圈；3—活塞

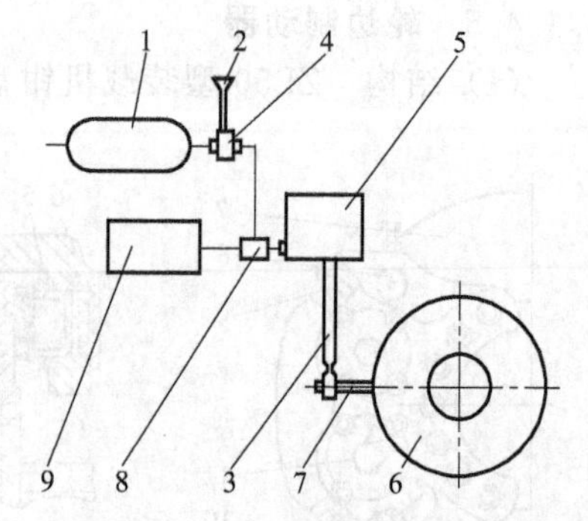

图 5-19　紧急和停车制动系统

1—空气罐；2—控制按钮；3—顶杆；4—紧急和停车制动控制阀；5—制动气室；6—制动器；7—拉杆；8—气制动快速松脱阀；9—变速操纵切断阀

(3) 分类　紧急和停车制动分人工控制和自动控制两种制动方式。

① 人工控制　压缩空气压力在正常使用范围内时，从空气罐中来的压缩空气进入紧急和停车制动控制阀 4，按下控制按钮 2，紧急和停车制动控制阀打开，空气经气制动快速松

脱阀进入制动气室，顶杆 3 上移，拉杆 7 转动，制动蹄松开，解除制动。当需紧急制动或停车时，拉控制按钮 2，紧急和停车制动控制阀关闭，切断压缩空气，系统中原有的压缩气体从紧急和停车制动控制阀及气制动快速松脱阀排出，在弹簧力作用下，顶杆 3 下移，拉杆 7 回位，制动蹄张开，实现制动。

启动柴油机后，空气罐中的压缩空气在未达到最低工作压力 0.4MPa 以前，控制按钮按不下，紧急和停车制动控制阀 4 打不开，制动器 6 处于制动状态，切断阀不通气，此时变速箱挂空挡，装载机不能起步。此种情况下，应等气压达到正常使用范围后使用。

② 自动控制　在装载机使用过程中，当出现系统漏气严重等情况，气压低于 0.28MPa，紧急和停车制动控制阀 4 的控制按钮自动跳起，切断气路，实现紧急刹车，保证装载机安全使用。

(4) 紧急和停车制动控制阀

紧急和停车制动控制阀结构如图 5-20 所示，它安装在驾驶室操纵台架内，既可人工控制，又可自动控制。人工控制是驾驶员操纵该阀上部的控制手柄，使制动器结合或松开；自动控制是当系统压力过低时，控制手柄自动跳起，切断气路，自动刹车。

控制手柄与阀杆 4 用销子连接，控制阀的进气口通空气罐来的压缩空气，出气口（与 A 腔相通）接气制动快速松脱阀、制动气室及切断阀，下部排气口通大气。

当制动系统气压达到最低工作压力时，按下控制手柄，由于控制手柄与阀杆 4 相连，阀杆下部的阀门总成 7 下移顶在底盖上，将通大气的排气口封闭，接通进、出气口，从空气罐来的压缩空气进入气制动快速松脱阀，再到制动气室及切断阀，松开制动蹄，解除制动，此时装载机方可起步。气体走向如图 5-20 (a) 所示。

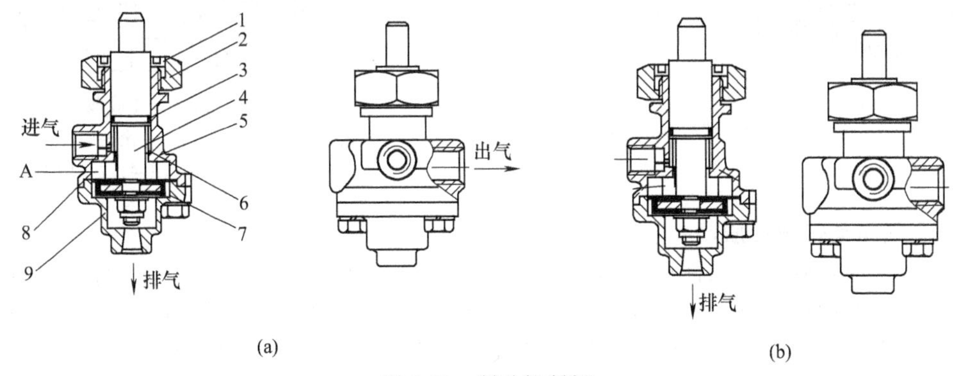

图 5-20　制动控制阀

1—防尘圈；2—固定螺母；3—O 形密封圈；4—阀杆；5—阀体；6—弹簧；7—阀门总成；8—密封圈；9—底盖

当装载机需要停车或紧急制动时，拉起控制手柄（及阀杆 4），阀门总成 7 上移，将进气口封闭，从空气罐来的压缩空气被隔断，出气口接大气，阀后管路及制动气室内的压缩空气排出，制动器接合，实现制动。气体走向如图 5-20 (b) 所示。

当系统气压低于 0.28MPa 时，由于气压过低，克服不了弹簧力，阀杆 4 及阀门总成 7 自动上移，切断进气，实现制动。

5.1.4.8　制动气室

制动气室结构如图 5-21 所示。紧急或停车制动时，制动器的松脱和接合是通过制动气室进行的。制动气室固定在车架上，制动气室的杆端与蹄式制动器的凸轮拉杆连接。

在处于停车制动状态时，制动气室的右腔无压缩空气，由于弹簧 1 的作用力，将活塞体 4 推到右端，使蹄式制动器接合。

当制动系统气压高于 0.4MPa 并且按下紧急和停车制动控制阀的阀杆时，压缩空气通过紧急和停车制动控制阀、快放阀，进入制动气室的右腔，压缩弹簧1使活塞2左移，双头螺柱3带动蹄式制动器的凸轮拉杆运动，使制动器松开，解除停车制动。

在停车后拉起紧急和停车制动控制阀阀杆，或是在装载机正常行驶过程中，如果制动系统出现故障，制动系统气压低于0.3MPa时，紧急和停车制动控制阀阀杆自动上移，打开排气口，并切断制动气室的进气。制动气室右腔的压缩空气通过紧急和停车制动控制阀、快放阀排入大气，弹簧1复位，将活塞2推向制动气室的右端，双头螺柱3也同时右移，推动蹄式制动器的凸轮拉杆，使制动器接合，实施制动。

如果装载机发生故障无法行驶需要拖车时，而此时停车制动器又不能正常脱开，应把制动气室的连接叉上的销轴拆下，使停车制动器强制松脱后再进行拖车。

当系统的气压达到工作压力而且控制手柄按下时，压缩空气通过气制动快速松脱阀出气口，进入制动气室的右腔，推动活塞2左移，双头螺栓3带动制动器的凸轮手柄运动，使制动器松开。当气压降到约0.28MPa时，紧急和停车制动控制阀自动关闭阀口，阻止压缩空气进入制动气室的右腔，弹簧1将活塞2推向制动气室的右端，双头螺栓3也同时右移，推动制动器的凸轮手柄，使制动器接合。

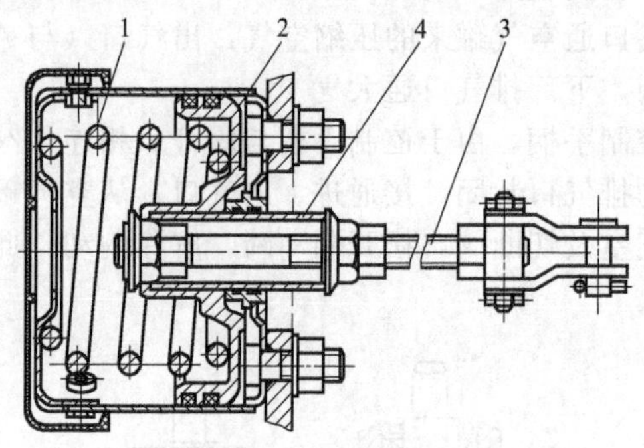

图5-21　制动气室

1—弹簧；2—活塞；3—双头螺柱；4—活塞体

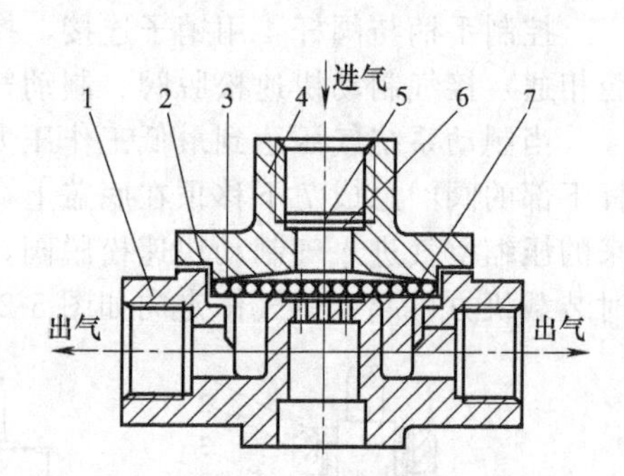

图5-22　快放阀

1—阀体；2—密封垫；3—橡胶膜片；4—阀盖；5—挡圈；6—滤网；7—挡板

5.1.4.9　气制动快速松脱阀

气制动快速松脱阀（又称快放阀）结构如图5-22所示。其上口接紧急和停车制动控制阀出气口，左右两口接制动气室及变速操纵切断阀，下口通大气。其作用是：从紧急和停车制动控制阀来的压缩空气被切断时，使制动气室、切断阀内的压缩空气迅速排出，缩短变速箱挂空挡、制动蹄张紧时间，实现快速制动。

从紧急和停车制动控制阀来的压缩空气经滤网6过滤后进入阀体。在气压的作用下，橡胶膜片3变形（中部凹进）封闭下部排气口。气体从膜片周围进到左右两边出气口，进入制动气室解除制动，进入变速操纵切断阀接通换挡油路，装载机方可起步。气体走向如图5-23（a）所示。

当从紧急和停车制动控制阀来的压缩空气被切断时，橡胶膜片3上面压力解除，下面的气压将膜片推向上部进气口，关闭进气口，打开排气口。制动气室、切断阀内的压缩空气从排气口排出，变速箱换挡油路切断，制动蹄张开，实现制动。气体走向如图5-23（b）所示。

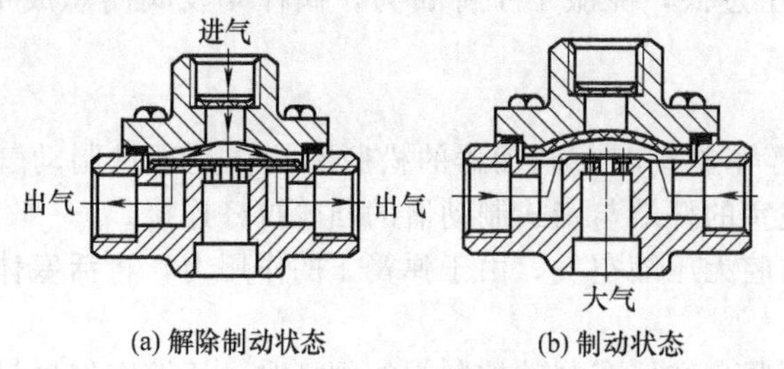

图5-23　快放阀气体走向

5.1.5　手制动的组成及工作过程

（1）组成

手制动（又称驻车制动）系统采用软轴操纵双蹄内张蹄式自动增力式制动器。

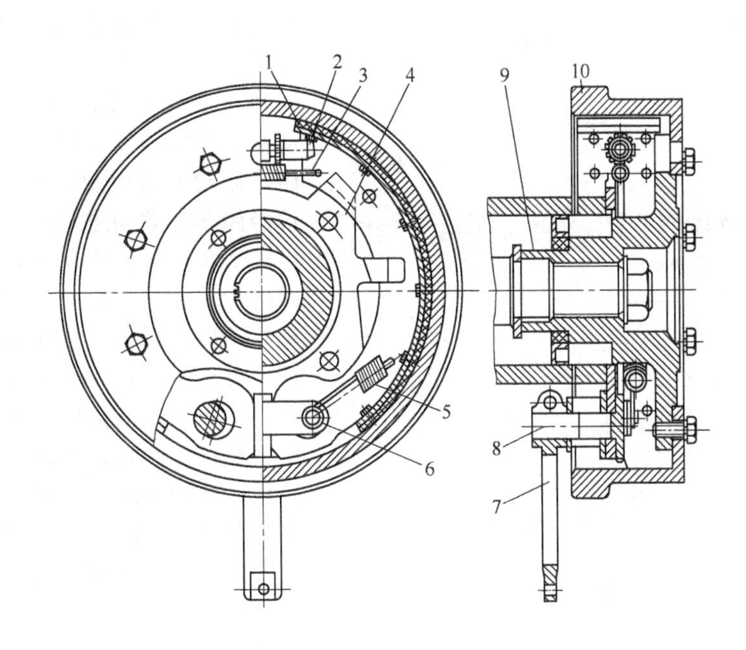

图 5-24 手制动器
1—制动蹄；2—调整杆；3,5—弹簧；4—座板；6—夹紧螺杆；7—制动臂；8—凸轮轴；9—接盘；10—制动鼓

它安装在变速器后输出轴前端，主要由制动蹄、制动鼓、凸轮轴、调整杆、弹簧等组成，如图 5-24 所示。蹄式制动器的座板安装在变速箱壳体上，制动鼓安装在变速箱前输出法兰上。

(2) 工作过程

手制动系统软轴操纵手柄安装在驾驶员座位左侧。制动时，通过软轴或制动气室拉动拉杆，带动凸轮旋转，从而使两个制动蹄张开压紧制动鼓，利用作用在制动鼓内表面的摩擦力来制动变速箱输出轴。

5.1.6 全液压湿式制动系统

全液压湿式制动系统的行车制动器是全封闭的，具有制动性能不受作业环境影响的特点。因此，国外的轮式装载机均采用全液压湿式制动，柳工 CLG856 型轮式装载机也开始采用。

5.1.6.1 全液压湿式制动系统的组成与工作原理

(1) 全液压湿式制动系统的组成

全液压湿式制动系统主要由制动泵、充液阀、行车制动阀、停车制动阀、蓄能器、多片湿式行车制动器、钳盘式停车制动器等组成。停车制动器也有采用蹄式的，则相应地配备制动油缸来操纵停车制动器。全液压湿式制动阀有两种结构：一种是组合式，将充液阀、行车制动阀、停车制动阀集成在一起；另一种则是分体式，即充液阀、行车制动阀、停车制动阀是分别独立的。制动泵有独立的，也有与其他液压系统共用的，但优先制动。

(2) 全液压湿式制动系统的工作原理（见图 5-25、图 5-26）

制动系统压力由蓄能器保持，每一个制动回路都单独配备蓄能器。当蓄能器内油压低于设定的系统最低工作压力时，充液阀将制动泵输出的液压油输入蓄能器。当蓄能器内油压达到设定的系统最高压力时，充液阀停止向制动系统供油，转向下一级液压系统供油。制动时，踩下制动踏板，行车制动回路中的蓄能器内储存的高压油经行车制动阀流回油箱。停车

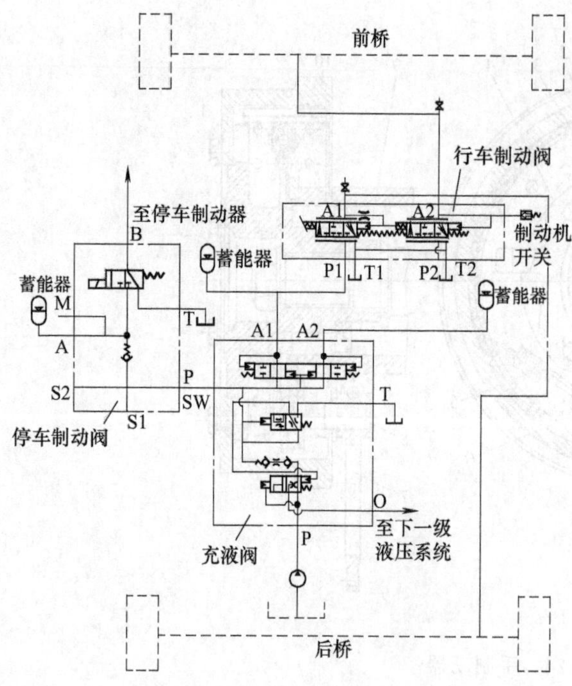

图 5-25　全液压湿式制动系统原理（组合式制动阀）

制动时，停车制动器内的液压油经停车制动器流回油箱，停车制动器内的活塞在弹簧张力作用下，将摩擦片压紧在制动盘上实施制动。解除停车制动，则是停车制动回路中的蓄能器内储存的高压油经停车制动阀进入停车制动器，反向推动活塞压缩停车制动器内的弹簧，使摩擦片与制动盘脱离。对于采用蹄式停车制动器的系统，停车制动时，停车制动油缸内的液压油经停车制动阀流回油箱，停车制动油缸的活塞在弹簧张力作用下复位，同时带动蹄式停车制动器的拉杆，使制动蹄片张开压紧在制动盘上实施制动。解除停车制动，则是停车制动回路中的蓄能器内储存的高压油经停车制动阀进入停车制动油缸，反向推动活塞压缩停车制动油缸内的弹簧，放松蹄式停车制动器的拉杆，使制动蹄片与制动盘脱离。

(3) CLG856 型轮式装载机制动系统的组成及功能

① 组成　柳工 CLG856 型轮式装载机制动系统分两部分。

a. 行车制动（即脚制动）　用于经常性的一般行驶中的速度控制及停车，也称脚制动。采用全液压双回路湿式制动。具有制动平稳、响应时间短、反应灵敏、操作轻便、安全可靠、制动性能不受作业环境影响等优点。

b. 停车/紧急制动（即手制动）　用于停车后的制动，或者在行车制动失效时的应急制动，用停车制动电磁阀控制。另外，当系统出现故障，行车制动回路中的蓄能器内油压低于 7MPa 时，能自动切断手动电磁阀电源，并使变速箱挂空挡，装载机紧急停车，以确保行车安全。

② 功能　柳工 CLG856 型轮式装载机全液压双回路湿式制动，由制动泵（与先导液压系统共用）、制动阀、蓄能器、停车制动油缸、压力开关及管路组成。

a. 系统供油采用制动优先方式。当制动系统中蓄能器内油压达到 15MPa 时，充液阀停止向制动系统供油，转为向液压先导油路供油。当蓄能器内油压低于 12.3MPa 时，充液阀又转为向制动系统供油。由制动泵过来的油经过制动阀内的充液阀，充到行车制动、停车

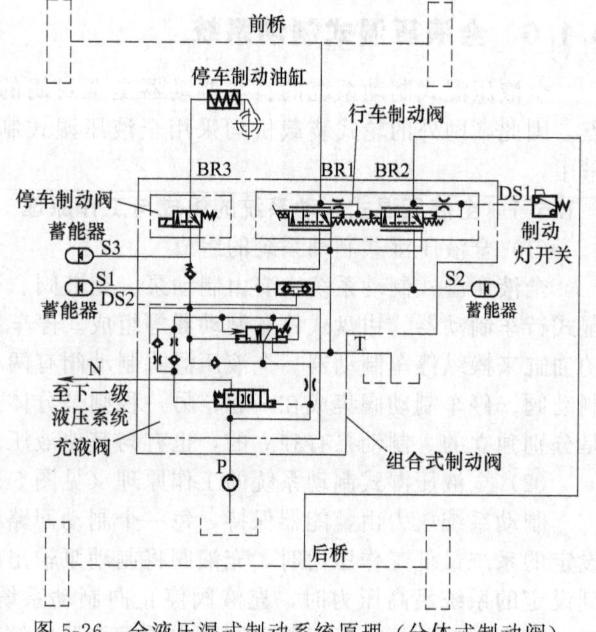

图 5-26　全液压湿式制动系统原理（分体式制动阀）

制动回路中的蓄能器内。其中蓄能器Ⅰ为停车制动回路用，蓄能器Ⅱ、Ⅲ为行车制动回路用。踩下制动踏板，行车制动回路中的蓄能器内储存的高压油经制动阀进入桥轮边制动器，制动车轮。放松制动踏板解除制动后，桥轮边制动器内的液压油经组合制动阀流回油箱。

b. 动力切断功能（刹车脱挡功能）。当变速操纵手柄处于前进或后退 1、2 挡位，且动力切断选择开关接合（即按钮灯亮）时，在实施行车制动的同时，电控盒向变速操纵阀发出指令，使变速箱挂空挡，切断动力输出。当变速操纵手柄处于前进或后退 1、2 挡位，且动力切断选择开关断开（即按钮灯灭）时，在制动的同时将不能切断动力输出。动力切断选择开关带有锁扣，使用锁扣可以避免误操作。

c. “刹车脱挡功能”只在前进或后退 1、2 挡中发生作用。当装载机处于高速挡位时，为保证行车安全，不管动力切断选择开关是闭合或是断开，在制动的同时电控盒均不会发出切断动力的指令，这是由装载机的行驶特性决定的。

在发动装载机的短时间内，行车制动低压报警灯会闪烁，报警蜂鸣器会响。这是由于此时行车制动回路中的蓄能器内油压还低于报警压力（10MPa），待蓄能器内油压高于报警压力后报警会自动停止。只有当报警停止后，才能将停车制动电磁阀的开关按下。在作业过程中，如果系统出现故障，使行车制动回路中的蓄能器内油压低于 10MPa 时，行车制动低压报警灯会闪烁，同时报警蜂鸣器会响。这时，就应停止作业，停车检查。检查装载机时，应把装载机停在平地上，将工作装置降到地面，并将停车制动电磁阀的开关拉起。

将停车制动电磁阀的开关按下，电磁阀通电，阀口开启，出口油压 15MPa，停车制动回路中的蓄能器内储存的高压油经停车制动电磁阀进入停车制动油缸，解除停车制动。在打开装载机的电锁之后，按下停车制动电磁阀开关之前，停车制动低压报警灯会闪烁。这是由于此时停车制动回路中油压还低于报警压力（11.7MPa）。按下停车制动电磁阀开关，要等停车制动低压报警灯熄灭后才能开动装载机。

将停车制动电磁阀的开关拉起，电磁阀断电，停车制动油缸内的液压油经停车制动电磁阀流回油箱，停车制动器实施制动。

在作业过程中，如果停车制动回路出现故障，使蓄能器Ⅰ内油压低于 11.7MPa 时，停车制动低压报警灯会闪烁。这时，应停止作业，停车检查。检查装载机时，应把装载机停在平地上，将工作装置降到地面，并将停车制动电磁阀的开关拉起，用垫块垫好车轮以免装载机移动。

如果行车制动的低压报警失灵，在系统出现故障，使行车制动回路中的蓄能器内油压低于 7MPa 时，系统中的紧急制动动力切断开关会自动切断动力输出，使变速箱挂空挡。同时，停车制动电磁阀断电，停车制动油缸内的液压油经停车制动电磁阀流回油箱，停车制动器实施制动，装载机紧急停车。

5.1.6.2　全液压湿式制动系统主要元件的结构及工作原理

（1）组合式制动阀

① 组合式制动阀外形　如图 5-27 所示。

② 组合式制动阀工作原理　该制动阀是集成阀，它集成了整机制动系统的所有控制阀，原理如图 5-28 所示，它集成有充液阀、低压报警开关、双单向阀、双回路制动阀、制动灯开关、单向阀、停车制动电磁阀等功能块。

当制动系统中任何一个蓄能器的压力低于 12.3MPa 时，充液阀的阀芯动作，阀芯位于①和④工作位，充液阀回油口对 T 口关闭，N 口与 P 口部分接通，从制动泵的来油进入 P 口经充液阀以 5L/min 的流量通过单向阀或双单向阀向蓄能器充液，直至所有蓄能器内压力达到 15MPa 时，充液阀的阀芯动作，阀芯位于②和③工作位，充液停止，此时充液阀回油口与 T 口接通，P 口与 N 口全开口接通，制动泵的来油进入 P 口至 N 口给先导液压系统供油。当制动系统压力（DS2 口）低于 10MPa 时，行车制动低压报警开关动作，报警蜂鸣器响。

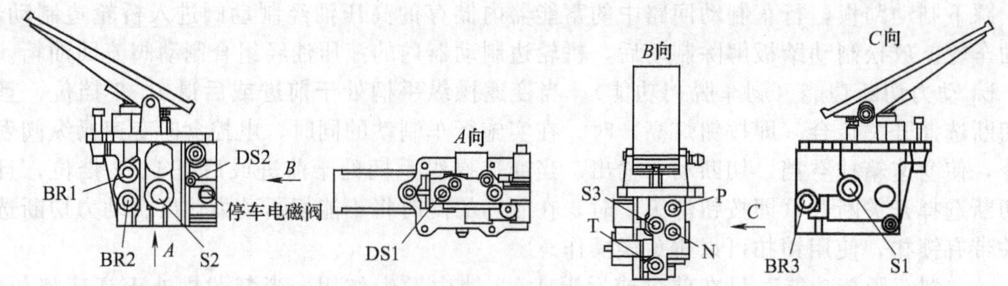

P口接制动泵；T口接油箱；N口接液压系统组合阀进油口；S1口接蓄能器Ⅲ；S2口接蓄能器Ⅱ；S3口接蓄能器Ⅰ；DS1口接制动灯开关；DS2口接行车制动低压报警开关；BR1口接前桥；BR2口接后桥；BR3口接制动油缸

图 5-27　制动阀外形

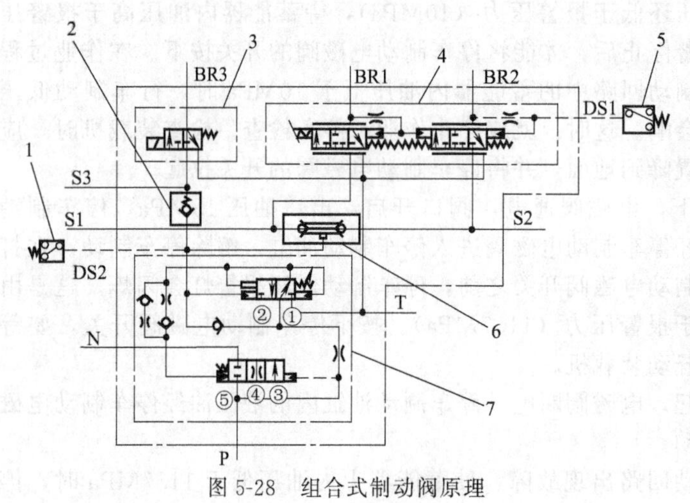

图 5-28　组合式制动阀原理

1—行车制动低压报警开关；2—单向阀；3—停车制动电磁阀；4—双回路制动阀；5—制动灯开关；6—双单向阀；7—充液阀

在系统工作的过程中，两个制动回路中，只要有一个回路失效，则双单向阀立刻投入工作，自动关闭未失效的制动回路与充液阀的通道，保证未失效的制动回路仍可实施制动功能。此时失效回路则与充液阀相通，导致 DS2 口压力下降，行车制动低压报警开关动作，报警蜂鸣器响，此时应立即停车检查。因此，双单向阀的作用是保证两个制动回路互不干扰。双路制动阀的输出压力，也就是制动口 BR1 和 BR2 的输出压力与踏板力成正比，即踏板力越大，则制动口 BR1 和 BR2 的压力越大，但其最大值在出厂前已调定为 6MPa。

由于阀芯复位弹簧的影响，制动回路工作过程中 BR2 口的压力比 BR1 口压力低 0.5MPa 属于正常。当制动阀踏板最初被踩动时，T 口对 BR1 口和 BR2 口关闭。继续踏动踏板，S1 口和 S2 口分别对 BR1 口和 BR2 口打开，对整机实施制动。更大的踏板力将使 BR1 口和 BR2 口的压力增大，直到踏板力与液压反馈力平衡。松开踏板，阀就会回到自由状态，T 口对 BR1 口和 BR2 口打开。在踩下踏板对整机实施制动过程中，只要 DS1 口压力大于 0.5MPa，则制动灯开关动作，制动灯亮。单向阀是为了保持蓄能器内的压力而设置的。

当停车制动电磁阀得电时，S3 口对 BR3 口打开，T 口对 BR3 口关闭，停车制动解除，整机可以运行。当停车或遇到紧急情况而切断停车制动电磁阀电源时，S3 口对 BR3 口关闭，T 口对 BR3 口打开，整机处于制动状态。

③ 组合式制动阀各功能块的结构原理

a. 双回路制动阀结构原理（见图 5-29）　当踏下踏板 9 时，活塞 10 向下运动，迫使弹簧 13 驱动阀芯 6 及 4 克服弹簧 3、5 的力向下移动，T 口对 BR1 口及 BR2 口关闭，S1 口与 BR1 口连通，S2 口与 BR2 口连通。来自蓄能器Ⅲ的压力油经 S1 口进入 BR1 口的同时，也经阀芯6上的节流孔进入弹簧5腔作用在阀芯6的底部，使阀芯6向上移动。当作用在阀芯6底部的液压力及弹簧5的弹力与踏板力平衡时，阀芯6的运动停止，S1口对BR1口关闭。来自蓄能器Ⅱ的压力油经S2口进入BR2口的同时，也经阀芯4上的节流孔进入弹簧3腔作用在阀芯4的底部，使阀芯4向上移动。当作用在阀芯4底部的液压力及弹簧3的弹力与弹簧5腔的液压力及弹簧5的弹力平衡时，阀芯4的运动停止，S2口对BR2口关闭。随着踏板力的增加，BR1口及BR2口的输出压力也增加。当踏板力消失时，阀芯4及阀芯6在弹簧3力的作用下向上移动，直至回到初始状态，T口对BR1口及BR2口打开，S1口对BR1口关闭，S2口对BR2口关闭。

b. 双单向阀结构原理（见图5-30）　当蓄能器Ⅲ或蓄能器Ⅱ的压力低于12.3MPa时，从充液阀S口的压力油进入双单向阀进油口，打开单向阀5或单向阀2对蓄能器Ⅲ或蓄能器Ⅱ进行充液，直至蓄能器Ⅲ和蓄能器Ⅱ的压力达到15MPa，充液停止，S1口及S2口均与双单向阀进油口相通。

当S1口与S2口压力不相等时，压力大的口对应的单向阀在液压力的作用下关闭。该双单向阀主要是由单向阀5和单向阀2组成，两单向阀之间的关联通过杆4实现。双单向阀出厂时已装配好，且不可调。

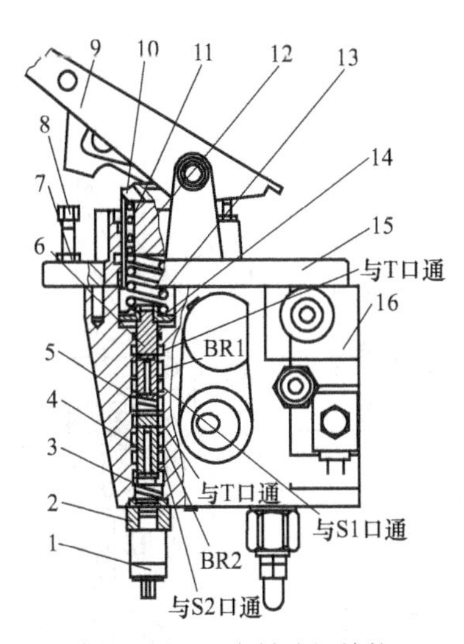

图5-29　双路制动阀结构

1—制动灯开关；2,12—弹簧座；3,5,11,13—弹簧；4,6—阀芯；7—螺母；8—螺栓；9—踏板；10—活塞；14—座；15—安装座；16—阀体

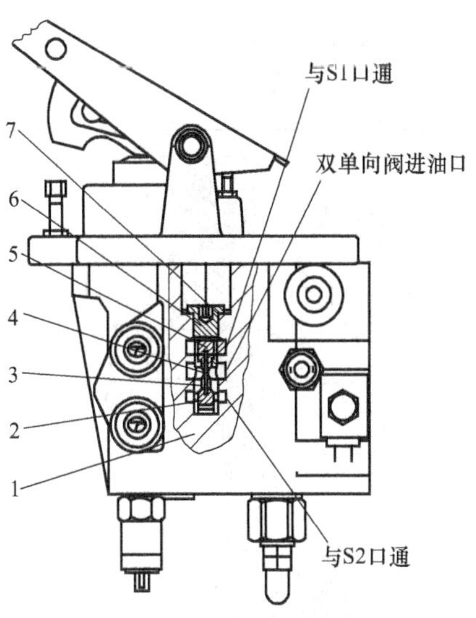

图5-30　双单向阀结构

1—阀体；2,5—单向阀；3—阀套；4—杆；6—堵头；7—O形圈

c. 充液阀结构原理　如图5-31所示，D腔与T口相通。当系统中任何一个蓄能器的压力低于12.3MPa时，阀芯12在弹簧18的作用下向上移动，处于图5-32所示位置，T口经D腔对E腔关闭，F腔通过阀套11上的径向孔经阀芯12上的沉割槽与E腔相通。制动泵的来油进入P口作用在阀芯22的上部，且经节流阀21进入B腔，打开单向阀4作用在阀芯9上部的同时，通过阀体2的内部油道进入F腔。由于此时E腔与F腔相通，来自P口的压力油通过阀芯12上的径向孔进入C腔作用在阀芯12及阀芯9的端部。通过内部油道，E腔的压力油被引致G腔，推开阀芯25进入弹簧23腔，作用在阀芯22的下部。在液压力及弹簧23的弹力作用下，阀芯22克服其上部的液压力向上移动，减小P口对N口的开口，制动泵经弹簧5腔对蓄能器进行充液。当蓄能器的压力达到15MPa时，在阀芯12上端部的液压力作用下，阀芯12克服弹簧18的弹力向下移动，直至F腔至E腔的通道被关闭，E腔

与D腔通过阀套10上的径向孔经阀芯12上的沉割槽相通，阀芯12停止移动。同时，弹簧23腔的压力油打开阀芯25进入G腔，再通过内部油道，被引致E腔向T口（接油箱）卸压。阀芯22在P口压力作用下克服弹簧23弹力向下移动，使P口与N口全开口接通，充液停止。此时，P口的压力为液压系统组合阀的设定压力。

d. 停车及紧急制动电磁阀结构原理　该阀是二位三通电磁阀，滑阀结构。当行车时，电磁阀得电，来自蓄能器Ⅰ的压力油经BR3口至制动油缸，停车制动释放。当停车或遇到紧急情况而操纵电磁铁失电时，来自蓄能器Ⅰ的压力油对BR3口关闭，T口对BR3口打开，整机处于制动状态。

(2) 分体式制动阀

① 双路行车制动阀结构原理　如图5-32所示，P_2口、P_1口分别接行车制动回路中的蓄能器，A_2口、A_1口分别接前、后桥行车制动器。当制动阀踏板放松时，阀芯5和3在弹簧1的作用下被推至最高位置，P_1口、P_2口分别与A_1口、A_2口切断，A_1口、A_2口与T口相通，处于非制动状态。

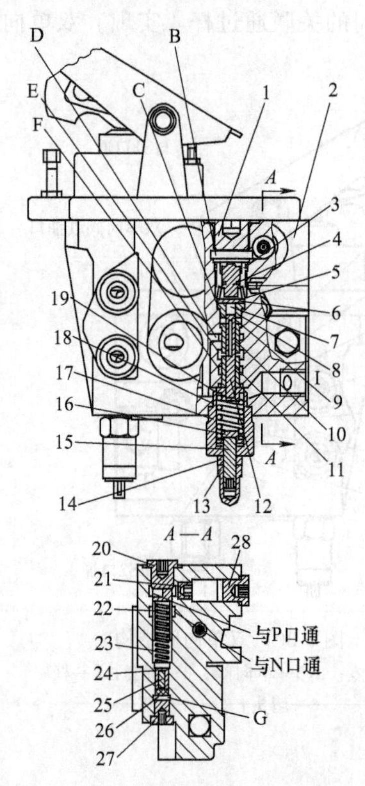

图5-31　充液阀结构

1,20,27,28—堵头；2—阀体；3,24,26—阀座；4—单向阀；5,7,18,23—弹簧；6,16,19—弹簧座；8,10,11—阀套；9,12,22,25—阀芯；13,14—螺母；15—调压丝杆；17—座；21—节流阀

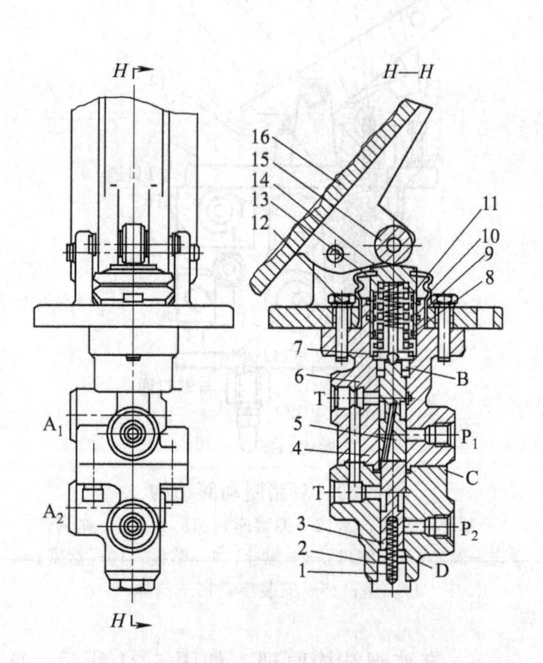

图5-32　双路行车制动阀结构

1—弹簧；2,4,16—阀体；3—下阀芯；5—上阀芯；7—弹簧座；8,13—平衡弹簧；9—星形圈；10—Y形密封圈；11—复位弹簧；12—调整垫片；14—活塞；15—滚轮；16—踏板

踩下制动阀踏板，通过活塞14对平衡弹簧8、13施加一定的压力，从而推动阀芯5和3向下移动，A_1口、A_2口与T口关闭，继而P_1口与A_1口相通、P_2口与A_2口相通，两个行车制动回路中的蓄能器内储存的高压油分别进入前、后桥行车制动器产生制动，同时制动灯开关动作，制动灯亮。双路行车制动阀的两个回路相互独立，当任一制动回路发生故障

时，另一个制动回路仍能正常工作。在制动状态下，双路行车制动阀的输出油压和作用在制动踏板上的操纵力成正比，是通过平衡弹簧 8 和 13 来实现的。当踏板作用力一定时，施加于平衡弹簧的压力也为某一定值，P_1 口、P_2 口打开后，压力油通过小孔进入到阀芯下腔 C 腔和 D 腔，当阀芯下腔油压作用于阀芯的力超过了平衡弹簧的张力时，则平衡弹簧被压缩，阀芯上移，直至 P_1 口、P_2 口关闭，此时，油压作用于阀芯上的力与踏板施加于平衡弹簧的压力处于平衡状态，制动阀输出的油压又保持某一定值。当踏板施加于平衡弹簧的压力增加时，阀芯又开始下移，重新打开 P_1 口、P_2 口。当阀芯下腔的油压增至某一数值，作用于阀芯上的力与踏板施加于平衡弹簧的压力相平衡时，P_1 口、P_2 口又关阀，而输出的油压又保持某一不变而又比原先高的油压。也就是说，双路行车制动阀输出的油压与平衡弹簧的压缩变形量成正比，即也与制动踏板的行程成正比。

② 双路充液阀结构原理　如图 5-33 所示，P 口接制动泵，A_1 口、A_2 口接行车制动回路中的蓄能器，SW 口接停车制动阀的 P 口，T 口接油箱，O 口至下一级液压系统。SW 口可以连接系统监控报警装置。

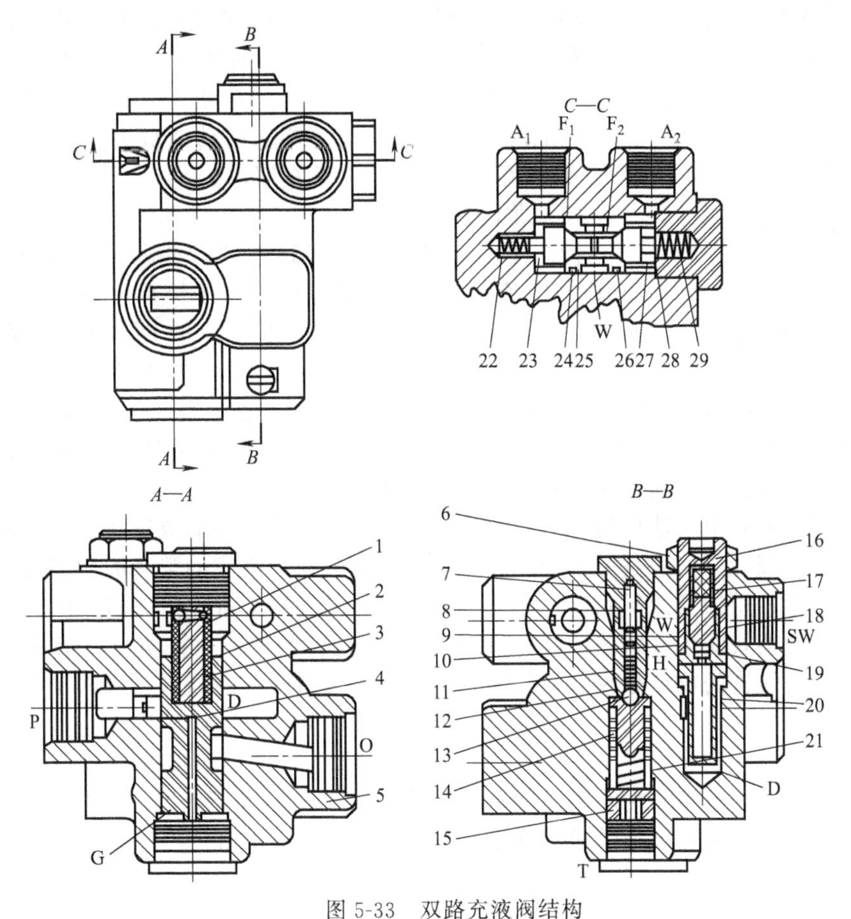

图 5-33　双路充液阀结构

1,8,14—杆；2,7,17,21,22,29—弹簧；3,10,12,24,26—密封圈；4,11,18,23,28—阀芯；5—阀体；6,15—螺母；9,13—钢球；16—螺杆；19,25,27—阀座；20—滤芯

当任何一个制动回路中的蓄能器内油压低于设定的系统最低工作压力时，弹簧 21 推动杆 14 上移，关闭 T 口，W 腔与 H 腔相通；阀芯 4 在弹簧 2 的作用下向下移动，减小 P 口与 O 口的开口，从制动泵来的油一路经过小孔进入 G 腔，另一路经过滤芯 20 顶开单向阀芯 18 进入 W 腔，推动阀芯 23 和 28，单向阀 F_1 和 F_2 打开，开始向蓄能器充液。当蓄能器内

油压达到设定的系统最高工作压力时，W腔油压及弹簧7的共同作用力大于弹簧的作用力，阀芯11向下移动顶开阀芯11下方的阀门，H腔油液流回油箱，压力下降，此时，G腔的压力大于弹簧2和H腔油压的共同作用力，阀芯4向上移动，P口和O口全接通，充液停止，从制动泵来的油液全部用于下一级液压系统。单向阀F_1和F_2的作用是保证两个行车制动回路互不干扰。当其中一个行车制动回路失效，压力下降，压力大的口对应的阀门（F_1或F_2）在油压力的作用下关闭，未失效的行车制动回路则与充液阀相通，SW口压力下降，系统监控报警装置报警。

③ 停车制动阀结构原理 停车制动阀内集成了一个二位三通电磁阀和一个单向阀，其原理如图5-34所示。

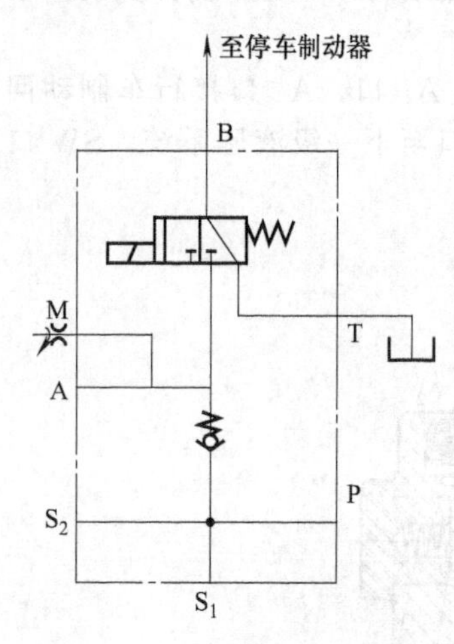

图5-34 停车制动阀原理

停车制动阀的P口接双路充液阀SW口，T口接油箱，A口接蓄能器，B口接停车制动器。在P口至A口之间有一单向阀，以防止蓄能器内的液压油液返流回双路充液阀。停车制动阀中集成的电磁阀是滑阀结构。

将停车制动按钮按下，电磁阀通电，阀口开启，停车制动回路中的蓄能器内储存的高压油从A口经电磁阀B口进入停车制动器或制动油缸，解除停车制动。将停车制动按钮拉起，电磁阀断电，停车制动器或制动油缸内的液压油经电磁阀从T口流回油箱，实施停车制动。

(3) 蓄能器

行车制动、停车制动回路中的蓄能器均为囊式蓄能器，如图5-35所示。囊式蓄能器的作用是储存压力油，以供制动时应用。其作用原理是把压力状态下的液体和一个在其内部预置压力的胶囊共同储存在一个密封的壳体之中，由于其中压力的不同变化，吸收或释放出液体以供制动时应用。制动泵运作时，把受压液体通过充液阀输入蓄能器而储存能量，这时，胶囊中的气体被压缩，从而液体的压力与胶囊的气压相同，使其获得能量储备。胶囊中充入的是无燃性气体氮气。

囊式蓄能器的外壳由质地均匀、无缝壳体构成，形如瓶状，两端成球状，壳体的一端有开孔，安装有充气阀门。而通过另一端的开孔安装由合成橡胶制成的梨状的柔韧的胶囊。胶囊安装在蓄能器中，用锁紧螺母固定在壳体上端，壳体的底部为进、出油口。同时，在其底部装有一个弹簧托架式阀体（即菌形阀），以控制出入壳体的液体，并防止胶囊从端部被挤压出壳体。囊式蓄能器的特点是胶囊在气液之间提供了一道永久的隔层，从而在气液之间获得绝对密封。

(4) 制动油缸

制动油缸安装在变速箱前端左侧。制动油缸结构如图5-36所示，其工作压力为15MPa。停车制动时制动器的松脱和接合是通过制动油缸进行的，制动油缸的杆端和制动器的凸轮拉杆连接。

当系统油压低于制动油缸弹簧释放压力或停车制动电磁阀开关拉起时，由于弹簧2的作用力，将弹簧座及活塞3推向左端，拉动停车制动器拉杆，使停车制动器接合，实施制动。

当系统油压达到工作压力而且停车制动电磁阀开关按下时，压力油经过停车制动电磁阀进入制动油缸的左腔，压缩弹簧2，将弹簧座及活塞3推向右端，推动停车制动器拉杆，使制动器松开，解除制动，这时可以行车。

当行车制动回路中的蓄能器内油压低于7MPa时，系统中的紧急制动动力切断开关动作，使停车制动电磁阀断电，制动油缸内的液压油经停车制动电磁阀流回油箱，由于弹簧2

的作用力，将弹簧座及活塞 3 推向左端，拉动停车制动器拉杆，使制动器实施制动，同时变速箱挂空挡，实现装载机紧急停车。

装载机装有弹簧作用、液压释放的停车制动器（通过制动油缸作用）。如果装载机发生故障无法行驶需要拖车时，应把图 5-36 中制动油缸的销轴 6 拆下，使停车制动器松脱后再进行。

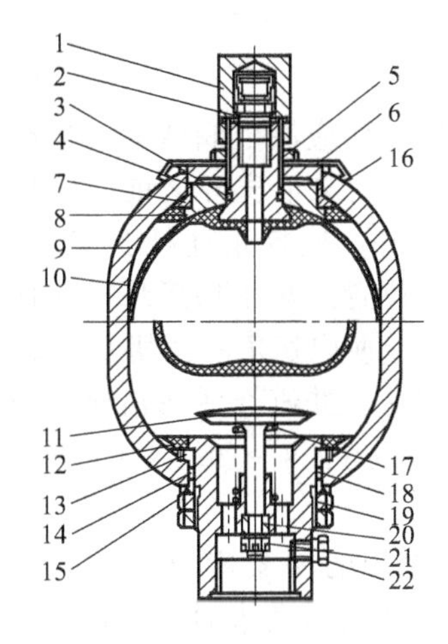

图 5-35 囊式蓄能器结构

1—保护帽；2—充气阀；3,4,14—O 形密封圈；5,19,21—锁紧螺母；6—压紧螺母；7,13—支承环；8,12—橡胶环；9—壳体；10—胶囊；11—菌形阀；15—压环；16—托环；17—弹簧；18—阀体；20—活塞；22—排气螺塞

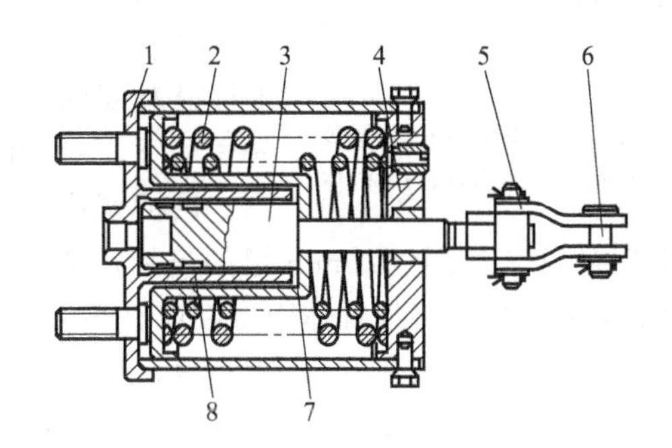

图 5-36 制动油缸结构

1—罐体总成；2—弹簧；3—活塞；4—端盖；5—连接叉；6—销轴；7—弹簧座；8—密封圈

5.2 制动系统的维修

5.2.1 空气压缩机修理

ZL50 型装载机采用的空气压缩机为单缸活塞式。

5.2.1.1 主要零件的检验与修理

① 气缸体与气缸盖　气缸体、气缸盖如有裂纹，可进行焊接修复或换用新件。气缸磨损后，其圆柱度大于 0.1mm，圆度大于 0.05mm 或严重拉伤时，应镗磨气缸。气缸镗磨后，应无擦伤和刻痕，内表面粗糙度为 $Ra0.4\mu m$，圆柱度不大于 0.02mm，气缸轴线对曲轴轴线的垂直度在 100mm 长度上不大于 0.08mm。

② 曲轴和活塞连杆组　曲轴常见损伤有弯曲、裂纹和轴颈磨损。当弯曲值大于 0.05mm 时，应采用压力校正。轴颈与轴承（单列向心球轴承）的配合为过盈配合，其过盈量为 0.032～0.03mm。当过盈量小于 0.03mm 时，应对轴颈或轴承内圈孔进行镀铬修复。连杆轴颈与轴承（滑动轴承）的配合为间隙配合，其间隙为 0.02～0.07mm。当间隙大于 0.2mm 时，应更换轴承。当轴颈圆度大于 0.3mm 时，应光磨轴颈，光磨后的轴颈圆度不得大于 0.01mm。同时，更换轴承。连杆轴颈与主轴颈两轴线的平行度不得大于 0.08mm。

活塞的常见损伤有活塞裙部磨损、裂纹或拉伤。当出现裂纹时，应在裂纹末端钻一小孔，以限制裂纹继续扩大；裂纹严重时，应更换。出现拉伤现象，可用细砂布和油石修磨。

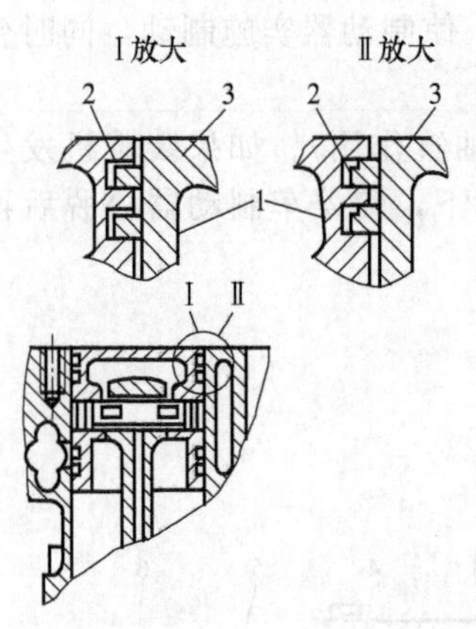

图 5-37 活塞环的正确安装
1—活塞；2—活塞环；3—缸体

活塞销与活塞销座孔的配合间隙为 0～0.006mm。当间隙大于 0.01mm 时，应更换活塞销。活塞销与连杆衬套的配合间隙为 0.004～0.01mm。当间隙大于 0.02mm 时，应更换连杆衬套。连杆弯曲时，可进行冷压校正或采用锤击的方法校正。但锤击校正时，应根据弯曲量的大小适当施力，否则易造成反向弯曲。

5.2.1.2 装配与调整

活塞连杆组装配时，接触面应涂上润滑油，连杆螺栓的拧紧力矩为 167～196N·m。在安装活塞环之前，应检查活塞是否偏缸。若误差大于 0.07mm，应校正连杆。安装活塞环时，要注意其断面的形状及开口位置。对于梯形环，应使锥体大端一面朝下。对于内切角环，应使内切角一面朝上，如图 5-37 所示。两活塞环环口应错开 180°，并避开活塞销座孔位置。气缸体两端接触面应装上 0.5mm 厚的垫片，通过气缸盖螺栓以 11.8～19.6N·m 的拧紧力矩，分两次交叉均匀地将气缸体固定在曲轴箱上。

空气压缩机安装到柴油机上后，如以皮带传动，皮带的松紧度应合适。检查时，以 28.4～39.2N 力向下压传动皮带，其挠度为 15～20mm。不符合要求时，可松开空气压缩机座上的固定螺栓，移动空气压缩机的位置进行调整。

5.2.1.3 压力能力试验

当以 1200～1350r/min 的转速运转 15min 后，空气压缩机向储气筒内充入气体的压力应从 0 达到 0.7MPa 以上。停止运转后，储气筒内气体的压力开始下降，在 1min 内应不超过 0.02MPa。

5.2.2 气体控制阀修理

气体控制阀也称压力控制器或卸荷阀，是用来控制进入储气筒内压缩空气压力大小的一种调节装置。为保证制动系统安全可靠地工作，必须使储气筒内的气体压力保持在 0.5～0.65MPa 范围内，最大不超过 0.8MPa。气体控制阀一般不允许随意拆卸。只有当储气筒内气体压力低于 0.5MPa 或大于 0.8MPa，经调整无效时，方可分解检修。

5.2.2.1 主要零件的检验与修理

(1) 气体控制阀常见损伤

常见的损伤主要有壳体变形、裂纹，弹簧弹性减弱，密封圈磨损、老化、变质，膜片老化或破裂，阀门关闭不严等。

(2) 主要零件的修理

① 壳体不得有变形、裂纹和穿孔等现象。由于壳体的材质为铝合金，强度较低，易损坏，因此在拆装过程中应特别注意。

② 弹簧弹性减弱时，应采用热处理恢复。当出现歪斜或断裂现象时，应换用新件。

③ 密封圈磨损、老化、变质等应换用新件。

④ 调压阀和安全阀膜片老化或破裂，会造成系统压力过低，甚至无法建立系统压力，应及时进行更换。

⑤ 阀门关闭不严，易出现漏气现象，致使系统压力过低，应进行研磨。磨损严重时，可翻面使用或换用新件。

⑥ 滤网堵塞时应进行清洗，破损后应换用新件。

5.2.2.2 调整

气体控制阀修复后，应在试验台上或在装载机上进行调整。

（1）安全阀的调整

当储气筒的气压低于0.65MPa、安全阀阀体上的排气孔不断排气，或当储气筒的气压高于0.8MPa、而安全阀阀体上的排气孔仍不排气时，均应对安全阀进行调整。

调整方法是增减安全阀阀体内腔弹簧座与弹簧之间的垫片厚度，改变安全阀弹簧的预紧力。调整时，先将调压阀阀体上的调整螺钉按顺时针方向拧到底，使气体压力逐渐升高，并注意观察安全阀阀体上排气孔排气时的压力数值。若压力过低，应增加垫片；若压力过高，则应减少垫片。垫片厚度每增减0.1mm，气压改变0.037MPa。

（2）调压阀的调整

当储气筒内气体压力低于0.5MPa时，调压阀下部的排气阀便开始排气，或当储气筒内气体压力高于0.65MPa、调压阀下部的排气阀还不能排气时，应对调压阀进行调整。

调整方法是转动调压阀阀体上的调整螺钉，改变大弹簧预紧力的大小。调整时，先松开固定螺母，当排气阀关闭、气体压力低于0.5～0.55MPa时，顺时针转动调整螺钉，使气体压力升高；当排气阀开启、气体压力高于0.65MPa时，逆时针转动调整螺钉，使气体压力降低。

若经上述调整仍无效时，可能的原因及相应的排除方法如下。

① 调压阀下部活塞外圈上的O形密封圈过紧，使正常压力的气体无法推动活塞运动。当气压上升到0.65MPa时，排气阀还不能开启。遇此情况时，应均匀地修磨密封圈外圆，使活塞能够灵活运动。

② 调压阀内部小弹簧预紧力过大，使堵头上的阀门始终处于关闭状态，活塞不能向下移动，排气阀不能开启，使额定压力增大；反之，小弹簧预紧力过小，堵头上的阀门在较小气压作用下便可打开，此时，气体经滑阀与顶针的间隙处至调压阀壳体上的小孔排出，造成系统压力过低。遇此情况，应先将调整螺钉卸下，将小弹簧预紧力调好，然后再调整大弹簧的预紧力。当压力调整正常后，将调整螺钉上的固定螺母拧紧。

5.2.3 脚制动阀修理

脚制动阀是用来接通或切断储气筒进、出制动气缸的压缩空气，从而实现车轮制动器产生制动或解除制动的一种控制装置。脚制动阀工作性能的好坏，将直接影响装载机行驶时的制动效果和安全性。

5.2.3.1 主要零件的检验与修理

（1）脚制动阀常见损伤

主要有壳体变形、裂纹，弹簧弹性减弱，阀门、密封圈、滚轮外圆及传动套顶端磨损等。

（2）主要零件的修理

① 壳体不得有变形、裂纹和穿孔等现象，否则应更换。

② 平衡弹簧弹性减弱，易使制动缓慢或失效，应采用热处理的方法恢复其弹性。如有裂纹或折断应予以更换。

③ 活塞回位弹簧弹性减弱或折断，均会造成制动过猛，也应采用热处理的方法恢复其弹性或更换。

④ 阀门回位弹簧弹性减弱、锈蚀或断裂，应予以更换。

⑤ 密封圈磨损造成密封不严，制动时会从排气孔漏气，引起制动缓慢。检修时，可在安装密封圈的凹槽内加纸垫或铜皮，使其增强密封性；当密封圈磨损严重、失去弹性或破裂

时，应换用新件。

⑥ 滚轮外圆及传动套顶端磨损，踏板自由行程会逐渐增大，应进行电镀或堆焊修复，也可在传动套与弹簧座之间增加垫片进行调整。

⑦ 阀门密封不严，可进行研磨，磨损起槽后可翻面使用或换用新件。

5.2.3.2 装配和试验

脚制动阀装配时应使排气口朝向正前方。安装进、排气阀门前，应检查阀座与活塞杆下端面之间的距离为2mm。此距离反映在踏板上，即为踏板自由行程。不当时，可通过改变传动套的长度进行调整。

5.2.4 加力器（气液总泵）修理

5.2.4.1 主要零件的检验与修理

（1）加力器（气液总泵）损伤形式

主要有缸筒磨损、腐蚀，皮碗和密封圈老化、腐蚀，回位弹簧弹性减弱、锈蚀和折断等。

（2）主要零件的修理

① 气室活塞与缸筒的配合间隙为0.42～0.60mm。当大于0.80mm时，应更换气室活塞皮碗及密封圈。若缸筒磨损严重也应同时更换。

② 油缸活塞与缸筒配合间隙为0.09～0.134mm。当大于0.20mm时，可用修理尺寸法修复缸筒，并选配相应尺寸的新活塞及皮碗。缸筒的修理尺寸分四级，每一级加大0.25mm。当缸筒最大磨损处内径达到极限尺寸时，应换用新件。

③ 皮碗及密封圈老化、腐蚀时，均应换用新件。

④ 回位弹簧弹性减弱，会使活塞及皮碗不能迅速回位，不但可引起制动不能彻底解除，而且储液室的制动液不能迅速地使工作腔得到补充，造成第二脚制动时出现空行程，导致因油压不能迅速提高而影响制动性能。应换用新件或采用热处理的方法进行修复。回位弹簧严重锈蚀或折断时，均应换用新件。

5.2.4.2 装配与试验

气液总泵在装配前，所有零件应用酒精清洗干净，不得使用其他油料清洗，以免腐蚀皮碗。装复油缸活塞及皮碗时，应涂少量的制动液。装复后，应检查气室活塞和油缸活塞运动是否灵活，油缸活塞及皮碗位置是否合适。若位置不当，可通过改变垫圈厚度进行调整。

5.2.5 钳盘式制动器修理

钳盘式制动器具有结构简单、散热性能好、不受油污影响以及维修方便等特点，因此被广泛用于轮式装载机。现以ZL50型装载机为例，介绍钳盘式制动器的修理。

5.2.5.1 分解

制动钳总成分解时，可视情况分两种方式。第一种方式是将制动钳总成从车桥上拆下后，再进行分解。这种方式需将轮胎螺母松开，并将轮胎向外侧移动一段距离，然后卸下夹钳与桥壳的固定螺栓，方可将制动钳总成取下。第二种方式是就车进行分解，其步骤如下（见图5-38）。

① 拆下放气嘴和管接头。

② 卸下夹钳一端的两个止动螺钉，用M10螺栓拧进销轴中。

③ 拔出销轴，取下摩擦片。

④ 记住上、下油缸盖的位置，卸下油缸盖并取下O形密封圈。

⑤ 从夹钳外边的孔往里将活塞顶出，从孔内取下矩形橡胶密封圈和防尘圈。

⑥ 经检验，夹钳如需修理或更换，拆卸方法按第一种方式进行。

5.2.5.2 主要零件的检验与修理

① 摩擦片 其衬片采用酚醛树脂热压在6mm厚的钢板上，主要损伤为磨损。衬片上有三条纵槽，槽深为9mm。当摩擦片磨损到接近沟槽底部时，应换用新摩擦片。

② 密封件 由于矩形橡胶密封圈除了起密封作用外，还起到使活塞回位和自动调整摩擦片与制动盘间隙的作用，因此密封件损坏或失效后，会出现漏油，造成制动力矩减小、活塞卡滞、摩擦片与制动盘之间无间隙，使制动不能彻底解除等现象，直接影响制动性能。

密封件常见损伤为磨损、变形、失去弹性、拉伤、裂口等。检修时应认真仔细，如有以上损伤，必须换用新件。密封件清洗时应用制动液，严禁使用石油制品，如汽油、柴油等。

③ 活塞及活塞孔 活塞与活塞孔的配合间隙为0.055～0.08mm。常见损伤为配合面磨损、刻痕、拉伤、腐蚀等。

活塞轻微的刻痕、拉伤和腐蚀，可用油石进行修磨。当出现严重的刻痕、拉伤和腐蚀或磨损严重致使活塞与活塞孔配合间隙大于0.25mm时，应更换活塞。

活塞孔损伤严重时，应更换夹钳。也可采用修理尺寸法予以修复，同时选配相应尺寸的活塞。活塞孔的修理尺寸一般分为四级，每加大0.25mm为一级。修理时，应保持同一车桥左右车轮上各活塞孔尺寸一致，以免制动力矩不均。

④ 销轴 其常见损伤是磨损。销轴磨损后，可直接影响摩擦片的正常工作，造成摩擦片卡滞和运动不协调等故障。检修时，可将销轴转动180°安装，使未磨损的一侧与摩擦片配合。若两侧均磨损，可进行堆焊修复或换用新件。

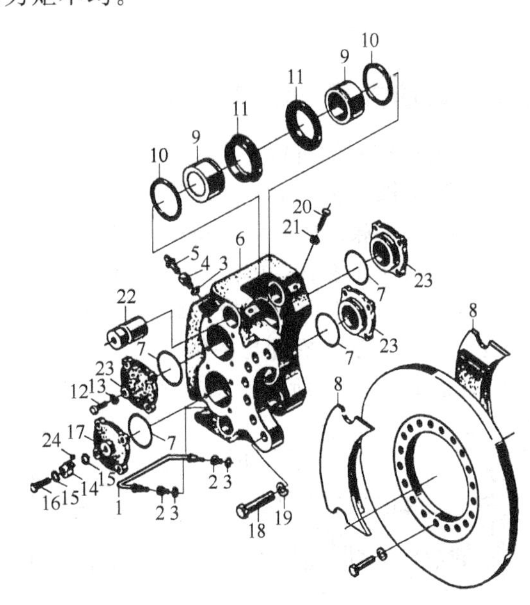

图5-38 夹钳总成分解图

1—油管总成；2—接头；3,13,19—垫圈；4—放气嘴座；5—放气嘴；6—夹钳；7,15,24—O形圈；8—摩擦衬块总成；9—活塞；10—矩形密封圈；11—防尘圈；12,18—螺栓；14—管接头；16—管接头螺栓；17—下油缸盖；20—止动螺栓；21—螺母；22—销轴；23—上油缸盖

5.2.5.3 装配与调整

① 装配钳盘式制动器时，应先将制动钳总成装复后，再安装到装载机车桥上。在夹钳不拆卸的情况下，也可就车装配。其装配步骤如下。

a. 在活塞和夹钳上的活塞孔上涂以植物性制动液。

b. 将矩形橡胶密封圈装入活塞孔的环槽内。

c. 将防尘圈的翻边卡入活塞孔的环槽内。

d. 将活塞慢慢滑入防尘圈中。注意防尘圈的唇口不要翻转。如果唇口折叠，应取下活塞和防尘圈重新安装。

e. 将活塞滑入活塞孔中，快拍一下，使防尘圈的唇口卡入活塞的环槽内。

f. 在油缸盖上装上O形密封圈，注意O形密封圈不得扭曲。

g. 装上油缸盖。注意上、下油缸盖的位置不得装错。

h. 在夹钳一端的两侧各装入一个销轴，并用止动螺钉固定。注意止动螺钉应顶在销轴环槽内，以防销轴与制动盘碰擦。

i. 装入摩擦片，使一端靠紧已固定的销轴，另一端对准另一销轴孔，装入销轴并用止动螺钉固定。

j. 装上放气嘴和接头座。注意放气嘴应安装在进油油缸盖相反的一端，即放气嘴应朝上。

② 制动器装配完毕，连接好制动油管并排除液压系统中的空气。排除空气时，储气筒内气压应符合要求，且由两人配合进行。具体方法如下。

a. 将放气螺钉上的护罩拔掉，把一软管套接在接头上，另一端插入盛有部分制动液的玻璃容器内。

b. 一人反复踩下和放松制动踏板（踩下时要快，放松时则要缓慢），至感到阻力很大时保持踏板不动。

c. 另一人将放气螺钉拧松 3/4～1 圈，带有空气的制动液便流入容器内。当看到从软管口排出的油液不带气泡时，说明空气已排除干净，然后将放气螺钉拧紧。

如果一次排除后，系统内仍有空气存在，应放松踏板后停 10～15s，再重复 c. 项内容，直至系统内排出无气泡的液柱为止。

d. 按同样方法排除其余各分泵的空气。

e. 工作完毕，趁空气罐还有压力，松开空气罐下面的放水阀，放出冷凝液体，清理干净，否则空气罐易生锈。

③ 空气排除后，总泵储液室液面高度距加油口 15～20mm。制动液切勿混入矿物油。否则会迅速损坏橡胶元件。

5.2.6 制动气室（油缸）检修

5.2.6.1 制动气室的拆卸

① 自备压板 1 块，M16×1.5 的双头螺杆 1 件，长度 420mm。

② 先将双头螺杆从制动气室中间穿过，螺杆两头各用螺母并紧。

③ 双头螺杆并紧后，用扳手将螺栓松开。

④ 螺栓全部卸下后，用扳手旋转螺母，直至松开，即可拆卸。

5.2.6.2 制动油缸的拆卸与检修

① 自备如图 5-39 所示的压板 2 块，M14、长度 400mm 的双头螺杆 2 件。

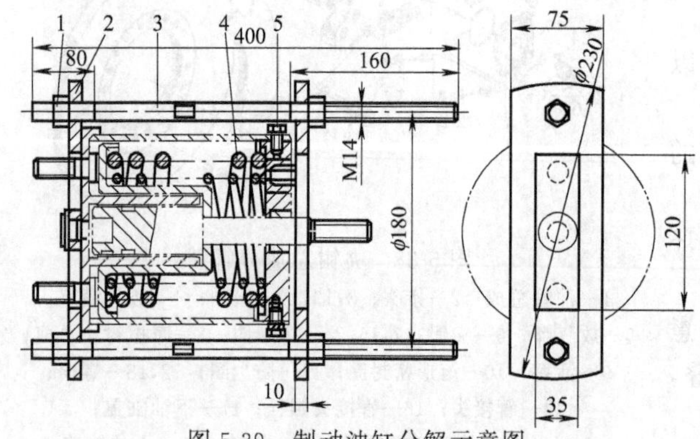

图 5-39 制动油缸分解示意图

1—螺母；2—压板；3—双头螺杆；4—弹簧；5—螺栓

② 拆下销轴及连接叉。

③ 先将双头螺杆穿过 2 块压板，螺杆两头各用螺母并紧。

④ 并紧后，用扳手将制动油缸的螺栓全部松开。

⑤ 螺栓全部卸下后，用扳手缓慢交替旋转右边的两个螺母 1，直到弹簧完全松开。

⑥ 拆下弹簧及弹簧座，弹簧弹力符合技术要求，弹簧座无严重磨损即可。

⑦ 拆下活塞，活塞上的密封圈应完好无损，活塞与弹簧座配合良好。

装配时也要使用拆卸工具，步骤与拆卸相反。

5.2.7 制动性能检验

5.2.7.1 制动系统排气

制动系统进行检修后，管路中会存在气体，影响制动性能。因此在拆检、更换零件后要进行排气工作。在驱动桥左、右轮边制动器上和蓄能器出油口处，都有排气嘴，按如下方法进行排气。

① 将装载机停在平直的路面上。

② 将变速操纵手柄放在空挡位置上，启动发动机怠速运行，拉起停车制动电磁阀开关。

③ 在前驱动桥左、右轮边制动器的排气嘴上套上透明的胶管，管的另一端放入盛油盘中。

④ 两人配合，一人负责排气嘴的松、紧，观察排气情况；另一人负责踩制动踏板。先松开排气嘴，然后踩下制动踏板到最大行程，直至排出部分油液再松开制动踏板，与此同时拧紧排气嘴。如此反复多次，直至排出无气泡的液柱为止。

⑤ 按同样方法对后桥进行排气。

⑥ 前、后桥进行排气后，连续拔起、按下停车制动电磁阀开关 3～4 次，对停车制动管路进行排气。

⑦ 发动机熄火，拉起停车制动电磁阀开关。小心而缓慢地松开蓄能器下部的排气螺塞，此时会有含气泡的油液从排气螺塞的边缘冒出。直至冒出的油液无气泡时，将螺塞拧紧。

特别注意，由于轮边制动器和蓄能器内储存着高压油，所以在排气时应特别小心，不可将排气嘴和排气螺塞完全拧开，不可将眼睛及身体对着排气嘴，以免喷射出来的油液造成人身伤害。

5.2.7.2 制动性能测试

制动系统的性能好坏直接关系着装载机的安全性和作业效率，经过拆修的制动系统应进行制动系统性能的测试，检验是否处于良好状态。

① 测试要求 要在干燥、平直的水泥路面上测试制动系统。在进行制动系统测试之前，司机要系好安全带。测试时要确保装载机周围无人或障碍物。

② 测试步骤及标准 测试时装载机空载，把铲斗平举离地面 300mm，在平直、干燥的水泥路面上以 32km/h 的速度行驶。完全制动时，其制动距离应不大于 15m。以 32km/h 的速度行驶，点式制动，应迅速出现制动现象，且不跑偏。装载机空载时，拉起停车制动电磁阀的开关，装载机应能停在坡度为 18%的斜坡上不移动。

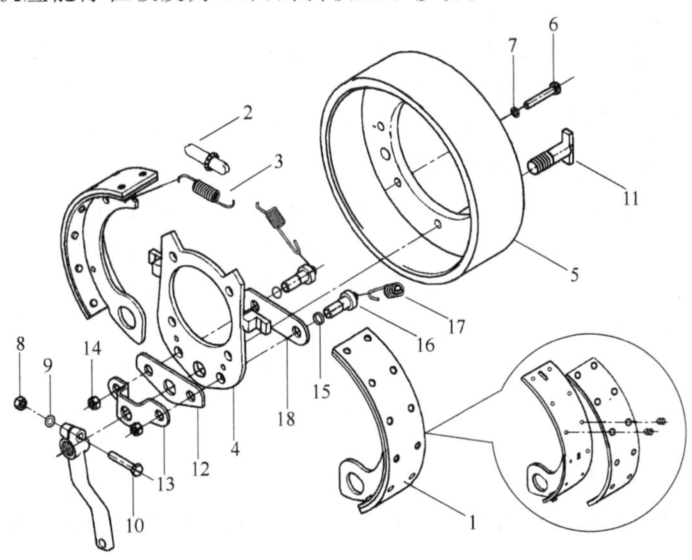

图 5-40 制动器的分解图

1—制动蹄；2—调整杆；3，17—弹簧；4—座板；5—制动鼓；6，10—螺栓；7，9，15—垫圈；8，14—螺母；11—拉杆轴；12—底板；13—支架；16—夹紧螺杆；18—垫板

5.2.8 制动器检修

5.2.8.1 制动器分解

制动器分解图如图 5-40 所示。

5.2.8.2 制动器常见故障及检修

制动器常见的故障有摩擦片的磨损、制动鼓的裂纹、表面磨损或拉伤起槽、夹紧螺杆所在销孔磨损、配合松动等。损坏时，应及时更换、修理。摩擦片磨损严重，或严重损伤、油污等，要及时更换。制动鼓的拉伤、起槽深度大于 0.5mm 或严重磨损、失圆时，应修复或更换。制动鼓不得有裂纹、变形。修复后，内径椭圆度不大于 0.25mm，工作面对变速箱输出轴中心线的跳动不大于 0.10mm，且应平衡。各连接销配合间隙大于 0.20mm 时应更换，及时修理，一般控制在 0.03～0.12mm 内。

重新装配后，制动蹄与制动鼓之间的间隙可用旋具拨动调整杆进行调整，其值应在 0.15～0.30mm 内。全部装配完毕，拉动拉杆，蹄片完全压紧制动鼓时，接触率应达到 70%～85%以上。完全制动时，应不能起步或在不小于 15°的坡道上能停车。解除制动后，摩擦片不得与制动鼓接触。

5.3 制动系统常见故障诊断与排除

制动系统的故障通常表现为制动失灵、制动不能解除、制动时装载机跑偏、停车制动器制动失灵等。由于各种装载机制动系统的结构不同，同类故障所表现出的现象及其原因也有所不同。因此，具体情况应具体分析。

5.3.1 制动失灵

（1）故障现象

踩下制动器踏板后，装载机减速慢或不减速，制动距离过长。

（2）故障原因及排除

① 制动系统气压偏低　制动系统气压低、没有足够的力量推动加力器的活塞压缩制动液，顶动摩擦片实现制动。气压低的原因在上面已经分析得很清楚，在此不再重复。

② 气制动总阀与加力器漏气　如果气制动总阀与加力器漏气严重，踩下制动器踏板后不松开，会听到明显的漏气声，用手摸就能找到漏气的具体位置。

③ 加力器与制动钳的分泵有故障　加力器内制动液少、回油孔或补油孔堵塞、皮碗损坏、单向阀损坏、油管或接头漏油、制动分泵漏油、制动分泵锈蚀卡死等原因，都会使加力器与分泵之间的油路压力低，没有足够的力量顶动摩擦片实现制动。

如果踩下制动器踏板，气压并不低也不漏气，故障往往出在加力器与分泵之间。检查方法是，将柴油机熄火，用一字形旋具将摩擦片往制动分泵方向拨动少许。此时，踩下制动器踏板，摩擦片应该有动作和运动声音。如果没有动静，而且制动液也不少，应先排放制动液中的空气。

如果空气排尽后，踩制动器踏板还是感到制动力量不足，但拧松放气螺钉感到制动液喷出很有力量，就需要将制动钳分解检修。如果拧松放气螺钉感到制动液喷出无力，就需要将加力器分解检修。

④ 摩擦片和制动盘磨损严重　摩擦片和制动盘磨损后，可降低摩擦面之间的摩擦因数，制动力矩减小，制动效果降低。摩擦片和制动盘的磨损可明显观察到，可以更换相应的摩擦片或制动盘。

5.3.2 制动不能解除

（1）故障现象

摩擦片和制动盘之间不制动时，是靠制动盘转动时的偏摆顶动摩擦片，将分泵压回一定的量，使摩擦片和制动盘之间制动压力解除，甚至出现微量的间隙。

非制动状态时，摩擦片不会很热。如果行驶距离不长，制动也很少使用，但摩擦片和制动盘却很热，表明制动系统有故障。

（2）故障原因及排除

① 制动分泵锈蚀卡死　制动分泵在雨中淋过或在水中浸泡过、用水冲洗过，接着又很长时间不用发生锈蚀卡死，而导致制动器分离不彻底。

制动分泵锈蚀卡死时，应将车轮制动器分解检修，用细砂纸打磨活塞并更换矩形橡胶密封圈。

② 油路堵塞　加力器与制动分泵间的油路堵塞，会使制动不灵敏，同时回油也缓慢，制动解除不迅速。具体原因有油管被压扁或管内有油泥、加力器的单向阀堵塞、皮碗卡住不回位、补油孔堵塞。

加力器和管路有故障时，要对其分解检修和保养。

5.3.3 制动时装载机跑偏

（1）故障现象

装载机直线行驶时，踩下制动踏板，装载机往一边偏离。

（2）故障原因及排除

① 个别制动分泵中有空气，导致四个车轮不能同时制动。系统中有空气时，不一定就会平均分布在各个分泵中，制动时的效果就不会相同。空气的来源有系统高温产生气阻；维修或加制动液时没有排放空气；由于方法不对，即使排放了空气但没有排放干净。应重新排除空气。

② 个别制动分泵活塞卡死。由于个别制动分泵活塞卡死，制动液顶不动该活塞，作用在四个制动盘上的制动力矩就不一样，四个车轮上的制动效果就不同。应保养和维修制动钳上的分泵活塞。

③ 轮胎气压不等；这可直接影响制动力矩和制动效果。轮胎的正常气压应为0.32～0.32MPa。如果不合适，应充气，并尽量保持四个车轮的气压一致。

5.3.4 停车制动器制动失灵

（1）故障现象

停车制动系统完全制动时，装载机不能起步；同时能够在不小于15%的坡道上停车，否则即为故障。

（2）故障原因及排除

停车制动器制动失灵的原因：施加在制动蹄与制动鼓之间的摩擦力小于使装载机移动时作用在制动鼓上的力。具体原因及排除方法如下。

① 制动蹄与制动鼓的摩擦表面有油污。由于变速器输出轴的接盘油封泄漏，油污粘在制动蹄与制动鼓的摩擦表面，降低了摩擦因数。应先排除漏油的问题，然后用汽油清洗干净制动蹄与制动鼓摩擦表面的油污。

② 制动蹄与制动鼓的接触面积小。由于制动蹄与制动鼓的接触面变形、翘曲，即使作用在制动鼓上的压力与摩擦因数较大，制动力矩仍然不会大。应修整、更换制动蹄片和镗磨制动鼓。

③ 制动蹄张力小。操纵软轴没有调整好，就没有足够的力量使制动蹄往外张。应重新调整操纵手柄的销轴移动行程。

第6章

轮式装载机行走系统

6.1 行走系统的组成及工作原理

轮式装载机行走系统的功用是：将整个机械构成一体，并支承整机重量；将传动系统传来的转矩转化为机械行驶的牵引力；承受和传递路面作用于车轮上的各种反力及力矩，吸收振动，缓和冲击，保证机械的正常行驶。行走系统通常由车架、车桥和车轮等组成。

6.1.1 车架

车架是装载机的支承机体，是整机的基础，装载机上所有零部件都直接或间接地安装在车架上，使整台装载机成为一个整体。车架承受着整个装载机的大部分重量，还要承受各总成件传来的力和力矩以及动载荷的作用。因此，车架应具有足够的强度和刚度，同时自身重量要尽量轻，要有良好的结构工艺性，便于加工制造。

目前，轮式装载机的车架结构形式一般可分为整体式车架和铰接式（折腰式）车架两种。

6.1.1.1 整体式车架

整体式车架一般用于车速较高的工程机械，根据机种不同其结构也不同。

采用偏转车轮转向的装载机具有整体式车架。整体式车架是由两根位于两边的纵梁与若干横梁铆接或焊接而构成的一个完整的框架。图 6-1 所示为整体式车架，由两根钢板焊成的纵梁和若干根横梁等组成。两根纵梁是用钢板焊接或者用钢板冲压而成，纵梁的断面是前后变化的，由于后半部承受较大的载荷，所以断面高度尺寸也是加大的，通常，为了增加其强度采用箱形断面。前半部承受载荷较小，所以断面高度尺寸要比后半部小，采用槽形断面。两纵梁前后均用横梁相连。为了便于安装，横梁的形状并不相同。在车架后半部负荷较大的部位为增加其强度和刚度设置了两个X形横梁，而在车架的尾部，为了增加车架的局部强度设置了K形梁。由于作为转

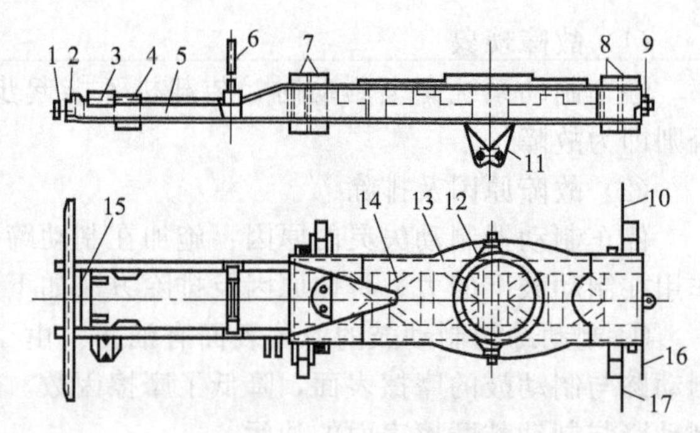

图 6-1 整体式车架

1—前托钩；2—保险杠；3—转向机构支座；4—发动机支架板；5—纵梁；6—起重支架；7,8—支腿架；9—牵引钩；10—右尾灯架；11—平衡轴支架；12—圆垫板；13—上盖板；14—斜梁；15—横梁；16—牌照灯；17—左尾灯架

向驱动桥的后桥结构复杂，且与前桥的通用性很小。同时转弯半径大，导致整机的灵活性差，目前在轮式装载机上已不采用。

6.1.1.2 铰接式车架

轮式装载机广泛应用铰接式车架。图6-2所示为ZL50型装载机的铰接式车架，它主要由前车架、后车架、铰接主销和副车架等零部件组成。

铰接式车架最基本的是前车架和后车架两大部分，两者之间用铰接主销连接，故称为铰接式车架。它的前、后车架可绕铰接主销相对转动，由转向油缸的伸缩推动前、后车架绕铰接主销转动来实现装载机的转向。前、后车架以铰销为铰点形成“折腰”。

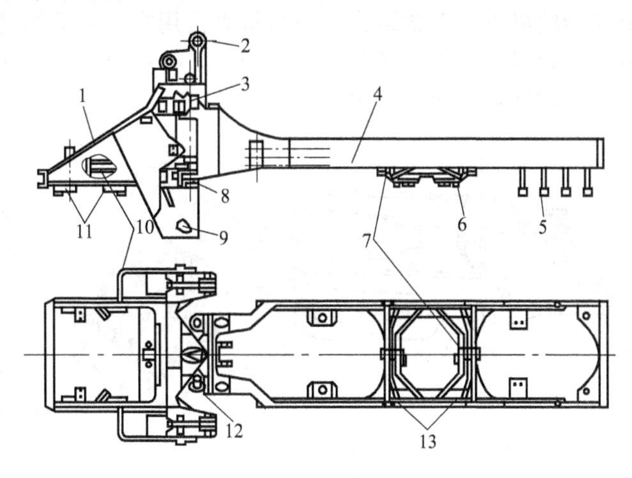

图6-2 ZL50装载机铰接式车架

1—前车架；2—动臂铰点；3—上铰销；4—后车架；5—螺栓；6—副车架；7—水平铰销；8—下铰销；9—动臂油缸铰销；10—转向油缸前铰点；11—限位块；12—转向油缸后铰点；13—横梁

(1) 前车架

前车架为焊接结构件，由钢板、槽钢焊接而成，受力大的部位则用加强筋板、加大厚度尺寸等措施来进行加固。工作装置的动臂、动臂油缸、转斗油缸等通过相应的销座安装在前车架上，两者一起通过前车架与前桥连接。图6-3所示为ZL50型装载机的前车架。

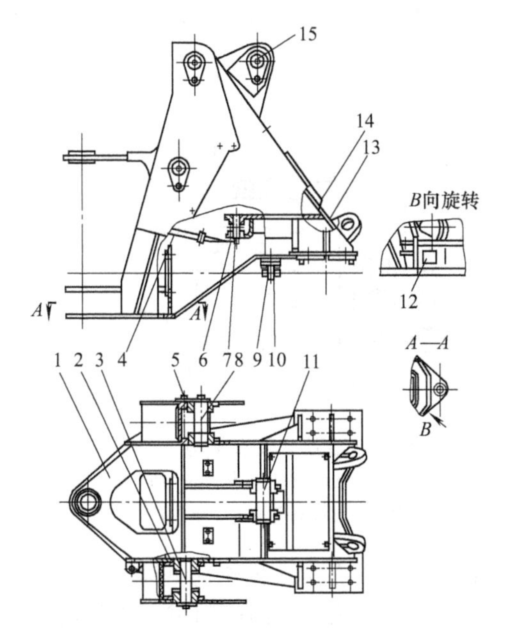

图6-3 铰接式车架前车架

1—前车架；2—调整垫片；3—动臂油缸销轴；4—黄油管路；5,6,13—螺栓及垫圈；7—前转向销；8—动臂销轴；9—垫圈；10—管夹总成；11—转斗油缸销；12—限位块；14—前罩板；15—油杯

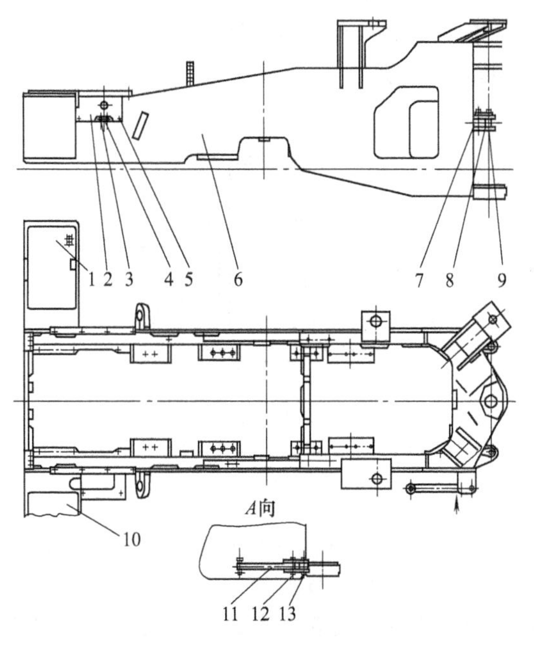

图6-4 铰接式车架后车架

1—左蓄电池箱总成；2—盖板；3,5,7—螺栓及垫圈；4—提升支架；6—后车架；8—转向销；9—油杯；10—右蓄电池箱总成；11—固定杆；12,13—销轴及销

(2) 后车架

后车架由钢板、槽钢焊接而成，受力大的部位则用加强筋板、加大厚度尺寸等措施来进行加固。通过副车架与后驱动桥连接。后驱动桥可绕水平销轴转动，从而减轻了地形变化对车架和铰销的影响。后车架的各相应支点则固定有发动机、变矩器、变速箱、驾驶室等零部件。

目前轮式装载机后车架基本结构由左右两块大板，适当用一些小槽钢及板进行加强，加上横梁组成板式框架结构，而后桥直接用支撑桥的摆动架与后车架相连，取消了副车架，后桥沿摆动架的中心作横向摆动。图 6-4 所示为 ZL50 型装载机的后车架。图 6-5 所示为轮式装载机铰接式车架立体图。

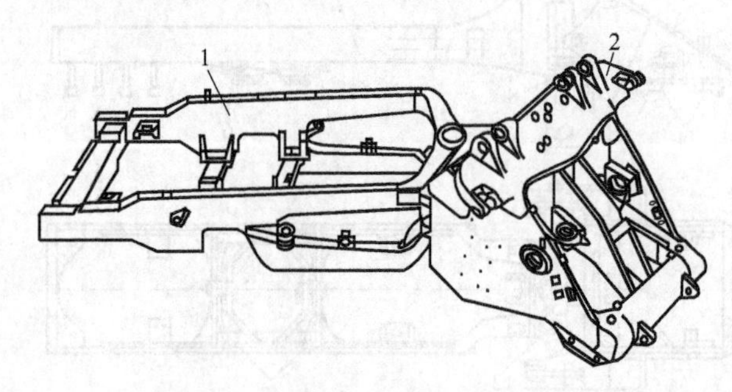

图 6-5 装载机铰接式车架立体图
1—后车架；2—前车架

(3) 副车架

副车架由副车架销与后车架相连，可绕后车架纵轴作横向摆动，带动安装在副车架上的后驱动桥作横向摆动，一般摆动角为±11°～±13°，不同企业的不同产品稍有差别，但都在这一范围之内。由于后桥的这种横向摆动，使装载机在崎岖不平的野外作业或行驶时仍能四轮着地，使整机具有良好的通过性和稳定性。

(4) 铰接主销

前、后车架铰接点的结构形式主要有三种，即销套式、球铰式、滚锥轴承式。

① 销套式　如图 6-6 所示，前、后车架通过垂直铰销 1 连接。销套 5 压入后车架 4 的销孔中，铰销 1 插入前、后车架的销孔后，通过锁板 2 固定在前车架 6 上，使之不能随意转动。垫圈 3 可避免前、后车架直接接触而造成磨损。这种铰点结构简单，工作可靠，但要求上、下铰点销孔有较高的同轴度，因此，上、下铰点距离不宜太大。目前中小型装载机广泛采用这种形式。

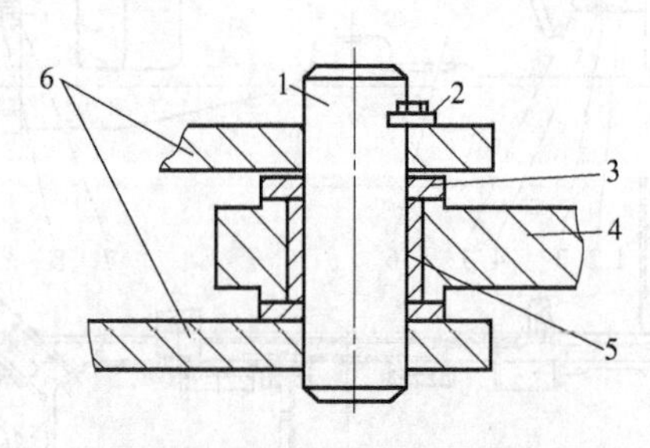

图 6-6 销套式铰点结构
1—铰销；2—锁板；3—垫圈；4—后车架；5—销套；6—前车架

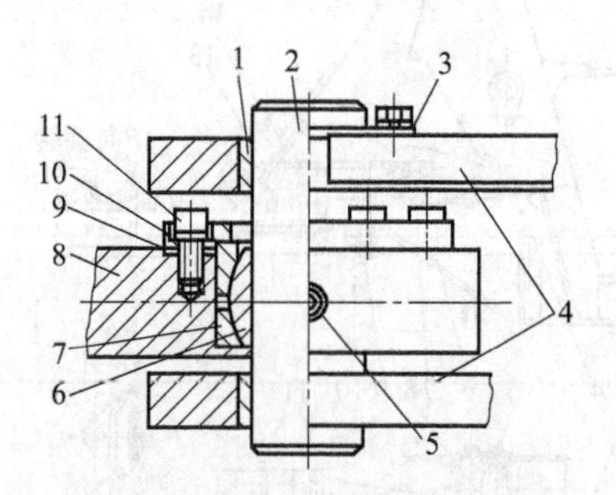

图 6-7 球铰式铰点结构
1—销套；2—铰销；3—锁板；4—后车架；5—油嘴；6—球头；7—球碗；8—前车架；9—调整垫片；10—压盖；11—螺钉

② 球铰式　如图 6-7 所示，与销套式铰点不同的是，在前车架 8 的销孔处装有由球头 6 和球碗 7 组成的关节轴承，增减调整垫片 9 可调整球头 6 和球碗 7 之间的间隙。关节轴承的润滑油可通过油嘴 5 注入黄油来实现。这种结构由于采用了关节轴承，可使铰销受力情况得到好转，同时，由于球铰式具有一定的调心功能，因此可增大上、下铰销的距离，从而减小铰销的受力。

③ 滚锥轴承式　如图 6-8 所示，在前车架 1 的销孔处装有圆锥滚子轴承 7，铰销 2 通过弹性销 8 固定在后车架 9 上。这种结构由于采用了圆锥滚子轴承，使前、后车架偏转更为灵

活轻便，但这种结构形式较复杂，成本也较高，目前已在第三代装载机上广泛应用。

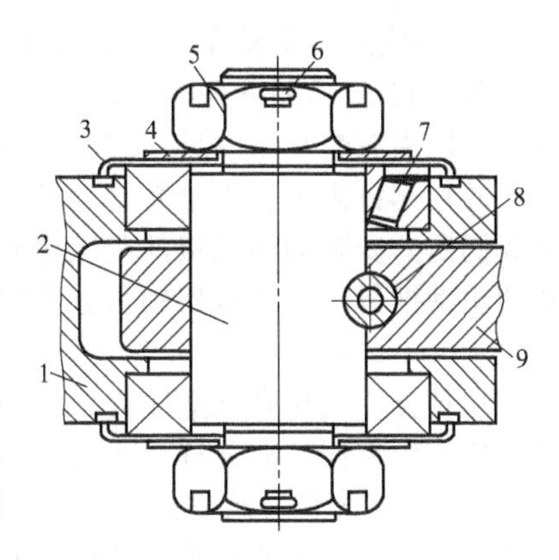

图 6-8　滚锥轴承式铰点结构

1—前车架；2—铰销；3—盖；4—垫圈；5—螺母；6—开口销；7—圆锥滚子轴承；8—弹性销；9—后车架

6.1.2　车桥

（1）车桥的功用和分类

车桥两端安装车轮，支于地面；车桥又通过悬架与车架连接，用以支承车架，并在车轮与车架之间传力。

车桥根据安装的前后位置，可分为前桥和后桥；根据安装的车轮类型，可分为驱动桥（桥端安装驱动轮）、转向桥（桥端安装转向轮）、转向驱动桥（桥端车轮既能转向又能驱动）和支持桥（桥端车轮仅起支承作用）。作为行走系统的组件，驱动桥仅指它的桥壳。目前装载机广泛采用转向驱动桥，这里主要介绍驱动桥壳，关于驱动桥的功用及组成参见传动系统。

（2）驱动桥壳

驱动桥壳是一根空心梁，是安装主减速器、差速器、半轴等部件并起保护作用的基础件。驱动桥壳又是行走系统的承载件，要承受驱动轮传来的各种反力和力矩，并通过悬架传给车架。大多数装载机的驱动桥壳还要直接支承工作装置。驱动桥壳受力复杂，要求有足够的强度和刚度，重量要轻，结构上要便于主减速器的拆装和调整。

驱动桥壳的结构形式有整体式和分段式两种。

① 整体式桥壳　如图 6-9 所示，其中部是用铸钢或可锻铸铁铸造的环形空心梁，两端的凸缘盘用来固定制动底板。无缝钢管制成的半轴套管压入桥壳，并用螺钉止动，半轴套管外端安装轮毂轴承。主减速器和差速器先安装在主减速器壳内，然后把主减速器壳用螺钉固定在空心梁中部前端面上。中部后端大孔供检查主减速器和差速器用，平时用后盖盖住。后盖上的螺塞用于检查和加注润滑油。

图 6-10 所示为整体冲压焊接式桥壳。它由钢板冲压成形的上下两个主件 1、四块三角形镶块 2、前后两个加强环 5 和 6、一个后盖 7 以及两根半轴套管 4 组焊而成。冲压式桥壳重量轻，材料利用率高，但需要特殊的压延设备。

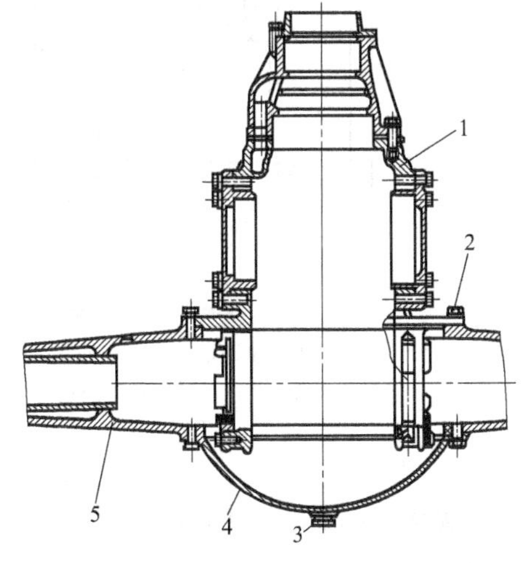

图 6-9　整体铸造式驱动桥壳

1—主减速器壳；2—固定螺钉；3—螺塞；4—后盖；5—空心梁

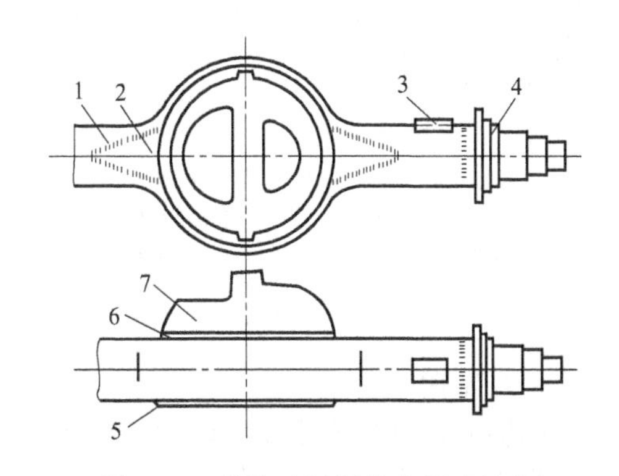

图 6-10　整体冲压焊接式驱动桥壳

1—壳体主件；2—三角形镶块；3—钢板弹簧座；4—半轴套管；5—前加强环；6—后加强环；7—后盖

② 分段式驱动桥壳　它由两段或三段组成。

图 6-11 所示的分段式驱动桥壳由两段组成。铸造的桥壳 9 和桥壳盖 3 用螺栓 2 连成一体，中间夹有垫片 10 以防漏油。两根钢制的半轴套管 1 和 8 分别压入桥壳盖和桥壳的座孔中，并用铆钉固定。半轴套管外端安装轮毂轴承，轴承用调整螺母 7、止动垫圈 6 和锁紧螺母 5 固定。安装制动底板的凸缘盘和钢板弹簧座都焊在半轴套管上。桥壳的颈部安装主减速器的主动锥齿轮。差速器轴承直接安装在桥壳和桥壳盖的轴承座孔内，轴承座的外端装有油封 4。

这种分段式桥壳制造较为容易，拆卸或检修内部机件时，不需要将整个驱动桥拆下来，使维修比较方便，故这种形式的桥壳应用较广泛。

郑工 955A 型装载机的驱动桥壳是分段式桥壳，左、中、右三段焊接为一体。桥壳中段安装主传动器、差速器等零部件，并用螺栓与机架相连。桥壳左、右两段完全相同，用来安装最终传动件和轮毂等零部件。主传动器和差速器预先装在主传动器壳内，然后，将主传动壳用螺栓固定在驱动桥中段。

6.1.3 车轮与轮胎

6.1.3.1 车轮

车轮介于轮胎和车轴之间，由轮辋、轮盘和轮毂组成。图 6-12 所示为装载机通用车轮构造。轮胎由右向左装于轮辋 2 之上，以挡圈 7 抵住轮胎右壁，插入斜底垫圈 6，最后以锁圈 8 嵌入槽口，用以限位。轮盘 5 与轮辋 2 焊为一体，由螺栓 3 将轮毂 1、行星架 4、轮盘 5 紧固为一体，动力便由行星架传给车轮和轮胎。

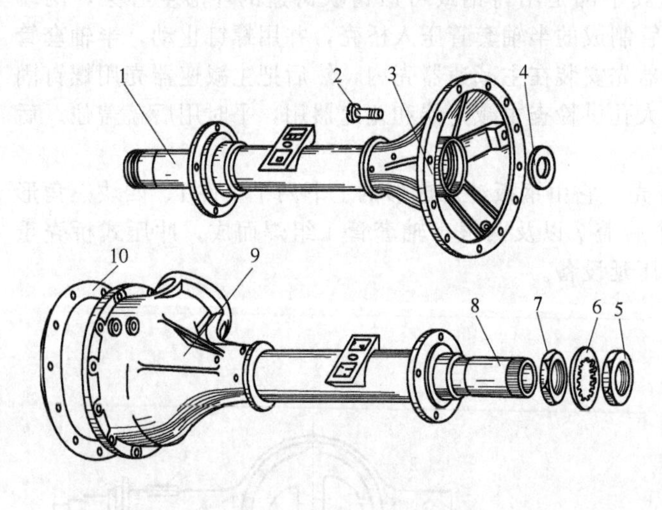

图 6-11　分段式驱动桥壳

1,8—半轴套管；2—螺栓；3—桥壳盖；4—油封；5—锁紧螺母；6—止动垫圈；7—调整螺母；9—桥壳；10—垫片

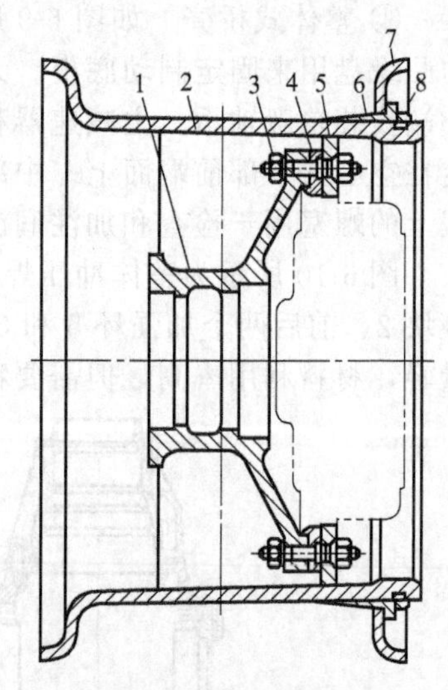

图 6-12　装载机通用车轮

1—轮毂；2—轮辋；3—轮毂螺栓；4—轮边减速器行星架；5—轮盘；6—斜底垫圈；7—挡圈；8—锁圈

(1) 轮辋

轮辋的常见形式主要有两种：深槽轮辋和平底轮辋（见图 6-13）。此外，还有对开式轮辋、半深槽轮辋、深槽宽轮辋、平底宽轮辋、全斜底轮辋等。

图 6-13 (a) 所示为深槽轮辋，具有带肩的凸缘，用以安放外胎的胎圈，其肩部通常略有倾斜，断面中的深槽是为便于外胎的拆装而设的。深槽轮辋结构简单且刚度大、重量轻，

对于小尺寸弹性较大的轮胎较适宜，尺寸较大较硬的轮胎则较难装进这样的整体轮辋内。

平底轮辋有多种形式，图 6-13（b）所示为用得较多的一种形式。挡圈 1 是整体的，用一个开口锁圈 2 来限制挡圈脱出。在安装轮胎时，先将轮胎套在轮辋上，然后套上挡圈，并将它向内推，直至越过轮辋上的环形槽，再将开口的弹性锁圈嵌入环形槽中，于是轮胎便被固定。

图 6-13（c）所示为对开式轮辋，它由内、外两部分组成，其内、外轮辋的宽度可以相等，也可以不相等，两者用螺栓连成一体。拆装轮胎时，拆卸螺母即可。

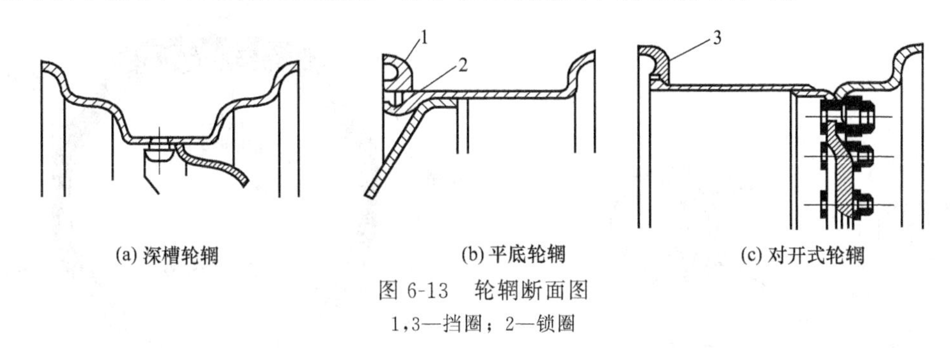

(a) 深槽轮辋　(b) 平底轮辋　(c) 对开式轮辋

图 6-13　轮辋断面图

1,3—挡圈；2—锁圈

（2）轮毂

轮毂位于车轮的中心，它通过轮毂内的圆锥轴承安装在车桥轴头或转向节轴上，以保证车轮在车桥两端灵活地转动。圆锥滚子轴承的间隙可由调节螺母进行调节，调整后锁定调节螺母，使轴承在调整位置保持固定，以免因螺母松动而使车轮脱出。为了使轴承空腔内的润滑脂不溢出，在轮毂上装有油封。

轮毂外围的凸缘用来固定轮盘和制动鼓。轮盘与轮毂的同轴度是由轮胎螺栓的锥面和轮盘螺栓孔锥面来保证的。常用的轮盘固定方案有单胎轮盘和双胎轮盘两种，如图 6-14 所示。双胎轮盘的内轮盘用具有锥形端面的特制螺母 6 和螺栓 3 固定在轮毂凸缘的外端面上，外轮盘 1 紧靠着内轮盘 2，通过旋在特制螺母 6 上的螺母 5 来固定。为防止螺母自动松脱，一般左边车轮采用左螺纹，右边车轮采用右螺纹。

6.1.3.2　轮胎

轮胎是装载机的重要弹性缓冲元件，它安装在轮辋上，与轮辋构成了车轮，并与地面直接接触。轮胎是装载机的重要组成部件，对装载机的使用质量有很大的影响。它保证车轮和路面具有良好的附着性能，缓和和吸收由不平路面引起的振动和冲击。尤其现代轮式装载机多采用刚性悬架，吸振缓冲的作用完全靠轮胎来实现。

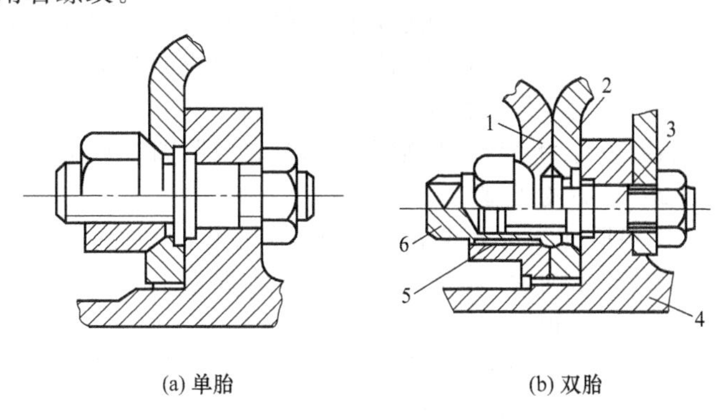

(a) 单胎　(b) 双胎

图 6-14　轮毂固定方法

1—外轮盘；2—内轮盘；3—螺栓；4—轮毂；5—螺母；6—特制螺母

（1）轮胎的组成

充气轮胎富有弹性，能缓和和吸收轮式装载机在行驶或作业时，路面不平产生的冲击和振动。因此，轮式装载机广泛采用各种结构的充气轮胎。

充气橡胶轮胎由外胎 1、内胎 2 和衬带 3 组成（见图 6-15）。内胎 2 是一环形橡胶管，内充一定压力的空气；外胎是一个坚固而富有弹性的外壳，用以保护内胎不受外来损害。衬带3用来隔开内胎，使它不和轮辋及外胎上坚硬的胎圈直接接触，免遭擦伤。

轮胎外胎的一般构造和各部位名称如图6-16所示。轮胎与地面的接触部分为外胎面，也称胎冠，是轮胎的主要工作部分。胎冠与胎侧的过渡部分为胎肩。轮胎与轮辋相接触部分称为胎缘。胎缘内部有钢丝圈。外胎内侧为胎体，也称帘布层。胎体与胎冠之间为缓冲层，也称带束层。

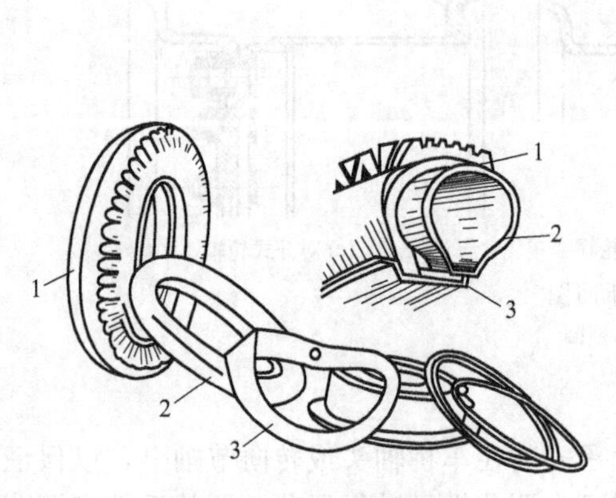

图6-15 充气轮胎的组成
1—外胎；2—内胎；3—衬带

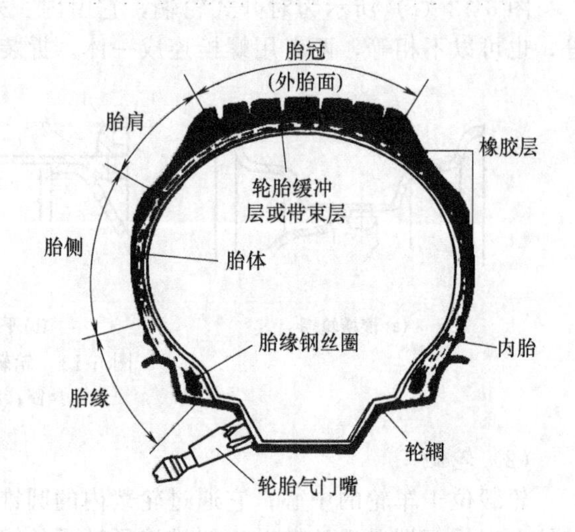

图6-16 充气轮胎外胎结构简图

胎冠用耐磨的橡胶制成，它直接承受摩擦和作用在轮胎上的全部载荷，能减轻帘布层所受冲击，并保护帘布层和内胎免受机械损伤。为使轮胎与地面有良好的附着性能，防止纵、横向滑移等，在胎冠上有着各种形状的凹凸花纹。

胎肩是较厚的胎冠与较薄的胎侧之间的过渡部分，一般也制有花纹，以利于散热。

胎侧是轮胎侧部帘布层外层的胶层，用于保护胎体。

缓冲层也是若干层线层，但它仅仅在胎面下才有，用以缓和振动和抵抗尖东西刺穿。

帘布层是胎体中由并列挂胶帘子线组成的布层，是轮胎的受力骨架层，用以保证轮胎具有必要的强度及尺寸稳定性。

胎圈是轮胎安装在轮辋上的部分，由胎圈芯和胎圈包布组成，起固定轮胎的作用。

(2) 轮胎的类型

① 根据其结构形式不同，分为实心轮胎和充气轮胎两种，充气轮胎又可分为内胎轮胎和无内胎轮胎两种。实心轮胎只用于在混凝土等坚硬平整路面低速行驶的机械，轮式装载机主要应用充气轮胎。

②根据轮胎的用途可将轮胎分为五大类：路面平整用轮胎（C)，装载、推土用轮胎(L)，路面压实用轮胎（C)，土、石方与木材运输用轮胎（E)，以及矿石、木材运输与公路机械用轮胎（ML)。

现代装载机所用L型轮胎如图6-17所示。

③根据轮胎的断面尺寸又可将轮胎分为标准轮胎、宽基轮胎、超宽基轮胎三种，其断面高度 H 与宽度 B 之比如图6-18所示。

④ 根据轮胎的充气压力大小（是指有内胎的充气轮胎）可分为高压胎、低压胎、超低压胎三种：气压为0.5～0.7MPa者为高压胎；气压为0.15 ～0.45MPa者为低压胎；气压小于0.15MPa者为超低压胎。目前，轮式装载机低压轮胎应用广泛，它具有弹性好、断面

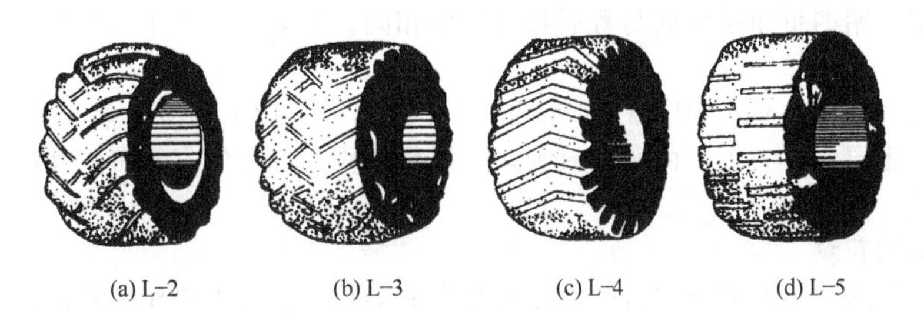

图 6-17　装载机用 L 型轮胎

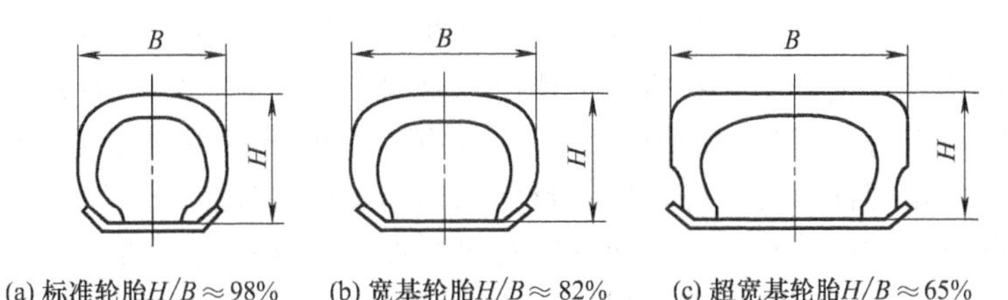

图 6-18　轮胎断面形状分类

宽、与道路接触面大、壁薄且散热良好等优点，提高了机械行驶的平稳性和通过能力。

⑤ 根据轮胎帘线的排列形式，轮胎可分为普通斜交轮胎、子午线轮胎、带束斜交轮胎。

帘布层和缓冲层各相邻层帘线交叉且与胎中心线呈小于 90°角排列的充气轮胎，称为普通斜交轮胎，如图 6-19（a）所示。

子午线轮胎的帘线层则与断面中心线成 90°角排列，似地球仪上的子午线一样，因此称为子午线轮胎，如图 6-19（b）所示。它的主要两个受力部件帘布层和缓冲层，分别按不同的受力情况排列，使帘线的变形方向和轮胎的变形方向一致，从而能更大限度地发挥各自的作用。子午线轮胎与普通斜交轮胎相比，其胎体中帘线的排列方向不同，帘布的层数少，缓冲层的帘布层数多，轮胎胎体所有帘线都彼此不交叉，每层帘布可以独立地工作。与普通斜交轮胎相比，子午线轮胎帘布层数少，胎圈部分的刚性差，所以采用特殊断面的硬三角胶条、钢丝外包布等来补偿。而且，仅有这种构造还不能抵抗轮胎胎体冠部周向的伸张，所以在轮胎的周向还配置了一条基本不伸张的环形带束层箍紧。这种带束层通常是采用高模数伸张率极小的钢丝帘线制造。子午线轮胎具有滚动阻力小、附着性能好、缓冲性能好、不易爆破、散热好、工作温度低、使用寿命长等一系列优点，但这种轮胎的胎壁薄、变形大，因此胎壁易产生裂口，侧向稳定性较差，生产成本高。随着子午线轮胎技术的不断提高，大型子午线结构的轮胎在国内外已开始应用，大型装载机的轮胎将会逐渐向子午线结构发展。

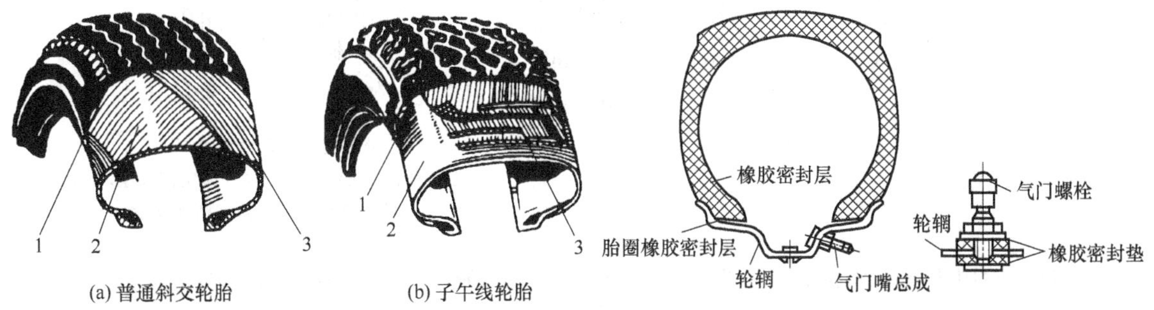

图 6-19　普通斜交轮胎与子午线轮胎结构比较
1—外胎面；2—胎体；3—缓冲层（带束层）

图 6-20　无内胎的充气轮胎

带束斜交轮胎的帘布层排列与普通斜交轮胎相同，带束层与子午线轮胎相同，在结构上介于两者之间。

无内胎充气轮胎的构造如图 6-20 所示，在轮胎内壁表面上附有一层 2～3mm 的橡胶密封层，称为气密层。它省去了内胎和衬带，利用轮辋作为部分气室侧壁。其散热性好，适宜高速行驶状况。

(3) 轮胎的花纹

轮胎花纹的形状对装载机的行驶性能有很大的影响，它的主要作用是保证轮胎和路面之间具有良好的附着力。随着使用条件的不同，胎面花纹的形状也形形色色。装载机常用轮胎的胎面花纹有岩石型花纹、牵引型花纹、混合型花纹和块状花纹，如图 6-21 所示。

岩石型花纹是一些横跨胎面的条形、波纹形花纹，接地幅宽、沟槽窄，耐切伤和耐磨伤性好，但牵引性稍差，适合于岩石路面上使用。牵引型花纹是八字形和人字形花纹，前者在松软土地上或雪地上行驶有足够的附着力，并具有较好的自行清泥作用，但耐磨性稍差些。后者耐磨性和横向稳定性较前者好，但自行清泥作用和附着性较差。混合型花纹是一种中间部分是纵向而两肩是横向的花纹，中间纵向花纹可保证操纵稳定，两肩横向花纹可提供驱动力和制动力，并具有较好的耐磨性和耐切伤的性能。块状花纹是一种由密集的小凸块组成的人字形花纹，当载荷增加时，接地面积容易增大，因此接地压力小，浮力大，适合于在松软地面上使用。

一般来说，选择轮胎时，首先应确定轮胎的结构类型（如实心还是充气，有无内胎等）和胎面花纹，然后再根据负荷、外形尺寸及行驶速度等选择符合预定要求的轮胎规格。通常在一般道路或良好路面上作业的机械，可采用块状花纹；在松软地面作业，要求配备具有较大牵引力的轮胎的铲土运输机械，以采用牵引型花纹为宜；在沙地、沼泽地带作业的轮式装载机，要求选用的轮胎具有较大的抗陷能力，应采用浮力型花纹；而用于矿山碎石场地作业的机械，则要求轮胎具有耐磨损和耐刺伤的能力。

(4) 轮胎的型号标志方法

目前通用的有英制和公制两种，英制表示方法如图 6-22 所示。高压胎用 $D \times B$ 来表示，如 34×7，即轮胎外径 D 为 34in[1]，断面宽度 B 为 7in。

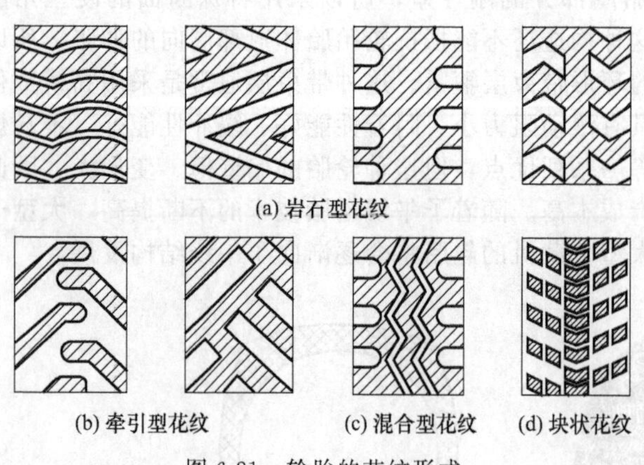

图 6-21 轮胎的花纹形式

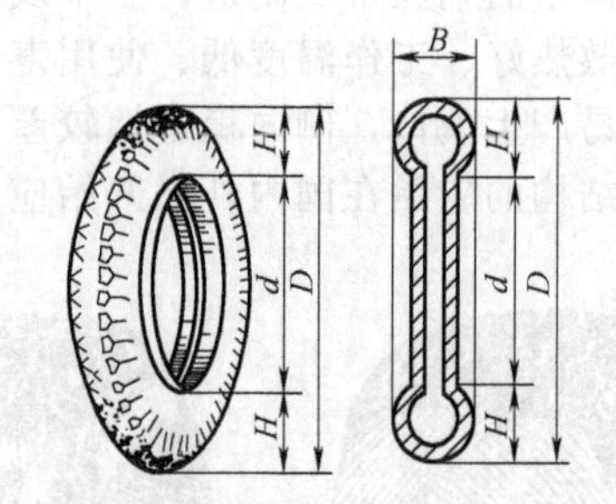

图 6-22 轮胎尺寸标记

D—外径（in）；d—内径（即轮辋直径，in）；B—断面宽度（in）；H—断面宽度（in）

低压胎用 $B-d$ 来表示，如 24-25，即轮胎断面内宽度 B 为 24in，轮辋直径 d 为 25in，

[1] 1in=25.4mm。

ZL50 型装载机采用的轮胎即是该种。

标准系列轮胎的宽度是小数点后两位用“00”表示，例如 ZL35 型装载机所用的轮胎为 16.00-24.00，即表示该轮胎为低压标准系列轮胎，其轮胎断面内宽度为 16in，轮辋直径为 24in。

宽基系列轮胎的宽度为小数点后一位以 5 表示，例如 ZL50G 装载机所用轮胎为 23.5-25，即表示该轮胎为低压宽基系列轮胎，轮胎宽度为 23.5in，轮辋直径为 25in。

在轮胎尺寸后面，一般还附注帘布层数如 24-25，16PR，表示帘布有 16 层。

6.2 行走系统维修

6.2.1 车架检修

(1) 车架常见损伤形式

车架在使用过程中会发生各种损坏，最常见的是车架变形和产生裂纹。车架有下列情况时，应拆旧换新。

① 由于锈蚀，初始截面已损失了 50%以上。

② 出现两条以上长度大、位置危险的严重的疲劳裂纹。

③ 在已补焊过的地方或其附近再次出现疲劳裂纹。

④ 出现裂纹，或者由于事故产生裂口，在修理后不能达到所要求的承载能力的车架，也要予以更换。

⑤ 在一个节点上，各种缺陷数量较多时，也应换新。

(2) 车架的修理

① 车架体、侧板、边梁上有凹痕或变形　当变形不大于 6mm 时，可用冷校正法校正。但冷校正只能在气温 0℃以上进行。校正时可用弓形卡钳、千斤顶等工具进行校正。

当凹陷和变形较大时，可用快速加热到 700～1100℃（碳钢）或者在 900～1150℃（低合金钢）的方法来消除大的变形。

在各种情况下，当温度低于 700℃时，校正工作应即刻停止，对变形的部分用喷嘴在变形量最大处沿外凸面加热。校正以后，构件应在周围气温 0℃以上的状态下冷却。

② 车架有裂纹　裂纹多半出现在截面出现剧烈变化的构件、构件的连接点和焊缝过多的节点处。检验时可在可能产生裂纹的地方，清除涂料、灰尘和泥土，露出金属光泽，并用 6～8 倍放大镜检查，还可用浸油锤击法显示出裂纹的分布。

对检查出的裂纹，可在距可见裂纹始末两端 10～15mm 处，钻直径为 8～25mm 的孔，以控制裂纹的发展。补焊前应沿裂纹磨坡口，对碳素结构钢用 E4315 或 E4316、对低合金结构钢用 E5015-Al 或 E5016-Al 型电焊条补焊。

焊后应检查焊接有无裂缝，如果有裂纹则应用砂轮将焊口磨掉，并重新焊接。磨掉的长度应超过明显的裂纹尾部 50～100mm。新焊缝应平直、密实，确实焊透，并与基本金属之间过渡平顺。

6.2.2 车桥修理

装载机的驱动桥壳安装在车架上。驱动桥和车架是刚性连接，装载机在铲取或搬运作业中，由于驱动桥部分重量及道路不平、载荷不均等的原因，会使驱动桥出现弯曲、断裂及半轴套管轴承孔磨损和半轴套管轴颈磨损等损伤。

(1) 驱动桥壳弯曲的检验与校正

① 驱动桥壳弯曲的检验　检验前应首先校正半轴及轮毂端平面接触凸缘的平整度，消除其端面圆跳动误差，再将标准半轴装在驱动桥壳上，校紧轴承，从壳内测试左、右半轴的中心位置（见图 6-23），判断有无弯曲。两轴线偏差应不大于 0.75mm，极限值为 1mm。

② 驱动桥壳弯曲超限时的校正　校正时，校正变形量应不大于原有弯曲变形量，并将校正压力保持一段时间，使桥壳得到一定的塑性变形。弯曲变形量大于 2mm 时，可预热后校正，但加热温度应在 700℃以下，防止温度过高金属组织发生变化影响桥壳的强度和刚度。铸造的桥壳最好避免加热校正。

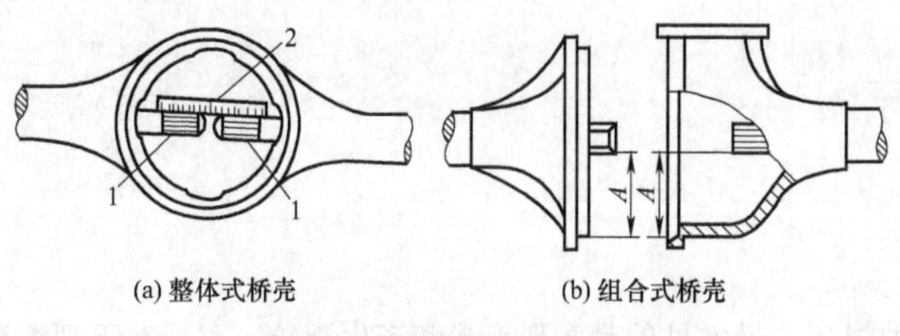

图 6-23　驱动桥壳的弯曲检验

1—半轴；2—直尺

（2）驱动桥壳裂纹的修理

驱动桥壳中部裂纹及凸缘上裂纹可用焊接法修复，其操作要点如下。

① 沿裂纹开成 90°的 V 形坡口，其深度为厚度的 2/3。

② 在距裂纹两末端 6～10mm 处，各钻直径 5mm 孔。

③ 电焊焊补裂纹，其焊层应高于基本金属，但不超过 1mm。正面焊好后再在反面进行焊补，焊后应将焊缝修平。焊补在工作平面的，其平面度误差应不大于 0.25mm。

④ 裂纹焊补后应在裂纹处焊接加强腹板，其厚度一般为 4～6mm，加强腹板应与驱动桥壳中心对称。

⑤ 如裂纹穿透至驱动桥壳盖或主减速器凸缘平面，则在焊补后应另焊加强腹环（厚度为 4～6mm）。驱动桥壳盖平面的加强腹环可复接于外面，主减速器壳则视内部空间的许可，应复接于内面。焊接加强腹环时，应先用螺栓将加强腹环紧压于平面上，以免焊接时位置移动和挠曲。

⑥ 焊补加强后的驱动桥壳，要重新检验其直线度误差、壳盖面和主减速器凸缘平面的平面度误差，并校正、修磨到符合标准。

（3）其他部分的检修

① 桥壳两端内外轴承座颈同轴度误差应不大于 0.01mm；轴承座颈与其止推端面的垂直度误差应不大于 0.05mm；轴承座颈应与制动底板凸缘平面垂直，垂直度误差应不大于 0.1mm。

② 螺孔的螺纹损伤应不多于 2 扣，超过时可镶螺套修复或焊修。

③ 油封轴颈磨损大于 0.15mm 时，可镶套修复。

④ 半轴套管装滚动轴承的轴颈磨损大于 0.04mm 时，可镀铬或堆焊修复。

⑤ 半轴套管有任何性质的裂纹和缺损时，应予以更换。

⑥ 驱动桥壳装半轴套管内外端座孔磨损不得大于 0.06mm，否则可将半轴套管轴颈镀铬或扩大至修理尺寸。

⑦ 驱动桥壳折断时，应予更换。

6.2.3　车轮与轮胎修理

（1）车轮盘（或称轮胎钢圈）的修理

① 装螺栓的承孔如磨损，圆度误差大于 1.5mm 或轮胎螺栓承面不均衡时，可堆焊修复。

② 螺栓承孔之间或与大孔之间的裂纹，可焊补修复。

③ 轮辐与轮辋连接处如有脱焊或铆钉松动，应重焊或重铆。

④ 轮辋上如有裂纹，可焊补修复。

（2）轮毂的修理

① 轮毂内外轴承座孔磨损大于0.05mm时，应镀铬修复。

② 油封座孔不均匀磨损或有0.15mm以上的凹痕，可焊补修复。

③ 与制动毂接触的圆周面应平整，对其轮毂中心线的圆跳动大于0.1mm时，应予车削加工修复。

④ 轮毂的制动鼓出现裂纹时，可开坡口焊接并车平。

⑤ 固定半轴螺栓孔内螺纹损坏时，可堆焊后，重新钻孔攻螺纹。

⑥ 与半轴凸缘接触的端面圆跳动误差应不大于0.1mm，否则应予修正。

（3）轮胎的损坏和修理

装载机轮胎有充气轮胎和实心轮胎。轮胎充气气压必须按原厂规定标准，不得过高或过低，过高则使轮胎弹性降低，线层容易断裂。过低会引起轮胎的剧烈变形，温度增高，造成脱胶或断裂，还可能使外胎在轮辋上移动磨损胎圈，严重时内胎气门嘴会被撕裂。轮胎的分解图如图6-24所示。

① 外胎　有裂口、穿洞、起泡、脱层等损伤时，应根据具体情况修补或翻修。

外胎胎体周围有连续不断的裂纹，胎面胶已磨光并有大洞口、胎体线层有环形破裂及整圈分离等情况时，应予更换。

② 内胎　发现有小孔眼时，可进行热补或冷补。

a. 热补　将内胎损坏处周围锉得粗糙，将火补胶贴在损坏处，并使破洞小孔刚好在补胶的中心，然后将补胎夹对正火补胶装上，拧紧螺杆压紧，再点燃火补胶上的加热剂，待10～15min，即可粘接严密。

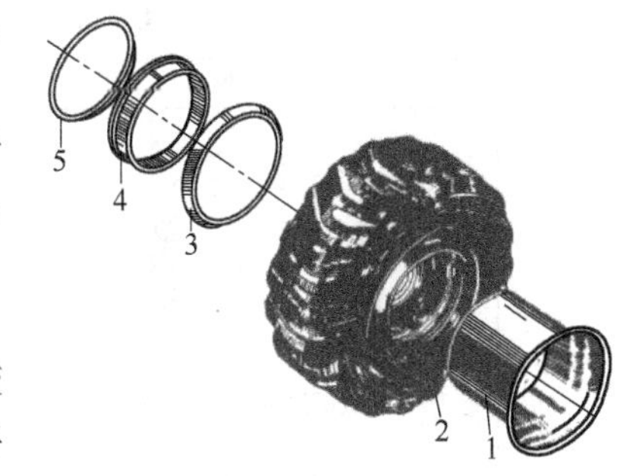

图6-24　轮胎分解图

1—轮辋；2—轮胎；3—轮缘；4—挡圈；5—锁环

b. 生胶补（冷补）　将内胎破口处周围锉得粗糙，涂上生胶水，待胶水表面微干后再涂二次胶水，当胶水风干后，将准备好的生胶（应比破口略大，也要锉粗糙再涂胶水和风干）贴在破口上，加压并加温140～145℃，保温10～20min使生胶硫化，待冷却后，即可粘接严密。

内胎折叠、破裂严重且无法修复；老化发黏变质；变形、裂口过甚均应报废换新。

6.3 行走系统常见故障诊断与排除

行走系统的常见故障主要有装载机跑偏、转向轮摆振和轮胎异常磨损等。

6.3.1 装载机跑偏

（1）故障现象

装载机行驶时偏向一侧，司机要把住转向盘或转向盘加力于一侧装载机才能正常行驶，否则极易偏离行驶方向。

（2）故障原因

① 装用不合规格的或磨损的轮胎，两侧轮胎大小不一；两侧轮胎气压不同等，或一侧轮胎磨损过甚。

② 转向轮轮毂轴承调整不当，过紧或过松；两侧转向轮定位不同或发生变化。

③ 车架一侧断裂；车架变形不正。

④ 驱动桥壳弯曲变形或断裂。

⑤ 驱动桥与车架错位。

(3) 故障诊断与排除

① 轮胎换位，使轮胎气压一致。

② 调整转向轮轮毂轴承。

③ 检查更换前钢板弹簧。

④ 维修车架，校正变形。

⑤ 校正或更换驱动桥壳。

⑥ 检查并调整驱动桥与车架的相对位置。

6.3.2 轮胎异常磨损

装载机在使用中轮胎会出现一些异常磨损的情况，表 6-1 列出了几种典型的异常磨损，但由于使用情况不同，往往轮胎的磨损表现形式不够典型或几种现象同时发生，这时就应综合检查、分析及时地给予排除。

表 6-1 轮胎不正常的磨损模式和矫正方法

状态	两肩快速磨损	中间快速磨损	秃斑
结果	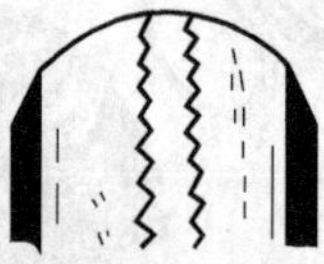	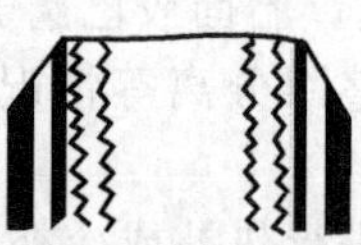	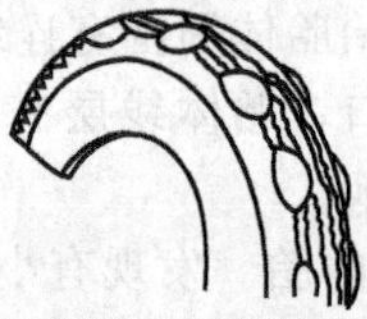
原因	气压不足或换位不够 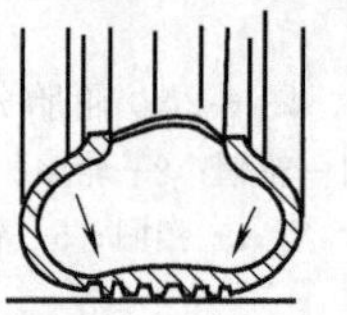	气压太足或换位不够 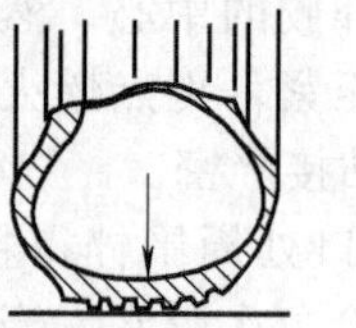	车轮不平衡或轮胎歪斜 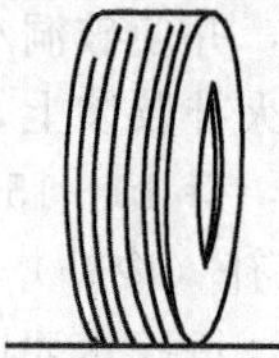
矫正	在冷状态下调整到规定压力		轮胎静平衡、动平衡

第7章 轮式装载机电气系统

轮式装载机电气系统的功用是启动发动机，以及向照明信号设备、仪表检测设备、电控设备和其他辅助设备供电，以保证装载机的行车、作业安全。它由电源系统、启动系统、照明信号系统、监测显示系统和辅助系统等组成。

7.1 电源系统的构造与维修

轮式装载机电源系统包括蓄电池、发电机和调节器等。

7.1.1 蓄电池的构造与检修

7.1.1.1 蓄电池的构造及工作原理

（1）蓄电池的功用

装载机用蓄电池因向启动机供电要提供很大的输出电流，其类型为启动型蓄电池。启动型蓄电池的功用是向启动机提供强大电流，实现发动机的顺利启动，并在发电机不发电时，向用电设备供电。

（2）蓄电池的分类

蓄电池是一种放电后可接受充电而被重复使用的直流电源，目前，常见的蓄电池有酸性和碱性两大类。由于酸性蓄电池极板上活性物质的主要成分是铅，因此称为铅酸蓄电池。因为装载机配装蓄电池的主要目的是启动发动机，所以装载机用铅酸蓄电池又称为启动型铅酸蓄电池，简称蓄电池。按其性能可分为湿荷电蓄电池、干荷电蓄电池和免维护蓄电池三类。现代装载机普遍采用干荷电或免维护蓄电池。铅酸蓄电池的分类及特点见表7-1。

表7-1 铅酸蓄电池的分类及特点

类型	特点	示意图
普通铅酸蓄电池	新蓄电池的极板不带电，使用前需按规定加注电解液并进行初充电，初充电的时间较长，使用中需要定期维护	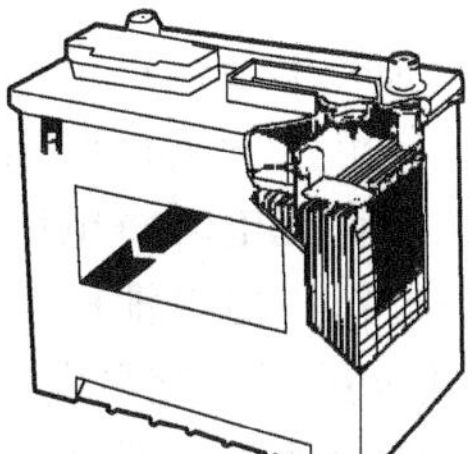
干荷电铅酸蓄电池	新蓄电池的极板处于干燥的已充电状态，电池内部无电解液。在规定的保存期内，如果需要使用，只需按规定加入电解液，静置20～30min即可使用，使用中需要定期维护	

续表

类型	特　点	示意图
湿荷电铅酸蓄电池	新蓄电池的极板处于已充电状态，蓄电池内部带有少量电解液。在规定的保存期内，如果需要使用，只需要按规定加入电解液，静置 20～30min 即可使用，使用中需要定期维护	
免维护铅酸蓄电池	高强度低阻值薄型栅架、密封的外壳、穿壁式联条、平底结构的大储液室、信封式隔板。体积小，重量轻。通气孔采用新型安全通气装置，可避免蓄电池内的气体与外部的火花直接接触，以防爆炸。且使蓄电池顶部和接线柱保持清洁，减少接线柱的腐蚀，保证接线牢固可靠 免维护型蓄电池自放电少，寿命长(3.5～4 年)，使用时不需补充充电	

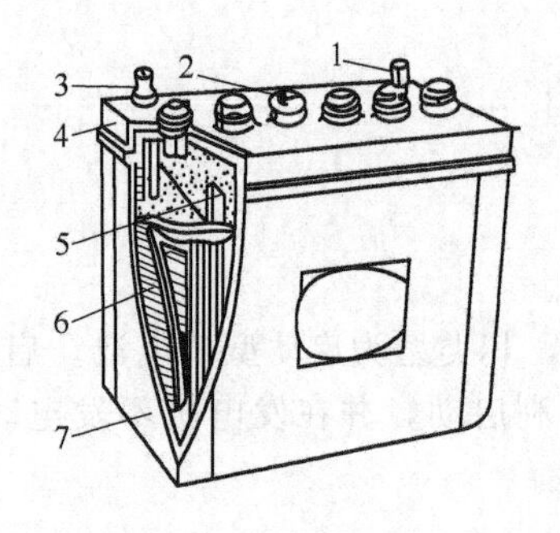

图 7-1　蓄电池的构造

1,3—正、负极柱；2—加液孔塞；4—盖；5—连接条；6—极板组；7—外壳

(3) 蓄电池的结构

铅酸蓄电池由极板、隔板、电解液、外壳、极柱和连接板组成。每单格的端电压为 2V，六个完全相同单格互相串联得到标定电压为 12V 的蓄电池，如图 7-1 所示。

① 极板　蓄电池的极板分为正极板和负极板。正极板上的活性物质是深棕色的二氧化铅 PbO_2，负极板上的活性物质是灰色海绵状铅 Pb，它们分别填充在低锑合金或铅钙合金的栅架上。为了增大蓄电池的容量，将多片正极板和多片负极板分别用横板连接成正极板组和负极板组，且使负极板比正极板多一片，使极板两侧放电均匀，避免正极板的早期损坏。

② 隔板　其材料应具有多孔性，以便电解液自由渗透。为了增大电解液的储存量，壳体底部不需凸筋，故隔板采用袋式微孔聚氯乙烯将极板包住，可保护正极板上的活性物质不致脱落，防止极板短路。

③ 电解液　是用纯净的硫酸（H_2SO_4）和蒸馏水按一定比例配制成的硫酸水溶液。电解液密度应随地区和气候条件而定。

④ 壳体　是用来盛放电解液和极板组的。壳体应耐酸、耐热、耐振。采用塑料制成六个互不相通的单格。每个单格内装有极板组和电解液组成一个单格电池。

(4) 蓄电池的工作原理

蓄电池在充电时将电能转变成化学能储存起来，用电时将储存的化学能转变成电能供给用电设备。所以蓄电池的工作过程就是化学能与电能的相互转换过程。

① 放电过程　充足电的蓄电池，正极板上的活性物质是二氧化铅 PbO_2，负极板上的活性物质是海绵状的纯铅 Pb，由于正、负极板是两种不同的导体，与电解液起化学反应后，使正极板带正电，负极板带负电，在两极板间产生了约 2V 的电位差。当蓄电池接上负载放

电时，在电位差的作用下，电流由正极通过负载流向负极，与此同时，两极板上的活性物质与电解液发生化学反应，两极板由原来的二氧化铅和海绵状铅逐渐变成硫酸铅，电解液中的硫酸成分逐渐减少，电解液的密度下降。

② 充电过程　充电过程是放电过程的逆反应。在充电过程中，极板上的活性物质和电解液逐渐恢复到放电前的状态，即正、负极板上的硫酸铅绝大部分变为二氧化铅与海绵状铅，直至充电结束。这时，若再继续充电，就要引起水的分解，正、负极板上均剧烈地冒出气泡，正极冒出氧气，负极冒出氢气。充电电流越大，则产生的气泡越多，因此在充电末期充电电流不宜过大，以便延长蓄电池的使用寿命。

7.1.1.2　蓄电池的检修

（1）蓄电池维护

为了使蓄电池经常处于完好状态，延长其使用寿命，蓄电池在使用中应注意以下事项。

① 拆装、搬运蓄电池时应注意防振，蓄电池在车上应固定稳妥。

② 尽量保持蓄电池处于充足电的状态，避免过量放电。对于启动型蓄电池，每次使用启动机时间不超过 5s，两次使用时间不短于 15s，连续三次启动不成功，应查明原因，防止蓄电池过放电。

③ 加注电解液应是纯净的，防止灰尘进入电池内部，经常擦除电池表面的灰尘脏物，保持加液口塞通气孔畅通。若通气孔不畅通，蓄电池内部发生化学反应所产生的气体不能及时排除，可能使蓄电池胀裂。

④ 检查并清洁蓄电池。经常清除蓄电池盖上的泥土、灰尘，擦去蓄电池盖上的电解液，清除导线接头及极柱上的腐蚀物，紧固接头，涂保护剂。

⑤ 定期检查电解液液面高度和密度。蓄电池就车使用过程中，电解液液面高度保持在蓄电池壳体所标最高与最低刻度线之间。当液面过低时，应补充蒸馏水，除非确知液面降低由于电解液溅出所致外，一般不允许补充电解液。

⑥ 定期补充充电。蓄电池在使用过程中，每使用两个月必须进行一次补充充电；如果蓄电池加注电解液后储存备用，因存放过程中会自行放电，所以每间隔一个月补充充电一次。

⑦ 经常检查并判定蓄电池的放电程度，夏季放电超过 50%，冬季超过 25%时及时进行补充充电。

（2）蓄电池液面高度的检查

塑料壳蓄电池，因外壳透明，上面标有最低、最高标志线，可直接观察电解液液面是否在合适范围内。橡胶外壳的蓄电池或蓄电池组，液面高度的检查可用玻璃管测量，电解液应高出极板 10～15mm。检测方法如图 7-2 所示。将玻璃管垂直放入蓄电池的加液孔中，直到与极板接触为止，然后用手指堵紧管口将玻璃管取出，管内所吸取的液面即为液面高度。当液面不足时，应补充蒸馏水。

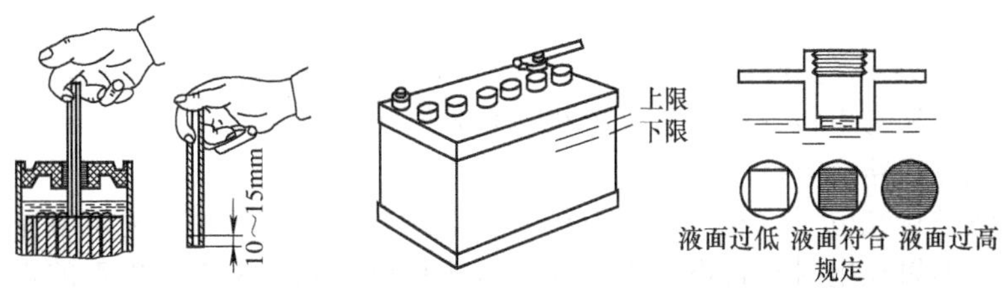

图 7-2　蓄电池电解液液面高度检查

（3）电解液密度和放电程度的检查

用密度计检查电解液密度如图 7-3 所示，首先将密度计气囊内空气排出，然后将吸管插入加液孔，吸入电解液，使浮子浮起，读出浮子上的刻度即为电解液密度值。因为电解液密度的大小与温度密切相关，所以还应测量电解液温度，并修正到25℃的标准密度，然后求得蓄电池的放电程度。

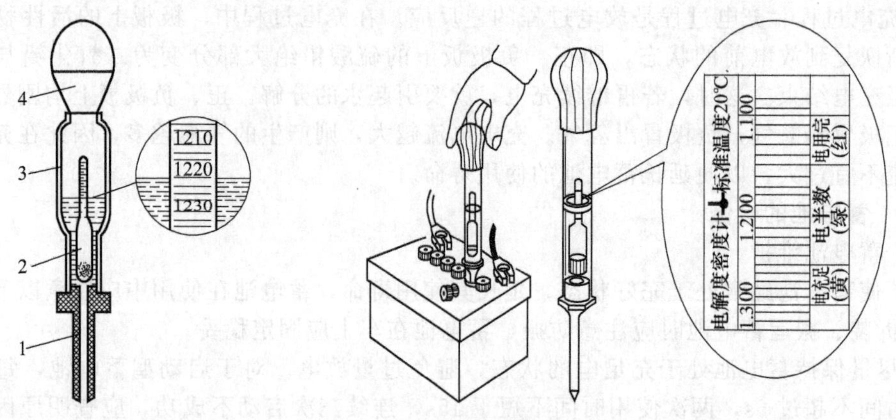

图 7-3 测量电解液密度

1—橡胶吸管；2—浮子；3—玻璃管；4—橡胶球

(4) 用高率放电计测试技术状况

对于橡胶外壳的启动型蓄电池，用高率放电计模拟启动机负荷，测量蓄电池大电流放电时的端电压，判断其放电程度和技术状态的方法，如图 7-4 所示，中部电压表的刻度盘上标有 0～20V 电压值和红黄绿三段刻线。检测蓄电池状态时，表针指在红、黄、绿刻度线范围内分别表示蓄电池“有故障”、“存电不足”和技术状态“良好”。

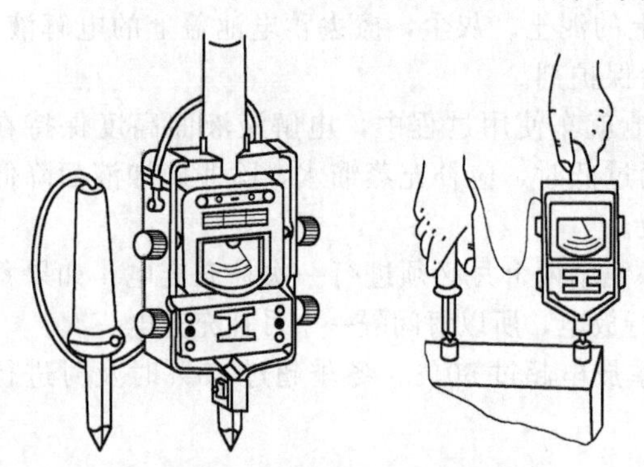
图 7-4 高率放电计测试

(5) 蓄电池电压检测

蓄电池技术状况用车上电压表或万用表就车检测蓄电池的电压来判断。对于启动型蓄电池，首先接通启动开关，发动机尚未启动时，电压表指示蓄电池的端电压范围为 22.8～25.2V（24V电气系统）。如果端电压过低，说明蓄电池严重亏电或内部短路。接通启动开关在启动发动机 3～5s 内，电压表指示的 24V 电气系统蓄电池端电压读数应为 18～22V。若低于 18V，说明蓄电池有故障，需要维修或更换新的电池；若电压表读数高于 22V，说明蓄电池技术状态良好，可以继续使用，不需充电。

7.1.1.3 蓄电池充电

蓄电池充电设备是利用整流元件将三相或单相交流电源转变成直流电源的整流充电设备，常见的有硅整流充电机、晶闸管充电机和快速充电机等。

(1) 连接充电线路的方法

在对蓄电池进行充电时，充电电源正极必须连接蓄电池正极柱，充电电源负极必须连接蓄电池负极柱。如果充电时将蓄电池极性与充电机极性接错，那么充电后的蓄电池极性恰好相反。

蓄电池充电线路一般有并联、串联及串并联三种连接方式，串联电路充电电流相等，便于电流的控制调整，但是当蓄电池数量较多时，充电机的输出电压需要很高；并联电路充电电压相等，但需要充电机输出电流较大，并且各个蓄电池的充电电流有可能不一致；因此，当需充电蓄电池数量较多时，一般采用既有串联也有并联的线路连接方式，如图7-5所示。

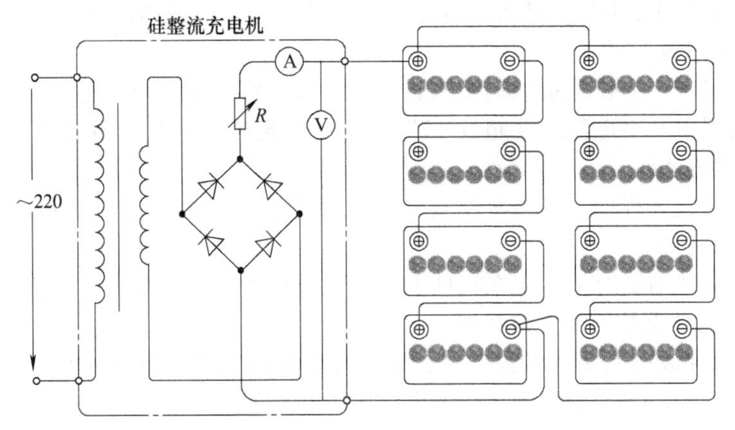

图7-5 蓄电池充电机接线

(2) 恒流充电

① 充电电流选择为蓄电池的额定容量的1/10。

② 间隔1h左右，调节充电电流，测量蓄电池电压，测量电解液密度和温度。若电解液温度达到45℃，暂时停止充电，待电解液温度降低至40℃后再恢复充电。

③ 当蓄电池电压达到14.4V或电解液中有气泡产生时，应将充电电流减半。

④ 当蓄电池电压达到16.5V时，并且1h内蓄电池的单格电压、电解液密度不再上升，停止充电。

⑤ 检查并调整电解液密度，调整液面高度（高出极板10～15mm）。

(3) 快速充电

快速充电需要专门的充电设备，一般采用脉冲充电电流方式，并且间有放电脉冲。充电设备还具有自动保护、电流自动调整、充足检测和停充等功能。快速充电的充电时间短，一般1h左右便可完成。快速充电电流一般较大，充电线路连接要可靠，否则会出现连接点“打火”，严重的还会使线路烧熔或严重氧化。

(4) 免维护蓄电池充电

① 选用额定容量的1/8～1/10充电电流，充电末期电压要达到但不能超过16V（末期电压低于16V易造成充完电后电眼仍发黑）。在充电器无法保证充电电压限制在16V以下时，必须每小时人工监控一次充电电池端电压，否则会导致电池因过压充电失水而影响寿命甚至失效。

② 充电时间与电池充电前电压对应关系见表7-2。

表7-2 充电时间与蓄电池充电前电压对应关系

电池电压	12.55～12.45V	12.45～12.35V	12.35～12.20V	12.20～12.05V	12.05～11.95V	11.95～11.80V	11.80～11.65V	11.65～11.50V	11.50～11.30	11.30～11.00V	11.00V以下
充电时间	2h	3h	4h	5h	6h	7h	8h	9h	10h	12h	14h

③ 充电结束后，检查蓄电池电眼颜色。电眼显示为绿色，说明蓄电池已充足电。如果电眼为黑色，检查充电连线是否接牢，连接点是否清洁，充电末期电压是否达到16V，放置24h后测量电压，对照电压与充电时间的关系继续充电。

④ 若发现电眼发白，有可能是电眼中有气泡，可轻微摇晃电池将气泡赶走。若摇晃后仍然发白，说明电解液已损失，该蓄电池已报废应更换。

⑤ 对于蓄电池电压低于11.0V的蓄电池，充电初期可能会出现蓄电池充不进电现象。

因为严重亏电蓄电池，蓄电池内硫酸密度已接近纯水，蓄电池内阻很大。这时可减小充电电流或换用较大功率的充电机，随着蓄电池充电的进行，蓄电池内硫酸密度上升，蓄电池的充电电流可以逐步恢复正常。

⑥ 充电过程中，如发生蓄电池排气孔大量喷酸，应立即停止充电并查明原因。

⑦ 充电过程中，蓄电池温度超过45℃时，停止充电，至电池温度降到室温后，将充电电流减半，继续充电。

⑧ 蓄电池充电过程中，每小时检查一次电眼状态。蓄电池电眼显示绿色，说明蓄电池已充足电，停止充电。

⑨ 充电结束并测试合格后应在端柱上涂凡士林防止电蚀现象的发生。

7.1.1.4 蓄电池常见故障诊断与排除

蓄电池的内部故障主要有极板硫化、活性物质脱落、极板栅架腐蚀、极板短路、自放电等。各种内部故障的故障特征、产生原因和排除方法见表7-3。

表7-3 蓄电池常见故障的诊断与排除

名称	项目	说明
极板硫化	故障特征	蓄电池极板上生成一层白色粗晶粒的 $PbSO_4$，在正常充电时不能转化为 PbO_2 和 Pb 的现象称为“硫酸铅硬化”，简称“硫化” ①硫化的电池放电时，电压急剧降低，过早降至终止电压，电池容量减小 ②蓄电池充电时单格电压上升过快，电解液温度迅速升高，但密度增加缓慢，过早产生气泡，甚至充电就有气泡
	故障原因	①蓄电池长期充电不足或放电后没有及时充电，导致极板上的 $PbSO_4$ 有一部分溶解于电解液中，环境温度越高，溶解度越大。当环境温度降低时，溶解度减小，溶解的 $PbSO_4$ 就会重新析出，在极板上再次结晶，形成硫化 ②蓄电池电解液液面过低，使极板上部与空气接触而被氧化，在装载机行驶过程中，电解液上下波动，与极板的氧化部分接触，会生成大晶粒 $PbSO_4$ 硬化层，使极板上部硫化 ③长期过量放电或小电流深度放电，使极板深处活性物质的孔隙内生成 $PbSO_4$，平时充电不易恢复 ④新蓄电池初充电不彻底，活性物质未得到充分还原 ⑤电解液密度过高、成分不纯，外部气温变化剧烈
	排除方法	轻度硫化的蓄电池可用小电流长时间充电的方法予以排除；硫化较严重者采用去硫化充电方法消除硫化；硫化特别严重的蓄电池应报废
活性物质脱落	故障特征	主要指正极板上的活性物质 PbO_2 的脱落。蓄电池容量减小，充电时从加液孔中可看到有褐色物质，电解液浑浊
	故障原因	①蓄电池充电电流过大，电解液温度过高，使活性物质膨胀、松软而易于脱落 ②蓄电池经常过充电，极板孔隙中逸出大量气体，在极板孔隙中造成压力，而使活性物质脱落 ③经常低温大电流放电使极板弯曲变形，导致活性物质脱落 ④装载机行驶或作业中的颠簸振动
	排除方法	对于活性物质脱落的铅酸蓄电池，若沉积物较少时，可清除后继续使用；若沉积物较多时，应更换新极板和电解液
自放电	故障特征	蓄电池在无负载的状态下，电量自动消失的现象称为自放电 如果充足电的蓄电池在30天之内每昼夜容量降低超过2%，称为故障性自放电
	故障原因	①电解液不纯，杂质与极板之间及沉附于极板上的不同杂质之间形成电位差，通过电解液产生局部放电 ②蓄电池长期存放，硫酸下沉，使极板上、下部产生电位差引起自放电 ③蓄电池溢出的电解液堆积在电池盖的表面，使正、负极柱形成通路 ④极板活性物质脱落，下部沉积物过多使极板短路
	排除方法	自放电较轻的蓄电池，可将其正常放完电后倒出电解液，用蒸馏水反复清洗干净，再加入新电解液，充足电后即可使用；自放电较为严重时，应将电池完全放电，倒出电解液，取出极板组，抽出隔板，用蒸馏水冲洗之后重新组装，加入新的电解液重新充电后方可使用

7.1.2 发电机和调节器构造与维修

7.1.2.1 发电机的构造及工作原理

（1）发电机的种类

现在装载机上使用的发电机是三相同步交流发电机，由于用电设备和向蓄电池充电要求是直流电，所以交流发电机上设置有整流装置。又由于整流装置用硅整流二极管制成，因此交流发电机也称为硅整流发电机。按照发电机的结构不同，交流发电机有普通式（JF×××）、整体式（JFZ×××）、无刷式（JFW×××）和带泵式（JFB×××）等。

整体式交流发电机是将调节器与发电机制成一体，简化了发电机与调节器之间的连线，提高了电源系统的工作可靠性，减少了电气系统故障的发生。无刷式发电机取消了发电机工作时的薄弱环节——电刷、滑环结构，提高了发电机工作的可靠性。带泵式发电机是在普通发电机的基础上，增设了由发电机轴驱动的一台真空泵，用于驱动装用柴油发动机作动力的真空助力装置。

（2）发电机的功用

发电机的功用是当发动机在怠速以上运行时，像除启动机以外的所有用电系统供电，同时还向蓄电池充电。

（3）交流发电机的结构

交流发电机结构大同小异，基本结构都是由转子、定子、整流器和端盖、风扇叶轮等组成，如图 7-6 所示。

① 转子　用来建立发电机的磁场。它由压装在转子轴上的两块爪形磁极 5、两块磁极之间的励磁绕组 6 和压装在转子轴上与轴绝缘并彼此绝缘的两个滑环 7 组成。

② 定子　用来在发电机工作时，与转子的磁场相互作用产生交流电压。它由内圆带槽的硅钢片叠成的铁芯和对称地安装在铁芯上的三相定子绕组组成。三相定子绕组按星形或按三角形连接。按星形连接时，三相绕组的首端分别与整流器的硅二极管相连，三相绕组的尾端连在一起作为发电机的中性点。按三角形连接时，将三相绕组中一相绕组的首端与另一相绕组的尾端相连，并将连接点接整流器的硅二极管。

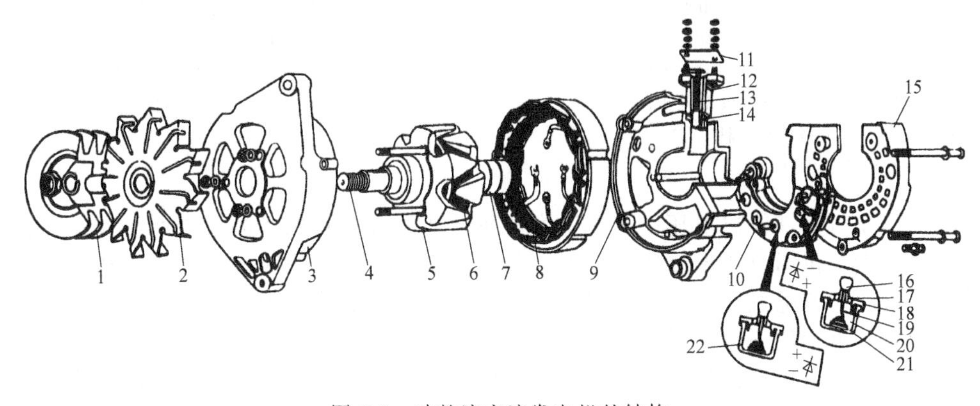

图 7-6　硅整流交流发电机的结构

1—带轮；2—风扇叶轮；3—驱动端盖；4—转子轴；5—爪形磁极；6—励磁绕组；7—滑环；8—定子总成；9—电刷端盖；10—整流器总成；11—电刷弹簧盖板；12—电刷架；13—电刷弹簧；14—电刷；15—防护罩；16—硅二极管电极；17—绝缘体；18—盖；19—引出线（二极管的一个电极）；20—硅组合体；21,22—外壳（二极管的另一个电极）

③ 整流器　是由 6 个（8 个、9 个或 11 个）硅二极管组成的三相桥式全波整流电路。它将三相定子绕组中产生的交流电转变为直流电。在负极接地的发电机中，3 个（或 4 个）二极管的壳体为负极，压装在与发电机机体绝缘的元件板上，并与发电机的输出端（正极）

相连，其引线为二极管的正极，称为正极二极管；另外3个（或4个）二极管的壳体为正极，压装在不与机体绝缘的元件板上，或直接压装在电刷端盖上，作为发电机的负极，其引线为负极，称为负极二极管。

④ 驱动端盖和电刷端盖　用作发电机的前后支承。在电刷端盖上装有电刷架和两个彼此绝缘的电刷14，并通过电刷弹簧13，使电刷与转子轴上的两个滑环7保持接触，电刷的引线分别与电刷端盖上的两个磁场接线柱相连（外搭铁式交流发电机），或一个与磁场接线柱相连，另一个在发电机内部搭铁（内搭铁式交流发电机）。发电机的整流器总成10也安装在驱动端盖上，以利于检修。

此外，发电机的前端还装有带轮和叶片式风扇，用来驱动发电机旋转和强制通风散热。为了提高发电机的散热强度，有效地提高发电机的功率，或减小发电机的体积，有些发电机在转子的爪形磁极上加工出风扇叶片，取消了外装式的风扇叶轮。

(4) 交流发电机的工作原理

发电机工作时，通过电刷和滑环将直流电压作用于励磁绕组1（见图7-7）的两端，则在励磁绕组中有电流通过，并在其周围产生磁场，使转子轴和轴上的两块爪形磁极被磁化，一块为N极，另一块为S极。由于它们的爪极相间排列，便形成了一组交错排列的磁极，如图7-8所示。当转子旋转时，在定子中间形成旋转的磁场，使安装在定子铁芯上的三相定子绕组中感应生成三相交流电，经整流器整流为直流电。

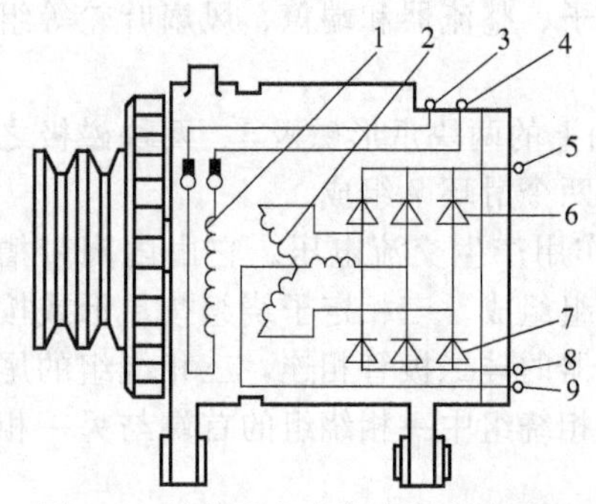

图7-7　硅整流交流发电机电路原理
1—励磁绕组；2—三相定子绕组；
3—磁场接线柱（F1）；4—磁场接线柱（F2）；
5—输出接线柱（"+"）；6—正极二极管；
7—负极二极管；8—搭铁接线柱（E）；
9—中性点接线柱（N）

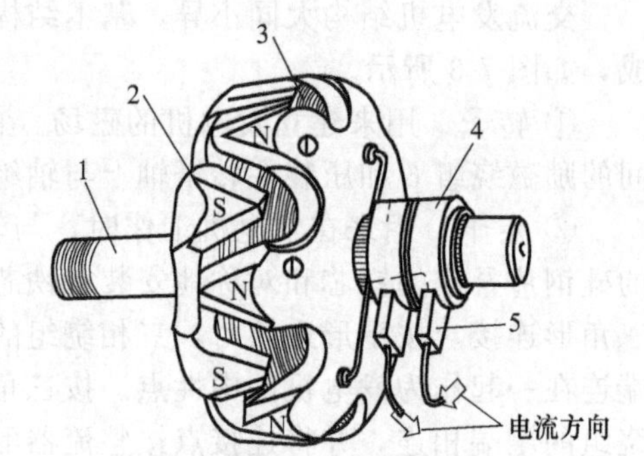

图7-8　交流发电机的磁极
1—转子轴；2—爪形磁极；
3—励磁绕组；4—滑环；
5—电刷

发电机工作时，其输出电压的大小随发电机转速的升高和磁场的增强而增大。装载机上的发电机是由发动机通过风扇皮带驱动旋转的，由于发动机工作时的转速在很宽的范围内变化，使发电机的转速随之变化，发电机的电压也将在很宽的范围内变化。装载机用电设备的工作电压和对蓄电池的充电电压是恒定的，一般为12V或24V。为此，要求在发动机工作时，发电机的输出电压也保持恒定，以便使用电设备和蓄电池正常工作。因此，装载机上使用的发电机，必须配用电压调节器，以便在发电机转速变化时，保持发电机端电压恒定。

7.1.2.2 调节器的构造及工作原理

(1) 调节器的功用与种类

调节器的主要作用是通过调节发电机的励磁电流，保持发电机输出电压恒定。按照调节器的结构不同，调节器可分为电磁振动式（触点式）和电子式（无触点式）两大类。电磁振动式又有单级（一对触点）式和双级（两对触点）式之分。电子式有分立元件式和集成电路式之分。按照调节器的安装方式不同，有外装式和内装式。内装式调节器装在发电机的内部，其发电机称为整体式发电机。按照配用的发电机搭铁形式的不同，又可分为内搭铁发电机用和外搭铁发电机用。

电磁振动式调节器用 FT×××表示，电子式调节器用 JFT×××表示。依据标准，第一位数字表示调节器的电压等级，意义同发电机。实际应用中，常常将电压调节与磁场控制、充电指示灯控制、过电压保护等功能与调节器制成一体，构成多功能调节器。

(2) 电磁振动式电压调节器的结构

常用的电磁振动式电压调节器有单级触点式和双级触点式两种结构，均是通过触点的振动（开闭），控制发电机磁场电流的方法，保持发电机输出电压的稳定。

图 7-9 所示为 FT221 型单触点电磁振动式电压调节器的内部结构。它由电磁铁机构、触点组件和调节电阻 R_1、R_2、R_3 等组成。通过触点的闭合与断开，将励磁电路中的附加电阻短路或串入，从而改变发电机励磁电流的大小，达到控制输出电压的目的。触点的闭合与断开由铁芯产生的磁力的大小来决定。线圈内电流的大小控制铁芯产生磁力的大小。

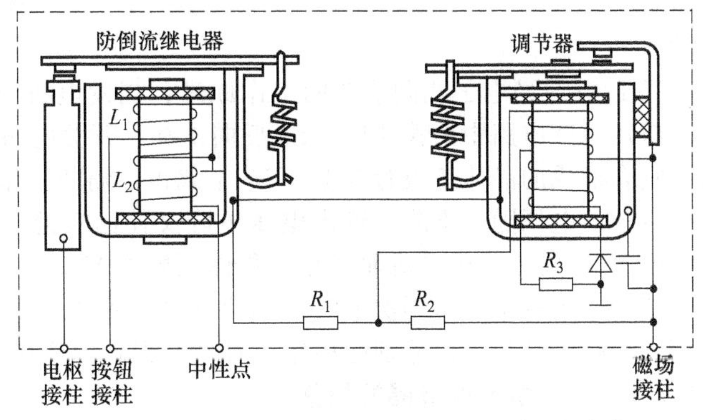

图 7-9　FT221 型硅整流发电机调节器的内部结构

工作原理：交流发电机未转动时，触点在弹簧的作用下保持闭合状态，将调节电阻短路。当发电机电压低于蓄电池电压时，磁场绕组和调压线圈由蓄电池供电。当发电机电压高于蓄电池电压但尚低于调节电压上限值时，磁场绕组和调压线圈则由发电机供电。当发电机转速升高到一定值，其输出电压达到调节电压上限值时，触点断开，磁场电路中串入了调节电阻，磁场电路的总电阻增大，磁场电流减小，磁极磁通减少，发电机输出电压下降。

(3) 电子式电压调节器

由于电磁振动式调节器工作中产生触点火花，会对无线电设备产生干扰，且需要维护，现逐渐被电子式调节器所取代。

① 结构　电子式调节器按照结构形式分为分立元件式和集成电路式；按照安装方式分为外装式和内装式；按照搭铁形式分为内搭铁式和外搭铁式。

电子式调节器是利用晶体三极管的开关特性制成的，根据发电机输出电压的高低，控制晶体三极管的导通和截止，来达到调节发电机磁场绕组电流，使发电机输出电压稳定在某一规定的范围内。

外搭铁型电子式调节器的基本电路由电压信号监测电路、信号放大与控制电路、功率放大电路以及保护电路四部分组成。

② 工作原理

a. 发电机未转动或转速低时，输出电压低于蓄电池电压，蓄电池供电，发电机的输出电压将随转速升高而升高。

b. 当发电机输出电压上升到高于蓄电池电压但尚低于调节电压上限值时，磁场电流由发电机自己供给。

c. 当发电机输出电压随转速升高而升高到调节电压上限值时，磁场电流切断，发电机输出电压降低。

d. 当发电机输出电压降到调节电压下限值时，磁场电流接通，发电机输出电压升高。

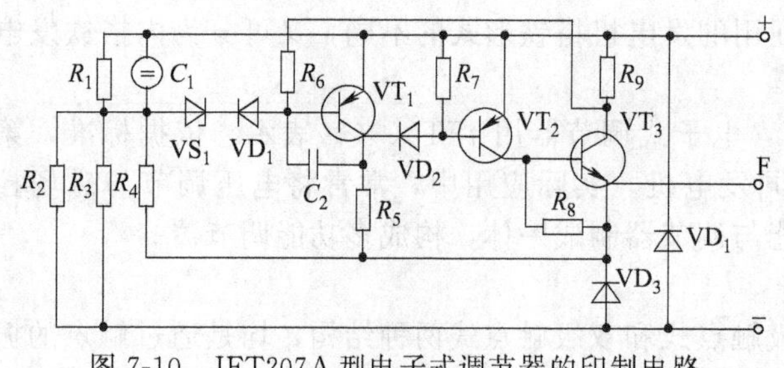

图 7-10　JFT207A 型电子式调节器的印制电路

③ JFI207A 型电子式调节器　内搭铁型电子式调节器的基本电路的显著特点是：接通与切断磁场绕组电流的开关三极管 VT_2 为 PNP 型三极管，且串联在磁场绕组的电源端。

图 7-10 所示为 JFT207A 型电子式调节器的印制电路。其用晶体三极管的开关电路来控制发电机的励磁电流，以达到稳定发电机输出电压的目的。

JFT207A 型电子式调节器的工作原理：当发电机因转速升高、其输出电压超过规定值时，电压敏感电路中的稳压管 VS_1 反向击穿，开关电路前级晶体三极管 VT_1 导通，而将后级以复合形成的晶体三极管 VT_2、VT_3 截止，隔断了作为 VT_3 负载的发电机磁场电流，使发电机输出电压随之下降。输出电压下降又使已经处于击穿状态的稳压管 VS_1 恢复，晶体三极管 VT_1 失去基极电流而截止，晶体三极管 VT_2、VT_3 重新导通，接通了发电机磁场电流，使发电机输出电压再次上升。如此反复，使调节器起到了控制和稳定发电机输出电压的作用。线路的其他元件分别起稳定、补偿和保护的作用，以提高调节器的性能和可靠性。

7.1.2.3　发电机及调节器的检修

(1) 发电机的检修

交流发电机的检修主要是转子、定子的检查及整流器的检查。

① 转子的检查　当转子有短路、断路、搭铁或滑环污损等故障时，将造成不充电、充电电流过小、充电电流不稳定的故障。转子故障的检查见表 7-4。

表 7-4　交流发电机的故障检查

序号	名称	检查内容		示意图	检查方法及结果分析
1	发电机	不解体			将万用表置于二极管检查挡，正表笔接发电机负极，负表笔接 B＋或 D＋，读数应小于 1mV，读数为零或∞，整流器损坏，交换表笔，读数应为∞，否则整流器损坏
2	转子	磁场绕组	短路与断路		万用表置于 Ω 挡，用两表笔测量两个滑环间的电阻，一般为 2.5～5Ω。电阻为零，磁场绕组短路，∞为断路
			搭铁		万用表置于 $R\times1k$ 或 $R\times10k$ 挡，两表笔分别接爪极或两滑环中的任意一个阻值应为∞，否则为搭铁故障
		滑环的检查			滑环表面应光洁无烧损，两滑环间不得有污物，否则应用蘸有汽油的布擦拭干净，若有轻微烧蚀，应用 00 号砂布打磨；有较深刮痕或失圆应车光，用卡尺检查滑环直径，不得小于规定值，否则应更换

续表

序号	名 称	检查内容		示意图	检查方法及结果分析
3	定子	短路与断路的检查		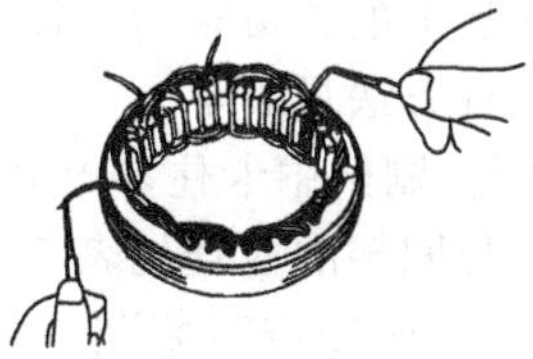	万用表置于Ω挡，一表笔接三相绕组的中性点，另一表笔分别接三相绕组的首端，阻值一般不大于1Ω，且三相绕组阻值相等，阻值为零绕组短路，阻值∞为断路
		搭铁的检查		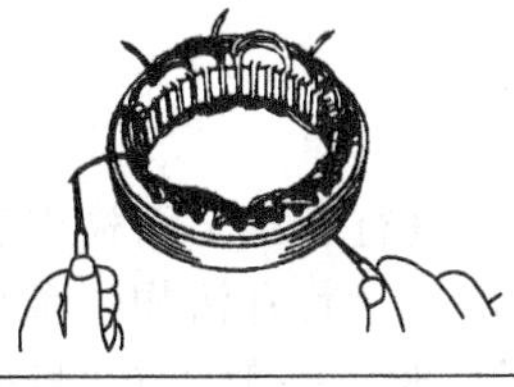	万用表置于$R\times1k$或$R\times10k$挡，两表笔分别接三相绕组的引线和铁芯，其阻值应为∞，否则具有搭铁故障
4	整流器	正极二极管	正向电阻的检查	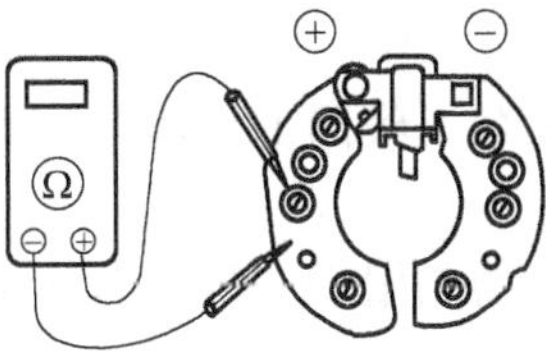	万用表置于$R\times1$挡，正表笔接三个二极管的引出线，负表笔接元件板，正向电阻应为8～10Ω，电阻为零或∞表明二极管损坏
			反向电阻的检查	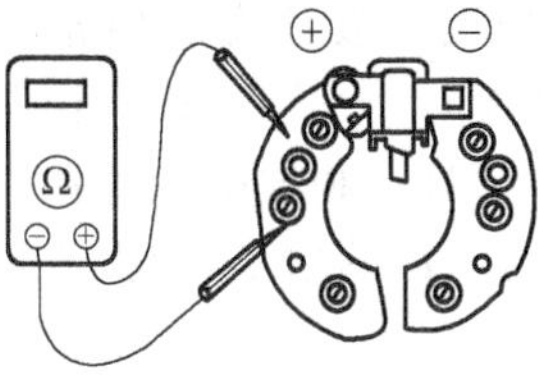	交换表笔再次测量电阻应为10kΩ以上，若电阻为零或过小，表明二极管损坏
		负极二极管	正向电阻的检查	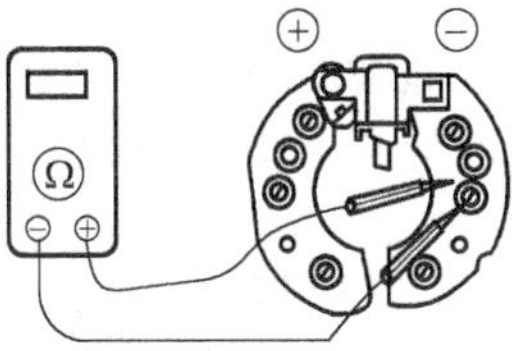	万用表置于$R\times1$挡，正表笔接元件板（或端盖），负表笔接各二极管的引线，正向电阻应为8～10Ω，电阻为零或∞表明二极管损坏
			反向电阻的检查	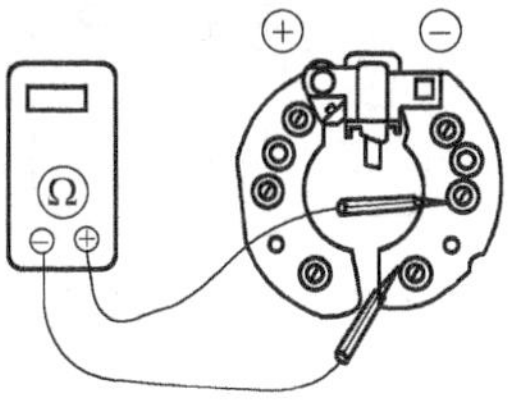	交换表笔再次测量，电阻应大于10kΩ，电阻为零或∞表明二极管损坏
5	电刷与刷架	外观检查		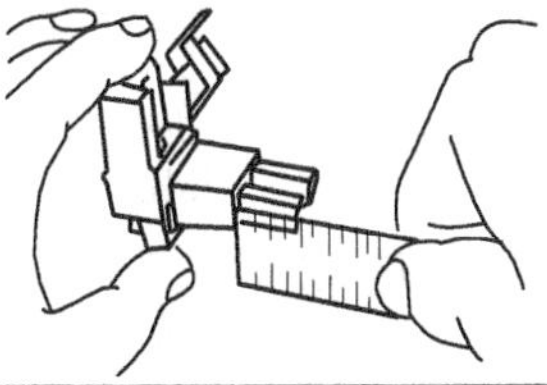	电刷表面不得有油污，否则用干布浸汽油擦拭干净，电刷在刷架中应能自由滑动，电刷架不得有裂痕或破损，电刷弹簧张力应符合出厂规定，一般为1.5～2N，电刷外露长度应符合出厂规定

② 定子的检查　当定子绕组有短路、断路、搭铁故障时，将造成不充电或充电电流过小的故障。定子绕组故障检查的方法见表7-4。

③ 整流器的检查　当整流器的硅二极管出现短路、断路或反向击穿的故障时，也会出

现不充电或充电电流过小的故障。对整流器进行检查时，应区分正极二极管和负极二极管，与发电机输出端 B+相连的元件板上的二极管为正极二极管，其引线为二极管的正极，元件板为二极管的负极。与发电机负极相连的元件板上的二极管为负极二极管，元件板为二极管的正极，引出线为二极管的负极。整流器的检查方法见表 7-4。

④ 电刷与刷架的检查　当电刷磨损，电刷在刷架中卡住，电刷弹簧损坏，刷架松动等，也将造成不充电或充电电流过小的故障。电刷与刷架的检查见表 7-4。

⑤ 装配　检修后的发电机应按解体时相反的顺序进行装配，装配时还应检查轴承的配合情况，必要时予以更换。

(2) 调节器的检修

① 电磁振动式调节器的使用与维护

a. 日常维护　正常情况下每工作 200h 左右进行一次全面检查和维护，内容如下。

ⅰ. 拆下护壳，检查触点表面有无污物和烧损。若有污物，可用较干净的纸擦拭触点表面。若触点出现烧蚀或平面不平而导致接触不良时，一般用 00 号砂纸或砂条将其磨平，最后再用干净的纸擦净。

ⅱ. 检查各个接头的牢固程度，测量电阻和各个线圈的电阻值。若有损坏，应及时修复或更换。

ⅲ. 检验断流器的闭合电压和逆电流、节压器的限额电压、节流器的限额电流以及各种触点的间隙和气隙。若不符合要求，应进行调整。

ⅳ. 检查调整后的调节器，在启动发动机时，要注意观察充电电流表指针的指示。若发动机在中等以上转速运转时，电流表指针仍指向“－”一边，说明断流器的触点未断开，应迅速断开接地开关，否则，会损坏蓄电池、调节器和发电机等器件。若发动机启动至额定转速后，电流表的指针仍指向“0”位，说明调节器的触点间隙调整不当，应重新进行检查和调整。

b. 调节器触点间隙的调整　调节器触头和衔铁与铁芯间的间隙应在图 7-11 所示的范围内。当确认调节器发生故障时，一般应首先检查触点是否有污损，而导致不能闭合和断开。弹簧起调节电压数值的加减作用。拉长弹簧时电压上升，反之电压下降。

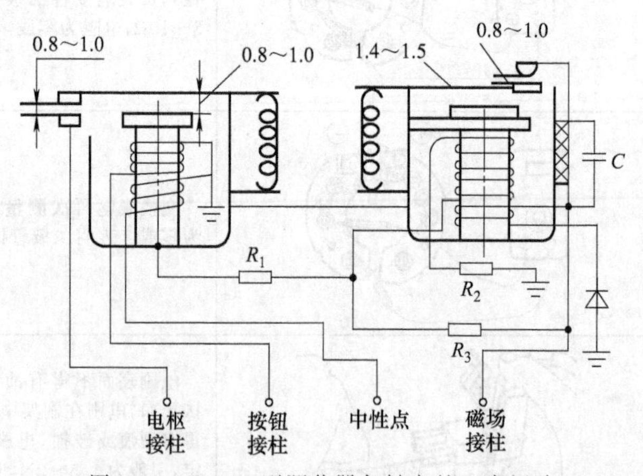

图 7-11　FT221 型调节器各触点的正常间隙

② 电磁振动式调节器的检修

a. 直观检查　目视触点有无烧蚀，查看各电阻及线圈有无烧焦现象和断路、搭铁等故障。

b. 仪表检查　用万用表测量调节器各连接端子间的电阻值，判断电磁振动式调节器电气部件的技术状况。

c. 修理方法　发现故障部位，视情况采取调整、修复或换件等方法进行修理。

③ 晶体管电压调节器的检查　见表 7-5。

表 7-5　晶体管电压调节器的检查

检查项目	示意图	检查方法及结果分析
测“+”与“F”间电阻	正向电阻 $R\approx500\sim750\Omega$，反向电阻 $R\approx5\sim7.4k\Omega$	用万用表测量各接线柱间的电阻值，判断调节器是否出现故障，电阻值的大小因调节器的型号而不同，应符合出厂规定，或与技术状况良好的调节器进行对比，来判断调节器的技术状况
测“+”与“－”间电阻	正向电阻 $R\approx1.6\sim1.8k\Omega$，反向电阻 $R\approx3\sim4k\Omega$	
测“F”与“－”间电阻	正向电阻 $R\approx550\sim600\Omega$，反向电阻 $R\approx4\sim5k\Omega$	

7.1.3 发电机和调节器常见故障诊断与排除

发电机和调节器常见故障主要有不充电、充电电压过低、充电电压过高等。可以使用万用表的直流电压挡，通过测量蓄电池或发电机两端的电压值来判断。24V 电气系统装载机上发电机的工作电压约为 28.8V（通常为 27.4～29.5V）。

(1) 不充电

发动机正常工作时充电指示灯亮或电流表指示负值方向，表明发电机不发电，蓄电池不充电。其主要原因有发电机故障、调节器故障或电气线路故障等。拆下发电机磁场（F）接线端子连线。接通电锁开关，用万用表（直流试灯）检查连线端头，若有电，表明发电机有故障。可进一步检查发电机电刷、滑环、转子、定子等部件或更换发电机；若无电，接着检查调节器磁场（F）接线端子，该端子有电，表明调节器到发电机的连线有断路；该端子无电，接着检查调节器火线（S 或+）接线端子，该端子有电，表明调节器故障，可检查、更换调节器；检查调节器火线（S 或+）接线端子，该端子无电，则为电锁、电锁至调节器的连线有断路等。

(2) 充电电压过低（充电不足）

发动机工作过程中，充电指示灯闪烁或电流表在零位左右摆动，启动机运转无力，甚至不能带动发动机转动。可能原因有调节器工作电压失调或有故障、皮带过松、发电机内部故障或蓄电池故障。

首先使用万用表的直流电压挡，通过测量蓄电池或发电机两端的电压值，如低于标准值，表明充电电压过低。接着检查风扇皮带的张紧度是否过松打滑，若过松，则应按标准重新调整。若正常，接着检查发电机和蓄电池是否有故障，方法是：发动机在中速以上运行时，断开蓄电池搭铁线，如果发动机运转正常，表明发电机输出的功率能满足点火系统以及用电设备的要求，同时说明蓄电池存在故障。若断开蓄电池搭铁线后，发动机熄火，则表明蓄电池和发电机均有故障。

(3) 充电电压过高

如果发电机电压过高，发动机工作过程中灯泡易烧毁，蓄电池电解液中水消耗过快。可能原因有调节器工作电压失调或有故障。

启动发动机并使其中速运行，将万用表置于直流电压挡（25V），红表笔接发电机电枢接柱（“B”），黑表笔接发电机外壳，测量蓄电池或发电机两端的电压值，如高于标准值，表明充电电压过高。当充电电压过高时应换用新的电子调节器。

7.2 启动系统的构造与维修

7.2.1 启动机的组成及工作原理

(1) 启动机的功用

启动系统的功用是实现发动机的顺利启动。它由启动机、启动继电器等组成。启动机的作用是将蓄电池的电能转化成机械能，并传至发动机的飞轮，带动发动机的曲轴转动。启动继电器的作用是控制启动机的工作，同时可起到启动保护的作用。

(2) 启动机的组成

启动机由串励直流电动机、传动机构和控制装置三部分组成，如图 7-12 所示。

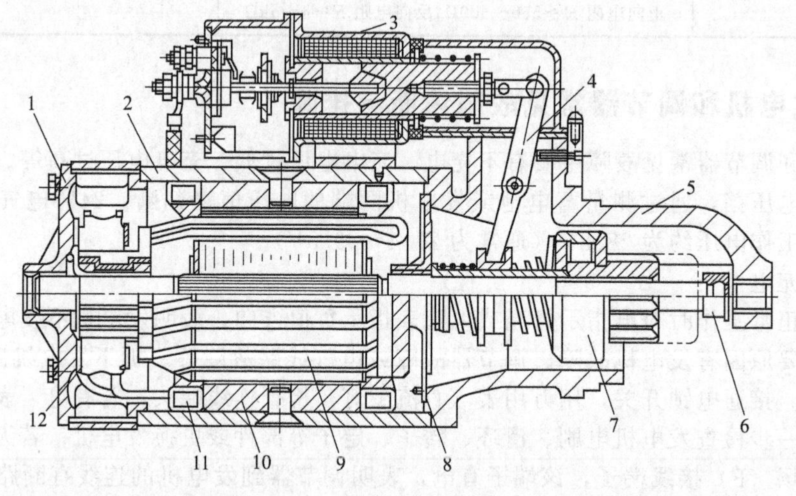

图 7-12 启动机的结构

1—前端盖；2—电动机壳体；3—电磁开关；4—拨叉；5—后端盖；6—限位螺母；7—单向离合器；8—中间支承板；9—电枢；10—磁极；11—磁场线圈；12—电刷

① 串励直流电动机　作用是产生转矩，即将蓄电池的电能转变为机械能的装置。

② 传动机构　作用是在发动机启动时，使启动机驱动齿轮啮入飞轮齿环，将启动机转矩传给发动机曲轴；而在发动机启动后，使驱动齿轮自动打滑，避免启动机发生“飞车”事故。

③ 控制装置（即电磁开关）　用来接通和切断电动机与蓄电池之间的电路，控制启动机驱动齿轮与发动机飞轮的啮合与分离。

(3) 启动机操纵装置

常见的启动机操纵装置可分为无保护继电器和有保护继电器电磁式操纵装置两种。

① 无保护继电器的电磁式操纵装置　由电磁铁机构、启动机开关和启动按钮等组成。启动机电路如图 7-13 所示。

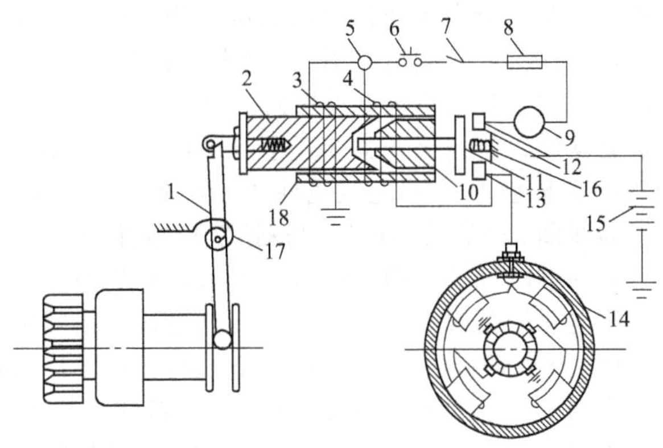

图 7-13　无保护继电器电磁式操纵装置的启动机电路

1—拨叉杆；2—衔铁；3—保持线圈；4—吸拉线圈；5—保持、吸拉线圈接线柱；6—启动机按钮；7—电源开关；8—熔丝；9—电流表；10—固定铁芯；11—触盘；12,13—接线柱；14—启动机；15—蓄电池；16—触盘弹簧；17—回位弹簧；18—铜套

接通电源开关后，按下启动按钮，使吸拉线圈和保持线圈的电路接通。吸拉线圈和保持线圈通电后，两者磁场使衔铁回位弹簧受力而被吸入，拨叉杆将单向离合器推出，使小齿轮在缓慢旋转中与飞轮齿圈啮合。当小齿轮与飞轮齿圈全部啮合后，蓄电池便以大电流通过启动机产生正常转矩，带动曲轴旋转。与此同时，吸拉线圈被触盘短路而失去作用，只靠保持线圈的磁力保持衔铁仍处于吸入位置。柴油机启动后，在松开按钮的瞬间，吸拉线圈和保持线圈形成串联。这时，吸拉线圈、保持线圈中的电流产生的磁场方向相反，电磁力迅速减弱，于是衔铁退出，使触盘与触头分离，切断了电路，使启动机停止转动。同时，拨叉带动单向离合器右移，使驱动小齿轮与飞轮齿圈脱离。

② 有保护继电器的电磁式操纵装置　由启动继电器和保护继电器两部分构成，其工作原理如图 7-14 所示。启动继电器由一对常开触点 1、一个线圈 2 和四个接线柱等组成。四个接线柱的标记分别是“启动机”、“ 电池”、“ 搭铁”、“点火开关”（或“S”、“B”、“E”、

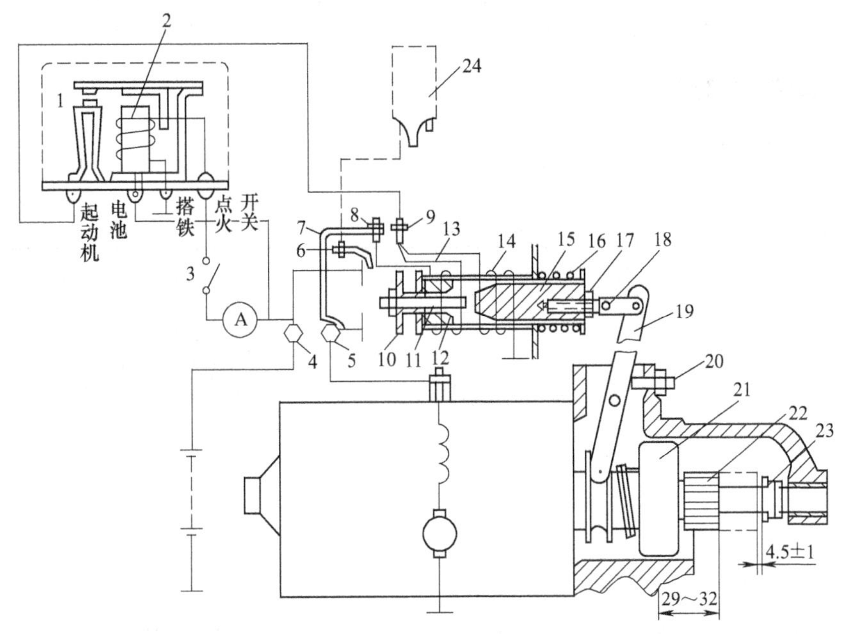

图 7-14　有启动继电器的电磁式操纵装置的启动机电路

1—启动继电器触点；2—启动继电器线圈；3—点火开关；4,5—主接线柱；6—点火线圈附加电阻短路接线柱；7—导电片；8,9—接线柱；10—接触盘；11—推杆；12—固定铁芯；13—吸拉线圈；14—保持线圈；15—活动铁芯；16—回位弹簧；17—调节螺钉；18—连接片；19—拨叉；20—定位螺钉；21—单向离合器；22—驱动齿轮；23—限位环；24—点火线圈

"SW")，常开触点1通过"启动机"和"电池"接线柱分别与启动机电磁开关接线柱9和蓄电池正极连接，控制电磁开关线圈电路的通断。继电器线圈2一端通过"搭铁"接线柱搭铁，另一端通过"点火开关"接线柱接点火开关3，由点火开关控制线圈电路的通断。

启动时，将点火开关3置于启动位置，启动继电器的线圈通电，启动继电器线圈电流路径为：蓄电池"+"→主接线柱4→电流表→点火开关→启动继电器"点火开关"接线柱→继电器线圈2→启动继电器"搭铁"接线柱→搭铁→蓄电池"—"。

启动继电器的线圈通电后产生的电磁吸力使触点闭合，蓄电池经过启动继电器触点1为启动机电磁开关线圈供电。启动机电磁开关线圈的电路电流路径分别为：蓄电池"+"→主接线柱4→启动继电器"电池"接线柱→触点1→启动继电器"启动机"接线柱→接线柱9→吸拉线圈13→接线柱8→导电片7→主接线柱5→电动机→搭铁→蓄电池"—"；

蓄电池"+"→主接线柱4→启动继电器"电池"接线柱→触点1→启动继电器"启动机"接线柱→接线柱9→保持线圈14→搭铁→蓄电池"—"。

吸拉线圈13和保持线圈14通电后，两线圈产生方向相同的磁通，使活动铁芯15在磁力的作用下向左移动，一方面通过调节螺钉17和连接片18拉动拨叉19绕支点转动，拨叉下端拨动单向离合器21向右移动，使驱动齿轮22与飞轮齿圈啮合；另一方面通过推杆11推动接触盘10向左移动，当驱动齿轮与飞轮齿圈接近完全啮合时，接触盘10与主接线柱4、5接触，启动机主电路接通，电流路径为：蓄电池"+"→主接线柱4→接触盘10→主接线柱5→励磁绕组→绝缘电刷→电枢绕组→搭铁电刷→搭铁→蓄电池"—"。

启动机主电路接通后，吸拉线圈被短接，电磁开关的工作位置靠保持线圈的电磁力来维持，同时电枢轴产生足够的电磁力矩，带动曲轴旋转而启动发动机。

发动机启动后，放松点火开关，点火开关将自动转回一个角度（至点火位置），切断启动继电器线圈电流，启动继电器触点打开，吸拉线圈和保持线圈变为串联关系，产生的电磁力相互削弱。在回位弹簧16的作用下，活动铁芯右移复位，启动机主电路切断；与此同时，拨叉带动单向离合器向左移动，驱动齿轮与飞轮齿圈分离，启动过程结束。

7.2.2 启动机的修理

(1) 启动机的分解

启动机分解步骤如表7-6所示。

表7-6 启动机分解步骤

序号	分解步骤		示意图
1	启动机导线的拆卸	用扳手旋下电磁开关的接线柱"30"及"50"的螺母，取下导线	1—扳手；2—电磁开关
2	启动机衬套及端盖的拆卸	旋下启动机贯穿螺钉和衬套螺钉，取下衬套座和端盖，取出垫片组件和衬套	1—启动机；2—衬套座；3—端盖

续表

序号	分解步骤		示意图
3	启动机电刷的拆卸	用尖嘴钳将电刷弹簧抬起，拆下电刷架及电刷	1—尖嘴钳；2—电刷弹簧
4	启动机电磁开关的拆卸	取下励磁绕组后，用扳手旋下螺栓，从驱动端端盖上取下电磁开关总成	1—扳手；2—驱动端盖；3—电磁开关
5	启动机传动叉的拆卸	在取出转子后，从端盖上取下传动叉，然后取出驱动齿轮与单向离合器，再取出驱动齿轮端衬套	1—端盖；2—传动叉

(2) 启动机的检修

① 电枢的检查　用千分表检查启动机电枢轴是否弯曲，如图7-15所示。若摆差超过0.1mm，应进行校正。电枢轴上的花键槽严重磨损或损坏应进行修复或更换。电枢轴轴颈与衬套的配合间隙不得超过0.15mm，间隙过大，应更换新套，进行铰配。

② 换向器的检查　检查换向器有无脏污和表面烧蚀，若出现此情况，用400号砂纸或在车床上修整。

检查换向器的径向圆跳动量，如图7-16所示。将换向器放在V形铁上，用百分表测量圆周上径向跳动量，最大允许径向圆跳动量为0.05mm。若径向圆跳动量大于规定值，应进行校正。

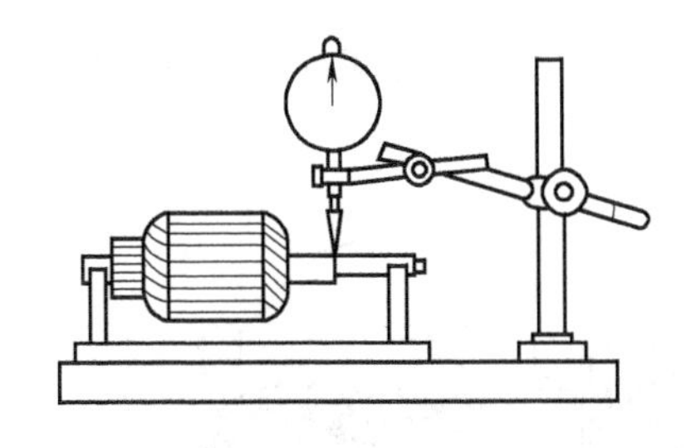

图7-15　检查电枢轴弯曲度

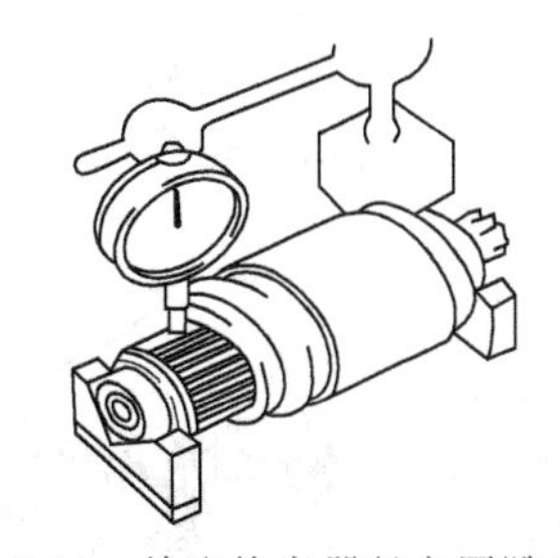

图7-16　检查换向器径向圆跳动量

用游标卡尺测量换向器的直径，如图7-17所示。其标准值为30.0mm，最小直径为29.0mm。若直径小于最小值，应更换电枢。

检查底部凹槽深度，应清洁无异物，边缘光滑，测量如图 7-18 所示。标准凹槽深度为 0.6mm，最小凹槽深度为 0.2mm。若凹槽深度小于最小值，则用手锯条修正。

③ 电枢绕组的检修　检查换向器是否断路，如图 7-19 所示。用欧姆表检查换向片之间的导通性，应导通，若换向片之间不导通，应更换电枢。

检查换向器是否搭铁，如图 7-20 所示。用欧姆表检查换向器与电枢绕组铁芯之间的导通性，应不导通，若导通，应更换电枢。

检查电枢绕组匝间短路可用万能试验台，若电枢中有短路，则在电枢绕组中将产生感应电流，钢片在交变磁场的作用下在槽上振动，由此可判断电枢绕组中的短路故障。

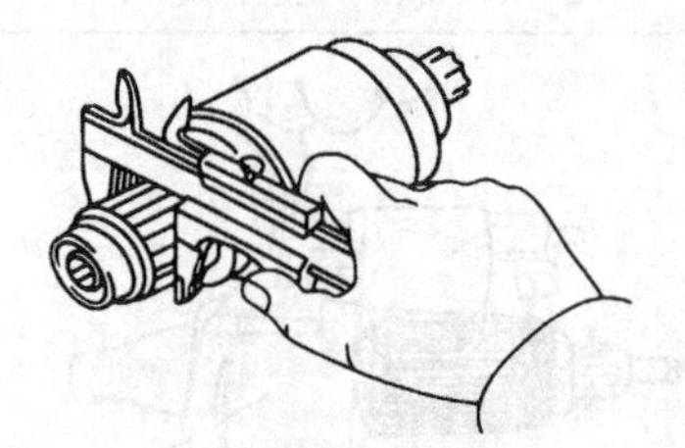

图 7-17　检查换向器直径

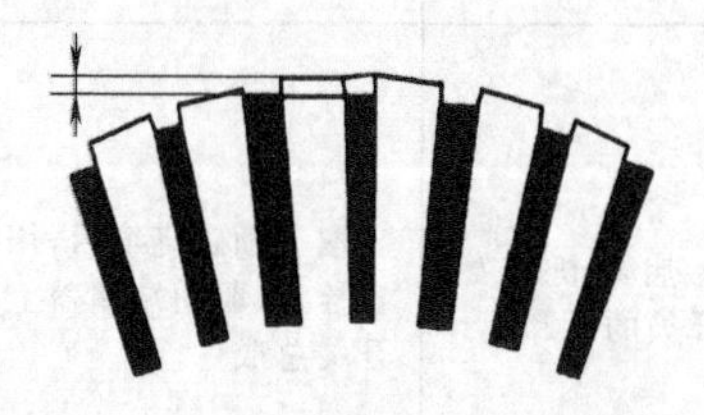

图 7-18　检查换向器底部凹槽深度

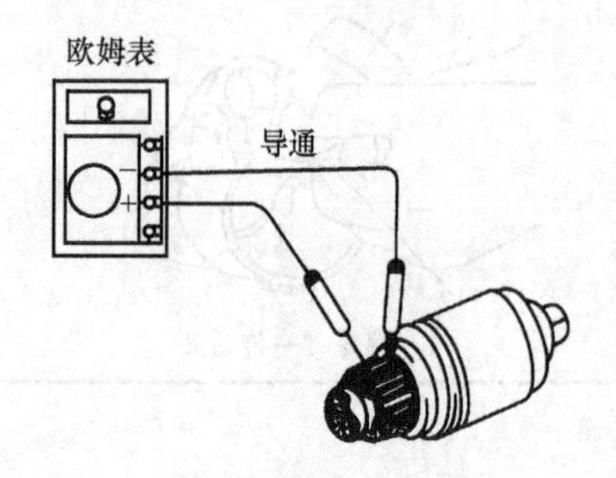

图 7-19　检查换向器是否断路

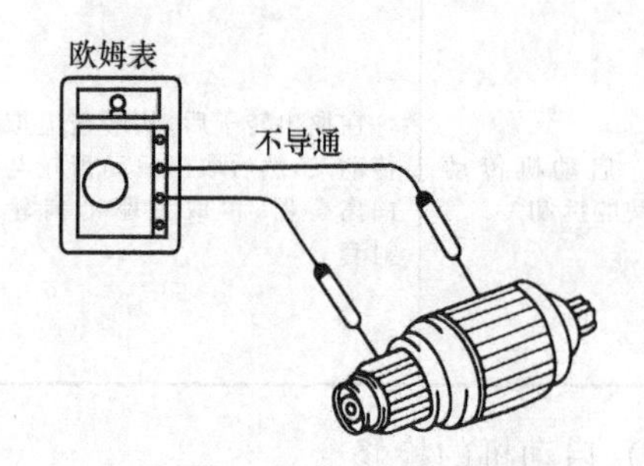

图 7-20　检查换向器是否搭铁

④ 励磁绕组的检查　检查磁场绕组是否断路，如图 7-21 所示。用欧姆表检查引线和磁场绕组电刷引线之间的导通性，应导通，否则更换磁极框架。

检查磁场绕组是否搭铁。用欧姆表检查磁场绕组末端与磁极框架之间的导通性，应不导通，如图 7-22 所示。若导通，则修理或更换磁极框架。

⑤ 电刷弹簧的检修　检修电刷弹簧可按如图 7-23 所示进行，读取电刷弹簧从电刷分离瞬间的拉力计读数。标准弹簧安装载荷为 17～23N，最小安装载荷为 12N。若安装载荷小于规定值，应更换电刷弹簧。

⑥ 电刷架的检修　用欧姆表检查电刷架正极（＋）与负极（－）之间的导通性，应不导通，如图 7-24 所示。若导通，则修理或更换电刷架。

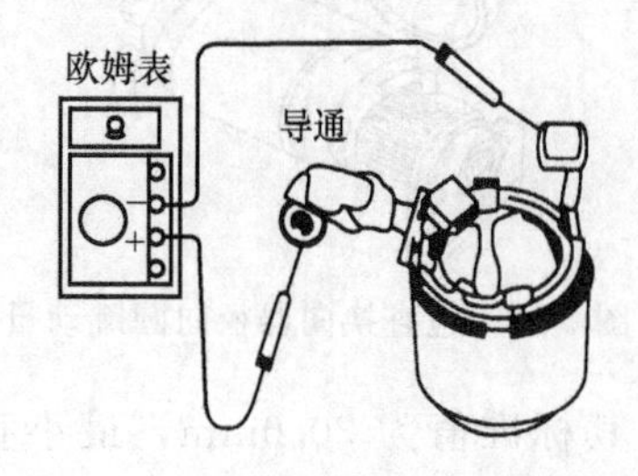

图 7-21　检查磁场绕组是否断路

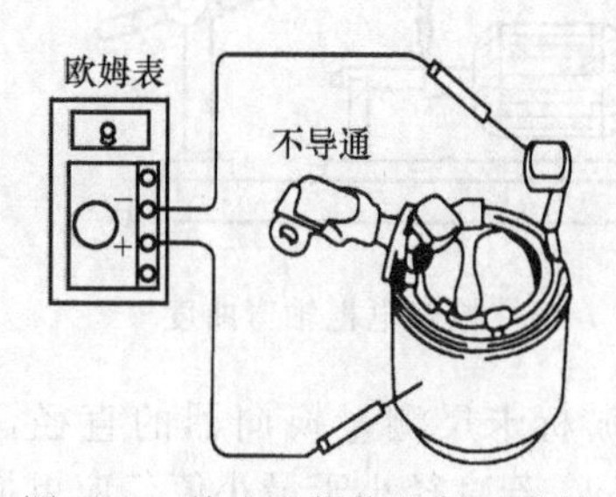

图 7-22　检查磁场绕组是否搭铁

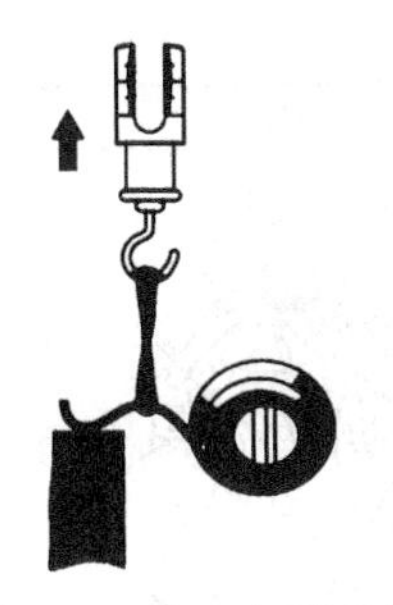
图 7-23　检查电刷弹簧

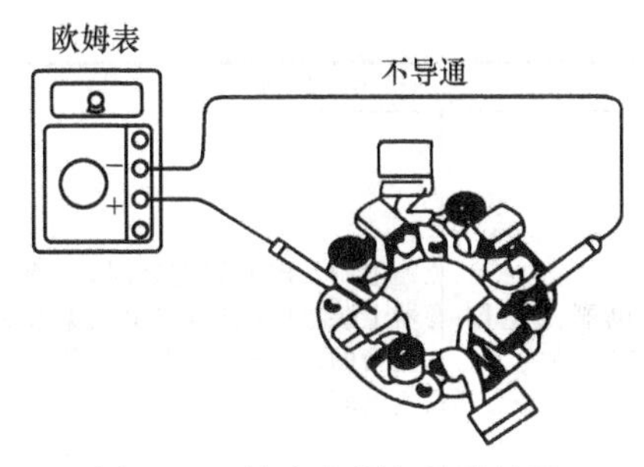

图 7-24　检查电刷架绝缘情况

⑦ 离合器和驱动齿轮的检修　检查离合器和驱动齿轮是否严重损伤或磨损。如有损坏，应进行更换。

检查启动机离合器是否打滑或卡滞，如图 7-25 所示。将离合器驱动齿轮夹在台虎钳上，在花键套筒中套入花键轴，将扳手接在花键轴上，测得力矩应大于规定值（21～26N・m），否则说明离合器打滑。反向转动离合器应不卡滞，否则应修理或更换离合器总成。

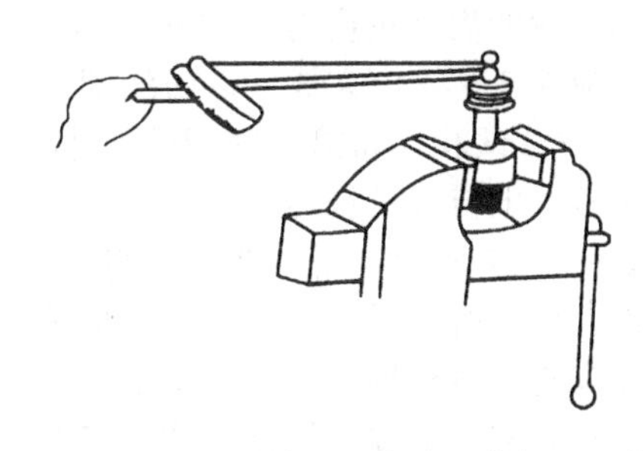
图 7-25　检查启动机离合器工作是否正常

（3）启动机的组装

启动机的组装可按启动机的分解相反顺序进行，但应注意以下事项，如表 7-7 所示。

表 7-7　启动机的组装步骤

序号	组装步骤		示意图
1	启动机驱动齿轮组件及电枢的安装	安装时，衬套中应涂上润滑脂	1—电枢；2—驱动齿轮外座圈；3—驱动齿轮
2	电磁开关的安装	电磁开关安装时，电磁开关应以倾斜的角度装入，以便电磁开关的铁芯组件与拨叉装在一起，最后旋上螺栓	1—拨叉；2—传动叉；3—铁芯；4—电磁开关
3	定子的安装	定子安装时，应将定子上的标记与驱动端端盖的标记对正后装入	标记 1—定子；2—驱动端端盖

续表

序号	组装步骤		示意图
4	电刷及电刷架的安装	电刷及电刷架安装时，在换向器上装上电刷架，将电刷架装到适当的位置后，再在电刷架上装上电刷	1—换向器；2—电刷架；3—电刷

（4）启动机的性能试验

修复后的启动机应对电磁开关和电动机进行性能试验。试验时，先将蓄电池充足电，每项试验应在3～5s内完成，以防线圈被烧坏。以12V系统启动机为例。

① 空载试验 如图7-26所示，将启动机与蓄电池和电流表连接。蓄电池正极与电流表正极连接，电流表负极与启动机“30”端子连接，蓄电池的负极与启动机外壳连接。

如图7-27所示，用带夹电缆将“30”端子与“50”端子连接起来，此时驱动齿轮应向外伸出，启动机应平稳运转。当蓄电池电压大于或等于11.5V时，消耗电流应不超过50A，用转速表测量电枢轴的转速应不低于500r/min。如电流大于50A或转速低于500r/min，说明启动机装配过紧或电枢绕组和磁场绕组有短路或搭铁故障。如电流和转速都低于标准值，说明电动机电路接触不良，如电刷与换向器接触不良或电刷弹簧弹力不足等。

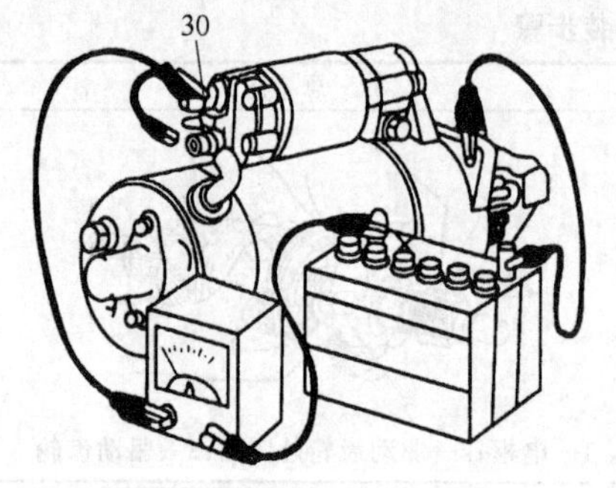

图7-26 启动机空载试验

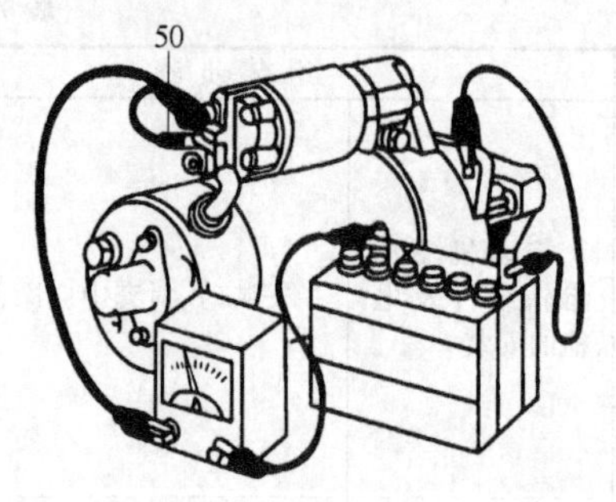

图7-27 接通“50”端子进行试验

② 电磁开关试验

a. 吸拉动做试验 将启动机固定到台虎钳上，拆下启动机端子“C”上的磁场绕组电缆引线端子，用带夹电缆将启动机“C”端子和电磁开关壳体与蓄电池负极连接，如图7-28所示。用带夹电缆将启动机“50”端子与蓄电池正极连接，此时驱动齿轮应向外移动。如驱动齿轮不动，说明电磁开关有故障，应予以修理或更换。

b. 保持动作试验 在吸拉动作基础上，当驱动齿轮保持在伸出位置时，拆下电磁开关“C”端子上的电缆夹，如图7-29所示，此时驱动齿轮应保持在伸出位置不动。如驱动齿轮回位，说明保持线圈断路，应予以修理。

c. 回位动作试验 在保持动作的基础上再拆下启动机壳体上的电缆夹，如图7-30所示，此时驱动齿轮应迅速回位。如驱动齿轮不能回位，说明回位弹簧失效，应更换弹簧或电磁开关总成。

③ 全制动试验 又称为负载试验，是在空载试验通过后，再通过测量启动机全制动时的电流和转矩来检验启动机的性能良好与否，试验方法如图7-31所示。将启动机夹持在试

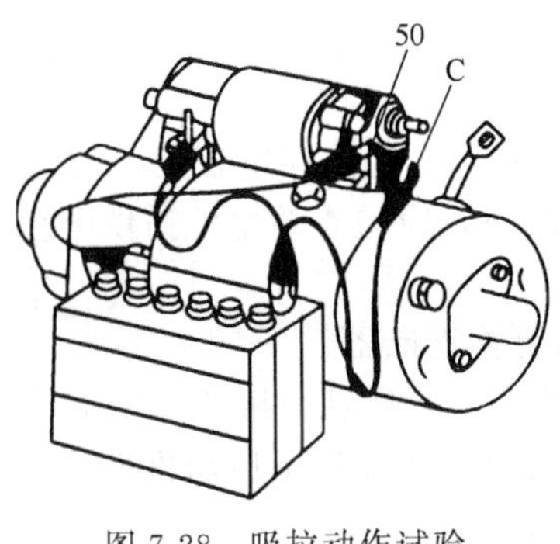

图 7-28　吸拉动作试验

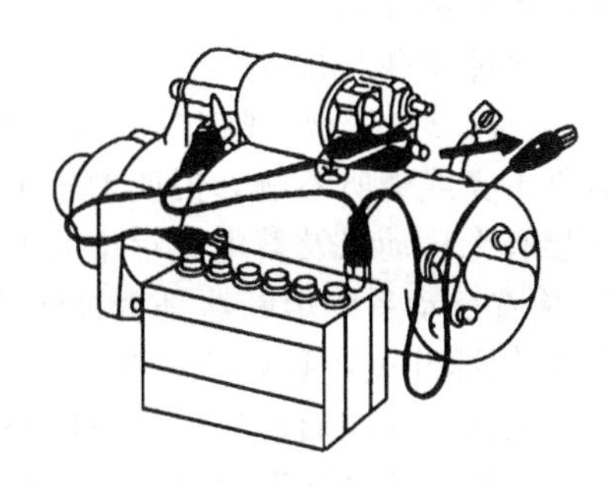

图 7-29　保持动作试验

验台上，接通启动机电路，观察单向离合器是否打滑，并迅速记下电流表、电压表及弹簧秤的读数，其全制动电流和制动转矩应符合规定值。

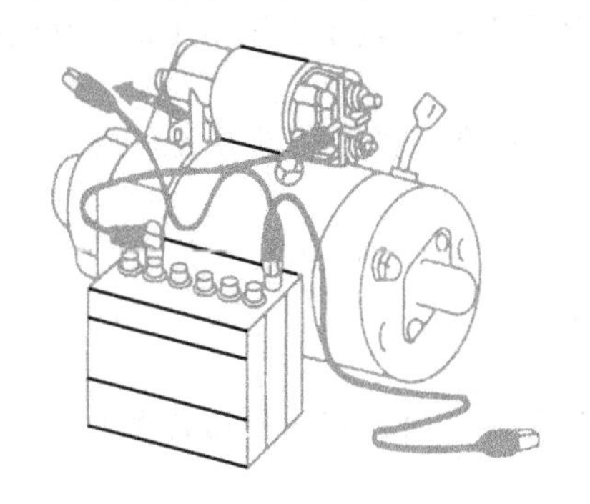

图 7-30　回位动作试验

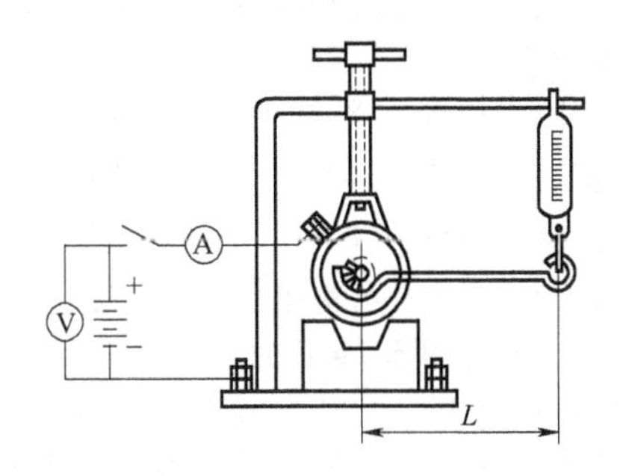

图 7-31　启动机全制动试验

如果电流大而转矩小，则表明磁场绕组或电枢绕组有短路或搭铁故障；如果转矩和电流都小，则表明启动机内接触电阻过大；若试验过程中电枢轴有缓慢转动，则说明单向离合器有打滑现象。

特别提醒：启动机负载试验每次通电时间应小于 5s，两次制动间隔时间应大于 15s，以免损坏启动机及蓄电池。试验时，人身应避开制动器，以防甩出伤人。

7.2.3　启动系统常见故障诊断与排除

启动系统常见故障有接通启动开关启动机不转、启动机运转无力、启动机空转和驱动齿轮与飞轮齿圈不能啮合而发出撞击声。

7.2.3.1　接通启动开关启动机不转

(1) 故障现象

当启动开关接通时，启动机不工作，发动机不运转。

(2) 故障原因

① 蓄电池严重亏电；蓄电池正、负极柱上的电缆接头松动或接触不良。

② 电动机开关触点严重烧蚀或两触点高度调整不当而导致触点表面不在同一平面内，使触盘不能将两个触点接通。

③ 换向器严重烧蚀而导致电刷与换向器接触不良。

④ 电刷弹簧压力过小或电刷在电刷架中卡死。

⑤ 电刷引线断路或绝缘电刷（即正电刷）搭铁。

⑥ 磁场绕组或电枢绕组有断路、短路或搭铁故障。

⑦ 电枢轴的铜衬套磨损过多，使电枢轴偏心而导致电枢铁芯“扫膛”（即电枢铁芯与磁

极发生摩擦或碰撞）。

（3）故障诊断与排除

① 接通装载机大灯或喇叭，若灯发亮或喇叭响，说明蓄电池存电较足，故障不在蓄电池；若灯不亮或喇叭不响，说明蓄电池或电源线路有故障，应检查蓄电池搭铁电缆和火线电缆的连接有无松动以及蓄电池存电是否充足。

② 检查启动系统熔断器是否被烧断；若烧断，需更换熔断器。

③ 将钥匙开关转到启动位置，可用试灯（或万用表）检测启动机“50”端子电压是否正常。如正常，说明启动机内部有断路、短路或搭铁故障，必须拆下启动机进一步检修；如不正常，说明端子“50”至蓄电池正极之间线路有故障。

④ 检测启动继电器“启动机”端子电压是否正常。如正常，说明启动继电器与启动机之间的导线断路；如不正常，继续按下面步骤检查。

⑤ 检测启动继电器“钥匙开关”端子电压是否正常。如正常，应检查启动继电器以及启动继电器的电源线和搭铁线；如检测启动继电器“钥匙开关”端子电压不正常，继续按下面步骤检查。

⑥ 检测钥匙开关的“启动”端子电压是否正常。如正常，说明钥匙开关与启动继电器之间的导线断路；如不正常，继续按下面步骤检查。

⑦ 检测钥匙开关的“电源”端子电压是否正常。如正常，说明钥匙开关损坏；如不正常，说明钥匙开关至蓄电池正极之间线路断路，应检修。

7.2.3.2 启动机运转无力

接通启动开关，若启动机能运转，则说明控制电路工作正常，启动机运转无力，说明带负载能力降低，实际输出功率减小。其原因有以下几个方面。

① 蓄电池存电不足或有短路故障使其供电能力降低。

② 电动机主电路接触电阻增大使启动机工作电流减小。接触电阻增大的原因包括：蓄电池搭铁电缆搭铁不实；电池正、负极柱上的电缆端头固定不牢；电动机开关触点与触盘烧蚀；电刷与换向器接触不良；换向器烧蚀等。

③ 磁场绕组或电枢绕组局部短路使启动机输出功率降低。

④ 发动机装配过紧或环境温度很低而导致启动阻力矩过大时，也可能出现启动机运转无力的现象。

7.2.3.3 启动机空转

（1）故障现象

当启动开关接通时，启动机空转，发动机不运转。

（2）故障原因

① 单向离合器打滑。

② 启动机的启动时机过早。

③ 启动机的驱动齿轮或飞轮的齿圈损坏。

（3）故障诊断与排除

① 接通启动开关，查听发动机的飞轮处有无齿轮“咔嚓、咔嚓”撞击声，若没有“咔嚓、咔嚓”撞击声，说明单向离合器打滑，需更换单向离合器；若有“咔嚓、咔嚓”撞击声，说明启动机的启动时机过早或启动机的驱动齿轮（或飞轮的齿圈）损坏。

② 检查启动机的驱动齿轮或飞轮的齿圈是否损坏；若已损坏，需更换。

③ 调整启动机的启动时机。

7.2.3.4 启动机发出“打机枪”似的“嗒嗒”声

（1）故障现象

当接通启动开关时，启动机的活动铁芯产生连续不断地往复运动而发出“嗒嗒”声的现象，称为“打机枪”现象。

（2）故障原因

① 蓄电池严重亏电或内部短路。

② 电磁开关保持线圈断路或搭铁不良。

③ 启动继电器触点断开电压过高。

（3）故障诊断与排除

排除故障时，可先用万用表检测蓄电池电压，接通启动机时，其电压不得低于9.6V（12V系统）。如电压过低，说明严重亏电或内部短路，应予更换。如蓄电池技术状况良好，接通启动开关时仍有“打机枪”似的“嗒嗒”声，则说明电磁开关保持线圈搭铁不良而断路或启动继电器断开电压过高，分别检修或更换电磁开关、启动继电器即可排除。

① 拆卸启动机之前，首先断开电源总开关或拆下蓄电池负极上的搭铁电缆线。

② 拆下启动机接线柱上的连接导线。

③ 拆下固定启动机的螺母，取下启动机总成。

7.3 照明信号系统

装载机照明信号系统的作用是保证装载机夜间或雾中作业或行车安全，提高工作效率。由于装载机灯具的安装位置不同、性能要求不同，所以其种类繁多。

7.3.1 照明系统

装载机照明系统主要由照明设备、电源、控制电路和连接导线等组成。

7.3.1.1 照明设备的种类与用途

装载机的照明设备按照其安装位置和用途的不同，可分为外部照明设备和内部照明设备。外部照明设备包括前大灯、后大灯、前小灯、后小灯、工作灯等，外部灯具光色一般采用白色、橙黄色和红色。内部照明设备包括室内灯（顶灯）、仪表灯、指示灯及照明灯等。

① 大灯　装在装载机头部（尾部）的两侧，亮度较大，用来照亮前方（后方）道路。前大灯功率一般为55/50W，后大灯功率一般为35W。

② 小灯　安装在装载机头部（尾部）左右两侧，供夜间照明，灯光为白色，功率一般为5～10W。

③ 顶灯　装在驾驶室顶部，作为内部照明用；还可起监视车门是否可靠关闭的作用。在监视车门状态下，若还有车门未可靠关闭，顶灯就发亮。其功率一般为5～15W。

④ 仪表灯　装在仪表盘上，用来照明仪表，使司机能看清各个仪表的指示情况。其功率一般为0.5～2W。

⑤ 工作灯　供夜间装载机作业时照明用，灯光为白色，功率一般为35W。

7.3.1.2 大灯

（1）大灯的作用

大灯的作用在于保证装载机行驶和施工作业有明亮而均匀的照明，使司机能看清前方50m以内路面上的所有障碍物；大灯还应具有防眩目的作用，避免对面会车时因眩目造成事故。

（2）大灯的构造及工作原理

大灯因其与普通照明灯的作用不同构造也不同，如图7-32所示，其光学系统较为复杂，一般包括反射镜、配光镜、灯泡三部分。

① 反射镜　又称反光镜，一般用薄钢板冲压制成。如图 7-33（a）所示，其表面形状呈旋转抛物面，内表面镀银（镀铬、镀铝）经抛光处理而成。现多采用真空镀铝层反射镜，反射系数达 94%以上。

反射镜将灯泡发出的散射光聚集，如图 7-33（b）所示，以集中光束照亮装载机前方的路面，使灯泡的光亮增加几百倍，以保证照明所需。

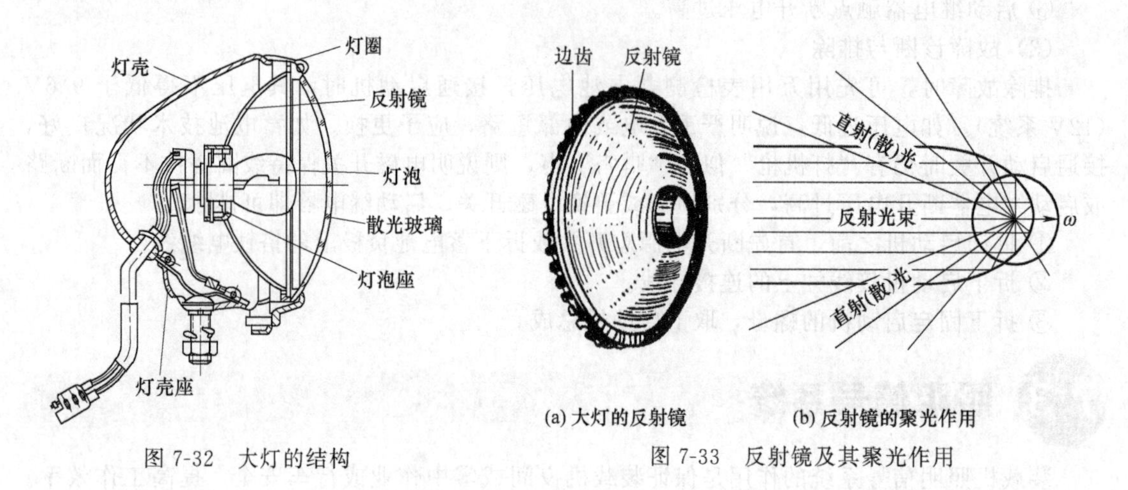

图 7-32　大灯的结构　　图 7-33　反射镜及其聚光作用

② 配光镜　又称散光玻璃，如图 7-34 所示，配光镜是用透明玻璃压制而成的棱镜和透镜的复合体。配光镜将反射镜反射出来的集中平行光束进行折射和散射，使大灯能发出符合一定分布要求的光束，均匀地照亮路面。此外，配光镜也能起到一定的保护及防尘效果。

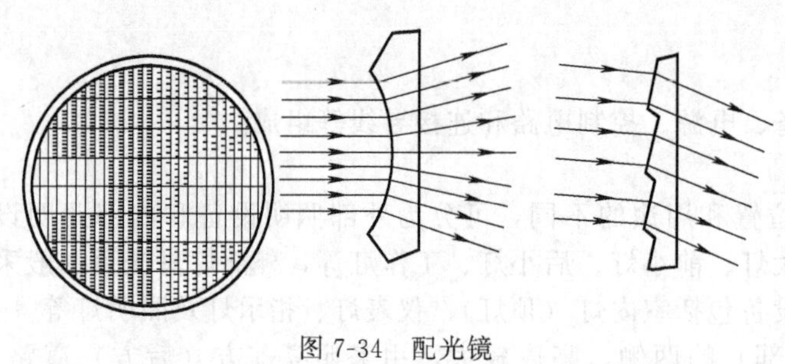

图 7-34　配光镜

③ 灯泡　是光源部分，装载机大灯按电压不同一般可分为 12V 和 24V 两类，按结构和工作原理又可分为单灯丝和双灯丝，普通充气灯泡和卤钨灯泡主要由灯丝、定焦盘、配光屏、插片等组成，如图 7-35 所示。

大灯的灯泡还应同时具有防眩目功能，一般采用双灯丝（远光灯丝和近光灯丝），远光灯丝装在焦点上，近光灯丝装在焦点的上方。当夜间行驶和作业时，接通远光灯，由于灯丝位于反射镜的焦点上，反射镜将灯丝发出的灯光聚合成集中平行光束，照亮较远路面，以保证行驶及施工的要求。

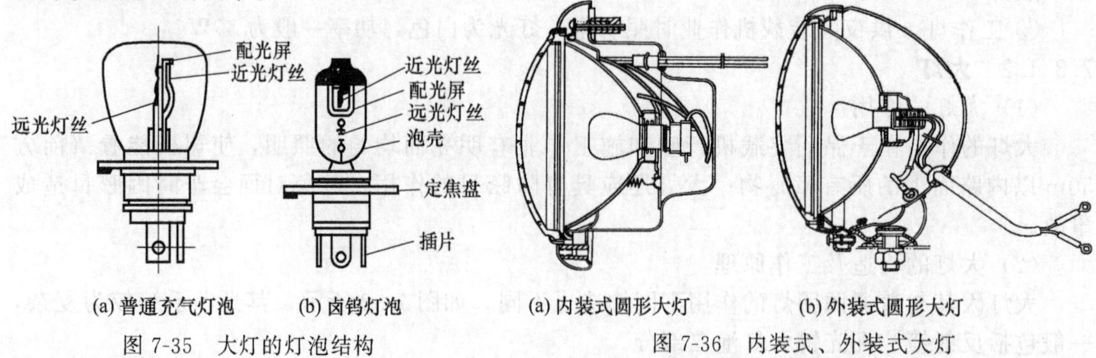

图 7-35　大灯的灯泡结构　　图 7-36　内装式、外装式大灯

（3）大灯的种类

① 按车灯数分为两灯型和四灯型，其中两灯型采用双灯丝（远、近光灯丝），四灯型有两个灯采用双灯丝，另两个灯采用单灯丝（远光灯丝）。

② 按安装方式分为内装式和外装式两种，如图 7-36 所示。

③ 按结构不同分为可拆式、半封闭式、全封闭式大灯，目前广泛采用半封闭式和全封闭式大灯，如图 7-37、图 7-38 所示。

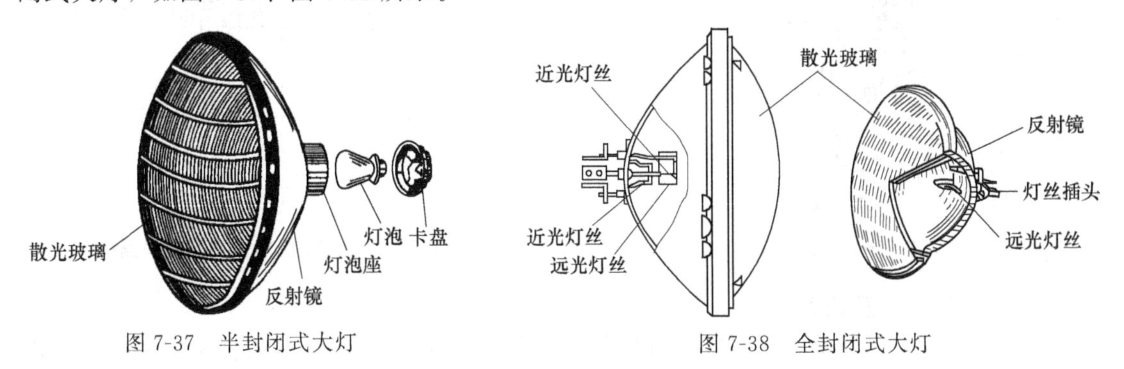

图 7-37 半封闭式大灯　　图 7-38 全封闭式大灯

7.3.1.3 车灯开关

（1）车灯总开关

车灯总开关用于控制除特种信号灯以外的全车照明灯的电源接通和切断以及变换，一般安装在驾驶室方向盘的前方。常用的车灯总开关有推拉式和翘板式两种。

① 推拉式车灯总开关　两挡推拉式开关主要由开关部分和保险器部分组成，如图 7-39 所示。开关部分有两个挡位，当向外拉至第Ⅰ挡时，电源与小灯、尾灯、仪表灯的电路接通；当向外拉至第Ⅱ挡时，电源与大灯、尾灯、仪表灯的电路接通；制动信号灯经保险器由接柱接出，它不受总开关控制。保险器部分是多次作用式复金属片感温保险器。在正常情况下，触点处于闭合状态；当通过电流过载时（>20A），复金属片便受热弯曲，使触点分开切断电路；当触点断开后，复金属片上因没有电流流过而逐渐冷却，又恢复到原来状态，使触点闭合；若故障仍未排除，则触点又断开，如此一开一闭起到保护作用。

② 翘板式车灯总开关　结构如图 7-40 所示，常用作大灯开关、顶灯开关、信号灯开关等，一般带有指示板照明灯，指示板上有表示用途的图形符号。

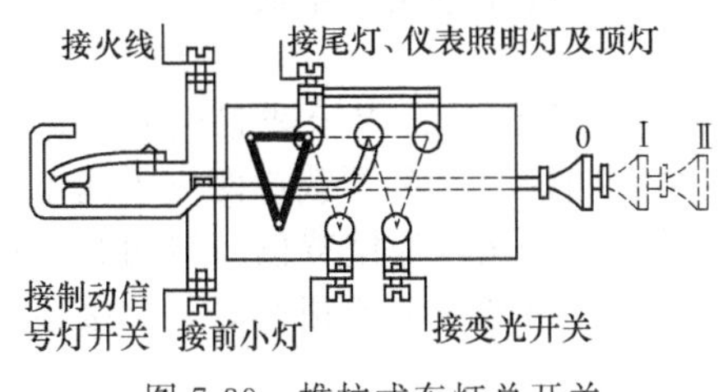

图 7-39 推拉式车灯总开关

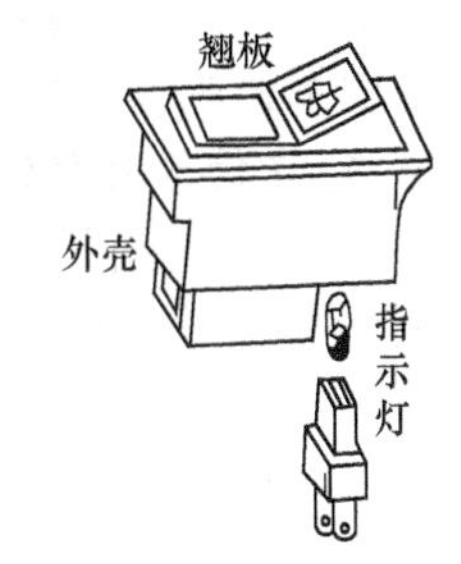

图 7-40 翘板式车灯总开关

（2）大灯变光开关

大灯变光开关用于及时变换远光和近光，以适应夜间作业与行车的需要。现代装载机常用的变光开关有脚踏变光开关和光电管变光开关等。

① 脚踏变光开关　一般都装在驾驶室底板上，司机用脚踏控制，其结构如图 7-41 所示。踩下踏钮时，推杆将棘轮和与之连在一起的转动接触片转过 60°，电源线便接到相应的接线柱上，实现装载机的远光或近光照明。

② 光电管变光开关　控制线路如图7-42所示，利用光电管的光电效应原理，当装载机夜间两车相遇时，由对面来车的灯光的照射使光电管控制继电器动作，自动地将远光变换为近光；两车相会后，光电管继电器又自动地将近光变换为远光。

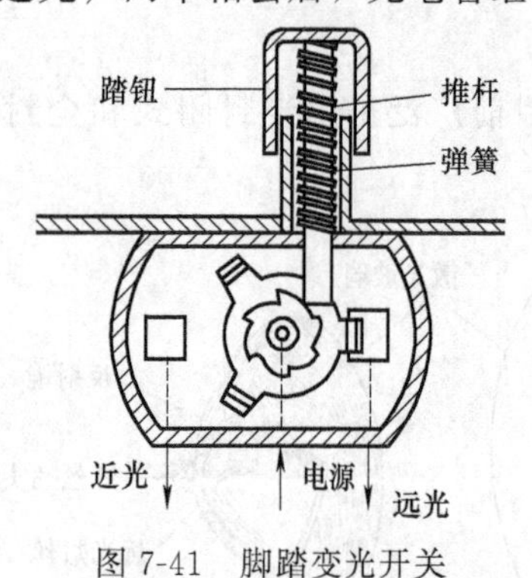

图7-41　脚踏变光开关

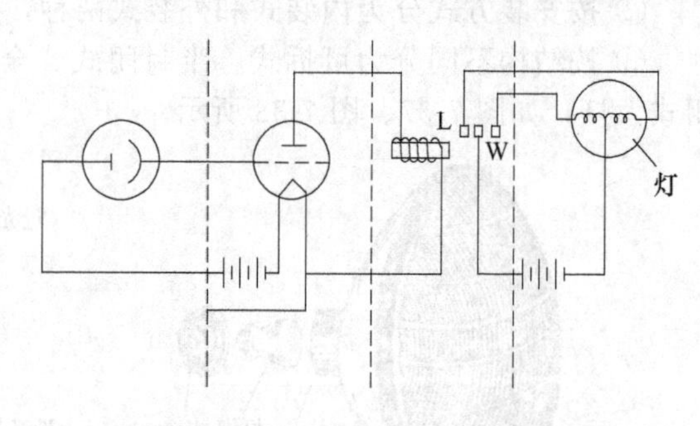

图7-42　光电管变光开关控制线路

7.3.1.4　**大灯检验及调整**

装载机大灯应定期检查其照射方向和发光强度（照射距离），大灯的检验方法有屏幕检验法和专用仪器检验法两种，如有条件应采用专用仪器检验法进行检验。不仅可检验照射方向而且可以检验发光强度，各种检验有很多方法，可参照使用说明进行检验。

当大灯照射方向偏离时，可通过调整大灯上下及左右调整螺钉加以调整，如图7-43所示。当发光强度不足时，应检查原因并加以排除，以保证行驶安全及施工作业需要。

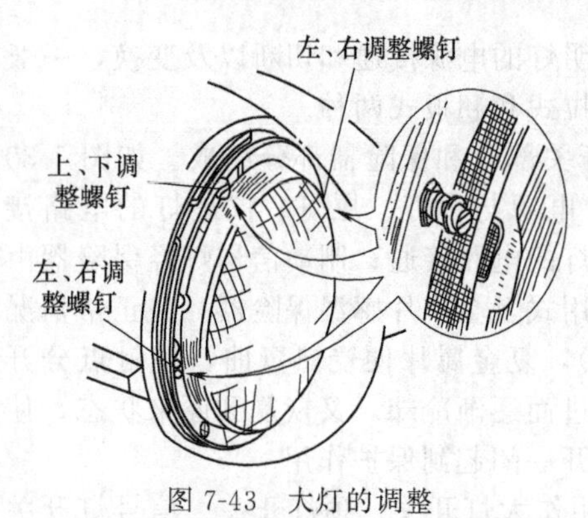

图7-43　大灯的调整

7.3.2　信号系统

7.3.2.1　**信号系统的作用和组成**

信号系统的作用是通过声、光向其他机械的司机或行人发出警告，以引起注意，确保装载机行驶和作业安全。

信号系统分为灯光信号装置和声响信号装置两类。灯光信号装置包括转向灯、倒车灯、制动灯、警告灯等；声响信号装置包括喇叭、报警蜂鸣器和倒车蜂鸣器等。装载机信号系统由信号装置、电源和控制电路等组成。

7.3.2.2　**灯光信号装置的类型和应用**

① 转向灯　作用是在装载机转弯时，发出明暗交替的闪光信号，表示装载机的转弯方向，提醒周围机械或行人避让。转向灯一般安装在前后左右四角，有些装载机两侧中间也安装有转向灯。主转向灯功率一般为20～25W，侧转向灯为5W，光色为橙黄色。转向时，灯光呈闪烁状，在紧急遇险状态需其他机械避让时，全部转向灯可通过危险报警灯开关接通同时闪烁。

② 倒车灯　作用是当装载机倒车时，自动发亮，警示后方机械、行人注意安全。其功率一般为20～25W，光色为白色，倒车灯兼有照亮车后路面的作用。

③ 制动灯　俗称“刹车灯”，安装在装载机尾部。在踩下制动踏板时，发出较强红光，向车后的装载机和行人提示制动。其功率为20～25W，光色为红色。

④ 警告灯　一般装于车顶部，用来标示装载机特殊类型。其功率一般为40～45W。

⑤ 报警及指示灯　常见的有机油压力报警灯、水温过高报警灯、充电指示灯、转向指示灯、远光指示灯等。报警灯一般为红色、黄色，指示灯一般为绿色或蓝色。

7.3.2.3 闪光继电器

闪光继电器简称闪光器，其作用是使转向灯按一定的频率进行闪烁，以指示转弯方向。闪光器目前常用的有电热式、电容式和晶体管闪光器三种类型。

(1) 电热式闪光器

常用的电热式闪光器的结构如图7-44所示，在胶木底板上固定着工字形的铁芯1，上面绕着线圈2，线圈2的一端与固定触点3相连，另一端固定在接线柱10上。附加电阻8由镍铬丝绕制而成，又和镍铬丝5串联。镍铬丝5与调节片6之间用玻璃球绝缘。

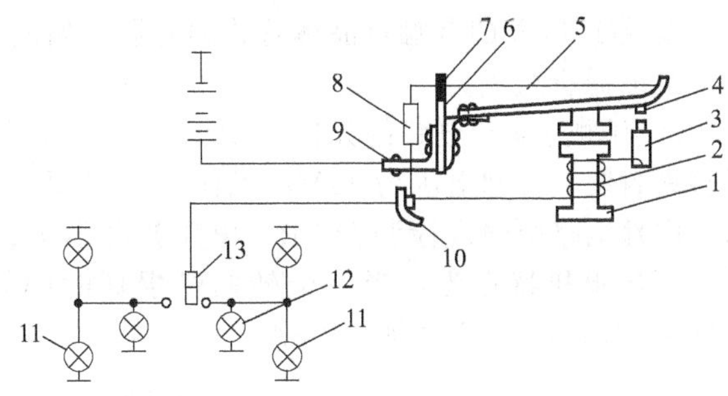

图7-44 电热式闪光器

1—铁芯；2—线圈；3—固定触点；4—动触点；5—镍铬丝；6—调节片；7—玻璃球；8—附加电阻；9—电池接线柱；10—开关接线柱；11—转向指示灯；12—指示灯；13—转向开关

(2) 电容式闪光器

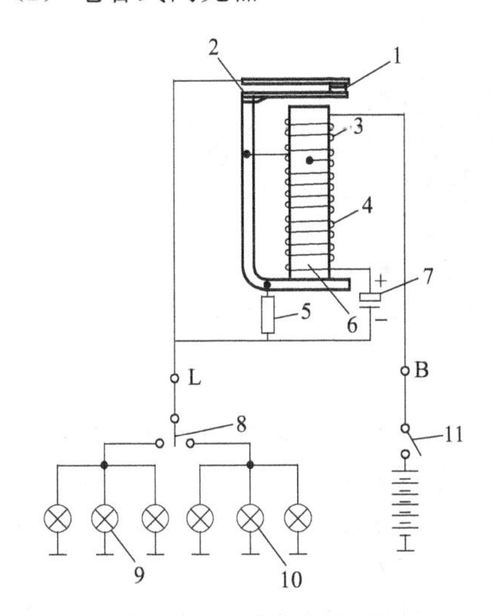

图7-45 电容式闪光器

1—触点；2—弹簧片；3—串联线圈；4—并联线圈；5—灭弧电阻；6—铁芯；7—电解电容器；8—转向信号灯开关；9—信号灯和指示灯；10—右转向信号灯；11—电源开关

电容式闪光器根据衔铁线圈接法不同分为电流型和电压型。电流型就是衔铁线圈与转向信号灯泡串联。电压型就是闪光器的衔铁线圈与转向信号灯并联。

根据触点数量的不同，电容式闪光器又可分为单触点式和双触点式两种。各种电容式闪光器都是利用电容器的充电和放电来控制转向信号灯的闪烁的。如图7-45所示。

(3) 晶体管闪光器

晶体管闪光器结构和线路繁多，主要有全晶体管式无触点闪光器、由晶体管和小型继电器组成的有触点晶体管式闪光器、由集成块和小型继电器组成的有触点集成电路闪光器。

① 全晶体管式（无触点）闪光器 SG131型全晶体管式（无触点）闪光器的电路如图7-46所示。它是利用电容器充放电延时的特性，控制晶体管的导通和截止，以达到闪光的目的。

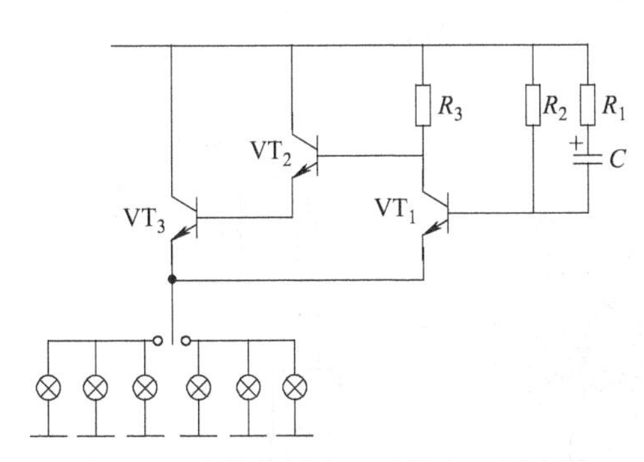

图7-46 全晶体管式（无触点）闪光器

R_1—4.7Ω；R_2—10Ω；R_3—200kΩ，C—22μF/15V；VT_1、VT_2—晶体管3DG12；VT_3—3DD12

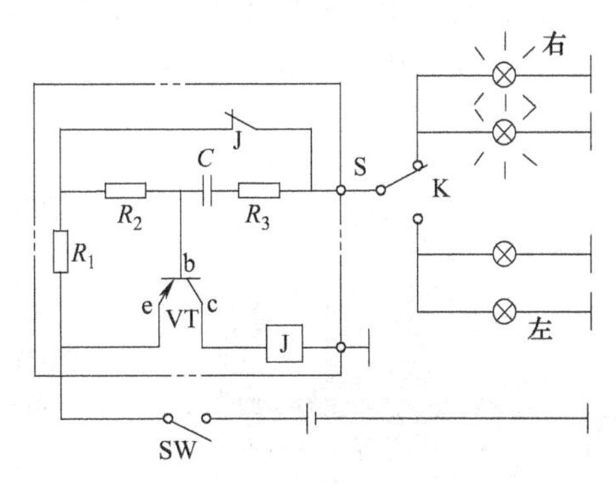

图7-47 带继电器的有触点晶体管式闪光器

② 带继电器的有触点晶体管式闪光器　如图 7-47 所示，它由一个晶体管的开关电路和一个继电器所组成。

③ 有触点集成电路闪光器　U243B 是专为制造闪光器而设计制造的，采用双列 8 脚直插塑料封装，标称电压为 12V，工作电压范围为 9～18V，其引脚及电路原理如图 7-48 所示。内部电路由输入检测器 SR、电压检测器 D、振荡器 Z 及功率输出级 SC 四部分组成。其主要功能和特点为：当一个转向灯损坏时闪烁频率加倍，抗瞬时电压冲击为 ±125V，0.1ms，输出电流可达到 300mA。

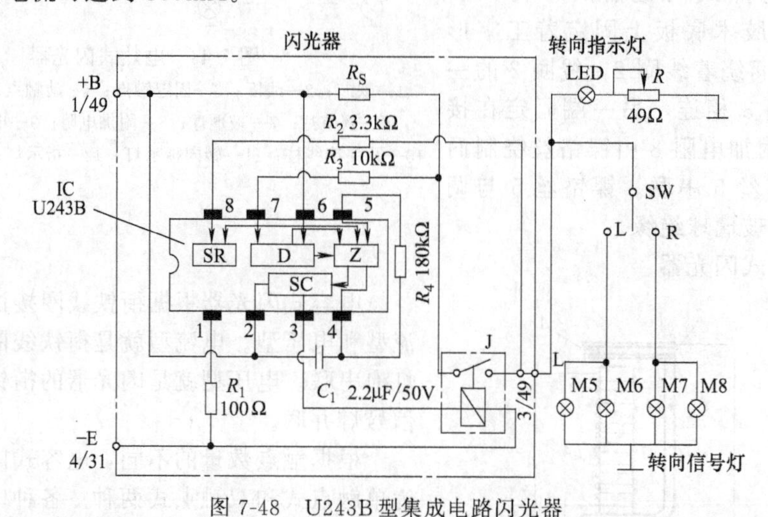

图 7-48　U243B 型集成电路闪光器

SR—输入检测器；D—电压检测器；Z—振荡器；SC—功率输出级；R_S—取样电阻；J—继电器

7.3.2.4　制动信号装置

制动信号装置主要包括制动灯开关和制动信号灯。制动灯开关的作用是在装载机制动停车或减速时，利用制动系统压力使触点闭合，接通制动信号灯电路。制动信号灯大多与尾灯合为一体，用双灯丝灯泡或两个单灯丝灯泡制成，功率小的为尾灯，功率大的为制动信号灯。现代装载机的制动灯开关有气压式、液压式、顶杆式三种。

① 气压式制动灯开关　结构如图 7-49 所示。它装在制动系统的输气管上。当踩下制动踏板时，压缩空气进入开关，膜片向上拱曲，动触头将两接线柱接通，制动灯亮。当松开制动踏板时，动触头膜片在弹簧张力作用下回位，制动灯熄灭。

② 液压式制动灯开关　结构如图 7-50 所示。它装在制动总泵的前端。当踩下制动踏板时，制动系统中制动液压力增大，膜片拱曲，接触桥接通接线柱，制动灯亮；当松开制动踏板时，制动液压力降低，接触桥在弹簧的作用下回位，制动灯熄灭。

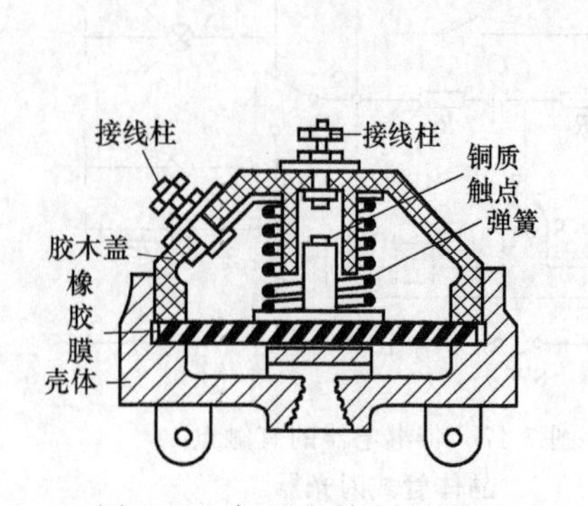

图 7-49　气压式制动灯开关

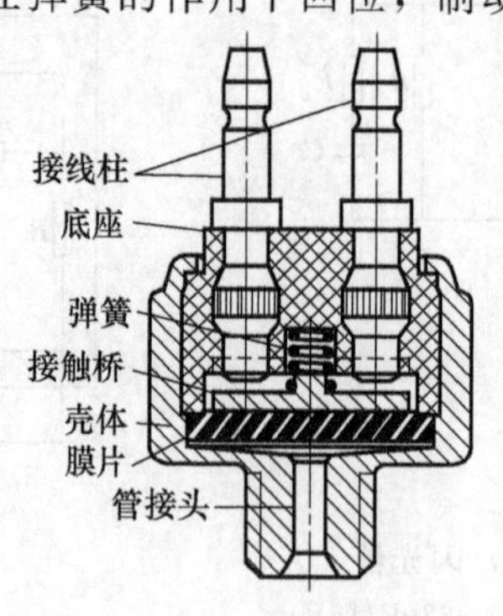

图 7-50　液压式制动灯开关

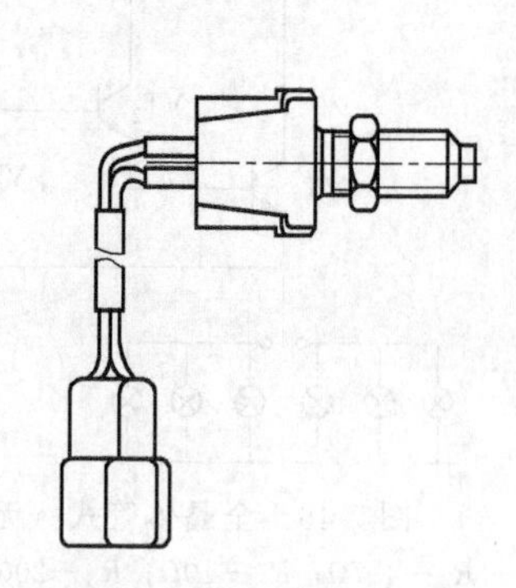

图 7-51　顶杆式制动灯开关

③ 顶杆式制动灯开关　结构如图 7-51 所示。它位于制动踏板臂上或手制动操纵杆支架上，分别由制动踏板或手制动操纵杆操纵。当踩下制动踏板或拉紧手制动操纵杆时，制动开关处于接通状态，制动灯亮；当松开制动踏板或手制动操纵杆时，开关处于断开位置，制动灯熄灭。

7.3.2.5　倒车信号装置

倒车信号装置主要由倒车灯、倒车灯开关和倒车蜂鸣器组成。倒车时，倒车灯闪烁，倒车蜂鸣器鸣叫，以提醒车后的装载机和行人。

倒车灯开关及电路如图 7-52 所示。它在装载机倒车时接通倒车灯电路以及报警器电路，一般安装在变速器盖上的倒挡位置。当装载机倒车时，司机将变速杆拨在倒挡位置，叉轴上的凹槽对准钢球，钢球向下移动约 1.8mm，膜片和动触点在弹簧张力作用下向下移动，触点闭合，倒车灯亮，报警器响。

图 7-53 所示为晶体管倒车蜂鸣器电路，发声部分是一只功率较小的电喇叭，控制电路是一个由无稳态电路与反相器组成的开关电路，倒车灯开关附设在变速器上。

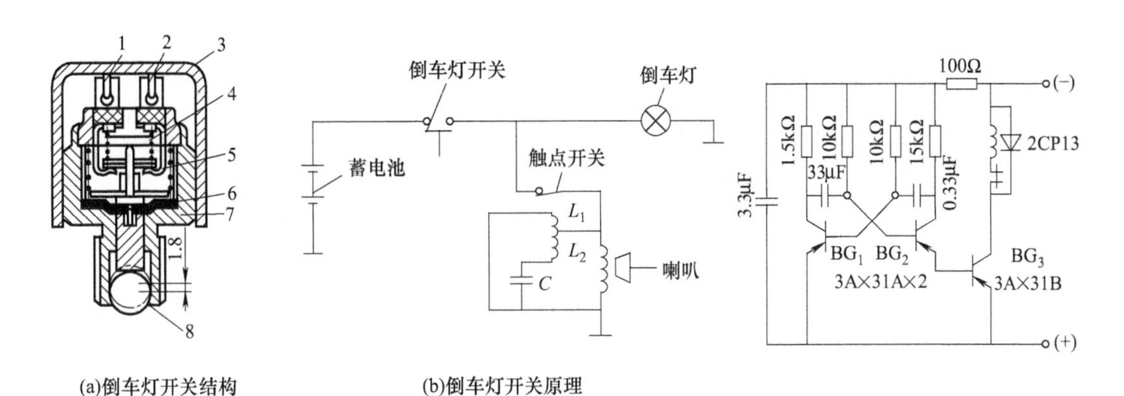

(a)倒车灯开关结构　(b)倒车灯开关原理

图 7-52　倒车灯开关及电路

1,2—导线；3—保护罩；4—弹簧；5—触点；6—膜片；7—壳体；8—钢球

图 7-53　倒车蜂鸣器电路

当变速器处于倒挡状态时，倒车灯开关即闭合。倒车灯开关闭合后，由晶体管 BG_1 和 BG_2 构成的无稳态电路自行翻转，使开关管 BG_3 按无稳态电路振荡，时通时断。

7.3.2.6　喇叭

为保证行驶安全及作业需要，一般装载机都装有电喇叭，以警示路人及其他机械避让。

电喇叭按有无触点可分为普通电喇叭和电子电喇叭。普通电喇叭主要是靠触点的闭合和断开，控制电磁线圈激励膜片振动而产生音响的；电子电喇叭中无触点，它是利用晶体管电路激励膜片振动产生音响的。在中小型装载机上，由于安装的位置限制，多采用螺旋形和盆形电喇叭。盆形电喇叭具有体积小、重量轻、指向好、噪声小等优点。

（1）筒形、螺旋形电喇叭

筒形、螺旋形电喇叭的结构如图 7-54 所示。它主要由“山”字形铁芯 5、线圈 11、衔铁 10、振动膜片 3、共鸣板 2、扬声筒 1、触点 16 以及电容器 17 等组成。

盆形电喇叭结构特点如图 7-55 所示。电磁铁采用螺管式结构，铁芯 9 上绕有线圈 2，上、下铁芯间的气隙在线圈 2 中间，所以能产生较大的吸力。它无扬声筒，而是将上铁芯 3、衔铁 6、膜片 4 和共鸣板 5 固装在中心轴上。

（2）电子电喇叭

电子电喇叭的结构如图 7-56 所示，其电路原理如图 7-57 所示。

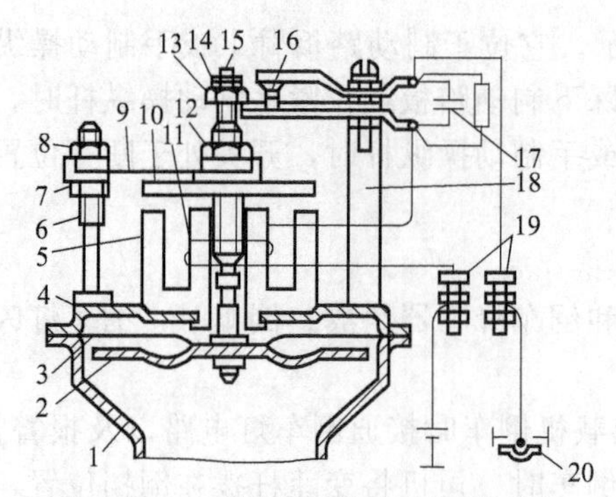

图 7-54 筒形、螺旋形电喇叭

1—扬声筒；2—共鸣板；3—振动膜片；4—底板；5—“山”字形铁芯；6—螺栓；7—螺柱；8,12,14—锁紧螺母；9—弹簧片；10—衔铁；11—线圈；13—音量调整螺母；15—中心杆；16—触点；17—电容器；18—触点支架；19—接线柱；20—喇叭按钮

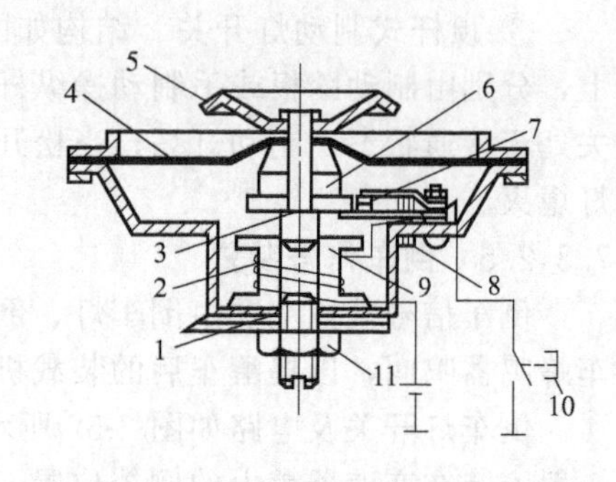

图 7-55 盆形电喇叭

1—下铁芯；2—线圈；3—上铁芯；4—膜片；5—共鸣板；6—衔铁；7—触点；8—调整螺钉；9—铁芯；10—按钮；11—锁紧螺母

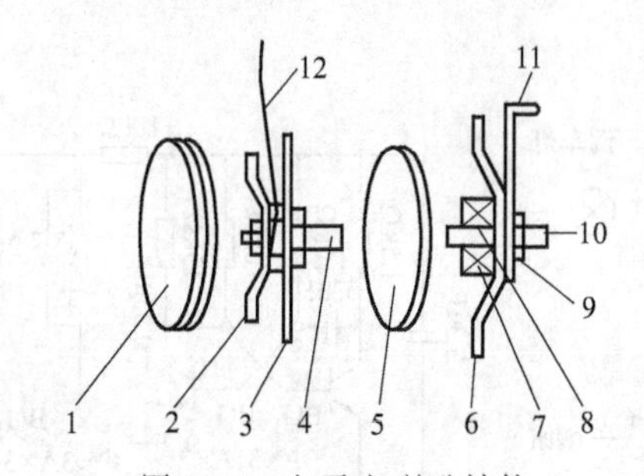

图 7-56 电子电喇叭结构

1—罩盖；2—共鸣板；3—绝缘膜片；4—上衔铁；5—O 形绝缘垫圈；6—喇叭体；7—线圈；8—下衔铁 9—锁紧螺母；10—调节螺钉；11—托架；12—导线

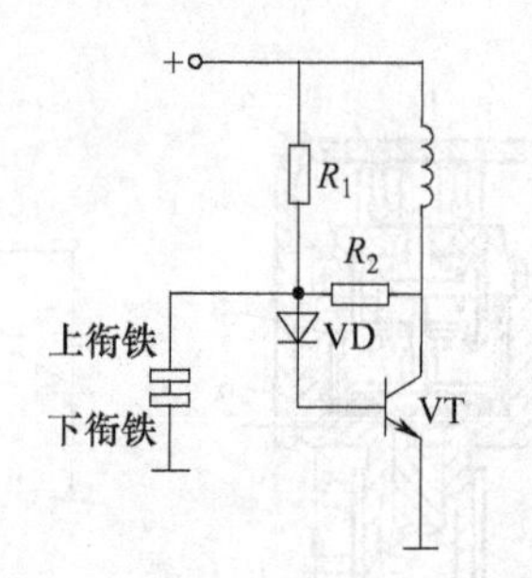

图 7-57 电子电喇叭电路原理

R_1—100Ω；R_2—470Ω；VD—2CZ；VT—D478B

当喇叭电路接通电源后，由于晶体管 VT 加正向偏压而导通，线圈中便有电流通过，产生电磁力，吸引上衔铁，连同绝缘膜片和共鸣板一起动作，当上衔铁与下衔铁接触而直接搭铁时，晶体管 VT 失去偏压而截止，切断线圈中的电流，电磁力消失，膜片与共鸣板在弹力作用下复位，上、下衔铁又恢复为断开状态，晶体管 VT 重又导通，如此周而复始地动作，膜片不断振动便发出响声。

(3) 喇叭继电器

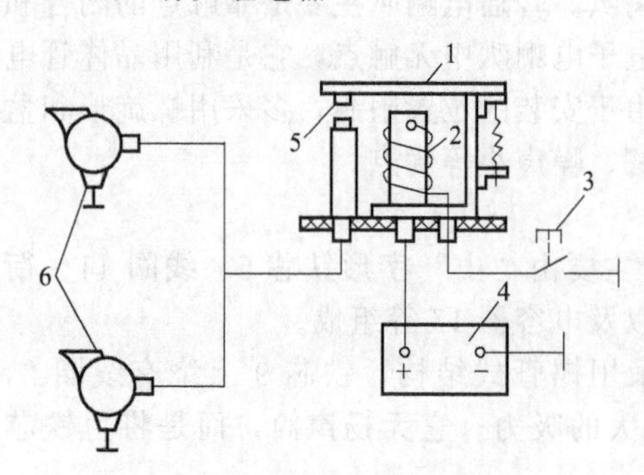

图 7-58 喇叭继电器

1—触点臂；2—线圈；3—按钮；4—蓄电池；5—触点；6—喇叭

装载机上常装有两个不同音调（高、低音）的喇叭，以得到更加悦耳的声音，其中高音喇叭膜片厚，扬声筒短，低音喇叭则相反。有时甚至用三个（高、中、低）不同音调的喇叭。

装用单只喇叭时，喇叭电流是直接由按钮控制的，按钮大多装在转向盘的中心。当装载机装用双喇叭时，因为消耗电流较大（15～20A），用按钮直接控制时，按钮容易烧坏。为了避免上述缺点，采用喇叭继电器，其构造和接线方法如图 7-58 所示。当按下按钮 3 时，蓄电池电流便流经线圈 2（因线圈电阻很大，所以通过线圈 2 及按钮 3 的电流不大)，产生电磁吸力，吸下触点臂 1，因而触点 5 闭合，接通了喇叭电路。因喇叭的大电流不再经过按钮，从而保护了喇叭按钮。松开按钮时，线圈 2 内电流被切断，磁力消失，触点在弹簧力作用下打开，即可切断喇叭电路，使喇叭停止发音。

(4) 电喇叭的调整

不同形式的电喇叭，构造不完全相同，因此调整方法也有些差异，但其原理是基本相同的。喇叭的调整主要包括音量和音调的调整。

① 喇叭音调的调整　减小衔铁与铁芯间的间隙，可以提高音调。为此，可先旋松锁紧螺母 8 和 12 (见图 7-54)，再旋松调整螺母 13，并转动衔铁 10，减小衔铁与铁芯间的间隙；反之增大间隙，则音调降低。衔铁与铁芯的间隙一般为 0.5～1.5mm，间隙太小会发生碰撞，太大则会吸不动衔铁。调整时铁芯要平整，铁芯与衔铁四周的间隙要均匀，否则会产生杂音。

盆形电喇叭的调整方法是先松开锁紧螺母 11 (见图 7-55)，再旋下铁芯，改变其上、下铁芯间的间隙即可调整音调的高、低。

② 喇叭音量的调整　电喇叭音量的大小与通过喇叭线圈中的电流大小有关。当需增大音量时，可先松开锁紧螺母 14 (见图 7-54)，再旋松调整螺母 13，增大触点的压力。因触点的接触电阻减小，触点闭合的时间增长，通过线圈的电流增大，所以音量也相应增大；反之喇叭音量就减小。额定电压为 12V 时，通过触点的电流一般为 7.5A (双管喇叭为 15A)。

盆形电喇叭音量的调整是通过旋转调整螺钉 8 (见图 7-55) 来改变触点 7 的接触压力，即可改变音量的大小。喇叭的固定方法对其发音影响极大。为使喇叭的声音正常，喇叭不能刚性安装，而应固定在缓冲支架上，即在喇叭与固定支架之间装有片状弹簧或橡胶垫。此外，喇叭触点应保持清洁，其接触面积应不低于 80%，若有严重烧蚀，应及时进行检修。

7.3.3 照明与信号系统故障诊断与排除

7.3.3.1 大灯常见故障诊断与排除

装载机照明系统的故障常常表现为灯不亮、亮度不够等，进行故障诊断时应根据照明电路，首先检查那些极易引起故障的部位并查找原因，如接地不良、导线连接松动、熔断器烧断等，采用的方法为万用表测量法和试灯法。

大灯的常见故障、形成原因及排除方法见表 7-8。

表 7-8　大灯的常见故障、形成原因及排除方法

故障现象	故障原因	排除方法
大灯不亮	熔丝烧断；灯光总开关或变光开关故障；灯光继电器故障；线路有短路或断路故障；灯泡损坏	更换熔丝；检查灯光总开关、变光开关；检查灯光继电器；用试灯逐段检查断路故障；用拆线方法检查短路故障；更换灯泡
大灯暗淡	蓄电池存量不足；发电机不发电或输出电压低；线路连接不实或锈蚀	蓄电池充电；检查发电机调节器及连接线路并排除故障；检查大灯线路
一侧大灯不亮	暗侧大灯搭铁不良或连接不实；变光开关处接触不实；线路有搭铁之处	检查灯具、变光开关及线路并排除故障
远、近光只有一种	灯丝损坏；变光开关损坏；连接导线断路	更换灯泡；更换变光开关；检查连接导线并排除断路故障
灯泡经常烧坏	输出电压过高	检查发电机、调节器及连接线路，并排除故障

7.3.3.2 信号系统常见故障诊断与排除

转向灯常见故障有左、右转向灯都不灭，左、右转向灯都不亮，闪烁频率不当，左、右转向灯一侧或一只不亮等。

(1) 左、右转向灯都不灭

① 闪光器不良，可检修或更换闪光器。

② 危险警报开关有故障。

(2) 左、右转向灯都不亮

① 熔断器熔断，检查确认熔断器熔断后应找出熔断原因，然后更换即可。

② 蓄电池和开关之间有断线、接触不良，应检查各接线柱接线情况，检查导线情况，保证导线连接可靠。

③ 开关不良，可更换转向开关。

④ 闪光器工作不良，应进行调整或更换。更换时应注意闪光器额定电压、功率和接线。

(3) 闪烁频率较标准值高

① 灯泡功率不符合规定，应按标准更换灯泡。

② 转向灯接地不良，应检查灯座搭铁情况并使其接地良好。

③ 闪光器不良，应进行调整或更换闪光器。

④ 转向灯灯丝烧断，应更换灯泡。

(4) 闪烁频率较标准值低

① 灯泡功率不符合规定，应按标准更换灯泡。

② 电源电压过低，可将蓄电池充足电，适当调高发电机输出电压。

③ 闪光器有故障，可调整或更换闪光器。

(5) 左、右转向灯闪光频率不一样或其中有一只不工作

① 指示灯或信号灯断线。

② 其中有一个使用了非标准灯泡，应更换成标准灯泡。

③ 灯的接地不良，要检查灯座，接牢搭铁线。

④ 转向信号灯开关和转向信号灯之间有断线、接触不良，可检修线路及搭铁。

(6) 转向灯有时工作、有时不工作

① 接线不可靠或搭铁不良、松脱。

② 闪光器不良。

(7) 其他用电设备工作时，转向灯亮灭速度特别慢或不工作

① 蓄电池电压亏电严重，应及时给蓄电池充电。

② 蓄电池到闪光灯电路压降大，即导线截面积小，接触不良，可更换导线，检修接触情况。

(8) 闪光器故障

在转向信号电路有故障而不能正常工作时怀疑为闪光器故障，则可进行下列检查。

① 将闪光器接线柱 B 和接线柱 L 短接，如转向灯亮，则说明是闪光器有故障。

② 打开闪光器的盖，观察线圈和附加电阻是否烧坏，若良好则可进行下列检查。

③ 检查触点闭合情况，按下触点，转向灯亮则是触点间隙过大所致，应予调小。

④ 按下触点不亮，可用旋具短接触点，若灯亮则是触点氧化严重，可进行打磨。

以上检查闪光器的方法，仅限于电热式、翼片式和电容式，对于晶体管式则不能用短接的方法试验，否则将会损坏闪光器。

7.3.3.3 电喇叭常见故障诊断与排除

(1) 电喇叭的常见故障与排除

电喇叭的常见故障有喇叭不响、喇叭声音沙哑、喇叭耗电量过大、喇叭触点经常烧坏等。

① 喇叭不响

故障原因：蓄电池充电不足而亏电；电路中熔丝烧断；线路连接松脱或搭铁不良；喇叭

继电器故障，如触点不闭合或闭合不良；喇叭本身故障，如线圈烧断、喇叭触点不能闭合或闭合不良，喇叭内部某处搭铁等。

② 喇叭声音沙哑

故障原因：蓄电池充电不足；喇叭固定螺钉松动；喇叭触点或继电器触点接触不良；喇叭衔铁气隙调整不当；振动膜、喇叭筒等破裂；喇叭内部弹簧片折断等。

诊断方法如下。

a. 发动机未启动前，喇叭声音沙哑，但当发动机以中速以上速度运转时，喇叭声音恢复正常，则为蓄电池亏电；若声音仍沙哑，则可能是喇叭或继电器等有问题。

b. 用旋具将喇叭继电器的接线柱B与H短接，若喇叭声音正常，则故障在继电器，应检查继电器触点是否烧蚀或有污物而接触不良；若喇叭声音仍沙哑，则故障在喇叭内部，应拆下仔细检查。

③ 喇叭耗电量过大　按下喇叭按钮，只发出“嗒”的一声或不响，夜间行车按喇叭时，灯光瞬间变暗，放松按钮后，灯光复明；继电器触点经常烧结在一起，导致喇叭长鸣。

故障原因：音量调整螺母或螺钉松动，致使喇叭触点不能分开而一直耗电，且振动膜也不反复振动；喇叭衔铁气隙太小，导致触点不断开；触点间绝缘垫损坏漏电；电容或灭弧电阻短路等。

④ 喇叭触点经常烧坏

故障原因：灭弧电阻或电容损坏；灭弧电阻阻值过大或电容容量过小；喇叭触点压力调整过大或工作电流过大。

（2）电喇叭的修理

① 喇叭线圈损坏　可重新进行绕制。绕制时导线直径、匝数及电阻等必须与原线圈一致。

② 喇叭膜片破裂　必须予以更换，双音喇叭中其高音与低音的膜片厚度不同，薄的为低音，厚的为高音。

③ 喇叭筒破裂　应予更换。喇叭筒也有高音和低音之分，高音喇叭筒较低音喇叭筒短，如螺旋形喇叭，其高音喇叭筒为1.5圈，低音喇叭筒为2.5圈。

④ 灭弧电容或灭弧电阻损坏　灭弧电容损坏后必须予以更换，灭弧电阻损坏可用直径为0.12mm的镍铬丝（Ni80Cr20）重新绕制，其阻值应符合规定值。灭弧电阻绕好后，其两接线片必须铆接后再锡焊，电阻与底板一定要绝缘，下端的接线片应离底板2～3mm，以防短路。

⑤ 触点烧蚀　触点表面严重烧蚀时，应拆下用油石打磨，但触点厚度不得小于0.3mm，否则应予更换。

7.4 监测显示系统

为了能使司机随时了解装载机主要部件的工作情况，及时发现和排除可能出现的故障，装载机上设置有监测显示系统，主要由仪表和报警指示灯等组成。目前装载机装用的仪表主要有电压表（或电流表）、燃油表、水温表、变矩器油温表、发动机机油压力表、变矩器油压表以及气压表等，有的仪表还设置了红、绿区，绿区为正常工作区域，当仪表指针处于红区时，说明有故障存在或有故障隐患，应停车检查，只有仪表指示在安全区域后，方可行车、作业。

现代装载机除了安装仪表外，为保证安全和可靠性，还安装了报警装置，一般由传感器和警告灯组成。例如机油压力过低、制动系统低压等便发出报警信号。

7.4.1 仪表系统

7.4.1.1 电流表

电流表串接在发电机和蓄电池之间，主要是用来指示蓄电池的充放电电流值，同时还用以检视电源系统工作是否正常。通常把它做成双向工作方式，表盘的中间刻度为“0”，一边为20A（或30A），另一边为－20A（或－30A）。发电机向蓄电池充电时，指示值为“＋”，蓄电池向用电设备放电时，指示值为“－”。目前电流表有电磁式和动磁式两种。

① 电磁式电流表　结构和线路连接如图7-59所示。当没有电流流过电流表时，软钢转子被永久磁铁磁化而相互吸引，使指针停在中间“0”的位置。当铅酸蓄电池向外供电时，放电电流通过黄铜板条产生的磁场与永久磁铁磁场的合成磁场吸动软钢转子逆时针偏转一个与合成磁场方向一致的角度，则指针就指向标度盘的“－”侧，放电电流越大，合成磁场越强，则软钢转子带着指针向“－”侧偏转角度就越大。当发电机向铅酸蓄电池充电时，则电流反向流过黄铜板条，合成磁场吸引软钢转子带着指针顺时针方向偏转指向“＋”侧，且充电电流越大，指针偏转越大。

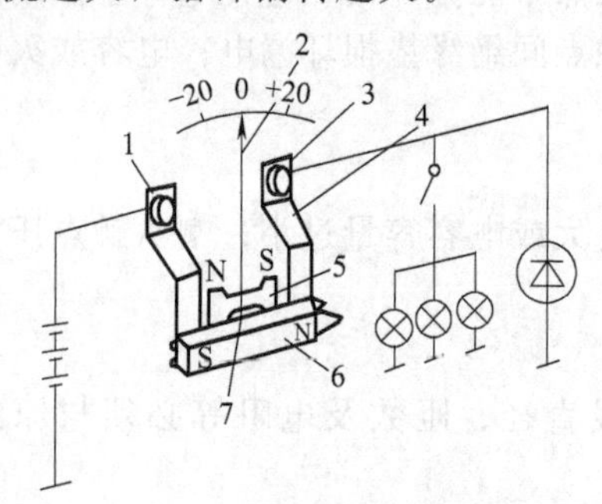

图7-59　电磁式电流表

1—负极接线柱；2—指针；3—正极接线柱；4—黄铜板条；5—软钢转子；6—永久磁铁；7—转轴

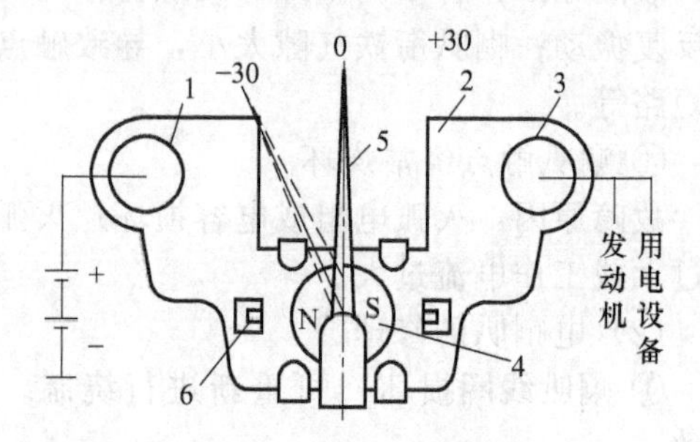

图7-60　动磁式电流表

1—电流表“－”接线柱；2—黄铜导电板；3—电流表“＋”接线柱；4—永久磁铁转子；5—指针；6—磁轭

② 动磁式电流表　结构和线路连接如图7-60所示。当没有电流通过电流表时，永久磁铁转子使磁轭磁化相互吸引，故指针停在“0”位。当蓄电池向外供电时，放电电流通过导电板产生的磁场，使浮装在导电板中心的永久磁铁转子带动指针向“－”侧偏转，且放电电流越大，偏转角越大。当发电机向蓄电池充电时，充电电流通过导电板产生的磁场则使指针向“＋”侧偏转，显示出充电电流的大小。

7.4.1.2 电压表

电压表用来显示装载机电源系统的工作电压。它不仅能显示交流发电机和调节器的工作状况，同时还能显示铅酸蓄电池的技术状况，通常电压表与铅酸蓄电池、交流发电机和用电设备并联，并由电源开关控制。其电路接线如图7-61所示。当电源电压达到一定数值时，稳压二极管反向击穿，将电压表电路接通。

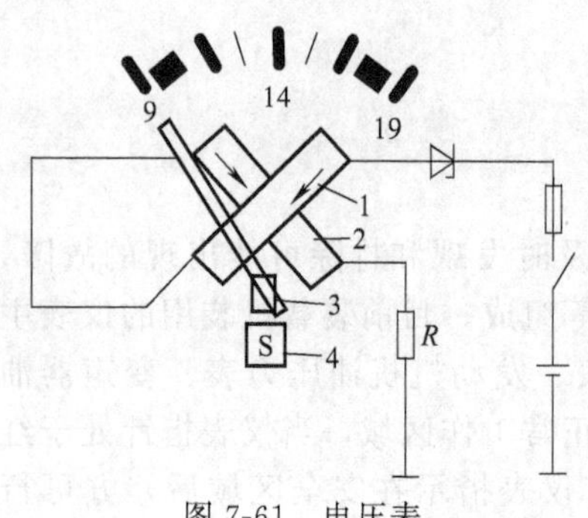

图7-61　电压表

1，2—线圈；3—带指针的转子；4—永久磁铁

当电源开关未断开时，电压表无电压，两线圈无电流，使指针指向最小刻度。

电源开关闭合后，且电源电压高于稳压管反向击穿电压时，稳压管击穿导通，两线圈中便有电流通过，形成合成磁场，该合成磁场与永久磁铁的磁场相互作用，使转子带动指针偏转。电源电压越高，通过线圈的电流越大，其磁场越强，因此指针的偏转角度越大，电压表指示的电压越高。

7.4.1.3 燃油表

燃油表用来指示燃油箱中的存油量，它由装在油箱上的油量传感器和仪表板上的燃油指示表两部分组成。常见的燃油指示表有电磁式、电热式、动磁式和电子燃油表等几种。

① 电磁式燃油表 结构和线路连接如图7-62所示。当油箱内无油时，浮子下沉，可变电阻与右线圈被短路，无电流通过，左线圈在全部电源电压作用下，通过的电流达最大值，产生最强的磁力，吸引转子，使指针停在最左面的“0”位上。随着油箱中油量的增加，浮子上浮，便带动滑片向左移动，可变电阻部分接入回路中，左线圈中的电流相应减小，产生的电磁力减弱，而右线圈中的电流增加，产生的电磁力增强。转子在合成磁场的作用下向右偏转，从而使指针指示油箱中的燃油量。

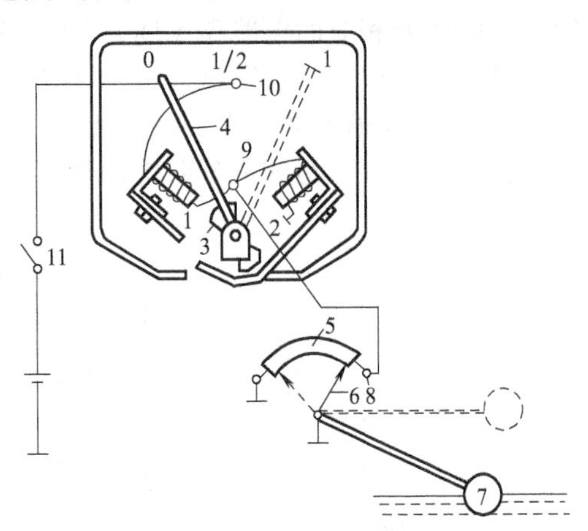

图7-62 电磁式燃油表

1—左线圈；2—右线圈；3—转子；4—指针；5—可变电阻；6—滑片；7—浮子；8,9,10—接线柱；11—钥匙开关

当油箱中充满燃油后，浮子上升到最高点，可变电阻全部接入回路。此时左线圈的电流最小，产生的电磁力最弱，而右线圈的电流最大，产生的电磁力最强，转子在合成磁场的作用下向右偏移至最大位置，指针指在“1”的位置上。

② 电热式燃油表 结构和线路连接如图7-63所示。当油箱中无油时，传感器的浮子处于最低位置，可变电阻全部接入电路，左电热线圈中电流最小，双金属片几乎不变形，而右电热线圈中电流最大，双金属片变形最大，驱使联动装置带动指针向左偏移指在“0”位上。

当油箱中注满油时，浮子上升到最高位置，传感器电阻被短路，左电热线圈中的电流增至最大值，双金属片变形大，而右电热线圈中的电流下降至最小值，双金属片复原，通过联动装置将指针推到满油标度“1”的位置上。

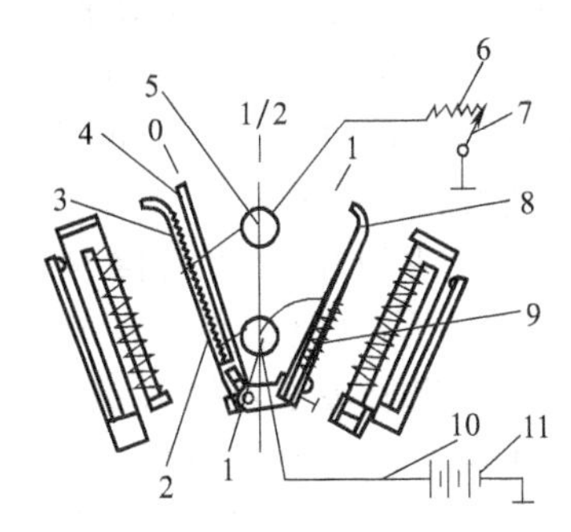

图7-63 电热式燃油表

1—接线柱；2,9—电热线圈；3,8—双金属片；4—指针；5—传感器接线柱；6—可变电阻；7—滑片；10—钥匙开关；11—电池

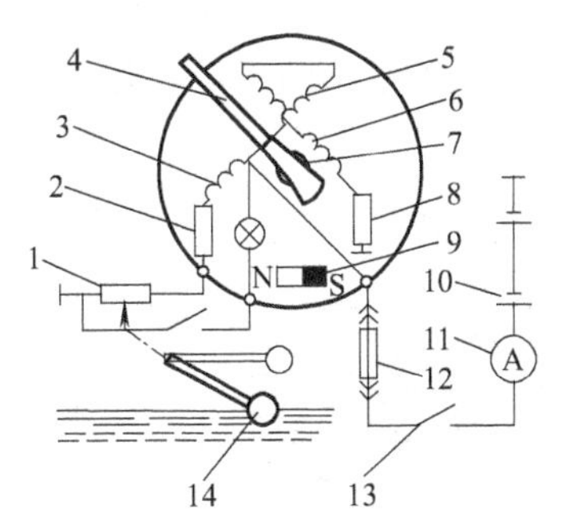

图7-64 动磁式燃油表

1—传感器可变电阻；2,8—电阻；3,5,6—线圈；4—指针；7—指针永久磁铁；9—永久磁铁；10—蓄电池；11—电流表；12—熔断器；13—钥匙开关；14—浮子

③ 动磁式燃油表 结构和线路连接如图7-64所示。当油箱中无油时，传感器浮子处于最低位置，将可变电阻短路，流过线圈3中的电流最大，其产生的磁场与线圈5、6产生的

磁场的合成磁场吸动指针永久磁铁带动指针指向“0”的位置。当油箱中装满燃油时，接入全部可变电阻，流过线圈3中的电流最小，其产生的磁场与线圈5、6产生的磁场的合成磁场吸动指针永久磁铁带动指针指向“1”的位置。当钥匙开关断开、燃油表中无电流流过时，在永久磁铁9的作用下，带动指针指向“0”位。

④ 电子燃油表 图7-65所示为一电子燃油表电路。R_x是浮子式滑线电阻器传感器，两块LM324及相应的电路和VD_1～VD_7发光二极管组成显示器件。由R_{15}和二极管VD_8组成的串联稳压电路，为各运算放大器提供稳定的基准电压，输入集成电路IC_1和IC_2组成的电压比较器反向输入端，为了消除装载机行驶时油箱中燃油晃动的影响，R_x输出端A点的电位通过R_{16}及C_{47}组成的延时电路加到IC_1和IC_2的同向输入端，并与基准电压进行比较并加以放大。

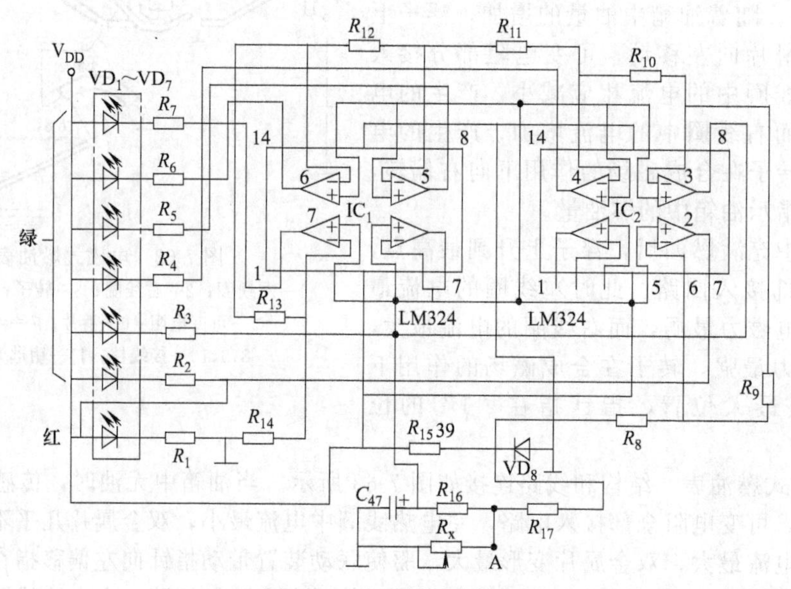

图7-65 电子燃油表电路

当油箱加满燃油时，传感器R_x的阻值最小，A点电位最低，由IC_1和IC_2电压比较器输出为低电平，六只绿色发光二极管都点亮，而红色发光二极管VD_1熄灭，表示燃油已满。

当油箱中燃油量不断降低，显示器中绿色发光二极管按VD_7、VD_6、VD_5、…的次序依次熄灭。油量越少，绿色发光二极管亮的个数越少。

当油箱中燃油量降到下限时，R_x的阻值最大，A点电位最高，集成块IC_2的第5脚电位高于第6脚的基准电位，六只绿色发光二极管全部熄火，红色发光二极管VD_1点亮，提醒司机及时补充燃油。

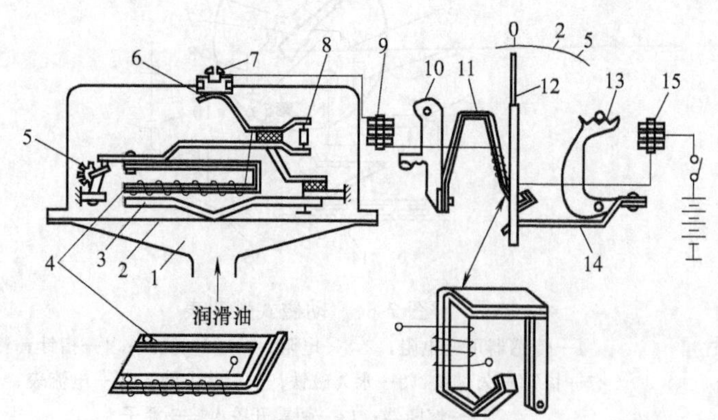

图7-66 双金属片电热式机油压力表

1—油腔；2—膜片；3—弹簧片；4—双金属片；5—调节齿轮；6—接触片；7,9,14—接线柱；8—校正电阻；10,13—调节齿扇；11—双金属片；12—指针；15—弹簧片

7.4.1.4 机油压力表

机油压力表是在发动机运转时，用来检测发动机机油压力的大小和发动机润滑系统工作是否

正常的，它由安装在发动机主油道上或粗滤器壳上的油压传感器和仪表板上的油压指示表组成。常用油压表有电热式压力表、电磁式压力表以及弹簧管式压力表等几种。

① 电热式机油压力表　结构和线路连接如图 7-66 所示。当油压很低时，传感器中的膜片几乎无变形，作用在触点上的压力很小。电流通过加热线圈不久，温度略有升高，双金属片弯曲使触点分开，电路即被切断，稍后双金属片冷却伸直，触点又闭合。因触点闭合时间短，电路中电流的有效值小，指示表中双金属片受热变形弯曲小，指针向右偏移量小，即指出较低油压。当油压增高时，膜片向上拱曲，使触点压力增大，触点闭合时间延长，电路中电流的有效值增大，指示表中双金属片弯曲变形增大，从而指示较高的油压。

② 电磁式机油压力表　结构和线路连接如图 7-67 所示，当油压为“0”时，膜片无变形，可变电阻全部接入电路，左线圈中的电流最大，而右线圈中的电流最小，形成的合成磁场吸动磁铁带动指针指向“0”位。当油压升高时，膜片向上拱曲，可变电阻部分接入电路，流过右线圈的电流增大，而流过左线圈的电流减小，形成的合成磁场使指针向右偏转，指在高油压位置。

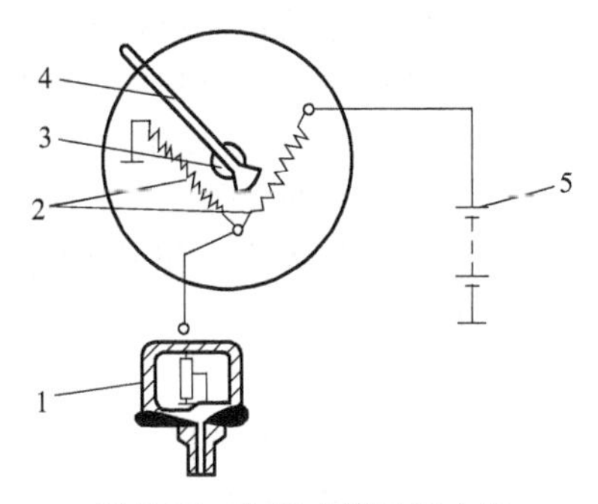

图 7-67　电磁式机油压力表
1—变电阻式传感器；2—正十字交叉线圈；
3—永久磁铁转子；4—指针；
5—蓄电池

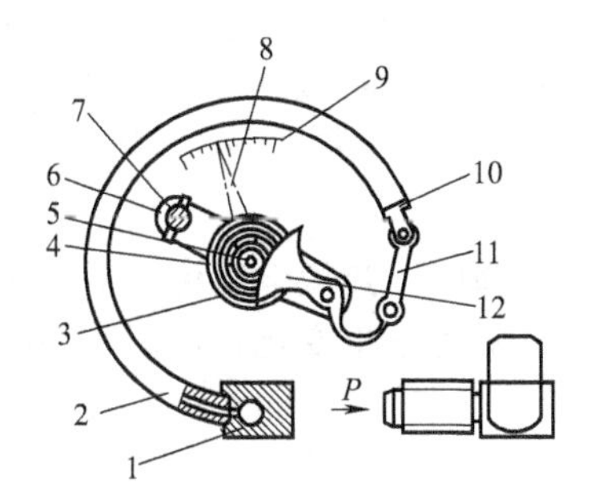

图 7-68　弹簧管式机油压力表
1—接头；2—弹簧管；3—游丝；4—小齿轮；5—针轴；
6—夹板；7—固定轴；8—指针；9—刻度盘；
10—封口塞；11—连接板；12—扇形齿轮

③ 弹簧管式机油压力表　结构和线路连接如图 7-68 所示，当发动机不工作时，弹簧管内无机油压力，而处于自由状态，指针指在表盘的“0”位上。当压力增高时，弹簧管自由端外移，通过连接板使扇形齿轮驱动固定于指针轴上的小齿轮，带动指针指示出相应的油压值。

7.4.1.5　水温表

水温表（温度表）用以指示发动机冷却水的工作温度，由安装在发动机汽缸体水套上的温度传感器及仪表板上的温度指示表组成。根据水温表和配套传感器的工作原理不同，水温表有电热式水温表、电磁式水温表和动磁式水温表三种类型。

① 电热式水温表　配有双金属片式传感器的电热式水温表的结构和线路连接如图 7-69

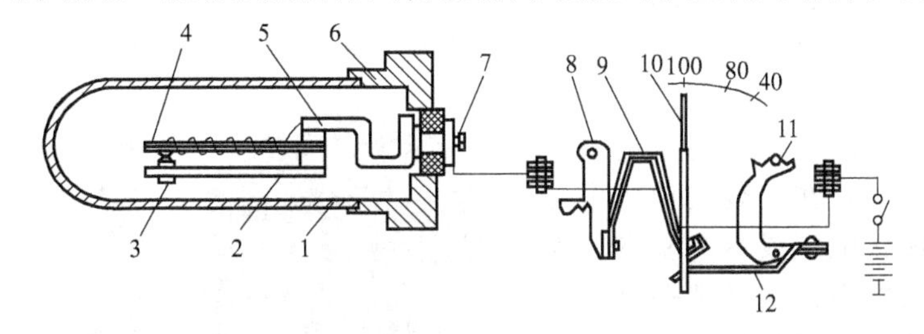

图 7-69　双金属片电热式水温表
1—水温传感器铜外壳；2—底板支架；3—可调整触点；4—双金属条形片；5—接触片；
6—铁壳；7—接线柱；8,11—调整齿扇；9—双金属片；10—指针；12—弹簧片

所示。当发动机冷却水温度低时，传感器铜壳及双金属片周围温度也低，动触点的闭合压力较大，触点闭合时间长，断开时间短；流过指示表电热线圈中的脉冲电流平均值大，指示表双金属片变形大，带动指针偏转较大的角度而指示低温标度值。

当水温升高时，动触点的闭合压力减小，缩短了触点的闭合时间，延长了断开时间，使流过指示表电热线圈的脉冲电流平均值减小，则双金属片变形小，指针偏转角小而指示高温标度值。

配有热敏电阻式水温传感器的双金属片水温表的结构及工作原理如图 7-70 所示。热敏电阻式水温表是利用水温的高低，使热敏电阻的大小进行相应变化（温度升高电阻变小），直接改变指示表内电热线圈的电流大小，使双金属片变形程度不同，从而带动指针指出相应的温度值。

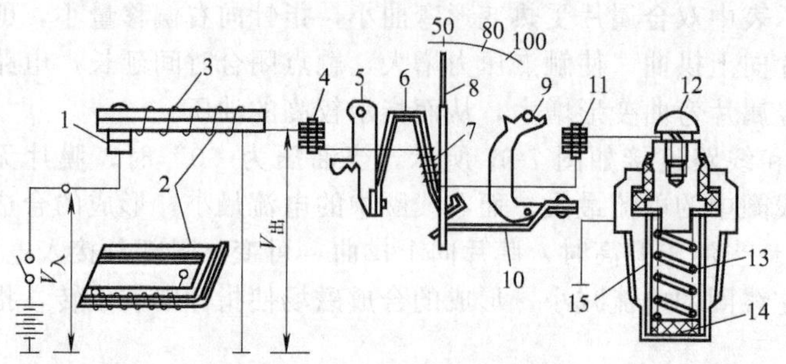

图 7-70　热敏电阻式水温表

1—触点；2,6—双金属片；3,7—加热线圈；4,11,12—接线柱；5,9—调节齿轮；8—指针；10,13—弹簧；14—热敏电阻；15—外壳

② 电磁式水温表　结构及工作原理如图 7-71 所示。当冷却水温度升降时，热敏电阻传感器直接控制串、并联线圈中的电流大小，使两个铁芯作用于衔铁上的电磁力发生变化，从而带动指针偏转，指示相应的温度值。

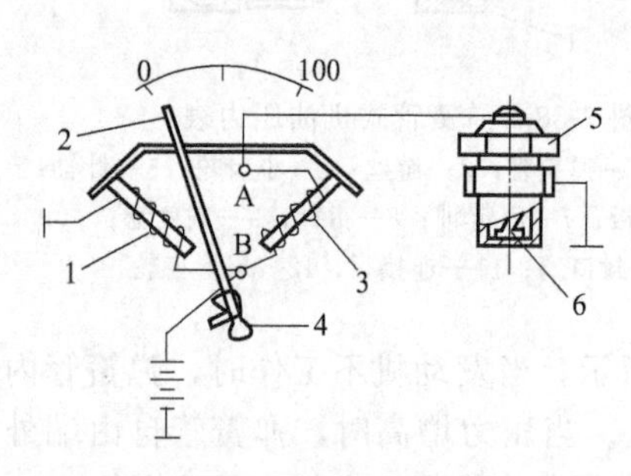

图 7-71　电磁式水温表

1—左线圈；2—指针；3—右线圈；4—软铁转子；5—传感器；6—热敏电阻

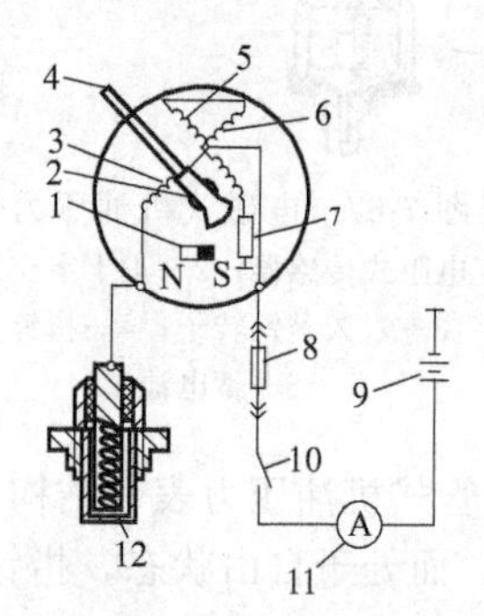

图 7-72　动磁式水温表

1—永久磁铁（使指针回零）；2—指针永久磁铁；3,5,6—线圈；4—指针；7—电阻；8—熔断器；9—蓄电池；10—钥匙开关；11—电流表；12—传感器

③ 动磁式水温表　结构及工作原理如图 7-72 所示。当水温升高或降低时，热敏电阻的电阻减小或增大，从而使流过线圈 3 的电流增大或减小，而线圈 5、6 中的电流不变，线圈 3、5、6 产生的电磁力吸动指针上的永久磁铁，指针指示出相应的温度值。

7.4.1.6　计时表

计时表（见图 7-73）主要用于记录装载机的累计工作时间，在装载机使用中是计算作业效率、核算施工成本的基本依据之一，在装载机维修中是正确掌握维修时机，及时而有效地实施维修保养，保证装载机经常处于良好技术状态的一个极为重要的指标。

图 7-73　计时表示意图

7.4.1.7 气压表

气压表用以指示气压制动的储气筒内的压力和制动输出气压。装载机广泛采用的是双回路制动系统，常采用双针双弹簧管式气压表。

气压表基本结构如图7-74所示。前、后腔的压缩空气分别经管道进入气压表的两个弹簧管。两个弹簧管均为弯曲成圆弧形的空心体，其截面为扇圆形，截面的短轴位于空心管弯曲的平面内。弹簧管3与左接头相通，弹簧管3的封闭端（右端）经连接板7、扇形齿轮9与长径齿轮11相连，长径齿轮又与指针轴连为一体。弹簧管5与右接头相通，弹簧管5的封闭端（右端）经连接板6、扇形齿轮8与空心齿轮10相连，空心齿轮10又与指针轴连为一体。两个游丝的内端分别与长径齿轮、空心齿轮相连，其外均为固定端。两个扇形齿轮均以各自的销轴为旋转中心，可以左右摆动。

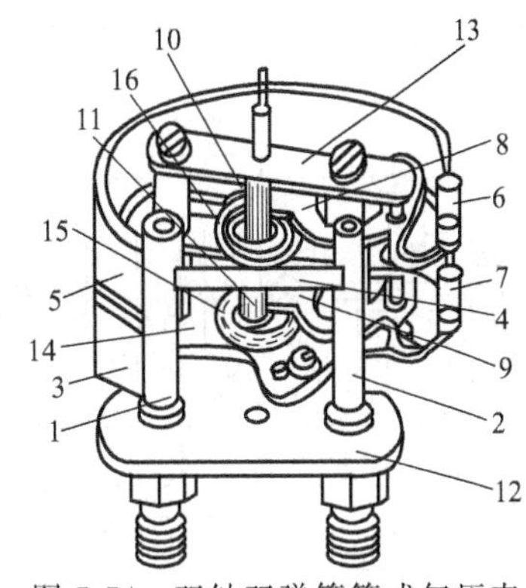

图7-74 双针双弹簧管式气压表

1—左接头；2—右接头；3,5—弹簧管；4—气管；6,7—连接板；8,9—扇形齿轮；10—空心齿轮；11—长径齿轮；12—底板；13,14—上、下夹板；15,16—游丝

7.4.2 组合仪表

分装式装载机仪表有各自独立的电路，具有良好的磁屏蔽和热隔离，彼此间影响较小，可维修性较好，但所有仪表加在一起体积过大，不方便安装。有些装载机采用组合仪表，其结构紧凑，便于安装和接线，缺点是各仪表间磁效应和热效应彼此影响，易引起附加误差，为此要采取一定的磁屏蔽和热隔离措施，必要时进行补偿。

（1）电子组合仪表

电子组合仪表（ED-02型）如图7-75所示。它的主要功能：车速测量范围为0～140km/h，仍采用模拟显示；冷却液温度表采用具有正温度系数的RJ-1型热敏电阻为传感器，显示器采用发光二极管杆图显示，其中最小刻度C为40℃，最大刻度H为100℃，从40℃起，冷却液温度每增加10℃，点亮一个发光二极管；电压表采用发光二极管杆图显示，最小刻度电压为0V，最大刻度电压为15V，该表能较好地指示蓄电池的电压情况，包括装载机启动时的蓄电池电压降、蓄电池充电和放电情况等；燃油表也采用发光二极管杆图显示，刻度为E、1/2、F，当油箱内的燃油约为油箱的一半时，1/2指示灯点亮，而加满油时，F指示段点亮；当有装载机车门未关好时，相应的车门状态指示灯发光报警；当燃油低于下限时，报警灯点亮；当冷却液温度到达上限时，报警灯点亮；当润滑油压力过低时，报警灯点亮；当制动系统出现问题时，报警灯点亮；设置有左右转向、灯光远近、倒车、雾灯、手制动、充电等状态信号指示灯，指示灯均为蓝色，报警灯均为红色。

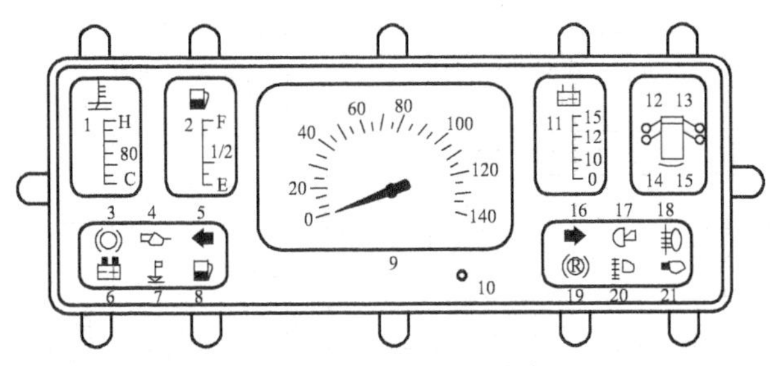

图7-75 ED-02电子组合仪表

ED-02电子组合仪表电路如图7-76所示，其额定电压为12V，负极搭铁，用插接器连接。

（2）智能组合仪表

图7-77所示为单片机控制的装载机智能组合仪表基本组成，它由装载机工况信息采集、

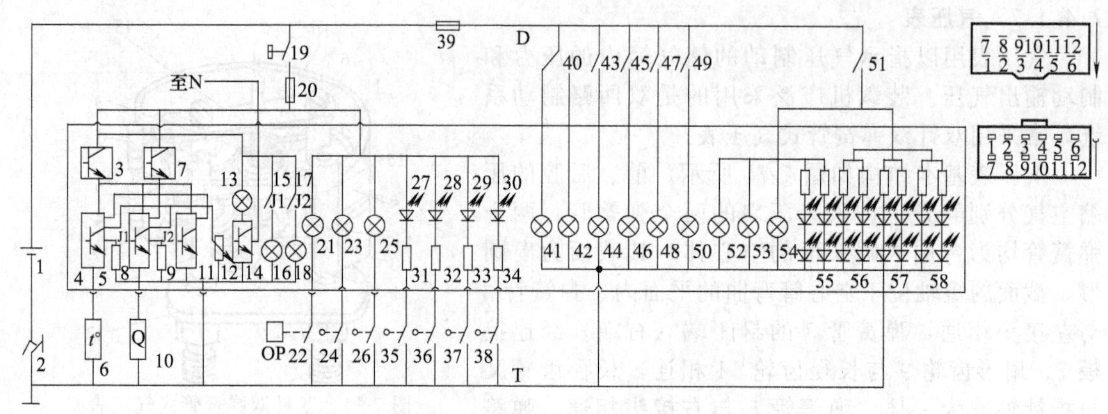

图 7-76 ED-02 电子组合仪表电路

单片机控制及信号处理、显示器等系统组成。

① C 信息采集 装载机工况信息通常分为模拟量、频率量和开关量三类。

a. 模拟量 装载机工况信息中的发动机冷却液温度、油箱燃油量、润滑油压力等，经过各自的传感器转换成模拟电压量，经放大处理后，再由模/数转换器转换成单片机能够处理的二进制数字量，输入单片机进行处理。

b. 频率量 装载机工况信息中的发动机转速和装载机行驶速度等，经过各自的传感器转换成脉冲信号，再经接口电路输入单片机进行处理。

c. 开关量 装载机工况信息中的由开关控制的装载机左转、右转、制动、倒车及各种灯光控制、各车门开关情况等，经电平转换和抗干扰处理后，根据需要，一部分输入单片机进行处理，另一部分直接输送至显示器进行显示。

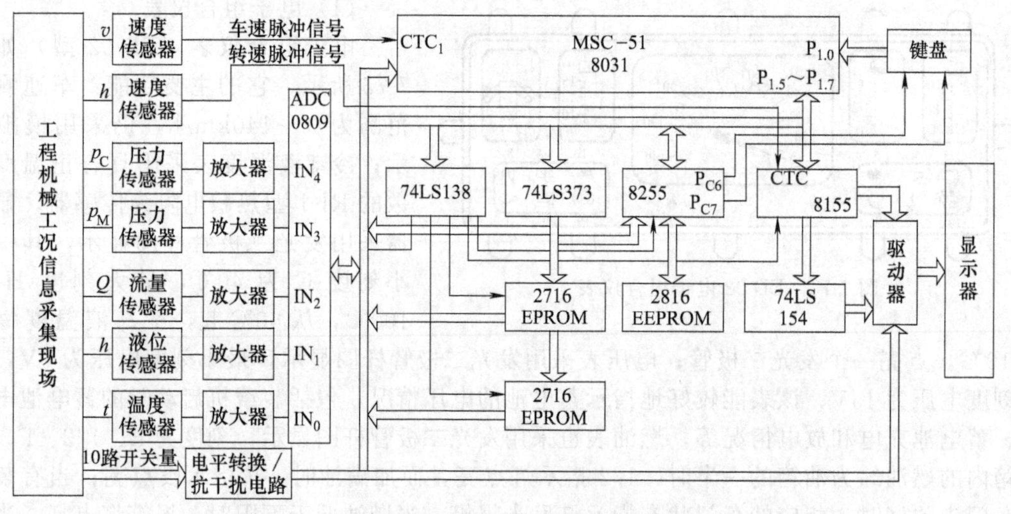

图 7-77 单片机控制的装载机智能组合仪表基本组成

② 信息处理 装载机工况信息经采集系统采集并转换后，按各自的显示要求输入单片机进行处理。如装载机速度信号除了要由车速显示器显示外，还要根据里程显示的要求处理后输出里程量的显示。车速信息在单片机系统中按一定算法处理后送 2816A 存储器累计并存储。装载机其他工况信息，都可采用相应的配置和软件进行处理。

③ 信息显示 可采用指针指示、数字显示、声光或图形辅助显示等多种显示方式中的一种或几种方式。除显示装置以外，装载机仪表系统还设有功能选择键盘、微机与装载机电

气系统的接头和显示装置连接。当钥匙开关接通时，输入信号有蓄电池电压、燃油箱传感器、温度传感器、行驶里程传感器、喷油脉冲以及键盘的信号，微机即按相应装载机动态方式进行计算与处理，除发出时间脉冲以外，还可用程序按钮选择显示各种信息，如瞬时燃油消耗、平均燃油消耗、平均车速、单程里程、行程时间（秒表）和外界温度等。

7.4.3 报警系统

当装载机处于不良或特殊状态，为引起司机的注意，保证装载机可靠工作和行车安全，现代装载机安装有各种报警装置，一般由传感器和报警灯两部分组成。

7.4.3.1 机油压力报警装置

机油压力报警装置是在润滑系统机油压力降低到允许限度时，红色警告灯亮，以便引起操作者的注意。它由装在主油道上的传感器和装在仪表板上的红色报警灯组成。常见的传感器有弹簧管式和膜片式两种。

① 弹簧管式机油压力报警装置　它主要由装在发动机主油道上的弹簧管式传感器和仪表板上的红色报警灯组成。传感器为盒形，内有一管形弹簧；管形弹簧一端经管接头与润滑系统主油道相通；另一端则与动触点相接；静触点经接触片与接线柱相连，如图 7-78 所示。

当机油压力低于 0.05～0.09MPa 时，管形弹簧变形很小，则触点闭合，电路接通，报警灯发亮，指出主油道机油压力过低；当油压超过 0.05～0.09MPa 时，管形弹簧变形增大，使触点打开，电路切断，报警灯熄灭，说明润滑系统机油压力正常。

② 膜片式机油压力报警装置　它主要由膜片式油压开关和报警灯组成。油压报警开关基本结构如图 7-79 所示。当机油压力正常时，机油压力推动膜片向上拱曲，触点打开，指示灯不亮。当润滑系统油压降到一定值时，膜片在回位弹簧作用下下移，触点闭合，红色指示灯亮，以示警告。

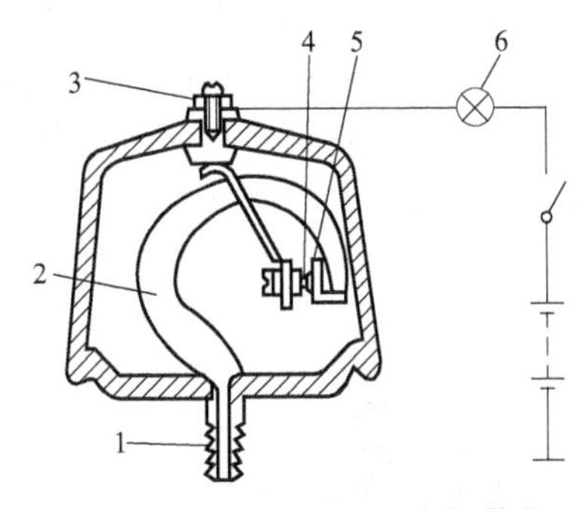

图 7-78　弹簧管式机油压力报警装置

1—管接头；2—管形弹簧；3—接线柱；4—静触点；5—动触点；6—报警灯

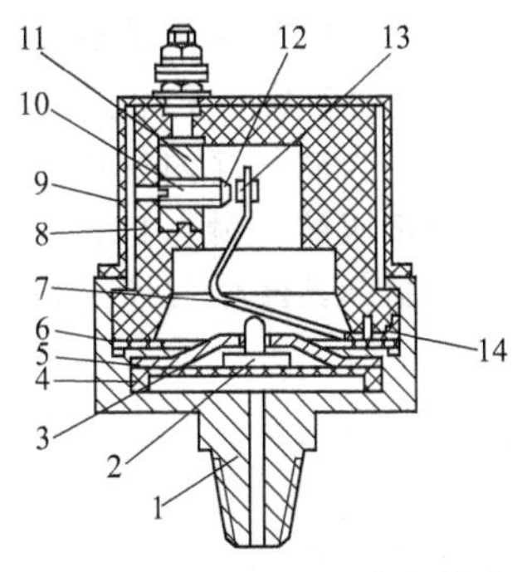

图 7-79　膜片式机油压力报警装置

1—接头；2—顶芯；3—膜片；4—密封垫圈；5—限制圈；6—垫圈；7—导电片；8—盖体；9—外套；10—调节螺钉；11—接线柱；12—静触点；13—动触点；14—螺钉

7.4.3.2 水温报警装置

水温报警装置基本结构如图 7-80 所示，由传感器和报警灯组成。当温度升高到 95～98℃时，双金属片向静触点方向弯曲，使两触点接触，红色报警灯发亮，以引起司机注意。

7.4.3.3 燃油不足报警装置

燃油不足报警装置如图 7-81 所示，由热敏电阻传感器和报警灯组成。当油箱油量多时，负温度系数的热敏电阻元件被浸没在油中，温度低，阻值增大，电流小，报警灯熄灭。当油量减少到规定值以下时，热敏电阻元件露出油面，散热减慢，阻值减小，电流增大，报警灯发亮，以提醒操作人员及时加注燃油。

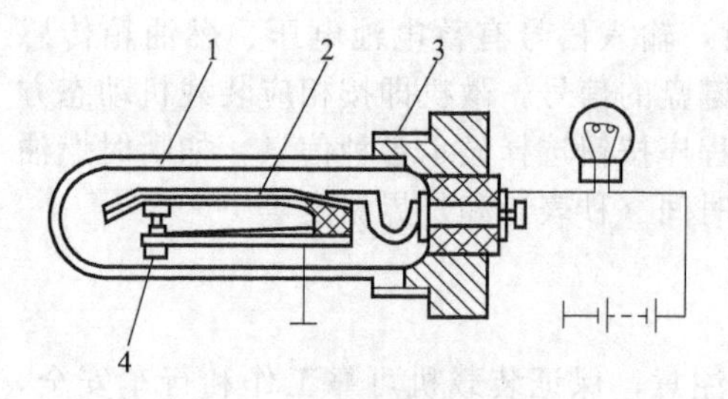

图 7-80 水温报警装置
1—套管；2—双金属片；3—螺纹接头；
4—静触点

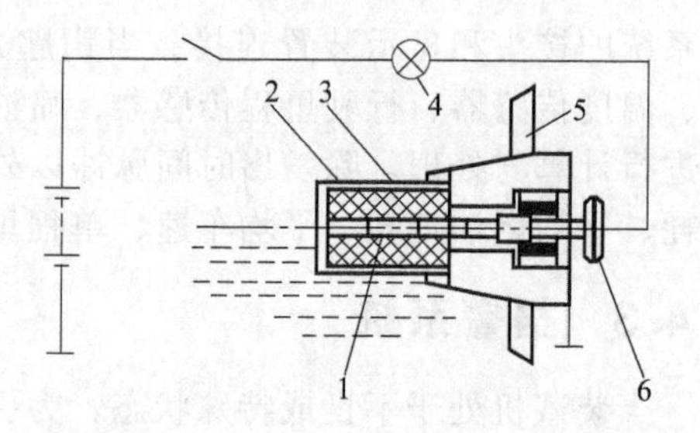

图 7-81 热敏电阻式燃油不足报警装置
1—热敏电阻元件；2—防爆用金属片；3—外壳；
4—报警灯；5—油箱外壳；6—接线柱

7.4.3.4 制动液面过低报警装置

制动液面过低报警装置结构如图 7-82 所示，由装在储液罐内的传感器和报警灯组成。外壳内装有舌簧开关，舌簧开关的两个接线柱与液面报警灯、电源相接，浮子上固定着永久磁铁。当浮子随着制动液面下降到规定值以下时，永久磁铁的吸力吸动舌簧开关，使之闭合，接通报警灯，发出警报；液面在规定值以上时，浮子上升，吸力不足，舌簧开关在自身弹力的作用下，断开报警灯电路。

7.4.3.5 制动系统低气压报警装置

在采用气制动的机械装备上，当制动气压降低到某一数值时，制动机构就会失灵，就可能酿成大的事故。为此安装低气压报警装置，若制动系统气压过低时，报警灯即发亮，以引起操作者的注意。

制动系统低气压报警装置由装在制动系统储气筒上或制动总泵的压缩空气输入管道中的传感器和装在仪表板上的报警灯组成。制动低气压报警灯开关如图 7-83 所示。接通电源后，当制动系统储气筒内的气压下降到 0.34～0.37MPa 时，由于作用在低气压报警灯开关膜片 3 上的压力减小，则膜片在复位弹簧的作用下向下移动，使触点 4、5 闭合，电路接通，低气压报警灯发亮。当储气筒内气压升高到 0.4MPa 以上时，由于开关中心膜片受到的推力增大，而使复位弹簧压缩，触点打开，电路被切断，报警灯熄灭。仪表板上的低气压报警灯突然亮时，则说明制动系统中气压过低，应予以注意。

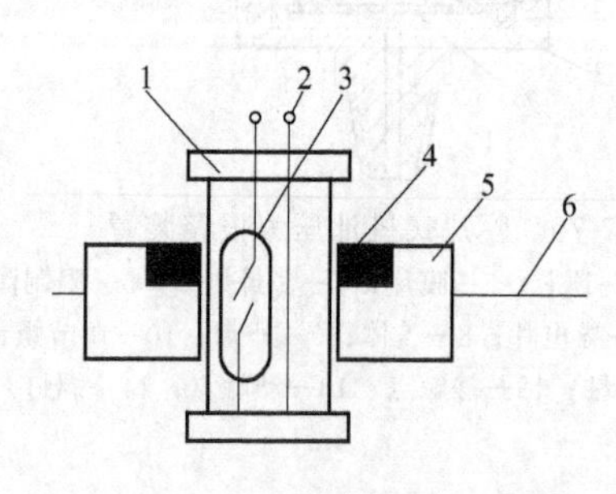

图 7-82 制动液面过低报警装置
1—外壳；2—接线柱；3—舌簧开关；
4—永久磁铁；5—浮子；6—液面

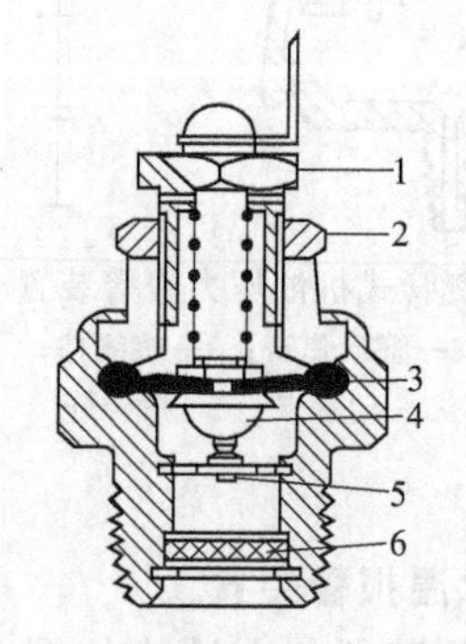

图 7-83 制动低气压报警灯开关
1—调整螺母；2—拧紧螺母；3—膜片；4—活动触点；
5—固定触点；6—过滤器

7.4.3.6 驻车制动报警装置

驻车制动报警装置用于提醒司机停车时，不要忘记拉紧驻车制动器，以免发生溜车事故。当储气筒气压过低时，不应松开驻车制动器起步。

驻车制动报警装置由报警灯与报警开关组成。报警灯装于仪表板上，报警开关装在驻车制动操纵杆支架上，如图 7-84 所示。

当拉紧驻车制动器时，驻车制动操纵杆推动报警开关顶杆 1 沿箭头方向轴向运动，使接触盘 8 与触点 6、14 接触，使报警灯回路接通，若此时钥匙开关处于 1 挡位置，报警灯则亮。

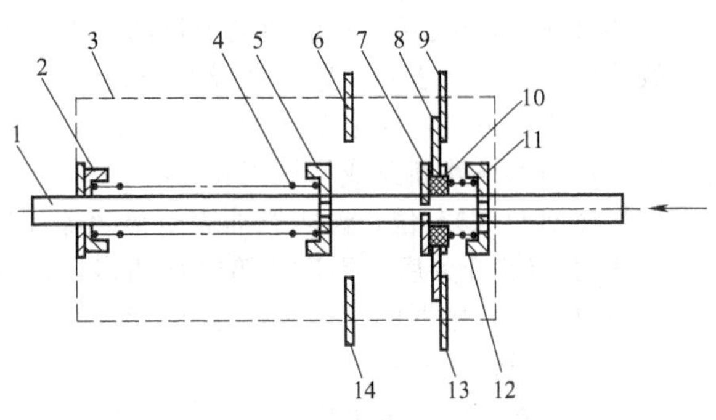

图 7-84　驻车制动报警开关

1—顶杆；2,5,11—弹簧座；3—外壳；4—回位弹簧；6,9,13,14—触点；7—卡环；8—接触盘；10—绝缘套；12—弹簧

当放松驻车制动器后，报警开关接触盘在回位弹簧作用下连同顶杆一起回位，触点 6 与 14 断路，而触点 9 与 13 被接触盘接通，则报警灯熄灭，同时报警蜂鸣器电源电路接通。若此时气压过低，气压报警开关则处于闭合状态，又接通了蜂鸣器的回路，导致蜂鸣器鸣叫。当气压升高时，气压报警开关断开，切断了蜂鸣器的搭铁回路，蜂鸣器停止鸣叫。

7.4.4　仪表常见故障及诊断排除

7.4.4.1　电流表的常见故障及检修

① 指针转动不灵活，反应迟缓。

故障原因：针轴过紧；润滑油变质粘连指针；电流表接线头松动、接触不良等。

检查与排除方法：将电流表拆开，取下表的罩子，将表芯取出，把变质的润滑油清洗干净，待表芯干燥后在轴承处滴少许干净润滑油，装好外壳，进行调整后使用，使其灵活自如；如因接线接触不良引起故障，应将接触面上的锈斑刮除，拧紧螺母，用平垫片将线头压紧。

② 指示值不准。

故障原因：电流通过时，指示值始终过高，主要是仪表存放或使用时间过长，致使永久磁铁磁性减弱造成；电流通过时，指针偏抖、迟缓或指示过低，主要是电流表指针歪斜、弯曲、针与面板相碰或指针轴与轴承磨损及永久磁铁磁性较强等造成。

检查与排除方法：拆下外壳，检查指针有无偏歪、弯曲，针与面板玻璃有无相碰等，根据情况予以排除；若指示值偏高，电流表的永久磁铁磁性减弱，可用一块磁性较强的永久磁铁与电流表的永久磁铁异性相接，接触或吸引一段时间（3～5s），对其进行磁化即可；如指示值偏低，可用磁性较强的永久磁铁与表的永久磁铁同极性一端相斥一段时间（3～5s），使其磁性减弱即可。

③ 指针不动或无电流通过。

故障原因：表芯烧坏；接线螺钉与罩壳或车身搭铁等造成。

检查与排除方法：如因表芯烧坏，则应更换电流表；若因搭铁等原因造成，则消除搭铁故障即可排除。

7.4.4.2　燃油表的常见故障及检修

（1）电磁式燃油表的故障与排除

① 接通钥匙开关后指针不动。

故障原因：一般是燃油表电源线路断路或燃油表左线圈断路所致。

检查与排除方法：在燃油表电源接线柱上接一试灯搭铁，若试灯亮，则为燃油表左线圈断路；若试灯不亮，则为燃油表电源接线柱至钥匙开关间导线断路。

② 接通钥匙开关后，不论油箱中存油多少，指针总是在“1”的位置上。

故障原因：燃油表到传感器的导线断路；传感器内部线路断路；传感器搭铁不良等。

检查与排除方法：接通钥匙开关，拆下传感器接线柱上的导线并搭铁，如指针回“0”，表明传感器内部线路断路或搭铁不良；若仍不回“0”，可在燃油表的传感器接线柱上引线搭铁，如指针回到“0”位，说明燃油表至传感器间导线断路。

③ 接通钥匙开关后，不论油箱中存油多少，指针总是指在“0”的位置上。

故障原因：传感器的浮子不能浮起或传感器内部搭铁；燃油表两接线柱上导线接反；右线圈断路或搭铁不良。

检查与排除方法：拆下传感器上的导线，若此时指针指向“1”的位置，说明传感器内部有搭铁处或浮筒已损坏；若指针仍指在“0”位上，拆下燃油表通往传感器接线柱上的导线，此时指针指在“1”的位置上，说明燃油表与传感器间的导线搭铁；若指针仍指在“0”处，从燃油表外壳上引一导线搭铁，若指针在“1”位上，说明右线圈搭铁不良；若指针仍指在“0”位上，则为燃油表的右线圈断路或两接线柱上导线接反。

(2) 电热式燃油表的故障与排除

①接通钥匙开关后，不论油箱中存油多少，燃油表指针均指向“0”。

故障原因：电源线或电源稳压器损坏；燃油表至传感器导线断路；燃油表损坏；传感器搭铁不良或烧坏。

检查与排除方法：首先用旋具将传感器的接线柱搭铁，若此时燃油表指示“1”，则为传感器故障；再用一根导线将传感器壳体搭铁，如表针走动，则为传感器搭铁不良；如表针不动，则为传感器本身损坏；拆下传感器，测浮筒在各种状态下传感器接线柱与壳体间的电阻，如不符合要求，则为传感器可变电阻损坏；若传感器接线柱搭铁时，表针仍不动，将指示表接传感器的导线接线柱搭铁，如表指向“1”，则为燃油表至传感器导线断路；如表针仍不动，则应检查燃油表电源接线柱的电压；如正常，则为燃油表损坏；如不正常，则为电源线路或电源稳压器损坏。

② 接通钥匙开关后，不论油箱中存油多少，燃油表均指向“1”。

故障原因：燃油表至传感器导线搭铁；传感器内部搭铁。

检查与排除方法：拆下传感器上的连接线，若表针回位，则为传感器损坏；若表针仍指向“1”处，则为燃油表至传感器导线搭铁。

7.4.4.3 油压表的故障与排除

(1) 电热式油压表的故障与排除

① 指针不动。

故障原因：指示表或传感器损坏；连接导线松脱。

检查与排除方法：接通钥匙开关，启动发动机，将机油压力表传感器接线柱搭铁，这时将出现以下两种情况。

a. 表针移动。说明压力表是好的，故障在传感器或机油油道。此时可拆下传感器，用平头小棍顶住传感器内的膜片，若表针不动，则故障为传感器损坏；若表针移动，则故障在润滑油路。

b. 表针不动。说明故障在压力表或连接导线上。此时可用一根导线将机油压力表的电源接线与机体划火。若无火，则故障为电源连线断路；若有火，则移开该导线，一端搭接传感器的接线柱，另一端与机体划火，如此时表针仍不动，则故障在机油压力表，若表针动，则故障为机油压力表至传感器间连线松脱。

② 接通电源开关，发动机尚未启动，机油压力表指针即开始移动。

故障原因：压力表、传感器或导线有短路。

检查与排除方法：关闭电源，先拆下传感器端导线，再接通钥匙开关试验，若表针不再移动，说明传感器内部搭铁或短路；若表针仍移动，则应检查机油压力表至传感器间导线有无搭铁之处。

③ 指针指示值不准。

参照检验规范，可在试验台上检查，如无试验台，也可用毫安表、可变电阻器和蓄电池串联成检测电路，依照操作程序，进行检查调试。

(2) 电磁式油压表的故障与排除

① 指针不动或微动。

故障原因：指示表线圈脱焊或断线；指针变形卡住；指针与刻度盘接触；指示表与传感器间导线接触不良或断线；传感器电阻烧断；滑动接触片与电阻接触不良；波形膜片破损或老化；传感器油孔堵塞；活动结构卡死等。

检查与排除方法：用万用表检查指示表与传感器间导线接触不良或断线，拆下指示表外壳，检查指针有无变形、偏歪，针与刻度盘有无相碰等；用万用表检查传感器导通情况，拆下传感器外壳，检查滑动接触片与电阻接触是否良好、波形膜片是否破损或老化、传感器油孔是否堵塞、活动结构是否卡死等。根据以上检查情况予以排除。

② 接通电源开关，发动机尚未启动，机油压力表指针即开始移动。

故障原因：压力表、传感器或导线有短路。

检查与排除方法：关闭电源，先拆下传感器端导线，再接通钥匙开关进行试验，若表针不再移动，说明传感器内部搭铁或短路；若表针仍移动，则应检查机油压力表至传感器间导线有无搭铁之处。

7.4.4.4 水温表的常见故障及检修

① 水温表总是指在低温处不动。

接通钥匙开关后，表针就偏到另一边（低温处），发动机水温升高后指针仍不动。

a. 先拆下传感器上的连接导线，这时表针若能慢慢回到停止位置，说明传感器内部短路。

b. 若指针仍在原来位置不动，则表明电路中有搭铁故障，可拆下指示表通往传感器接线柱上的导线，若指针能回到停止位置，则为指示表到传感器之间的导线搭铁；若仍不能回到停止位置，则为其接线柱或表内部搭铁。

② 指示表指针指示数值不对。

接通钥匙开关，发动机温度正常，而水温表的指示数值不对。

观察指示值若比实际水温低很多时，则多为传感器电热线圈烧坏短路所致；若观察指示值比实际水温高时，则多为指示表电热线圈烧坏短路所致。

用万用表分别测量指示表及传感器电热线圈阻值，如线圈短路损坏，应更换指示表或传感器，若阻值符合要求，则为水温表本身未调整好而引起偏差，应予重新调整或更换。

③ 水温表指针不动。

接通钥匙开关，拆下传感器接线柱上的导线，并在导线上接一试灯（25W）搭铁。

a. 水温表指针摆动，说明水温表良好，为传感器损坏。

b. 水温表指针仍不动，用试灯一端搭铁，另一端接水温表电源接线柱。

此时试灯亮，再把试灯一端接在水温表引出接线柱上，另一端仍搭铁。若指针摆动，说明水温表是好的，故障为水温表至传感器之间断路；若表针仍然不动，说明水温表损坏。

此时试灯不亮，故障为水温表至蓄电池间断路。将试灯一端接稳压器电源接线柱，另一端搭铁，若试灯亮，说明稳压器损坏；若试灯不亮，说明稳压器到蓄电池间导线断路或仪表熔断器烧断。

7.5 空调系统构造与拆装维修

7.5.1 空调系统的组成与构造

7.5.1.1 空调系统的组成

装载机空调系统通常由制冷系统、暖风系统、通风系统、控制操纵系统和空气净化系统五个部分组成。各系统可有机地接合起来，组成同时具有通风、暖风、降温降湿、挡风玻璃除霜除雾等功能的冷暖一体化空调系统（称全空调系统）。这种空调系统冷、暖、通风合用一只鼓风机和一套统一的操纵机构，采用冷暖混合式调温方式和多个功能的送风口，使整个空调系统总成数量减少、占用空间小、安装布置方便，且操作和调控简单、温湿度调节精度高、出风分布均匀、容易实现空调系统的自动化控制。

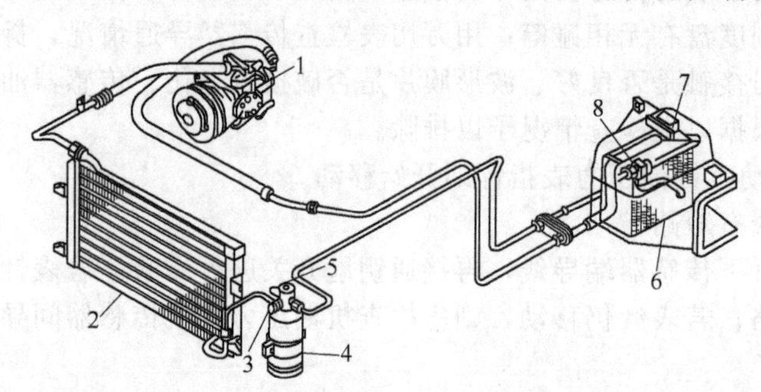

图 7-85 ZL50 型装载机空调制冷系统的组成
1—压缩机；2—冷凝器；3—低压开关；4—储液干燥器；5—高压阀；6—蒸发器；7—热控开关；8—膨胀阀

图 7-85 是 ZL50 型装载机空调制冷系统的组成。该空调系统为分体式、冷暖两用型，主要由蒸发器、压缩机、冷凝器、储液干燥器等组成。蒸发器由制冷蒸发器（以下简称蒸发器）、制热换热器（以下简称换热器）和鼓风机等组成。换热器连接到柴油机的冷却系统上，蒸发器通过膨胀阀连接到制冷系统上。

鼓风机可迫使空气通过蒸发器和换热器，然后从出风口排出。

蒸发器安装在驾驶室内，可以随时调节空调的工作状态。当需要加热时，打开连接换热器入口的水阀，然后打开风量开关即可。当需要制冷时，关闭水阀，然后先打开风量开关，后打开温控器即可。

构成制冷系统的各部件，如压缩机、冷凝器、储液干燥器、蒸发器等由耐氟软管连接，组成封闭的制冷循环系统。压缩机的动力来自柴油机。压缩机上装有电磁离合器，以控制压缩机的工作状态。当离合器通电时，离合器的压板吸附到带轮上，使带轮带动压缩机主轴转动而工作。当离合器断电时，带轮空转，压缩机停止工作。

7.5.1.2 空调制冷系统构造及工作原理

（1）制冷系统的组成与工作原理

① 制冷系统的组成　装载机采用的空调制冷系统一般都是以 R-12（氟利昂 12）或 R134a（无氟里昂的环保型制冷剂）为制冷剂的蒸气压缩式封闭循环系统，主要由压缩机、冷凝器、储液干燥器、膨胀阀（或节流孔管）和蒸发器等部件组成，各部件由耐压金属管路或耐压耐氟橡胶软管依次连接而成。

② 制冷系统的工作原理　空调制冷系统的制冷是根据系统内充入的制冷剂在物态变化时能够吸热和散热的原理来实现的。图 7-86 所示为空调制冷循环原理，压缩机由带轮带动旋转，吸入蒸发器中吸收热量而汽化的低温（约 5℃）、低压（约 0.15MPa）制冷剂蒸气，将其压缩成为高温（70～80℃）、高压（1.3～1.5MPa）的气体，然后经高压管路送入冷凝器。进入冷凝器的高温高压制冷剂气体与外界空气进行热交换，释放热量，当温度下降至 50℃左右时（压力仍为 1.3～1.5MPa），便冷凝为液态。冷凝为液态的高温高压制冷剂进入储液干燥器，除去水分和杂质，经高压管送至膨胀阀。因为膨胀阀有节流作用，所以高温高

压的液态制冷剂流经膨胀阀时，变为低温（约−5℃）、低压（0.15MPa）的雾状喷入蒸发器，吸收周围空气的热量而沸腾汽化，使周围空气温度降低。蒸发器出口处的制冷剂气体由于吸热温度升至5℃左右。当鼓风机将附近空气吹过蒸发器表面时，空气被冷却变为凉气送进驾驶室，使驾驶室内变得凉爽。吸热汽化的制冷剂又被压缩机吸入。如果压缩机不停运转，上述过程将连续不断地循环，蒸发器周围的空气始终保持较低的温度。

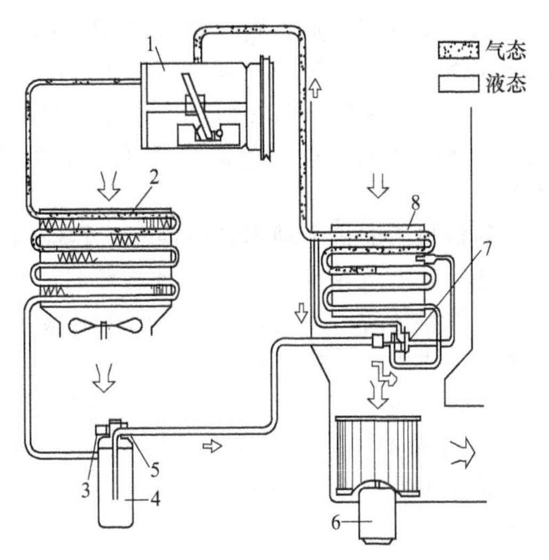

图 7-86 空调制冷循环原理
1—压缩机；2—冷凝器；3—高压阀；4—储液干燥器；5—低压开关；6—鼓风机；7—膨胀阀；8—蒸发器

综上所述，制冷系统工作时，制冷剂以不同的状态在空调密闭系统中流动。每一循环可概括为四个过程：一是压缩过程，压缩机吸入蒸发器出口处的低温、低压的制冷剂气体，把它压缩成高温、高压的气体排出压缩机；二是冷凝过程，高温、高压的过热制冷剂气体进入冷凝器，由于压力及温度的降低，制冷剂气体冷凝成液体，并放出大量的热；三是膨胀过程，温度和压力较高的制冷剂气体通过膨胀装置后体积变大，压力和温度急剧下降，以雾状（细小液滴）排出膨胀装置；四是蒸发过程，制冷剂液体进入蒸发器，因为此时制冷剂沸点远低于蒸发器内的温度，故制冷剂液体蒸发成气体，在蒸发过程中大量吸收周围空气的热量，然后低温、低压的制冷剂蒸气又进入压缩机。

（2）制冷系统各部件的构造与工作原理

① 制冷压缩机　是空调制冷系统的心脏，其作用是维持制冷剂在制冷系统中的循环，吸入来自蒸发器的低温、低压制冷剂蒸气，压缩制冷剂蒸气，使其压力和温度升高，并将制冷剂蒸气送往冷凝器。

目前，装载机空调上大多采用曲轴连杆式压缩机和轴向活塞斜板式压缩机。两者均以活塞在气缸中往复运动来改变容积进行增压。下面以常用的斜板式压缩机为例介绍其结构与工作过程。

斜板式压缩机是一种轴向活塞式压缩机，其工作原理如图7-87所示。斜板式压缩机的结构如图7-88所示。斜板式压缩机的主要零件是主轴和斜板（盘）。各气缸以压缩机主轴为中心布置，活塞运动方向与压缩机的主轴平行，以便活塞在气缸体中运动。活塞为双头活

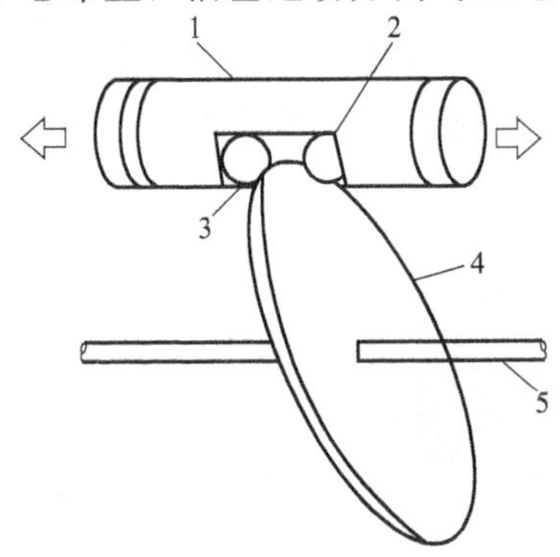
图 7-87 斜板式压缩机工作原理
1—双头活塞；2，3—钢珠；4—斜板；5—主轴

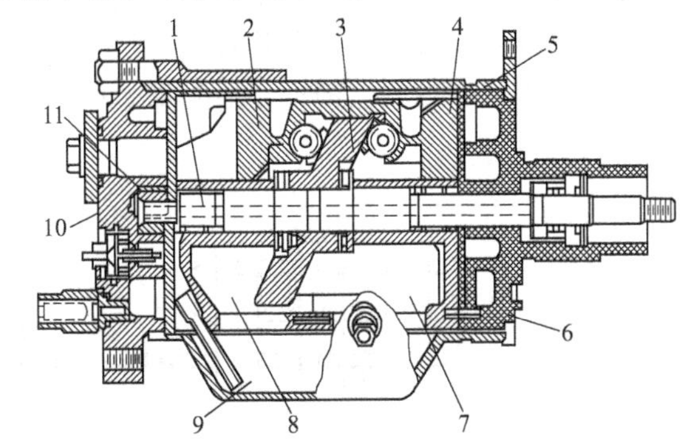
图 7-88 斜板式压缩机结构
1—主轴；2—活塞；3—斜板；4—吸气阀；5—前排气阀；6—前盖；7—前缸半部；8—后缸半部；9—油底壳；10—后盖；11—机油齿轮泵

塞。如果是轴向6缸，则3缸在压缩机前部，另外3缸在压缩机后部；如是轴向10缸，5缸在压缩机前部，另外5缸在压缩机后部。双头活塞的两活塞各自在相对的气缸（一前、一后）中滑动。活塞一头在前缸中压缩制冷剂蒸气时，活塞的另一头就在后缸中吸入制冷剂蒸气。反向时互相对调。各缸均备有高、低压气阀。另有一根高压管，用于连接前、后高压腔。

斜板与压缩机主轴固定在一起，斜板的边缘装在活塞中部的槽中，活塞槽与斜板边缘通过钢球轴承支承在一起。当主轴旋转时，斜板也随着旋转，斜板边缘推动活塞轴向往复运动。如果斜板转动一周，前、后两个活塞各完成压缩、排气、膨胀、吸气一个循环，相当于两个气缸作用。如果是轴向6缸压缩机，缸体截面上均匀分布3个气缸和3个双头活塞，当主轴旋转一周，相当于6个气缸的作用。

② 冷凝器　装载机空调制冷系统中的冷凝器是一种由管子与散热片组合起来的热交换器。其作用是将压缩机排出的高温、高压制冷剂蒸气进行冷却，使其凝结为高压制冷剂液体。

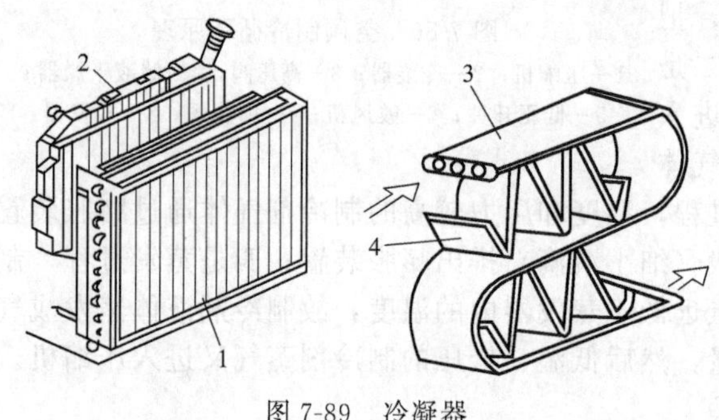

图7-89　冷凝器

1—冷凝器；2—冷却水箱；3—芯管；4—散热片

装载机空调制冷系统冷凝器均采用风冷式结构，其冷凝原理是：让外界空气强制通过冷凝器的散热片，将高温制冷剂蒸气的热量带走，使之成为液态制冷剂。制冷剂蒸气所放出的热量，被周围空气带走，排到大气中。

冷凝器的结构如图7-89所示，由铜管或铝管制成芯管，并在芯管周围焊接散热片。多数机械的冷凝器装在水箱的前方，芯管中的制冷剂被冷却风扇或机械行驶中的迎面风冷却。为提高制冷能力，常在冷凝器前装设电控辅助风扇。当空调系统或柴油机的冷却液温度上升到一定数值时，温控开关自动接通辅助风扇电路，加强冷凝器的散热效果。

③ 蒸发器　和冷凝器一样，也是一种热交换器，也称冷却器，是制冷循环中获得冷气的直接器件。其作用是将来自热力膨胀阀的低温、低压液态制冷剂在其管道中蒸发，使蒸发器和周围空气的温度降低，同时对空气起除湿作用。

蒸发器的工作原理和结构如图7-90所示。进入蒸发器排管内的低温、低压液态制冷剂，通过管壁吸收穿过蒸发器传热表面空气的热量，使之降温。与此同时，空气中所含的水分由于冷却而凝结在蒸发器表面，经收集排出，使空气减湿。被降温、减湿后的空气由鼓风机吹进车室内，使车内获得冷气。因此，蒸发器是制冷装置中产生和输出冷气的设备。

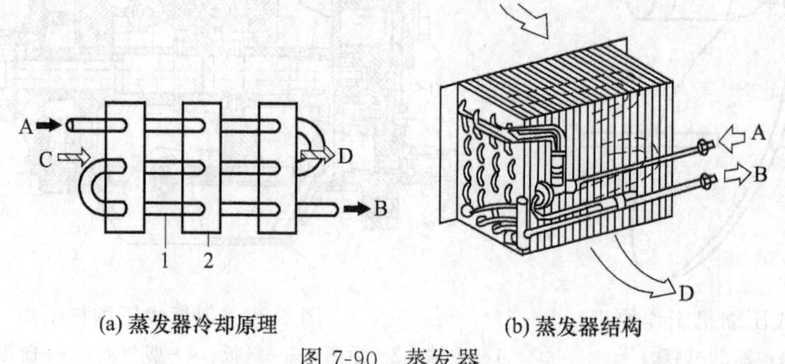

(a) 蒸发器冷却原理　　(b) 蒸发器结构

图7-90　蒸发器

1—排管；2—散热片；A—来自膨胀阀的液态制冷剂；B—气态制冷剂；C—车内热空气；D—吹出的冷气

④ 膨胀阀 装载机制冷系统使用的膨胀阀为温度自动控制式膨胀阀。其作用一是降低制冷剂的压力，保证在蒸发器内沸腾蒸发；二是调节流入蒸发器的制冷剂流量，以适应制冷负荷变化的需要。

H 形膨胀阀是因其内部通路为 H 形而得名，其结构如图 7-91 所示。

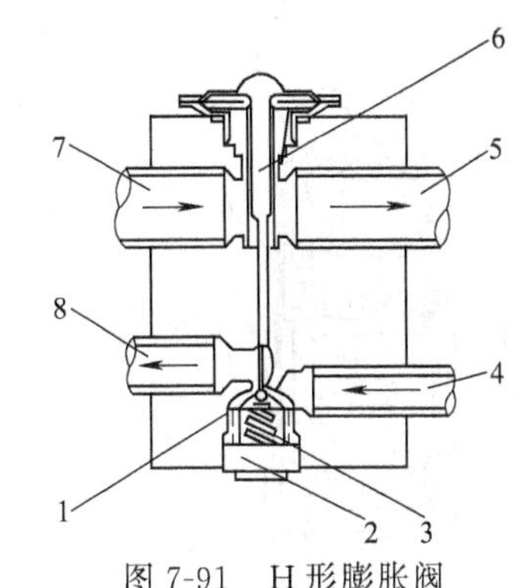

图 7-91 H 形膨胀阀

1—球阀；2—调整螺栓；3—弹簧；4—接储液干燥器；5—按压缩机进；6—感温器；7—接蒸发器出口；8—接蒸发器进口

由图 7-91 可知，在高压液体进口和出口之间，设置一个由球阀控制的节流孔。节流孔的开度由弹簧和感温器控制。感温器内充注制冷剂，可直接感受蒸发器出口的温度。当蒸发器出口的蒸气温度高时，感温器内制冷剂吸热蒸发压力增大，迫使球阀压缩弹簧使阀门开度增大，制冷剂流量增加，制冷量增大。反之，当蒸发器出口的蒸气温度低时，阀门开度减小，制冷剂流量减小，制冷量减小。

⑤ 储液干燥器 作用是过滤、除湿、气液分离及临时储存一些制冷剂。

储液干燥器的结构如图 7-92 所示，是一个焊装的密封铁瓶，安装在冷凝器一侧，由储液罐、干燥剂、过滤器、引出管、观察玻璃、易熔塞等组成。

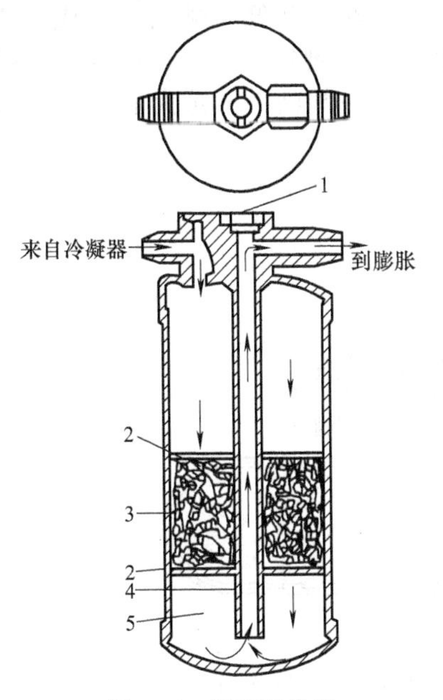

图 7-92 储液干燥器

1—观察玻璃；2—过滤网；3—干燥剂；4—引出管；5—储液罐

储液罐可临时储存一些制冷剂，当蒸发器负荷变化或制冷系统有微量泄漏时，及时向制冷系统补充制冷剂，同时起气液分离作用。

干燥剂是一种能从气体或液体中去掉潮气的固体物质，可以吸收制冷剂中水分，防止制冷系统有水而结冰。

过滤器可滤掉制冷剂中的灰尘及金属微粒，以保证制冷剂的洁净。

引出管插到储液罐底部，可确保离开储液罐的制冷剂完全是液体。

观察玻璃又称视液玻璃，安装在引出管的上方。通过它可以观察制冷系统是否有足够的制冷剂或制冷剂中是否有水分。

易熔塞是一种安全保护装置，安装在储液干燥器上部，用螺塞旋入。当储液干燥器的内部压力达到 3.0MPa、温度达到 100～105℃时，铜铝合金易熔塞熔化，排出制冷系统中的高压、高温制冷剂，避免制冷系统的机件损坏。

⑥ 制冷系统的调控部件 为保证装载机空调制冷系统正常、安全、可靠地工作，以及对其工作状况进行必要的调节和控制，在装载机空调制冷系统中还装有下列必要的调控部件。

a. 电磁离合器 作用是根据需要接通和断开柴油机与压缩机之间的动力传递，是装载机空调控制系统中重要部件之一，受温度控制器、空调 A/C 开关、空调放大器、压力开关等元器件的控制。

电磁离合器一般安装在压缩机前端，成为压缩机总成的一部分，主要由电磁线圈、带轮、压盘、轴承等零件组成，如图 7-93 所示。当电磁线圈不通电时，三只片簧使压盘与带

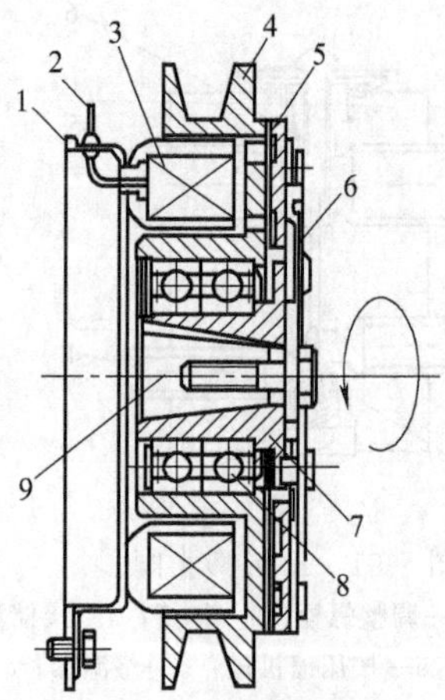

图 7-93 电磁离合器结构
1—压缩机前端盖；2—电磁线圈引线；3—电磁线圈；4—带轮；5—压盘；6—片簧；7—压盘轮毂；8—轴承；9—压缩机轴

轮外端面之间保持一定的间隙（0.4～1.0mm），带轮在曲轴皮带带动下空转，压缩机不工作；当电磁线圈通电时，在带轮外端面产生很强的电磁吸力，将压盘紧紧地吸在带轮端面上，带轮便通过压盘带动压缩机轴一起转动而使压缩机工作。

b. 蒸发器温度控制器 为充分发挥蒸发器的最大冷却能力，同时又不致造成蒸发器表面的冷凝水（除湿水）结冰结霜而堵塞蒸发器换热翅片间的空气通道，蒸发器表面的温度应控制在1～4℃的范围之内。蒸发器温度控制器的作用是根据蒸发器表面温度的高低接通和断开电磁离合器电路，控制压缩机开与停，而使蒸发器表面的温度保持在上述温度范围之内。

常用的温控器有机械波纹管式和热敏电阻式两种。机械波纹管式温度控制器（又称压力式温度控制器）主要由感温管、波纹管、温度调节凸轮、弹簧、触点等组成，如图 7-94 所示。感温管内充有制冷剂饱和液体，一端与温控器内的波纹伸缩管相连通，另一端则插入蒸发器的盘管翅片内 200～250mm。

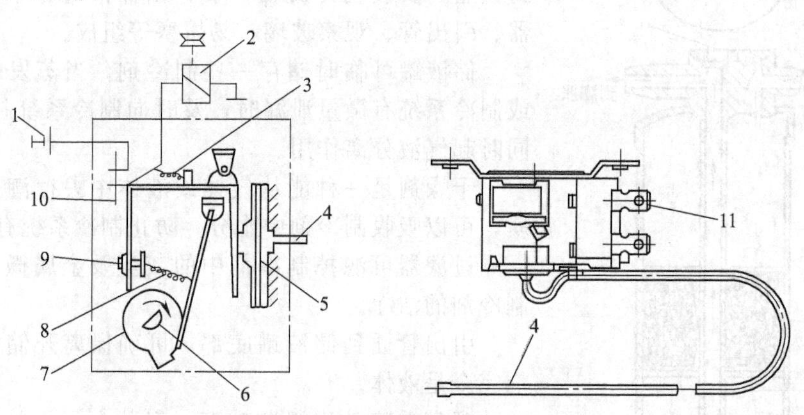

图 7-94 机械波纹管式温度控制器
1—蓄电池；2—电磁离合器；3—支撑弹簧；4—感温管；5—波纹管伸缩管；6—转轴；7—温度调节凸轮；8—调节弹簧；9—调整螺钉；10—触点；11—接线插头

c. 压力开关 也称制冷系统压力继电器，分为高压开关、低压开关和高、低压双向复合开关三种，一般安装在空调制冷系统高压管路上。当制冷系统工作压力异常（过高或过低）时，它便自动切断电磁离合器电路，使压缩机停止运转或接通冷凝风扇高速挡开关，使冷凝风扇高速运转，从而保护制冷系统不致进一步损坏。

高压开关有触点常闭型和触点常开型两种。触点常闭型用于当制冷系统压力过高时中断压缩机的工作，其触点跳开压力为 2.1～2.8MPa，恢复闭合的压力约为 1.9MPa。

低压开关也称制冷剂泄漏检测开关，作用是在制冷系统严重缺少制冷剂、使系统高压侧压力低于 0.2MPa 时，低压开关动作切断电磁离合器电路使压缩机无法运转，以防止压缩机在没有润滑保障的情况下运转而损坏。

高、低压双向复合开关则同时具有高压开关和低压开关的双重功能。高压开关和低压开关的构造及外形如图 7-95 所示。

d. 冷却液温度开关　也称水温开关，其作用是防止柴油机在过热的情况下使用空调，一般安装在柴油机冷却液管路上。当冷却液温度超过某一规定值（如 106℃）时，触点断开，使压缩机停止运转。冷却液温度下降后开关自动恢复闭合状态。

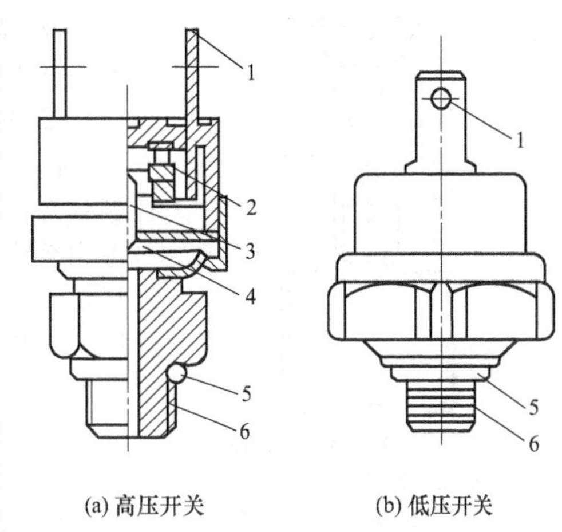

图 7-95　高、低压开关的构造及外形
1—接线插头；2—触点；3—推杆；4—膜片；5—O 形圈；6—接头螺纹（与制冷系统管路相连接）

7.5.2　空调系统的检查及维修

（1）空调系统的检查

制冷系统的常见故障一般分为电气故障、功能部件的故障、制冷剂和冷冻机油故障等。系统发生故障之后表现为：系统不制冷、制冷不足或产生异响。系统故障一般靠直观检查和利用仪表配合来检查。判断空调制冷系统工作是否正常时可以利用“一看、二听、三摸”的方法进行。“看”空调运行后，储液罐视液镜内制冷剂的流动情况，均匀透明、平稳流动的液体为正常；压缩机低压管金属接头表面结霜为正常；蒸发器运行 8min 左右，有水从排水口流出为正常。“听”空调运行后的压缩机和蒸发风机运转时无杂声、无撞击声为正常。“摸”空调运行后的制冷系统的高压管烫手，此处温度较高，只能轻触，低压管凉或冰手时为正常；冷凝器热为正常；储液罐温热，且进口与出口无明显的温差为正常；膨胀阀进口与出口有明显温差为正常；出风口吹出的风有冰凉的感觉为正常。

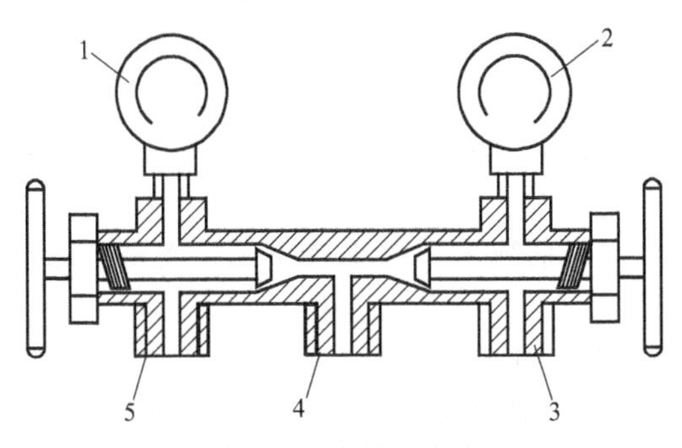

图 7-96　支管压力表
1—低压表；2—高压表；3—高压接头；4—真空泵接头；5—低压接头

（2）空调系统的维修

① 维修工具的使用方法

a. 支管压力表　它和制冷剂瓶启开阀是抽真空和加氟的必要工具。支管压力表如图 7-96 所示，表上装有高、低压力表，分别测量制冷系统的高、低压。低压表一般有两种用途：一是测量低压段系统压力，其范围为 0～8kgf/cm²❶；二是测量低于大气压力的真空度（0～760mmHg❷）。高压表测量高压段压力，测量范围为 0～30kgf/cm²。

b. 制冷剂瓶启开阀　如果用 400g 装的制冷剂瓶对系统充注制冷剂，则要用制冷剂瓶启开阀。制冷剂瓶启开阀应按下述方法操作。

ⅰ. 如图 7-97 所示，在氟利昂瓶上安装启开阀之前，朝逆时针方向旋转蝶形手柄，直到阀针完全缩回为止。

ⅱ. 将阀紧紧地拧到氟利昂瓶中心的凸台上。

ⅲ. 把支管压力表的中间注入软管安装在该阀接头上。

ⅳ. 朝顺时针方向旋转蝶形手柄，用蝶形手柄前端的柱针在氟利昂瓶的凸台上刺穿。

---

❶ 1kgf/cm²＝98.0665kPa。

❷ 1mmHg＝133.322Pa。

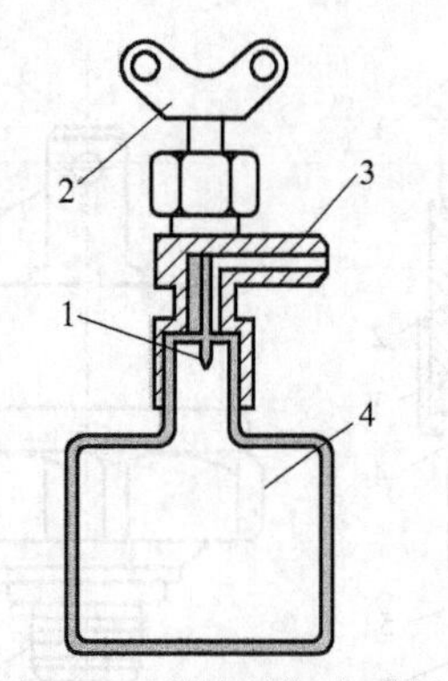

图 7-97 制冷剂瓶启开阀

1—针阀；2—蝶形手柄；3—螺纹接头

4—氟利昂瓶

Ⅴ. 朝逆时针方向旋转蝶形手柄，使柱针返回，制冷剂便会沿注入软管流到支管压力计里。

② 抽真空 空气中的水分易在膨胀阀中结冰，造成膨胀阀的堵塞，影响制冷剂的畅通，严重时系统几乎处于停顿状态；空气使系统冷却压力升高，造成运转恶化，轻者造成系统制冷量降低及能量消耗大，严重者会使系统管道爆裂；空气中的水分腐蚀系统设备，降低润滑油的润滑效率。新装空调或系统检修后，在未加制冷剂之前，必须对系统抽真空。抽真空步骤如下。

a. 把支管压力表的中间软管接到真空泵上，把支管压力表的高、低压端分别接到系统的高、低压段。

b. 打开支管压力表的高、低压阀，启动真空泵。

c. 真空泵至少抽 15min，使低压表的指示值在 94kPa（708mmHg）以下。

d. 关闭高、低压阀，其表针在 10min 内不得回升 3.4kPa（25.4mmHg）。否则，说明系统有泄漏，必须找出泄漏原因并处理好后方可重新抽真空。

e. 如果没有明显回升，继续抽 15min，低压表可达真空度 98kPa（736mmHg）。若时间允许，可继续进行。系统水分越少，制冷效果就越佳。

③ 检漏 一般有正压力检漏、制冷剂检漏和真空检漏三种方法。下面介绍前两种方法。

a. 把支管压力表的中间软管接到气源上，把支管压力表高压端接到真空系统的高压段。

b. 打开高压阀，向系统充入氮气。如果没有氮气，也可用干燥的压缩空气代替氮气。压力一般为 1.5MPa 左右，然后停止充气。

c. 用肥皂水涂在系统的各接头处，如发现有排气的“嘶嘶”声或出现泡沫，则说明该处是泄漏部位。

d. 用制冷剂检漏和用正压力检漏不同之处是，向系统充入的不是氮气，而是制冷剂。然后用检漏仪测试系统是否泄漏或用肥皂水检查。

④ 充注制冷剂 一般是从低压段充入制冷剂，步骤如下。

a. 把支管压力表的低压端接到真空系统的低压段，把中间软管接上制冷剂瓶启开阀后接到制冷剂瓶上。这时，应注意支管压力表的高、低压阀都要关闭。

b. 打开制冷剂瓶，拧松中间注入软管在支管压力表侧的螺母，直到有制冷剂蒸气“嘶嘶”地往外出，然后拧紧螺母。其目的是将注入软管中的空气赶走。

c. 开启低压阀，让制冷剂进入系统。当系统内的压力值达到 0.42MPa 时，关闭低压阀。

启动柴油机，把风量开关开到最大，把温控器旋到最低温度，然后再拧开低压阀，让制冷剂进入制冷系统，直至观察到示液镜中没有气泡（示液镜在干燥瓶的顶部）。

⑤ 添加冷冻油 新压缩机在出厂时，已经加好了润滑油，不可再加润滑油。压缩机用的润滑油为专用的冷冻油，不能用普通的润滑油代替。需要添加时最好采用与原来牌号相同的冷冻油。如果必须采用不同牌号的冷冻油时，就必须彻底清洗压缩机内部和制冷系统，以免不同牌号的冷冻油相互作用，形成沉淀物，使压缩机的润滑受到影响。更换部件时冷冻油补充量见表 7-9。

冷冻油的补充方法有直接从压缩机注油口加入法和抽真空法两种。从注油口加入的方法比较简单，但是易带入杂质而造成损害。

表 7-9　更换部件时冷冻油补充量

更换零件	冷冻油补充量/mL	更换零件	冷冻油补充量/mL
冷凝器	40～50	制冷剂循环管	10～20
蒸发器	40～50	干燥剂	10～20

7.5.3　空调系统常见故障诊断与排除

空调系统常见的故障为系统不制冷、系统制冷量不足、系统自行间断工作三种。

7.5.3.1　系统不制冷

启动柴油机，柴油机在高速空转下工作。将转换开关置于制冷位，温控开关置于最大制冷位，风扇开关置于 H（高速）位。空调系统稳定运行 2min 后，出风口应有冷风吹出。否则，要进行以下检查（空调系统工作时，严禁将出风口全部关闭，以免造成系统无法出风）。

① 空调电路熔断器是否熔断，电路是否有短路，各个插接件是否接触良好，蒸发器风机、压缩机离合器是否工作，温度开关是否打开，继电器是否吸合。

② 储液罐上的高、低压开关有故障。开关的工作范围（高压截止 2.65MPa，低压截止 0.20MPa）。当系统的压力过高时，高压开关动作，或系统中没有制冷剂时，低压开关动作，切断离合器的工作电源。判断高、低压开关是否有故障，可将高、低压开关短路，若离合器吸合，系统开始工作，说明高、低压开关有故障，需要更换。在检查中，不允许将高、低压开关长时间短接进行工作，否则可能会损坏整个系统。

③ 压缩机的皮带太松。压缩机在 110N 的压力下，皮带应下垂 14～20mm。调节时，先拧松、转动螺母，直到获得合适的皮带张力。

压缩机在使用和维护中应注意：压缩机的进气口与排气口必须向上安装，允许的偏转角度小于 45°；系统连接软管要固定牢固，不能与高温部件接触，避免软管的损坏。

④ 制冷系统中没有制冷剂。当系统制冷剂泄漏严重，可用高低压组合表检测，高低压指示很低，即使压缩机工作，也不会有冷风吹出。

当气温在 32～37℃、压缩机转速为 1800～2000r/min 时，系统的正常压力为：高压表压力 1.27～1.52MPa；低压表压力 0.12～0.15MPa。

用制冷剂泄漏检测仪找出制冷系统的泄漏点并进行相应处理，再将制冷系统抽真空和充注制冷剂。

⑤ 制冷系统被污物堵死，制冷剂不能流动，失去制冷作用。高低压组合表的低压呈真空指示，高压指示偏高。这种情况多出现在储液罐或膨胀阀。处理方法：更换储液罐或膨胀阀。

⑥ 系统压缩机损坏，排不出高温、高压制冷剂。高低压组合表显示高低压几乎相等。处理方法：更换压缩机或拆开压缩机修理。

在检修制冷系统时，应注意以下事项。

a. 检修时应尽可能戴上防护眼镜或防护面罩。应戴上手套，防止制冷剂溅到皮肤上，造成皮肤冻伤。

b. 应先将柴油机熄火，然后用高低压组合表与压缩机连接进行检测。

c. 不要触摸柴油机的高温及运动部分。

d. 更换系统部件时，应保证系统接头及系统内部清洁。管路安装前，接头的密封圈应涂一层冷冻机油。管路接头拧紧时，要求使用力矩扳手。拧紧力矩见表 7-10。更换系统零部件时，应按表 7-11 所示的标准，补充 SUN-5GS 冷冻机油。

7.5.3.2　系统制冷量不足

① 冷凝效果不好。冷凝器上有油污、泥垢、杂物可影响冷凝器向外散发热量。用高低压组合表检测，高低压指示很高。需要清洗冷凝器、清除杂物。

表 7-10 管路接头拧紧力矩

螺母	拧紧力矩/N·m
5/8-18UNF	15.7～19.6
3/4-16UNF	19.6～24.5
7/8-14UNF	29.4～34.3

表 7-11 冷冻机油数量

部件名称	补充数量/mL
蒸发器	40～50
冷凝器	40～50
系统连接软管	30～40
储液罐	15～25

② 蒸发器的蒸发风机的出风量小，带出的冷气量会很少，感觉冷气不足。主要由于风道中有阻碍物，使进出风口不畅通。

③ 制冷系统中的制冷剂不足。用高低压组合表检测，高低压指示值偏低。从储液罐视液镜可以观察到有气泡翻腾。应补足制冷剂。

④ 制冷剂充注超量，使蒸发温度提高。必须放掉部分制冷剂。

⑤ 如制冷系统中混有空气，用高低压组合表检测，高低压指示值偏高，冷凝器温度偏高，散热效果不好。必须放掉制冷剂，抽真空，重新充入制冷剂。

⑥ 暖水电磁阀损坏。在制冷时，暖水电磁阀不得电时应闭合，用手触摸进水管较暖，出水管是常温。暖水电磁阀损坏后，用手触摸进水管和出水管都比较热。蒸发器中的制冷及供热芯片同时工作，制冷效果不好。应更换暖水电磁阀。

7.5.3.3 系统自行间断工作

① 制冷系统自行间断工作，最主要的原因是制冷系统中混入潮气，少量的水汽在膨胀阀处结冰堵塞，导致系统停止工作。待冰化掉后系统又重新工作。制冷后又在膨胀阀处结冰，往复循环造成系统自行间断工作。排除方法：应放掉制冷剂，更换储液罐，在干燥的环境中将制冷系统抽真空。抽真空时间相对要长一些。先抽真空 30min，保压 30min，再抽真空 30min，最后充注制冷剂。

② 电路接触不良，电器处于时通时断的状态。要仔细检查电路。

7.6 轮式装载机全车线路

不同企业、不同品牌、不同型号的装载机的电路组成是不完全一样的，但其基本原理是相同的，因此只要掌握了一种型号的装载机电路工作原理及检修，其他的即可触类旁通。

7.6.1 装载机全车线路的组成及电路分析

将各电气部件的图形符号通过导线连接在一起的关系图称为全车电路图，可分为电路原理图、布线图和线束布置图三种。电路原理图可清楚地反映出电气系统各部件的连接关系。布线图是装载机电路图中应用较广泛的一种，它较充分地反映了装载机电气和电子设备的相对位置，从中可看出导线的走向、分支、接点（插接件连接）等情况，对查找电路故障较为方便，但识图比较困难。线束布置图是将有关电器的导线汇合在一起，通过安装布置在装载机前车架、后车架等装置上的形式表现出来。

7.6.1.1 电气线路的组成

（1）全车线路组成

全车线路通常由以下几部分组成。

① 电源电路 也称充电电路。它是由蓄电池、发电机、调节器及工作情况指示装置组成的电路，电路保护器件也可归入此部分。

② 启动电路 即由启动机、启动继电器、启动开关（电锁）及启动保护装置组成的电路，有的也将低温条件下启动预热装置及控制电路列入此部分。

③ 照明与灯光信号装置电路 即由大灯、转向灯、制动灯、倒车灯、壁灯及其控制继

电器和开关组成的电路。

④ 仪表电路 即由仪表指示器、传感器、各种报警指示灯及控制器组成的电路。

⑤ 辅助装置电路 即为提高装载机安全性、舒适性等各种功能的电气装置组成的电路，一般包括自动复位系统、刮水器与清洗器系统、空调系统、点烟器、音响装置等。

(2) ZL50G 轮式装载机全车线路（图 7-98、图 7-99）

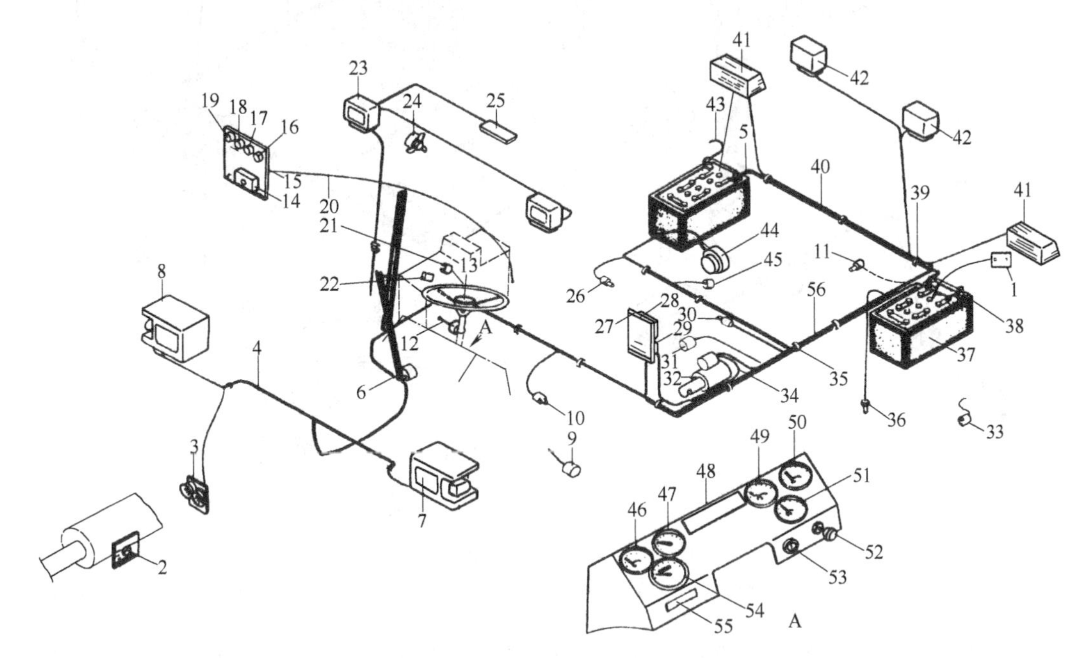

图 7-98 ZL50G 轮式装载机全车线路

1—电控按钮盒；2—接近开关；3—喇叭；4—前车架线束；5—蓄电池连接线；6—雨刮器；7—左前大灯；8—右前大灯；9—刹车灯开关；10—油温传感器；11—闸刀开关；12—转向开关；13—喇叭按钮；14—保险丝盒；15—保险丝盒安装板；16—蜂鸣器；17—继电器；18—喇叭继电器；19—闪光器；20—控制箱线束；21—放平线圈；22—浮动线圈；23—工作灯；24—电风扇；25—顶灯；26—发动机油压传感器；27—开关安装板；28—电源总开关；29—启动继电器；30—水温传感器；31—右尾灯；32—启动机；33—开关；34—蓄电池线；35—双股电线夹片；36—燃油传感器；37—蓄电池；38—蓄电池-开关连接线；39—单股电线夹片；40—后灯线束；41—后小灯；42—后大灯；43—蓄电池搭铁线；44—发电机；45—气压传感器；46—发动机油压表；47—气压表；48—报警指示灯；49—发动机水温表；50—T/M 油温表；51—燃油表；52—雨刮器开关；53—钥匙开关；54—计时表；55—组合开关；56—后车架线束

7.6.1.2 电路分析

电路分析方法是先研究各部分的线路，然后按照由部分到整体的顺序，逐次地进行研究。在研究某一部分或某一设备的线路时，应熟悉该部分的工作原理，根据它的工作性质，运用有关的连接原则，分析和掌握它的线路。具体方法可以沿着工作电流的流动方向，由电源查向用电设备，也可以逆着工作电流的方向，由用电设备查向电源。尤其查询一些不太熟悉的电路，后者比前者更方便些。

在布线图中，电气设备的图形符号一般由其外形演变而来，易于辨认。在电路原理图中则有行业公认的符号，且连线端头常常标有字母和数字，用来说明图形和线条所反映不出来的内容。由这些字母和数字所组成的图解，是表达图面内容的一种特殊语言，如导线的线号(编号)、截面积，颜色等。例如，1.5RW（或 1.5R/W）表示导线截面积为 1.5mm²，红底带白色条纹的导线。在懂得电路图符号及数码意义的基础上，按照“化整为零、闭合回路”的原则，即可读懂电路原理图，很方便地在两个相连器件上找到这条导线，这对检查排除电路故障很有帮助。

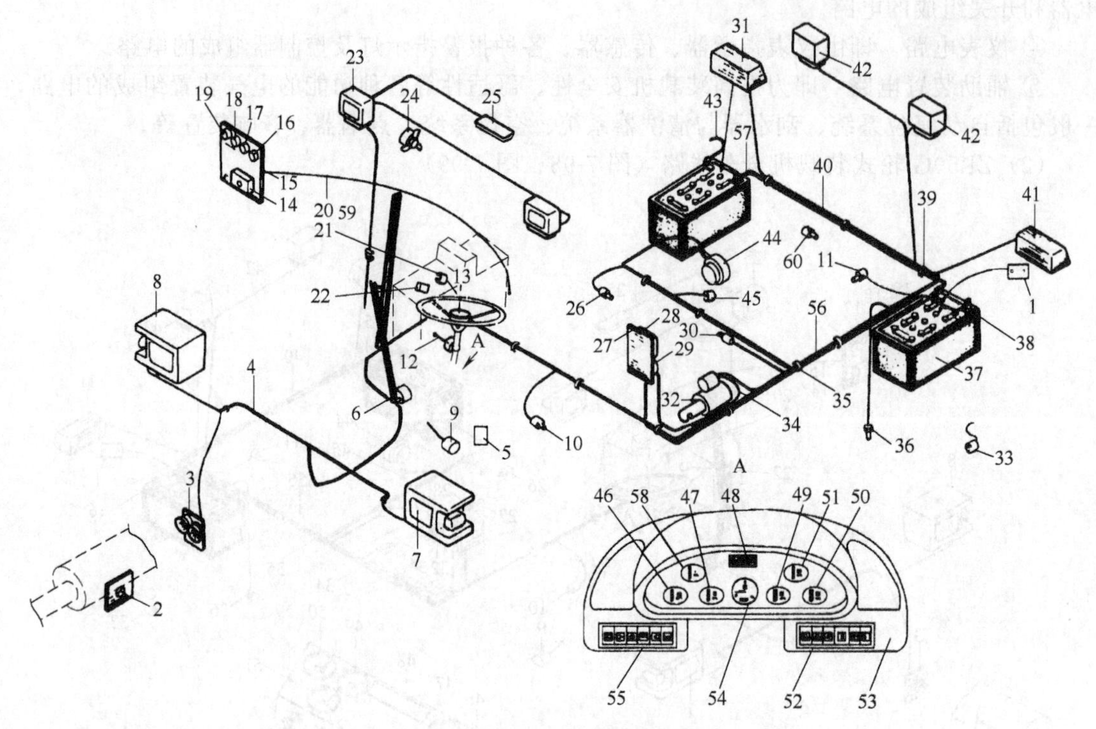

图 7-99　ZL50G 轮式装载机全车线路

1—电控按钮盒；2—接近开关；3—喇叭；4—前车架线束；5—油门踏板；6—雨刮器；7—左前大灯；8—右前大灯；9—刹车灯开关；10—油温传感器；11—闸刀开关；12—转向开关；13—喇叭按钮；14—保险丝盒；15—保险丝盒安装板；16—蜂鸣器；17—继电器；18—喇叭继电器；19—闪光器；20—控制箱线束（装单手柄用）；21—放平线圈；22—浮动线圈；23—工作灯；24—电风扇；25—顶灯；26—发动机油压传感器；27—开关安装板；28—电源总开关；29—启动继电器；30—水温传感器；31—右尾灯；32—启动机；33,60—开关；34—蓄电池线；35—双股电线夹片；36—燃油传感器；37—蓄电池；38—蓄电池-开关连接线；39—单股电线夹片；40—后灯线束；41—后小灯；42—后大灯；43—蓄电池搭铁线；44—发电机；45—气压传感器；46—发动机油压表；47,49—气压表；48—组合指示灯；50—T/M 油温表；51—燃油表；52—右组合开关；53—钥匙开关；54—转速表；55—左组合开关；56—后车架线束；57—蓄电池连接线；58—电压表；59—控制箱线束（装双手柄用）

尽管各种装载机电气设备的组成、复杂程度不同，形式各异，安装位置不一，接线也有差异，但它们都有以下几个特点。

① 装载机上多数电气设备采用单线制，分析电路原理时，从电气设备沿电路查至电路开关、保护器件等，到电源正极。为了构成电的回路，电气设备必须搭铁，查找故障时不要忽略电气设备本身搭铁不良造成的故障。

② 装载机上有两个电源，发电机和蓄电池是并联的，其间设有仪表或电路保护器（如易熔线）。

③ 各用电气设备电路是并联的，并受有关开关控制。其控制方式分为控制电源线和控制搭铁线。

④ 为防止因短路或搭铁造成线路或电气设备损坏，各电气线路中设有电路保护器。

7.6.2　装载机全车线路识读

以柳工 CLG856 型装载机电气系统为例说明。

7.6.2.1　电源系统线路

（1）电源系统工作原理

图 7-100 所示为 CLG856 型装载机的电源系统。

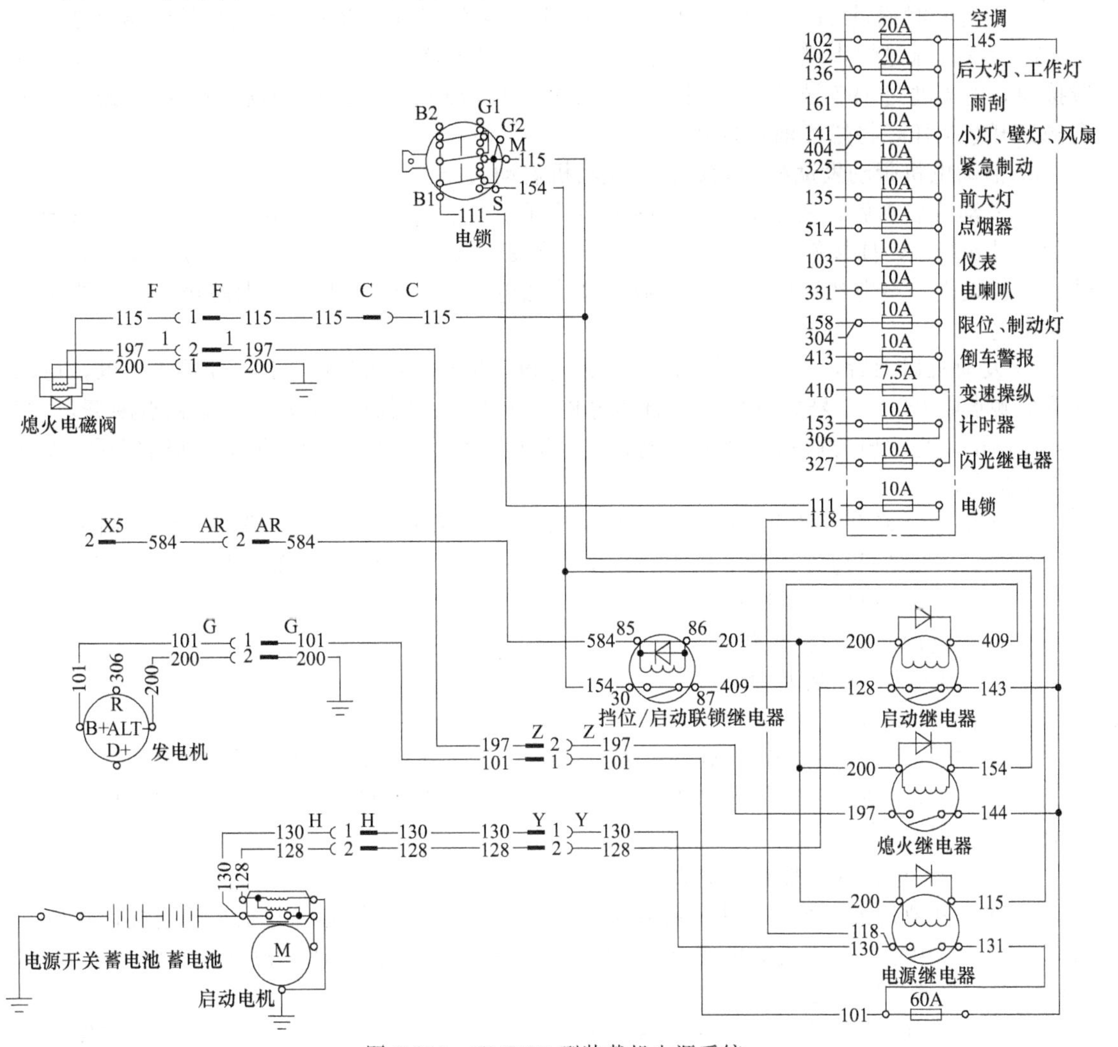

图 7-100　CLG856 型装载机电源系统

① 电源开关（也称负极开关）闭合后，蓄电池（两个蓄电池串联，标称电压为 24V）的电压通过 130 号导线、插接件 H、插接件 Y 到达电源继电器的一个触点处，再通过 118 号导线、10A 电锁保险、111 号导线到达电锁的电源端（B1-B2）。

② 将电锁拧至 ON，B1-B2 端便与 M 端接通，111 号导线与 115 号导线接通，电流通过 115 号导线、电源继电器的线圈至地（注意，地线为 200 号线）。

③ 电源继电器线圈得电后，触点开关闭合，130 号导线便与 131 号导线接通，电压通过 60A 保险到达熄火继电器触点、启动继电器触点、十五路熔断器盒中的各路分保险，全车电器负载得电。

④ 将电锁拧至启动（START）挡。

a. B1-B2 端、M 端、S 端互相接通，111 号导线、115 号导线、154 号导线接通。

b. 如果 DW-3 换挡手柄挂在空挡，则 EST-17T 控制器通过 X5 插接件处的 584 号导线输出 24V 的电压，通过 AR 插接件、挡位/启动联锁继电器的线圈至地，线圈得电后，挡位/启动联锁继电器触点闭合（30 与 87 接通），电流通过 409 号导线、启动继电器线圈至地，使启动继电器触点闭合，128 号导线与 143 号导线接通，电流通过 128 号导线、Y 插接件、H 插接件流入启动电机的电磁开关线圈，启动电机开始工作。

c. 电流同时通过 115 号导线、C 插接件、F 插接件流过熄火电磁阀的保持线圈至地；通过 154 号导线流过熄火继电器的线圈至地，使熄火继电器触点闭合，197 号导线与 144 号导线接通，电流通过 197 号导线、Z 插接件、I 插接件流经熄火电磁阀的启动线圈至地，熄火电磁铁开始工作，将燃油油路打开。

d. 启动电机带动发动机飞轮旋转，发动机启动。

e. 发动机启动后，发电机在皮带的带动下开始发电（标称电压 28V），发电机一方面通过 101 号导线、G 插接件、Z 插接件、131 号导线、电源继电器触点、130 号导线、Y 插接件、H 插接件、蓄电池正极输出电缆给蓄电池充电，一方面通过 60A 保险至分保险给全车负载供电。

⑤ 发动机启动后，松开电锁钥匙，电锁自动复位至“ON”挡，154 号导线断电，启动继电器触点断开，128 号导线断电，启动电机停止工作；同时，熄火继电器触点断开，197 号导线断电，熄火电磁阀启动线圈断电，但保持线圈仍然工作，使燃油油路继续打开，发动机继续运转。

⑥ 关电锁（将电锁拧至“OFF”挡），115 号导线断电，熄火电磁阀保持线圈断电，燃油油路关闭，发动机熄火，发电机不再发电；同时，电源继电器线圈断电，触点断开，131 号导线断电，整车电气负载断电。

⑦ 断开电源开关，整车断电。

(2) 主要元器件组成及检修

① 电锁（JK412A）

a. JK412A 电锁有 B1-B2、M、S、G1、G2 五个引脚，G1 与 G2 引脚一般不用。

b. B1-B2 为电源引脚，接 111 号导线；M 为点火引脚，接 115 号导线；S 为启动引脚，接 154 号导线。

c. JK412A 电锁的功能挡位见表 7-12。

d. 判断电锁是否损坏的方法：脱开 111 号、115 号、154 号导线与电锁的连接，将电锁从车上拆下，用数字万用表的电阻 200Ω 挡按功能挡位（见表 7-12）检查，如导通则为好，不导通则有故障，应修复或换新。

② 熔断器（也称保险） 熔断器是一种结构简单、使用方便、价格低廉的电气保护元件，使用时熔断器被串联在被保护电路中，当被保护电路出现过载或短路时，熔断器的熔体熔断，起到安全保护作用。

表 7-12 电锁功能与挡位的关系

项目	B1	B2	M	S	G1	G2
OFF	●	●				
ON	●	●	●			
START	●	●	●	●		●
辅助	●	●			●	

注：●表示接通，如将电锁拧至 ON，则 B1-B2 与 M 接通。

更换熔断器时，一定要用相同规格的熔断器，不允许采用铜丝应急处理。各种规格片式熔断器的颜色见表 7-13。

熔断器是否熔断通过目测即可判断，也可用数字万用表的电阻 200Ω 挡检测。

表 7-13 片式熔断器的规格和颜色

BX2011C-5A	橙	BX2011C-15A	蓝
BX2011C-7.4A	棕	BX2011C-20A	黄
BX2011C-10A	红	BX2011C-30A	绿

③ 挡位/启动联锁继电器、后退警报继电器

a. 图7-100中使用了两个JQ201S-PLD型继电器，一个用作挡位/启动联锁继电器，一个用作后退警报继电器。

JQ201S-PLD型继电器有30、87、85、86四个接线柱，85、86之间为线圈，电阻值约为300Ω，30、87之间为触点，且内部带有续流二极管（也称抑制二极管）。

b. 继电器的工作原理是线圈通电后，30、87接通，断电后，30、87断开。

c. 继电器是否损坏的判断方法：用万用表的电阻挡测量85、86之间的电阻值约为300Ω；30、87之间的电阻值为无穷大；将85接至直流24V电源的正极，86接至直流24V电源的负极，30与87应导通。

d. 由于该继电器内部带有续流二极管，故86端必须接200号地线，不能将200号导线接至85端，否则继电器将不能正常工作。

④ 启动继电器、熄火继电器

a. 图7-100中使用了两个MZJ50A/006型接触器，一个用作启动继电器，一个用作熄火继电器。该接触器有四个接线柱。两个小螺栓之间为线圈，电阻值约为70Ω。两个大螺栓之间为触点。

b. 接触器的工作原理是当线圈中有一定的电流流过时，两触点导通，当线圈断电后，两触点断开。

c. 判断启动继电器、熄火继电器是否损坏的方法：用万用表的电阻挡测量两个小螺栓之间的电阻值约为70Ω；两个大螺栓之间的电阻值为无穷大；将直流24V电源的正极接至一个小螺栓，负极接至另一个小螺栓，两个大螺栓之间应导通。

⑤ 电源继电器

a. 图7-100中的电源继电器使用MZJ100A/006型接触器。该接触器有四个接线柱。两个小螺栓之间为线圈，电阻值约为6.5Ω。两个大螺栓之间为触点。

b. 接触器的工作原理基本上与MZJ50A/006型接触器相同，所不同的是该继电器的线圈由推拉和保持两线圈并联组成，接触器吸合瞬间，两个线圈产生的电磁合力使衔铁动作，闭合触点开关。衔铁在推动触点开关闭合的瞬间，同时顶开接触器内部的与推拉线圈串联的小开关，使推拉线圈断电，触点开关在保持线圈的电磁力作用下，保持在闭合状态；保持线圈断电后，触点开关断开。

c. 判断该接触器是否损坏的方法：用万用表的电阻挡测量两个小螺栓之间的电阻值约为6.5Ω；两个大螺栓之间的电阻值为无穷大。将直流24V电源的正极接至一个小螺栓，负极接至另一个小螺栓，两个大螺栓之间应导通。

⑥ 熄火电磁阀

a. 图7-100中的熄火电磁阀属于“断电断油”型，即得电开启油路，断电关闭油路。

b. 熄火电磁阀控制发动机燃油油路的开启与关闭，因此如果熄火电磁阀不能正常工作，发动机将不能启动，或启动后自行熄火。

c. 熄火电磁阀外接红、白、黑三线，红线与黑线之间的线圈（维持线圈）电阻值约为40Ω，白线与黑线之间的线圈（推拉线圈）电阻值约为1Ω。

d. 熄火电磁阀接线时，红-115，白-197，黑-200，切勿接反，否则会导致熄火电磁阀烧毁甚至整车线路起火。

e. 熄火电磁阀的安装需严格保证拉杆的同轴度与行程。更换熄火电磁阀时应严格按照熄火电磁阀的安装要求安装。

f. 熄火电磁阀是否正常工作的判断方法：开电锁，熄火电磁阀拉杆不会动作；将电锁拧至“START”挡的瞬间，拉杆应迅速向前动作，开启燃油油路；松开电锁钥匙，电锁自

动复位至“ON”挡后，拉杆应不动（即保持在油路开启状态）；关闭电锁，熄火电磁阀拉杆复位至初始状态。否则，可断定熄火电磁阀不能正常工作。

7.6.2.2 仪表系统线路

轮式装载机仪表系统一般包括温度表（如发动机水温表、发动机机油温度表、变矩器油温表等）、压力表（发动机油压表、制动气压表、变速箱油压表等）、燃油油位表、电压表、计时器等指示仪表和温度传感器、压力传感器、燃油油位传感器等。

轮式装载机仪表有动磁式仪表、液晶可编程段位式仪表、液晶可编程虚拟指针式仪表、步进电机仪表等。现以CLG856型装载机采用的液晶可编程段位式仪表为例进行说明。

（1）仪表系统原理

CLG856型装载机仪表系统包括仪表板总成、传感器及报警压力开关，原理如图7-101所示。

（2）主要元器件组成及检修

① 仪表板总成　图7-101所示仪表板总成包括发动机水温表、机油温度表、发动机油压表、燃油油位表、变矩器油温表、变速油压表、电压表、工作小时计八个仪表，均为十段柱状液晶显示且带背光。位于仪表盘内部的微型计算机随时监控整机的运行状况，并根据仪表、传感器、压力开关的输入信号完成数据的采集和数据处理，必要时驱动报警单元进行二级声光报警提醒司机。

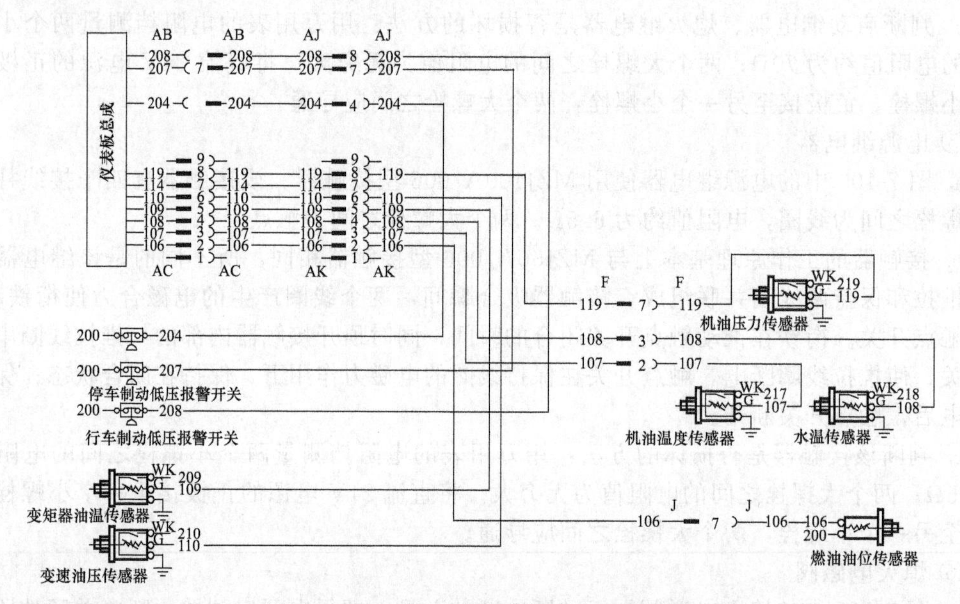

图7-101　CLG856型装载机仪表系统原理

装载机发动大约30s后，行车制动低压报警灯应不闪烁；按下停车制动电磁阀开关，停车制动低压报警灯应由闪烁转至熄灭。如果不是这样，应停机检查，直至排除故障后方可行车或作业。否则，由于制动失效，可能发生重大安全事故。

② 温度传感器　图7-101所示装载机设置三个温度传感器，对变矩器油温、机油温度、水温进行监控，温度传感器相当于温敏电阻，随温度升高电阻减小。

③ 压力传感器　图7-101所示装载机设置两个压力传感器对机油压力、变速油压进行监控。压力传感器类似于压敏电阻，随压力升高电阻升高。

④ 燃油油位传感器　图7-101所示装载机的燃油油位传感器实际上是一个滑线电阻，油位上升，其阻值减小。安装在燃油箱上。

⑤ 报警压力开关　图 7-101 所示装载机设置行车制动低压报警、停车制动低压报警、液压油污报警三个压力开关。

行车制动低压报警开关检测点与蓄能器相通，如果蓄能器压力正常，压力油将行车制动低压报警开关触点顶开，仪表板上的行车制动低压报警灯熄灭，指示系统压力正常。

按下停车制动电磁阀开关，制动油进入停车制动油路，当压力达到一定数值时，压力油将停车制动低压报警开关触点顶开，仪表板上的停车制动低压报警灯熄灭，指示系统压力正常。

随着液压油污染度的升高，液压油污报警开关检测点处的压力也会升高，当压力达到一定数值时，压力开关的触点闭合，仪表板上的液压油污报警灯闪烁，指示液压油污染严重。

(3) 仪表系统常见故障与排除

① 温度表指示不正常　将温度传感器处的传感线（变矩器油温、机油温度、水温分别对应 109、107、108 号导线）拆下，如果传感线搭铁，仪表将显示满量程，传感线悬空，仪表将显示最小读数，说明仪表与线路良好，传感器损坏，更换传感器。否则，检查线路，如线路良好，则为仪表故障。

② 压力表指示不正常　将压力传感器处的传感线（机油压力、变速油压分别对应 119、110 号导线）拆下，如果传感线搭铁，仪表将显示最小读数，传感线悬空，仪表将显示满量程，说明仪表与线路良好，传感器损坏，更换传感器。否则，检查线路，如线路良好，则为仪表故障。

③ 燃油油位表指示不正常　将燃油油位传感器处的传感线（106 号导线）拆下，如果传感线搭铁，仪表将显示满量程，传感线悬空，仪表将显示最小读数，说明仪表与线路良好，传感器损坏，更换传感器。否则，检查线路，如线路良好，则为仪表故障。

7.6.2.3　灯光线路

(1) 前大灯线路

① 原理　如图7-102 所示，开电锁后，十五路熔断器盒中的 10A 前大灯保险处得电 (24V)，通过 135 号导线到达变光开关，当变光开关处于断开状态时，202 号与 203 号导线都不得电，左、右前大灯都不工作，当变光开关处于远光或近光挡时，202 号或 203 号导线得电（24V），左、右前大灯便工作在相应挡位。

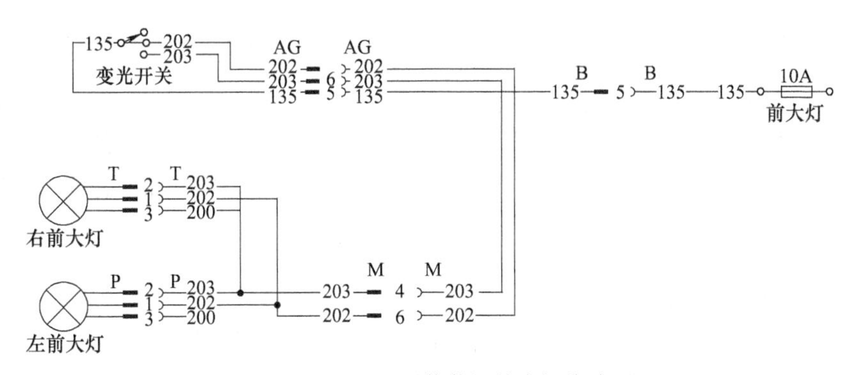

图 7-102　CLG856 型装载机前大灯线路原理

② 主要元件组成及检修　变光开关：采用翘板开关控制。

③ 常见故障检修　前大灯线路常见故障主要是前大灯不亮。

a. 检查灯泡是否发黑，如发黑，可确定为灯泡损坏，更换灯泡。

b. 拔 F 插接件 T 或 P，将变光开关分别按至远光挡与近光挡，用万用表的直流电压挡检测插接件 T 与 P 处 202 号与 203 号导线的电压，如电压为 24V，检查插接件 T 与 P 连接是否可靠，如连接松动，重新连接，如连接可靠，则为前大灯内部接线松动或灯泡损坏。

如电压为 0V，按以下步骤检查。

c. 检查 10A 前大灯保险是否熔断。

d. 检查插接件 B、AG、M 连接是否可靠以及线束是否磨损。

e. 检查变光开关的挡位功能。

(2) 工作灯、后大灯、壁灯线路

驾驶室顶上前面两灯定义为工作灯，后面两灯定义为后大灯，壁灯开关自带。

工作灯、后大灯、壁灯线路原理如图 7-103 所示。系统故障检修与前大灯线路基本一致，此处不再赘述。

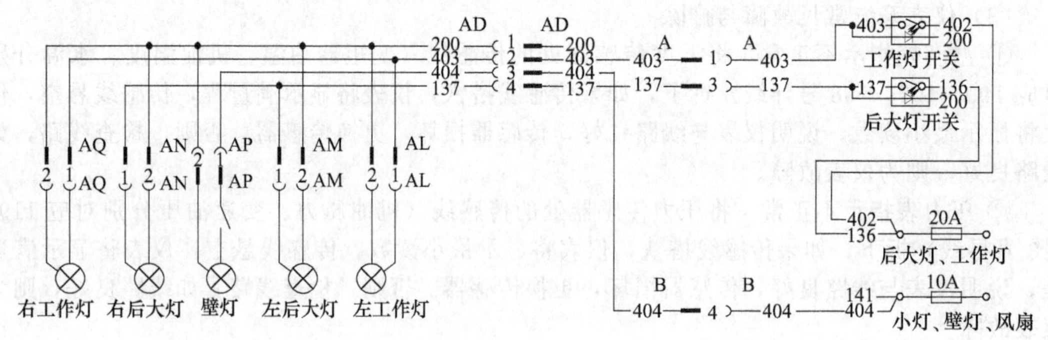

图 7-103　CLG856 型装载机工作灯、后大灯、壁灯线路原理

(3) 转向灯线路

① 原理如图 7-104 所示。

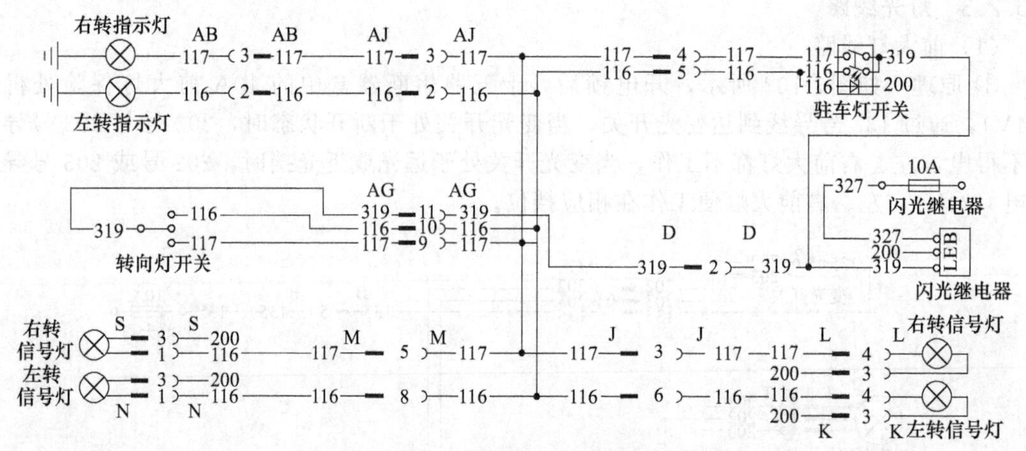

图 7-104　CLG856 型装载机转向灯线路原理

② 主要元件组成及检修

a. 组合开关　转向灯开关由组合开关的部分功能实现，用到的三个引脚为 49a、R、L，其中 49a 接转向闪烁电源（319 号导线），R 接左转信号线（116 号导线），L 接右转信号线（117 号导线）。

b. 闪光继电器（SG253）　闪光继电器三个引脚定义为：电源端 B，接 327 号导线；闪烁信号输出端 L，接 319 号导线；地 E，接 200 号导线。正常工作时，闪光继电器会发出轻微的“嗒嗒”声，频率约为每分钟 50 次。否则，可断定闪光继电器损坏。

c. 驻车灯开关　控制四个转向灯与仪表板上的两个转向指示灯，闭合本开关，四个转向灯与两个转向指示灯将同时闪亮。在某些特殊情况下（如装载机在夜间因某种原因需停靠路边)，可闭合本开关，使四个转向灯与两个转向指示灯同时闪亮，以警示过往机械。

(4) 小灯线路

小灯线路原理(见图7-105)、系统故障检修与前大灯线路基本一致，此处不再赘述。

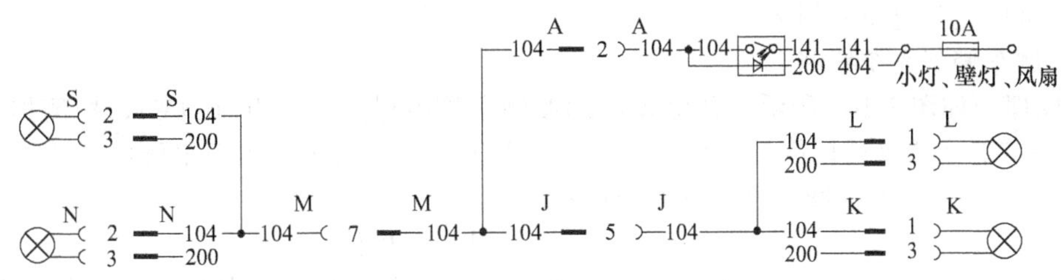

图7-105 CLG856型装载机小灯线路原理

(5) 制动灯线路

① 原理(见图7-106) 踩刹车时，制动灯开关处的制动油压将制动灯开关触点闭合，电流便由10A限位、制动灯保险处通过304号导线、制动灯开关、301号导线流过两个制动灯，使制动灯亮。

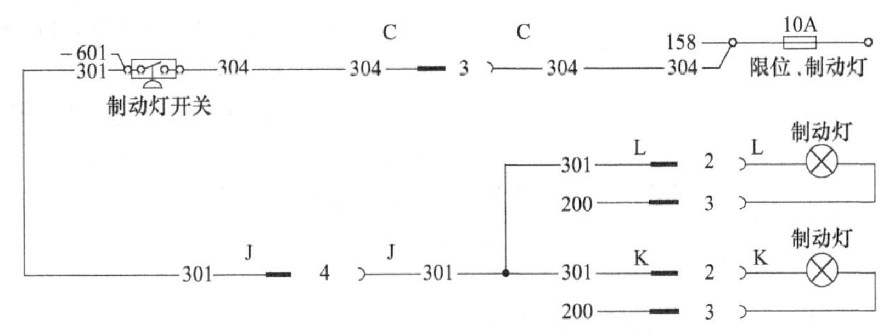

图7-106 CLG856型装载机制动灯线路原理

② 主要元件组成 制动灯开关：为常开触点，约5bar[1]时动作，触点闭合。

③ 常见故障检修 首先确定制动压力是否正常(开电锁，如仪表板上行车制动低压报警灯不闪烁，说明制动压力正常，否则，发动装载机，至行车制动低压报警灯不闪烁为止)，如不正常，拔下制动灯开关处的导线，用万用表的电阻200Ω挡检测检测开关的两个引脚，若在不踩刹车时测量，电路应为“断”，当踩刹车时测量，电路应为“通”，如检测结果不一致，说明压力开关已损坏，需要更换。

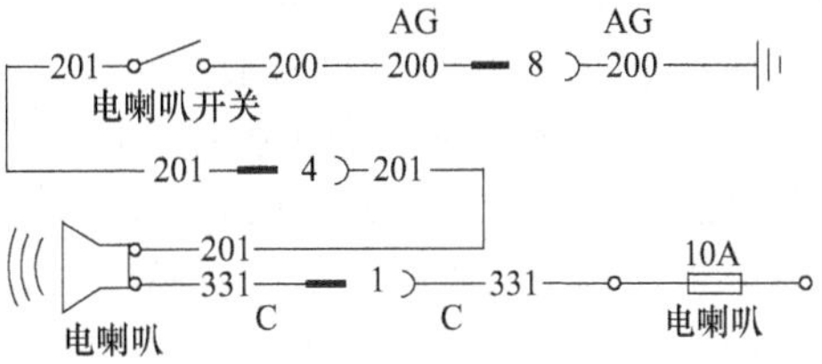

图7-107 CLG856型装载机电喇叭线路原理

7.6.2.4 信号系统线路

(1) 电喇叭线路

① 原理 如图7-107所示，开电锁，10A电喇叭保险处得电(24V)，按下电喇叭开关，电流便由10A电喇叭保险—电喇叭—电喇叭开关—地，电喇叭断续蜂鸣。

② 常见故障检修 开电锁，按下电喇叭开关时，电喇叭不响。

a. 检查20A电喇叭保险是否熔断。

b. 检查电喇叭开关(方向机中间的按钮开关或组合开关上的按钮开关)是否正常工作，

[1] 1bar=0.1MPa。

正常情况下，按下电喇叭按钮开关，201 号导线接地。

c. 检查插接件是否松动及线束是否磨损。

d. 检查电喇叭是否损坏（将电喇叭的两个接线柱一个接 24V 电源，一个接地，如电喇叭不响，可确定为电喇叭损坏）。

（2）倒车警报系统线路

① 原理　如图 7-108 所示，开电锁，10A 倒车警报保险处有电（24V），挂倒挡，控制单元 EST-17T 便通过插接件 X5 处的 588 号导线输出 24V 电压倒车警报继电器线圈，使继电器触点闭合，412 号导线得电，倒车警报器蜂鸣。

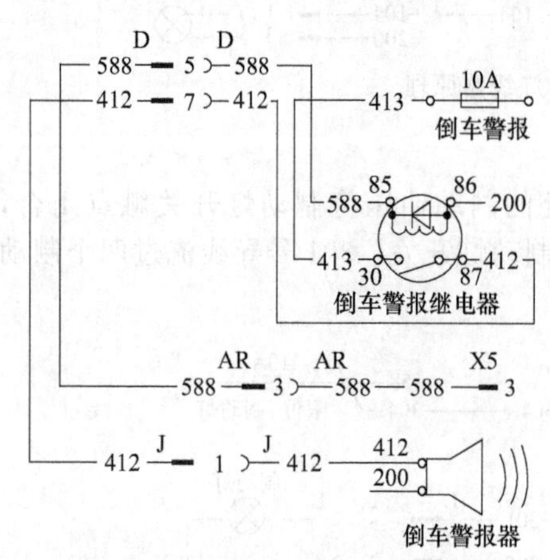

图 7-108　CLG856 型装载机倒车警报系统原理

② 常见故障检修

a. 开电锁，挂倒挡，倒车警报器不响。

ⅰ. 检查 10A 倒车警报保险是否熔断。

ⅱ. 在插接件 X5 处与倒车警报继电器处分别检测 588 号导线电压。如果 X5 处 588 号导线无电，检查 ZF 变速操纵系统，如果 X5 处 588 号导线有电而倒车警报继电器处 588 号导线无电，一般为插接件松动或线束磨损导致 588 号导线中间断路。

ⅲ. 检查倒车警报继电器是否损坏。

ⅳ. 如以上检查均无问题，在倒车警报器处检查 412 号导线的电压，如电压正常（24V），说明倒车警报器损坏，需更换，如无电压，一般为插接件松动或线束磨损。

b. 开电锁，不管挂何挡位，倒车警报器都响。此类故障一般为倒车警报继电器触点烧结所致，极少数情况下是由于 412 号或 588 号导线与某根电源线短路所致。

（3）ZF 半自动变速操纵系统

① 原理　如图 7-109 所示。系统的主要功能如下。

a. 空挡/启动联锁保护功能　只有当换挡手柄挂空挡时整车才能启动，这是本系统特有的空挡保护功能。当手柄挂空挡时，584 号导线输出 24V 电压至挡位/启动联锁继电器线圈，使挡位/启动联锁继电器触点闭合，接通后续电路，整车方可启动。

b. 动力切断功能（刹车脱挡功能）　控制单元 EST-17T 通过检测制动阀上的制动灯开关及紧急制动动力切断开关的状态后决定是否给电液换挡单元（也称变速操纵阀）发出切断动力的指令。当司机踩下制动阀踏板时，制动灯开关闭合，EST-17T 检测到这一信号后给变速操纵阀发出切断动力的指令；同样，当司机提起停车制动电磁阀开关时，停车制动电磁阀断电，EST-17T 检测到这一信号后也给变速操纵阀发出切断变速箱动力输出的指令。

动力切断功能在前进或后退 1、2 挡中发生作用，当装载机处于高速挡位时，为保证行车安全，控制单元 EST-17T 不会切断变速箱动力输出，这是由装载机的行驶特性决定的。

c. 直接换向功能　该机换挡手柄没有换向联锁，司机可以根据装载机车速，进行直接换向。对前进 1 挡和 2 挡，可随时直接挂入相应的倒挡（1F⇔1R 和 2F⇔2R）。

当超过二挡的最高车速时，本系统通过程序控制，先将挡位降到目前行驶方向的 2 挡位置，稍后，挂上反方向 2 挡，最后变速至预选的挡位。

d. 起步限速功能　该机起步时，不管手柄选择的挡位如何，变速箱的实际挡位都处于 1 挡或 2 挡，也就是说，机器只能以低于 2 挡的车速起步，起步后方可一步一步往相应的高挡挂挡。速度传感器随时将车速的检测信号传给控制单元 EST-17T，控制单元 EST-17T 再决

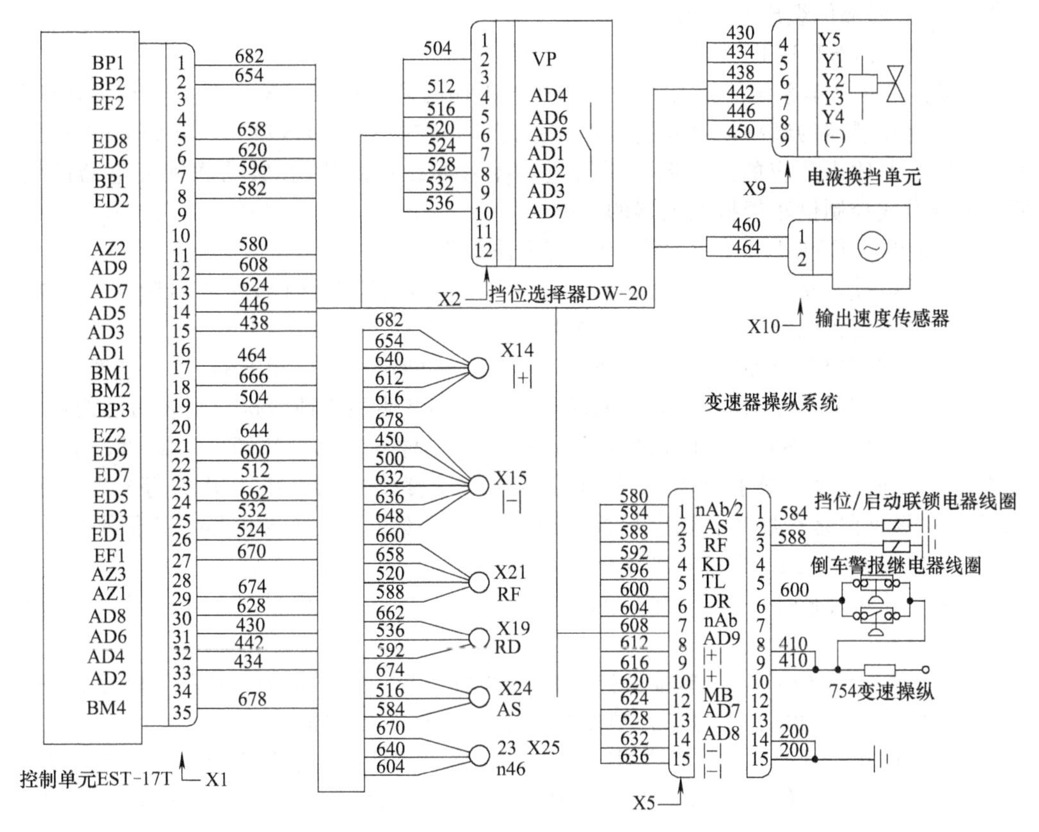

图 7-109　ZF 半自动变速操纵系统原理

定是否允许挂高挡，限速值约为 14km/h，即最高只能挂 2 挡起步，只有在车速超过限速值时，才允许挂 3、4 挡，如车速未达此值，虽然挂了 3 挡或 4 挡，装载机也只以 2 挡的速度行走（也就是根据路面状况决定车速），本功能与空挡联锁保护功能均为保护行车安全设置。

e. 专用强制换低挡功能　通过变速操纵手柄上的强制换低挡按钮，当挡位设置在前进 2 挡“2F”或倒 2 挡“2R”时轻轻按一下这个功能键，变速箱挡位可自动切换到相应的 1 挡。通过程序，以下途径可消除强制换低挡功能：再按强制换低挡键；改变行驶方向；转动手柄改变挡位；超过限速范围。

一旦换入空挡后，强制换低挡功能便自动中止。此功能和直接换向功能配合使装载机在铲装物料作业时，频繁地切换挡位变得十分方便。例如，装载机以前进 2 挡的速度行走，接近料堆时，按 KD 键，自动降为前进 1 挡，在装好料后，再挂倒挡，则自动挂为后退 2 挡，装载机以 2 挡速度退出，从而节省了装载机传统的从前进 2 挡换至前进 1 挡、空挡、后退 1 挡、后退 2 挡的所花费的时间，提高了工作效率。

f. 失效时系统自我保护功能　控制单元 EST-17T 连续监控着所有来自换挡手柄和速度传感器的输入信号和电磁阀的输出信号，当出现异常信息组合（如线路断开，控制单元 EST-17T 地线断路，离奇信号）时，控制单元 EST-17T 立即转换至空挡状态锁止所有输出信号，电源超过规定限制或发生断路时也如此，因此当装载机出现挂挡得不到实现时，应仔细检查控制单元 EST-17T 外围电路，以判断是否出现元件或线路故障。

输出速度传感器发生故障时，挂高挡便不能超过 2 挡，但能从 3 挡或 4 挡往低挡挂，此外倒车时，也只能从 3 挡降至 2 挡，然后挂入相应的最高挡位，由于传感器失效，变速箱会自动一步一步换入预选的较低挡位（2 挡）。

② 系统主要部件组成及检测

a. 控制单元 EST-17T

ⅰ. 控制单元是本系统的核心，它检测换挡手柄的换挡指令、压力开关的动力切断信号以及输出速度传感器的频率信号并进行相应处理后，控制电液换挡单元的五个电磁阀的组合动作，同时控制输出相应的高、低电平通过 584 号导线控制挡位/启动联锁继电器的线圈，通过 588 号导线控制倒车警报继电器的线圈。

ⅱ. 控制单元 EST-17T 是否损坏的判定方法如下。

听——开电锁，将耳朵贴近控制单元 EST-17T，应能听到内部继电器吸合的“嘀嗒”声，否则，可断定控制单元 EST-17T 已损坏。

闻——如闻到控制单元 EST-17T 烧煳的味道，可断定控制单元 EST-17T 已损坏。

看——拆出控制单元 EST-17T 的内部印制板，如有明显烧蚀痕迹，则表明已毁坏。

有时，控制单元 EST-17T 已损坏，但通过上述三种方法都无法断定。此时，首先应仔细检查系统其他元件（换挡手柄、变速操纵阀、速度传感器、压力开关等）是否损坏、7.4A 变速操纵保险是否熔断、线束是否磨损以及各插接件连接是否可靠，如仍不能排除故障，则应更换控制单元 EST-17T 再试车。

ⅲ. 在控制单元 EST-17T 上的线束插接件（X1）处检测系统的其他电气故障。具体检测方法如下。

拔下 X1 插接件（35 芯），插接件插芯的排列顺序为：左下角为 1 号芯，顺序排列至左上角的 18 号芯，右下角为 19 号芯，顺序排列至右上角的 35 号芯。

检测系统电压与地：在 X1 处检测电源与地，18 号芯与 35 号芯应与车架接通，开电锁后，1 号芯与 2 号芯应有 24V 的电压。否则检查 7.4A 变速操纵保险是否熔断，X5 插接件是否松动，线束是否磨损并进行相应处理。

检测速度传感器：在 Xl 处检测速度传感器，17 号芯与 27 号芯之间的电阻值应在 920～1120Ω 之间。否则，按以下步骤检查。首先检查速度传感器处的插接件（X10）连接是否可靠。接着拧开速度传感器处的插接件（X10），观察速度传感器的两个插针上是否有油漆、是否生锈，并进行相应处理。然后用万用表测量速度传感器两个插针之间的电阻，如测量值接近 1020Ω，检查线束是否磨损；如测量值不在 920～1120Ω 之间，可断定为速度传感器损坏，应更换速度传感器。

检测换挡手柄：DW-3　F、R、N1、N2、N3、N4 表示手柄挂相应的挡位，25、5、8、23、26、29 为 X1 插接件的芯号（如手柄挂在“F”挡时，25 号芯与 23 号芯接通，用万用表测量 25 号芯与 23 号芯之间的电阻，测量值应在 1Ω 以内；又如手柄挂在“N1”挡时，25 号芯、26 号芯、29 号芯互相接通，用万用表测量 25 号芯、26 号芯、29 号芯之间任意两个插芯之间的电阻，测量值应在 1Ω 以内）。如果测量结果与表 7-14 不一致，则检查换挡手柄插接件（X2）是否松动，线束是否磨损；否则，可断定换挡手柄损坏，更换手柄。

表 7-14　换挡手柄 DW-3 的检测

在 X1 处检测换挡手柄						
项目	25	5	8	23	26	29
F	●			●		
R	●	●				
N1	●				●	●
N2	●					●
N3	●		●			●
N4	●				●	

注：●表示通。

检查变速操纵阀上的五个电磁阀：用万用表电阻 200Ω 挡在 X1 处检测电磁阀组件，35 号芯与 14 号芯、35 号芯与 15 号芯、35 号芯与 31 号芯、35 号芯与 32 号芯、35 号芯与 33 号芯之间的测量值均应为 85～100Ω 之间。否则，检查变速操纵阀上的 X9 插接件，如插接件连接可靠，可断定为电磁阀损坏。

检测动力切断压力开关：开电锁，发动机发动大约 30s 后，观察仪表板上的行车制动报警灯应不闪烁；按下停车制动电磁阀开关，紧急制动报警灯应由闪烁转至熄灭。如果不是这样，应停机检查，直至排除故障后方可行车，如果是这样，可进行下一步的检测工作。将装载机停在平坦处，提起停车制动电磁阀开关，接合动力切断选择开关（开关上的指示灯亮，表示开关已闭合）。关电锁，使整机熄火。拔下 X1 插接件，再开电锁，用数字万用表的直流 200V 挡进行测量，红表笔接 X1 插接件的 22 号芯，黑表笔接地。测量数据应如表 7-15 所示，如不一致，说明动力切断线路已出现电气故障，应迅速排除。

表 7-15　动力切断压力开关检测

动力切断选择开关状态	行车制动踏板状态	停车制动电磁阀开关状态	22 号芯的电压
闭合	不踩	按下	0V
闭合	踩	按下	约 24V
闭合	不踩	提起	约 24V
断开	任意	按下	0V
断开	任意	提起	约 24V

b. 换挡手柄 DW-3（或 DW-2）

ⅰ. 启动装载机时，手柄一定要挂空挡，否则整车无法启动。

ⅱ. 当机器熄火后或维修检测时，将锁定钮旋向“N”位置，此时，手柄内部机械锁定，手柄无法挂“F”与“R”挡，不要用力前推或后拉手柄，否则将损坏手柄。应先将红色锁定钮旋至“D”位置，方可挂“F”或“R”挡行车。

ⅲ. 插接件 X2 松动将导致整车无任何挡位或挡位时有时无。

ⅳ. 换挡手柄 X2 检测方法如图 7-110 所示。“●”表示与红线（ED1）相通［如手柄挂在“F1”挡时，有且仅有导线 AD4（黄色）与红线接通，AD1（蓝色）与红线接通，AD3（黑色）与红线接通］。当按“KD”键时，AD7（紫色）与红线接通。注意，不管手柄处于任何挡位，AD3（黑色）与 ED1（红色）总接通。

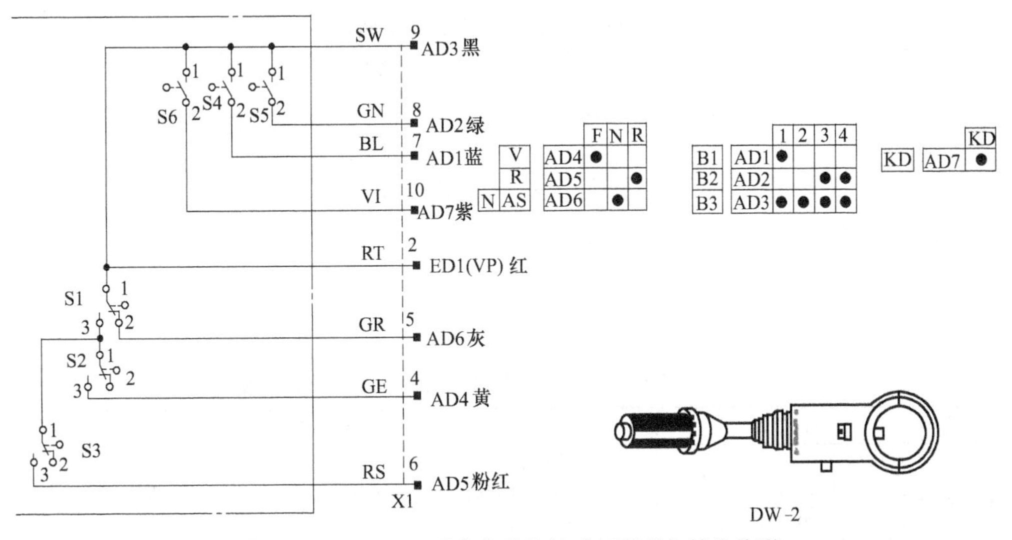

图 7-110　CLG856 型装载机换挡手柄原理与挡位检测

如果检测结果与图示不一致，说明手柄损坏，需更换换挡手柄。

ⅴ. 手柄损坏可能导致：整车无任何挡位；无前进挡或后退挡；无某一挡位；挡位混乱等。

c. 换挡电磁阀组件　指变速操纵阀上的五个电磁阀，作为本系统的执行元件，换挡电磁阀接收控制单元 EST-17T 发出的换挡指令，通过控制变速操纵阀内部油路来控制变速箱内的挡位离合器，从而使整车处于某一挡位。

ⅰ. 五个电磁阀的电阻均为 90Ω 左右，X9 插接件处有 A、B、C、D、E、F 六个插芯，F 为五个电磁阀的公共插芯。可用万用表的电阻 200Ω 挡在 X9 插接件处检测 A-F、B-F、C-F、D-F、E-F 的电阻值均应在 85～100Ω 之间，否则可断定电磁阀损坏，需更换电磁阀。

ⅱ. X9 插接件松动会导致整车无任何挡位或挡位时有时无。

d. 速度传感器　检测变速箱输出齿轮的转速，控制单元 EST-17T 采集此转速信号后，再综合换挡手柄的挡位指令，决定是否将变速箱挂高挡（由 2 挡至 3 挡）。因此，如果速度传感器损坏，整车将无 3、4 挡。

速度传感器的电阻值为（1020±100）Ω。可用万用表电阻挡进行检测，拧松后拔下插接件 X10，测量速度传感器两个插针之间的阻值，测量值应在 1020Ω 左右，否则可断定速度传感器损坏。

此外，速度传感器插针上有油漆、灰尘等脏物或插针生锈等都会导致接触不良，从而导致整车无 3、4 挡或 3、4 挡时有时无。

e. 插接件 X5　是 CLG856 装载机线束与 ZF 线束的连接端口，接线见表 7-16。

表 7-16　插接件 X5 与 ZF 线束的连接端口接线

导线	对应插针	功能描述	导线	对应插针	功能描述
584	2	空挡联锁信号输出	410	10	电源
588	3	后退挡位信号输出	200	14	地
600	6	动力切断信号输入	200	15	地
410	9	电源			

注意，在连接插接件 X5 时务必严格按表 7-16 接线，否则系统无法正常工作，甚至引起控制单元 EST-17T 损坏。插接件 X5 处的检测数据如表 7-17 所示。

表 7-17　插接件 X5 处的检测数据

检测条件	检测数据	故障原因
开电锁	410 线为 24V	7.4A 变速操纵保险熔断
开电锁，手柄挂"N"挡	584 线为 24V	换挡手柄或控制单元 EST-17T 损坏
开电锁，手柄挂挡"R"挡	588 线为 24V	换挡手柄或控制单元 EST-17T 损坏
发动后，踩刹车（动力切断选择开关闭合时）或提起紧急制动按钮	600 线为 24V	动力切断线路故障
此外，还需检测 200 线接地是否牢靠		

③ 自动变速操纵系统常见故障与排除　ZF 半自动变速操纵系统常见故障现象及处理措施见表 7-18。

表 7-18　ZF 半自动变速操纵系统常见故障现象及处理措施

故障现象	故障原因	处理措施
不能启动	未挂空挡	挂空挡，重新启动
	7.4A 保险烧断	更换 7.4A 保险，如保险仍然熔断，需仔细检查电路，查明原因后再更换
	控制单元 EST-17T 损坏	更换控制单元 EST-17T
	手柄 DW-3 损坏	更换手柄 DW-3

续表

故障现象	故障原因	处理措施
无任何挡位	紧急制动按钮未按下	按下紧急制动按钮，重新挂挡
	手柄 DW-3 损坏	更换手柄 DW-3
	控制单元 EST-17T 损坏	更换控制单元 EST-17T
	变速箱油位不正常	检查油位，并进行相应处理
无 3、4 挡	速度传感器损坏	更换速度传感器
无 1、2 挡	制动灯开关损坏	更换制动灯开关，应急处理时可断开动力切断选择开关
	紧急制动动力切断开关损坏	更换紧急制动动力切断开关，应急处理时可在插接件 X5 处断开 600 号导线
说明	①有时，装载机表面故障现象也无 3、4 挡，实际上是由于挂不上 2 挡(通过仪表板上的变速油压表可以判断，手柄在 1 挡与 2 挡之间切换时，如变速油压表无反应，说明整车无 2 挡)，整车速度无法达到 2 挡至 3 挡的切换速度，从而使整车无 3、4 挡 ②如果在检测后确定电气部分正常，则应考虑机械原因，如油位不正常，变速操纵阀卡住、换挡油路泄漏等，详细的信息参考变速箱部分的相关内容	

7.6.2.5　辅助装置线路

(1) 自动复位系统

①原理　如图 7-111 所示。

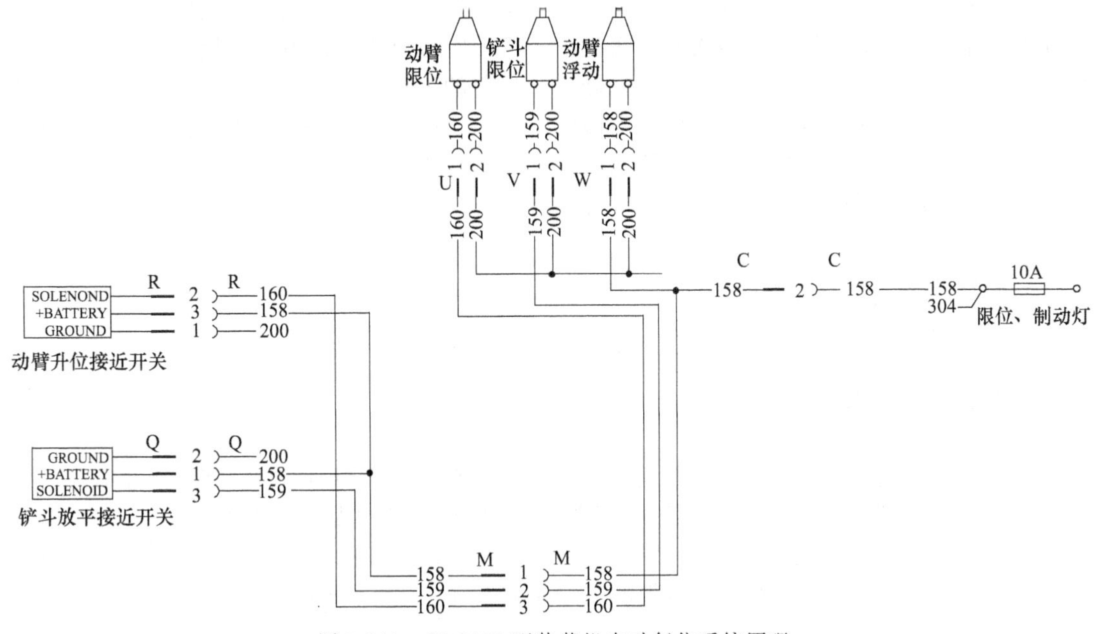

图 7-111　CLG856 型装载机自动复位系统原理

a. 动臂提升限位　由安装在动臂上的磁铁及相关位置的接近开关与先导操纵阀上的动臂提升限位电磁线圈实现。在接近开关上有一红一绿两个指示灯：绿灯指示电源状态，开电锁后，绿灯一直点亮；红灯指示接近开关的状态（接近开关上的红色电源线与蓝色输出线是否接通）。

如果司机将动臂操纵杆扳至最后，磁路即闭合，电磁线圈所产生的磁场力将动臂操纵杆吸住（此时，司机可松手，动臂操纵杆不会弹回中位），动臂将一直上升，直至磁铁与接近开关对齐，在对齐的一瞬间，接近开关断开，红灯熄灭，电磁线圈失电，磁场力消失，动臂操纵杆在弹簧力的作用下自动弹回中位，动臂不再提升，之后，接近开关又将闭合，红灯点亮，电磁线圈得电。但由于磁路不闭合，线圈中只通过很小的电流并且全部以热量的形式散发。在磁铁与接近开关对齐的瞬间，接近开关的红灯迅速亮—灭—亮，其余时间，红灯一直处于点亮状态。

b. 动臂浮动　由先导阀中的动臂浮动线圈实现，开电锁后，线圈一直得电，当司机将动臂操纵杆推至最前时，磁路即闭合，电磁线圈所产生的磁场力将动臂操纵杆吸住，先导阀通过控制分配阀使动臂油缸大、小油腔的油路都与油箱接通，大、小油腔的压力都为零，压差也为零。如果司机在进行铲装作业时将动臂操纵杆推至浮动位置，则铲斗将随着地面的起伏而起伏；如果司机将动臂操纵杆推至浮动位置以操纵动臂下降，则动臂将在自重的作用下以最快速度下降，从而提高工作效率。

c. 铲斗收平限位　由安装在铲斗油缸上的磁铁及相关位置的接近开关与先导操纵阀上的铲斗收平限位电磁线圈组成。在接近开关上有一红一绿两个指示灯：绿灯指示电源状态，开电锁后，绿灯一直点亮；红灯指示接近开关的状态（接近开关上的红色电源线与蓝色输出线是否接通）。

如果司机在铲斗处于卸料角度时将铲斗操纵杆扳至最后，磁路即闭合，电磁线圈所产生的磁场力将铲斗操纵杆吸住（此时，司机可松手，铲斗操纵杆不会弹回中位），铲斗将一直回收，直至磁铁与接近开关对齐，对齐后，接近开关断开，红灯熄灭，电磁线圈失电，磁场力场消失，铲斗操纵杆在弹簧力的作用下自动弹回中位，铲斗停在水平位置不再回收，当司机再次将铲斗操纵杆朝后扳，磁铁与接近开关错位，但接近开关的红灯仍然保持熄灭，且操纵杆不能保持在极后位置，至最大收斗角时由于机械限位停止，此时司机松手后，铲斗操纵杆自动弹回中位。在铲斗从最大收斗角外倾至卸料角的过程中，需要司机一直朝前推住铲斗操纵杆（因为先导阀中没有铲斗前倾的电磁线圈），铲斗通过水平位置时接近开关的红灯点亮。铲斗由铲斗处于卸料角至水平位置之间时，接近开关的红灯为点亮状态；铲斗处于水平位置与极后位置之间时，接近开关的红灯为熄灭状态。

② 故障检修

a. 检查 10A 保险是否熔断。

b. 检查各插接头是否连接良好。

c. 检查磁铁与接近开关的间隙（一般不超过 8～10mm）。

d. 检查接近开关是否损坏。

e. 开电锁，绿灯应亮。

f. 模拟工作装置工作时磁铁与接近开关的相对运动关系，观察红灯状态是否正确。

g. 检查先导线圈：三个先导线圈的电阻值应大致相等且约为几百欧姆。

h. 检查压板与先导电磁线圈阀杆的间隙：将操纵杆扳至任一方向（前或后）的极限位置，在相反方向的电磁线圈阀杆与压板的间隙应在 0.5～1.27mm 范围内。

（2）停车制动与动力切断线路

① 原理　如图 7-112 所示。

a. 开电锁，7.4A 变速操纵、10A 紧急制动、10A 限位/制动灯保险处都有电（24V）。

b. 提起停车制动电磁阀开关，325 号与 600 号导线接通，24V 电压信号通过插接件 X5 处的 600 号导线输入控制单元 EST-17T，从而切断变速箱 1、2 挡动力输出。

c. 按下停车制动电磁阀开关，325 号与 326 号导线接通，此时，如果蓄能器压力低于正常范围，紧急制动动力切断开关常闭触点接通（即 326 号与 600 号导线接通），24V 电压信号通过插接件 X5 处的 600 号导线输入控制单元 EST-17T，从而切断变速箱 1、2 挡动力输出；同时，333 号导线无电，停车制动电磁阀不工作，整车处于停车制动状态。如果蓄能器压力正常，紧急制动动力切断开关常开触点接通（即 326 号与 333 号导线接通），停车制动电磁阀得电工作，解除紧急制动；同时，600 号导线无电，变速箱动力正常输出。

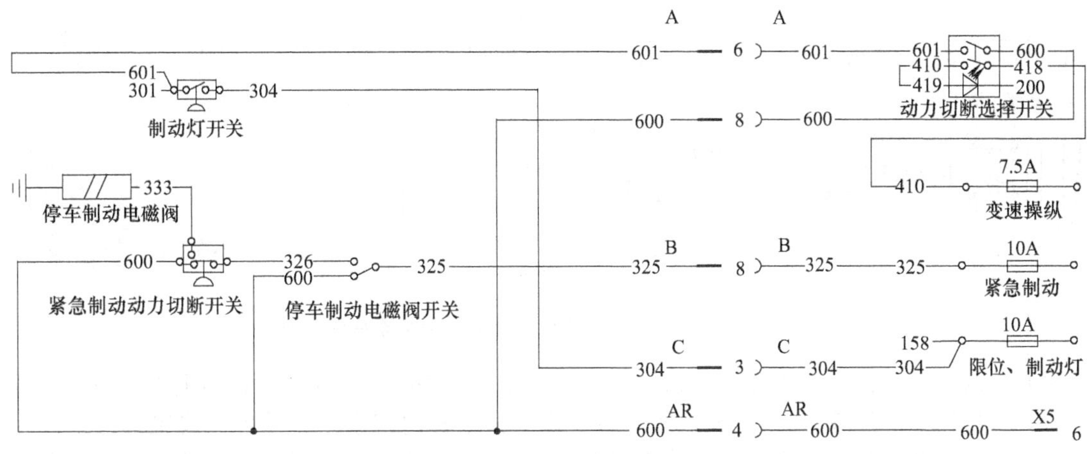

图 7-112　CLG856 型装载机停车制动与动力切断线路原理

d. 踩刹车时，制动灯开关触点闭合，601 号导线得电，此时，如果动力切断选择开关闭合（指示灯亮），600 号导线得电且通过插接件 X5 输入控制单元 EST-17T，从而切断变速箱 1、2 挡动力输出；如果动力切断选择开关断开，600 号导线无电，变速箱动力正常输出。

② 主要元件组成

a. 停车制动电磁阀开关。开关由按钮与两个触点块（一个常开触点块，一个常闭触点块）组成：提起按钮时，常闭触点接通，常开触点断开；按下按钮时，常闭触点断开，常开触点接通。

b. 动力切断选择开关。

c. 制动灯开关（见制动灯线路）。

d. 紧急制动动力切断开关。压力开关有两组触点，一组常开，一组常闭；三个接线柱，中间接线柱为两组触点的公共接线柱。当压力达到某一数值时，常闭触点断开，常开触点闭合。

③ 故障检修　常见故障是整车无 1、2 挡。一般是由于压力开关（制动灯开关与紧急制动动力切断开关）损坏、停车制动电磁阀开关触点块损坏等原因导致 600 号导线总有 24V 电压输入控制单元 EST-17T，从而切断变速箱 1、2 挡动力输出所致。可通过检测 600 号导线的电压判定。当断开动力切断选择开关后，试车，如 1、2 挡恢复，一般为制动灯开关损坏（判断方法见制动灯线路）；如仍无 1、2 挡，拔下紧急制动动力切断开关处的 600 号导线，试车，如 1、2 挡恢复，一般为紧急制动动力切断开关损坏；如仍无 1、2 挡，检查停车制动电磁阀开关是否损坏。

（3）清洗器与刮水器系统

① 原理　如图 7-113 所示。

a. 清洗器工作原理　开电锁，10A 雨刮保险得电（24V），接通水洗开关，水洗电机通过 506 号导线得电工作，将水壶内的水泵至喷头，并喷洒在视窗玻璃上。

b. 刮水器工作原理　雨刮电机均为永磁电动机，并且都采用控制负极的方法。雨刮电机外接五根导线，其中红色为电源线（高速挡电枢与低速挡电枢公共电刷引线），黑色为负极线（通过电机外壳与地相连），蓝色为高速挡电枢另一电刷引线，绿色为低速挡电枢另一电刷引线，白色为复位线。开电锁后，161 号导线得电（24V）。如果雨刮开关处于Ⅰ挡，引脚 3 与引脚 5 接通，电机运行在低速挡；如果雨刮开关处于Ⅱ挡，引脚 3 与引脚 1 接通，电机运行在高速挡；如果关闭雨刮开关（即由Ⅰ挡变为 0 挡），引脚 5 与引脚 7 接通，由于

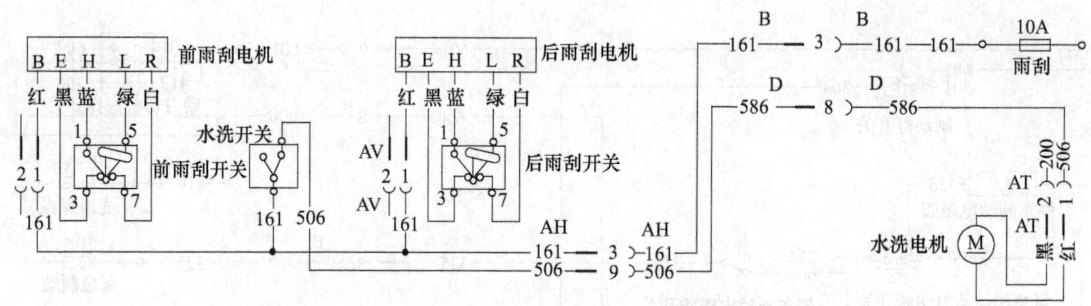

图 7-113　CLG856 型装载机清洗器与刮水器系统原理

关闭开关的瞬间，刮水器未停止在初始位置，电流通过 161 号导线—低速挡电枢—雨刮开关引脚 5—雨刮开关引脚 7—白色复位线—地（说明：电机内部有一自动停位装置，保证刮水器总能停止在初始位置，当刮水器处于初始位置时，复位线与电源线接通，否则，复位线与负极线接通），电机继续运转，当刮水器运转至初始位置时，复位线与电源线接通，雨刮电机低速挡电枢被短路，电机在惯性的作用下继续运转而发电，产生电磁制动力矩而立即停止转动。

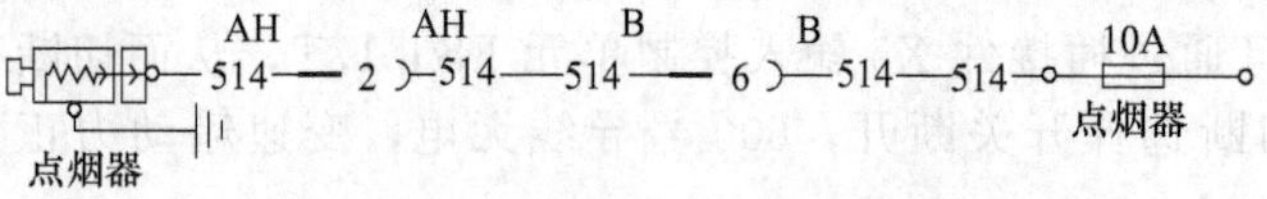

图 7-114　CLG856 型装载机点烟器线路原理

② 故障检修

a. 雨刮电机不工作　检查 10A 雨刮保险是否熔断；检查雨刮开关是否损坏；检查插接件是否松动及线束是否磨损；检查雨刮电机电枢是否短路或断路。

b. 喷头不喷水　观察电机是否运转且能否泵水；检查水路是否断开（水管断开或扎得过紧）；检查喷头是否堵塞。

(4) 点烟器线路

① 原理　如图 7-114 所示，开电锁，10A 点烟器保险得电（24V），通过 514 号导线、插接件 B、AH 至点烟器底座的电源接线柱，当按下点烟器时，电阻丝通电，到达一定温度时，点烟器自动弹起，此时，可取出点烟器点烟。

② 故障检修　点烟器不能正常工作：检查点烟器保险是否熔断；检查插接件是否松动及线束是否磨损；检查点烟器是否损坏。

(5) 空调电路

① 空调电路原理　如图 7-115 所示。

② 空调操纵面板　如图 7-116 所示。

③ 主要元件介绍

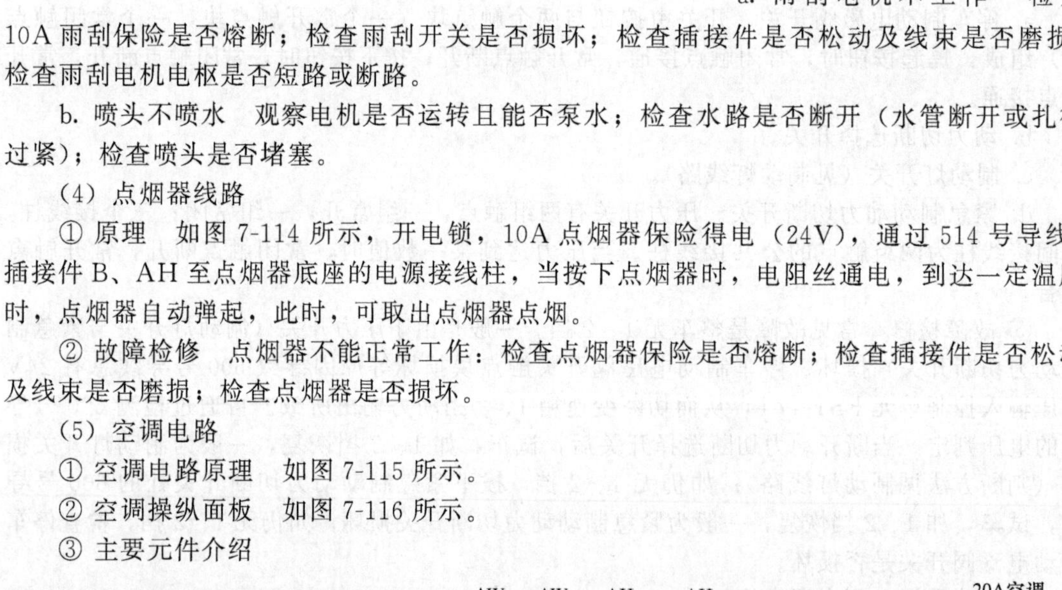

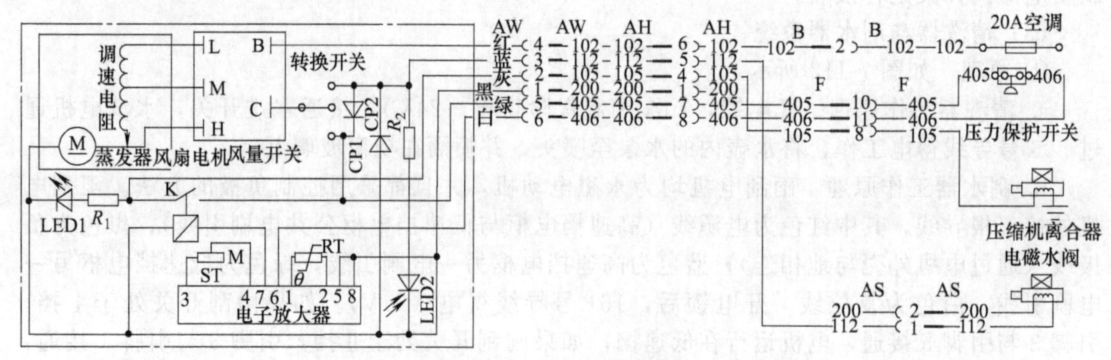

图 7-115　空调电路原理

a. 风量开关　见表7-19

b. 温控开关ST　是一个带滑动触点和断开位置的电阻器，其阻值范围为0～10kΩ。

表7-19　风量开关接通关系

项目	B	C	L	M	H
OFF					
低速	●	●	●		
中速	●	●		●	
高速	●	●			●

注：●表示接通，如低速时，则B、C、L相互接通。

c. 热敏电阻RT　负温度系数，此电阻装在蒸发器内部，其阻值与蒸发器内部温度一一对应。当温度为0℃时，电阻值为12.5kΩ，当温度为15℃时，电阻值为4.8kΩ。

d. 电子放大器　工作原理如图7-115所示，电子放大器的1、2脚之间接热敏电阻RT，3、4脚之间接温控开关，5与8脚接地，6、7脚之间为一个无触点开关，此开关受温控开关与热敏电阻控制，当温控开关设定在某个阻值上时，通过电子放大器的比较放大，便确定了使无触点开关由通转断与由断转通的热敏电阻的两个临界电阻值（对应蒸发器内部的两个临界温度，一般来说，由通转断的临界温度比由断转通的临界温度要低）。表7-20给出了温控开关电阻值为10kΩ与200Ω时电子放大器无触点开关动作的临界温度，以供参考。

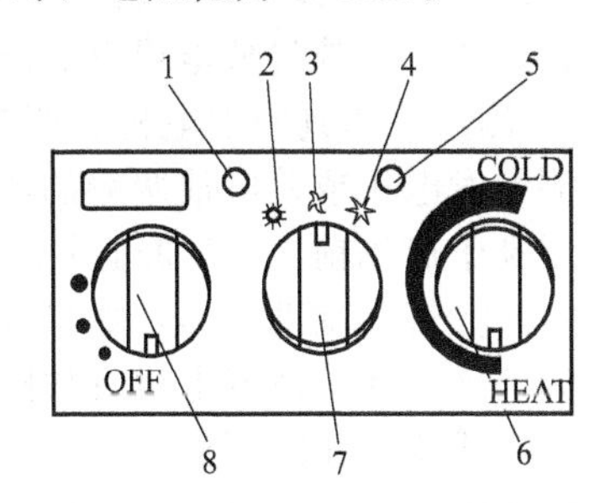

图7-116　空调操纵面板
1—红色指示灯；2—暖风；3—自然风；4—冷风；5—绿色指示灯；6—温控开关；7—转换开关；8—风量开关

e. 压缩机离合器　功率为42W。

f. 电磁水阀　线圈电阻约20Ω。

g. 压力保护开关　当压力在0.2～2.65MPa范围内时，触点闭合。开关安装在储液瓶上。

表7-20　无触点开关动作的临界温度　℃

温控开关电阻值为10kΩ时		温控开关电阻值为200Ω时	
由通转断	由断转通	由通转断	由断转通
0	3.5	14.5	18

7.6.3　装载机电气线路故障诊断与排除

电气线路的常见故障主要有线路短路、断路、搭铁、接头接触不良、控制器件失效等。

7.6.3.1　电气线路状况的外观检查

结合装载机的技术保养或司机发现故障时，应对全车电气线路进行外观检查，主要包括以下内容。

① 固定状况　各电气部件及导线应固定可靠，外壳应完好无损，零部件完整无缺。

② 接触及清洁状况　各插接件是否插紧，搭铁点是否紧固，各接触点有无锈蚀、油污与烧蚀，导线表面应无油迹、污垢与灰尘。

③ 绝缘与屏蔽状况　导线绝缘层应无损伤、老化，导线裸露处应用胶布包好，导线的屏蔽层应无断裂和擦伤。

④ 熔断器、继电器状况　各熔断器、继电器的安装应牢固，导线连接应接触良好，选用的熔断器、继电器应齐全，并符合电路的额定值要求。

⑤ 各开关操作状况　各开关、按钮工作应动作轻便、无发卡失灵现象。

7.6.3.2 仪表检测

利用仪表或专用的检测仪对电气线路进行检查，可以准确地判断故障部位，进而加以排除。在电路中采用电子元器件时，不允许用刮火方法检查电路，但可用电压表、直流试灯等检查。

(1) 电压检测

通过测量有关部位的电压，可以判断启动和电源系统的技术状态，它作为装载机定期保养的项目之一，对电气系统的正确使用、及时排除故障等有着重要意义。

① 测量蓄电池电压。接通前照明灯历时大约30s，除去蓄电池“表面浮电”，然后关闭大灯，测量蓄电池正、负极之间的电压，电压值应为24.5V（24V电气系统）以上。

② 测量启动电压判断蓄电池、启动机及连线状况。接通电锁启动挡，使发动机转动，在15s内蓄电池两端电压应在19.5V以上，如低于此值，可能是蓄电池连线接头腐蚀或接触不良；或蓄电池过放电或有故障；或启动机有故障。

③ 测量电压判断发电机、调节器的状态。启动发动机，使其以约2000r/min的转速运转，测量发电机或蓄电池两端的电压应为27.4～29.5V。此时也可根据车上的电压表判断，若电压高于启动前2V即属正常；若读数超过30V表明调节器有故障。为使结果准确，此时可以打开大灯或辅助电器，如果读数低于27V，则可能是皮带松弛、导线接点腐蚀或接触不良、调节器有故障或发电机有故障。

(2) 线路电压降测试

电压降测试方法可用于对导线、蓄电池电缆及接头的检测。虽然用欧姆表可测量线路电阻，但因电压低、电流小，往往不能反映出实际情况，因此通过测量正常电流流过时的电压降来判断导线及接点的状况更为合理。选用量程0～3V、精度1.0级以上的电压表，将电路置于工作状态，一般电路的电压降为0.1V，启动电路的电压降不大于1V。

(3) 蓄电池漏电测试

通过蓄电池漏电测试可以判断有无搭铁、绝缘损坏等故障。关闭全部电气设备开关，测量电池负极与搭铁之间的电流，一般不超过30mA，装用电子控制系统的装载机不大于300mA，否则表明蓄电池漏电。可能原因是电路开关或导线有漏电或绝缘不良；或发电机二极管短路或漏电电流过大；或调节器或电子控制装置有故障；或车门未关严或开关故障。

(4) 线路断路与短路检查

① 断路检查　用试灯或专用工具检查断路，将试灯或专用工具接于电路接头与搭铁点之间，打开相应开关，若灯不亮表明有断路。

② 短路检查　电路发生短路时，会烧坏熔断器（保险），在更换熔断器之前应查明原因，常用方法如下。

a. 用欧姆表　一表笔接搭铁点；另一表笔接熔断器接点，阻值为零或很小即为短路。依次断开该熔断器所控制的电气设备，当阻值增大时，该电气装置有短路故障。

b. 用蜂鸣器　在熔断器两端接一蜂鸣器，电路有短路故障时，蜂鸣器会响。依次断开所控电气装置，蜂鸣器不响时，该电器有短路故障。

第8章 轮式装载机工作装置

轮式装载机以柴油发动机或电动机等为动力源，以轮胎行走机构产生推力，由工作装置来完成挖掘、装载、整地、推土、起重及短途运输作业等，工作装置是装载机的重要组成部分之一。

8.1 工作装置结构与工作原理

8.1.1 工作装置的功用

工作装置的功用是用来对物料进行铲掘、装载的多种作业。它一般由铲斗、动臂、摇臂、杠杆系统以及铰销等构成。动臂铰接在前车架上，动臂的升降和铲斗的翻转，都是通过相应液压油缸的运动来实现的。

8.1.2 工作装置的构造与工作原理

8.1.2.1 工作装置的结构形式

装载机工作装置分为有铲斗托架和无铲斗托架两种基本结构形式，如图 8-1 所示。它由运动相互独立的两部分构成——连杆机构和动臂举升机构，主要由铲斗、动臂、连杆、上下摇臂、转斗油缸（以下简称转斗缸）、动臂举升油缸（以下简称动臂举升缸或举升缸）、托架、液压系统等组成。带铲斗托架的工作装置［见图 8-1（a)］，其动臂及连杆的下铰接点与铲斗托架铰接，上铰接点与前车架支座铰接；转斗缸铰接在托架上部，活塞杆及托架下部与铲斗铰接。由托架、动臂、连杆及前车架构成一个平行四边形连杆机构，使转斗缸闭锁时，动臂在举升过程中，铲斗始终保持平动。无铲斗托架的工作装置［见图 8-1（b)］，其动臂下铰接点与铲斗铰接，上铰接点与前车架支座铰接；转斗缸一端与前车架铰接，另一端与上

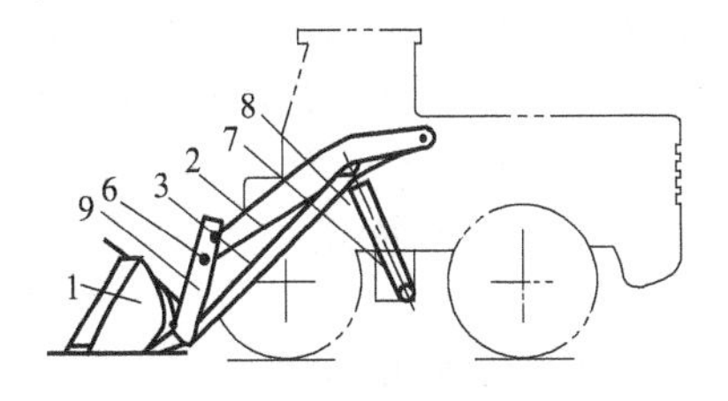

(a) 有铲斗托架式

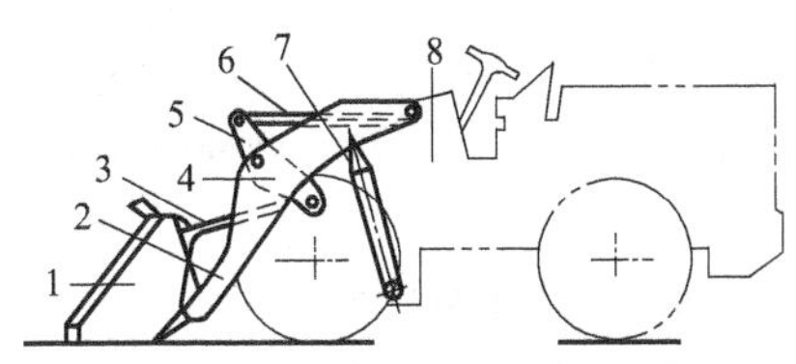

(b) 无铲斗托架式

图 8-1 装载机工作装置的结构形式

1—铲斗；2—动臂；3—连杆；4—下摇臂；5—上摇臂；6—转斗缸；7—动臂举升缸；8—前车架；9—铲斗托架

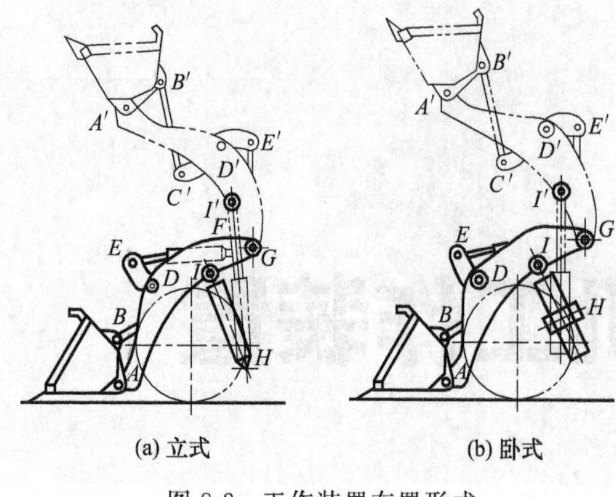

图 8-2 工作装置布置形式

摇臂铰接；连杆一端与摇臂铰接，另一端与铲斗铰接；摇臂铰接在动臂上。

动臂举升缸一般采用立式（又称竖式）或卧式（又称横式）的布置形式，常见有两种连接方式，一种是油缸顶端与前车架铰接［见图 8-2（a）］，另一种是油缸中部通过销轴与前车架铰接［见图 8-2（b）］。铲斗是装载物料的容器，通常具有两个铰接点，一个与动臂下铰接点铰接，另一个与连杆铰接。操纵转斗缸实现铲斗的装载或卸料；操纵举升缸实现动臂和铲斗升降运动。

8.1.2.2 工作装置的构造与工作原理

有铲斗托架式工作装置，其铲斗装在托架上，由托架上的转斗油缸控制铲斗的转动。由于铲斗托架质量大，使铲斗的装载质量相应减少，因此有铲斗托架式工作装置应用较少。

无铲斗托架式工作装置，其铲斗直接装在动臂上，转斗油缸通过连杆控制铲斗的翻转。如图 8-3 所示，无铲斗托架式工作装置由动臂、摇臂、连杆、铲斗、转斗油缸和动臂举升油缸等组成。工作装置铰接在前车架上。铲斗 1 通过连杆 5 和摇臂 2 与转斗油缸 3 铰接。动臂 6 后端支撑在前车架上，前端与铲斗 1 相连，中部与动臂举升油缸 4 铰接。铲斗的翻转和动臂的升降采用液压操纵。

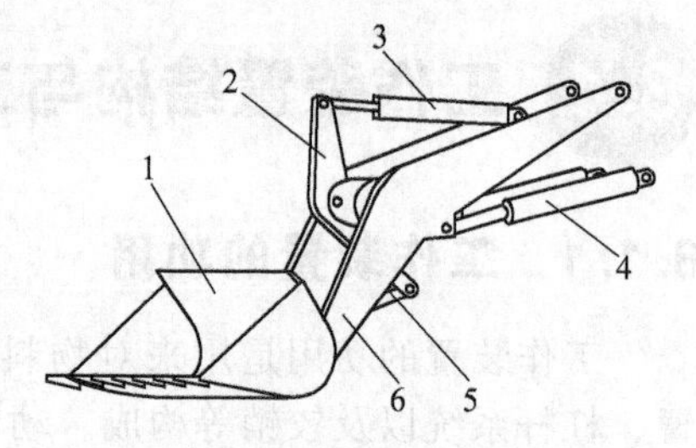

图 8-3 轮胎式装载机工作装置结构

1—铲斗；2—摇臂；3—转斗油缸；4—动臂举升油缸；5—连杆；6—动臂

（1）铲斗

铲斗是装载机铲装物料的重要工具，它是一个焊接件，如图 8-4 所示，斗壁和侧板组成具有一定容量的斗体。斗壁呈圆弧形，以便装卸物料。由于斗底磨损大，在斗底下面焊加强板。为了增加斗体的刚度，在斗壁后侧沿长度方向焊接角钢 10。

在铲斗上方用挡板 9 将斗壁加高，以免铲斗举到高处时，物料从斗壁后侧撒落。斗底前缘焊有主刀板 3，侧板 7 上焊有侧刀板 6。为了减少铲掘阻力和延长主刀板寿命，在主刀板上装有斗齿 2。斗齿与主刀板之间用螺栓连接，以便在磨损之后随时更换。

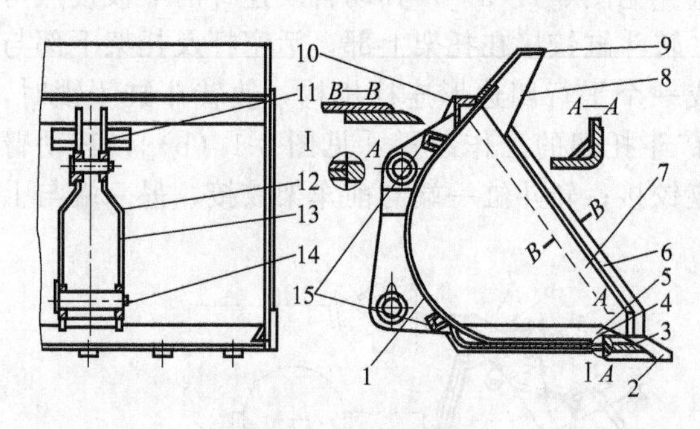

图 8-4 装载机铲斗

1—后斗壁；2—斗齿；3—主刀板；4—斗底；5,8—加强板；6—侧刀板；7—侧板；9—挡板；10—角钢；11—上支撑板；12—连接板；13—下支撑板；14—销轴；15—限位块

如图 8-4 所示，装载机有两套连杆机构。在铲斗背面焊有与动臂和连杆连接的支撑板，即上支撑板 11 和下支撑板 13，为使支撑板与斗壁有较大的连接强度，将上、下支撑板之间用连接板 12 连接。在上、下支撑板上各有与动臂和连杆相连接的销孔。图 8-3 所示的装载机工作装置有一套连杆机构，连杆与铲斗的铰接点在铲斗的后上方中间位置。

铲斗切削刃的形状分为四种，如图 8-5 所示。齿形分尖齿和钝齿，轮胎式装载机多采用尖齿，履带式装载机多采用钝齿。斗齿数视斗宽而定，斗齿距一般为 150～300mm，斗齿过密，则铲斗的插入阻力增大，并且齿间容易嵌料。斗齿结构分整体式和分体式两种，中小型装载机多采用整体式，而大型装载机由于作业条件差、斗齿磨损严重，常采用分体式。分体式斗齿由基本齿 2 和齿尖 1 两部分组成，磨损后只需更换齿尖，如图 8-6 所示。

（2）限位装置

为保证装载机在作业过程中动作准确、安全可靠，在工作装置中常设有铲斗前倾、铲斗后倾自动限位装置，动臂升降自动限位装置和铲斗自动放平机构。

装载机在进行铲装、卸料作业时，对铲斗的前、后倾角有一定要求，因此对其位置要进行限制，常采用限位块限位方式。前倾角限位防止事故发生。

铲斗自动放平机构由凸轮、导杆、气阀、行程开关、储气筒、转斗油缸控制阀等组成。其功能是使铲斗在任意位置卸载后自动控制铲斗上翻角，保证铲斗降落到地面铲掘位置时铲斗的斗底与地面保持合理的铲掘角度。

（3）动臂

动臂是装载机工作装置的主要承力构件，其外形有曲线形和直线形两种，如图 8-7 所示。曲线形动臂常用于反转连杆机构，其形状容易布置，也容易实现机构优化。直线形动臂结构和形状简单，容易制造，成本低，通常用于正转连杆机构。

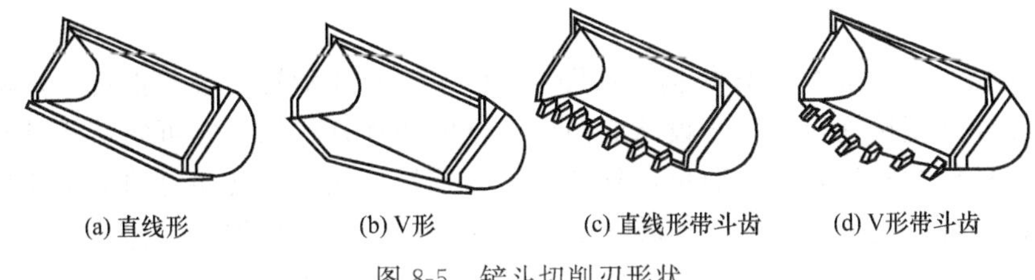

(a) 直线形　(b) V形　(c) 直线形带斗齿　(d) V形带斗齿

图 8-5　铲斗切削刃形状

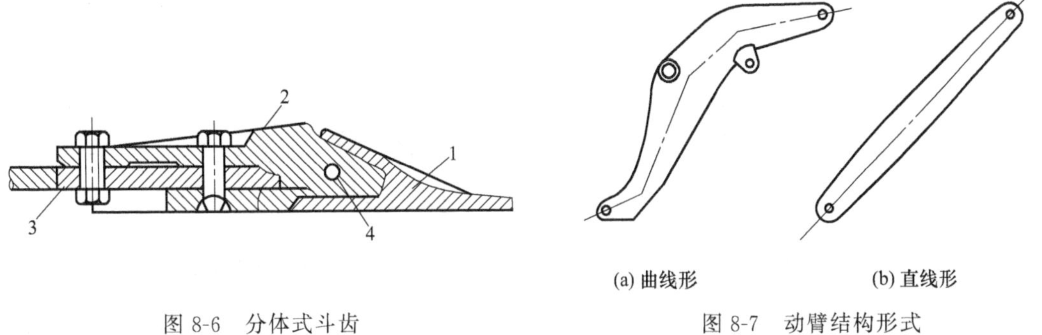

图 8-6　分体式斗齿

1—齿尖；2—基本齿；3—切削刃；4—固定销

(a) 曲线形　(b) 直线形

图 8-7　动臂结构形式

动臂的断面有单板、双板和箱形三种结构形式。单板式动臂结构简单，工艺性好，制造成本低，但扭转刚度较差，图 8-3 所示是单板式动臂。中小型装载机多采用单板式动臂，而大型装载机多采用双板式或箱形断面的动臂，用于加强和提高抗扭刚度。双板式动臂是由两块厚钢板焊接而成，这种形式的动臂可以把摇臂安装在动臂双板之间，从而使摇臂、连杆、转斗油缸、铲斗与斗壁的铰接点都布置在同一平面上。箱形断面动臂的强度和刚度较双板式动臂更好，但其结构和加工均较复杂。

（4）连杆机构

装载机工作时，连杆机构应保证铲斗的运动接近平移，以免斗内物料撒落。通常要求铲斗在动臂的整个运动过程中（此时铲斗液压缸闭锁）角度变化不超过 15°。动臂无论在任何位置卸料（此时动臂液压缸闭锁），铲斗的卸料角度都不得小于 45°。此外，连杆机构还应具有良好的动力传递性能，在运转中不与其他机件发生干涉，使驾驶员视野良好，并且有足够的强度和刚度。

按摇臂转向与铲斗转向是否相同，分为正转连杆机构和反转连杆机构，摇臂转向与铲斗转向相同时为正转连杆机构，相反时为反转连杆机构。按工作机构的构件数不同，可分为四杆式、五杆式、六杆式和八杆式等。

反转连杆机构的铲起力特性适合于铲装地面以上的物料，但不利于地面以下物料的铲掘。由于其结构简单，特别是对于轮式底盘容易布置，因此广泛应用于轮式装载机。

正转连杆机构的铲起力特性适合于地面以下物料的铲掘，对于履带式底盘容易布置，一般用于履带式装载机。

① 正转八杆机构　如图 8-8 所示为正转八杆机构，正转八杆机构在油缸大腔进油时转斗铲取，所以铲掘力较大；各构件尺寸配置合理时，铲斗具有较好的举升平动性能；连杆系统传动比较大，铲斗能获得较大的卸载角和卸载速度，因此卸载干净、速度快；由于传动比大，还可适当减小连杆系统尺寸，因而驾驶员视野得到改善。其缺点是机构结构较复杂，铲斗自动放平性较差。

② 六杆机构　这种工作装置是目前装载机上应用较为广泛的一种结构，常见的有以下几种形式。

a. 转斗油缸前置式正转六杆机构　如图 8-9 所示，转斗油缸前置式正转六杆机构的转斗油缸与铲斗和摇臂直接连接，易于设计成两个平行的四连杆机构，它可使铲斗具有很好的平动性能。同八杆机构相比，结构简单，驾驶员视野较好。缺点是转斗时油缸小腔进油，铲掘力相对较小；连杆系统传动比小，使转斗油缸活塞行程大，油缸加长，卸载速度不如八杆机构；由于转斗缸前置，使工作装置的整体重心外移，增大了工作装置的前悬量，影响整机的稳定性和行驶时的平移性，也不能实现铲斗的自动放平。

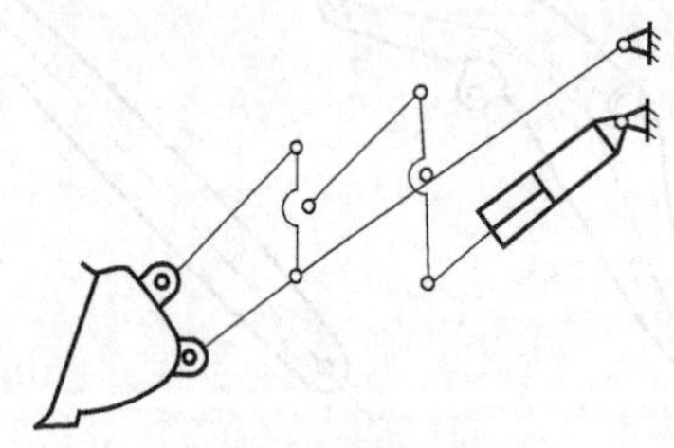

图 8-8　正转八杆机构

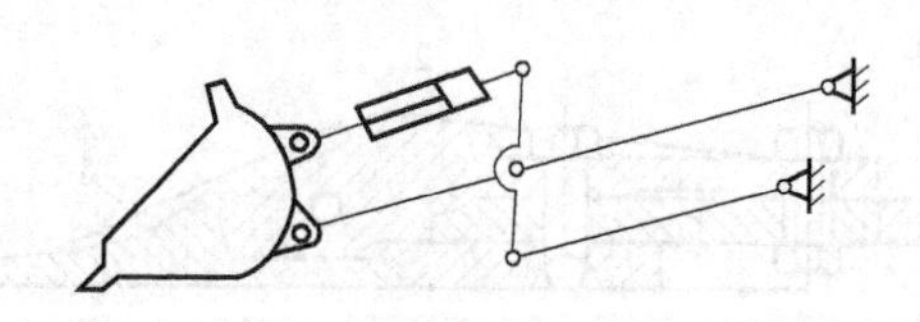

图 8-9　转斗油缸前置式正转六杆机构

b. 转斗油缸后置式正转六杆机构（转斗油缸上置）　如图 8-10 所示，转斗油缸布置在动臂的上方。与转斗油缸前置式相比，机构前悬量较小，传动比较大，活塞行程较短；有可能将动臂、转斗油缸、摇臂和连杆机构设计在同一平面内，从而简化了结构，改善了动臂和铰销的受力状态。缺点是转斗油缸与车架的铰接点位置较高，影响了驾驶员的视野，转斗时油缸小腔进油，铲掘力相对较小；为了增大铲掘力，需提高液压系统压力或加大转斗油缸直径，这样质量会增大。

c. 转斗油缸后置式正转六杆机构（转斗油缸下置）　如图 8-11 所示，转斗油缸布置在动臂下方。在铲掘收斗作业时，以油缸大腔工作，故能产生较大的铲掘力。但组成工作装置的各构件不易布置在同一平面内，构件受力状态较差。

d. 转斗油缸后置式反转六杆机构　如图 8-12 所示，转斗油缸后置式反转六杆机构有如下优点：转斗油缸大腔进油时转斗，并且连杆系统的倍力系数能设计成较大值，所以可获得较大的掘起力；恰当地选择各构件尺寸，不仅能得到良好的铲斗平动性能，而且可以实现铲斗自动放平；结构十分紧凑，前悬量小，驾驶员视野好。其缺点是摇臂和连杆布置在铲斗与前桥之间的狭窄空间，各构件间容易发生干涉。

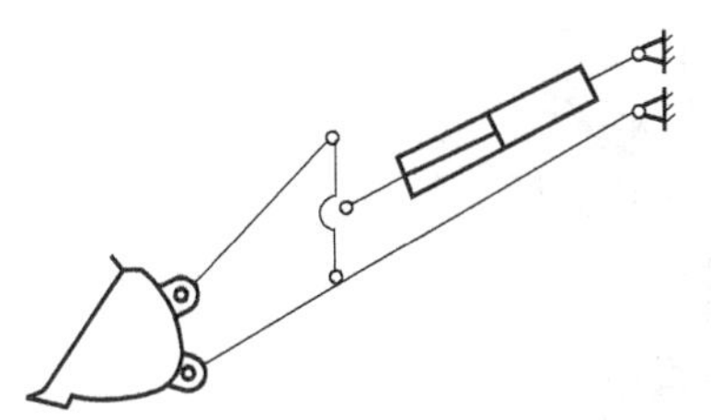

图 8-10 转斗油缸后置式正转六杆机构（转斗油缸上置）

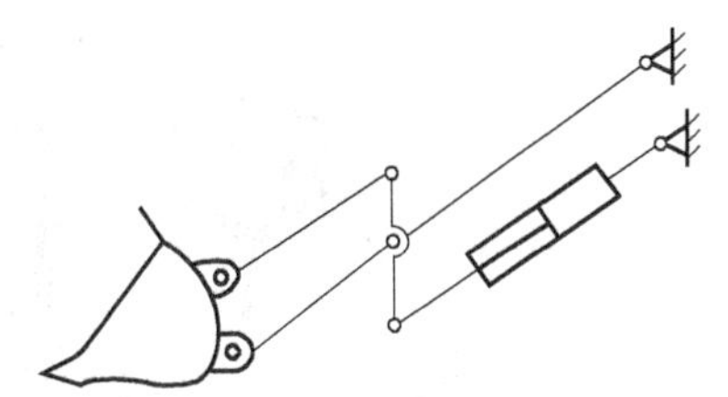

图 8-11 转斗油缸后置式正转六杆机构（转斗油缸下置）

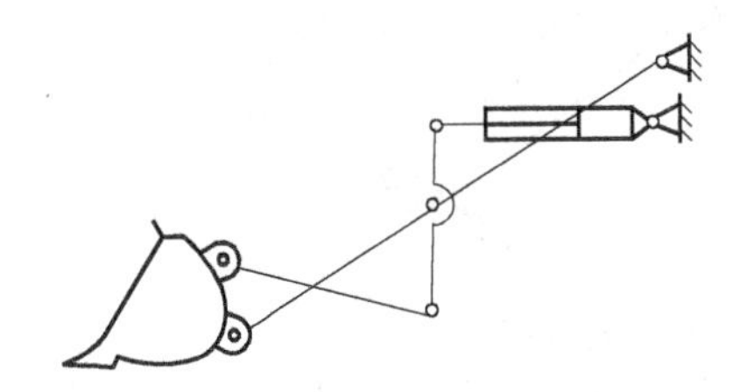

图 8-12 转斗油缸后置式反转六杆机构

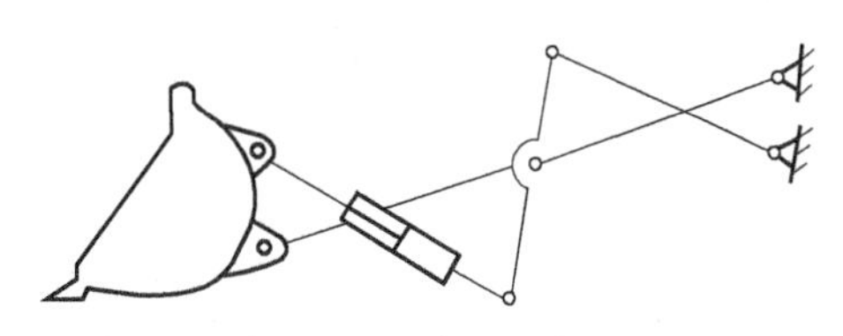

图 8-13 转斗油缸前置式反转六杆机构

e. 转斗油缸前置式反转六杆机构 如图 8-13 所示，铲掘时靠小腔进油作用。这种机构现已很少采用。

③ 正转四杆机构 如图 8-14 所示，正转四杆机构是连杆机构中最简单的一种，它容易保证四杆机构实现铲斗举升平动，此机构前悬量较小。其缺点是转斗时油缸小腔进油，油缸输出力较小，又因连杆系统倍力系数难以设计出较大值，所以转斗油缸活塞行程大，油缸尺寸大；此外，在卸载时活塞杆易与斗底相碰，所以卸载角小。为避免碰撞，需把斗底制造成凹形，这样既减小了斗容，又增加了制造困难，而且铲斗也不能实现自动放平。

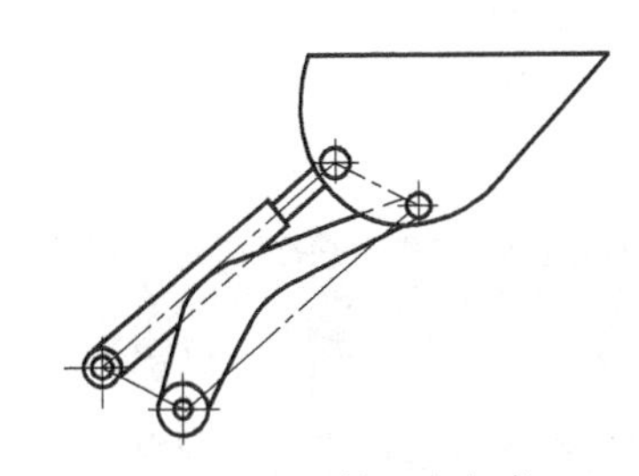

图 8-14 正转四杆机构

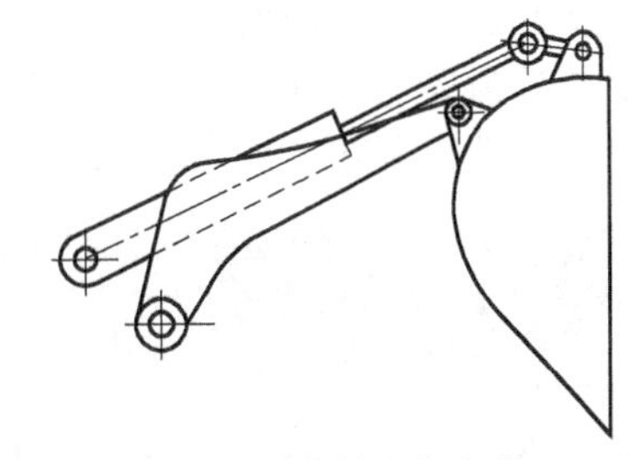

图 8-15 正转五杆机构

④ 正转五杆机构 为克服正转四杆机构卸载时活塞杆易与斗底相碰的缺点，在活塞杆与铲斗之间增加一根短连杆，从而使正转四杆机构变为正转五杆机构，如图 8-15 所示。当铲斗反转铲取物料时，短连杆与活塞杆在油缸拉力和铲斗重力作业下成一直线，如同一杆；当铲斗卸载时，短连杆能相对活塞杆转动，避免了活塞杆与斗底相碰。

8.2 工作装置的检修

8.2.1 工作装置的分解

ZL50C 型装载机工作装置分解图如图 8-16 所示。

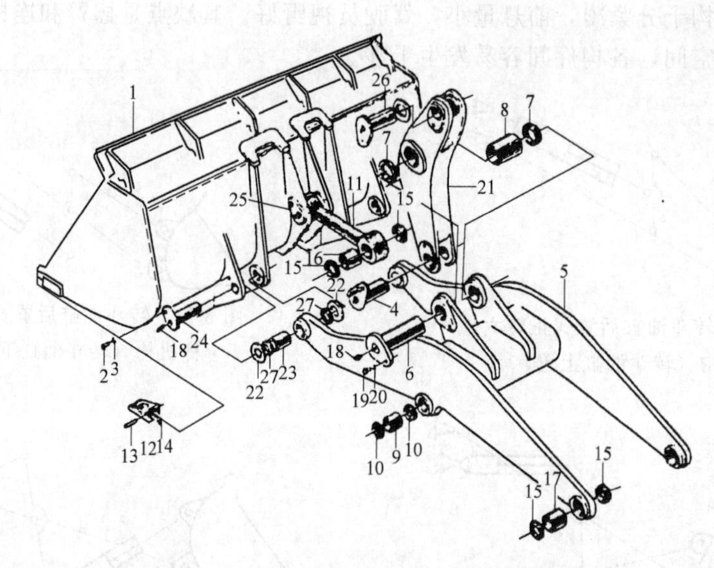

图 8-16 ZL50C 型装载机工作装置分解图

1—铲斗；2,19—螺栓；3,20—垫圈；4—摇臂销轴；5—动臂；6—中摇臂销轴；7,10,15,27—密封圈；8—摇臂缸套；9—动臂缸套；11—拉杆；12—齿套；13—斗齿固定销；14—卡圈；16—拉杆缸套；17—动臂上缸套；18—油杯；21—摇臂；22—垫片；23—铲斗缸套；24—铲斗小销轴；25—铲斗上销轴；26—摇臂上销轴

8.2.2 工作装置的维修

(1) 铲斗斗齿的更换

① 启动发动机，将铲斗举起。在铲斗下放上垫块，然后将铲斗平放在垫块上。铲斗的垫块高度不应超过更换斗齿所需要的高度。将发动机熄火，拉起停车制动器的按钮。

② 从斗齿的卡环侧面将销拆出，拆下齿套和卡环（见图 8-17）。

③ 清理齿体、销和卡环，将卡环安装在齿体侧面的槽上（见图 8-18）。

④ 安装新齿套在齿体上（见图 8-19）。

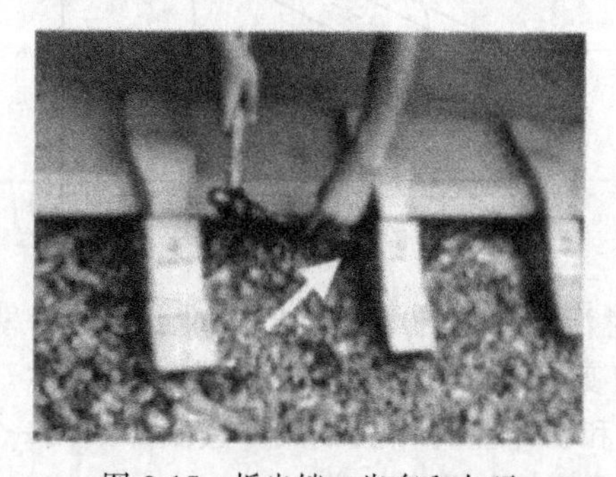

图 8-17 拆出销、齿套和卡环

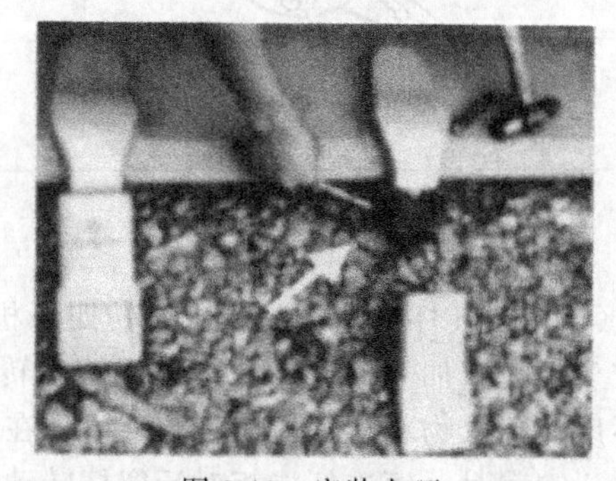

图 8-18 安装卡环

⑤ 从卡环的侧面将销打入卡环、齿体和齿套内（见图 8-20）。

(2) 铰接轴承的检修

① 上铰接轴承安装（见图 8-21）

a. 先用二硫化钼锂基润滑脂涂抹各孔内壁以及唇形密封圈的唇口，将唇形密封圈 2 按图 8-21 所示唇口朝下分别装入盖 9、11 内。

图 8-19　安装新齿套

图 8-20　打入销

b. 在下盖 11 上均布安装三个螺栓 4，将圆锥滚子轴承外圈及轴承 12 冷却到－(75±5)℃后，把下轴承外圈装入轴承座内，并使其与下盖接触。

c. 用油润滑两个圆锥滚子轴承锥体后，将其装入轴承座内，再在上面装配已冷却过的上轴承外圈，使轴承外圈与轴承锥体间有轻微的接触压力。

d. 安装调整垫 10 及上盖 9，拧紧三个螺栓 4，其拧紧力矩为 (120±10)N·m。

e. 测量转动轴承锥体所需的扭矩值，如果该扭矩值在 2.3～13.6N·m 之间，则装上余下的三个螺栓 6 并拧紧，如果扭矩值小于 2.3N·m 或大于 13.6N·m，则通过减少或增加调整垫来达到正确的转动扭矩值。

② 上铰接销安装（见图 8-21）

a. 将轴衬 8 装入上铰接孔内。

b. 将已冷却过的轴承 12 装入图示孔中，轴承 12 上表面与车架铰接面平齐。

c. 如图所示将上铰接销 1 通过轴衬 8、上铰接轴承及轴承 12 装入。

d. 装配上盖板时，先以同值力矩拧紧对角两个螺栓，然后再拧紧另外两个螺栓，其拧紧力矩为 (90±12)N·m。

③ 下铰接轴承安装（见图 8-22）

a. 先用二硫化钼锂基润滑脂涂抹各孔内壁以及唇形密封圈 9 和 12 的唇口，按图示将唇形密封圈 9 唇口朝上装入上盖 10 内，唇形密封圈 12 唇口朝上装入下盖 4 内。

b. 在下盖 4 上均布安装四个螺栓 2，将圆锥滚子轴承外圈冷却到－(75±5)℃后，把下轴承外圈装入轴承座内，并使其与下盖 4 接触。

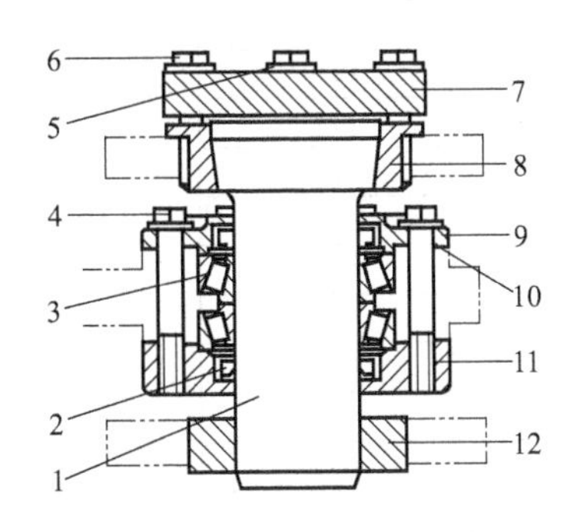

图 8-21　上铰接

1—上铰接销；2—唇形密封圈；3—圆锥滚子轴承；4,6—螺栓；5—垫圈；7—盖板；8—轴衬；9,11—盖；10—调整垫；12—滑动轴承

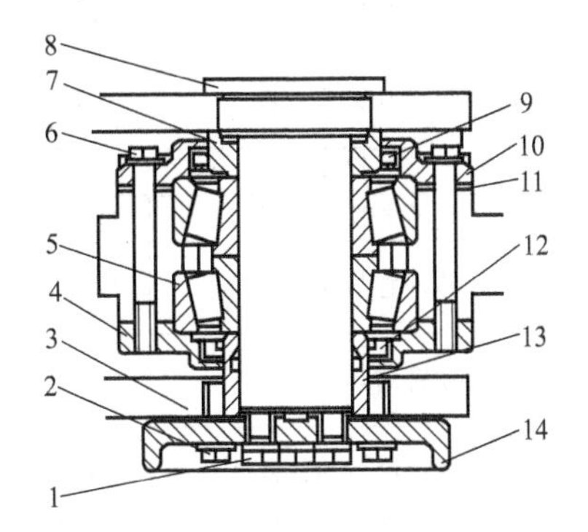

图 8-22　下铰接

1—螺栓；2,6—螺栓；3—调整垫；4—下盖；5—圆锥滚子轴承；7,13—隔套；8—下铰接销；9,12—唇形密封圈；10—上盖；11—调整垫；14—锁板

c. 用油润滑两个圆锥滚子轴承锥体后，将其装入轴承座内，再在上面装配已冷却过的上轴承外圈，使轴承外圈与轴承锥体间有轻微的接触压力。

d. 安装调整垫3及上盖10，拧紧四个螺栓2，其拧紧力矩为（120±10)N·m。

e. 测量转动轴承锥体所需的扭矩值，如果该扭矩值在7.9～22.6N·m之间，则装上余下的四个螺栓6并拧紧，如果扭矩值小于7.9N·m或大于22.6N·m，则通过减少或增加调整垫来达到正确的转动扭矩值。

④ 下铰接销安装（见图8-22)

a. 装配隔套7。

b. 通过下铰接孔装配隔套13。

c. 将下铰接销8通过隔套7，下铰接轴承及隔套13装入。

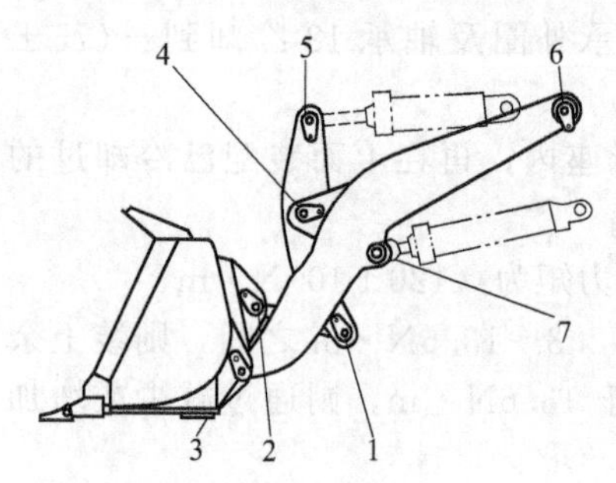

图8-23 工作装置的各个销轴示意图
1～7—销轴

d. 装配锁板14，相隔180°安装两个螺栓1，其拧紧力矩为（68±14)N·m，环绕360°测量车架与锁板14之间的间隙，在锁板上面装上调整垫3，其厚度为最小测量间隙减去0.25mm，装上余下的所有螺栓并拧紧。

(3) 工作装置的维护

工作装置的各个销轴要定期按以下要求进行维护和检查。

① 整机每工作50h或一周，用二硫化钼锂基润滑脂润滑工作装置的各个销轴，以保证各活动部件运转灵活，延长其使用寿命。

② 整机每工作500h，应对工作装置各部件进行清洁，检查各个螺栓是否有松动现象，各焊接件是否有弯曲变形及脱焊、裂纹产生，特别是动臂横梁连接处，若发现问题，必须及时进行修理。

③ 整机工作2000h后，应检查各销轴与轴套之间的间隙，如图8-23所示，如超过表8-1中所允许的最大间隙则应更换销轴或轴套。在条件允许的情况下，进行焊接修复。

表8-1 销轴与轴套之间的间隙

销轴	销轴位置	检查项目	公称尺寸/mm	装配间隙/mm	磨损后允许最大间隙/mm	超过允许值应采取的措施
1	拉杆与摇臂铰销	间隙	$\phi75$	0.200～0.348	0.85	更换销轴或轴套
			$\phi90$	0.220～0.394	0.90	
2	拉杆与铲斗铰销	间隙	$\phi75$	0.200～0.348	0.85	
			$\phi90$	0.220～0.394	0.90	
3	动臂与铲斗铰销	间隙	$\phi63$	0.200～0.348	0.80	
4	动臂与摇臂铰销	间隙	$\phi110$	0.240～0.414	1.00	
5	转斗油缸与摇臂铰销	间隙	$\phi75$	0.200～0.348	0.85	
			$\phi90$	0.220～0.394	0.90	
6	动臂与车架铰销	间隙	$\phi75$	0.200～0.348	0.85	
			$\phi90$	0.220～0.394	0.90	
7	动臂油缸与动臂铰销	间隙	$\phi63$	0.200～0.348	0.80	
			$\phi90$	0.220～0.394	0.90	

(4) 铲斗下销座摩擦损伤的修复

① 分析磨损情况。修复前应记录下铰销、轴套以及轴套座孔的磨损状况，测量下铰销与轴套的配合间隙，与最大使用极限相对比，若磨损量超过最大使用极限，应及时维修复。

②测量并确定下销座尺寸。采用焊接修复下销座时，必须把损坏的下销座切割下来，重

新焊接上新加工的下销座。而新下销座的加工需要保证准确的尺寸数据，这就需要对旧的下销座进行测量。但是，旧的下销座经过长期使用后，一般都损伤严重，已失去原有的尺寸精度和外部形状，这就影响到测量数据的准确性。

采取以下方法：一是找到该产品的技术图纸；二是找相同型号的较新的该型机进行比对性测量；三是用游标卡尺测量磨损情况最轻的下销座尺寸，并对磨损量进行相应推算，调整所测数据。如测得的下销座厚度为35mm，确定新的下销座尺寸时，可把其厚度调整为45mm。一是基于对下销座轴向间隙的测量以及对轴向磨损量的估算；二是动臂下端的下销座两侧因磨损变薄，在不对动臂下端的销座两侧堆焊加厚时，通过适当加厚铲斗销座，可以弥补动臂下销轴孔两侧面的磨损量，使轴向间隙恢复正常；三是便于焊接，确保牢固；四是加厚铲斗新下销座在空间位置上不受限制，则不会造成其他不利影响。

③制作新下销座和芯轴。根据确定的尺寸，制作新的下销座。考虑到强度和焊接性要求，材料可以选用40Cr，也可以用45钢代替。

制作的芯轴主要用来避免新下销座在焊接过程中出现歪斜等位置偏差，以保证铲斗上四个新下销座焊接后的同轴度。芯轴长度视装载机铲斗大小有所不同，但装载机铲斗宽度一般不超过3000mm，铲斗上、下销座之间的距离一般为2500～2600mm，所以芯轴长度以略大于此数值为宜。芯轴直径应以确定的下销座孔径为依据，以保证适当用力能插入座孔为准。芯轴应在车床上矫直，并将其外圆车至50mm。

④ 切割掉损坏的下销座。将铲斗放平，使两侧下销座处于便于操作的自然状态。先选择四个下销座中座孔偏磨最严重的一个，用氧-乙炔焰将旧下销座从铲斗筋板上割掉。气割时应尽可能沿原焊缝进行，割孔直径以略大于新下销座外径为宜。

⑤ 放入新下销座并插入芯轴。将新下销座放入割孔中，同时将芯轴从四个下销座孔中穿过，以保证待焊接固定的下销座与其余三个在同一轴线上。

⑥ 焊接新下销座。将新下销座焊在铲斗筋板上，待完全冷却后轻轻敲击芯轴，在完全冷却之前不要抽出芯轴，其目的是以芯轴抵抗焊缝冷却收缩变形，以保证新焊上去的下销座孔与其他下销座孔同轴。

待新焊下销座完全冷却后，将芯轴轻轻敲击。然后再按上述方法更换其他发生严重偏磨的下销座。

(5) 焊接操作

在装载机上进行焊接作业时，应按如下规定操作，以免损坏机器，或发生安全事故。

① 在焊接前，关闭发动机启动开关，断开电源负极开关，必须断开蓄电池的端子以防止蓄电池爆炸，如图8-24所示。拔掉电脑控制器上的电缆接头，切断通向电脑控制器的电

图8-24 焊接前断开蓄电池的端子

图8-25 焊接操作注意事项

路，避免可能会因电焊时的冲击电流把电脑控制器烧毁。

② 在焊接前，必须拆下仪表板的接头，以免损坏仪表板。也可以将驾驶室线束与整车线束断开。

③ 在液压设备或管道上，或是其非常靠近的地方电焊，将产生可燃的蒸气和火花，这

就有着火和爆炸的危险，因此要避免在这样的地方电焊。在轮胎附近的地方进行焊接作业时，由于轮胎可能爆炸，应特别注意。如图 8-25 所示。

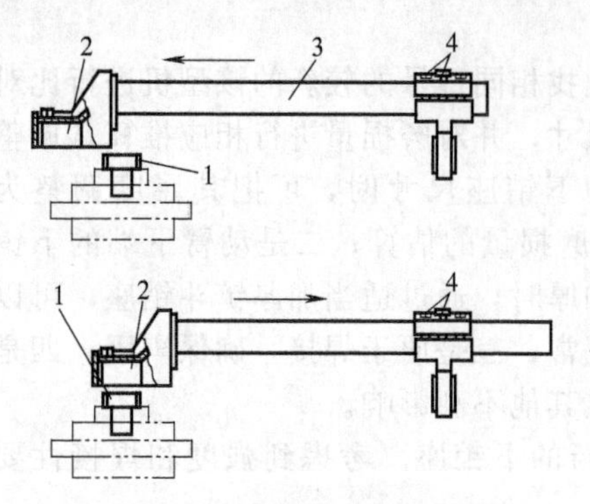

图 8-26 调整铲斗自动放平装置

1—磁铁；2—接近开关；3—接近开关总成；4—螺栓

④ 电焊时飞溅的火花会直接落在橡胶软管、电线或有压力的管道上，这些管子可能突然破裂，电线的绝缘皮会损坏，因此要用防火挡板盖住。

⑤ 焊接区域与接地电缆的距离在 1m 以内。

⑥ 避免密封圈和轴承在焊接区域与接地电缆之间。

⑦ 切勿焊接或切割有燃油、机油和液压油的管子、容器。

⑧ 切勿焊接或切割密封的或通气不良的容器。

(6) 铲斗限位装置的调整

① 调整铲斗自动放平装置

a. 将机器停放在平坦的场地上，变速操纵手柄置于空挡位置。操作先导阀操纵手柄将铲斗平放在地面上，拉起停车制动器的按钮，将发动机熄火；装上车架固定保险杠。

b. 松开图 8-26 中的螺栓 4，将接近开关总成 3 往前移动，使接近开关 2 越过磁铁 1 一段距离。

c. 将启动开关沿顺时针方向转到第一挡，接通整车电源。将先导阀的转斗操纵手柄向后扳至极后位置，被电磁力吸住。

d. 将接近开关总成 3 往后移动，使接近开关 2 对准磁铁 1，此时先导阀的电磁力消失，转斗操纵杆自动返回中位；拧紧螺栓 4 即可，接近开关 2 与磁铁 1 的距离应保持在 4～6mm。

e. 完成后，拆除车架固定保险杠，启动发动机，检查所进行的调整是否合适。

② 调整动臂举升限位装置 要注意安全，非工作人员不得靠近，动臂附近区域不得站人。

a. 将机器停放在平坦的场地上，变速操纵手柄置于空挡位置，拉起停车制动器的按钮。操作先导阀操纵杆将动臂举升到要求的卸料高度，将发动机熄火，装上车架固定保险杠。

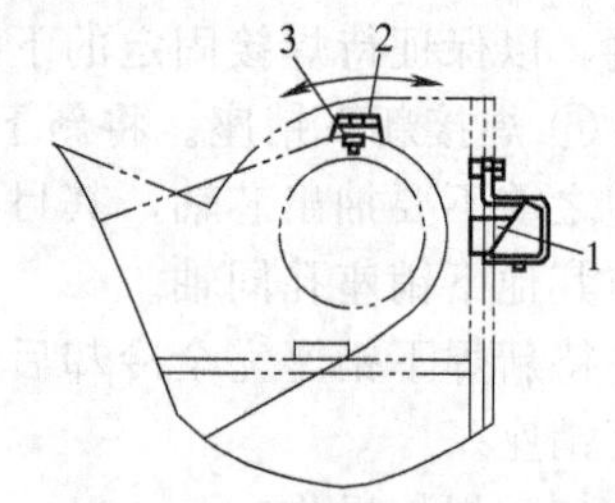

图 8-27 调整动臂举升限位装置

1—磁铁；2—接近开关；3—螺栓

b. 启动开关沿顺时针方向转到第一挡，接通整车电源。将先导阀的转斗操纵杆向后扳至极后位置，被电磁力吸住。

c. 松开图 8-27 中的螺栓 3，快速转动接近开关总成，使接近开关 2 对准磁铁 1，此时先导阀的电磁力消失，先导阀的转斗操纵杆自动返回中位，拧紧螺栓 3 即可。

d. 接近开关 2 与磁铁 1 的距离应保持在 4～6mm。在转动接近开关总成时，顺时针方向转动可降低限位高度，逆时针方向转动可增加限位高度。

e. 完成后，拆除车架固定保险杠，启动发动机，检查所进行的调整是否合适。

8.3 工作装置常见故障诊断与排除

装载机工作装置状态的好坏直接影响机器的工作效率及工程进度，现将其在工作中常见的几个故障分析如下。

8.3.1 动臂举升及收斗时速度缓慢

(1) 故障现象

铲斗装满料从最低位置上升到最大高度，动臂举升及收斗时的速度明显缓慢，或装满料举不起来。

（2）故障原因及排除

出现此类情况首先应检查油箱油位是否过低，造成高压泵吸油不足或吸空；回油滤清器是否堵塞形成回油不畅，从而造成油箱油位低；应勤洗滤清器保持清洁，加足液压油。其次，检查齿轮泵是否内漏，使高压泵的容积效率达不到要求，进油管的密封状况是否良好，有无空气进入系统，造成压力不足；齿轮泵进、出油管的接装是否准确无误。在检查排除以上部位的工作隐患后，再检查动臂油缸及动臂操纵阀、翻斗油缸及翻斗操纵阀是否内漏。

① 将铲斗装满料，举升到极限位置；再将动臂操纵杆置于中位，并使发动机熄火，液压泵停止供油，观察动臂的下沉速度；然后将动臂操纵杆置于上升位置，如果这时动臂的下沉速度明显加快，则内漏原因出自动臂操纵阀。同样对于铲斗收斗无力现象，也可利用类似方法，根据操纵杆在中位和后倾位置时翻斗油缸的伸缩情况进行判定。

② 检查动臂油缸活塞密封环是否损坏。将动臂油缸活塞缩到底，然后拆下无杆腔油管，使动臂油缸有杆腔继续充油，如果无杆腔油口有大量的工作油泄出（正常的泄漏量应≤30mL/min)，说明活塞密封环已损坏，应立即拆换。

③ 若分配阀的 O 形密封圈老化、变形或磨损，阀杆外露部分锈蚀，致使密封面遭破坏，则会造成分配阀外漏，此时应更换 O 形密封圈。如果阀杆端头锈蚀严重，可将锈蚀部分磨掉，然后进行铜焊，使之恢复到原有直径并打磨光滑。若分配阀的阀芯和阀套磨损严重，则会造成内漏，此时应更换分配阀，若条件允许也可在阀芯表面镀铬，然后与阀套配对研磨使其配合间隙达到 0.006～0.012mm 且无卡滞现象。

④ 先导式安全阀开启压力过低时也会出现此类问题。此时不能盲目调紧总安全阀的调压螺杆，应拆检安全阀看先导阀弹簧是否断裂，导阀密封是否良好，主阀芯是否卡死及主阀芯阻尼孔是否堵塞。如果以上均无问题，则应调整安全阀的开启压力。调整压力的方法为：先拧下分配阀上的螺塞，接上压力表，再启动柴油机并将其转速控制在 1800r/min 左右，然后将转斗滑阀置于中位，动臂提升到极限位置，使系统憋压，这时调整调压螺钉，直至压力表读数达到规定值。

8.3.2　动臂举升正常但翻斗缓慢

（1）故障现象

铲斗装载荷从最低位置上升到最大高度，动臂举升正常，但翻斗速度明显缓慢。

（2）故障原因及排除

故障的主要原因在翻斗油缸，翻斗油缸的无杆腔和有杆腔两个过载阀的调定压力应符合规定。压力检测过程为：在测压处接压力表将翻斗操纵阀置于中位，使动臂提升或放下，当连杆过死点时，翻斗油缸的有杆腔和无杆腔应建立压力，翻斗油缸活塞杆动作时压力表所示压力即为过载阀的调定压力。如果压力低于出厂时的调定压力，其原因可能为：翻斗油缸有内漏故障，排除方法与动臂油缸内漏相同，翻斗油缸过载阀主阀芯有杂质颗粒，将主阀芯卡死，使主阀芯处于常开状态，形成故障点，这时应清除杂质，同时检查阀内各零部件的状态，调整阀杆与阀体的配合间隙，正常的配合间隙应为 0.06～0.012mm。

8.3.3　举升及翻斗时抖动

（1）故障现象

铲斗装满料从最低位置上升到最大高度过程中，动臂举升及翻斗时有抖动现象。

（2）故障原因及排除

① 油量不足，使工作压力不稳定，应加足液压油。

② 油路接口处密封不好，使空气进入系统，造成工作压力不稳定，应检查油路各接口处密封。

③ 油液中混入大量空气，混有空气的油液可压缩。应消除低压油路中密封不严处，再将混有空气的油液排掉。

④ 液压缸活塞杆的锁紧螺母松动，致使活塞杆在液压缸中窜动。应将液压缸锁紧螺母锁紧。

⑤ 总安全阀开启压力不稳，使高压油压力发生变化，引起抖动。应检查阀的调压弹簧，调整开启压力。

⑥ 两翻斗油缸和两动臂油缸内漏量不等，造成流量波动，引起抖动。应将翻斗油缸及动臂油缸内漏故障排除。如检查无问题，而活塞杆有大面积拉毛现象，应将其拆下进行磨削，再镀 0.05mm 硬铬，如果杆径被磨过小，可适当增加导向套的厚度。

第9章 轮式装载机液压系统

轮式装载机工作装置的操纵方式均为液压式，由动力机构（如工作泵，又称油泵）、执行机构（如油缸）、操纵机构（如分配阀、安全阀等）、辅助机构（如油箱、油管等）和传动介质（如液压油）有机地组成一个完整的系统，司机通过操纵分配阀手柄，使分配阀处于相应的位置，就能完成相应的作业。因此，液压系统是装载机的重要组成部分之一。

9.1 液压系统的构成及工作原理

9.1.1 手动操纵工作装置液压系统

9.1.1.1 系统组成

手动操纵工作装置液压系统（以ZL50C型装载机为例）主要由油箱、滤油器、工作泵、转斗油缸、动臂油缸、转斗油缸小腔双作用安全阀、转斗油缸大腔双作用安全阀、分配阀等组成，如图9-1、图9-2所示。

9.1.1.2 工作原理

ZL50C型轮式装载机作业装置有铲斗和动臂两个。控制这两个液压缸的换向阀的油路为串并联油路。所以，这两个动作不能同时进行，即使同时操纵了这两个操纵杆，装载机也只有铲斗的动作，动臂不动。只有铲斗在动作完毕，松开操纵手柄，使换向阀回位，动臂才能动作。

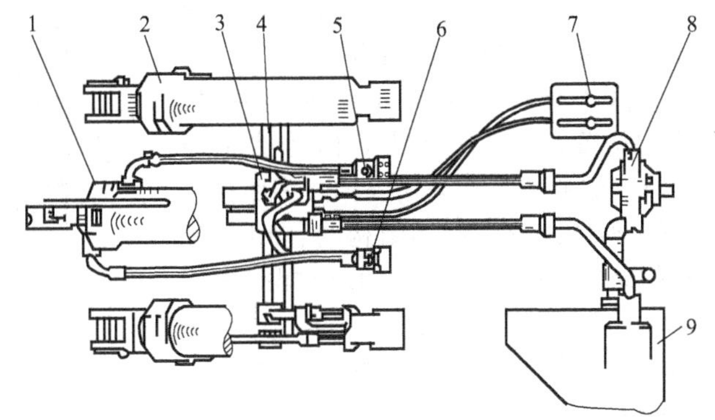

图9-1 手动型（软轴操纵）工作装置液压系统布管图
1—转斗油缸；2—动臂油缸；3—FPF32分配阀；4,5,6—螺塞；7—操纵杆；8—工作泵；9—油箱

图9-2中的油泵3将液压油自油箱1经过吸油管吸出，在泵内将油液变成高压油压入多路分配阀9。当多路分配阀9中铲斗和动臂两滑阀均处于中立位置时，压力油直接从通道中返回油箱。此时转斗油缸5和动臂油缸6的前、后腔均处于封闭状态，铲斗和动臂保持在原位置。

操纵动臂换向阀杆，可使动臂油缸大腔进油，小腔回油，则动臂上升；也可使动臂油缸小腔进油，大腔回油，则动臂下降；也可使动臂油缸大、小腔连通，此时，动臂处于浮动状态。

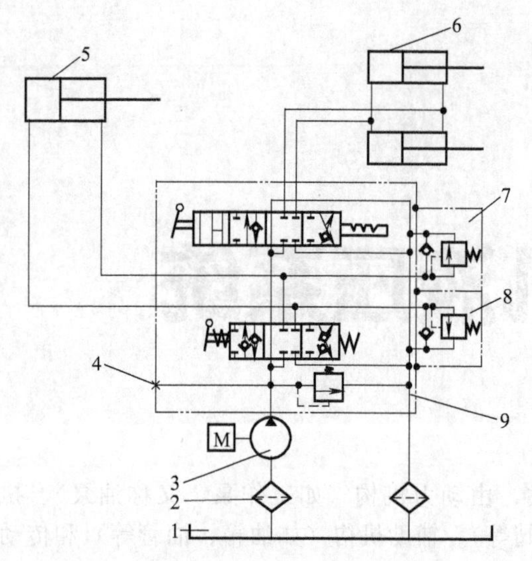

图 9-2 ZL50C 型装载机工作装置液压系统示意图

1—油箱；2—滤油器；3—油泵；4—测试点；5—转斗油缸；6—动臂油缸；7—转斗油缸小腔双作用安全阀；8—转斗油缸大腔双作用安全阀；9—FPF32 分配阀

同理，操纵转斗换向阀杆，可使铲斗前倾或后转。

9.1.1.3 主要部件

(1) 工作泵

目前，轮式装载机液压传动系统广泛使用 CBG 系列齿轮泵。

① CBG 系列齿轮泵的结构 CBG 系列齿轮泵由前泵盖、旋转密封轴、密封环、O 形密封圈、侧板、泵体、轴承、后泵盖、主动齿轮和被动齿轮等组成，如图 9-3 所示。

② CBG 系列齿轮油泵的工作原理 如图 9-4 所示，一对啮合着的渐开线齿轮安装于壳体内部，齿轮的两端面密封，齿轮将泵的壳体分隔成两个密封油腔—吸油腔和压油腔。当齿轮泵的齿轮按图示方向转动时，吸油腔（轮齿脱开啮合处）的体积从小变大，形成真空，油箱中的油在大气压力的作用下经泵吸油管进入吸油腔，填充齿间。压油腔（齿轮进入啮合处）的体积从大变小，而将油液压入压力油路中去。吸油腔与压油腔由两个齿轮的啮合点隔开。

(2) 液控分配阀

分配阀（又称多路阀）是用来实现液压油路改变方向的阀门。目前，轮式装载机应用的分配阀有组合式和整体式两种，组合式分配阀是将几种阀共用一个壳体，形成组合式控制阀，优点是构造简单，易于加工，且可根据工作需要，随意增减阀体的数量，例如装载机采用的 ZL 系列分配阀。缺点是阀体接触面的加工精度要求高，目前有被淘汰的趋势。整体式分配阀是将外壳铸成一体，使其结构紧凑、不易泄漏，但铸造粗加工困难。装载机广泛采用整体式多路阀。

① 整体式分配阀的结构与作用 分配阀的结构如图 9-5 所示。该分配阀为整体双联滑阀式，由转斗换向阀、动臂换向阀、安全阀三部分组装而成，两换向阀之间采用串并联连接油路。

分配阀的作用是通过改变油液的流动方向控制转斗油缸和动臂油缸的运动方向，或使铲斗与动臂停留在某一位置以满足装载机各种作业动作的要求。

转斗换向阀是三位置阀，它可以控制铲斗前倾、后倾和保持三个动作。

动臂换向阀是四位置阀，它可以控制动臂上升、保持、下降、浮动四个动作。动臂回位套内的弹簧，将钢球压向

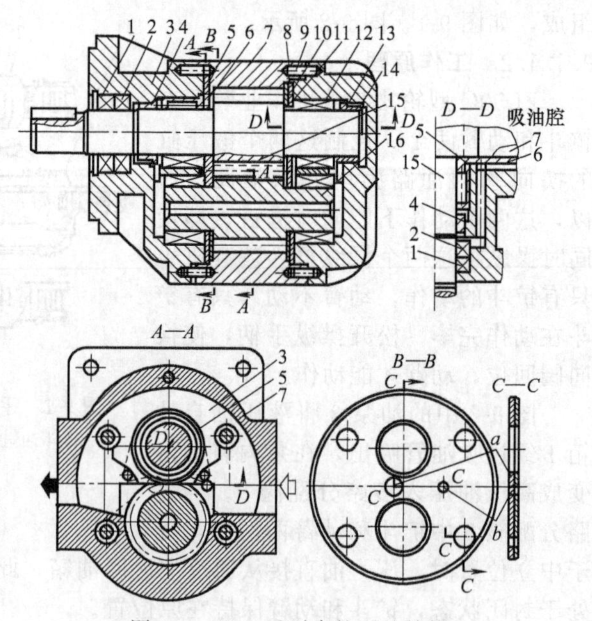

图 9-3 CBG 系列齿轮泵的结构

1,2,12—轴承；3—前泵盖；4,13—密封环；5,8,11—O 形密封圈；6,10—侧板；7—泵体；9—定位销；14—后泵盖；15—主动齿轮；16—被动齿轮

两端，卡紧在定位套内壁的V形槽内，故可将动臂滑阀固定在四个作业位置中任何一个作业位置。

安全阀是控制系统压力的，当系统压力超过17MPa时，安全阀打开，油液溢流回油箱，保护系统不受损坏。

分配阀侧口P与双联泵接通，为进油口。其上口（见S—S）与油箱接通，为回油口。A、B腔分别与转斗油缸小腔、大腔相通；C、D腔分别与动臂油缸小腔、大腔相通。阀体内的七油槽为左右对称布置，中立位置卸荷油道为三槽结构，从而可消除换向时的液动力，减少回油阻力。

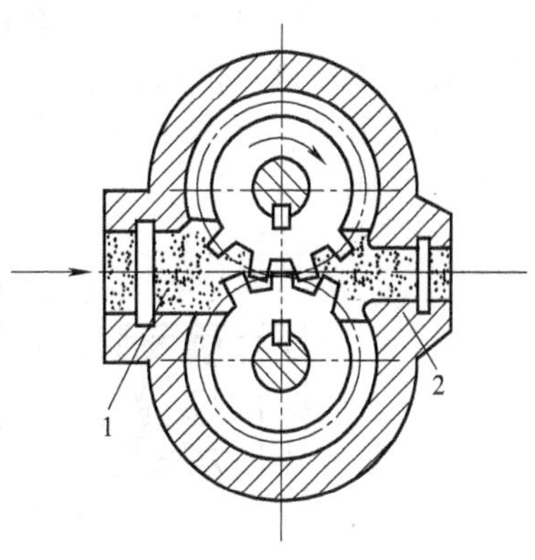

图9-4 CBG系列齿轮泵的工作原理
1—吸油腔；2—压油腔

在转斗滑阀的两端装有两个单向阀，它们由弹簧压紧在阀座上。在动臂滑阀的左端也装有一个单向阀，它也由弹簧压紧在阀座上。单向阀的作用为换向时避免压力油向油箱倒流，从而克服工作过程中的“点头”现象。此外，回油时产生的背压也能稳定系统的工作。

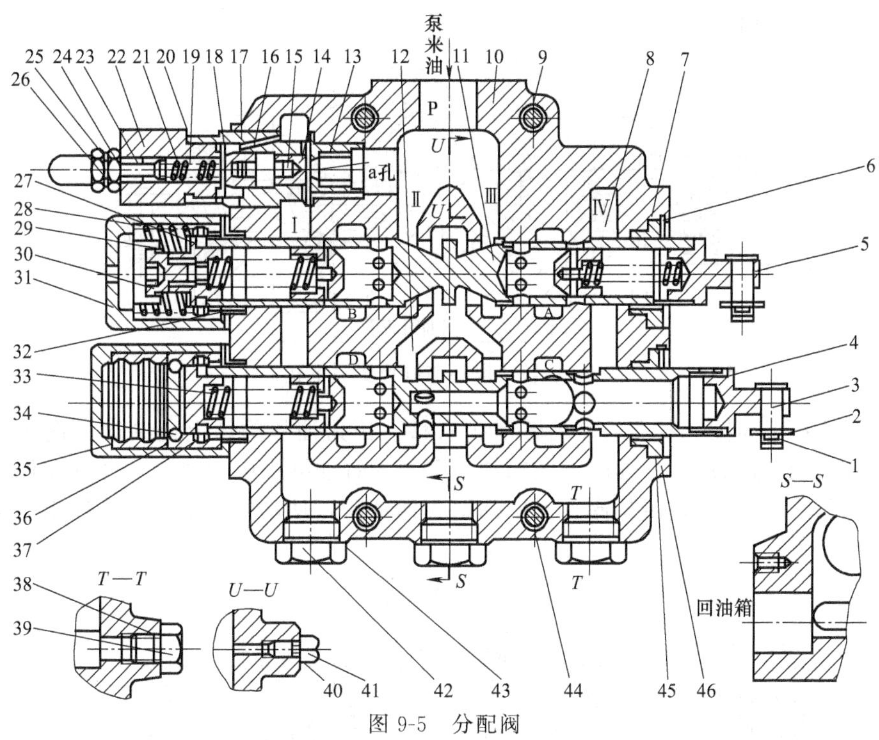

图9-5 分配阀
1—销；2—垫圈；3—圆肩销；4,17,20,38,40,43—O形密封圈；5—弹簧座；6—挡圈；7—密封圈；8—单向阀；9,44—螺栓和垫圈；10—阀体；11—转斗滑阀；12—动臂滑阀；13—主阀套；14—主阀芯；15—主阀弹簧；16—导阀座；18—导阀；19—弹簧座；21—导阀弹簧；22—导阀体；23—调压丝杠；24—螺母；25—垫片；26—锁紧螺母；27—弹簧压座；28—复位弹簧；29—弹簧座；30—定位座；31—转斗回位套；32—单向阀弹簧；33—弹簧；34—钢球；35—动臂回位套；36—弹簧座；37—定位套；39,41,42—螺塞；45—套；46—防尘圈

② 分配阀的工作原理

a. 中立位置（封闭位置） 如图9-5所示，转斗、动臂油缸两端油路被锁闭，而停止在一定的位置上，这时来自油泵的油，经进油口P及Ⅱ、Ⅲ、Ⅳ、Ⅴ油道至回油口，经管路流到油箱，安全阀关闭，系统空载循环。

b. 转斗后倾（上转） 如图 9-6 所示，转斗滑阀右移，压力油从阀体上进油道Ⅱ进入阀孔，推开单向阀，由阀孔进入通油缸大腔的油道 B，经管路到转斗油缸大腔，转斗油缸小腔回油从油道 A 进入阀孔推开单向阀，从阀孔流回油道Ⅳ回油箱，使转斗缸活塞杆伸出，实现铲斗后倾。

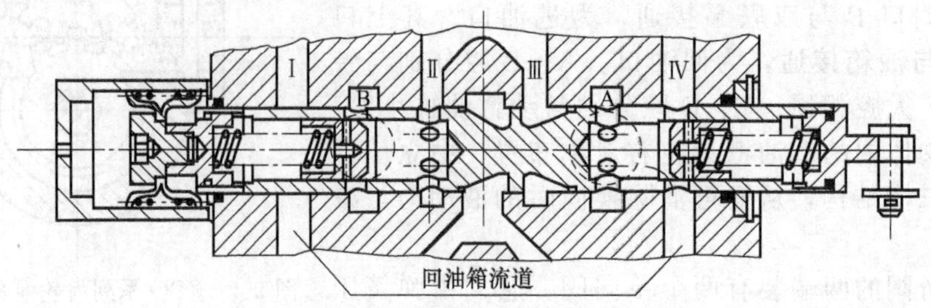

图 9-6 转斗滑阀后倾位置（上转）

c. 转斗前倾（下转） 如图 9-7 所示，转斗滑阀左移，压力油从阀体上进油道Ⅲ进入阀孔，推开单向阀，由阀孔进入通转斗油缸小腔的油道 A，经管路进入油缸小腔，而转斗油缸大腔的回油从油道 B 进入阀孔推开单向阀，从阀孔流入回油道Ⅰ回油箱，使转斗油缸活塞杆缩进，实现铲斗前倾。

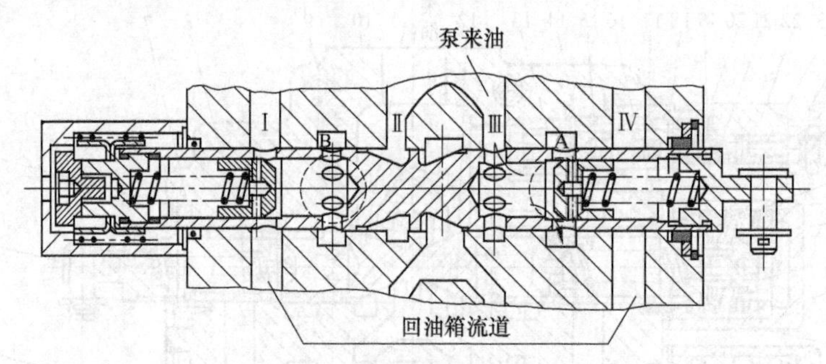

图 9-7 转斗滑阀前倾位置（下转）

d. 动臂提升 如图 9-8 所示，动臂滑阀右移，压力油从阀体上进油道Ⅳ进入阀孔，推开单向阀，由阀孔进入通动臂油缸大腔的油道 D。动臂油缸小腔的回油，经管路回到油道 C 进入阀孔到阀杆中心孔道，再从阀孔流回油道Ⅳ回油箱，使动臂油缸活塞杆伸出，实现动臂提升。

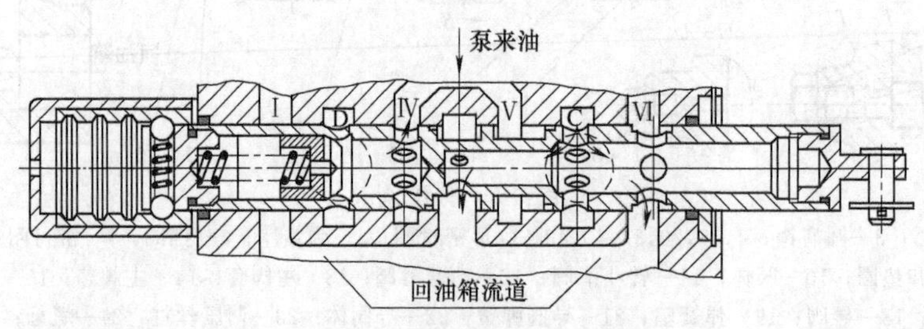

图 9-8 动臂滑阀提升位置

e. 动臂下降 如图 9-9 所示，动臂滑阀左移，压力油从阀体上进油道Ⅴ进入阀孔到阀杆中心孔流道，再从阀孔流到通动臂油缸小腔的油道 C。动臂油缸大腔的回油，经管路回到油道 D，进入阀孔推开单向阀后，从阀流回油道Ⅰ回油箱，使动臂油缸活塞杆缩进，实现动臂下降。

f. 动臂浮动 如图 9-10 所示，从油泵的来油经中立卸荷槽通到回油道Ⅳ流回油箱，而

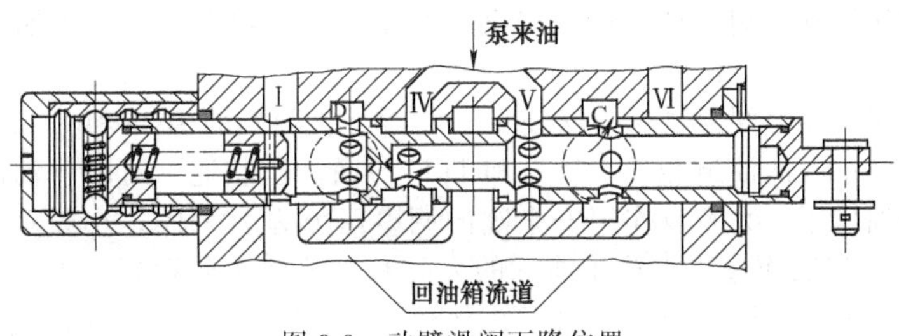

图 9-9 动臂滑阀下降位置

油缸大腔和小腔分别通过油道 D、C 阀杆上的阀孔与右侧中心孔流道与回油道相通，系统内形成无压力空循环，油缸受工作装置重力和地面作用力的作用而处于自由浮动状态。

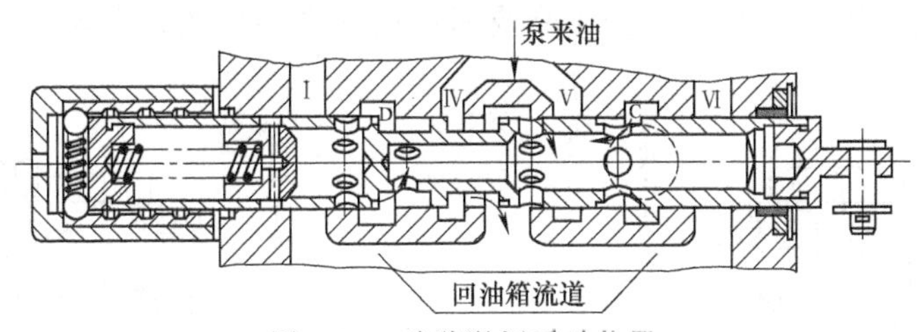

图 9-10 动臂滑阀浮动位置

（3）安全阀

如图 9-11 所示，控制系统压力的安全阀装在分配阀内，它是先导型结构，由主阀和导阀两部分组成。主阀部分的开启与关闭由导阀部分控制，当系统压力较低还不能克服导阀弹簧的压紧力打开导阀时，锥阀关闭，没有油液流过主阀芯中心的小阻尼孔 a，因而主阀芯左右两端的油压相等，在主阀弹簧的作用下，使柱塞阀芯保持在最右端位置关闭阀体上压力腔 P 与回油腔Ⅰ之间的旁通油道。

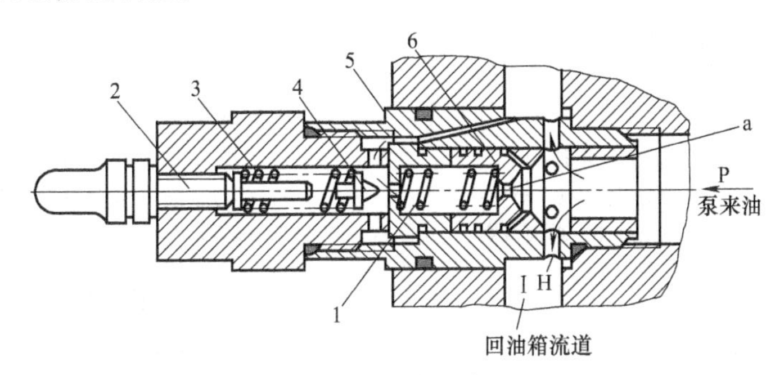

图 9-11 安全阀打开

1—主阀弹簧；2—调压螺钉；3—导阀弹簧；4—导阀；5—主阀套；6—主阀芯

当系统压力升高到能够克服导阀弹簧压紧力顶开导阀时，压力油中有一小股油液经过小阻尼孔 a，从导阀的开口流回到油腔回油道Ⅰ。由于小组尼孔 a 的作用，产生压力差，所以主阀芯左部油压小于右部油压，当两端压力差对主阀芯所产生的向左作用力大于主阀弹簧的压紧力时，推动主阀芯左移，阀口打开，大股压力油就通过回油孔道 H 溢流回油箱，起过载安全保护作用，此时系统的工作压力为 17MPa。

当系统压力低于 17MPa 时，导阀关闭，通小阻尼孔 a 油液流动停止，压力差消失，主阀芯复位，回油口关闭。

用调压螺钉调节导阀弹簧的压紧力，就可以调整系统的工作压力。

（4）转斗油缸大、小腔双作用安全阀

大、小腔双作用安全阀都是直动式安全阀和单向阀的组合，其结构如图 9-12 和图9-13所示。

大、小腔双作用安全阀通过螺栓安装于分配阀上，两阀的 A 口和 C 口分别与分配阀内接转斗油缸大腔和小腔的油道相通，B 口和 D 口与回油道相通。对转斗油缸的大腔和小腔起过载保护和补油作用。大腔双作用安全阀的调整压力为 20MPa，小腔双作用安全阀的调整压力为 12MPa。当工作过程中转斗油缸的大腔和小腔油压分别超过大、小腔双作用安全阀的调整压力时，油压克服了弹簧 5 的压紧力顶开阀芯 7，压力油溢流回油箱，此时单向滑阀 8 在油压力和弹簧 9 的作用下呈封闭状态，如图 9-14 所示。

当铲斗前倾快速卸载时，由于分配阀来油跟不上而产生真空，油箱的油液在大气压力作用下克服弹簧 9 的压紧力推开单向滑阀 8，向转斗油缸小腔补油，从而防止“气穴”现象的产生，保证系统正常工作，并可使铲斗能快速前倾撞击限位块，实现铲斗振动卸料，如图 9-15所示。

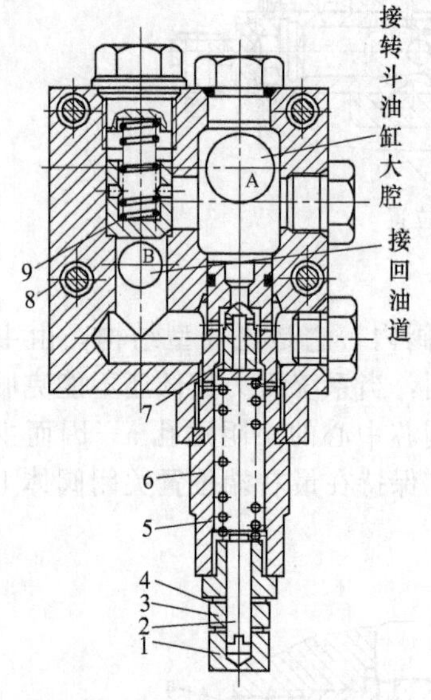

图 9-12　大腔双作用安全阀

1,3—螺母；2—开槽平端紧定螺钉；4—铜垫；5,9—弹簧；6—阀体；7—阀芯；8—单向滑阀

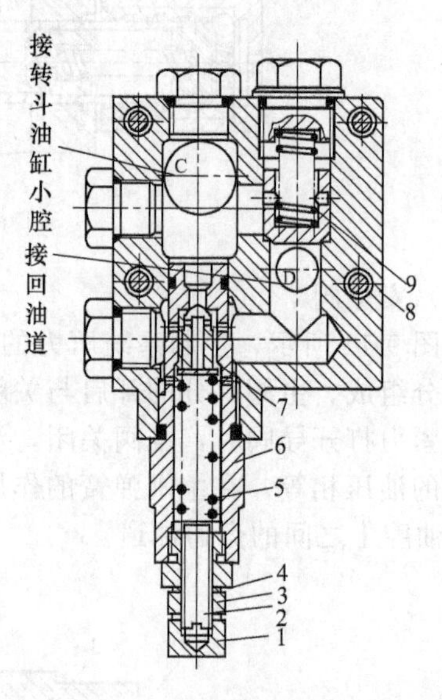

图 9-13　小腔双作用安全阀

1,3—螺母；2—开槽平端紧定螺钉；4—铜垫；5,9—弹簧；6—阀体；7—阀芯；8—单向滑阀

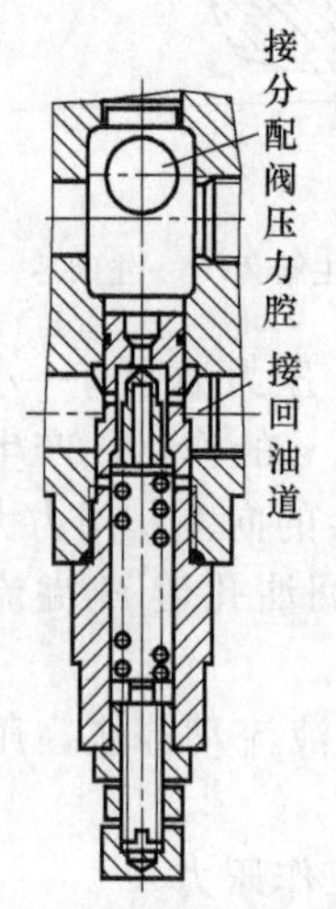

图 9-14　双作用安全阀过载溢流原理

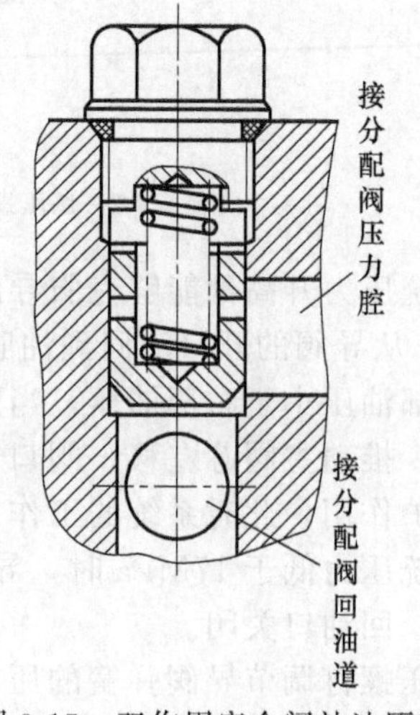

图 9-15　双作用安全阀补油原理

大、小腔双作用安全阀的另一个作用是铲斗前倾到最大角度提升动臂时，由于工作装置杆系运动的不协调，会迫使转斗油缸的活塞杆外拉，使油缸小腔的压力升高，这时小腔双作用安全阀过载溢流，同时大腔双作用安全阀向油缸真空的大腔补油。相反，当铲斗后倾到最大角度下降动臂时，转斗油缸活塞杆内压，油缸大腔油压升高，小腔产生真空，此时大腔双作用安全阀过载溢流，小腔双作用安全阀真空补油，从而解决了工作装置干涉的问题，起到稳定系统工作，保证系统有关元辅件的作用。

(5) 工作缸

① 结构与特点　图 9-16 所示为 ZL50C 型装载机铲斗动臂油缸；图 9-17 所示为 ZL50C 型装载机铲斗转斗油缸，不同厂家生产的装载机的工作缸结构是不完全一样的，目前大多数工作缸采用单杆（指仅有一个活塞杆）双作用（指油压作用于活塞的两端）活塞缸。铲斗动臂油缸为中间铰接式。转斗油缸为尾部耳环式，杆端带缓冲。工作缸主要由缸筒、活塞杆、活塞、端盖等组成。为了减少摩擦阻力以及不致磨损缸筒内壁，活塞上套有填充聚四氟乙烯做成的支承环，活塞与活塞杆连接处采用 O 形密封圈密封，活塞与缸筒采用了组合密封，密封圈由聚四氟乙烯外环和 O 形密封圈组成，运动时 O 形密封圈不直接与缸筒摩擦，具有摩擦阻力小，寿命长的优点。活塞杆与缸盖的密封采用 Yx 形密封圈和防尘圈，以防止活塞杆外露部分黏附尘土带入缸内。活塞杆经热处理并镀铬。

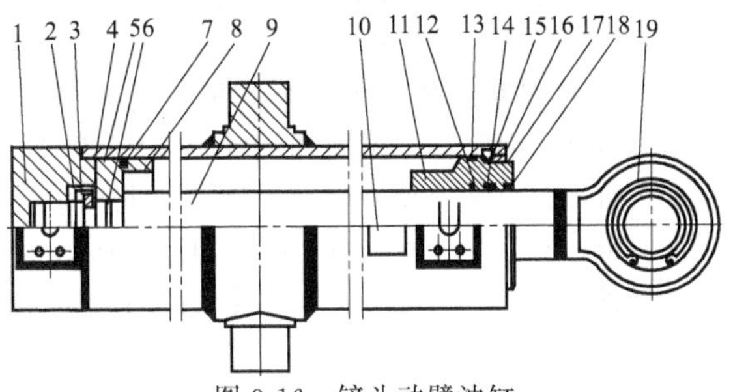

图 9-16　铲斗动臂油缸

1—缸体；2,16,17—挡圈；3—卡键帽；4—轴用卡键；5—支承环；6,13—O 形密封圈；7—SPG 形活塞密封；8—活塞；9—活塞杆；10—标牌；11—导向套；12,14—杆密封；15—孔用卡键；18—防尘圈；19—关节轴承

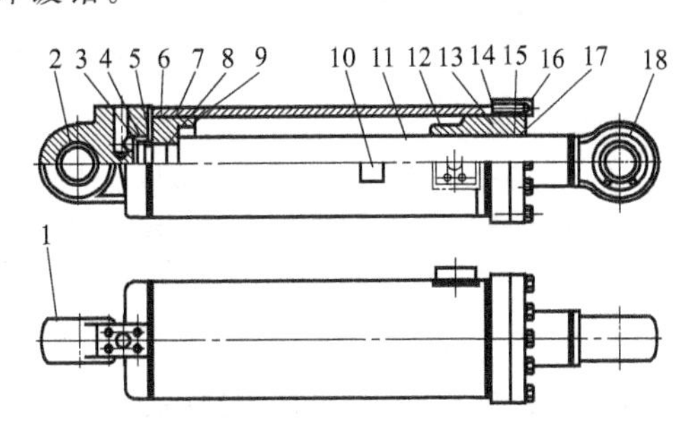

图 9-17　铲斗转斗油缸

1—缸体；2—衬套；3—挡圈；4—卡键帽；5—孔用卡键；6—支承环；7—SPG 形活塞密封；8,14—O 形密封圈；9—活塞；10—标牌；11—活塞杆；12—导向套；13—缓冲环；15,17—杆密封；16—螺栓；18—关节轴承

② 工作原理　当司机操纵动臂操纵杆到提升位置，压力油进入油缸大腔，推动活塞杆外伸，进而控制与其连接的动臂提升，这时小腔的油液经分配阀回油箱。同理，可以操纵动臂的下降。当操纵动臂操纵杆到浮动位置时，大腔的油液通过分配阀补充到小腔，并且与回油口接通，形成浮动工况。

当司机操纵转斗操纵杆到后倾位置，压力油进入油缸大腔，推动活塞杆外伸，通过连杆机构控制铲斗后倾，由于后倾时是大腔进油，因而整机的掘进力大。同时，可以

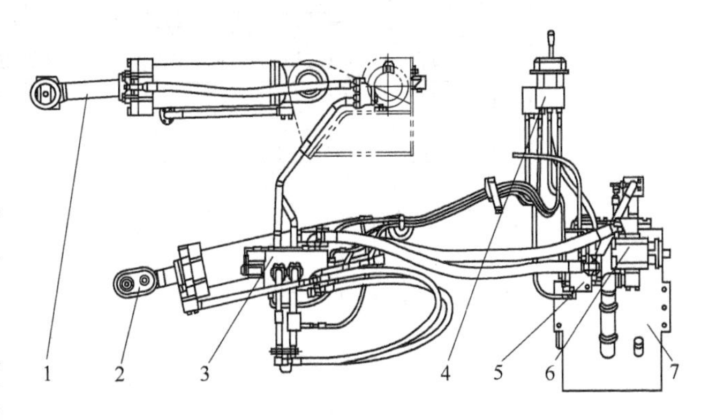

图 9-18　先导型工作装置液压系统布管图

1—转斗油缸；2—动臂油缸；3—先导型分配阀；4—先导阀；5—组合阀；6—工作泵；7—液压油箱

操纵铲斗的前倾。

9.1.2 先导控制操纵工作装置液压系统

9.1.2.1 系统组成

先导控制操纵工作装置液压系统（以CLG856型装载机为例）主要由油箱、滤油器、工作泵、先导型分配阀、先导阀、组合阀；转斗油缸、动臂油缸等组成，如图9-18所示。

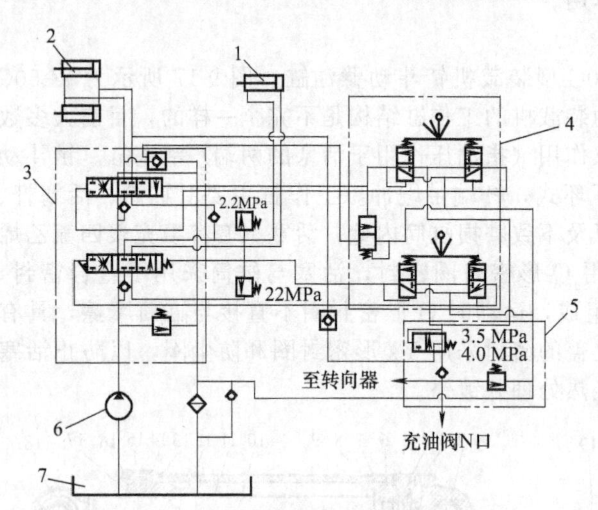

图9-19 先导型工作装置液压系统原理

1—转斗油缸；2—动臂油缸；3—先导型分配阀；4—先导阀；5—组合阀；6—工作泵；7—液压油箱

9.1.2.2 工作原理

先导控制操纵工作装置液压系统原理如图9-19所示，由于采用了先导型分配阀，其动作由先导阀控制，通过操纵先导阀的操纵杆，即可改变分配阀内主油路油液的流动方向，从而实现铲斗的升降与翻转。铲斗的升降与翻转不能同时工作，当铲斗翻转时，举升油路被切断，只有翻转油路不工作时举升动作才能实现。

9.1.2.3 主要部件

(1) 工作泵

双联齿轮泵由两个排量不同的A泵和B泵组成，并用同一个传动轴驱动，如图9-20所示。A泵的排量为64.1mL/r，工作压力为21.0MPa，转速为1350r/min，B泵的排量为39.6mL/r，工作压力为16.0MPa，转速为1350r/min。

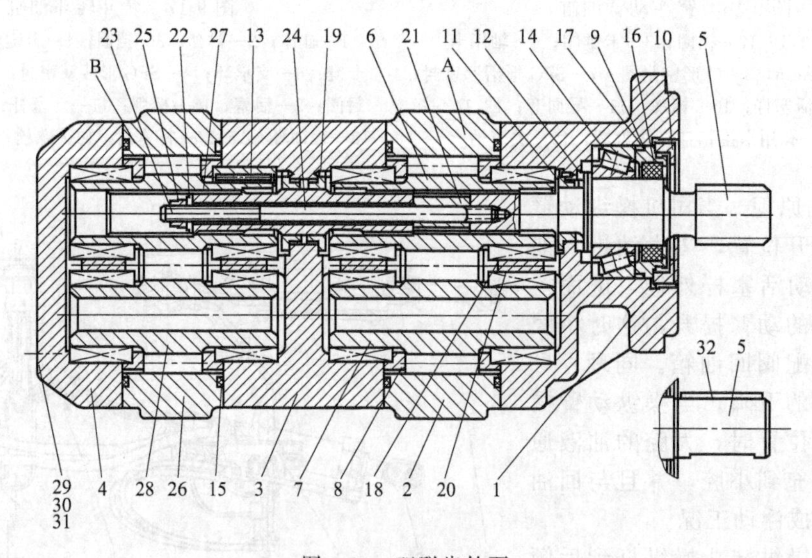

图9-20 双联齿轮泵

1—前泵体；2—齿轮壳体；3—轴承壳体；4—后泵体；5—传动轴；6—主动齿轮；7—被动齿轮；8—侧板；9—油封体；10—压紧盖；11—轴密封；12—垫圈；13—滚针轴承；14—滚柱轴承；15—密封环；16—油封；17—O形密封环；18—条形密封；19—弹簧销；20—丝堵；21—套筒；22—垫圈；23—连接螺栓；24—连接轴；25—锁紧螺母；26—齿轮壳体；27—主动齿轮；28—被动齿轮；29,30,31—垫圈、螺母、双头螺栓；32—键

(2) 先导型分配阀

ZL50C型轮式装载机先导型工作液压系统分配阀外形如图9-21所示，该分配阀主要由阀体、动臂滑阀、转斗滑阀、主安全阀、转斗大腔安全阀、转斗小腔安全阀以及单向阀组成。主安全阀为先导式，系统的压力由该安全阀调定。转斗大腔安全阀、转斗小腔安全阀为直动式，起保护转斗油缸及其管路的作用。转斗操纵杆配属转斗先导阀，控制工作泵输出油进入转斗油缸的有杆腔或无杆腔。动臂操纵杆配属动臂先导阀，控制工作泵输出油进入动臂油缸的有杆腔或无杆腔。

① 动臂滑阀联结构及工作原理　动臂滑阀联简称动臂联，油路如图9-22所示。

a. 动臂联中间位置　动臂联在串联阀的后端，当柴油机运转时，工作泵的来油进入阀的进油腔8。当动臂联处于中位时，阀杆6里的油进入回油通道10、11返回油箱，阀杆切断大、小腔的通道12、13，回路中的油是静止的，动臂油缸不能运动，弹簧2、3位于滑阀的左端，当没有先导压力油在阀端时，弹簧使滑阀处于中位。

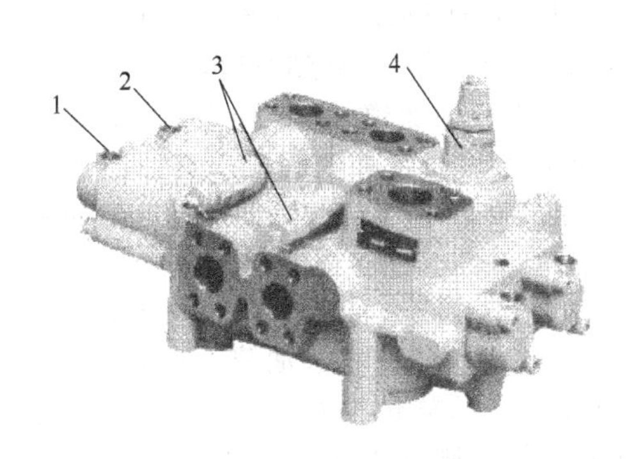

图9-21　先导型分配阀外形

1—动臂滑阀联；2—转斗滑阀联；3—补油阀；4—主安全阀

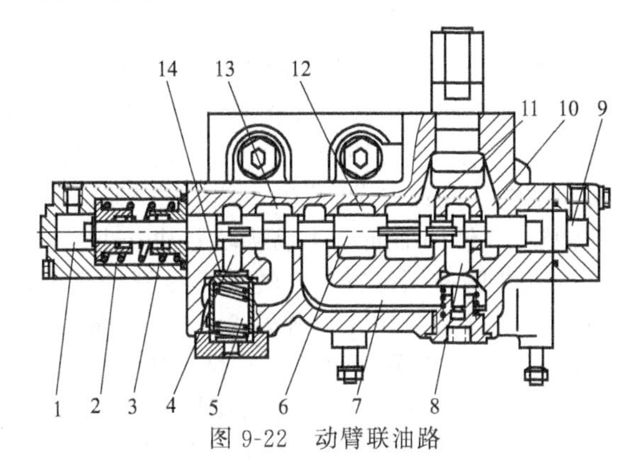

图9-22　动臂联油路

1,9—先导油口；2,3—弹簧；4,10,11—回油通道；5—浮动腔；6—动臂滑阀阀杆；7—进油通道；8—进油腔；12—动臂油缸大腔通道；13—动臂油缸小腔通道；14—补油阀

b. 动臂联提升位置　当动臂操纵杆处于提升位置时，先导压力油通过先导阀进入先导油口1，先导油克服左端弹簧2、3的弹簧力，使阀杆移到右边，将进油腔8与回油通道10、11隔开，工作泵的油经进油腔8被阻止进入进油通道7，这样进油腔8内油的压力迅速上升，直到单向补油阀打开。当单向补油阀打开后，工作泵的来油通过补油阀进入进油通道7，从动臂油缸大腔通道12流出，然后进入动臂油缸的大腔，从而提升动臂，回油从动臂油缸小腔通过回油通道4和滤油器回到油箱，先导阀的电磁限位装置使动臂提升杆保持在提升位置，直到动臂全部伸出。

c. 动臂联下降位置　当动臂联操纵杆处于下降位置时，先导压力油通过先导阀进入先导油口9，先导油克服左端弹簧2、3的弹簧力，使阀杆5移到左边，将进油腔8与回油通道10、11隔开，工作泵的油经进油腔8被阻止进入进油通道7，这样通道8内油的压力迅速上升，直到单向补油阀打开。当单向补油阀打开后，工作泵的来油通过补油阀进入进油通道7，从动臂油缸小腔通道13流出，然后进入动臂油缸的小腔，从而使动臂下降，回油从动臂油缸大腔通过回油通道11和滤油器回到油箱。

d. 动臂联浮动位置　当动臂操纵杆处于浮动位置时，分配阀中的补油阀14中的油通过先导阀返回油箱，随着补油阀卸荷，动臂油缸小腔通道13内的高压油克服补油阀14的弹簧力。由于阀杆保持在下降位置，补油阀打开，大、小腔油口和进油口及回油口全部连通，由于工作装置的自重，动臂将自动下降，铲斗处于全浮动位置。

② 转斗滑阀联结构及工作原理　转斗滑阀联简称转斗联，油路如图9-23所示。

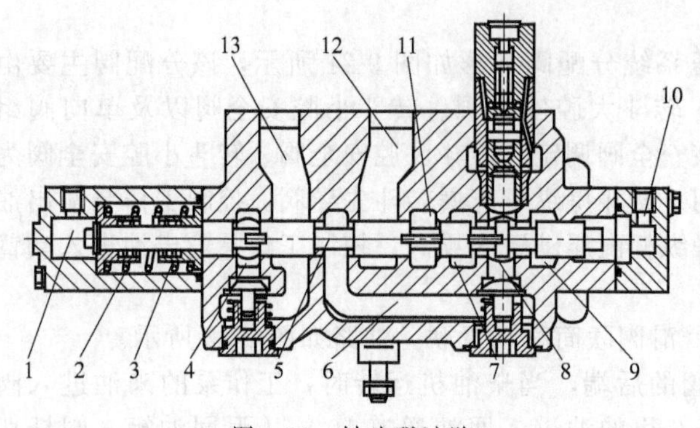

图 9-23 转斗联油路

1,10—先导油口；2,3—弹簧；4,7,9—回油通道；5—转斗阀杆；6,11—进油通道；8—进油腔；12—大腔油口；13—小腔油口

a. 转斗联中间位置 转斗联处于串联阀的前端，当柴油机运转时，工作泵的来油进入阀的进油腔 8。当转斗联处于中位时，阀杆 5 里的油进入回油通道 7、9 后返回油箱。如动臂联也处于中位，油通过动臂联返回油箱，阀杆切断大、小腔的通道 12、13，回路中的油是静止的，转斗油缸直到转斗操纵杆移到后倾或卸载位置时才能运动，弹簧 2、3 位于阀杆的左端，当没有先导压力油在阀端时，弹簧使阀杆处于中位。

b. 转斗联后倾位置 当转动操纵杆处于后倾位置时，先导压力油通过先导阀进入先导油口 1，先导油克服左端弹簧 2、3 的弹簧力，使阀杆 5 移到右边，将进油腔 8 与回油通道 7 和 9 隔开，工作泵的油经进油腔 8 被阻止进入进油通道 6，这样通道 8 内油的压力迅速上升，直到补油阀打开。当补油阀打开后，泵的来油通过补油阀进入进油通道 6，从转斗油缸大腔油口 12 流出，然后进入转斗油缸的大腔从而使转斗后倾，回油从转斗油缸小腔油口 13 经回油通道 4 或从动臂油缸小腔通过回油通道 4 和滤油器回到油箱。

c. 转斗联前倾位置 当转动操纵杆处于前倾位置时，先导压力油通过先导阀进入先导油口 10，先导油克服左端弹簧 2、3 的弹簧力，使阀杆 5 移到左边，将进油腔 8 与回油通道 7 和 9 隔开，工作泵的油经进油腔 8 被阻止进入进油通道 6，这样进油腔 8 内油的压力迅速上升，直到补油阀打开。当补油阀打开后，泵的来油通过补油阀进入进油通道 6，从转斗油缸小腔油口 13 流出，然后进入转斗油缸的小腔从而使转斗前倾，回油从转斗油缸大腔油口 12 经回油通道 11 从动臂油缸大腔通过回油通道 4 和滤油器回到油箱。

③ 过载阀 如图 9-24 所示，两个过载阀安装在转斗联上，大、小腔端的压力均设定为 22MPa，泵的来油通过进油通道 1 作用在阀芯 3 上，阀芯 3 的压力由弹簧 4 控制。当转斗油缸两端无论哪一端压力超过设定值时，阀芯 3 移向右边而打开。工作泵的来油经过通道 2 回油箱。转斗联的过载阀起到保护作用。

④ 主安全阀 如图 9-25 所示，它位于分配阀的进油位置，压力设定为 20MPa。该主安全阀的结构形式及工作原理与前述的主安全阀完全相同，这里不再赘述。压力油通过油道 1 到阀芯 3 的孔 2 作用在提升阀 5 上，提升阀 5 的压力由弹簧 6 控制，当出口压力大于设定值时，油压克服弹簧力，提升阀 5 打开，阀芯 3 在差动压力油作用下向右移动，高压油通过油道经过打开的阀从回油道 9 返回油箱，从而保证系统最高压力不超过 20MPa。主安全阀的压力可以通过螺塞 8 来调节，顺时针旋转螺钉 7 调定压力升高，逆时针旋转螺钉 7 调定压力降低。

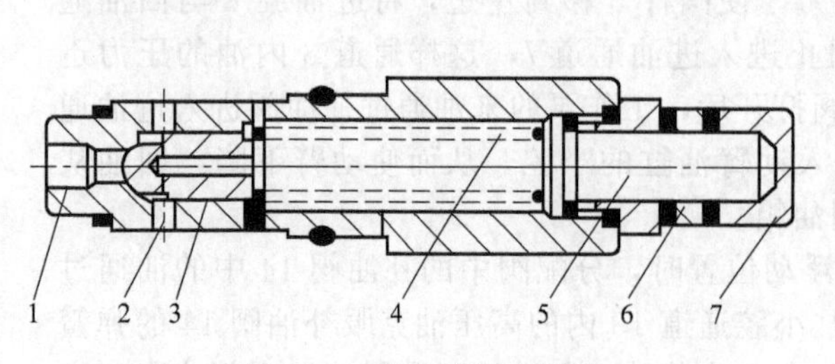

图 9-24 转斗联的过载阀

1—进油通道；2—回油通道；3—阀芯；4—弹簧；5—调压螺钉；6—锁紧螺母；7—螺母

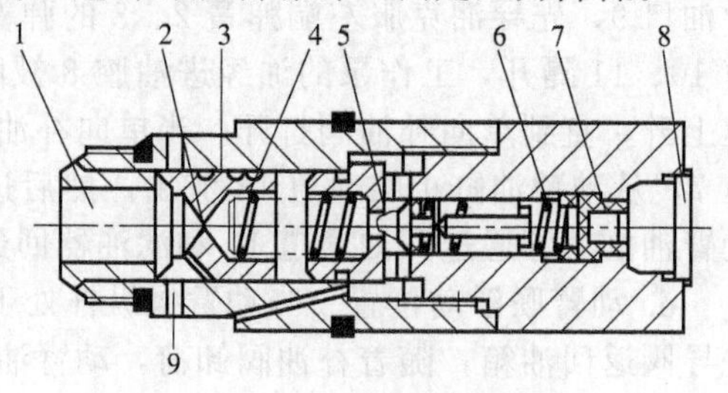

图 9-25 主安全阀

1—油道；2—孔；3—阀芯；4,6—弹簧；5—提升阀；7—调压螺钉；8—螺塞；9—回油道

（3）先导阀

先导阀是一个叠合式两片阀，由动臂操纵联和转斗操纵联两个阀组成，由在驾驶室内的操纵杆来控制动作。先导油来自转向泵，泵的来油经过组合阀进入先导阀，回油进入油箱。

① 动臂操纵阀　简称动臂联，结构如图 9-26 所示。

a. 动臂操纵阀中位　当操纵杆处于中位时，压杆 7 和 9 在弹簧 4 和 12 的作用下处于相同位置，两边的力相等，计量阀芯 15、21 处于中位，从油道 16、22 到油道 17 的油是静止的，孔 13、19 与通道 18 连通回油箱，操纵阀芯在弹簧作用下处于中位。

b. 动臂操纵阀提升位置　当操纵杆推向提升位置时，将转盘 8 旋向右边，推动压杆 9 向下移动，使弹簧 12 推动计量阀芯 15 向下移动，先导油从油道 17 经过孔 13、油道 16 输出到分配阀动臂联的提升端先导油口，同时腔内压力升高，分配阀动臂联滑阀移动，高压油从工作泵进入动臂油缸大腔，另一先导油口的油通过油道 22 和 20，经过计量阀芯 21 压杆上的孔 19 回到通道 18 流回油箱。

当操纵杆推向提升位置时，计量阀芯继续向下移动，孔 13 开得更大，腔内压力升高，分配阀阀芯推过去更远，流量增加，动臂提升更快。

当操纵杆推向全举升位置时，中心弹簧 4 推动限位块 5 接触线圈组件 6，线圈组件 6 磁性吸力吸住限位块，直到被推回到中位。

c. 动臂操纵阀下降位置　当操纵杆推向下降位置时，将转盘 8 旋向左边，推动压杆 7 向下移动，使弹簧 4 推动计量阀芯 21 向下移动，先导油从油道 17 经过孔 19、油道 20 从油道 22 输出到分配阀动臂联的下降端先导油口，同时腔内压力升高，分配阀动臂联滑阀移动，高压油从工作泵进入动臂油缸小腔，另一先导油口的油通过油道 16 和 14，经过计量阀芯 15 压杆上的孔 13 回到通道 18 流回油箱。

当操纵杆推向下降位置时，计量阀芯继续向下移动，孔 19 开得更大，腔内压力升高，分配阀阀芯推过去更远，流量增加，动臂下降更快。

当操纵杆放开时，中心弹簧 4 推向限位块 5 和压杆 7，转盘 8 将操纵杆推回中位。中心弹簧移动计量阀芯 21，先导油被计量阀芯隔断，分配阀低端先导油口压力油经过油道 22 和 20，由孔 19 进入回油通道，分配阀的中心弹簧将阀芯推向中位。

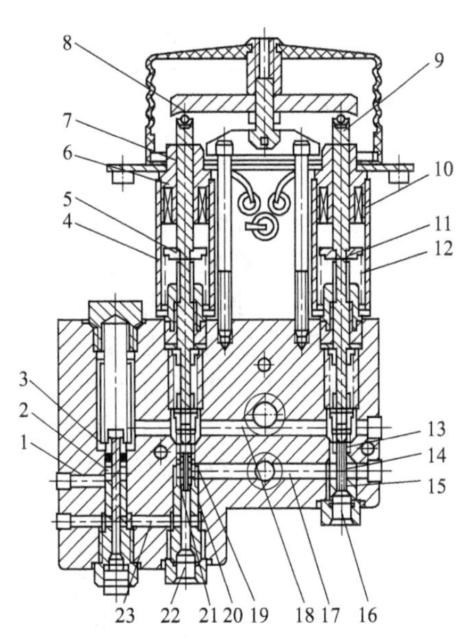

图 9-26　先导阀（动臂联）

1,2,14,16,17,20,22,23—油道；3,15,21—计量阀芯；4,12—中心弹簧；5,11—限位块；6,10—线圈组件；7,9—压杆；8—转盘；13,19—孔；18—回油通道

d. 动臂操纵阀浮动位置　可通过操纵阀处于浮动位置下降动臂。当操作者将操纵杆推过下降位置时，中心弹簧 12 推动限位块 11 接触线圈组件 10，线圈磁性吸力将先导阀锁住，保持在浮动位置，除了计量阀芯位置更远之外，先导阀同样处于下降位置，压力油进入油道 23 推动计量阀芯 3 上移，打开油道 1 和 2 回到通道 18，即顺序阀打开，使分配阀中的补油阀弹簧腔的油回到油箱，补油阀打开卸荷，从泵来的高压油能克服弹簧力，随着补油阀打开和操纵阀弹簧腔在下降位置，油缸大、小腔油回油箱，由于工作装置的自重，动臂自由下降。

② 转斗操作阀　简称转斗联，结构如图 9-27 所示。

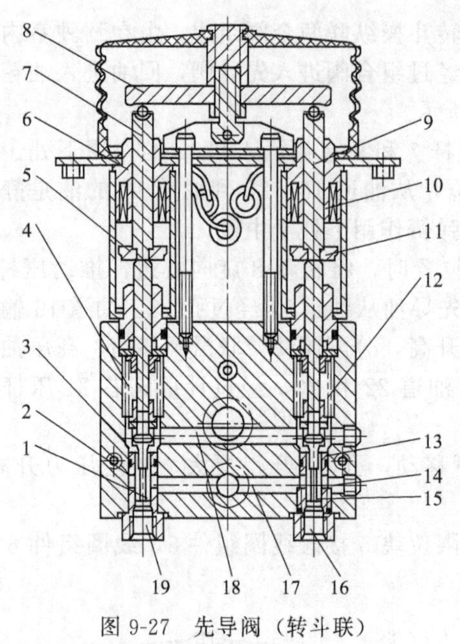

图 9-27　先导阀（转斗联）

1,15—计量阀芯；2,14,16,17,19—油道；3,13—孔；4,12—中心弹簧；5,11—限位块；6—线圈组件；7,9—压杆；8—转盘；10—套；18—回油通道

a. 转斗操纵阀中位　当操纵杆处于中位时，压杆 7 和 9 在弹簧 4 和 12 的作用下处于相同位置，两边的力相等，计量阀芯 15、1 处于中位，分配阀处于中位，从油道 16、19 到油道 17 的油是静止的，孔 13、3 与通道 18 连通回油箱，操纵阀芯在弹簧作用下处于中位。

b. 转斗操纵阀前倾位置　当操纵杆推向前倾位置时，将转盘 8 旋向左边，推动压杆 7 向下移动，使弹簧 4 推动计量阀芯 1 向下移动，先导油从油道 17 经过孔 3、油道 2 从油道 19 输出到分配阀转斗联的前端先导油口，同时腔内压力升高，分配阀转斗联滑阀移动，高压油从工作泵进入转斗油缸小腔，另一先导油口的油通过油道 16 和 14，经过计量阀芯 15 压杆上的孔 13 回到通道 18。当操纵杆推过前倾位置时，计量阀芯继续向下移动，孔 3 开得更大，腔内压力升高，分配阀阀芯推过去更远，流量增加，转斗前倾更快。

当操纵杆放开时，中心弹簧 4 推向限位块 5 和压杆 7，转盘 8 将操纵杆推回中位。前倾位置没有线圈组，操作者必须将操纵杆保持在所需位置。

c. 转斗操纵阀后倾位置　当操纵杆推向后倾位置时，将转盘 8 旋向右边，推动压杆 9 向下移动，使弹簧 12 推动计量阀芯 15 向下移动，先导油从油道 17 经过孔 13、油道 14 从油道 16 输出到分配阀转斗联的后倾端先导油口，同时腔内压力升高，分配阀转斗联滑阀移动，高压油从工作泵进入动臂油缸大腔，另一先导油口的油通过油道 19 和 2，经过计量阀芯 1 压杆上的孔 3 回到通道 18。当操纵杆推向后倾位置时，计量阀芯继续向下移动，孔 13 开得更大，腔内压力升高，分配阀阀芯推过去更远，流量增加，转斗收斗更快。

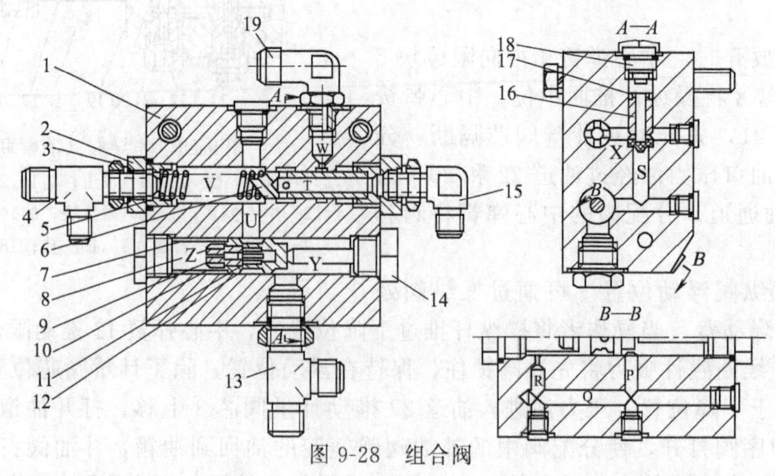

图 9-28　组合阀

1—阀体；2—接头弹簧座；3,8—调整垫片；4—回油二通接头；5—弹簧；6—选择阀阀芯；7,17—复位弹簧；9—阀座；10—锥阀；11—调压弹簧；12—阀芯；13—进油三通接头；14—限位螺塞；15—去先导阀直角接头；16—单向阀阀芯；18—定位螺塞；19—接动臂油缸大腔直接接头

当操纵杆推回全后倾位置时，中心弹簧 4 推动限位块 5 接触线圈组件 6，线圈组件 6 磁性吸力吸住限位块 5，直到被推回中位。

(4) 组合阀

组合阀由溢流阀和选择阀两部分组成，其作用是给转向器和先导阀提供压力油源，特别是当发动机熄火而铲斗处于举升状态时，动臂油缸大腔压力油通过组合阀进入先导阀。因此仍然可以操纵先导阀将铲斗放下。当发动机正常运转时，工作泵正常来油时此油路被切断。组合阀的结构及工作原理如图 9-28 所示。

从图 9-28 可以看出，组合阀下半部为溢流阀部分，主要由阀体 1、复位弹簧 7、调整垫片 8、阀座 9、锥阀 10、调压弹簧 11、阀芯 12、接头 13、螺塞 14、单向阀阀芯 16、复位弹簧 17、定位螺塞 18 等零部件组成；上半部为选择阀部分，主要由接头弹簧座 2、调整垫片 3、接头 4、弹簧 5、选择阀阀芯 6、去先导阀直角接头 15、接动臂油缸大腔直角接头 19 等零部件组成。

① 溢流阀工作原理　如图 9-28 所示，在调压弹簧 11 的作用下处于密封状态，没有油通过阀座 9 中心的阻尼小孔，阀芯 12 保持在最右端。当从接头 13 继续进油，Y 腔的压力升高超过调定值时，因 Y 腔压力油通过 P、Q、R 油道（见图 9-28 的 *B*—*B* 剖面)，进入阀的左端 Z 腔，通过阀座 9 的小孔，压缩调压弹簧 11，打开锥阀 10，经阀芯 12 上的小孔流向 U、V 油道而流回油箱，由于小孔的节流作用，使 Y、Z 腔产生压力差，压力越高压力差越大，从而推动阀芯 12 左移，打开 Y 与 U 的通道，从而使压力腔 Y 腔泄压。当压力降低时，锥阀 10 关闭，阀芯 12 回复原位，从而使溢流阀的压力保持在调定值 4MPa 范围内。

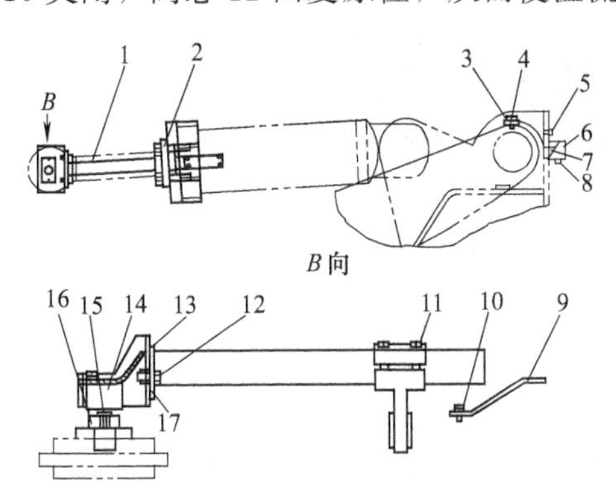

图 9-29　自动复位系统

1—连接杆；2—支板；3,5,8,10,11,12—螺栓；4—动臂磁铁；6—动臂接近开关座；7—动臂接近开关；9—固定板；13—转斗接近开关座；14—转斗接近开关；15—定位螺钉；16—转斗磁铁；17—螺母

② 选择阀工作原理　如图 9-28 的 *A*—*A* 剖面所示，从溢流阀 Y 腔来的压力油通过 S 油道打开单向阀，再通过 X 油道及选择阀阀芯 6 左端部的孔流入 T 油道去先导阀，其调定压力为 3.5MPa。当压力升高时，油压推动阀芯 6，压缩弹簧 5，使 T 油道与 V 油道接通而回油箱。当压力降低时，在弹簧 5 的作用下使阀芯 6 回原位，使其去先导阀的压力油压力平衡在调定值 3.5MPa。

通向动臂大腔的管路上有一单向阀，油液只能从动臂大腔通到接头 19，在通至 W 油道，油液向相反方向不通。当发动机熄火时，Y 腔、T 油道等均没有压力油，选择阀阀芯 6 在弹簧 5 的作用下右移，使阀芯在左端的进油孔与 W 油道相通，并将提起的动臂大腔压力油经 W 油道及 T 油道流向先导阀，此时先导阀仍可操作，将动臂带着铲斗放至地面，这就是选择阀既可调压又可熄火放斗的作用。

选择阀的压力由调整垫片 3 来调整，增加垫片厚度会使选择阀的压力升高，减少垫片厚度会使选择阀的压力降低。

(5) 自动复位系统

自动复位系统包括动臂限位和铲斗放平控制两部分（见图 9-29)。动臂提升到限定位置或者铲斗翻转到水平位置时，动臂接近开关或转斗接近开关发出电信号，使先导阀中的定位线圈断电，先导阀操纵杆回复中位，从而使动臂停止在限定位置或使铲斗处于放平状态。接近开关与电磁铁之间的间隙应调整为 4～6mm。

9.2 工作装置液压系统维修

9.2.1 工作泵的维修

(1) 工作泵的分解

CBG 型齿轮泵分解图如图 9-30 所示，注意做到以下几点。

① 为保证拆后正确装配，拆前应用废锯条或类似工具沿泵轴线方向在前盖、泵体、后盖上做记号。

② 齿轮泵是精密元件，要确保拆卸过程中无尘土和杂质混入，不能用棉纱擦拭零件，零件清洗后用压缩空气吹干或风干。

③ 需在台钳上夹紧时，应垫铜皮，以防壳体变形。如需榔头敲击时，注意用力不要过大，轻轻敲击，多敲几次。

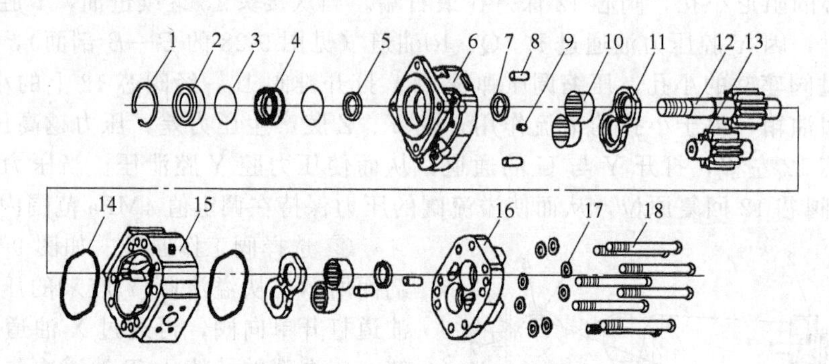

图 9-30 CBG 齿轮泵分解图

1—孔用弹性挡圈；2—滚珠轴承；3—O 形密封圈；4—油封骨架；5—骨架油封；6—前泵盖；7—二次密封环；8—圆柱销；9—螺塞；10—滚针轴承；11—侧板；12—主动齿轮；13—被动齿轮；14—方形密封圈；15—泵体；16—后泵盖；17—垫圈；18—螺栓

(2) 主要零件的修理

① 齿轮　当齿轮泵运转很长时间后，在齿轮两侧端面的齿廓表面上均会有不同程度的磨损和擦伤，对此，应视磨损程度进行修复或更换。

a. 若齿轮两侧端面仅仅是轻微磨损，则可用研磨法将磨损痕迹研去并抛光，即可重新使用。

b. 若齿轮端面已严重磨损，齿廓表面虽有磨损但并不严重（用着色法检查，即指齿高接触面积达 55%、齿向接触面积达 60%以上者）。对此，可将严重磨损的齿轮放在平面磨床上，将磨损处磨去（若能保证与孔的垂直度，也可采用精车）。但必须注意，另一只齿轮也必须修磨至同等厚度（即两齿轮厚度的差值应在 0.005mm 以下），并将修磨后的齿轮用油石将齿廓的锐边倒钝，但不宜倒角。

c. 齿轮经修磨后厚度减小，为保证齿轮泵的容积效率和密封，泵体端面也必须进行相应的磨削，以保证修复后的轴向间隙合适，防止内泄漏。

d. 若齿轮的齿廓表面因磨损或刮伤严重形成明显的多边形时，此时的啮合线已失去密封性能，则应先用油石研去多边形处的毛刺，再将齿轮啮合面调换方位，即可继续使用。

e. 若齿轮的齿廓接触不良，或刮伤严重，已没有修复价值时，则应予以更换。

② 泵体　其吸油腔区域内常产生磨损或刮伤。为提高其机械效率，该类齿轮泵的齿轮

与泵体间的径向间隙较大，通常为0.10～0.16mm，因此一般情况下齿轮的齿顶圆不会碰擦泵体的内孔。但泵在刚启动时压力冲击较大，压油腔处会对齿轮形成单向的径向推动，可导致齿顶圆柱面与泵体内孔的吸油腔处碰擦，造成磨损或刮伤。由于该类齿轮泵的泵体两端面上开有卸荷槽，故不能翻转180°使用。如果吸油腔有轻微磨损或擦伤，可用油石或砂布去除其痕迹后继续使用。因为径向间隙对内泄漏的影响较轴向间隙小，所以对使用性能没有多大影响。

泵体与前、后泵盖的材料无论是普通灰铸铁还是铝合金，它们的结合端面均要求有严格的密封性。修理时，可在平面磨床上磨平，或在研磨平板上研平，要求其接触面积一般不低于85%。其精度要求是：平面度允差为0.01mm；端面对孔的垂直度允差为0.01mm；泵体两端面平行度允差为0.01mm；两齿轮轴孔轴心线的平行度允差为0.01mm。

③ 轴颈与轴承

a. 齿轮轴轴颈与轴承、轴颈与骨架油封的接触处出现磨损，磨损轻的经抛光后即可继续使用，严重的应更换新轴。

b. 滚柱轴承座圈热处理的硬度较齿轮的高，一般不会磨损，若运转日久后产生刮伤，可用油石轻轻擦去痕迹即可继续使用。对刮伤严重的，可将未磨损的另一座圈端面作为基准面将其置于磨床工作台上，然后对磨损端面进行磨削加工，应保证两端面的平行度允差和端面对内孔的垂直度允差均在0.01mm范围内。若内孔和座圈均磨损严重，则应及时换用新的轴承座圈。

c. 滚柱（针）轴承的滚柱（针）长时间运转后，也会产生磨损，若滚柱（针）发生剥落或出现点蚀麻坑时，必须更换滚柱（针），并应保证所有滚柱（针）直径的差值不超过0.003mm，其长度差值允差为0.1mm左右，滚柱（针）应如数地充满于轴承内，以免滚柱（针）在滚动时倾斜，使运动精度恶化。

d. 轴承保持架若已损坏或变形时，应予以更换。

④ 侧板　其损坏程度与齿轮泵输入端的外连接形式有着十分密切的关系。通常原动机通过联轴套与泵连接，联轴套在轴向应使泵轴可自由伸缩，在花键的径向面上应有0.5mm左右的间隙，这样，原动机在驱动泵轴时就不会对泵产生斜推力，泵内齿轮副在运转过程中即自动位于两侧板间转动，轴向间隙在装配时已确定（0.05～0.10mm），即使泵运转后温度高达70℃时，齿轮副与侧板间仍会留有间隙，不会因直接接触而产生“啃板”现象，以致烧伤端面。但是轴与联轴套的径向间隙不能过大，否则，花键处容易损坏。因CBG泵本身在结构上未采取有效的消除径向力的措施，在泵运行时轴套会跳动，进而会导致齿轮与侧板因产生偏磨而“啃板”。

修理侧板的常用工艺如下。

a. 由于齿轮表面硬度一般高达62HRC左右，故宜选用中软性的小油砂石将齿轮端面均匀打磨光滑，当用平尺检查齿轮端面时，必须达到不漏光的要求。

b. 若侧板属轻微磨损，可在平板上铺以马粪纸进行抛光；对于痕迹较深者，应在研磨平板上用粒度为W10的绿色碳化硅加机油进行研磨，研磨完后应将黏附在侧板上的碳化硅彻底洗净。

c. 若侧板磨损严重，但青铜烧结层尚有相当的厚度，此时可将侧板在平面磨床上精磨，其平面度允差和平行度允差均应在0.005mm左右，表面粗糙度应优于$Ra0.4\mu m$。

d. 若侧板磨损很严重，其上的青铜烧结层已很薄甚至有脱落、剥壳现象时，应更换新侧板，建议两侧侧板同时更换。

⑤ 密封环　CBG系列齿轮泵中的密封环是由铜基粉末合金烧结压制而成的，具有较为理想的耐磨和润滑性能。该密封环的制造精度高，同轴度也有保证，且表面粗糙度优于

$Ra1.6\mu m$。密封环内孔表面与齿轮轴轴颈需有0.024～0.035mm的配合间隙，以此发挥节流阻尼的功能来密封泵内轴承处的高压油，以提高泵的容积效率，保证达到使用压力的要求。当泵的输入轴联轴套处产生倾斜力矩或滚柱轴承磨损产生松动时，均会导致密封环的不正常磨损。若液压油污染严重，颗粒磨损会使密封环内孔处的配合间隙扩大，此间隙若超过0.05mm时，容积效率将显著下降。遇此情况，则应更换或修复密封环。

(3) 检查要点和装配顺序

检查CBG系列齿轮泵时应注意下列事项。

① 拆开后必须重点检查的部位

a. 检查侧板是否有严重烧伤和磨痕，其上的合金是否脱落或磨耗过甚或产生偏磨；若存在无法用研磨方法消除的上述缺陷，应及时更换。

b. 检查密封环与轴颈的径向间隙是否小于0.05mm，若超差应予以修理。

c. 测量轴和轴承滚柱之间的间隙是否大于0.075mm，超过此值时，应更换滚柱轴承。

② 操作顺序与装配要领

a. 齿轮泵的转向应与机器的要求相一致，若需要改变转向，则应重新组装。

b. 切记将前侧板上的通孔放在吸油腔侧，否则高压油会将旋转油封冲坏。

c. 清洗全部零件后，装配时应先将密封环放入前、后泵盖上的主动齿轮轴孔内。

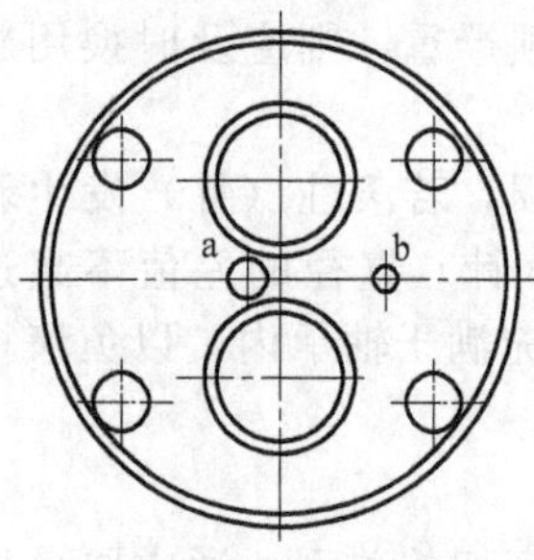

图9-31 前侧板

d. 将轴承装入前、后泵盖轴承孔内，但必须保证轴承端面低于泵盖端面0.05～0.15mm。

e. 将前侧板装入泵体一端（靠前泵盖处），使其侧板的铜烧结面向内，使圆形卸荷槽（即盲孔a，见图9-31）位于泵的压油腔一端，侧板大孔与泵体大孔要对正，并将O形密封圈装在前侧板的外面。

f. 将带定位销的泵体装在前泵盖上，并将定位销插入前泵盖的销孔内，轻压泵体使泵体端面和侧板压紧，装配时要注意泵体进、出油口的位置应与泵的转向一致。

g. 将主动齿轮和被动齿轮轻轻装入轴承孔内，使其端面与前侧板端面接触。

h. 将后侧板装入泵体的后端后，再将O形密封圈装在后侧板外侧。

i. 将后泵盖装入泵体凹缘内，使其端面与后侧板的端面接触。

j. 将泵竖立起来，放好铜垫圈后穿入螺钉拧紧，其拧紧力矩为132N.m。

k. 将内骨架旋转油封背对背地装入前泵盖处的伸出轴颈上。

l. 将旋转油封前的孔用弹性挡圈装入前泵盖的孔槽内。

m. 装配完毕后，向泵内注入清洁的液压油，用手均匀转动时应无卡阻、单边受力或过紧的感觉。

n. 泵的进、出油口用塞子堵紧，防止污染物质侵入。

(4) 修复、装配及试验

修复装配时的注意事项如下。

① 仔细地去除毛刺，用油石修钝锐边。用清洁煤油清洗零件。

② 注意轴向和径向间隙。齿轮泵的轴向间隙是由齿厚和泵体直接控制的，中间不用纸垫。组装前，用千分尺分别测出泵体和齿轮的厚度，使泵体厚度较齿轮大0.02～0.03mm，组装时用厚薄规测取径向间隙，此间隙应保持在0.10～0.16mm。

③ 对于齿轮轴与齿轮间是用平键连接的齿轮泵，齿轮轴上的键槽应具有较高的平行度和对称度，装配后平键顶面不应与键槽槽底接触，长度不得超出齿轮端面，平键与齿轮键槽的侧向配合间隙不能太大，以齿轮能轻轻拍打推进为好。两配合件不得产生径向摆动。

④ 必须在定位销插入泵体、泵盖定位孔后，方可对角交叉均匀地紧固固定螺钉，同时用手转动齿轮泵长轴，感觉转动灵活并无轻重现象时即可。

齿轮泵修复装配以后，必须经过试验或试车，有条件的可在专用齿轮泵试验台上进行性能试验，对压力、排量、流量、容积效率、总效率、输出功率以及噪声等技术参数一一进行测试。而在现场，一般无液压泵试验台的条件下，可装在整机系统中进行试验。

9.2.2 分配阀的维修

(1) 分配阀的分解

以 FPF32 分配阀为例，如图 9-32 所示。

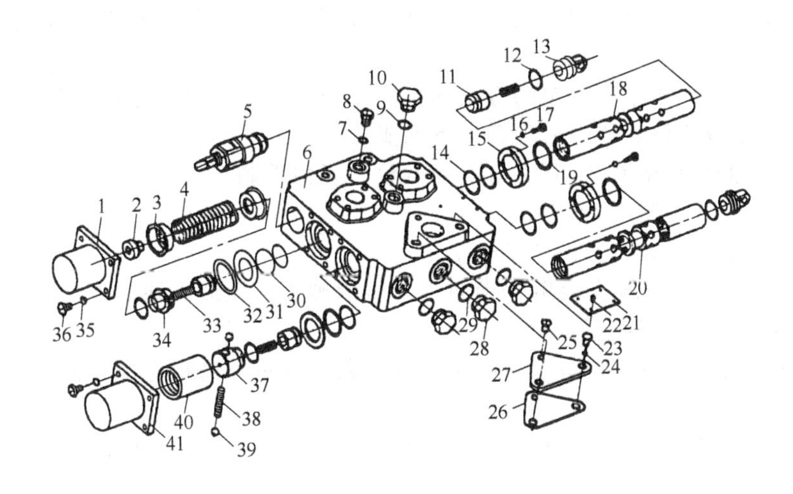

图 9-32 分配阀分解图

1—转斗回位套；2—定位座；3—弹簧压座；4—复位弹簧；5—主安全阀；6—阀体；7,9,12,29—O 形密封圈；8,10,28—螺塞；11—单向阀；13,34,37—弹簧座；14—O 形圈；15—套；16,32,35—垫圈；17,22—螺钉；18—转斗滑阀；19—防尘圈；20—动臂滑阀；21—铭牌；23,25,36—螺栓；24—螺母；26—垫板；27—盖；30—挡圈；31—挡板；33—单向阀弹簧；38—弹簧；39—钢球；40—定位套；41—动臂回位套

① 清洁、检查分配阀总成外部。严格防止外部污染物进入分配阀内部，以免污染阀体造成新的故障。

② 拧去转斗回位套上及动臂回位套上的螺栓。

③ 拆掉转斗回位套。

④ 拆掉动臂回位套（内有定位套）。在拆卸过程中，防止动臂阀杆弹簧座中的两颗钢球弹出丢失，且注意两个回位套上的小孔方向向上。

⑤ 拆卸下来的零件按照螺栓、动臂回位套、转斗回位套、钢球和弹簧的顺序依次摆放整齐。

⑥ 分配阀总成在出厂前喷漆过程中，两阀杆露出部位黏附有少许油漆，在阀杆退出阀体前，使用细砂布将两阀杆上的油漆清除掉，然后用布擦拭干净，阀杆表面不允许有油漆、颗粒异物，以免造成阀杆卡紧，对阀孔造成损伤。

⑦ 将阀杆从回位套侧退出阀体。如在退出时遇阀杆较紧，首先检查阀杆上的油漆是否清除干净、阀杆端头是否有磕碰伤，在确认没有油漆和磕碰伤的情况下，可用木锤或铜棒轻轻将其敲出。

⑧ 用手轻轻旋转、拔出转斗阀杆组件和动臂阀杆组件，拔出的组件应与相应的回位套对应摆放。

⑨ 依次拆去套上的螺钉，取出套、挡圈和O形密封圈，并从转斗阀杆组件上取出O形密封圈、挡圈、挡板和垫圈，从动臂阀杆组件上取出O形密封圈、挡圈和挡板，将拆卸的螺钉、套、挡圈和O形密封圈依次摆放整齐。

⑩ 转斗阀杆组件和动臂阀杆组件分解完毕。

(2) 分配阀的检修

① 用煤油或柴油清洗阀体、阀杆及所有零件后，用不起毛的干净布擦干或用压缩空气吹干。

② 检查阀孔和阀杆拉沟、划伤、磨损情况。阀孔与阀杆配合的标准间隙为0.015～0.025mm，修理极限（即间隙极限）为0.04mm。阀杆装在相应的阀孔内，用手轻压不应感觉到间隙。如果阀杆明显磨损、划伤、损坏，或阀孔磨损，拉沟损坏，应更换新的阀杆、阀体。

若阀杆外径磨损，可采用镀铬的方法加粗，经光磨后再与阀孔研配。研磨剂可采用氧化铬磨膏加适量煤油或机油。研磨后应符合下列要求。

a. 表面粗糙度达到$Ra0.3 \sim 0.2\mu m$，不允许有任何毛刺。

b. 圆柱度误差不大于0.005mm。

c. 配合间隙要求为0.020～0.045mm。

③ 检查导阀锥面与导阀座接触的密封性，若因破损、压溃、缺口而使接触不良影响密封性，应研磨修复，严重的应换新。

④ 检查阀杆内单向阀与阀座接触的密封性，若因变形、磨损影响密封，研磨阀座，更换新的单向阀。

⑤ 主阀芯与主阀套配合的标准间隙为0.017～0.023mm，修理极限（间隙极限）为0.03mm。

(3) 分配阀的装配及注意事项

① 装配动臂滑阀。在动臂阀杆组件上依次装上挡板、挡圈、新O形密封圈。在阀孔内涂上适量的液压油后，将动臂滑阀装入动臂阀孔，在安装的过程中要找准平衡位置，慢慢旋转组件进入，在弹簧座内依次装入钢球、弹簧、钢球，然后装上动臂回位套，动臂回位套的小孔方向向上。

② 装配转斗阀杆。依次将垫圈、挡板、挡圈、新O形密封圈装入阀杆组件上，在阀孔内涂上适量的液压油后，将转斗滑阀装入座孔，在安装的过程中要找准平衡位置，慢慢旋转组件进入，装上转斗回位套，装好后的转斗回位套平面应与阀体面贴紧，应检查回位套是否压住垫圈，在压住垫圈的情况下上紧回位套会造成回位套拉裂或阀杆卡紧。

③ 依次将螺栓放入回位套螺栓孔内，使用套筒扳手对角交替拧紧。

④ 将新O形密封圈套入动臂阀杆，并沿阀杆放入孔内。将挡圈套入动臂阀杆，并沿阀杆放入孔内，与O形密封圈靠紧。将套套入动臂阀杆并靠紧阀孔。

⑤ 使用同样方法依次将新O形密封圈、挡圈、套放入转斗阀孔。

⑥ 依次将螺栓放入螺栓孔内，使用套筒扳手对角交替拧紧。

⑦ 工作装置分配阀装配完后，应分别拉动动臂和转斗阀杆进行检验。要求动臂阀杆在各位置应灵活、无卡滞现象，并能定位；转斗阀杆也应灵活、无卡滞现象，且能自动回位。

工作装置操纵阀应在试验台上或装车后对液压系统的工作压力进行调整。首先将压力表安装到工作装置操纵阀上，启动柴油机，保持额定转速。然后扳动转斗操纵杆，使铲斗上翻至极限位置时，观察压力表所显示的数值是否为16MPa。若压力过低，应将调整螺杆沿顺时针方向转动，使压力升高；若压力过高，则反时针转动调整螺杆，使压力降低。当系统工作压力调整至额定数值后，拧紧固定螺母和护帽。

9.2.3 转斗油缸大、小双作用安全阀的检修

① 检查阀芯与阀体、单向滑阀与阀体座接触的密封性，如果损坏的零件影响密封性能，则损坏的零件应更换新件。

② 检查各 O 形橡胶密封圈，如有切皮、损坏，影响密封性能，应更换新件。

③ 检查弹簧变形，当弹簧压缩到长度为 49.4mm 时，施加的力应大于 660N，如有断裂或状态不良，应更换新弹簧。

9.2.4 工作缸的维修

(1) 工作缸的分解

动臂油缸分解图如图 9-33 所示。转斗油缸分解图如图 9-34 所示。

(2) 工作缸的检修

① 密封件　当密封件出现老化、磨损、断裂、变质等现象时应更换。

② 活塞　检查有无磨损（尤其是单面）或裂纹。如单面磨损严重，将影响密封圈的密封效果，应进行镀铬或更换；如有裂纹，应更换。

③ 活塞杆　表面应光洁无伤。当其弯曲量大于 0.15mm 时，应校正。无法校正时应更换。

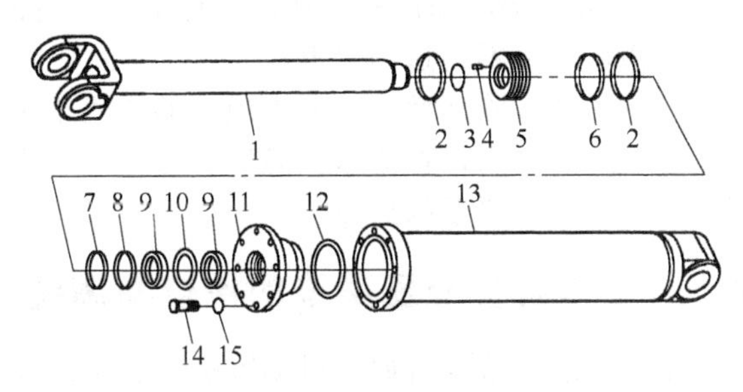

图 9-33　动臂油缸分解图

1—活塞杆；2,9—支承环；3,12—O 形圈；4—螺钉；5—活塞；6—组合密封环；7—AY 防尘圈；8—U 形圈；10—组合圈；11—导向套；13—油缸体；14—螺栓；15—垫圈

如活塞杆表面出现沟槽、凹痕，轻微时，可用胶黏剂修补或用细油石修磨；如果严重或镀铬层剥落、有纵向划痕时，应换用新品。

④ 缸体　应主要检查缸体内壁的磨损情况，有无拉伤、偏磨、锈蚀等现象。如拉伤、锈蚀不严重时，可用 00 号砂纸加润滑油进行打磨；如有为数不多的纵向沟槽时，可用胶黏剂修补；如拉伤、偏磨或磨损严重时应更换。

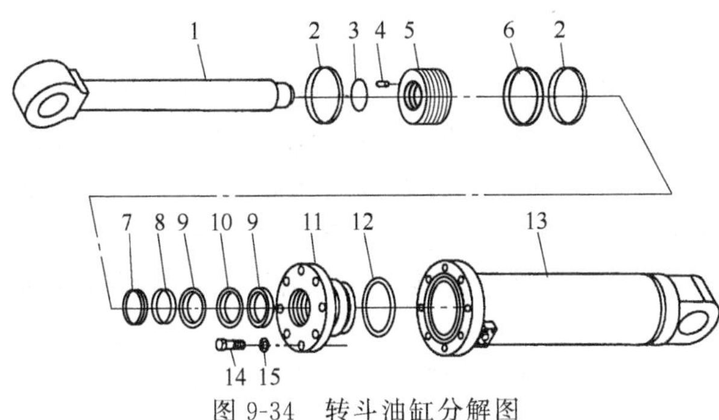

图 9-34　转斗油缸分解图

1—活塞杆；2,9—支承环；3,12—O 形圈；4—螺钉；5—活塞；6—组合密封环；7—AY 防尘圈；8—U 形圈；10—斯特封；11—导向套；13—油缸体；14—螺栓；15—垫圈

其次，还应检查缸体外表面有无严重伤痕。

⑤ 导向套　检查是否有破裂，尤其外端最易产生裂纹。如有裂纹，应更换。导向套筒内孔有无拉伤，与活塞杆的配合间隙超过 1mm 时，更换导向套。

(3) 工作缸的装配

油缸装配的顺序和方法如下。

① 将零件用洗油清洗干净，用压缩空气吹干，并擦拭干净，然后将缸体内壁、活塞杆等摩擦表面涂抹少量液压油。

② 先将 O 形密封圈装上，密封环、支撑环加热并用专用工具安装在活塞上。

③ 将防尘圈（唇边向外）依次装入导向套筒内孔的密封圈槽内，将大 O 形密封圈装在

导向套筒外圆的密封圈槽内。将导向套筒装上活塞杆。

④ 装上O形密封圈、活塞、轴用卡键、卡键帽、挡圈。

⑤ 将活塞和活塞杆一起装入缸筒内。

⑥ 用螺栓固定导向套筒并拧紧。

(4) 工作缸的试验

液压缸安装好后要进行试验。试验项目一般有以下几项。

① 运动平稳性检查　在最低压力下往复运行5～10次，检查活塞运动是否平稳、灵活，应无卡滞现象。

② 负荷试验　在活塞杆上加最大工作负荷，此时缸中的压力 p 为最大工作压力。在 p 作用下，进行5次全行程往复运动。此时，活塞杆移动应平稳、灵活，且缸的各部分部件没有永久变形和其他异常现象。

③ 液压缸外部泄漏试验　负荷作业5～10min，各密封和焊接处不得漏油。

④ 液压缸内部泄漏试验　在活塞杆上加一定的静负荷（装载机铲斗装满料），在10min内，活塞移动距离不超过额定值。

在以上各项试验之后，可能出现缸的紧固松弛现象。为慎重起见，在试验后再度拧紧紧固压盖螺栓等。否则，在耐压试验后直接使用，由于各螺栓上荷重的不均匀，而使螺栓逐个破坏，最终会造成严重的故障。

9.2.5 工作装置液压系统的检查与调整

工作装置液压系统可通过对动臂提升、下降及铲斗前倾时间，分配阀、双作用安全阀的释放压力，动臂沉降量等参数的测定来检查。

(1) 时间检查

铲斗装满额定载荷降到最低位置，柴油机和液压油在正常的操作温度下，踩大油门使柴油机以额定转速运转，操纵分配阀的动臂阀杆使动臂提升到最高位置所需时间应不大于规定值（如ZL50C型为7.5s，CLG856型为6.5s）。

柴油机怠速运转，操纵分配阀动臂阀杆到浮动或下降位置，铲斗空载从最高位置下降到地面的时间应不大于规定值（如ZL50C型为4.0s）。

在相同于铲斗提升的条件下铲斗从最大后倾位置翻转到最大前倾位置所需时间应不大于规定值（如ZL50C型为5.0s，CLG856型为3.6s）。

(2) 操作压力检查

① 系统最大工作压力的检查　拧下分配阀进油接头上的螺塞，装上25MPa量程的压力表，然后将工作装置动臂提升到水平位置，柴油机和液压油在正常的操作温度下，柴油机以额定转速运转，操纵分配阀转斗滑阀，使铲斗后倾直到压力表显示最高压力（ZL50C型为16～17MPa，CLG856型为20MPa）。如果有差别，则应调整分配阀上的主安全阀（首先拆下锁紧螺母和垫圈，拧下螺母。然后转动调整螺杆，顺时针转动压力增加，逆时针转动压力减少。转一整圈调整螺杆ZL50C型改变压力大约为4.1MPa）。

当调整正确后，握住调整螺杆，拧紧螺母，保证螺杆锁紧，然后装上锁紧螺母，力矩为50N·m。

重复铲斗动作，以便复查调整压力的正确性。

② 双作用安全阀压力的检查与调整

a. 大腔双作用安全阀压力的检查与调整　拧下分配阀至转斗油缸大腔油路中的弯管接头上的螺塞或液压系统上右边的接头体上的螺塞，接上一个三通接头。三通接头的一端接25MPa量程的压力表，提升动臂到最高位置，柴油机和液压油在正常操作温度下，柴油机以怠速运转，操纵分配阀转斗滑阀使铲斗转到最大后倾位置后，回复中位，然后操纵分配阀动臂滑阀到下降位置，动臂下降，此时压力表的最大压力应为规定值（ZL50C型为20MPa，CLG856型为22MPa）。如压力不符，按下列步骤进行调整。

ⅰ. 拆下锁紧螺母和铜垫，拧松螺母。

ⅱ. 转动调整螺杆时，拧进时压力将增加，拧出时压力将减少。

ⅲ. 再检查转斗油缸双作用安全阀，调整阀直到压力为规定值为止。调整正确后，用内六角扳手固定调整螺杆，拧紧螺母，保证螺杆锁紧，然后装上锁紧螺母。

重复铲斗动作，以便复查调整压力的正确性。

b. 小腔双作用安全阀压力的检查与调整　拧下接分配阀至转斗油缸小腔油路中的弯管接头上的螺塞，装上25MPa量程的压力表，提升动臂到水平位置，柴油机和液压油在正常温度下，柴油机怠速运转，操纵分配阀转斗滑阀，使铲斗转到最大前倾位置，此时压力表显示压力应为22MPa，如压力不符，应按上述方法调整分配阀的转斗小腔过载阀。

（3）动臂沉降量检查

在铲斗满载时，柴油机和液压油在正常操作温度下，将动臂举升到最高位置，分配阀置于封闭位置，然后发动机熄火，此时测量动臂油缸活塞杆每小时的移动距离，如果液压元件为良好状态，其沉降量应小于15mm/5min。

（4）液压油的更换

装载机每工作2000h或每年或者液压油受到严重污染而发生变质，如颜色发黑，油液发泡，应及时更换液压油。方法如下。

① 将铲斗中的杂物清除干净，将机器停放在平坦空旷的场地上，变速操纵手柄置于空挡位置，拉起停车制动器的按钮，装上车架固定保险杠。启动发动机并在怠速下运转10min，其间反复多次进行提升动臂、下降动臂、前倾铲斗和后倾铲斗等动作。最后，将动臂举升到最高位置，将铲斗后倾到最大位置，发动机熄火。

② 将先导操纵阀的铲斗操纵手柄往前推，使铲斗在自重作用下往前翻，排出转斗油缸中的油液；在铲斗转到位后，将先导阀动臂操纵杆往前推，动臂在自重作用下往下降，排出动臂油缸中的油液。

③ 清理液压油箱下面的放油口，拧开放油螺塞，排出液压油，并用容器盛接。同时，拧开加油口盖加快排油过程。

④ 拆开液压油散热器的进油管，排干净散热器内残留的液压油。

⑤ 从液压油箱上拆下液压油回油过滤器顶盖，取出回油滤芯，更换新滤芯。打开加油口盖，取出加油滤网清洗。

⑥ 拆下加油口下方的油箱清洗口法兰盖，用柴油冲洗液压油箱底部及四壁，最后用干净的布擦干。

⑦ 将液压油箱的放油螺塞、回油过滤器及顶盖、加油滤网、油箱清洗口法兰盖、液压油散热器的进油管安装好。

⑧ 拆下液压油散热器上部的回油管，从液压油散热器回油口加入干净的液压油。加满后，装好液压油散热器回油管。

⑨ 从液压油箱的加油口加入干净的液压油，使油位达到油位计的上刻度，拧好加油口盖。

⑩ 拆除车架固定保险杠，启动发动机。操作先导阀操纵手柄，进行2～3次升降动臂和前倾、后倾铲斗以及左右转向到最大角度，使液压油充满油缸、油管。然后在怠速下运行发动机5min，以便排出系统中的空气。

⑪ 发动机熄火，打开液压油箱加油盖，添加干净液压油至液压油箱液位计的2/3刻度。

9.3 工作装置液压系统常见故障诊断与排除

装载机工作装置液压系统的故障，并非突然发生，一般都有一些预兆，如振动、噪声、温升、进气、污染、泄漏等。若能尽早发现，并采取相应措施，故障就会避免或减少。

ZL 系列装载机工作装置液压系统的常见故障有：液压缸动作缓慢或举升无力；工作时尖叫或振动；动臂自动下沉；油温过高；工作装置压力失调等。

9.3.1 液压缸动作缓慢或举升无力

（1）故障现象

铲斗装满料从最低位置上升到最大高度的时间超过规定，或者装满料举不起来。此时，动臂油缸和转斗油缸动作可能只有一部分慢或无力，或者两部分都慢或无力。

（2）故障原因及排除

情况一：两部分动作都慢或无力。

① 油箱油量少。从检视口观察到油量不足，应将工作油液加到油箱总容量的 2/3 以上。

② 油箱通气孔堵塞。如打开油箱盖故障马上消失，则应清理通气孔。

③ 滤网堵塞或进油管太软变形。油门越大，动作越慢，且伴随有振动和尖叫，此时应清理滤网，更换新进油管。

④ 油泵磨损严重。油门大时动作能够快一些，此时应维修或更换油泵。

⑤ 溢流阀压力调得低、弹簧变软、阀芯动作不灵活。若将溢流阀压力调高一些，动作能快一些。

⑥ 溢流阀磨损泄漏或卡滞。首先调整溢流阀压力到标准值，或更换弹簧、阀芯，再调整溢流阀压力到标准值，最后更换溢流阀总成。

情况二：动臂油缸和转斗油缸只有其中一个动作慢。

① 油缸内漏。将铲斗举到顶，卸开有杆腔油管，加大油门看是否漏油。若故障不能排除，应更换油缸油封。

② 操纵软轴调整不合适或损坏。可以直接观察到操纵软轴损坏，且阀杆运动量小。应更换操纵软轴并调整。

③ 滑阀磨损，泄漏严重。拆卸滑阀后能发现明显磨损。更换分配阀总成。

9.3.2 工作时尖叫或振动

（1）故障现象

柴油机启动后，扳动工作装置操纵杆，能听到一种尖锐的叫声。

（2）故障原因及排除

① 低压系统进空气。不管柴油机油门大小，工作时都有叫声，此时在接头或管连接处抹肥皂水检查，解决进空气问题。

② 油箱工作油少。工作油明显偏少，且动臂举升到一定高度后再也举不起，此时应按规定加够工作油。

③ 进油管软或管内剥皮。柴油机油门越大时，尖叫声越大，且进油管明显变扁。此种故障有可能是进油管软或管内剥皮造成的，应更换新的进油管。

④ 滤芯堵塞。以上部位未发现原因所在。则可能是由于滤芯堵塞所致，应拆检保养或更换滤芯。

9.3.3 动臂自动下沉

(1) 故障现象

铲斗装满料举升到最大高度，柴油机熄火后，动臂油缸活塞杆下沉量超过 15mm/5min。

(2) 故障原因及排除

① 油缸活塞油封损坏，油缸拉伤。当铲斗举升到最大高度，拆下有杆腔油管，柴油机加大油门，油管有大量油漏出，则应更换油封，或修理油缸内腔。

② 滑阀磨损、中立位置不正确。在油缸油封不漏油的情况下，故障原因只能是滑阀不在中立位置或磨损严重，此时应调整软轴，使滑阀处在中立位置，或更换分配阀总成。

③ 过载阀泄油。由于过载阀密封不严或异物将阀芯卡住而致，此时则应清洁研磨阀芯，或更换阀总成。

9.3.4 油温过高

(1) 故障现象

装载机工作时间不长，工作油温度达到 100～120℃，且工作无力。

(2) 故障原因及排除

① 系统压力低。压力表显示的压力低，并且由压力低引起别的故障同时出现。先排除系统压力低故障。

② 工作油量偏少，散热效果差。从检视口能观察到工作油明显不足，应加够足量的工作油。

③ 环境温度高，连续作业时间长。断续作业或夜间作业时未出现此故障。改变作业方式。

④ 系统内泄漏量大。装载机一开始作业就工作无力，且系统压力低。参见工作无力故障的检查排除与维修。

9.3.5 工作装置压力失调

(1) 故障现象

以 ZL50 型装载机为例，其工作装置压力失调故障常表现为以下三种情况。

① 压力调不高　压力上升缓慢，有时甚至在停止调整后，压力仍继续上升，无论怎么调节，虽然有一定压力，但总是达不到要求。

② 压力调不低　调松调压螺钉，降低压力时，系统压力始终降不下来，或只能降到某值而不能继续再降。

③ 压力不稳定　工作过程中，系统压力不稳定，反复不规则地变化，有时甚至突然猛升，超过调定的压力范围。

(2) 故障原因及排除

ZL50 型装载机工作装置压力是通过先导型溢流阀来调节的，其调节的方法是通过拧动阀的调压螺杆从而改变调压弹簧的预紧力达到改变系统压力的目的。根据以上故障现象，先导型溢流阀的良好状况是保障系统压力正常的关键所在。

① 压力调不高首先应检查先导阀上调压弹簧是否折断、卡死、漏装及弹力不足等，阀芯和阀体能否顺畅地相对运动。然后检查调压阀阀芯与阀座、柱塞阀阀芯与阀座之间是否有杂质垫起或磨损严重，柱塞弹簧预紧力是否足够等，使用中常因杂质垫起、磨损而使油压未达到规定值时即泄压，导致压力总是达不到要求。

对于弹簧折断、卡死、漏装及弹力不足，应及时更换新的弹簧，安装前应检查新弹簧的预紧力。

② 压力调不低故障的原因主要有三点：一是先导阀阀座小孔被堵塞，造成主阀打不开；

二是主阀体因碰撞或固定螺栓预紧力不一致而变形使阀芯与阀体打不开；三是先导阀阀芯与阀座间有较大的硬质颗粒卡住使阀芯与阀体打不开。

对于主阀体因碰撞造成的变形、阀芯与阀座之间的磨损一般采用换件修理；阀座固定螺栓预紧力不一致可拆卸后使用扭力扳手校正预紧。

③ 液压油的污染也是造成系统压力失调的主要原因。先导阀阀芯与阀座间有较大硬质颗粒卡住，先导阀始终有流量通过，主阀芯就关闭不严，压力就难于调高。阻尼孔直径很小，油脏时容易被堵塞，当主阀开启后，就难于回到关闭位置。若主阀芯与阀体之间有硬质颗粒卡住，更难于回到关闭位置，这样调整先导阀就不起作用。

对于油液的污染应先清洗阀及整个系统油路，然后再更换清洁的油后即可解决问题。

参考文献

[1] 陈家瑞主编. 汽车构造（下册）[M]. 第3版. 北京：机械工业出版社，2010.
[2] 王凤喜，马才志等编写. 工程机械维修问答 [M]. 北京：机械工业出版社，2006.
[3] 董宏国，孙开元主编. 大中型货车电气维修图解 [M]. 北京：化学工业出版社，2011.
[4] 张育益，李国锋主编. 图解装载机结构、拆装与维修 [M]. 北京：化学工业出版社，2012.
[5] 潘科第，童仲良. 装载机的构造、使用与维修 [M]. 北京：机械工业出版社，1993.
[6] 沈贤良主编. 装载机操作与故障检排 [M]. 北京：金盾出版社，2010.
[7] 王胜春，靳同红等编著. 装载机构造与维修手册 [M]. 北京：化学工业出版社，2011.
[8] 刘良臣主编. 装载机维修图解手册 [M]. 南京：江苏科学技术出版社，2007.
[9] 黄忠叶主编. 装载机维修速成图解 [M]. 凤凰出版传媒集团、江苏科学技术出版社，2009.
[10] 张育益，韩佑文编著. 汽车起重机、装载机故障诊断与排除 [M]. 北京：机械工业出版社，1998.
[11] 李宏主编. 装载机操作工培训教程 [M]. 北京：化学工业出版社，2008.
[12] 杨占敏，王智明，张春秋等编著. 轮式装载机 [M]. 北京：化学工业出版社，2006.
[13] 梁杰，于明进，路晶主编. 现代工程机械电气与电子控制 [M]. 北京：人民交通出版社，2005.
[14] 李彩锋主编. 工程机械电器检测 [M]. 北京：化学工业出版社，2012.
[15] 高照亮主编. 汽车电器实训 [M]. 北京：北京大学出版社，2013.
[16] 陈继文，范文利. 工程机械电气控制系统 [M]. 北京：化学工业出版社，2013.
[17] 黄志坚编著. 图解液压元件使用与维修 [M]. 北京：中国电力出版社，2008.
[18] 王安新主编. 工程机械电器设备 [M]. 北京：人民交通出版社，2013.
[19] 冯崇毅，鲁植雄，何丹娅主编. 汽车电子控制技术 [M]. 北京：人民交通出版社，2011.
[20] 陆一心，张勇，楼天汝，陆维倩等编著. 工程机械液压技术与检修实例 [M]. 北京：机械工业出版社，2013.
[21] 张育益，李国锋主编. 装卸搬运机械使用维护与维修 [M]. 北京：化学工业出版社，2014.

参考文献